Mathematische Statistik

T0240400

Ludger Rüschendorf

Mathematische Statistik

Prof. Dr. Ludger Rüschendorf
Albert-Ludwigs-Universität Freiburg
Freiburg, Deutschland

ISSN 1234-5678
ISBN 978-3-642-41996-6   ISBN 978-3-642-41997-3 (eBook)
DOI 10.1007/978-3-642-41997-3

Mathematics Subject Classification (2010): 62-01,62-C05,62-B05,62-N05

Die Deutsche Nationalbibliothek verzeichnet diese Publikation in der Deutschen Nationalbibliografie; detaillierte bibliografische Daten sind im Internet über http://dnb.d-nb.de abrufbar.

Springer Spektrum

© Springer-Verlag Berlin Heidelberg 2014
Das Werk einschließlich aller seiner Teile ist urheberrechtlich geschützt. Jede Verwertung, die nicht ausdrücklich vom Urheberrechtsgesetz zugelassen ist, bedarf der vorherigen Zustimmung des Verlags. Das gilt insbesondere für Vervielfältigungen, Bearbeitungen, Übersetzungen, Mikroverfilmungen und die Einspeicherung und Verarbeitung in elektronischen Systemen.

Die Wiedergabe von Gebrauchsnamen, Handelsnamen, Warenbezeichnungen usw. in diesem Werk berechtigt auch ohne besondere Kennzeichnung nicht zu der Annahme, dass solche Namen im Sinne der Warenzeichen- und Markenschutz-Gesetzgebung als frei zu betrachten wären und daher von jedermann benutzt werden dürften.

Gedruckt auf säurefreiem und chlorfrei gebleichtem Papier.

Springer Spektrum ist eine Marke von Springer DE. Springer DE ist Teil der Fachverlagsgruppe Springer Science+Business Media
www.springer-spektrum.de

Vorwort

Das vorliegende Textbuch gibt eine Einführung in Fragestellungen und Methoden der mathematischen Statistik. Es basiert auf Vorlesungen, die der Autor seit 1980 regelmäßig in mathematischen Studiengängen in Aachen, Essen, Münster und Freiburg gehalten hat. Ziel dieses Kurses ist es, ausgehend von der Datenanalyse und deren Motivation darzustellen, dass mit der Verwendung stochastischer Modelle ermöglicht wird, statistische und datenanalytische Verfahren zu bewerten und zu begründen. Die Statistik wird auf diese Weise in die Entscheidungstheorie und Spieltheorie eingeordnet und damit in besonderer Weise Gegenstand der mathematischen Behandlung. Diese Eingliederung erlaubt es, die klassischen statistischen Fragestellungen wie Test- und Schätzprobleme und Konfidenzbereiche einheitlich darzustellen und statistische Auswahlkriterien wie Bayes-, Minimax- und weitere spezifische Optimalitätskriterien systematisch zu entwickeln. Durch eine Reihe von motivierenden Beispielen, z.B. zum Problem der optimalen Auswahl zur Erkennung von gefälschten Folgen und Daten, zur Identifikation und Rekonstruktion von verrauschten Bildern soll der breite Horizont statistischer Fragestellungen skizziert und die Bedeutung der Statistik als praxisrelevante und weitreichende Theorie der Entscheidungen beschrieben werden.

Klassische und auch moderne Konstruktionsprinzipien für statistische Verfahren werden behandelt und begründet. Hierzu werden zunächst eine Reihe von grundlegenden statistischen Methoden und Begriffen eingeführt. Ein zentraler Begriff ist die Suffizienz, die den Informationsgehalt einer Statistik oder σ-Algebra beschreibt. Weitere wichtige Prinzipien sind die Reduktion durch Invarianz oder Äquivarianz, durch Unverfälschtheit oder Erwartungstreue und die Reduktion auf geeignete Schätz- und Testklassen. 'Highlights' sind dann jeweils die entscheidungstheoretische Begründung für diverse statistische Verfahren wie z.B. die Zulässigkeit des arithmetischen Mittels in Normalverteilungsmodellen, die Optimalität von t-Test, F-Test, dem Pitman-Permutationstest und dem exakten Test von Fisher oder die Optimalität von Pitman-Schätzern und von U-Statistiken.

Das Textbuch versucht neben den klassischen Themengebieten auch bis zu einem gewissen Grad in Anwendungen einzuführen, die nicht unbedingt in Standardtexten zur mathematischen Statistik zu finden sind. Gegeben wird eine Einführung in grundlegende Prinzipien der asymptotischen Statistik. Es wird in den Kapiteln zur Schätz- und Testtheorie oder zu den Konfidenzbereichen in den ganzen

Text eingebunden gezeigt, dass die Grenzwertsätze der Wahrscheinlichkeitstheorie es ermöglichen, unter sehr allgemeinen Bedingungen approximative Tests und Konfidenzbereiche zu konstruieren und Eigenschaften von Schätzverfahren zu beschreiben. So wird z.B. die asymptotische Verteilung von Maximum-Likelihood-Schätzern oder von Martingalschätzern bestimmt und der Begriff der asymptotischen Effizienz von Schätzverfahren eingeführt. Detailliert wird beispielhaft für eine Reihe nichtparametrischer Schätzverfahren die Dichteschätzung behandelt. Gegeben wird auch eine Einführung in robuste und sequentielle Tests sowie in die Statistik von Zählprozessen wie z.B. die Methode der Martingalschätzer sowie die Martingalmethode für Anpassungstests. Themen der asymptotischen Entscheidungstheorie überschreiten jedoch den Rahmen dieser Einführung.

Diese Darstellung dient insbesondere dem Ziel, in die Vielfachheit und Breite statistischer Fragestellungen einzuführen, wie etwa in das Problem der sequentiellen Statistik, mit einer möglichst geringen Anzahl von Beobachtungen effiziente Entscheidungen zu treffen oder in das Problem der robusten Statistik trotz nur approximativ zutreffender Modelle zuverlässige Entscheidungen zu konstruieren. Die Statistik von Zählprozessen ist eine methodisch wichtige Erweiterung der Statistik, mit bedeutsamen Anwendungen z.B. in der Survival-Analyse oder allgemeiner für die Statistik von zeitabhängigen Ereignissen.

Behandelt werden im Text parametrische und nichtparametrische Modelle. Es werden auch einige neuere Anwendungen der Statistik angesprochen, wie z.B. auf Bildverarbeitung und Bildrekonstruktion oder auf das Quantile hedging in der Finanzmathematik.

Ein zentrales Ziel dieses Textbuches ist es zu zeigen, dass die Mathematische Statistik ein Gebiet mit vielen besonders schönen Ideen und Methoden und überraschenden Resultaten ist. Es ist reizvoll zu sehen, wie die Auswahl statistischer Verfahren schon viel über das zugrunde liegende Modell verrät. Dieses knüpft an die Begründung des Normalverteilungsmodells mit der Optimalität des arithmetischen Mittels durch Gauß und Laplace an. Die Charakterisierung von Modellen durch Eigenschaften statistischer Verfahren ist zentrales Thema des anspruchsvollen Buches von Kagan, Linnik und Rao (1973). Überraschend ist z.B. die von Stein entdeckte Nichtzulässigkeit des arithmetischen Mittels im Normalverteilungsmodell in Dimension $d \geq 3$. Verbesserungen lassen sich mit Hilfe von superharmonischen Funktionen konstruieren.

Ziel ist es auch besonders, der zunehmenden Spezialisierung in der Statistik entgegenzuwirken und eine breite Orientierung über unterschiedliche Gebiete und Themenkreise der Statistik zu geben. *Wie zuverlässig sind datenanalytische Methoden, wann können die Daten für sich sprechen, was ist die Bedeutung von p-Werten, wie lassen sich Abweichungen vom Modell in die statistische Analyse einbeziehen?* Auch mit diesen und ähnlichen für die Anwendungen bedeutsamen Fragen soll sich dieser Text befassen.

Der vorliegende Kurs baut auf grundlegenden Kenntnissen der Maß- und Wahrscheinlichkeitstheorie auf. Verwendete Methoden und Resultate der Funktionalanalysis, der Spieltheorie, über analytische Funktionen und lokal kompakte

Gruppen werden im Text vorgestellt. Etwa ab dem 5.ten Studiensemester können diese Themen sowohl in Bachelor- und Master- als auch in Staatsexamensstudiengängen mit Gewinn vermittelt werden. An den Kurs lassen sich sehr gut Spezialvorlesungen z.B. über asymptotische Statistik, Regressionsanalyse, Statistik von Prozessen, Bayessche Statistik oder Survival-Analyse anschließen.

Das Buch enthält mehr Stoff, als in einer vierstündigen Vorlesung behandelt werden kann. Neben den klassischen Themen einer Statistik-Vorlesung enthält es eine Reihe von weiterführenden Darstellungen und Entwicklungen. Insbesondere sind die Themengebiete aus den Kapiteln 9–13 nicht Standardthemen. Die zentralen Begriffe und Methoden aus den Kapiteln 1–5 sowie 7.1 und 8.1 lassen sich jedoch einfach für eine Vorlesung herausfiltern und werden im Eingang der Kapitel herausgestellt. Die weiterführenden Themen und Beispielklassen können dann Anlass für abschließende Anmerkungen oder Anregungen zum Selbststudium sein. Einige exemplarische Beispielklassen werden recht ausführlich behandelt und können in einem Vorlesungskurs stark gekürzt oder ausgelassen werden. Beispiele hierfür sind etwa die Behandlung von Gibbs-Maßen und Bildrekonstruktion in Kapitel 3.3, die detaillierte Darstellung verschiedener Schätzklassen in den Kapiteln 5.2–5.5 ebenso wie in 6.5 und 8.4. Aus den weiterführenden Kapiteln 9–13 lassen sich je nach der Vorgeschichte des Kurses vielleicht ein oder zwei Themen auswählen.

Von besonderer Bedeutung für den Autor dieses Bandes waren die klassischen Darstellungen von Ferguson (1967) zur statistischen Entscheidungstheorie, von Lehmann (1959, 1983) zur Testtheorie und Schätztheorie, von Zacks (1971) zu Entscheidungstheorie und zu Bayes-Verfahren und von Witting (1966) zur optimierungstheoretischen Behandlung von Testproblemen. Dieses frühe Werk sowie die stark erweiterte Fassung von 1985 sind das wohl einflussreichste statistische Lehrbuch im deutschsprachigen Raum. Hermann Witting verdankt der Autor dieses Bandes seine Einführung in die Mathematische Statistik sowie sein Interesse an diesem Gebiet. Bedeutsam für den Autor waren auch die mathematische Theorie der Experimente von Heyer (1973) sowie die mathematisch besonders interessante Behandlung von Charakterisierungsproblemen in Kagan, Linnik und Rao (1973). Von besonderem Interesse waren auch die weiterführenden und orientierenden Darstellungen der (asymptotischen) statistischen Entscheidungstheorie in Pfanzagl und Wefelmeyer (1982) und Strasser (1985) sowie die Darstellung der asymptotischen Statistik in Witting und Müller-Funk (1995) und Liese und Miescke (2008). Die letztgenannten Werke gehen jedoch weit über den Rahmen dieses Buches hinaus. Die Darstellung der asymptotischen Statistik in Rüschendorf (1988) schließt thematisch eng an diesen Text an.

Eine erste Ausarbeitung von Teilen dieses Vorlesungstextes wurde 1998 und 2004 von Christian Lauer erstellt. Ihm sei hiermit herzlich gedankt. Besonderen Dank schulde ich auch Monika Hattenbach für ihre vorzügliche Arbeit am Erstellen und Gestalten des nahezu kompletten Textes. Danken möchte ich auch Janine Kühn, Viktor Wolf und Swen Kiesel für das Korrekturlesen einiger Buchkapitel sowie Hans Rudolf Lerche für eine Reihe wertvoller Hinweise, insbesondere zum Kapitel über sequentielle Tests.

Inhaltsverzeichnis

Kapitel 1

Einführung: Datenanalyse und mathematische Statistik

Die **explorative Datenanalyse (EDA)** ist ein Teilgebiet der Statistik. Sie verfolgt die Aufgabe, in vorhandenen Daten Strukturen zu erkennen, Hypothesen über Ursache und Grund der Daten zu bilden und Grundlagen für eingehendere statistische Modellbildung zu liefern. John W. Tukey hatte in den 1970er Jahren diese Bedeutung der EDA als Kritik und Ergänzung zur (mathematischen) Statistik, in der ein zu großes Gewicht auf das Auswerten und Testen von gegebenen Hypothesen gelegt wird, hervorgehoben. So ist neben den traditionellen statistischen Analysen ein kreativer Impuls gesetzt worden, der mit dem Schlagwort *Let the data speak for themselves* einen Anspruch auf eine bedeutsame und bisher vernachlässigte Aufgabe der Statistik erhob.

Mit der Entwicklung von geeigneten Softwarepaketen ist dieser Teil der Statistik in vielen Anwendungsbereichen in den Vordergrund gerückt. Datenanalytische Verfahren wie z.B. Boxplots, Histogramme, QQ-Plots, Scatterplots und Projection Pursuit sind zum Standard bei Anwendungen geworden und gehören auch zum Repertoire des verwandten **Data-Mining**. Dessen Hauptaufgabenstellung und Ziel ist es, unter Verwendung von Verfahren der multivariaten Statistik neue Muster in großen Datenmengen zu entdecken. Der Fokus des **machine learning** ist dagegen eher auf dem Entdecken bekannter Muster in vorhandenen Datenmengen, z.B. dem Auffinden von Personenbildern im Internet.

Typische Aufgabenstellungen sind die Erkennung von Ausreißern in Datenmengen, die Gruppierung von Objekten nach Ähnlichkeiten (**Clusteranalyse**), die Einteilung oder Einordnung in Klassen (**Klassifikation**), die Identifikation von Zusammenhängen in Daten (**Assoziationsanalyse**) und spezifischer die Beschreibung von funktionalen Zusammenhängen in Datenmengen (**Regressionsanalyse**). Allgemeines Ziel dieser Verfahren ist es, eine Reduktion der Datenmenge auf eine kompaktere Beschreibung ohne wesentlichen Informationsverlust vorzunehmen. Die oben genannten Verfahren können sowohl einen diagnostischen Charakter als auch einen prognostischen Charakter tragen.

Die **mathematische Statistik** basiert dagegen wesentlich auf der Modellierung eines Experimentes, einer Datenmenge durch ein statistisches Modell $(\mathfrak{X}, \mathcal{A}, \{P_\vartheta; \vartheta \in \Theta\})$. Kernaufgaben sind die Modellwahl und Modellevaluation und die begründete Konstruktion und Bewertung von statistischen Verfahren für Hypothesen über das Experiment. Standardaufgaben sind Test- und Schätzprobleme sowie Konfidenzintervalle und Klassifikationsverfahren. Die besondere Qualität der mathematischen Statistik besteht in der quantitativen Evaluation der angewendeten statistischen Verfahren. Diese ist nur möglich auf Grund des statistischen Modells, das die Daten beschreibt. Sie ist auch nur so präzise möglich, wie es die Modellbeschreibung des Experiments ist. Für viele grundlegende Aufgaben, z.B. Medikamententests sind präzise Modellbeschreibungen vorhanden und ermöglichen daher abgesicherte statistische Analysen. In komplexen Datensituationen, z.B. bei Finanzdaten oder räumlichen Datenmustern, können auch intrinsische Verfahren zur Abschätzung der Qualität einer Prognose oder eines Verfahrens der statistischen Datenanalyse wie z.B. Bootstrapsimulationen verwendet werden. Eine zuverlässige Einschätzung dieser Verfahren ist jedoch nur basierend auf Modellen möglich.

In allgemeiner Form besteht die Aufgabe der mathematischen Statistik darin, begründete Entscheidungen in Situationen unter Unsicherheit zu treffen. Dieser Aspekt spiegelt sich in dem engen Zusammenhang der mathematischen Statistik mit der **statistischen Entscheidungstheorie** und insbesondere mit der **Spieltheorie**. Für ein grundlegendes Verständnis statistischer Fragestellungen sind diese Verbindungen fruchtbringend und machen auch einen Teil des Reizes der mathematischen Statistik aus.

1.1   Regressionsanalyse

Als Beispiel für ein datenanalytisches Verfahren behandeln wir in diesem Abschnitt verschiedene Varianten von Regressionsverfahren.

1.1.1   Lineare Regression

Seien $(x_1, y_1), \ldots, (x_n, y_n)$ zweidimensionale Daten. Eine Regressionsgerade $y = bx + a$ beschreibt eine lineare Abhängigkeit der Messvariable y von der Einflussvariablen x, z.B. eine zeitliche Abhängigkeit.

Die **Methode der kleinsten Quadrate** bestimmt die Regressionsgerade als Lösung des Minimierungsproblems:

$$S(a, b) := \sum_{i=1}^n (y_i - a - bx_i)^2 = \min! \tag{1.1}$$

Mit der notwendigen Bedingung

$$\frac{\partial S}{\partial a} = -2 \sum_{i=1}^n (y_i - a - bx_i) = 0$$

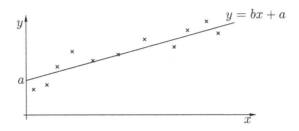

Abbildung 1.1 Regressionsgerade

ergibt sich $a = \overline{y}_n - b\overline{x}_n$ mit $\overline{x}_n = \frac{1}{n}\sum_{i=1}^{n} x_i$, $\overline{y}_n = \frac{1}{n}\sum_{i=1}^{n} y_i$. Weiter folgt aus

$$\frac{\partial S}{\partial b} = -2\sum_{i=1}^{n}(y_i - a - bx_i)x_i = 0$$

$$b\sum_{i=1}^{n} x_i^2 = \sum_{i=1}^{n} x_i y_i - a\sum_{i=1}^{n} x_i.$$

Einsetzen von a ergibt dann die **Regressionsgerade**:

$$y = \widehat{a} + \widehat{b}x \quad \text{mit } \widehat{b} = \frac{\sum_{i=1}^{n} x_i y_i - n\overline{x}_n\overline{y}_n}{\sum_{i=1}^{n} x_i^2 - n\overline{x}_n^2}, \quad \widehat{a} = \overline{y}_n - \widehat{b}\overline{x}_n. \tag{1.2}$$

Der Regressionskoeffizient $\widehat{b}$ hat die alternative Darstellung

$$\widehat{b} = \frac{s_{x,y}}{s_x^2} \tag{1.3}$$

mit der **Stichprobenkovarianz**

$$s_{x,y} = \frac{1}{n-1}\sum_{i=1}^{n}(x_i - \overline{x}_n)(y_i - \overline{y}_n)$$

und der **Stichprobenvarianz**

$$s_x^2 = s_{xx} = \frac{1}{n-1}\sum_{i=1}^{n}(x_i - \overline{x}_n)^2.$$

Die normierte Größe $r_{x,y} := \frac{s_{x,y}}{s_x s_y}$ heißt **empirischer Korrelationskoeffizient**. Nach der Cauchy-Schwarz-Ungleichung gilt

$$-1 \le r_{x,y} \le 1. \tag{1.4}$$

Ist $r_{x,y} \approx 0$ so sind die Daten annähernd linear unabhängig. Ist $r_{x,y} > 0$ so ist die Steigung $\widehat{b} = r_{x,y}\frac{s_y}{s_x}$ der Regressionsgeraden $y = \widehat{a} + \widehat{b}x$ positiv, d.h. die Daten sind positiv linear abhängig; ist $r_{x,y} < 0$, dann negativ linear abhängig. Für

$r_{x,y} \approx 1$ oder -1 konzentrieren sich die Daten stark in der Nähe der Regressionsgeraden. Die Regressionsgerade liefert dann eine recht präzise Beschreibung der
Datenmengen.

Ein Problem der Methode der kleinsten Quadrate zeigt die folgende Abbildung 1.2. Die Regressionsgerade ist nicht stabil. Ein einziger Ausreißerpunkt kann
die Lage der Regressionsgerade stark verändern.

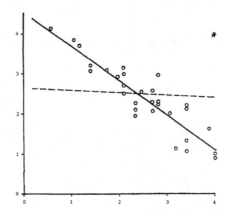

Abbildung 1.2 Regressionsgerade $- - -$ mit Zusatzpunkt $*$ im Vergleich zur
Regressionsgerade ohne Zusatzpunkt

Eine gegen Ausreißer stabile Version der Regressionsgerade wurde von Tukey
eingeführt. Dazu werden die x-Werte gleichmäßig in drei Gruppe (kleine, mittlere,
große) eingeteilt.

n	kleine	mittlere	große
$3l$	l	l	l
$3l+1$	l	$l+1$	l
$3l+2$	$l+1$	l	$l+1$

Bilde nun die Mediane $\widetilde{x}_L$, $\widetilde{x}_M$, $\widetilde{x}_R$ der x-Werte dieser Gruppen und $\widetilde{y}_L$,
$\widetilde{y}_M$, $\widetilde{y}_R$ der y-Werte dieser Gruppen. Sei $b_T = \frac{\widetilde{y}_R - \widetilde{y}_L}{\widetilde{x}_R - \widetilde{x}_L}$ der Anstieg der Geraden
durch $(\widetilde{x}_L, \widetilde{y}_L)$, $(\widetilde{x}_R, \widetilde{y}_R)$ mit Achsenabschnitt $a_L = a_R$. Sei schließlich a_M der
Achsenabschnitt der hierzu parallelen Gerade durch $(\widetilde{x}_M, \widetilde{y}_M)$. Mit $a_T := \frac{1}{3}(a_L +$
$a_M + a_R)$ heißt dann

$$y = a_T + b_T x \tag{1.5}$$

Tukey-Gerade der Daten $(x_1, y_1), \ldots, (x_n, y_n)$. Für das Beispiel aus Abbildung
1.2 mit Ausreißerpunkt $*$ bleibt die Tukey-Gerade stabil (vgl. Abbildungen 1.3 und
1.4).

Die Abweichungen

$$r_i = y_i - a - b x_i \tag{1.6}$$

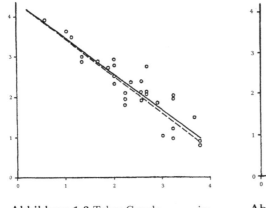 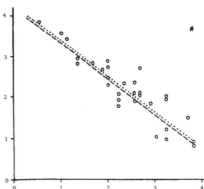

Abbildung 1.3 Tukey-Gerade – – – im Vergleich zur Regressionsgeraden

Abbildung 1.4 Tukey-Gerade – – – mit Zusatzpunkt ∗ im Vergleich zur Tukey-Geraden ohne Zusatzpunkt

der Variable y_i von den Werten der Regressionsgeraden heißen **Residuen**. Ist die Datenmenge gut durch eine lineare Regression darstellbar, dann sollten die Residuen unsystematisch um Null variieren. Das folgende Bild der Residuen würde deutlich gegen eine lineare Regression sprechen:

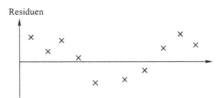

Abbildung 1.5 Residuen

1.1.2 Nichtlineare Abhängigkeit

Sei $y = f(a, b, c, x)$ eine nichtlineare Funktion einer Einflussvariablen x mit drei Parametern a, b, c. Bei quadratischer Abhängigkeit ist z.B. $y = a + bx + cx^2$.

Die Regressionsfunktion f wird wieder nach der Methode der kleinsten Quadrate angepasst.

$$F(a, b, c) := \sum_{i=1}^{n} (y_i - f(a, b, c, x_i))^2 = \min_{a,b,c}! \tag{1.7}$$

Die zugehörigen **kleinste Quadrategleichungen** lauten dann

$$\frac{\partial F}{\partial a} = 0, \quad \frac{\partial F}{\partial b} = 0, \quad \frac{\partial F}{\partial c} = 0 \tag{1.8}$$

und liefern Kandidaten $\widehat{a}$, $\widehat{b}$, $\widehat{c}$ für die Lösung von (1.7) wie im Fall der linearen Regression.

$y = f(\widehat{a}, \widehat{b}, \widehat{c}, x)$ heißt dann **(nichtlineare) Regressionsfunktion** für die Daten $(x_1, y_1,), \ldots, (x_n, y_n)$.

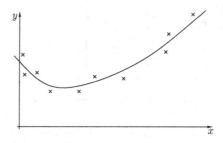

Abbildung 1.6 quadratische Regression

1.1.3   Lineare Modelle

Liegen multivariate Einflussgrößen $x = (x_1, \ldots, x_m)^\top \in \mathbb{R}^m$ und multivariate Beobachtungsgrößen $y = (y_1, \ldots, y_k)^\top \in \mathbb{R}^k$ vor, dann heißt

$$y = b + Ax \tag{1.9}$$

ein lineares Modell mit der **Designmatrix** $A = (a_{ij}) \in \mathbb{R}^{k \times m}$ und $b = (b_1, \ldots, b_k)$ $\in \mathbb{R}^k$, d.h. es gilt

$$y_i = \sum_{j=1}^{m} a_{ij} x_j + b_i, \quad 1 \le i \le k. \tag{1.10}$$

Bei gegebenen Daten (y^i, x^i), $1 \le i \le n$ lautet die **Methode kleinster Quadrate**

$$F(A, b) := \sum_{i=1}^{n} \| y^i - (A x^i + b) \|^2 = \min_{A,b}! \tag{1.11}$$

Die Lösungen $\widehat{A}$, $\widehat{b}$ dieser Gleichungen lassen sich explizit angeben (vgl. Abschnitt 8.4 über Gauß-Markov-Schätzer) und bestimmen die multivariate Regressionsgerade

$$y = \widehat{A} x + \widehat{b}. \tag{1.12}$$

Einige Klassen nichtlinearer Regressionsgeraden wie in Abschnitt 1.1.2 z.B. Regressionen der Form $y = \sum a_i f_i(x) + b$ lassen sich als Spezialfall des linearen Modells (1.9) einordnen, indem als neue Einflussvariable $z_i = f_i(x)$ gewählt werden.

1.1.4   Nichtparametrische Regression

Gesucht wird ein funktionaler Zusammenhang $y = f(x)$ zwischen der Einflussvariablen x und der Beobachtungsvariablen y. Im Unterschied zu Abschnitt 1.1.2 ist f
jedoch nicht nur bis auf einige Parameter a, b, c, ... bestimmt sondern gänzlich bis
auf evtl. qualitative Eigenschaften unbekannt. Ein vielfach verwendetes Verfahren
zur Bestimmung einer Regressionsfunktion f bei gegebener Datenmenge (x_i, y_i),
$1 \leq i \leq n$, sind **Kernschätzer**. Sie basieren auf einem Kern $k : \mathbb{R}^1 \to \mathbb{R}_+$ (im Falle
$x \in \mathbb{R}^1$) wie z.B. dem **Histogramm-Kern** $k(y) = \frac{1}{2} 1_{[-1,1]}(y)$ oder dem **Gaußkern** $k(y) = \frac{1}{\sqrt{2\pi}} e^{-\frac{1}{2}y^2}$. Durch einen reellen Parameter $h > 0$, die **Bandweite**,
lässt sich aus einem Kern k eine Klasse von Kernen erzeugen

$$k_h(y) := \frac{1}{h} k \left(\frac{y}{h} \right). \tag{1.13}$$

Damit erhalten wir nichtparametrische **Regressionsschätzer**

$$\widehat{f}(x) = \widehat{f_h}(x) = \frac{\frac{1}{n} \sum_{i=1}^{n} k_h(x - x_i) y_i}{\frac{1}{n} \sum_{i=1}^{n} k_h(x - x_i)}. \tag{1.14}$$

$\widehat{f}(x)$ ist ein gewichteter Mittelwert der y_i-Werte zu x_i-Werten in der 'Nähe'
von x. Der Gewichtsfaktor $k_h(x - x_i)$ beschreibt den Einfluss der x_i in der Nähe
von x. Die Nähe hängt einerseits vom Kern ab. Als gravierender stellt sich aber der
Einfluss der Bandweite h heraus. Für kleine Bandweiten h ($h \downarrow 0$) wird nur über
kleine Umgebungen von x gemittelt, der Regressionsschätzer $\widehat{f}(x)$ wird irregulärer
und passt sich mehr den Daten an, für große Bandweiten h wird $\widehat{f}(x)$ glatter und
gibt eine 'weitsichtigere' Interpolation der Daten (vgl. Abbildung 1.7).

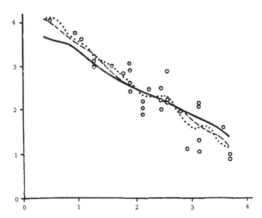

Abbildung 1.7 Regressionsschätzer mit Bandweiten $h = 0,25$ ($\cdots$), $h = 0,5$ ($- - -$) und
$h = 1$ (—).

Für zu kleine Bandweiten h ist der Bias gering aber die Varianz von $\widehat{f}(x)$ groß
und daher die Prognosefähigkeit von $\widehat{f}$ in Frage gestellt, für zu große Bandweiten h

ist die Lage umgekehrt. Dieses ist das berühmte **Bias-Varianz-Dilemma**. Es lässt sich am besten in einem stochastischen Modell für die Daten (x_i, y_i) beschreiben. Dann ist der Schätzfehler gegeben durch $E(\widehat{f}(x) - f(x))^2$. Dieser lässt sich in einem Bias-Term und einen Varianz-Term zerlegen

$$E(\widehat{f}(x) - f(x))^2 = E(\widehat{f}(x) - E\widehat{f}(x))^2 + (E\widehat{f}(x) - f(x))^2. \qquad (1.15)$$

Unter sehr allgemeinen Bedingungen an das stochastische Modell gilt für $n \to \infty$ und $h = h(n) \to 0$, so dass $n \cdot h \to \infty$

$$E\widehat{f}_h(x) \xrightarrow[h \to 0]{} f(x), \qquad (1.16)$$

d.h. der Bias-Term $(E\widehat{f}_h(x) - f(x))^2$ ist klein für (nicht zu) kleines h, aber der Varianzterm $E(\widehat{f}_h(x) - E\widehat{f}(x))^2$ ist groß für kleines h. Umgekehrt ist für 'große' Bandweite h der Varianzterm klein, dafür aber der Bias-Fehler groß.

Ein wichtiges Problem bei der Anwendung von nichtparametrischen Regressionsschätzern ist daher die Wahl einer geeigneten Bandweite h.

1.2 Mathematische Statistik – Entscheidung unter Unsicherheit

Zentrale Aufgabe der mathematischen Statistik ist es, geeignete statistische Modelle für ein Experiment zu konstruieren und zu evaluieren und basierend auf diesen Modellen geeignete statistische Verfahren zu konstruieren und zu bewerten. Ziel dieser Verfahren ist es, Entscheidungen unter Unsicherheit zu treffen und deren Risiko zu beschreiben. Im Folgenden behandeln wir einige Beispiele, um die Vielfalt dieser Fragestellung aufzuzeigen.

1.2.1 Ein Auswahlproblem

Zwei Zettel tragen die Zahlen x bzw. y und werden vermischt. Einem 'Spieler' dem die Zahlen x und y nicht bekannt sind, wird ein Zettel (zufällig ausgewählt) angeboten. Er kann den nun zufälligen Inhalt X dieses Zettels, $P(X = x) = P(X = y) = \frac{1}{2}$, akzeptieren oder zu dem Angebot Y des anderen Zettels wechseln und muss dann diesen akzeptieren. Sein Ziel ist es, mit möglichst großer Wahrscheinlichkeit eine Entscheidung für die größere der beiden Zahlen zu treffen.

Eine natürliche Frage ist es, ob der Spieler eine Entscheidungsregel finden kann, die ihm mit größerer Wahrscheinlichkeit als $\frac{1}{2}$, also bei zufälliger Auswahl, basierend auf der Kenntnis von X den größeren Gewinn sichert.

Die Unsicherheit in diesem Entscheidungsproblem wird durch das statistische Modell $\{P_{x,y}; x, y \in \mathbb{R}, x \neq y\}$ beschrieben mit $P_{x,y}(\{X = x\}) = P_{x,y}(\{X = y\}) = \frac{1}{2}$ und $P_{x,y}(\{Y = y \mid X = x\}) = P_{x,y}(\{Y = x \mid X = y\}) = 1$. Es gilt auch $P_{x,y}(\{Y = x\}) = P_{x,y}(\{Y = y\}) = \frac{1}{2}$.

Gibt es ein Entscheidungsverfahren $d : \mathbb{R} \to \{0, 1\}$ mit $d(X) = 0 \simeq$ Entscheidung für X, $d(X) = 1 \simeq$ Entscheidung für Y, so dass die Erfolgswahrscheinlichkeit E_d größer als $\frac{1}{2}$ ist:

$$
\begin{aligned}
E_d &= P(d(X) = 0, X > Y) + P(d(X) = 1, X < Y) \\
&> \frac{1}{2}.
\end{aligned}
\tag{1.17}
$$

Es ist überraschend, dass die Antwort auf diese Frage positiv ist. Eine Lösung basiert auf einem randomisierten Entscheidungsverfahren. Sei Z eine Zufallsvariable mit positiver Dichte $f > 0$ auf $\mathbb{R}$, stochastisch unabhängig von X, Y; z.B. sei Z normalverteilt, $Z \sim N(\mu, 1)$. Wir nennen Z eine 'Splitvariable' und definieren die Entscheidungsregel

$$
d(x) = \begin{cases} 1, & x \leq Z, \\ 0, & x > Z. \end{cases}
\tag{1.18}
$$

Dann gilt

$$
\begin{aligned}
E_d &= P(d(X) = 1_{\{Y \geq X\}}) \\
&= P(X \geq Z, X \geq Y) + P(X < Y, X < Z) \\
&= \frac{1}{2}(P(X, Y < Z) + P(X, Y \geq Z)) + P(X < Z \leq Y) + P(Y < Z \leq X) \\
&= \frac{1}{2} + \frac{1}{2}(P(X < Z \leq Y) + P(Y < Z \leq X)).
\end{aligned}
\tag{1.19}
$$

Es ist also

$$
E_d - \frac{1}{2} = \frac{1}{2} P(Z \text{ ist ein Split von } X, Y) > 0,
\tag{1.20}
$$

da Z eine überall positive Dichte hat. Für jede Splitstrategie ist also die Erfolgswahrscheinlichkeit größer als $\frac{1}{2}$. Hat man keine weiteren Informationen, so gibt es keine Möglichkeit einen 'guten' oder 'optimalen' Split auszuwählen.

Hat man zusätzliche Informationen über die Verteilung von (X, Y), so lässt sich ein guter Split konstruieren und die Erfolgswahrscheinlichkeit vergrößern. Ist der bedingte Median $m_x = \text{med}(Y \mid X = x)$ bekannt, dann ist $Z = m_X = \text{med}(Y \mid X)$ ein optimaler Split. Es gilt für eine Entscheidungsregel d

$$
\begin{aligned}
E_d &= P(d(X) = 1_{(Y \geq X)}) \\
&= P(d(X) = 1, Y \geq X) + P(d(X) = 0, Y < X) \\
&= \int (d(X)1_{(Y \geq X)} + (1 - d(X))1_{(Y < X)}) dP \\
&= \int d(X)(1_{(Y \geq X)} - 1_{(Y < X)}) dP + P(Y < X) \\
&= \int d(x)(P(Y \geq x \mid X = x) - P(Y < x \mid X = x)) dP^X(x) + P(Y < X).
\end{aligned}
\tag{1.21}
$$

Es gilt:
$$P(Y \geq x \mid X = x) - P(Y < x \mid X = x)$$
ist ≥ 0 wenn $x \leq m_x$ und ≤ 0 wenn $x > m_x$.

Daraus folgt, dass

$$d^*(x) = \begin{cases} 1, & \text{für } x \leq m_x, \\ 0, & \text{für } x > m_x, \end{cases} \tag{1.22}$$

eine **optimale Entscheidungsfunktion** ist, d.h. die Erfolgswahrscheinlichkeit E_{d^*} ist maximal.

Sind X, Y stochastisch unabhängig, ist $P^X = P^Y = Q$ stetig und $c = m_X = \text{med}(Q)$, dann gilt

$$E_{d^*} = \frac{3}{4}. \tag{1.23}$$

Mit Wahrscheinlichkeit $\frac{3}{4}$ lässt sich die größere Zahl finden. Der Median $Z = \text{med}(Q)$ ist eine optimale Split-Variable. In der in diesem Beispiel vorliegenden Entscheidungssituation unter Unsicherheit ist es möglich eine 'optimale' Entscheidung zu treffen und Erfolgs-/Misserfolgswahrscheinlichkeit genau zu quantifizieren.

1.2.2   Zufällige Folgen

a) Musterverteilungen

Gegeben sei eine 0-1-Folge $x_1, \ldots, x_n$. Gesucht ist eine Entscheidungsverfahren um festzustellen, ob die Folge zufällig erzeugt ist, d.h. die Realisierung eines Bernoulliexperiments $P = \otimes_{i=1}^n \mathcal{B}(1, \frac{1}{2})$ ist. Die Idee eines solchen Testverfahrens ist es, zu prüfen, ob geeignete Muster in $x_1, \ldots, x_n$ in der Häufigkeit vorhanden ist, die man in einer Bernoullifolge erwarten würde.

Bezeichne etwa R_n die **Anzahl der Runs** in der 0-1-Folge $x_1, \ldots, x_n$, d.h. die Anzahl der Wechsel von 0- und 1-Sequenzen. Z.B. hat die Folge 1100010000110 eine Anzahl von 6 Runs. Die **maximale Runlänge M_n** ist 4. Ein geeigneter Test zur Überprüfung der Hypothese, dass $x_1, \ldots, x_n$ Realisierungen eines Bernoulliexperimentes sind ist es, die beobachteten Runzahlen r_n und m_n mit den Verteilungen von R_n, M_n im Bernoulli-Fall zu vergleichen.

Wir betrachten z.B. die folgenden 0-1-Folgen x, y der Länge $n = 36$. Welche der beiden Folgen ist zufällig erzeugt? Eine von ihnen stammt aus einem echten Zufallsgenerator, die andere Folge ist z.B. eine 'ausgedachte Zufallsfolge'.

$$x = 111001100010010101000001001100001110$$
$$y = 101011010011000101100110010110101011$$

Um die zufällige Folge zu identifizieren bestimmen wir die maximalen Runlängen und die Anzahl der Runs, $M_n(x) = 5$, $R_n(x) = 18$, $M_n(y) = 3$, $R_n(y) = 25$. Wir vergleichen diese mit der Verteilung von R_n, M_n unter der Hypothese. Die Verteilung der maximalen Runlänge M_n (vgl. Abbildung 1.8) und der Anzahl der Runs

R_n (vgl. Abbildung 1.9) einer Bernoullifolge hat die folgende Form (Simulation mit 10.000 Wiederholungen, Länge $n = 36$).

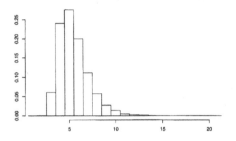

Abbildung 1.8 Dichte der maximalen Runlänge M_n

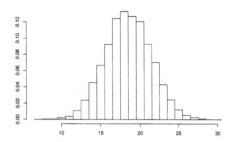

Abbildung 1.9 Dichte der Anzahl der Runs R_n

Es stellt sich heraus, dass $R_n(y)$ zu groß und $M_n(y)$ zu klein ist, während $R_n(x)$ und $M_n(x)$ in den zentralen Bereich der Verteilung unter der Hypothese fällt. Unsere Entscheidung lautet daher: x stammt aus dem echten Zufallsgenerator; die Folge y ist dagegen nicht zufällig konstruiert.

b) χ^2-Test

Sei nun allgemeiner $X_1, \ldots, X_n$ eine zufällige, stochastisch unabhängige, identisch verteilte (iid) Folge mit Werten in $\{1, \ldots, k\}$ mit $P(X_i = s) = p_s$, $1 \leq s \leq k$. Um zu prüfen, ob eine vorliegende Folge $x_1, \ldots, x_n$ Realisierung einer solchen stochastischen Folge ist, betrachten wir $Z_s := \sum_{i=1}^{n} 1_{\{s\}}(X_i)$, die Anzahl der Beobachtungen von Kategorie s. Unter der Hypothese zufälliger Folgen ist $EZ_s = np_s$. Die χ^2-Statistik

$$V_n = \sum_{s=1}^{k} \frac{(Z_s - np_s)^2}{np_s} \tag{1.24}$$

ist ein gewichteter Vergleich der Anzahlen Z_s zu deren erwarteten Anzahlen.

Mit $(Z_s - np_s)^2 = Z_s^2 - 2np_s Z_s + n^2 p_s^2$, $\sum_{s=1}^{k} Z_s = n$, $\sum_{i=1}^{k} p_i = 1$ folgt

$$V_n = \frac{1}{n} \sum_{s=1}^{k} \frac{Z_s^2}{p_s} - n. \tag{1.25}$$

Aus dem zentralen Grenzwertsatz für (schwach abhängige) Folgen erhält man

$$P^{V_n} \xrightarrow{\mathcal{D}} \chi_{k-1}^2, \tag{1.26}$$

d.h. V_n konvergiert in Verteilung gegen eine χ^2-Verteilung mit $k-1$ Freiheitsgraden. Sei für $\alpha \in (0,1)$ $\quad \chi_{k-1,\alpha}^2$ das α-Fraktil der χ_{k-1}^2-Verteilung, d.h. $P(Z \in [\chi_{k-1,\alpha}^2, \infty)) = \alpha$ für $Z \sim \chi_{k-1}^2$. Dann gilt unter der Hypothese

$$P(V_n \geq \chi_{k-1,\alpha}^2) \to P(Z \geq \chi_{k-1,\alpha}^2) = \alpha. \tag{1.27}$$

Typischerweise wird das Fehlerniveau α klein gewählt, z.B. $\alpha = 0,01$ oder $0,05$.

Sei v_n der beobachtete Wert von V_n. Der χ^2-Test lehnt die Hypothese, dass $x_1, \ldots, x_n$ aus einer zufälligen iid Folge ist ab, wenn $v_n \geq \chi^2_{k-1,\alpha}$ ist. Die Fehlerwahrscheinlichkeit für diese Entscheidung ist (approximativ) nur α.

Die Größe

$$p = \chi^2_{k-1}([v_n, \infty)) \tag{1.28}$$

heißt p-**Wert** unseres Tests. Ist p sehr klein, z.B. $p = 0,01$, so spricht das stark gegen die Hypothese; die Abweichungen der Z_s von den erwarteten Häufigkeiten sind zu groß. Ist der p-Wert sehr groß, z.B. $p = 0,99$, so spricht das aber ebenfalls stark gegen die Hypothese einer zufälligen Folge. Die Abweichungen von den Erwartungswerten sind zu klein.

Beispiel 1.2.1 (n-maliger Wurf von 2 Würfeln)

Für den Wurf von 2 fairen Würfeln X_1 und Y_1 gilt mit $P(X_1 = s) = \frac{1}{6}$, $1 \leq s \leq 6$ und $p_s = P(X_1 + Y_1 = s)$

s	2	3	4	5	6	7	8	9	10	11	12
p_s	$\frac{1}{36}$	$\frac{1}{18}$	$\frac{1}{12}$	$\frac{1}{9}$	$\frac{5}{36}$	$\frac{1}{6}$	$\frac{5}{36}$	$\frac{1}{9}$	$\frac{1}{12}$	$\frac{1}{18}$	$\frac{1}{36}$

Ein Experiment mit $n = 144$ Würfen von 2 Würfeln liefert

s	2	3	4	5	6	7	8	9	10	11	12
Z_s	2	4	10	12	22	29	21	15	14	9	6
np_s	4	8	12	16	20	24	20	16	12	8	4

Es ergibt sich $V_n = \sum_{s=2}^{12} \frac{(Z_s - np_s)^2}{np_s} = 7\frac{7}{48}$. Einige α-Fraktile der χ^2_{10}-Verteilung ersieht man aus folgender Tabelle

α	0,99	0,95	0,75	0,5	0,25	0,05	0,001
$\chi^2_{10,\alpha}$	2,56	3,94	6,74	9,34	12,55	18,31	23,21

Das Experiment ist mit der Verteilung verträglich. Wir können die Hypothese 'fairer Würfel' nicht ablehnen. Zwei weitere Experimente mit 'Zufallszahlengeneratoren' ergeben

s	2	3	4	5	6	7	8	9	10	11	12
1	4	10	10	13	20	18	18	11	13	14	13
2	3	7	11	15	19	24	21	17	13	9	5

Die zugehörigen χ^2-Statistiken sind $V_n^1 = 29\frac{59}{120}$, $V_n^2 = 1\frac{17}{20}$. Die zugehörigen p-Werte sind $\chi^2_{10}([v_n^1, \infty)) = 0,001$, $\chi^2_{10}([0, v_n^2]) = 0,00003$. v_n^1 ist zu groß, so dass wir die Hypothese ablehnen. v_n^2 ist zu klein; die Folge ist nicht zufällig genug. Wir lehnen ebenfalls die Hypothese ab.

Der obige χ^2-Test basiert auf dem Vergleich der Häufigkeiten Z_s mit den erwarteten Anzahlen np_s für Kategorie s. Er kann also nur Abweichungen von den Wahrscheinlichkeiten p_s entdecken. Möchte man Abweichungen der Folge $x_1, \ldots, x_n$

von der Unabhängigkeitsannahme überprüfen, so kann man z.B. die Daten gruppieren zu $(x_1, x_2), (x_3, x_4), \ldots$ und mit dem χ^2-Test überprüfen ob die Häufigkeiten für Paarereignisse mit den Wahrscheinlichkeiten $p_{ij} = p_i p_j$ im Einklang sind. Es gibt viele einfallsreiche Mustervorschläge für solche Vergleiche, z.B. den Pokertest, der Muster aus dem Pokerspiel (Drillinge, Flush, Full House, ...) verwendet und deren Wahrscheinlichkeiten mit den beobachteten Häufigkeiten vergleicht.

c) Kolmogorov-Smirnov-Test

Um zu prüfen, ob eine Datenfolge $x_1, \ldots, x_n$ Realisierung einer iid Folge $X_1, \ldots, X_n$ mit Verteilungsfunktion F ist betrachten wir die empirische Verteilungsfunktion

$$\widehat{F}_n(x) = \frac{1}{n} \sum_{i=1}^{n} 1_{(-\infty, x]}(x_i). \tag{1.29}$$

$\widehat{F}_n(x)$ ist ein Schätzer für $F(x)$. Wir betrachten die Statistiken

$$
\begin{aligned}
K_n^+ &:= \sqrt{n} \max_n (\widehat{F}_n(x) - F(x)) \\
K_n^- &:= \sqrt{n} \max_n (F(x) - \widehat{F}_n(x))
\end{aligned}
\tag{1.30}
$$

und

$$K_n = \max(K_n^+, K_n^-) = \sqrt{n} \max |\widehat{F}_n(x) - F(x)|, \tag{1.31}$$

Kolmogorov und Smirnov haben für stetige Verteilungsfunktionen F gezeigt:

$$K_n^+ \xrightarrow{\mathcal{D}} K_\infty^+ \tag{1.32}$$

mit $F_{K_\infty^+}(x) = 1 - e^{-2x^2}$, $x \geq 0$, die Kolmogorov-Smirnov-Verteilung. Wie in a) und b) vergleicht der Kolmogorov-Smirnov-Test den Wert der Statistik K_n^+ mit dem α-Fraktil der Kolmogorov-Smirnov-Verteilung.

1.2.3   Bildverarbeitung und Bilderkennung

a) Bildverarbeitung

Wir betrachten ein Bild B mit Graustufenwerten $0 = $ schwarz, $1, 2, \ldots, 255 = $ weiß. Jedes Pixel repräsentiert einen Graustufenwert, d.h. $B \in \{0, \ldots, 255\}^{n \times m}$. $n \times m$ beschreibt das Format des Bildes, z.B. 500×500. Wir betrachten $B = (b_{ij})$ als Ergebnis eines Zufallsprozesses mit diskreter empirischer Dichte f und empirischer Verteilungsfunktion $H(s)$.

Für eine reelle Zufallsvariable X mit stetiger Verteilungsfunktion $F = F_X$ ist die Transformation

$$Y = F(X) \tag{1.33}$$

Abbildung 1.10 Graustufenverteilung:
empirische Dichte f

Abbildung 1.11 Graustufenverteilung:
empirische Verteilungsfunktion H (geglättet)

eine auf $[0,1]$ gleichverteilte Zufallsvariable, denn für $x \in (0,1)$ gilt

$$P(Y \leq x) = P(F(X) \leq x)$$
$$= P(X \leq F^{-1}(x)) = F(F^{-1}(x)) = x.$$

Für eine nicht stetig verteilte Zufallsvariable X ist die Transformation $Y = F(X)$ nur annähernd gleichverteilt. Sei nun X eine Zufallsvariable mit $F_X = H$, d.h. X repräsentiert die Graustufenverteilung des Bildes B. Dann liefert $s \xrightarrow{h}$ $[255 \cdot H(s)]$ eine angenäherte Gleichverteilung der Graustufenwerte

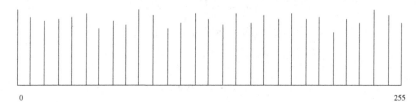

0   255

Abbildung 1.12 Graustufenwerte

Die Transformation der Graustufen (Farben) des Bildes B

$$B \longrightarrow \widehat{B} = (h(b_{ij})) = \widehat{B}_h \qquad (1.34)$$

liefert ein deutlich verbessertes Bild mit einer Verstärkung der Kontraste. Dieses ist eine vielfach verwendete Methode der Bildverarbeitung, die z.B. bei Nachtsichtgeräten Verwendung findet. Das folgende Beispiel einer Luftaufnahme einer Stadt (Straßburg) mittels Aufnahme aus einem Weltraumsatelliten (vgl. Abbildung 1.13) zeigt eindrücklich die erzielte Verbesserung der Kontraststruktur (vgl. Abbildung 1.14).

Grundlage dieser Methode der Bildverarbeitung ist das einfache Transformationsresultat in (1.33) für die Verteilung der Graustufenwerte.

b) Bilderkennung

Ein Bild B_0, z.B. das Bild einer Person, soll in einer großen Datenbank gefunden werden. Dieses geschieht, indem für eine große Anzahl von Bildern B aus der Datenbank das Testproblem mit den Hypothesen $H_0 : B = B_0$, $H_1 : B \neq B_0$ gelöst

Abbildung 1.13 Satellitenbild von
Straßburg, nicht transformiert[1]

Abbildung 1.14 Satellitenbild von
Straßburg, transformiert[1]

wird. Die Bilder B, die durch den Test nicht abgelehnt werden, sind mögliche Kandidaten.

Zur Konstruktion eines Anpassungstests für H_0 ist es grundlegend, eine **Datenreduktion** durch die Auswahl geeigneter Merkmale vorzunehmen. Für praktische Zwecke werden diese z.B. rotationsinvariant gewählt um die Person auch in unterschiedlichen Position zu erkennen.

Seien $T(B) = (T_1(B), \ldots, T_k(B))$ k geeignete Merkmale (z.B. Breite des Augenabstandes, Länge der Nase, … bei Personenbildern). Das gesuchte Bild B_0 habe den bekannten Merkmalsvektor $t = T(B_0) = (t_1, \ldots, t_k)$. Wir treffen (basierend auf historischen Daten) die Annahme, dass $T(B)$ multivariat normalverteilt ist mit bekannter Kovarianzmatrix Σ, $T(B) \sim N(\mu, \Sigma)$. Das Testproblem reduziert sich dann auf die Hypothesen

$$H_0 : \mu = t, \quad H_1 : \mu \neq t. \tag{1.35}$$

Als Teststatistik verwenden wir den normierten Abstand von $T(B)$ zu t

$$S := (T(B) - t)^\top \Sigma^{-1} (T(B) - t). \tag{1.36}$$

Unter der Nullhypothese H_0 ist

$$Y = \Sigma^{-\frac{1}{2}} (T(B) - t) \sim N(0, I_k). \tag{1.37}$$

Hieraus folgt, dass

$$S = Y^\top Y = \sum_{i=1}^{k} Y_i^2 \sim \chi_k^2,$$

S ist χ_k^2-verteilt. Damit können wir als Bilderkennungstest den folgenden Test verwenden:

$$\varphi(B) = \begin{cases} 1, \\ 0, \end{cases} \quad S \begin{array}{c} \geq \\ < \end{array} \chi_{k,\alpha}^2, \tag{1.38}$$

wobei $\chi_{k,\alpha}^2$ das α-Fraktil der χ_k^2-Verteilung ist.

---

[1]Quelle: C. Dupuis: How calculators and computers change the field of problems in teaching statistics, in: *Teaching of Statistics in the Computer Age*, L. Råde and T. Speed (eds.); ISBN: 91-44-23631-X; 1985, 45–59, Figures 10a and 10b

φ ist ein Test zum Niveau α; d.h. wenn $B \widehat{=} B_0$ ist, dann wird das mit einer Fehlerwahrscheinlichkeit $\leq \alpha$ nicht erkannt. Ist die Kovarianzmatrix Σ in obigem Normalverteilungsmodell nicht bekannt, so ersetzt man Σ in der Teststatistik durch einen Schätzer $\widehat{\Sigma}$ von Σ (**plug-in-Methode**) und kann den Test in ähnlicher Form durchführen. Auf Testverfahren, die ähnlich zu dem obigen aufgebaut sind, basieren viele der sehr schnellen und effektiven Suchverfahren für Bilder im Internet. Sie werden noch gekoppelt mit Indikatoren für interessante Links und Seiten, wo das gesuchte Bild mit größerer Wahrscheinlichkeit zu finden ist. Diese Seiten werden zuerst abgesucht und getestet.

Kapitel 2

Statistische Entscheidungstheorie

Mit der Einordnung der mathematischen Statistik in die statistische Entscheidungstheorie von Wald (1949) wurde ein mathematischer Rahmen geschaffen in den sich die klassischen Themen der Statistik, Tests, Schätzer, Konfidenzbereiche, Klassifikation usw. gut einordnen lassen. Zentrale Grundbegriffe sind das statistische Modell, Entscheidungsfunktion und Risikofunktion. Es ergibt sich in natürlicher Weise ein Zusammenhang zur Spieltheorie und den Lösungskonzepten der Bayes- und Minimax-Verfahren. In diese Zusammenhänge soll in diesem Kapitel eingeführt werden.

2.1 Statistisches Entscheidungsproblem

In diesem Abschnitt führen wir die Grundbegriffe der statistischen Entscheidungstheorie – das statistische Modell, die Entscheidungsfunktion und die Risikofunktion – ein und ordnen die klassischen Themen der Statistik – die Test- und Schätztheorie und die Konfidenzbereiche – in diesen Rahmen ein.

Zentral für die mathematische Statistik ist die Modellierung eines Experimentes durch ein statistisches Modell.

Definition 2.1.1
$\mathcal{E} = (\mathfrak{X}, \mathcal{A}, \mathcal{P})$ *heißt statistisches Modell (Experiment), falls* $(\mathfrak{X}, \mathcal{A})$ *ein Messraum und* $\mathcal{P} \subset \mathrm{M}^1(\mathfrak{X}, \mathcal{A})$ *eine Klasse von Wahrscheinlichkeitsverteilungen auf dem Stichprobenraum* $(\mathfrak{X}, \mathcal{A})$ *ist. In Kurzform heißt auch* $\mathcal{P}$ **statistisches Modell** *auf* $(\mathfrak{X}, \mathcal{A})$.

Bemerkung 2.1.2
a) Typischerweise ist $\mathcal{P} = \{P_\vartheta; \ \vartheta \in \Theta\}$. Θ *heißt Parameterraum oder Parametermenge. Für* $\Theta \subset \mathbb{R}^k$ *spricht man von einem parametrischen Modell; sonst für große Klassen* Θ *von einem nichtparametrischen Modell.*

b) *In der Literatur findet man oft folgende Beschreibung mit Hilfe von Zufallsvariablen. Das Zufallsexperiment findet in dem Grundraum $(\Omega, \mathcal{B})$ statt versehen
mit einer Klasse von Verteilungen $\mathcal{Q} = \{Q_\vartheta; \ \vartheta \in \Theta\} \subset M^1(\Omega, \mathcal{B})$. Beobachtet
wird die Realisierung $x = X(\omega)$ einer Zufallsvariablen*

$$X : (\Omega, \mathcal{B}) \to (\mathfrak{X}, \mathcal{A})$$

*mit $Q_\vartheta^X = P_\vartheta$, $\vartheta \in \Theta$. $\omega \in \Omega$ ist dann das Ereignis des Zufallsexperiments. Wir
werden diese Darstellung jedoch nur gelegentlich nutzen.*

c) *Grundlegend für die mathematische Statistik ist: Das Experiment wird durch
ein Wahrscheinlichkeitsmaß beschrieben. Dieses ist jedoch nur bis auf einen
Parameter $\vartheta \in \Theta$ bekannt.*

Beispiel 2.1.3
a) *Messungen:*
   *Im Grundraum $(\mathfrak{X}, \mathcal{A}) = (\mathbb{R}^n, \mathbb{B}^n)$ stellt die Versuchsreihe $x = (x_1, \ldots, x_n)$ eine
   Reihe von Messungen dar. Nimmt man an, dass die einzelnen Messungen un-
   abhängig sind, so ist es durch den zentralen Grenzwertsatz häufig wohlbegründet,
   von normalverteilten Messfehlern auszugehen.*

   1. **Zeitunabhängige Messungen:** *Bei einer zeitunabhängigen Messreihe sei
      das statistische Modell gegeben durch*

      $$P_\vartheta := N(\mu, \sigma^2)^{(n)}, \quad \vartheta = (\mu, \sigma^2) \in \Theta = \mathbb{R} \times \mathbb{R}_+.$$

      *Die Aufgabe besteht darin den fundamentalen Parameter μ und die Messun-
      genauigkeit σ^2 zu schätzen.*

   2. **Lineare Regression:** *Zu gegebenen Zeiten $0 \leq t_1 \leq \cdots \leq t_n$. Sei $P_\vartheta :=
      \bigotimes_{j=1}^n N(\mu + \tau t_j, \sigma^2)^{(n)}$, $\vartheta = (\mu, \tau, \sigma^2) \in \Theta = \mathbb{R} \times \mathbb{R} \times \mathbb{R}_+$. Zu schätzen sind
      wieder der Parameter ϑ oder Funktionale des Parameters.*

b) **Wechselkurse (Euro – Dollar):**
   *Betrachte den positiven Logarithmus der täglichen Wechselkurse. Ein gutes Mo-
   dell hierfür ist die Weibull-Verteilung mit Dichte $f_\vartheta(x) = \lambda \alpha x^{\alpha-1} e^{-\lambda x^\alpha}$ und
   Verteilungsfunktion $F_\vartheta(x) = 1 - e^{-\lambda x^\alpha}$. Zu schätzen ist $\vartheta = (\lambda, \alpha) \in \Theta =
   \mathbb{R}_+ \times \mathbb{R}_+$. Es zeigt sich empirisch, dass durch dieses Modell mit unterschiedli-
   chen Parametern α_+, λ_+ für die positive Wechselkursänderungen und α_-, λ_-
   für die negativen Wechselkursänderungen eine gute Modellierung gegeben wird.*

c) **Stichprobentheorie:**
   *In manchen statistischen Anwendungen wird ein Modell künstlich erzeugt. Ein
   Beispiel hierfür ist die Stichprobentheorie. Sei x_i das Jahreseinkommen von
   Person i, $1 \leq i \leq N$. Hierbei ist N eine sehr große Zahl. Um das mittlere
   Jahreseinkommen $\mu = \frac{1}{N} \sum_{i=1}^{N} x_i$ zu schätzen wird eine Stichprobe vom Umfang
   $n \ll N$ genommen, d.h. $U_1, \ldots, U_n$ sind iid gleichverteilt auf $x_1, \ldots, x_N$. $\widehat{\mu}_n =$*

$\frac{1}{n}\sum_{i=1}^{n} U_i$, *das empirische Stichprobenmittel ist ein geeigneter Schätzer für μ.*
Es gilt:

$$\mathrm{E}\widehat{\mu}_n = \frac{1}{n}\sum_{i=1}^{n} \mathrm{E}U_i = \mathrm{E}U_1 = \frac{1}{N}\sum_{i=1}^{N} x_i = \mu, \tag{2.1}$$

$$\mathrm{Var}\widehat{\mu}_n = \frac{N-n}{N-1}\frac{\tau^2}{n}, \quad \tau^2 := \frac{1}{N}\sum_{i=1}^{N}(x_i-\mu)^2. \tag{2.2}$$

Entscheidungsraum, Entscheidungsfunktionen

Basierend auf einer Beobachtung $x \in \mathfrak{X}$ wird eine Entscheidung bzgl. ϑ getroffen.
Der Entscheidungsraum $(\Delta, \mathcal{A}_\Delta)$ ist ein Messraum mit $\{a\} \in \mathcal{A}_\Delta$ für alle $a \in \Delta$.

Definition 2.1.4 (statistisches Entscheidungsproblem)
Seien $\mathcal{E} = (\mathfrak{X}, \mathcal{A}, \mathcal{P})$ ein statistisches Experiment und $(\Delta, \mathcal{A}_\Delta)$ ein Entscheidungs-
raum.

a) $\mathrm{D} := \{d : (\mathfrak{X}, \mathcal{A}) \to (\Delta, \mathcal{A}_\Delta)\}$ *heißt **Menge der nichtrandomisierten Ent-***
***scheidungsfunktionen**.*

*b) Eine **(randomisierte) Entscheidungsfunktion** δ ist ein Markovkern von $\mathfrak{X}$*
nach Δ, d.h. $\delta : \mathfrak{X} \times \mathcal{A}_\Delta \to [0,1]$ ist eine Abbildung so dass

$$\forall A \in \mathcal{A}_\Delta : \ \delta(\cdot, A) \ ist \ \mathcal{A} - \mathbb{B}^1\text{-}messbar$$
$$\forall x \in \mathfrak{X} : \quad \delta(x, \cdot) \in \mathrm{M}^1(\Delta, \mathcal{A}_\Delta).$$

$\mathcal{D} := \{\delta; \ \delta \ ist \ randomisierte \ Entscheidungsfunktion\}.$

c) $\mathrm{L} : \Theta \times \Delta \to \overline{\mathbb{R}}_+$ *heißt **Verlustfunktion**, wenn für alle $\vartheta \in \Theta$:*

$$\mathrm{L}(\vartheta, \cdot) : \ (\Delta, \mathcal{A}_\Delta) \to (\mathbb{R}_+, \overline{\mathbb{B}}_+).$$

$\mathrm{L}(\vartheta, a)$ *entspricht dem Verlust bei Entscheidung für $a \in \Delta$ bei Vorliegen von*
$\vartheta \in \Theta$.

d) $(\mathcal{E}, \Delta, \mathrm{L})$ *heißt **statistisches Entscheidungsproblem**, wenn*

- *$\mathcal{E}$ ein statistisches Experiment,*
- *$(\Delta, \mathcal{A}_\Delta)$ ein Entscheidungsraum und*
- *L eine Verlustfunktion ist.*

Bemerkung 2.1.5
a) $\delta(x, A)$ ist die Wahrscheinlichkeit für die Entscheidung für $A \in \mathcal{A}_\Delta$ bei Beob-
achtung von $x \in \mathfrak{X}$.

Sei ϑ der unbekannte Zustand des Modells. Dann ergibt sich der folgende Ablauf:

Experiment $\rightarrow$ Beobachtung x als Ergebnis des Experiments (nach P_ϑ verteilt)
$\rightarrow$ Entscheidung für $a \in \Delta$ ($a = d(x)$ oder nach $\delta(x, \cdot)$ verteilt)
$\rightarrow$ Verlust $L(\vartheta, a)$

b) *Zu $d \in D$ definiere*

$$\delta_d(x, A) := \varepsilon_{\{d(x)\}}(A) = \begin{cases} 1, & d(x) \in A, \\ 0, & d(x) \notin A. \end{cases}$$

Die Abbildung $D \hookrightarrow \mathcal{D}$ ist eine injektive Einbettung.
$\qquad\qquad\qquad d \rightarrow \delta_d$

Damit reicht es, randomisierte Entscheidungsfunktionen zu betrachten.

Die Standardentscheidungsprobleme der Statistik werden in dem folgenden Beispiel eingeführt.

Beispiel 2.1.6 (Standardentscheidungsprobleme der Statistik)
a) Schätzproblem:
Sei $(\Delta, \|\cdot\|)$ ein normierter Raum (typischerweise $\mathbb{R}^k$ oder L^p), $\mathcal{A}_\Delta = \mathcal{B}(\Delta)$, $g : \Theta \rightarrow \Delta$.
Aufgabe: Schätze $g(\vartheta)$.
Oft verwendete Verlustfunktionen sind für $\vartheta \in \Theta$, $a \in \Delta$, $0 < r < \infty$, $\varepsilon > 0$:

- $L_r(\vartheta, a) := \|a - g(\vartheta)\|^r$. L_1 heißt **Laplace-Verlust**, L_2 **Gauß-Verlust**.

- $L_\varepsilon(\vartheta, a) := \begin{cases} 1, & \|a - g(\vartheta)\| > \varepsilon, \\ 0, & \|a - g(\vartheta)\| \leq \varepsilon, \end{cases}$ heißt **0-1-Verlust**.

$(\mathcal{E}, g, L)$ heißt **Schätzproblem**.

b) Konfidenzbereich:
Sei $(\Gamma, \mathcal{A}_\Gamma)$ ein Messraum und $g : \Theta \rightarrow \Gamma$. Dann ist $C : \mathfrak{X} \rightarrow \mathcal{A}_\Gamma$ eine **Bereichsschätzfunktion (Konfidenzbereich)** für g, wenn für alle $\gamma \in \Gamma$:

$$A(\gamma) := \{x \in \mathfrak{X}; \ \gamma \in C(x)\} \in \mathcal{A}.$$

Man bezeichnet $A(\gamma)$ als den **Annahmebereich** von γ.

Für die Bereichsschätzfunktion C gilt mit $\Delta := \mathcal{A}_\Gamma$, $\mathcal{A}_\Delta := \sigma(\{T_\gamma; \ \gamma \in \Gamma\})$, wobei $T_\gamma := \{B \in \mathcal{A}_\Gamma; \ \gamma \in B\}$:

$$C : (\mathfrak{X}, \mathcal{A}) \overset{*}{\rightarrow} (\Delta, \mathcal{A}_\Delta) \Leftrightarrow \forall \gamma \in \Gamma : \{C \in T_\gamma\} = \{x \in \mathfrak{X}; \ \gamma \in C(x)\} \in \mathcal{A}$$
$$\Leftrightarrow C \text{ ist nichtrandomisierte Entscheidungsfunktion.}$$

Oft schränkt man die Entscheidungsfunktionen auf Teilmengen von Γ ein, z.B. auf konvexe oder abgeschlossenen Mengen, Kugeln, Ellipsen oder Intervalle. Eine mögliche Verlustfunktion ist der 0-1-Verlust:

$$L(\vartheta, B) := \begin{cases} 1, & g(\vartheta) \notin B, \\ 0, & g(\vartheta) \in B, \end{cases} \quad \forall \vartheta \in \Theta, \ B \in \Delta$$

$\varphi : \mathfrak{X} \times \Gamma \to [0,1]$ heißt **randomisierte Bereichsschätzfunktion**, falls für alle $\gamma \in \Gamma$ gilt, dass $\varphi(\cdot, \gamma)$ messbar ist. Für $x \in \mathfrak{X}, \gamma \in \Gamma$ lässt sich der Wert $\varphi(x, \gamma)$ interpretieren als die Wahrscheinlichkeit, dass γ überdeckt wird bei Beobachtung von x.

Auch hier lässt sich wieder folgende injektive Einbettung konstruieren: Für jede Bereichsschätzfunktion C definiere

$$\varphi_C(x, \gamma) = 1_{A(\gamma)}(x) = 1_{C(x)}(\gamma).$$

c) **Testproblem:**
Ein Testproblem ist ein Zweientscheidungsproblem definiert durch eine Zerlegung des Parameterraums $\Theta = \Theta_0 + \Theta_1$. Sei $\Delta = \{a_0, a_1\}$, $\mathcal{A}_\Delta = \mathcal{P}(\Delta)$. a_0 bedeutet eine Entscheidung für die **Hypothese** Θ_0. a_1 bedeutet eine Entscheidung für die **Alternative** Θ_1.

Eine Entscheidungsfunktion $\delta : \mathfrak{X} \times \mathcal{A}_\Delta \to [0,1]$ ist eindeutig bestimmt durch

$$\varphi := \delta(\cdot, \{a_1\}) : (\mathfrak{X}, \mathcal{A}) \to ([0,1], [0,1]\mathbb{B}),$$

da $\delta(x, \{a_0\}) = 1 - \delta(x, \{a_1\}) = 1 - \varphi(x)$ gilt.

$\varphi(x) = \delta(x, \{a_1\})$ ist die Wahrscheinlichkeit einer Entscheidung für die Alternative bei Beobachtung von x. Jede solche Abbildung heißt **Test**.

$$\Phi := \{\varphi : (\mathfrak{X}, \mathcal{A}) \to ([0,1], [0,1]\mathbb{B}^1)\}$$

ist die Menge aller Tests.

Für das Testproblem ist die Zuordnung $\mathcal{D} \to \Phi$ bijektiv.
$$\delta \to \varphi_\delta$$

$\varphi \in \Phi$ ist **nichtrandomisierter Test** $\Leftrightarrow \exists A \in \mathcal{A} : \varphi = 1_A$.

Für $L_0, L_1 > 0$ definiert man die **Neyman-Pearson-Verlustfunktion** durch

$$L(\vartheta, a_1) := \begin{cases} 0, & \vartheta \in \Theta_1 \quad \text{richtige Entscheidung,} \\ L_0, & \vartheta \in \Theta_0 \quad \text{Fehler 1. Art,} \end{cases}$$

$$L(\vartheta, a_0) := \begin{cases} 0, & \vartheta \in \Theta_0 \quad \text{richtige Entscheidung,} \\ L_1, & \vartheta \in \Theta_1 \quad \text{Fehler 2. Art.} \end{cases}$$

Konkreter am Beispiel des Experiments $\Theta = \mathbb{R}_+$, $P_\vartheta = N(\vartheta, 1)^{(n)}$, $(\mathfrak{X}, \mathcal{A}) = (\mathbb{R}^n, \mathbb{B}^n)$:

1) Schätzproblem für

$$g : \Theta \to \mathbb{R}_+$$
$$\vartheta \to \vartheta.$$

Mit dem arithmetischen Mittel

$$d(x) := \overline{x}_n := \frac{1}{n} \sum_{i=1}^{n} x_i$$

als Schätzer für g und dem Gauß-Verlust $L(\vartheta, a) = (\vartheta - a)^2$ ergibt sich als Fehler

$$(\overline{x}_n - \vartheta)^2.$$

2) Konfidenzbereich für $g(\vartheta) = \vartheta$:
   Gesucht wird ε, so dass für den Konfidenzbereich C für g,

$$C(x) := [\overline{x}_n - \varepsilon, \overline{x}_n + \varepsilon],$$

   der Fehler $\leq \delta$ ist, d.h. $P_\vartheta(\vartheta \in C(x)) \geq 1 - \delta$.

3) Testproblem:
   Ist $\vartheta \leq 1000$ oder $\vartheta > 1000$?

   Mit den Hypothesen $\Theta_0 = (-\infty, 1000]$, $\Theta_1 = (1000, \infty)$ führt das zu dem Test

$$\varphi(x) := \begin{cases} 1, & \overline{x}_n \geq 1000 + \delta, \\ 0, & \overline{x}_n < 1000 + \delta. \end{cases}$$

Risikofunktion

Als nächstes benötigen wir eine Möglichkeit, den Verlust bzgl. einer Entscheidungsfunktion zu messen.

Definition 2.1.7 (Risikofunktion)
Sei $(\mathcal{E}, \Delta, L)$ ein Entscheidungsproblem.

a) Die Abbildung $R : \Theta \times \mathcal{D} \to [0, \infty)$,

$$R(\vartheta, \delta) := \int_{\mathfrak{x}} \left(\int_\Delta L(\vartheta, y) \, \delta(x, dy) \right) dP_\vartheta(x)$$

*heißt **Risikofunktion**. $R_\delta := R(\cdot, \delta)$ bezeichnet die Risikofunktion von δ als Funktion auf Θ.*

b) Die Menge

$$\mathcal{R} := \{R_\delta; \; \delta \in \mathcal{D}\}$$

*heißt **Risikomenge**.*

Die Risikofunktion R beschreibt den erwarteten Verlust bei Verwendung der Entscheidungsfunktion δ bei Vorliegen von ϑ.

Bemerkung 2.1.8 (Beispiele und Eigenschaften von Risikofunktionen)

a) Ist $\delta = \delta_d$ mit $d \in D$ eine nichtrandomisierte Entscheidungsfunktion, so ist das Risiko

$$R(\vartheta, d) := R(\vartheta, \delta_d) = \int_{\mathfrak{X}} L(\vartheta, d(x)) \, dP_\vartheta(x) = E_\vartheta L(\vartheta, d).$$

b) Für ein **Schätzproblem** mit Gauß-Verlust und $\Delta = \mathbb{R}^1$ gilt für den nichtrandomisierten Schätzer $d \in D$

$$R(\vartheta, d) = \int_{\mathfrak{X}} (d(x) - g(\vartheta))^2 \, dP_\vartheta(x) = E_\vartheta(d - g(\vartheta))^2.$$

c) **Konfidenzbereich:**

Für die Bereichsschätzfunktion C ergibt sich mit 0-1-Verlust:

$$R(\vartheta, C) = P_\vartheta(\{x \in \mathfrak{X}; \, g(\vartheta) \notin C(x)\}).$$

Versucht man diese Funktion für alle $\vartheta \in \Theta$ zu minimieren, so ergibt sich als Lösung $C = \mathfrak{X}$. Um eine nichttriviale Lösung zu erhalten ist eine Möglichkeit, die Größe von $C(x)$ in die Verlustfunktion einzubeziehen. Sei μ ein Größenmaß und $c > 0$ ein Gewichtsfaktor und definiere die Verlustfunktion

$$L(\vartheta, B) := 1_{B^c}(g(\vartheta)) + c\mu(B).$$

Das zugehörige Risiko ist

$$R(\vartheta, C) = P_\vartheta(\{x \in \mathfrak{X}; \, g(\vartheta) \notin C(x)\}) + c\mu(B).$$

d) **Testproblem mit Neyman-Pearson-Verlust:**

Wie in Beispiel 2.1.6 c) gezeigt, gilt $\mathcal{D} \simeq \Phi$. Die Risikofunktion ist

$$R(\vartheta, \varphi) := R(\vartheta, \delta_\varphi) = \begin{cases} L_0 \int \varphi \, dP_\vartheta, & \vartheta \in \Theta_0, \\[2mm] L_1 \int (1 - \varphi) \, dP_\vartheta, & \vartheta \in \Theta_1, \end{cases}$$

denn

$$R(\vartheta, \varphi) = \int_{\mathfrak{X}} \int_\Delta L(\vartheta, y) \delta_\varphi(x, dy) \, dP_\vartheta(x)$$

$$= \int [L(\vartheta, a_1)\varphi(x) + L(\vartheta, a_0)(1 - \varphi(x))] \, dP_\vartheta(x)$$

$$= \begin{cases} L_0 E_\vartheta \varphi, & \vartheta \in \Theta_0 \quad \text{der **Fehler 1. Art**,} \\[2mm] L_1 E_\vartheta(1 - \varphi), & \vartheta \in \Theta_1 \quad \text{der **Fehler 2. Art**.} \end{cases}$$

Das Risiko von φ wird eindeutig bestimmt durch die **Gütefunktion** von φ:

$$\beta = \beta_\varphi, \; \beta(\vartheta) = E_\vartheta \varphi.$$

e) Die Menge $\mathcal{R}$ aller Risikofunktionen ist konvex, da die Menge $\mathcal{D}$ aller Entscheidungsfunktionen konvex ist: Seien $\delta_1, \delta_2 \in \mathcal{D}$. Dann gilt für alle $\alpha \in [0,1]$:

$$\delta := \alpha\delta_1 + (1-\alpha)\delta_2 \in \mathcal{D} \quad \Rightarrow \quad R_\delta = \alpha R_{\delta_1} + (1-\alpha)R_{\delta_2} \in \mathcal{R}.$$

Für den Fall eines einfachen Testproblems

$$\Theta_0 = \{\vartheta_0\}, \quad \Theta_1 = \{\vartheta_1\} \text{ mit Neyman-Pearson-Verlust}$$

mit $L_0 = L_1 = 1$ lässt sich die Risikomenge mit einer konvexen Teilmenge des $\mathbb{R}^2$ identifizieren

$$\mathcal{R} \simeq \{(E_{\vartheta_0}(\varphi), E_{\vartheta_1}(1-\varphi)); \; \varphi \in \Phi\}.$$

$\mathcal{R}$ ist symmetrisch um die Diagonale $\{(\alpha, 1-\alpha); \; \alpha \in [0,1]\}$. $(\alpha, 1-\alpha)$ ist das Risiko von $\varphi_\alpha \equiv \alpha$. Bei gegebenem Fehler 1. Art α minimiert der Test φ^*, so dass $E_{\vartheta_1}(1-\varphi^*)$ dem oberen Schnittpunkt entspricht, den Fehler 2. Art.

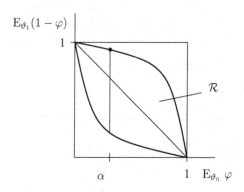

Abbildung 2.1 Risikomenge eines einfachen Testproblems

Beispiel 2.1.9 (Beispiele von Entscheidungsproblemen)
Sei $(\mathfrak{X}, \mathcal{A}) := (\mathbb{R}^n, \mathbb{B}^n)$, $P \in M^1(\mathbb{R}^1, \mathbb{B}^1)$, $\Theta = \mathbb{R}^1$ *und* $\mathcal{P} = \{P_\vartheta; \; \vartheta \in \mathbb{R}^1\}$ *das erzeugte **Lokationsmodell** zu n unabhängigen Beobachtungen mit* $P_\vartheta = (\varepsilon_\vartheta * P)^{(n)}$.

a) **Vergleich von Schätzern und Schätzproblemen:** *Zu schätzen ist* $\vartheta \in \Theta :=$ $\mathbb{R}$ *mit Gauß-Verlust. Wir behandeln drei Beispielklassen.*

    1. $P = N(0, \sigma_0^2)$ *also* $P_\vartheta = N(\vartheta, \sigma_0^2)^{(n)}$ *ein normalverteiltes Modell*

    2. $P = U(-a, a)$ *also* $P_\vartheta = U(-a + \vartheta, a + \vartheta)^{(n)}$ *ein gleichverteiltes Modell und*

    3. $P = \mathcal{C}(0, 1)$ *also* $P_\vartheta = \mathcal{C}(\vartheta, 1)^{(n)}$ *ein Cauchy-Verteilungs-Modell.*

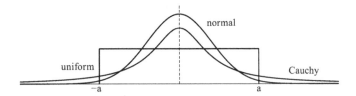

Abbildung 2.2 uniforme, Normal- und Cauchy-Verteilung

Drei Standardschätzverfahren für den Lageparameter ϑ sind

$d_1(x) = \overline{x}_n = \frac{1}{n} \sum_{i=1}^n x_i$ *das arithmetische Mittel,*

$d_2(x) = \frac{1}{2}(x_{(1)} + x_{(n)})$ *mit den Ordnungsstatistiken $x_{(1)} \leq \cdots \leq x_{(n)}$ und*

$d_3(x) = m_n(x)$ *der **Median** der (x_i).*

Zum Vergleich von Problem 1. und 2. ist es sinnvoll die Parameter a, σ_0^2 so zu wählen, dass die Varianzen übereinstimmen, d.h. $\sigma_0^2 = \frac{a^3}{3}$.

Es gilt in Modell 1. und 2.

$$\mathrm{E}_\vartheta d_1 = \vartheta, \quad \mathrm{R}(\vartheta, d_1) = \mathrm{E}_\vartheta(d_1 - \vartheta)^2 = \mathrm{Var}_\vartheta d_1 = \frac{\sigma_0^2}{n} = \frac{a^3}{3n}.$$

Das Risiko von d_1 ist in Modell 1. und 2. identisch, in Modell 3. ist das Risiko von d_1 dagegen unendlich. In jedem Lokationsmodell mit Varianz σ^2 hat das arithmetische Mittel $d_1(x) = \overline{x}_n$ dasselbe Risiko. Es zeigt sich (später in der Schätztheorie), dass d_1 ein optimaler Schätzer im Normalverteilungsmodell ist. Hieraus ergibt sich, dass der Lageparameter im Normalverteilungsmodell am schwierigsten zu schätzen ist unter allen Modellen mit derselben Varianz σ_0^2.

Im Modell 2. mit $a = 1$ ergibt sich mit etwas Rechnung

$$\mathrm{R}(\vartheta, d_2) = \frac{1}{2(n+1)(n+2)} \sim \frac{1}{2n^2}.$$

Das Risiko von d_2 ist unabhängig von ϑ. Im Vergleich dazu ist

$$\mathrm{R}(\vartheta, d_1) = \frac{\sigma_0^2}{n} = \frac{1}{3n}.$$

*Um im Modell 2. das Risiko $\frac{1}{1000}$ zu erhalten, werden bzgl. d_2, $n = 45$ Beobachtungen benötigt, bzgl. d_1 aber $n \approx 333$ Beobachtungen. d_2 ist in Modell 2. ein **optimaler** Schätzer.*

***Vergleich der Modelle 1. und 2.:** Für gleiches Risiko in Modell 1. mit Schätzer d_1 und n Beobachtungen und in Modell 2. mit Schätzer d_2 und m Beobachtungen erhalten wir die Bedingung: $\frac{1}{3n} \sim \frac{1}{2m^2}$; also*

$$m \sim \sqrt{\frac{3}{2}} \sqrt{n}.$$

In Modell 2. ist der Lokationsparameter mit deutlich geringerer Beobachtungs-
zahl als in Modell 1. gleich gut schätzbar. Für das Cauchy-Modell 3. gilt für
$n \geq 3$:

$$R(\vartheta, d_3) = \mathrm{Var}_\vartheta d_3 \sim \frac{\pi^2}{4n}.$$

d_3 *ist ein optimaler Schätzer im Cauchy-Modell. Die Schätzer* d_1, d_2 *versagen*
in diesem Modell völlig; $R(\vartheta, d_1) = R(\vartheta, d_2) = \infty$. *Im Cauchy-Modell ist der*
Lageparameter ϑ *genau so gut schätzbar wie im Normalverteilungsmodell mit*
$\sigma_0^2 = \frac{\pi^2}{4}$.

Diese Beispiele führen auch auf die allgemeine Frage nach dem **Vergleich von**
Experimenten. *Sind* $\mathcal{E}_1$, $\mathcal{E}_2$ *statistische Experimente mit Parametermenge* Θ.
Unter welchen Bedingungen können Entscheidungsprobleme in $\mathcal{E}_1$ *besser gelöst*
werden als in $\mathcal{E}_2$.

b) **Konfidenzbereiche:** *Gesucht wird eine Bereichsschätzfunktion* C *für* $g(\vartheta) = \vartheta$
mit $\Theta := \Gamma = \mathbb{R}^1$. *Sei wieder* $P_\vartheta := N(\vartheta, \sigma_0^2)^{(n)}$ *ein Normalverteilungsmodell,*
mit $\sigma_0^2 > 0$. *Definiere den zweiseitigen Konfidenzbereich*

$$C(x) := \left[\overline{x}_n - \frac{\sigma_0}{\sqrt{n}} u_{\frac{\alpha}{2}}, \overline{x}_n + \frac{\sigma_0}{\sqrt{n}} u_{\frac{\alpha}{2}} \right]$$

zu dem vorgegebenen **Sicherheitsniveau** α *(übliche Werte sind etwa 0.1, 0.05*
oder 0.01). Dabei ist $u_{\frac{\alpha}{2}}$ *das* $\frac{\alpha}{2}$*-Fraktil der Standardnormalverteilung, d.h.*
$u_{\frac{\alpha}{2}} = \Phi^{-1}(1 - \frac{\alpha}{2})$, *wobei* Φ *die Verteilungsfunktion der Standardnormalver-*
teilung ist.

Allgemein definiert man für eine Verteilungsfunktion F *das* α*-Fraktil durch*

$$u_\alpha = F^{-1}(1 - \alpha) = \inf\{y; \ F(y) \geq 1 - \alpha\}.$$

Dann gilt für das Risiko von C *bei Verwendung der 0-1-Verlustfunktion und mit*
der Statistik $T_n(x) := \sqrt{n} \frac{\overline{x}_n - \vartheta}{\sigma_0}$,

$$P_\vartheta^{T_n} = N(0, 1) \quad \text{und}$$

$$1 - R(\vartheta, C) = P_\vartheta\left(\{x \in \mathfrak{X}; \ C(x) \ni \vartheta\}\right)$$

$$= P_\vartheta\left(\left\{x; \ |\overline{x}_n - \vartheta| \leq \frac{\sigma_0}{\sqrt{n}} u_{\frac{\alpha}{2}}\right\}\right)$$

$$= P_\vartheta\left(\{x; \ |T_n(x)| \leq u_{\frac{\alpha}{2}}\}\right)$$

$$= \Phi\left(u_{\frac{\alpha}{2}}\right) - \Phi\left(-u_{\frac{\alpha}{2}}\right)$$

$$= 1 - \alpha,$$

d.h. das Risiko ist unabhängig von ϑ, *identisch* α, $R(\vartheta, C) = \alpha$, $\forall \vartheta \in \Theta$. C *ist*
ein **Konfidenzbereich zum Niveau** $1 - \alpha$.

Bemerkung 2.1.10 (approximative Konfidenzbereiche)
*Sind (X_i) nicht notwendig normalverteilte unabhängig Versuche mit $EX_i = \mu$,
$\mathrm{Var}X_i = \sigma^2 < \infty$, μ, σ^2 unbekannte Parameter der Verteilung. Dann erhält
man mit Hilfe des zentralen Grenzwertsatzes **approximative Konfidenzbe-
reiche zum Niveau** $1 - \alpha$ durch*

$$C_n = C_n(x) = \left[\bar{x}_n - \frac{s_n}{\sqrt{n}} u_{\frac{\alpha}{2}}, \bar{x}_n + \frac{s_n}{\sqrt{n}} u_{\frac{\alpha}{2}} \right]$$

*mit der **Stichprobenstreuung** $s_n = \sqrt{\frac{1}{n-1} \sum\limits_{i=1}^{n} (x_i - \bar{x}_n^2)}$ als Schätzer für σ,*

d.h. es gilt:

$$\lim_{n \to \infty} P\left(\{\mu \in C_n\}\right) = 1 - \alpha$$

*für alle Verteilungen mit $\mu = EX_1$, $\sigma^2 = \mathrm{Var}X_1$. Dieses ist ein typisches
Resultat der **asymptotischen Statistik**.*

c) **Testproblem:** *Sei $P_\vartheta := N(\vartheta, \sigma_0^2)^{(n)}$, $\sigma_0^2 > 0$, sei $\vartheta \in \mathbb{R}^1$ und seien die Hypo-
thesen gegeben durch $\Theta_0 = (-\infty, \vartheta_0]$, $\Theta_1 = (\vartheta_0, \infty)$. Sei α eine vorgegebenes
Fehlerniveau für den Fehler 1. Art, und $u_\alpha = \Phi^{-1}(1 - \alpha)$ das α-Fraktil der
$N(0,1)$-Verteilung. Dann ist der **Gauß-Test** φ^*, definiert durch*

$$\varphi^*(x) = \begin{cases} 1, & \sqrt{n}\,\frac{\bar{x}_n - \vartheta_0}{\sigma_0} \geq u_\alpha, \\ 0, & \sqrt{n}\,\frac{\bar{x}_n - \vartheta_0}{\sigma_0} < u_\alpha, \end{cases} \qquad x \in \mathbb{R}^n.$$

Es gilt für alle $\vartheta \in \Theta = \mathbb{R}^1$:

$$\begin{aligned} E_\vartheta \varphi^* &= P_\vartheta \left(\left\{ \sqrt{n}\,\frac{\bar{x}_n - \vartheta_0}{\sigma_0} \geq u_\alpha \right\} \right) \\ &= P_\vartheta \left(\left\{ \sqrt{n}\,\frac{\bar{x}_n - \vartheta}{\sigma_0} \geq u_\alpha + \sqrt{n}\,\frac{\vartheta_0 - \vartheta}{\sigma_0} \right\} \right) \\ &= 1 - \Phi \left(u_\alpha + \sqrt{n}\,\frac{\vartheta_0 - \vartheta}{\sigma_0} \right). \end{aligned}$$

*Da die Gütefunktion isoton in ϑ ist, gilt mit Neyman-Pearson-Verlust und $L_0 =
L_1 = 1$ für alle $\vartheta \leq \vartheta_0$*

$$R(\vartheta, \varphi^*) = E_\vartheta \varphi^* \leq E_{\vartheta_0} \varphi^* = 1 - \Phi(u_\alpha) = \alpha,$$

d.h. der Fehler 1. Art ist $\leq \alpha$. Für alle $\vartheta \in \Theta_1$ gilt:

$$R(\vartheta, \varphi^*) = E_\vartheta(1 - \varphi^*) = \Phi \left(u_\alpha + \sqrt{n}\,\frac{\vartheta_0 - \vartheta}{\sigma_0} \right)$$

ist antiton in ϑ. Daher gilt für alle $\vartheta_1 > \vartheta_0$ und jedes $\beta \in (\alpha, 1)$:

$$R(\vartheta_1, \varphi^*) \leq 1 - \beta \Leftrightarrow E_{\vartheta_1} \varphi^* \geq \beta$$

$$\Leftrightarrow 1 - \Phi\left(u_\alpha + \sqrt{n}\,\frac{\vartheta_0 - \vartheta_1}{\sigma_0}\right) \geq \beta$$

$$\Leftrightarrow \Phi\left(u_\alpha + \sqrt{n}\,\frac{\vartheta_0 - \vartheta_1}{\sigma_0}\right) \leq 1 - \beta$$

$$\Leftrightarrow \sqrt{n}\,\frac{\vartheta_0 - \vartheta_1}{\sigma_0} + u_\alpha \leq \Phi^{-1}(1 - \beta) = u_\beta$$

$$\Leftrightarrow n \geq \left(\frac{\sigma_0(u_\beta - u_\alpha)}{\vartheta_1 - \vartheta_0}\right)^2.$$

*Das heißt, dass sich der Fehler 2. Art in dem Bereich $[\vartheta_1, \infty]$ durch hinreichend große Wahl von n kontrollieren lässt. Für die Einführung eines neuen Medikamentes nimmt man einen Indifferenzbereich $[\vartheta_0, \vartheta_1]$, $\vartheta_1 = \vartheta_0 + \Delta$ in Kauf, ϑ_0 die Erfolgsrate eines aktuell verwendeten Medikaments. Durch geeignete Wahl von n d.h. **Versuchsplanung** des Experiments, lässt sich dann auch die Fehlerwahrscheinlichkeit für den Fehler 2. Art kontrollieren.*

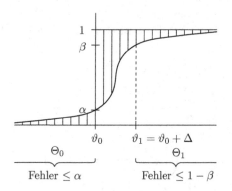

Abbildung 2.3 Planung des Fehlers erster und zweiter Art

Bemerkung 2.1.11 (approximativer Test zum Niveau α)
Allgemein gilt für ein Lokationsmodell $\mathcal{P} = \{P_\vartheta;\ \vartheta \in \mathbb{R}^1\}$, $P_\vartheta = (\varepsilon_\vartheta * P)^{(n)}$, $\mathrm{Var}(P) < \infty$ für den Test

$$\varphi_n^*(x) = \begin{cases} 1, & T_n(x) \geq u_\alpha, \\ 0, & T_n(x) < u_\alpha, \end{cases} \quad \textit{mit } T_n(x) := \sqrt{n}\,\frac{\overline{x}_n - \vartheta_0}{s_n}$$

$$E_\vartheta \varphi_n^* \approx 1 - \Phi\left(u_\alpha + \sqrt{n}\,\frac{\vartheta_0 - \vartheta}{\sigma_0}\right).$$

φ_n^* ist also ein approximativer Test zum Niveau α für $\Theta_0 = (-\infty, \vartheta_0]$, $\Theta_1 = (\vartheta_0, \infty)$.

2.2 Entscheidungskriterien, Bayes- und Minimax-Verfahren

Dieser Abschnitt behandelt die Lösungskonzepte der Entscheidungstheorie – Zulässigkeit, Bayes- und Minimax-Verfahren. Es werden die grundlegenden Mittel zur Konstruktion solcher Lösungen entwickelt, z.B. der Satz von Hodges-Lehmann und die a-posteriori-Verteilung, und Zusammenhänge der Lösungskonzepte beschrieben.

Sei ein Entscheidungsproblem $(\mathcal{E}, \Delta, \mathrm{L})$ gegeben und für jede Entscheidungsfunktion $\delta \in \mathcal{D}$ die Risikofunktion $R_\delta = R(\cdot, \delta)$. Zum Vergleich von Entscheidungsfunktionen definieren wir auf $\mathcal{D}$ eine partielle Ordnung $\preceq$ durch die punktweise partielle Ordnung $\leq$ auf $\mathcal{R}$: Für alle δ_1, $\delta_2 \in \mathcal{D}$ sei

$$\delta_1 \preceq \delta_2 \quad \text{``}\delta_1 \text{ ist besser als } \delta_2\text{''} \quad \Leftrightarrow \quad R_{\delta_1} \leq R_{\delta_2} \quad \text{punktweise Ordnung}$$
$$\Leftrightarrow: R_{\delta_1} \preceq R_{\delta_2}$$

Zwei Entscheidungsfunktionen heißen **äquivalent**:

$$\delta_1 \sim \delta_2 \Leftrightarrow \delta_1 \preceq \delta_2 \text{ und } \delta_2 \preceq \delta_1.$$

Entsprechend definiert man die strikte partielle Ordnung $\prec$ auf $\mathcal{R}$

$$R_{\delta_1} \prec R_{\delta_2} :\Leftrightarrow R_{\delta_1} \preceq R_{\delta_2} \text{ und } R_{\delta_1} \neq R_{\delta_2}.$$

Von Interesse sind die minimalen Elemente von $\mathcal{D}$ bzgl. $\preceq$. Hierbei ergibt sich jedoch das Problem, dass triviale Entscheidungsfunktionen oft minimal sind. So ist z.B. bei einem Test die konstante Entscheidungsfunktion $\varphi :\equiv 1$ auf der Alternative Θ_1 optimal, d.h. nicht mehr zu "überbieten".

Als Beispiel betrachten wir das Schätzproblem $\Theta = \mathbb{R}^1$, $g(\vartheta) = \vartheta$, $P_\vartheta = N(\vartheta, 1)$ mit Gauß-Verlust.
Für den trivialen Schätzer $d_0(x) := \vartheta_0$ erhält man das Risiko $R(\vartheta, d_0) = (\vartheta - \vartheta_0)^2$.
Für den naheliegenden Schätzer $d_1(x) := x$ ergibt sich dagegen

$$R(\vartheta, d_1) = E_\vartheta(x - \vartheta)^2 = 1.$$

Also ist d_1 nicht gleichmäßig besser als d_0.
Für jeden weiteren nichtrandomisierten Schätzer $d \in \mathrm{D}$ gilt:

$$\text{Ist } d \preceq d_0 \, , \quad \text{d.h. } R(\vartheta, d) \leq R(\vartheta, d_0) = (\vartheta - \vartheta_0)^2$$
$$\Rightarrow \quad \int (d - \vartheta_0)^2 \, dP_{\vartheta_0} = 0$$
$$\Rightarrow \quad d \equiv \vartheta_0 \, [\lambda^1].$$

Also ist d äquivalent zu dem trivialen Schätzer d_0, $d \sim d_0$.

Daher verwenden wir im Folgenden das Prinzip der Einschränkung auf Teilmengen $\mathcal{D}_0 \subset \mathcal{D}$ die gewissen Minimalanforderungen genügen. Ziel ist es dann, in diesen Teilklassen **optimale** Elemente zu finden.

Definition 2.2.1 (Optimalitätskriterien)
Sei $\mathcal{D}_0 \subset \mathcal{D}$ und $\delta_0 \in \mathcal{D}_0$.

*a) δ_0 ist $\mathcal{D}_0$-**zulässig**, wenn δ_0 minimal bzgl. $\preceq$ in $\mathcal{D}_0$ ist, d.h. für alle $\delta \in \mathcal{D}_0$ gilt*

$$\delta \preceq \delta_0 \;\Rightarrow\; \delta \sim \delta_0.$$

*Falls $\mathcal{D}_0 = \mathcal{D}$, dann heißt δ_0 **zulässig**.*

*b) δ_0 ist $\mathcal{D}_0$-**Minimax**, falls gilt:*

$$\sup_{\vartheta \in \Theta} R(\vartheta, \delta_0) = \inf_{\delta \in \mathcal{D}_0} \sup_{\vartheta \in \Theta} R(\vartheta, \delta).$$

*Für $\mathcal{D}_0 = \mathcal{D}$ heißt δ_0 **Minimax**.*

*c) Sei $(\Theta, \mathcal{A}_\Theta)$ ein Messraum, so dass für alle $\vartheta \in \Theta, \{\vartheta\} \in \mathcal{A}_\Theta$ und sei $L : (\Theta, \mathcal{A}_\Theta) \otimes (\Delta, \mathcal{A}_\Delta) \to (\overline{\mathbb{R}}_+, \overline{\mathbb{B}}_+)$. Die Elemente $\mu \in \widetilde{\Theta} := \mathrm{M}^1(\Theta, \mathcal{A}_\Theta)$ heißen **a-priori-Verteilungen**. Das Funktional*

$$r(\mu, \delta) := \int_\Theta R(\vartheta, \delta) \, d\mu(\vartheta)$$

*heißt **Bayes-Risiko** von δ bzgl. μ.*

*$\delta_0 \in \mathcal{D}_0$ heißt $\mathcal{D}_0$-**Bayes-Entscheidungsfunktion** bzgl. der a-priori-Verteilung μ, falls für alle $\delta \in \mathcal{D}_0$ gilt:*

$$r(\mu, \delta_0) \leq r(\mu, \delta).$$

*Falls $\mathcal{D}_0 = \mathcal{D}$, so heißt δ_0 **Bayes-Entscheidungsfunktion** bzgl. μ.*

Grundlegende Fragen der Entscheidungstheorie betreffen

1. die Bestimmung optimaler Entscheidungsfunktionen,

2. das Verhalten verschiedener Optimalitätskriterien,

3. den Vergleich verschiedener Entscheidungsprobleme.

Bemerkung 2.2.2
a) Für $\delta \in \mathcal{D}$ gilt

$$\sup_{\vartheta \in \Theta} R(\vartheta, \delta) = \sup_{\mu \in \widetilde{\Theta}} r(\mu, \delta),$$

denn

(i) $\sup_{\mu \in \widetilde{\Theta}} r(\mu, \delta) \geq \sup_{\vartheta \in \Theta} r(\varepsilon_{\{\vartheta\}}, \delta) = \sup_{\vartheta \in \Theta} R(\vartheta, \delta)$

(ii) $\forall \mu \in \widetilde{\Theta}$ gilt: $r(\mu, \delta) = \int R(\vartheta, \delta) \, d\mu(\vartheta) \leq \sup_{\vartheta \in \Theta} R(\vartheta, \delta)$.

Also lässt sich b) äquivalent beschreiben durch:

$$\delta_0 \text{ ist } \mathcal{D}_0\text{-}Minimax \Leftrightarrow \sup_{\mu \in \widetilde{\Theta}} r(\mu, \delta_0) = \inf_{\delta \in \mathcal{D}_0} \sup_{\mu \in \widetilde{\Theta}} r(\mu, \delta).$$

b) *Die a-priori-Verteilung μ kann als Vorinformation über den Parameter ϑ aufge-fasst werden. Diese Vorinformation kann durch bisherige Erfahrung oder durch Expertenwissen als ein weiteres Element zur Modellierung eines Experimentes verwendet werden. Die darauf basierenden statistischen Verfahren sind beson-ders effektiv, wenn die Vorinformation korrekt ist. Sie verlieren aber möglicher-weise an Objektivität.*

c) **Spieltheorie:** *Statistische Entscheidungsprobleme lassen sich in die Spieltheo-rie, als ein Spiel zwischen zwei Spielern, einordnen. Hierbei "wählt" Spieler 1 eine Spieler 2 unbekannte Strategie in $\widetilde{\Theta}$, und Spieler 2 "reagiert" darauf mit ei-ner Strategie $\delta \in \mathcal{D}$. $\widetilde{\Theta}$ und $\mathcal{D}$ sind die Aktionenmengen der Spieler. Das Bayes-Risiko $r : \widetilde{\Theta} \times \mathcal{D} \to [0, \infty]$ beschreibt den erwarteten Verlust von Spieler 2, bzw. den erwarteten Gewinn von Spieler 1. Das statistische Entscheidungsproblem $\Gamma = (\widetilde{\Theta}, \mathcal{D}, r)$ ist dann aufgefasst als ein* **Zweipersonen-Nullsummenspiel.** *Γ ist die gemischte Erweiterung des Spiels $(\Theta, \mathcal{D}, R)$.*

Γ ist ein Beispiel für ein Spiel von konkav-konvexem Typ, d.h. r ist im 1. Argument konkav und im 2. konvex. Ein grundlegendes Resultat für derarti-ge Spiele ist der Minimax-Satz. Zur Formulierung benötigen wir der Begriff der halbstetigen Funktion f auf einem topologischen Vektorraum Y. Eine Funktion $f : Y \to \mathbb{R}$ heißt **halbstetig nach unten,** *wenn für alle $c \in \mathbb{R}^1$ die Menge $\{y \in Y; f(y) \leq c\}$ abgeschlossen ist. Unter schwachen topologischen Annahmen gilt der folgende*

Satz 2.2.3 (Minimax-Satz von Ky-Fan)
Seien X und Y konvexe Teilmengen eines topologischen Vektorraums, Y kompakt und die Funktion $f : X \times Y \to (-\infty, \infty]$ sei so, dass $f(\cdot, y)$ konkav und $f(x, \cdot)$ konvex und halbstetig nach unten ist. Dann gilt:

a) *Es gilt:*

$$\sup_{x \in X} \inf_{y \in Y} f(x, y) = \inf_{y \in Y} \sup_{x \in X} f(x, y) =: \overline{f}.$$

Dieser Wert $\overline{f}$ heißt Wert des Spiels.

b) *Es existiert eine Minimax-Strategie $y_0 \in Y$ für Spieler 2, d.h.*

$$\sup_{x \in X} f(x, y_0) = \inf_{y \in Y} \sup_{x \in X} f(x, y).$$

Für eine detaillierte Diskussion dieses Minimax-Satzes und verschiedener speziel-lerer und allgemeinerer Versionen, vgl. den Anhang A.3.

Die Strategienmengen $\widetilde{\Theta}$ und $\mathcal{D}$ des statistischen Entscheidungsproblems sind konvex. $\mathcal{D}$ lässt sich geeignet kompaktifizieren ("intrinsic topology", vgl. Wald (1949)) und abschließen. Daher folgt nach dem Minimax-Satz: Der Wert des Spiels

$$\bar{r} := \inf_{\delta \in \mathcal{D}} \sup_{\mu \in \widetilde{\Theta}} r(\mu, \delta) = \sup_{\mu \in \widetilde{\Theta}} \inf_{\delta \in \mathcal{D}} r(\mu, \delta)$$

existiert, und es gibt eine (erweiterte) Minimax-Strategie $\delta^* \in \overline{\mathcal{D}}$, so dass $\bar{r} = \sup_{\mu \in \widetilde{\Theta}} r(\mu, \delta^*)$. Unter geeigneten Annahmen ist auch $\widetilde{\Theta}$ kompakt. Dieses impliziert die Existenz einer Minimax-Strategie für Spieler 1.

Definition 2.2.4
$\mu^* \in \widetilde{\Theta}$ heißt **ungünstigste a-priori-Verteilung (Minimax-Strategie für Spieler 1)**, wenn

$$\inf_{\delta \in \mathcal{D}} r(\mu^*, \delta) = \sup_{\mu \in \widetilde{\Theta}} \inf_{\delta \in \mathcal{D}} r(\mu, \delta).$$

$\delta^* \in \mathcal{D}$ heißt **Minimax-Strategie** *(für Spieler 2) wenn*

$$\sup_{\mu \in \widetilde{\Theta}} r(\mu, \delta^*) = \inf_{\delta \in \mathcal{D}} \sup_{\mu \in \widetilde{\Theta}} r(\mu, \delta).$$

Die Gültigkeit des Minimax-Satzes lässt sich durch die Konstruktion von Sattelpunkten nachweisen.

Proposition 2.2.5 (Sattelpunkte und Minimax-Strategien)
a) Es gelte der Minimax-Satz für das Spiel $\Gamma = (\widetilde{\Theta}, \mathcal{D}, r)$ *und es seien weiterhin* μ^* *eine ungünstigste a-priori-Verteilung und* δ^* *eine Minimax-Strategie. Dann gilt:*

1) δ^* ist Bayes-Entscheidungsfunktion bzgl. μ^* und

2) (μ^*, δ^*) ist Sattelpunkt von r, d.h. für alle $\delta \in \mathcal{D}$, $\mu \in \widetilde{\Theta}$ gilt:

$$r(\mu^*, \delta) \geq r(\mu^*, \delta^*) \geq r(\mu, \delta^*).$$

b) Ist (μ^*, δ^*) ein Sattelpunkt des Spiels Γ, dann sind μ^*, δ^* Minimax-Strategien und es gilt der Minimax-Satz.

Beweis:

a) Es gilt die folgende Ungleichungskette:

$$r(\mu^*, \delta^*) \leq \sup_{\mu} r(\mu, \delta^*)$$

$$= \inf_{\delta} \sup_{\mu} r(\mu, \delta), \quad \text{da } \delta^* \text{ Minimax}$$

$$= \sup_{\mu} \inf_{\delta} r(\mu, \delta), \quad \text{Minimax-Satz}$$

$$= \inf_{\delta} r(\mu^*, \delta), \quad \mu^* \text{ ungünstige a-priori-Verteilung}$$

$$\leq r(\mu^*, \delta^*).$$

Also gilt die Gleichheit. Damit ist für alle $\delta_0 \in \mathcal{D}$, $\mu_0 \in \widetilde{\Theta}$:

$$r(\mu^*, \delta^*) = \inf_{\delta} r(\mu^*, \delta) \leq r(\mu^*, \delta_0)$$

also gilt 1). Weiter ist

$$r(\mu^*, \delta_0) \geq \inf_{\delta} r(\mu^*, \delta) = r(\mu^*, \delta^*) = \sup_{\mu} r(\mu, \delta^*) \geq r(\mu, \delta^*)$$

also gilt 2).

b) Ist (μ^*, δ^*) ein Sattelpunkt, dann folgt:

$$\inf_{\delta} \sup_{\mu} r(\mu, \delta) \geq \sup_{\mu} \inf_{\delta} r(\mu, \delta)$$

$$\geq \inf_{\delta} r(\mu^*, \delta)$$

$$= r(\mu^*, \delta^*)$$

$$= \sup_{\mu} r(\mu, \delta^*) \quad \text{da } (\mu^*, \delta^*) \text{ Sattelpunkt}$$

$$\geq \inf_{\delta} \sup_{\mu} r(\mu, \delta).$$

Daraus folgt Gleichheit; also sind μ^*, δ^* Minimax-Strategien. Wegen der ersten Gleichheit gilt der Minimax-Satz.   □

Bemerkung 2.2.6 (geometrische Interpretation für Zweientscheidungsprobleme
$\Theta = \{\vartheta_0, \vartheta_1\})$ *Die Risikomenge $\mathcal{R}$ lässt sich wie in Beispiel 2.1.6 mit einer konvexen Teilmenge des $\mathbb{R}^2$ identifizieren.*

$$\mathcal{R} = \{R_\delta; \delta \in \mathcal{D}\} \cong \{(R(\vartheta_0, \delta), R(\vartheta_1, \delta)); \delta \in \mathcal{D}\} \subset \mathbb{R}^2.$$

Zur a-priori-Verteilung $\mu \in \widetilde{\Theta} \cong \{(\alpha, 1 - \alpha); \alpha \in [0, 1]\}$, $\mu \cong (\alpha, 1 - \alpha)$, $\alpha = \mu(\{\vartheta_0\})$, ist das Bayes-Risiko

$$r(\mu, \delta) = \alpha R(\vartheta_0, \delta) + (1 - \alpha) R(\vartheta_1, \delta) = (\alpha, 1 - \alpha) \begin{pmatrix} R(\vartheta_0, \delta) \\ R(\vartheta_1, \delta) \end{pmatrix}.$$

Damit erhält man geometrisch μ-Bayes-Strategien δ* über minimale berührende Geraden orthogonal zu μ und die zulässigen Risikofunktionen als den unteren Rand von R.

Minimax-Strategien ergeben sich über untere berührende Quadrate (Abbildung 2.4). Bayes-Strategien mit nicht vollem Träger sind i.A. nicht zulässig (Abbildung 2.5).

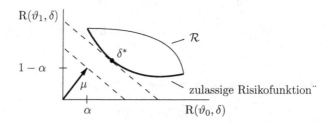

Abbildung 2.4 Zulässige Entscheidungsfunktion als Bayes-Entscheidungsfunktion

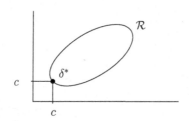
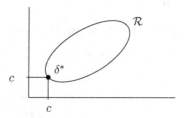

Abbildung 2.5 Minimax-Strategie δ*   **Abbildung 2.6** Nicht eindeutige und nicht zulässige Bayes-Strategie

Im Folgenden werden wir uns mit der Existenz und Konstruktion von optimalen Entscheidungsfunktionen beschäftigen.

Satz 2.2.7 (Bayes- und Minimax-Entscheidungsfunktionen und Zulässigkeit)

a) *Falls genau eine Minimax-Entscheidungsfunktion δ_0 existiert, so ist δ_0 zulässig.*

b) *Ist die Entscheidungsfunktion δ_0 zulässig mit konstantem Risiko $R_{\delta_0} = R(\cdot, \delta_0)$ $= c$ (δ_0 ist eine **equalizer rule**), so ist δ_0 Minimax-Entscheidungsfunktion.*

c) *Sei (Θ, d) ein topologischer Raum mit Borel-σ-Algebra $\mathcal{A}_\Theta = \mathcal{B}(\Theta)$, und sei $\mu \in \tilde{\Theta}$ mit topologischem Träger $S(\mu) := \bigcap\{A = \bar{A};\ \mu(A^c) = 0\} = \Theta$. Ist δ_0 Bayes-Entscheidungsfunktion bzgl. μ und R_δ stetig für alle $\delta \in \mathcal{D}$, so ist δ_0 zulässig.*

d) *Ist δ_0 eindeutige Bayes-Entscheidungsfunktion bzgl. μ, so ist δ_0 zulässig.*

Bemerkung 2.2.8

a) *Es gilt fast die Umkehrung von d): Unter schwachen Voraussetzungen ist je-*
de zulässige Entscheidungsfunktion Grenzwert einer Folge von Bayes-Entschei-
dungsfunktionen (bzgl. einer geeigneten intrinsischen Topologie) bzw. auch Bay-
es-Entscheidungsfunktion bzgl. einer **uneigentlichen a-priori-Verteilung**,
d.h. bezüglich eines nicht normierten Maßes mit unendlicher Masse.

b) *In c) reicht die schwächere Voraussetzung: $R_\delta - R_{\delta_0}$ ist halbstetig nach oben*
(hno) für alle $\delta \in \mathcal{D}$.

Beweis zu Satz 2.2.7:

a) Sei δ_0 eine eindeutige Minimax-Entscheidungsfunktion. Angenommen δ_0 ist
nicht zulässig. Dann existiert $\delta_1 \in \mathcal{D} : \delta_1 \prec \delta_0$, d.h. für alle $\vartheta \in \Theta$ ist
$R(\vartheta, \delta_1) \leq R(\vartheta, \delta_0)$ und es existiert ein $\vartheta_1 \in \Theta$ so dass $R(\vartheta, \delta_1) < R(\vartheta, \delta_0)$.
Damit ist auch δ_1 eine Minimax-Entscheidungsfunktion mit $\delta_1 \neq \delta_0$. Das ist ein
Widerspruch zur Eindeutigkeit von δ_0.

b) Sei δ_0 zulässig und $R_{\delta_0} \equiv c$. Angenommen δ_0 ist nicht Minimax-Entscheidungsfunktion. Dann gibt es $\delta_1 \in \mathcal{D}$, so dass

$$\sup_\vartheta R(\vartheta, \delta_1) < \sup_\vartheta R(\vartheta, \delta_0) = c$$

Daraus folgt für alle $\vartheta \in \Theta : R(\vartheta, \delta_1) < R(\vartheta, \delta_0)$.

Das ist ein Widerspruch zur Zulässigkeit von δ_0.

c) Sei δ_0 Bayes-Entscheidungsfunktion bzgl. μ. Angenommen δ_0 ist nicht zulässig.
Dann gibt es $\delta_1 \in \mathcal{D}$, so dass $\delta_1 \prec \delta_0$, d.h. $R_{\delta_1} \leq R_{\delta_0}$ und es gibt ein $\vartheta_1 \in$
Θ, so dass $R_{\delta_1}(\vartheta_1) < R_{\delta_0}(\vartheta_1)$. Wegen der Stetigkeit von R_{δ_1} gibt es für alle
hinreichend kleinen $\varepsilon > 0$ eine offene Umgebung $U_\varepsilon(\vartheta_1)$, so dass für alle $\vartheta \in$
$U_\varepsilon(\vartheta_1)$:

$$R(\vartheta, \delta_1) \leq R(\vartheta, \delta_0) - \varepsilon.$$

Damit ist:

$$r(\mu, \delta_1) = \int_{U_\varepsilon(\vartheta_1)} R(\vartheta, \delta_1)\, d\mu(\vartheta) + \int_{U_\varepsilon(\vartheta_1)^c} R(\vartheta, \delta_1)\, d\mu(\vartheta)$$

$$\leq \int_\Theta R(\vartheta, \delta_0)\, d\mu(\vartheta) - \varepsilon \underbrace{\mu(U_\varepsilon(\vartheta_1))}_{>0 \text{ da } S(\mu) = \Theta}$$

$$< \int R(\vartheta, \delta_0)\, d\mu(\vartheta)$$

$$= r(\mu, \delta_0).$$

Das ist ein Widerspruch zu der Voraussetzung, dass δ_0 Bayes-Entscheidungsfunktion bzgl. μ ist.

d) Sei δ_0 eindeutige Bayes-Entscheidungsfunktion bzgl. μ und sei $\widetilde{\delta} \leq \delta_0$. Dann ist

$$r(\mu, \widetilde{\delta}) = \int R(\vartheta, \widetilde{\delta})\, d\mu(\vartheta) \leq \int R(\vartheta, \delta_0)\, d\mu(\vartheta) = r(\mu, \delta_0).$$

Damit ist $\widetilde{\delta}$ Bayes-Entscheidungsfunktion bzgl. μ. Diese ist aber eindeutig bestimmt. Also ist schon $\delta_0 = \widetilde{\delta}$.   □

Bemerkung 2.2.9
In c) gilt eine analoge Aussage für eingeschränkte Entscheidungsklassen $\mathcal{D}_0 \subset \mathcal{D}$, insbesondere für $\mathcal{D}_0 = D$.

Die folgende wichtige Aussage zeigt die Bedeutung von Bayes-Entscheidungsfunktionen für die Bestimmung von Minimax-Verfahren.

Satz 2.2.10 (Hodges-Lehmann: Bayes- und Minimax-Verfahren)
Seien $\mathcal{D}_0 \subset \mathcal{D}$, $\delta_k, \delta^* \in \mathcal{D}_0$ und $\pi_k, \pi \in \widetilde{\Theta}$, $k \in \mathbb{N}$. Dann gilt:

a) *Sind δ_k $\mathcal{D}_0$-Bayes-Entscheidungsfunktionen bzgl. π_k, $k \in \mathbb{N}$ und ist*

$$\sup_{\vartheta \in \Theta} R(\vartheta, \delta^*) \leq \overline{\lim}\, r(\pi_k, \delta_k)\,,$$

dann ist δ^* $\mathcal{D}_0$-Minimax-Entscheidungsfunktion.

b) *Ist δ^* $\mathcal{D}_0$-Bayes-Entscheidungsfunktion bzgl. π und ist δ^* eine **equalizer rule**, d.h.*

$$\exists c \in \mathbb{R},\ \forall \vartheta \in \Theta:\ R(\vartheta, \delta^*) = c\,,$$

dann ist δ^* $\mathcal{D}_0$-Minimax-Entscheidungsfunktion.

Beweis:
a) Für alle $\delta \in \mathcal{D}_0$ und $k \in \mathbb{N}$ gilt:

$$\sup_{\vartheta} R(\vartheta, \delta) \geq \int R(\vartheta, \delta)\, d\pi_k(\vartheta)$$
$$= r(\pi_k, \delta)$$
$$\geq r(\pi_k, \delta_k).$$

Da dies für alle $\delta \in \mathcal{D}_0$ und $k \in \mathbb{N}$ gilt, ist auch:

$$\inf_{\delta} \sup_{\vartheta} R(\vartheta, \delta) \geq \overline{\lim_{k}}\, r(\pi_k, \delta_k)$$
$$\geq \sup_{\vartheta} R(\vartheta, \delta^*)$$
$$\geq \inf_{\delta} \sup_{\vartheta} R(\vartheta, \delta).$$

Damit gilt die Gleichheit; also ist δ^* $\mathcal{D}_0$-minimax.

b) Folgt aus a) mit $\delta_k := \delta^*$ und $\pi_k := \pi$ für alle $k \in \mathbb{N}$, denn aus

$$R(\vartheta, \delta^*) = c, \; \forall \vartheta \in \Theta$$

$$\text{folgt } \sup_{\vartheta} R(\vartheta, \delta^*) = c = r(\pi, \delta^*).$$

$\square$

Bestimmung von Bayes-Verfahren

Mit den vorangegangenen Aussagen zeigt sich die besondere Bedeutung von Bayes-Verfahren. Damit ergibt sich die Frage, wie man Bayes-Verfahren bestimmen kann, d.h. Entscheidungsfunktionen für die das Bayes-Risiko

$$r(\mu, \delta) = \int_\Theta \mathrm{R}(\vartheta, \delta)\, d\mu(\vartheta) = \int_\Theta \int_{\mathfrak{X}} \int_\Delta \mathrm{L}(\vartheta, a)\, \delta(x, da)\, dP_\vartheta(x)\, d\mu(\vartheta)$$

minimal wird. Wir treffen die folgende Annahme.

M): Sei für alle $A \in \mathcal{A}$ die Abbildung $\vartheta \to P_\vartheta(A)$ messbar.

Definiere das Wahrscheinlichkeitsmaß $Q := \mu \times P_\vartheta$ auf $(\Theta \times \mathfrak{X}, \mathcal{A}_\Theta \otimes \mathcal{A})$ durch

$$Q(\widetilde{A}) = \int P_\vartheta(\widetilde{A}_\vartheta)\, d\mu(\vartheta), \quad \text{für } \widetilde{A} \in \mathcal{A}_\Theta \otimes \mathcal{A}.$$

Für die Projektionen $\pi_1(\vartheta, x) = \vartheta$, $\pi_2(\vartheta, x) = x$ gilt dann nach Definition für alle $C \in \mathcal{A}$, $A \in \mathcal{A}_\Theta$

$$Q(A \times C) = \int_A P_\vartheta(C)\, d\mu(\vartheta) \quad \text{und} \quad Q^{\pi_2}(C) = Q(\Theta \times C) = \int_\Theta P_\vartheta(C)\, d\mu(\vartheta).$$

Es gilt also: $Q^{\pi_1} = \mu$ und P_ϑ ist eine (reguläre) bedingte Verteilung von π_2 unter $\pi_1 = \vartheta$:

$$Q^{\pi_2|\pi_1=\vartheta} = P_\vartheta.$$

Diese Beziehungen lassen sich in Kurzform auch wie folgt schreiben: $Q = Q^{\pi_1} \times Q^{\pi_2|\pi_1=\vartheta}$ und es gilt für alle $\mu \in \widetilde{\Theta}$, $\delta \in \mathcal{D}$:

$$r(\mu, \delta) = \int_{\Theta \times \mathfrak{X}} \int_\Delta \mathrm{L}(\vartheta, a)\, \delta(x, da)\, Q(d\vartheta, dx).$$

Für Definition und grundlegende Eigenschaften bedingter Erwartungswerte und bedingter Verteilungen siehe Anhang A.1.

Eine weitere Annahme betrifft die Existenz bedingter Verteilungen.

AP): Es gelte die Annahme M) und es existiere zusätzlich für alle $x \in \mathfrak{X}$ die reguläre bedingte Verteilung $\mu_x := Q^{\pi_1|\pi_2=x}$ auf $(\Theta, \mathcal{A}_\Theta)$. μ_x heißt **a-posteriori-Verteilung** auf $(\Theta, \mathcal{A})$.

Unter der Annahme AP) gilt die folgende Faktorisierung

$$Q = Q^{\pi_1 | \pi_2 = x} \times Q^{\pi_2} = \mu_x \times Q^{\pi_2}$$

mit der Mischung

$$Q^{\pi_2}(C) = Q(\pi_1 \in \Theta, \pi_2 \in C) = \int_\Theta P_\vartheta(C)\, d\mu(\vartheta).$$

Insbesondere gilt:

$$Q(A \times C) = \int_C Q^{\pi_1 | \pi_2 = x}(A)\, dQ^{\pi_2}(x) = \int_C \mu_x(A)\, dQ^{\pi_2}(x).$$

Für das Bayes-Risiko erhalten wir damit die folgende Darstellung:

$$r(\mu, \delta) = \int_x \left[\int_\Theta \left(\int_\Delta L(\vartheta, a)\, \delta(x, da) \right) \mu_x(d\vartheta)\, Q^{\pi_2}(dx) \right] \qquad (2.3)$$

Hinreichend für die Annahme AP) ist, dass Θ ein Borelscher Raum oder (speziell) ein polnischer Raum ist versehen mit der Borel σ-Algebra.

Die grundlegende Idee der **a-posteriori-Verteilung** ist, dass durch eine Beobachtung x die a-priori-Verteilung μ in die a-posteriori-Verteilung μ_x transformiert wird und dass sich diese mehr auf den *wahren* Parameter ϑ konzentriert als μ.

$$\mu \quad \xrightarrow{\ x\ } \quad \mu_x = Q^{\pi_1 | \pi_2 = x}$$

a-priori   a-posteriori

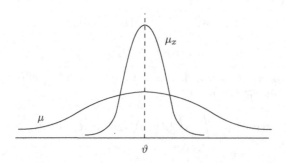

Abbildung 2.7 Größere Konzentration der a-posteriori-Verteilung μ_x

Im Fall von iid Beobachtungsfolgen $x = (x_1, x_2, \dots)$, die nach $P_\vartheta = Q_\vartheta^{(\infty)}$ verteilt sind, und mit $x^{(n)} = (x_1, \dots, x_2)$ bestätigt diese Idee der folgende Satz.

Satz 2.2.11 (Satz von Doob: Konvergenz der a-posteriori-Verteilungen)
Ist (Θ, d) ein vollständig, separabler metrischer Raum, dann gilt,

$$\mu_{x^{(n)}} = Q^{\pi_1 | \pi_2^{(n)} = x^{(n)}} \quad \xrightarrow{\mathcal{D}} \quad \varepsilon_{\{\vartheta\}} \left[\mu \times P_\vartheta \right],$$

d.h. fast sicher für $\mu \times P_\vartheta$ fast alle Folgen x konvergiert die a-posteriori Verteilung in Verteilung gegen das Einpunktmaß in ϑ.

Eine Verfeinerung dieser Aussage liefert das Bernstein-von Mises-Theorem, das auch die Konvergenzgeschwindigkeit beschreibt. Es gibt diverse Verallgemeinerungen auf abhängige Folgen.

Definition 2.2.12 (a-posteriori-Risiko)
Das Funktional $Q_\mu^x : M^1(\Delta, \mathcal{A}_\Delta) \to \overline{\mathbb{R}}_+$ definiert durch

$$Q_\mu^x := \int_\Theta \int_\Delta L(\vartheta, a) \, m(da) \, \mu_x(d\vartheta), \quad m \in M^1(\Delta, \mathcal{A}_\Delta)$$

*heißt **a-posteriori-Risiko**.*

Mit $\delta_x := \delta(x, \cdot) \in M^1(\Delta, \mathcal{A}_\Delta)$ für $\delta \in \mathcal{D}$ folgt aus der Darstellung des Bayes-Risikos in (2.3)

$$r(\mu, \delta) = \int_{\mathfrak{X}} Q_\mu^x(\delta_x) \, Q^{\pi_2}(dx). \tag{2.4}$$

Damit erhalten wir direkt die folgende Aussage über die Bestimmung von Bayes-Entscheidungsfunktionen.

Satz 2.2.13 (Bayes-Entscheidungsfunktion)
Sei die Annahme AP) erfüllt und sei $\delta^* \in \mathcal{D}$, so dass $\delta_x^* = \delta^*(x, \cdot)$ Minimumstelle des a-posteriori-Risikos von Q_μ^x für Q^{π_2}-fast alle $x \in \mathfrak{X}$ ist. Dann ist δ^* eine Bayes-Entscheidungsfunktion bzgl. μ.

Bemerkung 2.2.14
a) Eine analoge Aussage lässt sich für (nichtrandomisierte) D-Bayes-Entscheidungsfunktionen formulieren: Mit dem a-posteriori-Risiko $Q_\mu^x : \Delta \to \overline{\mathbb{R}}_+$,

$$Q_\mu^x(a) = \int_\Theta \mathrm{L}(\vartheta, a) \mu_x(d\vartheta)$$

ist das Bayes-Risiko für $d \in \mathrm{D}$

$$r(\mu, d) = \int_{\mathfrak{X}} Q_\mu^x(d(x)) Q^{\pi_2}(dx).$$

und wir erhalten folgenden Satz:

Satz 2.2.15 (Nichtrandomisierte Bayes-Entscheidungsfunktionen)
Es gelte die Annahme AP) und sei $d^* \in D$, so dass

$$d^*(x) \in \arg\min Q_\mu^x \quad [Q^{\pi_2}].$$

Dann ist d^* eine nichtrandomisierte Bayes-Entscheidungsfunktion.

b) *Sei $P_\vartheta \ll \nu$, $P_\vartheta = f_\vartheta \nu$ für alle $\vartheta \in \Theta$ und sei $\mu \in \widetilde{\Theta}$ und die Abbildung $\mathfrak{X} \times \Theta \to \mathbb{R}^1$, $(x, \vartheta) \to f_\vartheta(x)$ messbar. Dann ist Annahme M) erfüllt, d.h. die Abbildung*

$$\vartheta \to P_\vartheta(A) = \int_A f_\vartheta(x) d\nu(x)$$

ist für alle A messbar. Es gilt:

$$Q^{\pi_2} = f\nu \text{ mit } f(x) = \int f_\vartheta(x)\, d\mu(\vartheta), \quad \text{und} \quad Q = f_\vartheta(x)(\mu \otimes \nu).$$

Für die a-posteriori-Verteilung ergibt sich:

$$\mu_x = Q^{\pi_1 | \pi_2 = x} = h_x \mu$$

mit der a-posteriori-Dichte

$$h_x(\vartheta) = \begin{cases} \dfrac{f_\vartheta(x)}{f(x)}, & f(x) > 0, \\ 1, & f(x) = 0. \end{cases}$$

Unter der Annahme produktmessbarer Dichten lässt sich die a-posteriori-Verteilung also einfach in expliziter Form angeben.

2.3 Anwendungen auf Schätzer, Tests und Konfidenzbereiche

Für die drei klassischen Bereiche der statistischen Entscheidungstheorie – Schätzprobleme, Testprobleme und Konfidenzbereiche – wenden wir in diesem Abschnitt die Resultate aus Abschnitt 2.2 an, bestimmen Bayes- und Minimax-Verfahren und behandeln die Zulässigkeit von Entscheidungsverfahren für einige Beispiele.

A) Schätzproblem

Wir betrachten ein Schätzproblem $(\mathcal{E}, g, L_2)$ mit $\Delta = \mathbb{R}^1$, $g : \Theta \to \mathbb{R}^1$ messbar, und mit Gaußschem Verlust L_2.

Proposition 2.3.1 (Bayes-Schätzer)
Sei $\mu \in \Theta$ eine a-priori-Verteilung. Es gelte die Bedingung AP) und sei $g \in L^1(\mu_x)$ $[Q^{\pi_2}]$. Dann ist

$$d^*(x) := \int g(\vartheta)\, \mu_x(d\vartheta) = \int g(\vartheta)\, Q^{\pi_1 | \pi_2 = x}(d\vartheta) \quad \in D$$

und es gilt:

a) *d^* ist nichtrandomisierter Bayes-Schätzer,*

b) *d^* ist Q^{π_2}-fast sicher eindeutig,*

c) *d^* ist Bayes-Schätzer bzgl. $\mathcal{D}$.*

Beweis:

a), b): Für $a \in \mathbb{R}^1$ gilt nach Bemerkung 2.2.14 und der Transformationsformel

$$Q^x_\mu(a) = \int_\Theta L_2(\vartheta, a)\, \mu_x(d\vartheta) = \int_\Theta (a - g(\vartheta))^2\, \mu_x(d\vartheta) = \int_{\mathbb{R}^1} (a - s)^2\, \mu^g_x(ds).$$

Für integrierbare Zufallsvariablen X gilt:

$$E(X - a)^2 \geq E(X - EX)^2, \quad \forall a \in \mathbb{R}$$

mit "$=$" genau dann, wenn $a = EX$. Falls X nach μ^g_x verteilt ist, ist der Erwartungswert

$$EX = \int_{\mathbb{R}^1} s\, \mu^g_x(ds) = \int_\Theta g(\vartheta)\, \mu_x(d\vartheta) = d^*(x).$$

Damit ist d^* also eindeutiges Minimum des a-posteriori-Risikos. Mit Bemerkung 2.2.14 folgen die Behauptungen a), b).

c): Für alle $m \in \mathrm{M}^1(\Delta, \mathcal{A}_\Delta)$ gilt analog dem Beweis von Teil a), b) für das a-posteriori-Risiko $Q^x_\mu(m)$ bzgl. der Klasse $\mathcal{D}$

$$Q^x_\mu(m) = \int_\Theta \left(\int (g(\vartheta) - a)^2\, m(da) \right) \mu_x(d\vartheta)$$

$$\geq \int_\Theta \left(g(\vartheta) - \int a\, m(da) \right)^2 \mu_x(d\vartheta) \quad \text{nach Cauchy-Schwarz}$$

$$\geq \int_\Theta (g(\vartheta) - d^*(x))^2\, \mu_x(d\vartheta), \quad \text{nach Definition von } d^*.$$

Daraus folgt die Behauptung. $\qquad\qquad\square$

Bemerkung 2.3.2

a) **Bayes-Schätzer für Laplace-Verlust**
 Für den Laplace-Verlust $L(\vartheta, a) = |g(\vartheta) - a|$ definiere d^* als Median von g unter μ_x,

$$d^*(x) \in \operatorname{med} \mu^g_x.$$

Dann ist d^* Bayes-Entscheidungsfunktion bzgl. μ. Dieses ergibt sich daraus, dass $E|X - a|$ durch den Median von X minimiert wird.

b) *Konjugierte a-priori-Verteilung:*

Sei $P_\vartheta = \mathcal{B}(m, \vartheta)^{(n)}$ und zu $\tau = (a, b)$ sei $\mu_\tau = \mathrm{Be}(a, b)$ die Beta-Verteilung, d.h. μ_τ hat eine Dichte auf $[0, 1]$ der Form

$$f(u) = \frac{1}{B(a, b)} u^{a-1}(1 - u)^{b-1} \qquad \text{mit } B(a, b) = \frac{\Gamma(a + b)}{\Gamma(a)\Gamma(b)}.$$

μ_τ hat den Erwartungswert $E(\mu_\tau) = \frac{a}{a+b}$. Die a-posteriori-Verteilung zu μ_τ ist

$$\mu_{\tau,x} = \mathrm{Be}\left(a + \sum x_i, b + mn - \sum x_i\right),$$

also wieder eine Beta-Verteilung. Die Beta-Verteilungen sind konjugierte a-priori-Verteilungen zu den Binomial-Verteilungen. Ihre a-posteriori-Verteilungen ergeben sich einfach durch einen Parameterwechsel.

Ähnliches gilt für Poisson- und Gamma-Verteilung: Ist $P_\vartheta = \mathcal{P}(\vartheta)^{(n)}$ die Poisson-Verteilung, und $\mu_\tau = \Gamma(a, b)$ für $\tau = (a, b)$, so ist $\mu_{\tau,x} = \Gamma(a + \sum x_i, b + n)$.

Beispiel 2.3.3 (Schätzprobleme mit Gauß-Verlust)

a) *Binomialverteilung:*

Seien $\mathfrak{X} = \mathbb{N}_0$, ν abzählendes Maß auf $\mathfrak{X}$, $\Theta = [0, 1]$, $P_\vartheta = \mathcal{B}(n, \vartheta)$, $g(\vartheta) = \vartheta$ für alle $\vartheta \in \Theta$. Sei die a-priori-Verteilung $\mu = \mathrm{U}[0, 1] \in \tilde{\Theta}$ die uniforme Verteilung auf Θ. Da die uniforme Verteilung ein Spezialfall der Beta-Verteilung ist, ist dies ein Beispiel für Bemerkung b). Man erhält zu $x \in \mathfrak{X}$ als a-posteriori-Dichte die Dichte der $\mathrm{Be}(x + 1, n - x + 1)$-Verteilung:

$$h_x(\vartheta) = \frac{\binom{n}{x}\vartheta^x(1 - \vartheta)^{n-x}}{\int_0^1 \binom{n}{x}u^x(1 - u)^{n-x}\,du}, \qquad 0 \le x \le n.$$

Der **Bayes-Schätzer** bzgl. der uniformen Verteilung ist

$$d^*(x) = \int_0^1 \vartheta\, h_x(\vartheta)\,d\vartheta = \frac{x + 1}{n + 2} = \frac{n}{n + 2}\frac{x}{n} + \frac{2}{n + 2}\frac{1}{2}.$$

d^* ist Konvexkombination aus dem Standardschätzer $\frac{x}{n}$ und dem a-priori-Schätzer $\frac{1}{2}$. Man erkennt an dieser Form, wie sich mit zunehmender Anzahl von Beobachtungen das Gewicht zugunsten des Standard-Schätzers $\frac{x}{n}$ verschiebt, und der a-priori-Schätzer $\frac{1}{2}$ immer weniger Gewicht erhält. Das Risiko ist:

$$\begin{aligned}
\mathrm{R}(\vartheta, d^*) &= E_\vartheta\left(\frac{x + 1}{n + 2} - \vartheta\right)^2 \\
&= \frac{1}{(n + 2)^2}\, E_\vartheta\underbrace{(x + 1 - (n + 2)\vartheta)^2}_{x - n\vartheta + (1 - 2\vartheta)} \\
&= \frac{1}{(n + 2)^2}\left(n\vartheta(1 - \vartheta) + (1 - 2\vartheta)^2\right).
\end{aligned}$$

Damit folgt für das Bayes-Risiko:

$$r(\mu, d^*) = \int_0^1 E_\vartheta (d^* - \vartheta)^2 \ d\vartheta$$

$$= \int_0^1 \mathrm{R}(\vartheta, d^*) \ d\vartheta$$

$$= \frac{1}{6(n+2)}.$$

Ein Vergleich mit dem **Standard-Schätzer** $\widetilde{d}(x) = \frac{x}{n}$ *liefert:*

$$\mathrm{R}(\vartheta, \widetilde{d}) = \frac{1}{n} \vartheta(1 - \vartheta)$$

$$r(\mu, \widetilde{d}) = \int_0^1 \mathrm{R}(\vartheta, \widetilde{d}) \ d\vartheta = \frac{1}{6n}.$$

Der Bayes-Schätzer bzgl. der Rechteckverteilung ist also geringfügig besser.

d^* ist jedoch kein Minimax-Schätzer, da in diesem Beispiel die Gleichverteilung nicht die ungünstigste a-priori-Verteilung ist. Da das Risiko für ϑ in der Nähe von $\frac{1}{2}$ größer wird, ordnet die ungünstigste a-priori-Verteilung diesem Bereich größere Wahrscheinlichkeiten zu. Betrachtet man die a-priori-Verteilung $\mu^* = \mathrm{Be}\left(\frac{\sqrt{n}}{2}, \frac{\sqrt{n}}{2}\right)$ (s. Ferguson (1967)), so erhält man den Bayes-Schätzer

$$\widetilde{d}^*(x) = \frac{x}{\sqrt{n}(1 + \sqrt{n})} + \frac{1}{2(1 + \sqrt{n})}$$

mit dem konstanten Risiko

$$\mathrm{R}(\vartheta, \widetilde{d}^*) = \frac{1}{4(1 + \sqrt{n})^2} \qquad \text{für alle } \vartheta \in \Theta.$$

Nach Satz 2.2.10 von Hodges-Lehmann ist $\widetilde{d}^*$ **Minimax-Schätzer.**

Zum Vergleich: Es gilt

$$\sup_\vartheta \mathrm{R}(\vartheta, d^*) = \frac{n}{4(n+2)^2} = \mathrm{R}(\tfrac{1}{2}, d^*)$$

$$\sup_\vartheta \mathrm{R}(\vartheta, \widetilde{d}) = \frac{1}{4n}.$$

Es ergibt sich folgendes Bild für den Vergleich (vgl. Abbildung 2.8):

b) *Normalverteilung:*
   Sei $P_\vartheta = N(\vartheta, 1)^{(n)} = \bigotimes_{i=1}^n N(\vartheta, 1)$ mit $\vartheta \in \Theta = \mathbb{R}^1$ und $g(\vartheta) = \vartheta$. Zur konjugierten a-priori-Verteilung $\mu_k := N(0, k) \in \widetilde{\Theta}$ erhält man für $k \in \mathbb{N}$ folgenden

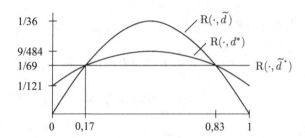

Abbildung 2.8 Vergleich von Standard-, Bayes- und Minimax-Schätzer für $n = 9$.

Bayes-Schätzer:

$$d_k(x) = \int \vartheta \frac{f_\vartheta(x)}{f(x)} f_{\mu_k}(\vartheta)\, d\vartheta$$

$$= \frac{\int u \exp\left(-\frac{1}{2}\sum_{j=1}^n (x_j - u)^2 - \frac{1}{2}\frac{u^2}{k}\right) du}{\int \exp\left(-\frac{1}{2}\sum_{j=1}^n (x_j - u)^2 - \frac{1}{2}\frac{u^2}{k}\right) du} = \frac{nk}{nk+1}\, \overline{x}_n.$$

Zum Nachweis hierzu erhält man durch Ausmultiplizieren

$$f_\vartheta(x) f_{\mu_k}(\vartheta) = \tilde{C}(x) \exp\left[-\frac{1}{2}\frac{nk+1}{k}\left(\vartheta - \frac{k}{nk+1}\sum_{j=1}^n x_j\right)^2\right]$$

Damit ist die a-posteriori-Verteilung μ_x gegeben durch

$$\mu_x = N\left(\frac{k}{nk+1}\sum_{j=1}^n x_j,\, \frac{k}{nk+1}\right)$$

und es ergibt sich

$$d_k(x) = E\mu_x = \frac{nk}{nk+1}\,\overline{x}_n = \frac{nk}{nk+1}\,\overline{x}_n + \frac{1}{nk+1}\,0.$$

Wieder lässt sich der Bayes-Schätzer als Konvexkombination des Standardschätzer $\overline{x}_n$ und des a-priori-Schätzer 0 darstellen. Es ergibt sich folgendes Risiko:

$$R(\vartheta, d_k) = E_\vartheta\left(\frac{nk}{nk+1}\,\overline{x}_n - \vartheta\right)^2$$

$$= \left(\frac{nk}{nk+1}\right)^2 E_\vartheta(\overline{x}_n - \vartheta)^2 + \vartheta^2\left(\frac{nk}{nk+1} - 1\right)^2$$

$$= \frac{nk^2}{(nk+1)^2} + \vartheta^2\left(\frac{nk}{nk+1} - 1\right)^2.$$

Integration mit der $N(0,k)$-Verteilung liefert das Bayes-Risiko bzgl. μ_k:

$$r(\mu_k, d_k) = \frac{nk^2}{(nk+1)^2} + k\left(\frac{nk}{nk+1} - 1\right)^2 = \frac{k}{nk+1} \longrightarrow \frac{1}{n} \quad (k \to \infty).$$

Für das Risiko des arithmetischen Mittels gilt für alle $\vartheta \in \Theta$:

$$\mathrm{R}(\vartheta, \overline{x}_n) = E_\vartheta(\overline{x}_n - \vartheta)^2 = \frac{1}{n} = \lim_{k \to \infty} r(\mu_k, d_k)$$

*$\overline{x}_n$ ist ein Schätzer mit konstanten Risiken. Nach Satz 2.2.10 von Hodges-Lehmann ist $\overline{x}_n$ also **Minimax-Schätzer** im Normalverteilungsmodell.*

Bemerkung 2.3.4
a) *Mit $P_\vartheta = N(\vartheta, \sigma^2)^{(n)}$, $\vartheta \in \Theta = \mathbb{R}^1$ erhält man zur a-priori-Verteilung $\mu = N(c, \tau^2)$, $\tau > 0$, $c \in \mathbb{R}$, analog als **Bayes-Schätzer***

$$\begin{aligned}
d(x) &= \frac{n\tau^2}{\sigma^2 + n\tau^2}\overline{x}_n + \frac{\sigma^2}{\sigma^2 + n\tau^2}c \\
&= \frac{\frac{n}{\sigma^2}}{\frac{n}{\sigma^2} + \frac{1}{\tau^2}}\overline{x}_n + \frac{\frac{1}{\tau^2}}{\frac{n}{\sigma^2} + \frac{1}{\tau^2}}c.
\end{aligned}$$

Auch hier ist der Bayes-Schätzer also eine Mischung aus dem Standard-Schätzer $\overline{x}_n$ und dem a-priori-Schätzer c.

b) *Die Minimax-Eigenschaft vom arithmetischen Mittel gilt in ähnlicher Weise auch in Dimension $d \geq 1$ im Normalverteilungsmodell $\{N(\vartheta, I_d); \ \vartheta \in \mathbb{R}^d\}$.*

c) *Der Minimax-Schätzer $\overline{x}_n$ im Normalverteilungsmodell wird in Beispiel 2.3.3 b) als punktweiser Limes von Bayes-Schätzern nachgewiesen. $\overline{x}_n$ ist auch Bayes-Schätzer bezüglich der uneigentlichen a-priori-Verteilung $\mu = \lambda^1$ (vgl. Bemerkung 2.2.9 a)). Es gilt:*

$$\frac{\int u e^{-\frac{1}{2}(x-u)^2}\,du}{\int e^{-\frac{1}{2}(x-v)^2}\,dv} = x.$$

Nach Bemerkung 2.3.4 a) gilt: Für alle $a \in (0,1)$ und $b \in \mathbb{R}^1$ ist $a\overline{x}_n + b$ eindeutiger Bayes-Schätzer, also auch zulässig. Schätzer der Form $a\overline{x}_n + b$ mit $a \in [0,1]$ werden als **Shrinkage-Schätzer** bezeichnet, da mit einem Faktor ≤ 1 nach $\frac{b}{1-a}$ hin gestaucht wird. Die Zulässigkeit von linearen Schätzern lässt sich für $a \neq 1$ einfach diskutieren. Wir behandeln nur den Fall $n = 1$. Der Fall $n \geq 1$ ist analog.

Proposition 2.3.5 (Zulässigkeit von Shrinkage-Schätzern)
Sei d ein Schätzer für $g(\vartheta) = \vartheta$ mit $E_\vartheta d = \vartheta$ und $\mathrm{Var}_\vartheta(d) = \sigma^2$ für alle $\vartheta \in \Theta = \mathbb{R}^1$. Dann ist $d_{a,b} := ad + b$ nicht zulässig bzgl. $\mathcal{D}$, falls eine der folgenden Bedingungen erfüllt ist:

1. $a > 1$, oder

2. $a < 0$, oder

3. $a = 1$ und $b \neq 0$.

Beweis: In allen 3 Fällen gilt: $\mathrm{R}(\vartheta, d_{a,b}) = E_\vartheta (ad + b - \vartheta)^2$
$$= E_\vartheta (a(d - \vartheta) + (a - 1)\vartheta + b)^2$$
$$= a^2\sigma^2 + ((a - 1)\vartheta + b)^2.$$

1. $a > 1$: Dann folgt: $\mathrm{R}(\vartheta, d_{a,b}) \geq a^2\sigma^2 > \sigma^2 = \mathrm{R}(\vartheta, d_{1,0})$.

   Das heißt $d_{1,0} \prec d_{a,b}$.

2. $a < 0$: Es gilt $(a - 1)^2 > 1$ und damit:

$$\mathrm{R}(\vartheta, d_{a,b}) \geq ((a - 1)\vartheta + b)^2$$
$$= (a - 1)^2 \left(\vartheta + \frac{b}{a - 1}\right)^2$$
$$> \left(\vartheta + \frac{b}{a - 1}\right)^2$$
$$= \mathrm{R}\left(\vartheta, d_{0,-\frac{b}{a-1}}\right).$$

   Das heißt $d_{0,-\frac{b}{a-1}} \prec d_{a,b}$.

3. $a = 1$, $b \neq 0$: Dann ist $d_{a,b} = d + b$. Da $E_\vartheta d = \vartheta$ ist, folgt $d_{a,b} \prec d$. □

In Proposition 2.3.5 bleibt der Fall $a = 1$, $b = 0$ offen. Der folgende Satz zeigt, dass im Normalverteilungsmodell das arithmetische Mittel zulässig ist.

Satz 2.3.6 (Zulässigkeit des arithmetischen Mittels)
Sei $P_\vartheta = N(\vartheta, \sigma^2)^{(n)}$ mit $\sigma^2 > 0$ und $g(\vartheta) = \vartheta$ für alle $\vartheta \in \Theta = \mathbb{R}^1$. Dann ist das arithmetische Mittel $\overline{x}_n$ zulässig für g.

Beweis: Der Beweis basiert auf der Limes-Bayes-Methode.
Sei ohne Einschränkung $\sigma = 1$.
Angenommen $\overline{x}_n$ wäre nicht zulässig. Dann existiert ein "besserer Schätzer" δ^*. Sei dieser ohne Einschränkung nichtrandomisiert, d.h. es existiert $d^* \in D$, so dass $\delta^* = d^* \prec \overline{x}_n$. Damit existiert ein $\vartheta_0 \in \Theta$ so dass für alle $\vartheta \in \Theta$:

$$\mathrm{R}(\vartheta, d^*) \leq \frac{1}{n} \text{ und } \mathrm{R}(\vartheta_0, d^*) < \frac{1}{n}.$$

Mit dem Satz über majorisierte Konvergenz zeigt man, dass das Risiko $\mathrm{R}(\cdot, d^*)$ in Exponentialfamilien stetig ist (vgl. Ferguson (1967, S. 133, Theorem 2)). Es existiert also $\varepsilon > 0$ und eine Umgebung $U(\vartheta_0) = (\vartheta_1, \vartheta_2)$ von ϑ_0, so dass für alle $\vartheta \in U(\vartheta_0)$ gilt:

$$R(\vartheta, d^*) < \frac{1}{n} - \varepsilon.$$

Für die a-priori-Verteilung $\mu_\tau := N(0, \tau^2) \in \widetilde{\Theta}$ für $\tau \in \mathbb{R}_+$ sei d_τ der zugehörige Bayes-Schätzer. Dann ist $r(\mu_\tau, d^*) < \frac{1}{n}$ und nach Bemerkung 2.3.4 a) ist

$$d_\tau(x) = \frac{\frac{n}{\sigma^2}\, \overline{x}_n}{\frac{n}{\sigma^2} + \frac{1}{\tau^2}}$$

Bayes-Schätzer bzgl. μ_τ. Das Bayes-Risiko ist wegen $\sigma^2 = 1$ gegeben durch

$$r(\mu_\tau, d_\tau) = \frac{1}{\frac{n}{\sigma^2} + \frac{1}{\tau^2}} = \frac{\tau^2}{1 + n\tau^2}.$$

Damit ist

$$1 \geq \frac{\frac{1}{n} - r(\mu_\tau, d^*)}{\frac{1}{n} - r(\mu_\tau, d_\tau)} \qquad \text{beachte, dass der Zähler} > 0 \text{ ist}$$

$$= \frac{\frac{1}{\sqrt{2\pi\tau^2}} \int \left(\frac{1}{n} - R(\vartheta, d^*)\right) e^{-\frac{\vartheta^2}{2\tau^2}}\, d\vartheta}{\frac{1}{n} - \frac{\tau^2}{1+n\tau^2}}$$

$$\geq \frac{n(1 + n\tau^2)\varepsilon}{\sqrt{2\pi}\,\tau} \int_{\vartheta_1}^{\vartheta_2} e^{-\frac{\vartheta^2}{2\tau^2}}\, d\vartheta \qquad \text{da } \frac{1}{n} - R(\vartheta, d^*) \geq \varepsilon \text{ auf } (\vartheta_1, \vartheta_2)$$

$$\to \infty \qquad\qquad\qquad \text{für } \tau \to \infty.$$

Nach dem Satz über majorisierte Konvergenz konvergiert das Integral gegen $\vartheta_2 - \vartheta_1$ für $\tau \to \infty$. Damit konvergiert der Ausdruck auf der rechten Seite der Ungleichungs-kette gegen ∞ für $\tau \to \infty$. Aus diesem Widerspruch folgt die Behauptung. $\square$

Bemerkung 2.3.7
a) Jeffreys-Prior
Es bleibt die Frage, wie man eine ungünstigste a-priori-Verteilung erhält. Sei $\Theta \subset \mathbb{R}^k$ offen und $P_\vartheta = f_\vartheta \nu$; f_ϑ sei zweimal stetig differenzierbar in ϑ. Es existiere

$$I_{ij}(\vartheta) := E_\vartheta \left(\frac{\partial}{\partial \vartheta_i} \ln f_\vartheta\right) \left(\frac{\partial}{\partial \vartheta_j} \ln f_\vartheta\right)$$

$$= -E_\vartheta \frac{\partial^2}{\partial \vartheta_i \partial \vartheta_j} \ln f_\vartheta$$

für alle $i, j \in \{1, \ldots, k\}$ und sei endlich. Unter diesen Regularitätsannahmen lässt sich die **Fisher-Informationsmatrix**

$$I(\vartheta) := (I_{ij}(\vartheta))$$

definieren. Es zeigt sich, dass der Jeffreys-Prior $\mu := h\lambda^k$ mit

$$h(\vartheta) \sim \sqrt{\det \mathrm{I}(\vartheta)}$$

ein guter Kandidat für eine ungünstigste a-priori-Verteilung ist (s. Jeffreys (1946)).

Im Allgemeinen lässt sich h nicht normieren und der Jeffreys-Prior liefert einen 'uneigentlichen' prior. Die Motivation für den Jeffreys-Prior basiert in Exponentialfamilien auf der Cramér-Rao-Ungleichung. Der Jeffreys-Prior ist allgemeiner durch Resultate aus der asymptotischen Statistik motiviert.

b) empirischer Bayes-Schätzer
Sei $\{\mu_\tau;\ \tau \in T\} \subset \widetilde{\Theta}$ eine Familie von a-priori-Verteilungen mit den Bayes-Schätzern d_τ bzgl. μ_τ. τ ist ein Hyperparameter. Es ist nicht möglich nur eine passende a-priori-Verteilung für ein Experiment festzulegen. Dann empfiehlt sich folgende Vorgehensweise:

1. Schätze τ aus den Beobachtungen: $x = (x_1, \ldots, x_n)$ unter der Annahme der Marginalverteilung $Q_\tau = \int P_\tau \, d\mu_\tau(\vartheta)$ durch einen Schätzer $\widehat{\tau}(x)$.

2. Verwende den Schätzer $\widehat{d}$ der das empirische a-posteriori-Risiko minimiert,

$$\int L(\vartheta, \widehat{d}(x))\, \mu_{\widehat{\tau}(x), x}\, (d\vartheta) = \inf_d,$$

d.h. $\widehat{d} = d_{\widehat{\tau}(x)}$ ist der Bayes-Schätzer bzgl. der empirischen a-priori-Verteilung $\mu_{\widehat{\tau}(x)}$ (bei gegebenem x). $\widehat{d}$ heißt **empirischer Bayes-Schätzer**.

c) Das arithmetische Mittel in Dimension $k \geq 2$; James-Stein-Schätzer
Das arithmetische Mittel $\overline{x}_n$ ist auch in Dimension $k = 2$ zum Schätzen des Mittelwertvektors ϑ zulässig, überraschenderweise aber nicht in $k \geq 3$ nach einem Resultat von Stein (1956). Zur Erläuterung dieses Phänomens betrachten wir o. E. den Fall $n = 1$. Sei

$$P_\vartheta = \bigotimes_{i=1}^{k} N(\vartheta_i, 1), \quad g(\vartheta) = \vartheta, \quad \vartheta \in \Theta = \mathbb{R}^k.$$

und betrachte die Verlustfunktion

$$\mathrm{L}(\vartheta, a) = \frac{1}{k} \sum_{i=1}^{k} (\vartheta_i - a_i)^2.$$

Dann gilt:

1) Falls $k = 1, 2$, dann ist $d(x) = x$ zulässig.

2) Falls $k \geq 3$, dann ist $d(x) = x$ nicht zulässig.

James und Stein (1961) konstruierten dazu den folgenden Schätzer: Für einen Punkt $\mu \in \mathbb{R}^k$ definiere

$$
\begin{aligned}
d(x) &= x + c(x)(\mu - x) \\
&= \mu + (1 - c(x))(x - \mu) \\
&= d_\mu(x)
\end{aligned}
$$

mit $c(x) = \frac{k-2}{s^2}$, $s^2 = \sum_{i=1}^{k}(x_i - \mu_i)^2$.

Der Schätzer x wird mit einem vom Abstand von x und μ abhängenden Faktor in Richtung μ verschoben. Für $\mu = 0$ erhalten wir also einen nichtlinearen Shrinkage-Schätzer in Richtung 0. Es gilt:

$$
R(\vartheta, d_\mu) = 1 - \frac{(k-2)^2}{k} E_\vartheta \frac{1}{s^2} < 1 = R(\vartheta, x).
$$

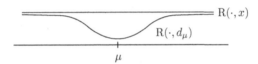

$$R(\cdot, x)$$

$$R(\cdot, d_\mu)$$

$$\mu$$

Abbildung 2.9 Risikofunktion von d_μ

Bezüglich P_ϑ ist $s^2 \sim \chi^2(\lambda)$; s^2 ist χ^2-verteilt mit Nichtzentralitätsparameter $\lambda = \sum(\vartheta - \mu_i)^2$. Für $\vartheta = \mu$ wird das Risiko von d_μ minimal. Es ist $E_\mu \frac{1}{s^2} = \frac{1}{k-2}$ und daher

$$
R(\mu, d_\mu) = \frac{2}{k}.
$$

In einer kleinen Umgebung von μ ist das Risiko von d_μ deutlicher kleiner als das von x. Dieser Effekt ist von Bedeutung in hochdimensionalen Daten z.B. Mikroarray Daten in der Genanalyse, wenn Informationen über interessante Shrinkage-Punkte μ vorliegen.

Die mathematische Grundidee des James-Stein-Schätzers ist die folgende:

Für $\xi \sim N(\vartheta, \sigma^2)$ und eine Funktion φ mit $E|\varphi'(\xi)| < \infty$ gilt:

$$
\sigma^2 E\varphi'(\xi) = E(\xi - \vartheta)\varphi(\xi).
$$

Sei nun $\widetilde{d}(x) = x + g(x)$ eine Modifikation des Standardschätzers x. Dann folgt mittels obiger Beziehung

$$
D := E_\vartheta \|x - \vartheta\|^2 - E_\vartheta \|x + g(x) - \vartheta\|^2 = -2E_\vartheta \sum_{i=1}^{k} \frac{\partial g_i}{\partial x_i}(x) - E_\vartheta \|g(x)\|^2.
$$

Ist $g(x)$ von der Form $g(x) = \nabla \ln \varphi(x)$, $\varphi \in C_+^2$, dann ist $\sum \frac{\partial g_i}{\partial x_i}(x) = -\|g\|^2 + \frac{1}{\varphi}\Delta\varphi$. Damit ergibt sich

$$D = E_\vartheta \|g\|^2 - 2E_\vartheta \left(\frac{1}{\varphi(x)} \Delta\varphi(x) \right).$$

Ist $\varphi \geq 0$ und superharmonisch, d.h. $\Delta\varphi \leq 0$, dann ist $D > 0$ und damit ist x nicht zulässig. Nichttriviale superharmonische Funktionen existieren erst für $k \geq 3$, z.B. ist $\varphi(x) = \|x\|^{2-k}$ harmonisch und diese Wahl führt mit dem obigen Verfahren zu dem James-Stein-Schätzer.

Auch der James-Stein-Schätzer ist nicht zulässig. Eine einfache Verbesserung ist

$$d_\mu^+(x) := \left(1 - \frac{k-2}{s^2} \right)_+ (x - \mu) + \mu.$$

B) Testprobleme

Sei Θ_0, Θ_1 eine messbare Zerlegung von Θ, d.h. $\Theta_1, \Theta_2 \in \mathcal{A}_\Theta$, $\Theta_0 + \Theta_1 = \Theta$ und sei $\mu \in \tilde{\Theta}$ eine a-priori-Verteilung. Mit $\Delta = \{a_0, a_1\}$ und der Neyman-Pearson-Verlustfunktion

$$L(\vartheta, a_i) := \begin{cases} 0, & \vartheta \in \Theta_i, \\ L_i, & \vartheta \in \Theta_i^c \end{cases}$$

ist mit $\delta = \delta_\varphi$ für alle $\varphi \in \Phi$ das Bayes-Risiko

$$r(\mu, \delta) = \int_{\mathfrak{X}} \Bigg(\underbrace{\int_\Theta \int_\Delta L(\vartheta, a)\, \delta(x, da)\, \mu_x(d\vartheta)}_{=Q_\mu^x(\delta_x)} \Bigg) Q^{\pi_2}(dx)$$

mit dem a-posteriori-Risiko

$$\begin{aligned} Q_\mu^x(\delta_x) &= L_0\mu_x(\Theta_0)\varphi(x) + L_1\mu_x(\Theta_1)(1 - \varphi(x)) \\ &= \varphi(x)\left(L_0\mu_x(\Theta_0) - L_1\mu_x(\Theta_1)\right) + L_1\mu_x(\Theta_1). \end{aligned}$$

Damit ergibt sich aus Satz 2.2.13 folgender Satz:

Satz 2.3.8 (Bayes-Test)
Sei das Testproblem (Θ_0, Θ_1) mit Neyman-Pearson-Verlust L und a-priori-Verteilung $\mu \in \tilde{\Theta}$ gegeben. Dann gilt:

$\varphi^* \in \Phi$ ist Bayes-Test bzgl. μ

$$\Leftrightarrow \varphi^*(x) = \begin{cases} 1, & \text{falls } L_0\mu_x(\Theta_0) < L_1\mu_x(\Theta_1) \\ 0, & \text{falls } L_0\mu_x(\Theta_0) > L_1\mu_x(\Theta_1) \end{cases} \quad [Q^{\pi_2}].$$

Auf dem "Randomisierungsbereich" $\{L_0\mu_x(\Theta_0) = L_1\mu_x(\Theta_1)\}$ ist φ^* nicht eindeutig bestimmt.

Ist $L_0 = L_1$ entscheidet sich der Bayes-Test also für die Hypothese mit der größeren a.posteriori-Wahrscheinlichkeit.

Für das **einfache Testproblem** $\Theta_i = \{\vartheta_i\}, i = 0, 1$ und $L_0, L_1 > 0$ gilt, falls $P_{\vartheta_i} = f_i \nu$:

$$\mu_x(\{\vartheta_i\}) = h_x(\vartheta_i)\mu(\{\vartheta_i\}),$$

wobei

$$h_x(\vartheta_i) = \frac{f_i(x)}{f(x)} \text{ mit } f(x) = \mu(\{\vartheta_0\})f_0(x) + \mu(\{\vartheta_1\})f_1(x).$$

Mit $k := \frac{L_0\mu(\{\vartheta_0\})}{L_1\mu(\{\vartheta_1\})}$ ist also

$$\varphi^*(x) = \begin{cases} 1, & \text{falls } \mu(\{\vartheta_0\})L_0f_0(x) < L_1f_1(x)\mu(\{\vartheta_1\}), \\ 0, & \text{falls } \mu(\{\vartheta_0\})L_0f_0(x) > L_1f_1(x)\mu(\{\vartheta_1\}), \end{cases}$$

$$= \varphi_k^*(x) := \begin{cases} 1, & \text{falls } \frac{f_1(x)}{f_0(x)} > k \\ 0, & \text{falls } \frac{f_1(x)}{f_0(x)} < k \end{cases} \quad [Q^{\pi_2}],$$

falls $0 < k < \infty$. k wird als **kritischer Wert** bezeichnet.

Ist $k = 0$, dann ist $\varphi_0^*(x) = 1$, falls $f_1(x) > 0$; dies entspricht einem Bayes-Test mit $\mu(\{\vartheta_0\}) = 0$.
Ist $k = \infty$, dann ist $\varphi_\vartheta^*(x) = 0$, falls $f_0(x) > 0$; dies entspricht einem Bayes-Test mit $\mu(\{\vartheta_1\}) = 1$.

Bemerkung 2.3.9
$\varphi^* = \varphi_k^*$ *ist Bayes-Test bzgl. der a-priori-Verteilung* $\tau_k = \left(\frac{k}{1+k}, \frac{1}{1+k}\right)$. *Ist* $L_0 = L_1 = 1$ *dann ist*

$$k = \frac{\mu(\{\vartheta_0\})}{\mu(\{\vartheta_1\})} = \frac{\mu(\{\vartheta_0\})}{1 - \mu(\{\vartheta_0\})} \Leftrightarrow \mu(\{\vartheta_0\}) = \frac{k}{1+k}$$

Hierbei definieren wir $\frac{\infty}{\infty} := 1$.

Definition 2.3.10
Im einfachen Testproblem $\Theta_i = \{\vartheta_i\}$, $i = 0, 1$ *heißt jeder Test der Form*

$$\varphi(x) = \varphi_k(x) = \begin{cases} 1, & \text{falls } \frac{f_1(x)}{f_0(x)} > k \\ 0, & \text{falls } \frac{f_1(x)}{f_0(x)} < k \end{cases} \quad [Q^{\pi_2}]$$

Likelihood-Quotiententest (LQ-Test) *mit kritischem Wert* $k \in [0, \infty]$.

Als Konsequenz von Satz 2.3.8 ergibt sich folgendes Korollar:

Korollar 2.3.11
Sind $L_0, L_1 > 0$, so ist für ein einfaches Testproblem die Klasse der LQ-Tests identisch mit der Klasse der Bayes-Tests bzgl. μ, $\mu \in \widetilde{\Theta}$.

Die LQ-Tests lassen sich nun mit den zulässigen Tests identifizieren.

Korollar 2.3.12 (Zulässige Tests)
Seien $L_0, L_1 > 0$ und $\Theta_i = \{\vartheta_i\}$. Dann gilt:

a) Jeder zulässige Test ist ein LQ-Test.

b) Ist φ ein LQ-Test mit $0 < E_{\vartheta_1}\varphi < 1$, dann ist φ zulässig.

Beweis:
a) Nach der geometrischen Darstellung (vgl. Abbildung 2.10) der Risikomenge ist jeder zulässige Test unterer Randpunkt der Risikomenge $\mathcal{R}$ (vgl. Bemerkung 2.2.6) daher ein Bayes-Test und damit nach Korollar 2.3.11 auch ein LQ-Test.

b) Sei φ ein LQ-Test mit $\alpha := E_{\vartheta_0}\varphi$. Angenommen, es existiert ein besserer Test ψ als φ, d.h. $\psi \prec \varphi$. Dann ist:

$$E_{\vartheta_0}\psi \leq \alpha \quad \text{und} \quad E_{\vartheta_1}\psi \geq E_{\vartheta_1}\varphi.$$

Weiterhin folgt mit $0 < E_{\vartheta_1}\varphi < 1$ für den kritischen Wert k von φ, daß $k \neq 0$ und $k \neq \infty$.

φ ist also Bayes-Test bzgl. $\mu \in \widetilde{\Theta}$ mit $\mu(\{\vartheta_i\}) > 0$, $i = 0, 1$. Der Träger von μ ist also ganz Θ. Damit folgt nach Satz 2.2.7, dass φ zulässig ist. $\square$

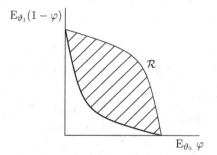

Abbildung 2.10 Zulässige Tests als unterer Rand der Risikomenge

Proposition 2.3.13 (Minimax-Test)
Seien $\Theta_i = \{\vartheta_i\}$ und $L_i = 1$, $i = 1, 2$. Dann gilt:

$$\varphi \text{ ist Minimax-Test} \quad \Leftrightarrow \quad \varphi \text{ ist LQ-Test mit } E_{\vartheta_0}\varphi = E_{\vartheta_1}(1 - \varphi).$$

Beweis:
"$\Leftarrow$": Wenn φ ein LQ-Test ist, so existiert ein kritischer Wert $c \in [0, \infty]$, so dass $\varphi = \varphi_c$. Damit ist φ Bayes-Test bzgl. $\tau_c = \left(\frac{c}{1+c}, \frac{1}{1+c}\right)$, wobei $\frac{\infty}{\infty} := 1$. Weiterhin hat φ wegen $E_{\vartheta_0}\varphi = E_{\vartheta_1}(1 - \varphi)$ konstantes Risiko. Mit Satz 2.2.10 von Hodges-Lehmann folgt, dass φ Minimax-Test ist.

"$\Rightarrow$": Sei φ ein Minimax-Test.

Beh. 1: $E_{\vartheta_0}\varphi = E_{\vartheta_1}(1 - \varphi)$
Angenommen, $\Lambda := (1 - E_{\vartheta_1}\varphi) - E_{\vartheta_0}\varphi \neq 0$.
Ist $\Lambda > 0$, so ist $k := \frac{1}{1+\Lambda} \in (0, 1)$. Definiere

$$\widetilde{\varphi} := k\varphi + (1 - k) \in \Phi.$$

Mit $k\Lambda = \frac{\Lambda}{1+\Lambda} = 1 - \frac{1}{1+\Lambda} = 1 - k$ gilt:

$$\begin{aligned}
E_{\vartheta_0}\widetilde{\varphi} &= kE_{\vartheta_0}\varphi + (1 - k) \\
&= k(E_{\vartheta_0}\varphi + \Lambda) \\
&= k(1 - E_{\vartheta_1}\varphi) \\
&= 1 - kE_{\vartheta_1}\varphi - (1 - k) \\
&= 1 - E_{\vartheta_1}\widetilde{\varphi}.
\end{aligned}$$

Wegen $k < 1$ folgt:

$$\max\{E_{\vartheta_0}\widetilde{\varphi}, 1 - E_{\vartheta_1}\widetilde{\varphi}\} = k(1 - E_{\vartheta_1}\varphi) < 1 - E_{\vartheta_1}\varphi = \max\{E_{\vartheta_0}\varphi, 1 - E_{\vartheta_1}\varphi\}.$$

Dies ist ein Widerspruch dazu, dass φ Minimax-Test ist.

Ist $\Lambda < 0$, folgt die Behauptung durch eine analoge Konstruktion einer Verbesserung mit $k := \frac{1}{1-\Lambda} \in (0, 1)$.

Beh. 2: φ ist LQ-Test

Angenommen, φ ist kein LQ-Test. Dann ist φ nach Korollar 2.3.12 a) nicht zulässig, d.h. es existiert ein Test $\psi \in \Phi$ mit $\psi \prec \varphi$.
Ist $E_{\vartheta_0}\psi \leq E_{\vartheta_0}\varphi$ und $E_{\vartheta_1}\psi > E_{\vartheta_1}\varphi$, so folgt nach Beh. 1:

$$\max\{E_{\vartheta_0}\psi, 1 - E_{\vartheta_1}\psi\} \leq \max\{E_{\vartheta_0}\varphi, 1 - E_{\vartheta_1}\varphi\} = E_{\vartheta_0}\varphi.$$

Wegen $E_{\vartheta_0}\varphi = 1 - E_{\vartheta_1}\varphi$ gilt sogar ein striktes "$<$". Konstruiere nun wie im Beweis von Beh. 1 einen Test $\widetilde{\psi}$ mit

$$\begin{aligned}
E_{\vartheta_0}\widetilde{\psi} &= 1 - E_{\vartheta_1}\widetilde{\psi} \\
&< \max\{E_{\vartheta_0}\psi, 1 - E_{\vartheta_1}\psi\} \\
&\leq E_{\vartheta_0}\varphi = 1 - E_{\vartheta_1}\varphi.
\end{aligned}$$

Dies ist ein Widerspruch dazu, dass φ Minimax ist.

Im zweiten Fall ist $E_{\vartheta_0}\psi < E_{\vartheta_0}\varphi$ und $E_{\vartheta_1}\psi \geq E_{\vartheta_1}\varphi$. Dann lässt sich analog zum ersten Fall ein Test $\widetilde{\psi}$ konstruieren mit $E_{\vartheta_0}\widetilde{\psi} < \max\{E_{\vartheta_0}\psi, 1 - E_{\vartheta_1}\psi\}$. Dieses führt wieder zu einem Widerspruch. $\square$

C) Klassifikationsprobleme

Klassifikationsprobleme treten in vielen Anwendungen auf z.B. bei der Objekt- oder Bilderkennung soll ein Bild einem von mehreren Testbildern zugeordnet werden oder mit einem vorhandenen Bild identifiziert werden. Bei dieser Problemstellung stehen k Alternativen $a_1, \ldots, a_k$ zur Auswahl, die den Parametern $\vartheta_1, \ldots, \vartheta_k$ entsprechen; d.h. es ist $\Theta = \{\vartheta_1, \ldots, \vartheta_k\}$, $\Delta = \{a_1, \ldots, a_k\}$. a_i bedeutet eine Entscheidung für Parameter ϑ_i. Sei $P_{\vartheta_i} = f_i\nu$,

$$L(\vartheta_i, a_j) := \begin{cases} 1, & i \neq j, \\ 0, & \text{sonst.} \end{cases}$$

Es handelt sich also um ein Mehrentscheidungsproblem. Für den Fall $k = 2$ erhalten wir wieder ein Testproblem.

Zu einer Entscheidungsfunktion $\delta \in \mathcal{D}$ definieren wir $\varphi_i(x) := \delta(x, \{a_i\})$. Dann ist

$$\Phi^k := \left\{ \varphi = (\varphi_1, \ldots, \varphi_k); \; \forall x : 0 \leq \varphi_i(x) \leq 1, \sum_{i=1}^{k} \varphi_i(x) = 1 \right\} \simeq \mathcal{D}.$$

Wir können also Entscheidungsfunktionen mit Elementen $\varphi \in \Phi^k$ identifizieren. Das Risiko $R(\cdot, \varphi)$ ist gegeben durch

$$R(\vartheta_i, \varphi) = \sum_{j=1}^{k} L(\vartheta_i, a_j) E_{\vartheta_i}\varphi_j = 1 - E_{\vartheta_i}\varphi_i.$$

Zur a-priori-Verteilung $\mu = (\mu_1, \ldots, \mu_k) \in \widetilde{\Theta}$ erhalten wir das Bayes-Risiko

$$r(\mu, \varphi) = 1 - \sum_{i=1}^{k} \mu_i E_{\vartheta_i}\varphi_i.$$

Wie beim Testen erhält man das **a-posteriori-Risiko** mit $\delta_x \sim \varphi(x)$ durch

$$Q_\mu^x(\varphi) = 1 - \sum_{i=1}^{k} \varphi_i(x)\mu_x(\{\vartheta_i\}) = 1 - \sum_{i=1}^{k} \varphi_i(x)\frac{\mu_i f_i(x)}{f(x)}$$

mit $f(x) = \sum_{j=1}^{k} \mu_j f_j(x)$.

Nach Satz 2.2.13 ist eine Bayes-Entscheidungsfunktion φ dadurch charakterisiert, dass sie das a-posteriori-Risiko minimiert. Aus obiger Darstellung des a-posteriori-Risikos ergibt sich daher die folgende Proposition:

Proposition 2.3.14 (Bayessche Klassifikationsverfahren)
Seien $\varphi \in \Phi^k$ eine Mehrentscheidungsfunktion und $\mu \in \widetilde{\Theta}$ eine a-priori-Verteilung. Dann gilt:

$$\varphi \text{ ist Bayessche Mehrentscheidungsfunktion bzgl. } \mu$$
$$\Leftrightarrow \forall i \in \{1, \dots, k\} \text{ gilt: Wenn } \mu_i f_i(x) < \max_{1 \leq j \leq k} \mu_j f_j(x), \text{ dann folgt } \varphi_i(x) = 0.$$

φ ist also eine Bayessche Mehrentscheidungsfunktion, wenn φ zu Gunsten von Klasse i entscheidet, falls $\mu_i f_i(x)$ eindeutiges Maximum ist, und ansonsten die Entscheidung auf die Klassen i mit maximalem $\mu_i f_i(x)$ aufteilt.

Kapitel 3

Verteilungsklassen – statistische Modelle

Dieses Kapitel behandelt dominierte Verteilungsklassen und einige Eigenheiten von dominierten statistischen Modellen. Dominierte Verteilungsklassen lassen sich durch die im Vergleich zu Wahrscheinlichkeitsmaßen viel einfacheren Wahrscheinlichkeitsdichten beschreiben. Dieses führt auch in der Statistik zu starken Vereinfachungen und erweiterten Möglichkeiten zur Konstruktion von statistischen Verfahren (z.B. Maximum-Likelihood-Schätzer). Mittels geeigneter Metriken auf dem Raum der Wahrscheinlichkeitsmaße zeigen sich einige Zusammenhänge der Dominiertheit zur Separabilität dieses metrischen Raumes. Diese Zusammenhänge erweisen sich als grundlegend für die Entwicklung von einfachen Suffizienzkriterien in Kapitel 4. Abschätzungen der Metriken führen zu f.s. Konsistenzaussagen und zu 0-1-Gesetzen auf unendlichen Produkträumen. Wichtige Beispielklasse für dominierte Modelle sind die Exponentialfamilien. Wir beschreiben einige ihrer analytischen Eigenschafte und Gesetzmäßigkeiten. Abschließend führen wir Gibbsche Maße ein und diskutieren ihre Verwendung bei der Bildrekonstruktion mit Hilfe des Simulated Annealing Algorithmus.

3.1 Dominierte Verteilungsklassen

Thema diese Abschnittes sind statistische Modelle $\mathcal{E} = (\mathfrak{X}, \mathcal{A}, \mathcal{P})$, deren Verteilungsklasse $\mathcal{P} = \{P_\vartheta; \ \vartheta \in \Theta\}$ dominiert ist. Es bezeichne $M_\sigma(\mathfrak{X}, \mathcal{A})$ die Menge der σ-endlichen Maße auf $(\mathfrak{X}, \mathcal{A})$.

Definition 3.1.1 (Dominiertheit)
*Eine Teilklasse $\mathcal{P} \subset M^1(\mathfrak{X}, \mathcal{A})$ heißt **dominiert** $\Leftrightarrow$ Es existiert ein σ-endliches Maß μ auf $(\mathfrak{X}, \mathcal{A})$, so dass $P_\vartheta \ll \mu, \ \forall \vartheta \in \Theta$.*

   Schreibweise: $\qquad \mathcal{P} \ll \mu$

Bemerkung 3.1.2

a) Nach Definition der Dominiertheit gilt:

$$\nu \ll \mu \quad \text{'}\nu \text{ ist } \pmb{\mu\text{-stetig}}\text{'} \Leftrightarrow \forall A \in \mathcal{A} \text{ gilt: } \mu(A) = 0 \Rightarrow \nu(A) = 0,$$
$$\text{d.h. } \mathcal{N}_\mu := \{A \in \mathcal{A};\ \mu(A) = 0\} \subset \mathcal{N}_\nu.$$

b) Ist $\mathcal{P}$ dominiert, dann existiert ein Wahrscheinlichkeitsmaß $Q \in M^1(\mathfrak{X}, \mathcal{A})$ so dass $\mathcal{P} \ll Q$.

Beweis: Sei (A_n) eine disjunkte Zerlegung von $\mathfrak{X}$ mit $A_n \in \mathcal{A}$ und $0 < \mu(A_n) < \infty$, $\forall n \in \mathbb{N}$. Definiere $Q(A) := \sum_{n=1}^\infty \frac{1}{2^n} \frac{\mu(A \cap A_n)}{\mu(A_n)}$; dann ist Q ein Wahrscheinlichkeitsmaß, $Q \in M^1(\mathfrak{X}, \mathcal{A})$ und $\mathcal{P} \ll Q$.

c) ***Lebesguezerlegung; verallgemeinerter Dichtequotient***
Wir erinnern an den ***Lebesgueschen Zerlegungssatz:*** *Sei μ ein Maß auf $\mathcal{A}$, $\nu \in M_\sigma(\mathfrak{X}, \mathcal{A})$, dann gilt:*

1) $\exists \nu_1, \nu_2 \in M_\sigma(\mathfrak{X}, \mathcal{A})$ so dass $\nu = \nu_1 + \nu_2$ mit $\nu_1 \ll \mu$ und $\nu_2 \perp \mu$,
   d.h. $\exists N \in \mathfrak{A}$ so dass $\mu(N) = 0$, $\nu_2(N^c) = 0$

2) Die Zerlegung in 1) ist eindeutig.

Nach dem Satz von Radon-Nikodým (vgl. Kapitel A.1) gilt dann:

$$\nu(A) = \int_A \frac{d\nu_1}{d\mu} d\mu + \nu(A \cap N), \quad A \in \mathcal{A}.$$

mit der Radon-Nikodým-Ableitung $\frac{d\nu_1}{d\mu}$.

$L := \frac{d\nu_1}{d\mu} 1_{N^c} + \infty 1_N =: \frac{d\nu}{d\mu}$ heißt ***verallgemeinerter Dichtequotient*** *von ν bzgl. μ. Es gilt:*

$$\mu(A) = \int_A L\, d\mu + \nu(A \cap \{L = \infty\}) \text{ für } A \in \mathcal{A}.$$

Das Paar (L, N) heißt ***Lebesguezerlegung*** *von ν bzgl. μ.*

Dominierte Verteilungsklassen sind nicht 'zu groß'.

Beispiel 3.1.3

a) Sei $\mathfrak{X} = \mathbb{R}^1$ und $\mathcal{P} = \{\varepsilon_a; a \in \mathbb{R}^1\}$ die Menge aller Einpunktmaße. $\mathcal{P}$ ist nicht dominiert. Denn angenommen $\mathcal{P} \ll \mu$ für ein $\mu \in M_\sigma(\mathfrak{X}, \mathcal{A})$, dann würde folgen, dass $\mu(\{x\}) > 0$, $\forall x \in \mathbb{R}^1$. Aber σ-endliche Maße haben nur abzählbar viele Atome; also ein Widerspruch zur Annahme.

b) ***Produkte:*** *Ist $\mathcal{P} \ll \mu$, dann folgt $\mathcal{P}^{(n)} \ll \mu^{(n)}$, denn mit $f = \frac{dP}{d\mu}$ gilt*

$$\frac{dP^{(n)}}{d\mu^{(n)}}(x_1, \dots, x_n) = \prod_{i=1}^n f(x_i).$$

c) **Bildmaße:** *Sei* $P \ll \mu$ *und* $T : (\mathfrak{X}, \mathcal{A}) \to (\mathcal{Y}, \mathcal{B})$ *und sei* $P^T \in M_\sigma(\mathcal{Y}, \mathcal{B})$, $\forall P \in \mathcal{P}$. *Dann gilt:* $\mathcal{P}^T = \{P^T; \ P \in \mathcal{P}\} \ll \mu^T$ *und mit* $f = \frac{dP}{d\mu}$ *gilt* $\frac{dP^T}{d\mu^T} = \mathrm{E}_\mu(f \mid T)$.

Dabei ist für $\mu \in M_\sigma(\mathfrak{X}, \mathcal{A})$ *und für eine disjunkte Zerlegung* (B_n) *von* $\mathfrak{X}$ *mit* $0 < \mu(B_n) < \infty$, *der bedingte Erwartungswert* $\mathrm{E}_\mu(f \mid T)$ *definiert als*

$$\mathrm{E}_\mu(f \mid T) = \sum_{n=1}^{\infty} \mu_n(B_n) \mathrm{E}_{\mu_n}(f \mid T), \quad \mu_n = \frac{\mu(\cdot \cap B_n)}{\mu(B_n)},$$

und es gilt die Radon-Nikodým-Gleichung für μ.

Beweis: Für $B \in \mathcal{B}$ *und* $P \in \mathcal{P}$ *gilt*

$$P^T(B) = P(T^{-1}(B)) = \int_{T^{-1}(B)} f \, d\mu.$$

Also $\mu^T(B) = \mu(T^{-1}(B)) = 0 \Rightarrow P^T(B) = 0, \forall P \in \mathcal{P}$, *d.h.* $\mathcal{P}^T \ll \mu^T$. *Wegen der Radon-Nikodým-Gleichung für* μ *gilt daher*

$$P^T(B) = \int_{T^{-1}(B)} \mathrm{E}_\mu(f \mid T) \, d\mu,$$

die Behauptung.

d) **Nichtparametrische Verteilungsklassen:** *Als Beispiel einer 'großen' nicht-parametrischen Verteilungsklasse betrachten wir*

$$\mathcal{P} = \{P \in \mathrm{M}^1(\mathbb{R}^1, \mathbb{B}^1); \ F_P \ \text{ist stetig}\}.$$

Dann ist $\mathcal{P}$ *nicht dominiert.*

Beweis: Sei $P \in \mathcal{P}$ *so dass nicht* $P \ll \lambda$ *wie z.B. die Cantor-Verteilung. Dann sei* $\mathcal{P}'$ *das von* P *erzeugte Lokationsmodell* $\mathcal{P}' := \{P_a; \ a \in \mathbb{R}^1\} \subset \mathcal{P}$ *mit* $P_a := \varepsilon_a \star P$. *Wie der folgende Satz 3.1.4 zeigt, ist* $\mathcal{P}'$ *nicht dominiert, so dass auch* $\mathcal{P}$ *nicht dominiert ist.*

Satz 3.1.4 (Translationsklasse)
Sei $(\mathfrak{X}, \mathcal{A}) = (\mathbb{R}^n, \mathbb{B}^n)$ *und* $P \in \mathrm{M}^1(\mathbb{R}^1, \mathbb{B}^1)$. *Für die* **Translationsklasse** $\mathcal{P} = \{P_a^{(n)}; \ a \in \mathbb{R}^1\}$ *gilt:*

$$\mathcal{P} \ \text{ist dominiert} \iff P \ll \lambda.$$

Beweis: Es reicht, die Behauptung für $n = 1$ zu zeigen. Der allgemeine Fall folgt dann mit Beispiel 3.1.3 b)

"$\Leftarrow$": Sei $f = \frac{dP}{d\lambda}$ und $y \in \mathbb{R}$. Dann gilt:

$$P_y(A) = P(A - y) = \int_{A-y} f \, d\lambda$$

$$= \int 1_A(x + y) \, f(x) \, d\lambda(x) = \int 1_A(z) \, f(z - y) \, d\lambda(z).$$

Es ist also $\frac{dP_y}{d\lambda}(z) = f(z - y)$ für alle $y \in \mathbb{R}$ und damit $\mathcal{P} \ll \lambda$.

"⇒": Sei $Q \in \mathrm{M}^1(\mathbb{R}^1, \mathbb{B}^1)$ mit $\mathcal{P} \ll Q$ und $S : \mathbb{R}^2 \to \mathbb{R}$, $S(x,y) := x+y$. Dann gilt für alle $B \in \mathbb{B}$:

$$1_{S^{-1}(B)}(x,y) = 1_B(x+y) = 1_{B-y}(x) = 1_{B-x}(y)$$

und damit

$$(Q * \lambda)(B) = S(Q \otimes \lambda)(B) = \int Q(B-y)\,d\lambda(y)$$
$$= \int \lambda(B-x)\,dQ(x) = \lambda(B).$$

Aus $\lambda(B) = 0$ folgt also $Q(B-y) = 0$ $[\lambda]$.

Ist also $\lambda(B) = 0$, so existiert $y_0 \in \mathbb{R}$, so dass $Q(B-y_0) = 0$. Für alle $y \in \mathbb{R}$ ist dann auch

$$P_y(B) = P_{y-y_0}(B - y_0) = 0, \text{ da } P_{y-y_0} \ll Q.$$

Der Fall $n \geq 1$ folgt aus Beispiel 3.1.3 b).   □

Die folgende Aussage über dominierte Verteilungsklassen erweist sich als wichtig für die Behandlung des Suffizienzbegriffs in Kapitel 4. Ein dominierendes Maß kann in spezieller Weise aus den Elementen der Klasse $\mathcal{P}$ gebildet werden. Sie benötigt den sehr nützlichen und anschaulichen Begriff des wesentlichen Supremums einer Funktionenklasse.

Definition 3.1.5 (Wesentliches Supremum von Funktionenklassen)
*Sei $(\mathfrak{X}, \mathcal{A}, \mu)$ ein σ-endlicher Maßraum und $\mathcal{F} \subset \mathcal{L}(\mathfrak{X}, \mathcal{A})$ eine Klasse von messbaren Funktionen. Dann heißt F **wesentliches Supremum** von $\mathcal{F}$, falls:*

a) Für alle $f \in \mathcal{F}$ gilt $f \leq F$ $[\mu]$.

b) F mit Eigenschaft a) ist minimal, das heißt: Ist $H \in \mathcal{L}(\mathfrak{X}, \mathcal{A})$, so dass für alle $f \in \mathcal{F}$ gilt $f \leq H$ $[\mu]$, so ist $F \leq H$ $[\mu]$.

Schreibweise: $F = \operatorname{ess\,sup}_\mu \mathcal{F}$.

Es gilt das folgende maßtheoretische Resultat:

1. Für jede Klasse $\mathcal{F} \subset \mathcal{L}(\mathfrak{X}, \mathcal{A})$ existiert ein μ f.s. eindeutiges wesentliches Supremum.

2. Zu $\mathcal{F} \subset \mathcal{L}(\mathfrak{X}, \mathcal{A})$ gibt es eine abzählbare Teilmenge $\mathcal{F}' \subset \mathcal{F}$, so dass $F := \sup_{f \in \mathcal{F}'} f$ eine Version des wesentlichen Supremums von $\mathcal{F}$ ist.

Beispiel 3.1.6
Für $\mathcal{F} := \{1_{\{x\}}; \ x \in \mathbb{R}\}$ ist $\sup \mathcal{F} \equiv 1$ und $\operatorname{ess\,sup}_\lambda \mathcal{F} \equiv 0$. Das wesentliche Supremum und das Supremum können also sehr unterschiedlich sein.

Satz 3.1.7 (Dominiertheit und σ-konvexe Hülle)
Für das statistische Experiment $(\mathfrak{X}, \mathcal{A}, \mathcal{P})$ gilt:

a) $\mathcal{P}$ *ist dominiert* $\Leftrightarrow$ *Es existiert eine abzählbare Teilmenge* $\mathcal{P}' \subset \mathcal{P}$ *mit*
$$\mathcal{P} \sim \mathcal{P}' \ (\text{das heißt } \mathcal{N}_\mathcal{P} = \mathcal{N}_{\mathcal{P}'}).$$

b) *Sei* $\mathcal{P}$ *dominiert und* $\mathcal{P}' = \{P_i; \ i \in \mathbb{N}\}$ *die abzählbare Teilmenge aus a).*
Definiere:
$$P^* := \sum_{n=0}^{\infty} \alpha_n P_n \ \text{mit } \alpha_n \in \mathbb{R} \ \text{so, dass } \alpha_n > 0 \ \text{und } \sum_{n=0}^{\infty} \alpha_n = 1.$$

Dann ist $\mathcal{P} \sim P^*$ *und* P^* *ist in der* σ-*konvexen Hülle von* $\mathcal{P}$, $P^* \in co_\sigma(\mathcal{P})$.

Beweis:

"$\Leftarrow$": Sei $\mathcal{P}' = \{P_i; \ i \in \mathbb{N}\} \sim \mathcal{P}$ und P^* wie in b). Dann ist $\mathcal{P} \sim \mathcal{P}' \sim P^*$. Also ist $\mathcal{P}$ dominiert.

"$\Rightarrow$": Sei $\mathcal{P} \ll \mu$ mit $\mu \in \mathrm{M}^1(\mathfrak{X}, \mathcal{A})$ wie in Bemerkung 3.1.2 b) zu Definition 3.1.1. Definiere
$$\mathcal{H} := \{1_{\{\frac{dP}{d\mu} > 0\}}; \ P \in \mathcal{P}\} \subset \mathcal{L}(\mathfrak{X}, \mathcal{A}) \ \text{und} \ F = \text{ess sup}_\mu \, \mathcal{H}.$$

Dann existiert eine abzählbare Teilmenge $\mathcal{H}' \subset \mathcal{H}$ und damit eine abzählbare Teilmenge $\mathcal{P}' \subset \mathcal{P}$, so dass $F = \sup_{P \in \mathcal{P}'} 1_{\{\frac{dP}{d\mu} > 0\}} \ [\mu]$. Für P^* wie in b) gilt $\frac{dP^*}{d\mu} = \sum_{n=1}^{\infty} \alpha_n \frac{dP_n}{d\mu}$, d.h. P^* ist in der σ-konvexen Hülle von $\mathcal{P}$, $P^* \in co_\sigma(\mathcal{P})$. Da $\alpha_n > 0$ für alle $n \in \mathbb{N}$ ist
$$F = 1_{\{\frac{dP^*}{d\mu} > 0\}} \ [\mu].$$

Nach Definition des wesentlichen Supremums ist damit für alle $P \in \mathcal{P}$:
$$1_{\{\frac{dP}{d\mu} > 0\}} \leq F = 1_{\{\frac{dP^*}{d\mu} > 0\}} \ [\mu].$$

Für alle $P \in \mathcal{P}$ und $A \in \mathcal{A}$ mit $P^*(A) = 0$ folgt:
$$P^*(A) = \int_A 1_{\{\frac{dP^*}{d\mu} > 0\}} \frac{dP^*}{d\mu} \ d\mu = 0$$
$$\Rightarrow \quad \mu(A \cap \{\tfrac{dP^*}{d\mu} > 0\}) = 0$$
$$\Rightarrow \quad \mu(A \cap \{\tfrac{dP}{d\mu} > 0\}) = 0$$
$$\Rightarrow \quad P(A) = \int_A 1_{\{\frac{dP}{d\mu} > 0\}} \frac{dP}{d\mu} \ d\mu = 0$$

Es ist also $\mathcal{P} \ll P^* \sim \mathcal{P}' \sim \mathcal{P}$, und damit $\mathcal{P} \sim P^*$.
Damit folgen a) und b). $\qquad\qquad\qquad\qquad\qquad\qquad\qquad\qquad\qquad\qquad \square$

Die Dominiertheit einer Verteilungsklasse $\mathcal{P}$ hat einen engen Zusammenhang mit dem topologischen Begriff der Separabilität der Verteilungsklasse $\mathcal{P}$ bzgl. einer geeigneten Metrik auf $\mathcal{P}$. Zur Vorbereitung dieser Aussage führen wir einige Metriken auf $M^1(\mathfrak{X}, \mathcal{A})$ ein, beschreiben Relationen zwischen diesen Metriken und geben eine Anwendung auf die Konstruktion von konsistenten Testfolgen für das Testen von Produktmaßen und den damit verwandten Dichotomiesatz von Kakutani.

Definition 3.1.8 (Hellinger- und Totalvariationsabstand)
Für $1 \leq r < \infty$ und $P, Q \in M^1(\mathfrak{X}, \mathcal{A})$, $P, Q \ll \mu$ mit $f = \frac{dP}{d\mu}$, $g = \frac{dQ}{d\mu}$ definiere die d_r-Metrik

$$d_r(P, Q) := \|f^{\frac{1}{r}} - g^{\frac{1}{r}}\|_r = \left(\int |f^{\frac{1}{r}} - g^{\frac{1}{r}}|^r \, d\mu \right)^{\frac{1}{r}}.$$

$d_1(P, Q) = \int |f - g| \, d\mu$ *heißt* **Totalvariationsabstand**.
$H(P, Q) = \frac{1}{\sqrt{2}} d_2(P, Q)$ *heißt* **Hellingerabstand** *von P und Q.*

Die Definition von d_r ist unabhängig von μ und nach der Minkowski-Ungleichung sind d_r Metriken auf $M^1(\mathfrak{X}, \mathcal{A})$. Es gelten folgende einfache Beziehungen:

Lemma 3.1.9

a) $\frac{1}{2} d_1(P, Q) = \|P - Q\| := \sup_{A \in \mathcal{A}} |P(A) - Q(A)| = \sup_{\varphi \in \Phi} \left| \int \varphi \, dP - \int \varphi \, dQ \right|;$

$\frac{1}{2} d_1$ *ist identisch mit dem* **Supremumsabstand** $\| \ \|$ *und auch mit dem* **Testabstand**.

b) $0 \leq \|P - Q\| \leq 1, \quad 0 \leq H(P, Q) \leq 1$

c) $\|P - Q\| = 0 \Leftrightarrow P = Q \Leftrightarrow H(P, Q) = 0$
$\|P - Q\| = 1 \Leftrightarrow P \perp Q \Leftrightarrow H(P, Q) = 1$

Beweis:

a) $\quad d_1(P, Q) = \int |f - g| \, d\mu$

$$= \int_{\{f > g\}} (f - g) \, d\mu + \int_{\{g > f\}} (g - f) \, d\mu$$
$$= (P(\{f > g\}) - Q(\{f > g\})) + (Q(\{g > f\}) - P(\{g > f\})).$$

Es gilt für alle $A \in \mathcal{A}$

$$P(A) - Q(A) = \int_A (f - g) \, d\mu \leq \int_{\{f > g\}} (f - g) \, d\mu.$$

Also ist $\|P - Q\| = P(\{f > g\}) - Q(\{f > g\})$ und $d_1(P, Q) = \|P - Q\| + \|Q - P\| = 2\|P - Q\|$. Die Gleichheit mit dem Testabstand folgt ähnlich.

b), c) Für $a, b \in \mathbb{R}_+$ gilt $(a - b)^2 \leq a^2 + b^2$ und daher

$$(d_2(P,Q))^2 = \int |f^{\frac{1}{2}} - g^{\frac{1}{2}}|^2 \, d\mu \leq \int f \, d\mu + \int g \, d\mu = 2.$$

Hieraus folgen die Beziehungen b), c). □

Die Totalvariations- und Hellingermetrik sind topologisch äquivalent und es gelten folgende Beziehungen:

Proposition 3.1.10
a) Für $P, Q \in M^1(\mathfrak{X}, \mathcal{A})$ gilt $H^2(P,Q) \leq \|P - Q\| \leq \sqrt{2} H(P,Q)$.

b) Für $P_i, Q_i \in M^1(\mathfrak{X}_i, \mathcal{A}_i)$, $1 \leq i \leq k$ gilt

$$1 - H^2(\otimes_{i=1}^k P_i, \otimes_{i=1}^k Q_i) = \prod_{i=1}^k (1 - H^2(P_i, Q_i)).$$

Beweis:

a) Mit Hilfe der Cauchy-Schwarz-Ungleichung ergibt sich

$$\begin{aligned}
\|P - Q\| &= \frac{1}{2} \int |f - g| \, d\mu \\
&= \frac{1}{2} \int (\sqrt{f} + \sqrt{g})(\sqrt{f} - \sqrt{g}) \, d\mu \\
&\leq \left(\frac{1}{2} \int (\sqrt{f} + \sqrt{g})^2 \, d\mu \frac{1}{2} \int (\sqrt{f} - \sqrt{g})^2 \, d\mu \right)^{\frac{1}{2}} \\
&\leq (2H^2(P,Q))^{\frac{1}{2}} \\
&= \sqrt{2} H(P,Q)
\end{aligned}$$

Mit den Beziehungen $|f - g| = f + g - 2f \wedge g$ und $f \wedge g \leq \sqrt{f}\sqrt{g}$ ergibt sich weiter

$$\begin{aligned}
\|P - Q\| &= \frac{1}{2} \int |f - g| \, d\mu \\
&= 1 - \int f \wedge g \, d\mu \\
&\geq 1 - \int \sqrt{f}\sqrt{g} \, d\mu \\
&= \frac{1}{2} \int (\sqrt{f} - \sqrt{g})^2 \, d\mu \\
&= H^2(P,Q).
\end{aligned}$$

Damit folgt a).

b)
$$1 - H^2(\otimes P_i, \otimes Q_i) = 1 - \frac{1}{2} \int \left(\sqrt{\prod f_i} - \sqrt{\prod g_i}\right)^2 d \otimes \mu_i$$

$$= \int \prod_{i=1}^{k} \sqrt{f_i}\sqrt{g_i} d \otimes \mu_i$$

$$= \prod_{i=1}^{k} \int \sqrt{f_i}\sqrt{g_i}\, d\mu_i \qquad \text{nach Fubini}$$

$$= \prod_{i=1}^{k} (1 - H^2(P_i, Q_i)). \qquad \qquad \Box$$

Bemerkung 3.1.11 (Asymptotische Orthogonalität von Produktmaßen)
Als Folgerung aus Proposition 3.1.10 ergibt sich

$$H^2(P^{(k)}, Q^{(k)}) = 1 - (1 - H^2(P,Q))^k.$$

Dieses impliziert die statistisch relevante Aussage

$$H^2(P^{(k)}, Q^{(k)}) \xrightarrow[k \to \infty]{} 1,$$

d.h. Produktmaße $P^{(k)}, Q^{(k)}$ mit $P \neq Q$ werden asymptotisch für $k \to \infty$ orthogonal.

Obige Bemerkung impliziert die Existenz von asymptotischen konsistenten (trennscharfen) Testfolgen.

Korollar 3.1.12 (Konsistente Testfolgen)
Seien $P, Q \in M^1(\mathfrak{X}, \mathcal{A})$, $P \neq Q$. Dann existiert eine asymptotisch konsistente Testfolge φ_k für das Testproblem $\{P^{(k)}\}, \{Q^{(k)}\}$, $k \in \mathbb{N}$, so dass $E_{P^{(k)}} \varphi_k \to 0$ und $E_{Q^{(k)}} (1 - \varphi_k) \to 0$.

Beweis: Nach Lemma 3.1.9 a) gilt

$$\|P - Q\| = \sup_{\varphi \in \Phi} \left| \int \varphi\, dP - \int \varphi\, dQ \right|.$$

Damit folgt aus obiger Bemerkung und Proposition 3.1.10

$$\sup_{\varphi \in \Phi_k} \left| \int \varphi\, dP^{(k)} - \int \varphi\, dQ^{(k)} \right| = \|P^{(k)} - Q^{(k)}\| \geq H^2(P^{(k)}, Q^{(k)}) \xrightarrow[k \to \infty]{} 1.$$

Dabei ist Φ_k die Menge der Testfunktionen auf $(\mathfrak{X}^k, \mathcal{A}^k)$. Es folgt also die Existenz von $\varphi_k \in \Phi_k$ mit

$$\left| \int \varphi_k\, dP^{(k)} - \int \varphi_k\, dQ^{(k)} \right| \longrightarrow 1.$$

Dieses impliziert die Behauptung.

Korollar 3.1.13 (Orthogonalität von unendlichen Produkten)
Seien $P, Q \in M^1(\mathfrak{X}, \mathcal{A})$, $P \neq Q$; dann gilt $P^{(\infty)} \perp Q^{(\infty)}$, die unendlichen Produktmaße sind orthogonal.

Beweis: Sei (φ_n) eine konsistente Testfolge für $\{P^{(n)}\}, \{Q^{(n)}\}$ wie in Korollar 3.1.12 und seien $\varepsilon_k > 0$, $\sum \varepsilon_k < \infty$, dann existiert eine Teilfolge $(n_k) \subset \mathbb{N}$ mit $E_{P^{(\infty)}} \varphi_{n_k} < \varepsilon_k$, $E_{Q^{(\infty)}} \varphi_{n_k} > 1 - \varepsilon_k$.

Beachte dazu, dass $E_{P^{(\infty)}} \varphi_{n_k} = E_{P^{(n_k)}} \varphi_{n_k}$; wir fassen φ_n formal als Test auf $\mathfrak{X}^\infty$ auf. Definiert man $\varphi := \overline{\lim} \varphi_{n_k}$, dann gilt

$$E_{P^{(\infty)}} \varphi = \lim_{j \to \infty} E_{P^{(\infty)}} \sup_{k \geq j} \varphi_{n_k} \leq \lim_{j \to \infty} \sum_{k \geq j} E_{P^{(\infty)}} \varphi_{n_k} < \lim_{j \to \infty} \sum_{k \geq j} \varepsilon_k = 0.$$

Also folgt $P^{(\infty)}(\varphi = 0) = 1$.
Ebenso folgt $Q^{(\infty)}(\varphi = 0) = 0$.
Also ist φ ein fehlerfreier Test für das Testproblem $\{P^{(\infty)}\}, \{Q^{(\infty)}\}$ und $P^{(\infty)} \perp Q^{(\infty)}$. $\qquad\square$

Bemerkung 3.1.14 (Asymptotische Orthogonalität allgemeiner Produktmaße, Kakutani-Dichotomiesatz)
Die Beziehung für den Hellingerabstand in Proposition 3.1.10 b) lässt sich zu folgender Ungleichung erweitern (vgl. Rüschendorf (1988, Lemma 4.14)):

$$1 - \exp\left(-\sum_{j=1}^n H(P_i, Q_i)\right) \leq H(\otimes_{i=1}^n P_i, \otimes_{i=1}^n Q_i) \leq \sum_{i=1}^n H(P_i, Q_i).$$

Hiermit lassen sich wie in Korollar 3.1.12 die Existenz von konsistenten Testfolgen für allgemeine unendliche Produktmaße $\otimes_{i=1}^\infty P_i$, $\otimes_{i=1}^\infty Q_i$ beschreiben (vgl. Rüschendorf (1988, Proposition 4.8)). Zentrales Resultat ist der

Dichotomiesatz von Kakutani:
Sei $P := \otimes_{i=1}^\infty P_i$, $Q := \otimes_{i=1}^\infty Q_i$ und $P_i \sim Q_i$, $\forall i$, d.h. $P_i \ll Q_i$ und $Q_i \ll P_i$. Dann gilt: Entweder ist $P \perp Q$ oder $P \sim Q$.

Der Nachweis hierzu basiert auf obigen metrischen Ungleichungen und einer Anwendung des Martingalkonvergenzsatzes. Ähnliche Konsistenzaussagen (0-1-Gesetze) gibt es auch für (abhängige) Gaußsche Maße auf $\mathbb{R}^{(\infty)}$ und in stetiger Zeit für Gaußsche Prozesse und für Diffusionsprozesse.

Ein nützliches Hilfsmittel für den Nachweis der Konvergenz von Wahrscheinlichkeitsmaßen bzgl. der Totalvariationsmetrik oder äquivalent der Hellingermetrik ist das folgende aus der Wahrscheinlichkeitstheorie bekannte Lemma von Scheffé.

Proposition 3.1.15 (Lemma von Scheffé)
Sei $\{P_n\}_{n \in \mathbb{N}_0} \subset M^1(\mathfrak{X}, \mathcal{A})$ und seien $f_n = \frac{dP_n}{d\mu}$ μ-Dichten. Gilt $f_n \to f_0$ $[\mu]$, dann folgt:

$$d_1(P_n, P_0) = 2\|P_n - P_0\| \to 0.$$

Mit der Metrik d_r auf einem statistischen Modell $\mathcal{P} \subset M^1(\mathfrak{X}, \mathcal{A})$ stellen wir nun die Frage nach der **Separabilität** des metrischen Raumes $(\mathcal{P}, d_r)$ also nach der Existenz einer abzählbaren dichten Teilmenge $\mathcal{P}'$ von $\mathcal{P}$, d.h. $\forall \varepsilon > 0 : \forall P \in \mathcal{P}$ existiert ein $Q \in \mathcal{P}'$ mit $d_r(P, Q) < \infty$. Ist $\mathcal{P}$ dominiert durch ein σ-endliches Maß μ, dann ist das äquivalent dazu, dass $F_r := \{(\frac{dP}{d\mu})^{\frac{1}{r}}; \ P \in \mathcal{P}\}$ separabel in $(L^r(\mu), \| \ \|_r)$ ist.

Proposition 3.1.16
*Sei $\mu \in M_\sigma(\mathfrak{X}, \mathcal{A})$ und sei die σ-Algebra $\mathcal{A}$ **abzählbar erzeugt**, d.h. es existiert ein abzählbares Erzeugendensystem von $\mathcal{A}$. Dann gilt:*

a) $L^r(\mu)$, $1 \leq r < \infty$ ist separabel bzgl. $\| \ \|_r$

b) Ist $F \subset L^r(\mu)$, dann ist F separabel bzgl. $\| \ \|_r$

Beweis:
a) Sei $\mathcal{E}$ ein abzählbarer Erzeuger von $\mathcal{A}$. Dann ist auch $\mathcal{R} = \mathcal{R}(\mathcal{E})$, die von $\mathcal{E}$ erzeugte Algebra, abzählbarer Erzeuger von $\mathcal{A}$. Das Funktionensystem

$$F := \left\{ \sum_{i=1}^{n} \alpha_i 1_{B_i}; \ B_i \in \mathcal{R}, \alpha_i \in \mathbb{Q}, n \in \mathbb{N} \right\}$$

ist abzählbar und nach dem Aufbau des μ-Integrals folgt: F ist dicht in $L^r(\mu)$ bzgl. der r-Norm $\| \ \|_r$.

b) folgt aus a), da eine Teilmenge eines separablen metrischen Raumes separabel ist.   □

Satz 3.1.17 (Separabilität und Dominiertheit)
Sei $\mathcal{P} \subset M^1(\mathfrak{X}, \mathcal{A})$, dann gilt:

a) Ist $\mathcal{P}$ separabel bzgl. der Totalvariationsmetrik d_1 dann ist $\mathcal{P}$ dominiert.

b) Ist $\mathcal{P}$ dominiert und $\mathcal{A}$ abzählbar erzeugt, dann ist $\mathcal{P}$ separabel bzgl. d_1.

Beweis:
a) Ist $\mathcal{P}$ separabel bzgl. d_1 und $\mathcal{P}' \subset \mathcal{P}$ eine abzählbar dichte Teilmenge, $\mathcal{P}' = \{P_n; n \in \mathbb{N}\}$, dann gilt $\mathcal{P} \ll P^*$ mit $P^* := \sum_{n=1}^{\infty} \frac{1}{2^n} P_n$. Denn $P^*(A) = 0 \Rightarrow P_n(A) = 0, \forall n \in \mathbb{N}$. Zu $P \in \mathcal{P}$ existiert eine Folge $(Q_n) \subset \mathcal{P}'$ mit $d_1(Q_n, P) \to 0$. Daraus folgt: $0 = Q_n(A) \to P(A)$, also ist $P(A) = 0$, d.h. $\mathcal{P} \ll P^*$.

b) Ist umgekehrt $\mathcal{P} \ll \mu$ und $\mathcal{A}$ abzählbar erzeugt, dann folgt nach Proposition 3.1.16 b)

$$F = \left\{ \frac{dP}{d\mu}; \ P \in \mathcal{P} \right\} \subset L^1(\mu) \text{ ist separabel bzgl. } \| \ \|_1.$$

Dieses impliziert: $(\mathcal{P}, d_1)$ ist separabel.   □

Bemerkung 3.1.18

*a) (stetige Parametrisierung) Ein einfaches Mittel zum Nachweis der Domi-
niertheit von $\mathcal{P} \subset M^1(\mathfrak{X}, \mathcal{A})$ liefert der folgende Zusammenhang: Sei (Θ, d) ein
separabler metrischer Raum. $\mathcal{P} = \{P_\vartheta; \vartheta \in \Theta\}$ sei versehen mit der Totalvariationsmetrik d_1, so dass die Abbildung $\Theta \to \mathcal{P}$, $\vartheta \to P_\vartheta$, stetig ist. Dann folgt: $\mathcal{P}$
ist separabel, und daher ist nach Satz 3.1.17 a) $\mathcal{P}$ dominiert.*

*b) Die Annahme der abzählbaren Erzeugtheit von $\mathcal{A}$ ist in folgendem Sinne auch
notwendig: Ist $(\mathcal{P}, d_1)$ separabel, dann existiert eine separable, d.h. abzählbar
erzeugte Unter-σ-Algebra $\mathcal{A}_0 \subset \mathcal{A}$ so dass $(\mathcal{P}, d_1)$ und $(\mathcal{P}|_{\mathcal{A}_0}, d_1)$ metrisch iso-
morph sind.*

*c) (produktmessbare Dichten) Separabilität ist nützlich zum Nachweis der Exis-
tenz produktmessbarer Dichten. Es gilt:
Sei $\mathcal{P}$ separabel, $\mathcal{P} \ll \mu$, dann existiert eine produktmessbare Version der Dichte*

$$(x, P) \to \frac{dP}{d\mu}(x).$$

*Ist insbesondere $\mathcal{P}$ stetig parametrisiert (d.h. $\vartheta \to P_\vartheta$ stetig) und Θ separabel,
dann existiert eine produktmessbare Version der Dichte*

$$(x, \vartheta) \to f_\vartheta(x) = \frac{dP_\vartheta}{d\mu}(x).$$

3.2 Exponentialfamilien

Exponentialfamilien sind eine Klasse von parametrischen Modellen, die für statisti-
sche Analysen gut zugänglich sind und die viele der wichtigen Beispiele beinhalten.
Wir geben einige Beispiele an und beschreiben einige analytische Eigenschaften von
Exponentialfamilien.

Definition 3.2.1 (Exponentialfamilien)
*Sei $\mathcal{P} = \{P_\vartheta; \vartheta \in \Theta\} \subset \mathrm{M}^1(\mathfrak{X}, \mathcal{A})$, so dass $\mathcal{P} \ll \mu$. Dann heißt $\mathcal{P}$ (k-parametri-
sche) Exponentialfamilie in Q,T, falls gilt:
Es existieren $h, T_1, \ldots, T_k : (\mathfrak{X}, \mathcal{A}) \to (\mathbb{R}, \mathbb{B})$ und $C, Q_1, \ldots, Q_k : \Theta \to \mathbb{R}$, so dass
gilt:*

$$\left(\begin{array}{ll} 1. & Q_1, \ldots, Q_k \text{ sind linear unabhängig.} \\ 2. & 1, T_1, \ldots, T_k \text{ sind } \mathcal{P}\text{-fast sicher linear unabhängig.} \end{array}\right)$$

*3. Für die μ-Dichten f_ϑ der P_ϑ gilt mit $Q = (Q_j)_{j=1,\ldots,k}$ und
$T = (T_j)_{j=1,\ldots,k}$:*

$$f_\vartheta(x) = \frac{dP_\vartheta}{d\mu} = C(\vartheta)\, h(x) \exp\left(\sum_{j=1}^k Q_j(\vartheta) T_j(x)\right)$$

$$= C(\vartheta)\, h(x) \exp\left(\langle Q(\vartheta), T(x)\rangle\right).$$

Eigenschaften I:

1.) Es gilt:

$$C(\vartheta) = \left(\int h(x) \, \exp\Big(\big\langle Q(\vartheta), T(x) \big\rangle \Big) \, d\mu(x) \right)^{-1}$$

2.) Für $\nu := h\mu$ gilt: $\mathcal{P} \sim \nu$.

3.) Ist $\mathcal{P}$ eine Exponentialfamilie, so sind äquivalent:

   a) $1, T_1, \ldots, T_k$ sind fast-sicher linear unabhängig

   b) $\mathrm{Cov}_\vartheta \, T$ ist positiv definit, $\forall \vartheta \in \Theta$.

   Denn $\exists \, a \in \mathbb{R}^{k+1}$, $a \neq 0$ und $b \in \mathbb{R}$ so dass

$$\sum_{i=1}^{k} a_i T_i + b = 0 [\mathcal{P}]$$

$\Leftrightarrow \exists \, a \neq 0, b \in \mathbb{R}$ so dass

$$\mathrm{Var}_\vartheta \left(b + \sum_{i=1}^{k} a_i T_i \right) = \mathrm{Var}_\vartheta \left(\sum_{i=1}^{k} a_i T_i \right) = a^\top \mathrm{Cov}_\vartheta \, T \, a = 0, \quad \forall \vartheta \in \Theta.$$

Also ist $1, T_1, \ldots, T_k$ $\mathcal{P}$ f.s. linear unabhängig $\Leftrightarrow \mathrm{Cov}_\vartheta \, T$ ist positiv definit, $\forall \vartheta \in \Theta$.

4.) Ist $\mathcal{P}$ eine (k-parametrische) Exponentialfamilie, so ist auch $\mathcal{P}^{(m)}$ eine (k-parametrische) Exponentialfamilie mit

$$\frac{dP_\vartheta^{(m)}}{d\mu^{(m)}}(x_1, \ldots, x_m) = C(\vartheta)^m \left(\prod_{i=1}^{m} h(x_i) \right) \exp\Big(\big\langle Q(\vartheta), \sum_{i=1}^{m} T(x_i) \big\rangle \Big).$$

5.) (**natürliche Parametrisierung**) Sei $\mathcal{P}$ eine (k-parametrische) Exponential-familie mit $Q = (Q_1, \ldots, Q_k) : \Theta \to \mathbb{R}^k$ und $\nu = h\mu$. Dann gilt mit der Parametrisierung $\eta = Q(\vartheta)$ für alle $\eta \in Q(\Theta)$:

$$\frac{dP_\eta}{d\nu}(x) = \tilde{C}(\eta) \exp\Big(\big\langle \eta, T(x) \big\rangle \Big).$$

In der neuen Parametrisierung heißt

$$\mathcal{Z} := \left\{ \eta \in \mathbb{R}^k \, ; \, 0 < \int \exp\Big(\big\langle \eta, T(x) \big\rangle \Big) \, d\nu(x) < \infty \right\} \supset Q(\Theta)$$

natürlicher Parameterraum der Exponentialfamilie $\mathcal{P}$.

Für alle $\vartheta \in \mathcal{Z}$ gilt:

$$\frac{dP_\vartheta}{d\nu}(x) = \tilde{C}(\vartheta) \exp\Big(\big\langle \vartheta, T(x) \big\rangle \Big) = \exp\Big(\big\langle \vartheta, T(x) - K(\vartheta) \big\rangle \Big),$$

wobei $K(\vartheta) := \ln \int e^{\langle \vartheta, T(x) \rangle} d\nu(x) = \sum_{r=0}^{\infty} \kappa_r \frac{t^r}{r!}$ die **Kumulantentransformation** ist.

Die Kumulanten κ_r von T sind standardisierte Momente der erzeugenden Statistik T der Exponentialfamilie. Es ist in dieser Parametrisierung

$$C(\vartheta) = e^{-K(\vartheta)} \quad \text{und} \quad K(\vartheta) = -\ln C(\vartheta).$$

Lemma 3.2.2
Ist $\mathcal{P}$ eine k-parametrische Exponentialfamilie, dann gilt:

a) *Der natürliche Parameterraum $\mathcal{Z}$ ist konvex und $\overset{\circ}{\mathcal{Z}} \neq \emptyset$.*

b) *Die Abbildung $\mathcal{Z} \to \mathbb{R}^1$ ist strikt konvex.*
$\qquad\qquad\quad \vartheta \to K(\vartheta)$

Beweis:
a) Seien $\vartheta_1, \vartheta_2 \in \mathcal{Z}$, $\alpha \in (0,1)$, dann gilt

$$0 < \int e^{\langle \alpha\vartheta_1 + (1-\alpha)\vartheta_2, T(x) \rangle} d\nu(x)$$

$$= \int \left(e^{\langle \vartheta_1, T(x) \rangle} \right)^{\frac{1}{r}} \left(e^{\langle \vartheta_2, T(x) \rangle} \right)^{\frac{1}{s}} d\nu(x) \qquad \text{mit } r = \tfrac{1}{\alpha}, s = \tfrac{1}{1-\alpha}$$

$$\leq \left(\int e^{\langle \vartheta_1, T(x) \rangle} d\nu(x) \right)^{\frac{1}{r}} \left(\int e^{\langle \vartheta_2, T(x) \rangle} d\nu(x) \right)^{\frac{1}{s}}$$

$$< \infty \qquad \text{nach Hölder.}$$

Die Gleichheit „=" gilt in obiger Abschätzung genau dann, wenn

$$e^{\langle \vartheta_1, T(x) \rangle} = e^{\langle \vartheta_2, T(x) \rangle} \ [\nu]$$
$$\Leftrightarrow \quad \langle \vartheta_2 - \vartheta_2, T(x) \rangle = 0 \ [\nu]$$
$$\Leftrightarrow \quad \vartheta_1 = \vartheta_2, \qquad \text{da die } T_i \ \mathcal{P} f.s. \text{ linear unabhängig sind.}$$

$\mathcal{Z}$ ist also konvex und $\mathcal{Z} \supset Q(\Theta)$. Da (Q_i) linear unabhängig sind folgt, dass $Q(\Theta)$ nicht in einer $k-1$-dimensionalen Hyperebene liegt. Daher enthält $\mathcal{Z}$ ein nichtentartetes k-dimensionales Simplex (d.h. con$\{x_i; 1 \leq i \leq k+1\}$, so dass x_i nicht alle in einer $k-1$-dimensionalen Hyperebenen liegen). Daraus folgt $\overset{\circ}{\mathcal{Z}} \neq \emptyset$.

b) Für $\alpha \in (0,1)$ folgt aus dem Beweis zu a)

$$K(\alpha\vartheta_1 + (1-\alpha)\vartheta_2) = \ln \int e^{\langle \alpha\vartheta_1 + (1-\alpha)\vartheta_2, T(x) \rangle} d\nu(x)$$

$$\leq \alpha K(\vartheta_1) + (1-\alpha)K(\vartheta_2).$$

Es gilt Gleichheit „=" genau dann, wenn $\vartheta_1 = \vartheta_2$. Also ist K strikt konvex. $\quad \square$

Beispiel 3.2.3 (Beispiele für Exponentialfamilien)
a) **Normalverteilung:**

1. Für alle $\vartheta = (\tau, \sigma^2) \in \Theta = \mathbb{R} \times (0, \infty)$ sei $P_\vartheta = N(\tau, \sigma^2)$ und $\mu = \lambda$. Dann gilt:

$$f_\vartheta(x) = \frac{1}{\sqrt{2\pi\sigma^2}} \exp\left(-\frac{\tau^2}{2\sigma^2}\right) \exp\left(\frac{\tau}{\sigma^2}x - \frac{1}{2\sigma^2}x^2\right)$$

Damit ist $\{P_\vartheta;\ \vartheta \in \Theta\}$ eine 2-parametrische Exponentialfamilie in $Q(\vartheta) = (\frac{\tau}{\sigma^2}, -\frac{1}{2\sigma^2})$ und $T(x) = (x, x^2)$.

2. i) Mit festem $\sigma_0^2 \in \mathbb{R}_+$ und $\vartheta = \tau \in \Theta = \mathbb{R}$, $P_\vartheta = N(\tau, \sigma_0^2)$ ist $\{P_\vartheta;\ \vartheta \in \Theta\}$ eine einparametrische Exponentialfamilie in $Q(\vartheta) = \frac{\vartheta}{\sigma_0^2}$ und $T(x) = x$.

   ii) Mit festem $\tau_0 \in \mathbb{R}$ gilt für $\vartheta = \sigma^2 \in \Theta = \mathbb{R}_+$, $P_\vartheta = N(\tau_0, \sigma^2)$:

   $\{P_\vartheta;\ \vartheta \in \Theta\}$ ist $\begin{cases} \text{einparametrische Exponentialfamilie,} & \text{falls } \tau_0 = 0, \\ \text{2-parametrische Exponentialfamilie,} & \text{falls } \tau_0 \neq 0. \end{cases}$

3. Für $\Theta = \mathbb{R}_+ = \{\sigma^2;\ \sigma^2 > 0\}$, $P_{\sigma^2} = N(\sigma^2, \sigma^2)$ gilt: $\{P_\vartheta;\ \vartheta \in \Theta\}$ ist einparametrische Exponentialfamilie in $Q(\sigma^2) = -\frac{1}{2\sigma^2}$ und $T(x) = x^2$.

4. Für $\Theta = \mathbb{R}_+ = \{\sigma;\ \sigma > 0\}$, $P_\sigma = N(\sigma, \sigma^2)$ gilt: $\{P_\vartheta;\ \vartheta \in \Theta\}$ ist 2-parametrische Exponentialfamilie in $Q(\sigma) = (\frac{1}{\sigma}, \frac{1}{2\sigma^2})$ und $T(x) = (x, x^2)$.

b) **Binomialverteilung:**
Sei für $\vartheta \in \Theta = (0, 1)$ $P_\vartheta = \mathcal{B}(n, \vartheta)$ die Binomialverteilung und sei μ das abzählende Maß auf $\{0, \ldots, n\}$. Dann folgt:

$$f_\vartheta(x) = \binom{n}{x}\vartheta^x(1-\vartheta)^{n-x} = \binom{n}{x}(1-\vartheta)^n \exp\left(x \ln\left(\frac{\vartheta}{1-\vartheta}\right)\right).$$

Damit ist $\{P_\vartheta; \vartheta \in \Theta\}$ einparametrische Exponentialfamilie in $Q(\vartheta) = \ln\left(\frac{\vartheta}{1-\vartheta}\right)$ und $T(x) = x$.

c) **Langevin-Verteilung:**
Sei $(\mathcal{X}, \mathcal{A}) = (S_{k-1}, \mathbb{B}(S_{k-1}))$, wobei $S_{k-1} := \{x \in \mathbb{R}^k;\ \|x\| = 1\}$ die Einheitssphäre in $\mathbb{R}^k$ ist. Sei weiterhin ω_k die Gleichverteilung auf S_{k-1} und für alle $\vartheta = (\tau, \varkappa) \in \Theta = S_{k-1} \times \mathbb{R}_+$ und sei $P_\vartheta = f_\vartheta \omega_k$ mit

$$f_\vartheta(x) = \frac{\exp(\varkappa\langle\tau, x\rangle)}{\int \exp(\varkappa\langle\tau, x'\rangle)\,\omega_k(dx')} \quad \text{für alle } x \in S_{k-1}.$$

Die P_ϑ heißen **Langevin-Verteilungen**. Sie sind ein Standardmodell zur Beschreibung von richtungsabhängigen Phänomenen, wie z.B. dem Magnetismus. Dabei beschreibt τ die Richtung und $\varkappa$ die Konzentration in Richtung τ (s. Watson (1983), Mardia und Jupp (2000)).

d) **Gibbs-Modell:**
Ein Modell zur Beschreibung lokaler Interaktionen ist das Gibbs-Modell. Im eindimensionalen Fall beschreibt es z.B. die lokale Abhängigkeit in Spin-Systemen.

Sei für $x \in \mathfrak{X} = \{-1, 1\}^n$ und $\vartheta \in \Theta = \mathbb{R}$

$$P_\vartheta(\{x\}) = \frac{1}{\pi(\vartheta)} \exp\left(\vartheta \sum_{i=1}^n x_i x_{i-1}\right),$$

mit der Zustandsfunktion $\pi(\vartheta) = \sum_{x \in \mathfrak{X}} \exp(-\vartheta \sum_{i=1}^n x_i x_{i-1})$.
Dann ist

$$\{P_\vartheta;\ \vartheta \in \Theta\} \text{ einparametrische Exponentialfamilie in } Q(\vartheta) = \vartheta$$

$$\text{und} \quad T(x) = \sum_{i=1}^n x_i x_{i-1}.$$

Für $\vartheta > 0$ haben Vektoren x mit gleich ausgerichteten Komponenten x_i große Wahrscheinlichkeit. Dieses Modell ist das eindimensionale Ising-Modell zur Beschreibung von Ferromagnetismus. Der Parameter $\vartheta = \frac{1}{T}$ ist umgekehrt proportional zur Temperatur. Bei hoher Temperatur $T \to \infty$ geht das Modell über in ein chaotisches (unabhängiges) Modell, für niedrige Temperatur $T \downarrow 0$, d.h. großes θ bildet sich der Magnetismus aus.

Eigenschaften II:

6.) Für die (k-parametrische) Exponentialfamilie $\mathcal{P}$ mit natürlicher Parametrisierung in T und für eine (beschränkte), messbare (oder eine in $\vartheta \in \overset{\circ}{Z}$ integrierbare) Funktion φ definiere für alle $\vartheta \in \Theta$

$$\beta(\vartheta) = \int \varphi(x) \exp\big(\langle \vartheta, T(x) \rangle\big)\, d\nu(x).$$

β ist differenzierbar in $\overset{\circ}{Z}$ mit

i) $\nabla_j \beta(\vartheta) = \int \varphi(x) T_j(x) \exp(\langle \vartheta, T(x) \rangle)\, d\nu(x)$ für alle $j \in \{1, \ldots, k\}$

und es gilt

ii) $\mathrm{E}_\vartheta(T) = \nabla K(\vartheta) = -\nabla \ln C(\vartheta)$, $\mathrm{Cov}_\vartheta(T) = \nabla\nabla^T K(\vartheta) = -\nabla\nabla^T \ln C(\vartheta)$, wobei K die Kumulantentransformation ist,

$$\mathrm{E}_\vartheta \prod_{i=1}^k T_i^{l_i} = C(\vartheta)\nabla_1^{l_1} \cdots \nabla_k^{l_k} \int e^{\langle \vartheta, T(x) \rangle} d\nu(x), \quad \forall l_i \in \mathbb{N}_0, 1 \leq i \leq k.$$

Für $\varphi \in \bigcap_{\vartheta \in \overset{\circ}{Z}} L^1(P_\vartheta)$ ist $\beta(\vartheta) = \mathrm{E}_\vartheta \varphi \in C^\infty$ und es gilt für $\vartheta \in \overset{\circ}{Z}$

$$\nabla \mathrm{E}_\vartheta = \mathrm{E}_\vartheta \varphi T - (\mathrm{E}_\vartheta \varphi)(\mathrm{E}_\vartheta T) = \mathrm{Cov}_\vartheta(\varphi, T)$$

$$= \mathrm{E}_\vartheta \varphi L'_\vartheta \quad \text{mit } L'_\vartheta(x) := \frac{\nabla f_\vartheta(x)}{f_\vartheta(x)} = T(x) - \mathrm{E}_\vartheta T.$$

Der Beweis dieser Eigenschaften nutzt wesentlich den Satz über majorisierte Konvergenz und komplexe Differenzierbarkeit. Für Details siehe Witting (1985, S. 150–153).

Beispiel 3.2.4

Für das Normalverteilungsmodell mit $\Theta = \mathbb{R}^1$, $P_\vartheta = N(\vartheta, 1)$, $\mu = \lambda$ ist die Dichte

$$f_\vartheta(x) = \frac{\exp\left(-\frac{\vartheta^2}{2}\right)}{\sqrt{2\pi}} \exp\left(-\frac{x^2}{2}\right) \exp(\vartheta x)$$

$$= C(\vartheta) \cdot h(x) \exp(\vartheta T(x)), \quad \text{mit } T(x) = x \text{ und } \nu = h\lambda.$$

Die Kumulantenfunktion ist $K(\vartheta) = -\ln C(\vartheta) = \frac{\vartheta^2}{2} + \frac{1}{2}\ln(2\pi)$. Damit gilt $\mathrm{E}_\vartheta x = \vartheta$, $\mathrm{Var}_\vartheta x = K''(\vartheta) = 1$. Alle höheren Kumulanten sind null. Aus obiger Formel ergeben sich induktiv alle Momente der Normalverteilung.

7.) Ist $\mathcal{P}$ eine k-parametrische Exponentialfamilie mit natürlicher Parametrisierung in T und ist ν^T σ-endlich, so ist auch $\mathcal{P}^T = \{P_\vartheta^T; \vartheta \in \Theta\}$ eine k-parametrische Exponentialfamilie in ϑ und $\mathrm{id}_{\mathbb{R}^k}$ mit

$$\frac{dP_\vartheta^T}{d\nu^T}(t) = C(\vartheta)\exp\big(\langle\vartheta, t\rangle\big) = \exp\big(\langle\vartheta, t\rangle - K(\vartheta)\big).$$

Beweis: Für $D \in \mathbb{B}^k$ und $g_\vartheta = \dfrac{dP_\vartheta^T}{d\nu^T}$ gilt nach der Transformationsformel:

$$\int_D g_\vartheta(t)\, d\nu^T(t) = P_\vartheta^T(D)$$

$$= P_\vartheta(T^{-1}(D))$$

$$= \int_{T^{-1}(D)} C(\vartheta)\exp\big(\langle\vartheta, T(x)\rangle\big)\, d\nu(x)$$

$$= \int_D C(\vartheta)\exp\big(\langle\vartheta, t\rangle\big)\, d\nu^T(t).$$

3.3 Gibbs-Maße, Bildrekonstruktion und Simulated Annealing

Für die Restauration und Rekonstruktion von gestörten Bildern haben sich Gibbs-Maße und die damit verbunden Gibbs-Modelle als nützlich erwiesen. Wir beschreiben einige Grundideen der zugehörigen Bayesschen Rekonstruktionsmethode.

Sei S eine endliche Menge von Zuständen (Farben), I eine endliche Menge von Seiten (z.B. ein Gitter) und sei der Grundraum $\mathfrak{X}$ der Raum aller Bilder auf I mit Zuständen (Farben) in S, d.h. $\mathfrak{X} = S^I = \{\pi : I \to S\}$, versehen mit der Potenzmenge als σ-Algebra.

Eine a-priori-Verteilung auf $\mathfrak{X}$ wird durch ein **Gibbs-Maß** μ mit Energiefunktion $\mathrm{E} : \mathfrak{X} \to \mathbb{R}^1$ definiert. μ ist von der Form

$$\mu(x) = Z^{-1}\exp(-\mathrm{E}(x)), \quad x \in \mathfrak{X}, \tag{3.1}$$

mit der Normierungsgröße Z. Zustände x mit hoher Energie haben eine geringe Wahrscheinlichkeit, Zustände x mit minimaler Energie haben maximale Wahrscheinlichkeit.

Durch die Wahl einer geeigneten Energiefunktion werden im Modell Bilder mit 'erwünschten' oder empirisch bekannten Mustern mit höherer Wahrscheinlichkeit versehen. Im Isingmodell ist mit $S = \{-1, 1\}$, $I = \{1, \ldots, n\}$ die Energiefunktion E von der Form

$$E(x) = E_\beta(x) = -\beta \sum_{i,j \text{ Nachbarn}} x_i x_j \,, \tag{3.2}$$

wobei die Nachbarschaft problemabhängig definiert wird. Das Gibbs-Maß μ kann auch durch Angabe der bedingten Verteilungen wie z.B.

$$\mu(\pi(i) = k \mid \pi(j), j \neq i) \sim \exp(\beta \# \{\text{'Nachbarn' von } i \text{ mit Zustand } k\}). \tag{3.3}$$

Ein Bild $x \in \mathfrak{X}$ wird gesendet und erfährt eine Störung (z.B. atmosphärische Diffusion) mittels eines Übergangskerns $Q(x, \{y\}) =: Q(x, y)$. Ziel der Rekonstruktion ist es, aus dem empfangenen Bild y einen Schätzer $\widehat{x}$ des gesendeten Bildes x zu konstruieren.

$$\begin{array}{ccccc}
\text{gesendetes Bild} & \xrightarrow[Q(x,y)]{\text{Störung}} & \text{empfangenes Bild} & \longrightarrow & \text{Rekonstruktion} \\
x & & y & \longrightarrow & \widehat{x}
\end{array}$$

Die Bayessche Bildrekonstruktion verwendet wie oben beschrieben eine geeignete a-priori-Verteilung μ auf $\mathfrak{X}$, die ein 'grobes' Modell des Bildes liefert und durch ein Gibbs-Maß (oder eine Klasse von Gibbs-Maßen) gegeben wird. μ induziert die gemeinsame Verteilung

$$P((x, y)) = \mu \times Q(x, y) = \mu(x) Q(x, y).$$

Die **a-posteriori-Verteilung** μ_y ist dann gegeben durch

$$\mu_y(x) = P(x \mid y) = \frac{\mu(x) Q(x, y)}{\sum \mu(x') Q(x', y)}. \tag{3.4}$$

Für Gibbs-Maße μ ist μ_y wieder ein Gibbs-Maß von der Form

$$\mu_y(x) = Z(y)^{-1} \exp(-E(x \mid y))$$

mit der bedingten Energiefunktion

$$E(x \mid y) = E(x) \ln Q(x, y). \tag{3.5}$$

μ_y ist die durch die Beobachtung y revidierte a-priori-Verteilung.

Bei Verwendung der Verlustfunktion $L^1(x, x') = 1_{\{x \neq x'\}}$ wird das Bayes-Verfahren gegeben durch die **MAP-Methode** (Maximum a posteriori). Bestimme $\widehat{x}$ so, dass

$$\mu(\widehat{x} \mid y) = \max_{x' \in \mathfrak{X}} \mu(x' \mid y) \tag{3.6}$$

oder äquivalent dazu:

$$E(\widehat{x} \mid y) = \min_{x' \in \mathfrak{X}} E(x' \mid y). \tag{3.7}$$

Die Verlustfunktion L^1 ist eine (zu) starke Anforderung, denn komplett korrekte Rekonstruktionen werden nur selten gelingen. Eine moderatere Verlustfunktion ist die '**misclassification rate**' $L^2(x, x') = \frac{1}{n} \sum_{i=1}^{n} 1_{\{x_i \neq x'_i\}}$.

Hier ist das a-posteriori-Risiko

$$\int L^2(x, y) \mu_y(x) = \frac{1}{n} \sum_{i=1}^{n} \sum_{x} 1_{\{x_i = a_i\}} \mu_y(x)$$

$$= \frac{1}{n} \sum_{i=1}^{n} \mu_y(x : x_i \neq a_i) = \frac{1}{n} \sum_{i=1}^{n} \mu_y^{\pi_i}(x_i \neq a_i)$$

$$= \frac{1}{n} \sum_{i=1}^{n} (1 - \mu_y^{\pi_i}(a_i)) = 1 - \frac{1}{n} \sum_{i=1}^{n} \mu_y^{\pi_i}(a_i).$$

Dabei ist $\mu_y^{\pi_i}$ die i-te Marginalverteilung von μ_y. Dieses a-posteriori-Risiko wird minimal für

$$a_i = \widehat{x}_i = \max_{a_i \in S} \mu_y^{\pi_i}(a_i), \tag{3.8}$$

d.h. für die Komponente $a_i \in S$ mit maximaler Marginalwahrscheinlichkeit der a-posteriori-Verteilung. Die Rekonstruktion $\widehat{x}$ heißt dann Lösung nach der **MPM-Methode**.

Ein großes Problem bei Verwendung der MAP- und der MPM-Methode ist die hohe Dimension des Grundraumes $\mathfrak{X}$ über dem die Optimierungsprobleme zu lösen sind. Bei einem 2-dimensionalen Bild mit 500×500 Pixelpunkten, also $|I| = 25\,000$, und bei $|S| = 5$ Farben hat der Grundraum $\mathfrak{X} = S^I$ ungefähr 80^{104} Elemente. Bei Verwendung der MPM-Methode reduziert sich die Dimension auf die der Marginalverteilungen. Es ist dann jedoch für jede der Marginalverteilungen ein solches Optimierungsverfahren durchzuführen.

Ein nützliches Verfahren zur approximativen Lösung dieser Optimierungsprobleme ist der **Simulated Annealing Algorithmus**. Zur Vereinfachung der Schreibweise ersetzen wir im Folgenden $E(x \mid y)$ durch $E(x)$. Wir betrachten die Exponentialfamilie

$$\mu_\beta(x) := Z(\beta)^{-1} \exp(-\beta E(x)), \quad \beta > 0, x \in \mathfrak{X}.$$

Mit $A := \{x : E(x) = \min_{y \in \mathfrak{X}} E(y)\}$ gilt dann

$$\mu_\beta \xrightarrow[\beta \to \infty]{} U_A \tag{3.9}$$

die Gleichverteilung auf A.

Ziel des Simulated Annealing Algorithmus ist es, Zufallsvariable X_β zu konstruieren, die approximativ nach μ_β verteilt sind. Mit $\beta = \beta(n) \uparrow \infty$ erhält man dann approximativ Minimumstellen der Energie E und damit eine approximative

Lösung des MAP-Problems (3.6). Eine direkte Simulation von $X_\beta \sim \mu_\beta$ ist wegen der hohen Dimension nicht möglich. Der SA-Algorithmus konstruiert durch Veränderung an jeweils nur einem Pixel eine solche Zufallsvariable.

Sei für $x \in \mathfrak{X}$, $\beta > 0$

$$\mu_i^\beta(\cdot \mid x) = \mu_\beta^{\pi_i \mid \pi_j = x_j, \forall j \neq i}. \tag{3.10}$$

Dann ist

$$\pi_i^\beta(s \mid x) = Z_i(\beta)^{-1} \exp(-\beta \mathrm{E}((s, x)))$$

mit $(s, x) \in \mathfrak{X}$, $(s, x)(j) = \begin{cases} x(j), & \text{für } j \neq i, \\ s, & \text{für } j = i. \end{cases}$

Sei o.E. $I = \{1, \dots, N\}$ und $\pi_{\{i\}}^\beta(x, (sx)) = \pi_i^\beta(sx) \otimes \varepsilon(x_j)_{j \neq i}$ und sei $(X_n^\beta)_{n \geq 0}$ eine Markovkette auf $\mathfrak{X}$ mit Übergangsfunktion

$$P_\beta = \pi_{\{1\}}^\beta \cdots \pi_{\{N\}}^\beta, \tag{3.11}$$

d.h. sukzessive werden alle Pixel in einem Durchgang mit den Übergangkernen $\pi_{\{i\}}^\beta$ an Pixel Nummer i modifiziert.

Nach dem Konvergenzsatz für Markovketten konvergiert dann die Markovkette $(X_n^\beta)_{n \geq 0}$ gegen einen Limes $X^\beta \sim \mu_\beta$, wobei μ_β eindeutiges invariantes Maß von X^β ist. Die Konvergenz der Markovkette X_n^β ist exponentiell schnell wegen des endlichen Zustandsraumes.

Die **Grundidee** des SA-Algorithmus ist es nun, dass für $\beta(n) \uparrow \infty$ genügend langsam (etwa $\beta(n) \sim c \log n$) die inhomogene Markovkette (X_n) mit den inhomogenen Übergangsfunktionen $P_n = P_{\beta(n)}$ gegen U_A konvergiert, d.h.

$$X_n \to Z \sim U_A. \tag{3.12}$$

Jedes Element dieser Markovkette X_n wird, wie im ersten Teil beschrieben, durch den SA-Algorithmus zu $\mu_{\beta(n)}$ simuliert.

Die Durchführung dieser Idee benötigt zunächst einen Konvergenzsatz für inhomogene Markovketten. Sei jetzt allgemein P ein Markovkern von $(\mathrm{E}, \mathcal{B})$ nach $(\mathrm{E}, \mathcal{B})$, dann heißt

$$c(P) := \sup_{x, y \in \mathrm{E}} \|P(x, \cdot) - P(y, \cdot)\| \tag{3.13}$$

Kontraktionskoeffizient von P. Wir schreiben auch formal

$$c(P) = \sup_{x, y} \int (P(x, dv) - P(y, dv))_+.$$

Es ist $0 \leq c(P) \leq 1$.

Proposition 3.3.1 (Kontraktionsabschätzungen)
Für Markovkerne P, Q und Maße μ, ν auf $(\mathrm{E}, \mathcal{B})$ gilt für den Totalvariationsabstand
$\| \ \|$

a) $c(PQ) \leq c(P)c(Q)$; *dabei ist PQ der Produktkern, $PQ(x,y) = P(x,dy)Q(y,\cdot)$*

b) $\|\mu P - \nu P\| \leq c(P)\|\mu - \nu\|$

c) *Mit $\|P\| := \sup_x \|P(x,\cdot)\|$ gilt*

$$\|PQ\| \leq \|P\|\,\|Q\|$$

d) $|c(P) - c(Q)| \leq \|P - Q\|$

Bemerkung 3.3.2
Obige Abschätzungen gelten in dieser Form auch für signierte nicht normierte Kerne $P = P_1 - P_2$, $Q = Q_1 - Q_2$. μP bezeichnet wie üblich das Produkt

$$\mu P(B) = \int \mu(dx) P(x,B).$$

Beweis:
a) Sei $R := PQ$ und für ein geeignetes dominierendes Maß μ und $x, y \in E$ sei $R(x,\cdot) = f_x\mu$, $R(y,\cdot) = f_y\mu$, dann ist mit $E = \{u \in E; f_x(u) > f_y(u)\}$

$$
\begin{aligned}
(R(x,\cdot) - R(y,\cdot))_+ &= \int_E (f_x(u) - f_y(u))_+ \, d\mu(u) \\
&= \int \left(\int P(x,dv)Q(v,du) - \int P(y,dv)Q(v,du) \right)_+ \\
&= \int_E \left(\int P(x,dv)Q(v,du) - \int P(y,dv)Q(v,du) \right) \\
&= \int_E \int (P(x,dv) - P(y,dv))Q(v,du) \\
&= \int (P(x,dv) - P(y,dv))Q(v,E) \\
&\leq \int (P(x,dv) - P(y,dv))_+ \sup_{v'} Q(v',E) \\
&\quad - \int (P(x,dv) - P(y,dv))_- \inf_{v''}(Q(v'',E)) \\
&= \int (P(x,dv) - P(y,dv))_+ \sup_{v',v''}(Q(v',E) - Q(v'',E)) \\
&\leq \int (P(x,dv) - P(y,dv))_+ \underbrace{\sup_{v',v''}(Q(v',E) - Q(v'',E))_+}_{=c(Q)}.
\end{aligned}
$$

Mit dem Supremum über x, y auf beiden Seiten folgt

$$c(PQ) \leq c(P)c(Q).$$

b) Mit $R = \mu - \nu$ ist $\mu P - \nu P = (\mu - \nu)P = RP$. R kann man als konstanten Markovkern auffassen,

$$R(dy) = (\mu - \nu)(dy) = R(x, dy)).$$

Dann ist auch RP ein konstanter Markovkern und es folgt nach Definition

$$c(RP) = \sup_{x,y} \|RP\| = \|\mu P - \nu P\|.$$

Andererseits ist nach a)

$$c(RP) \leq c(R)c(P) = \|\mu - \nu\|c(P)$$

und es folgt die Behauptung.

c) Es gilt

$$\|PQ\| = \sup_x \left\| \int P(x, du)Q(u, \cdot) \right\|$$

$$\leq \sup_x \int \|P(x, du)\| \, \|Q(u, \cdot)\|$$

$$\leq \sup_x \|P(x, \cdot)\| \, \|Q\| = \|P\| \, \|Q\|$$

d)
$$|c(P) - c(Q)| = \left| \sup_{x,y} \|P(x, \cdot) - P(y, \cdot)\| - \sup_{z.w} \|Q(z, \cdot) - Q(w, \cdot)\| \right|$$

$$\leq \sup_{x,y} \left| \|P(x, \cdot) - P(y, \cdot)\| - \|Q(x, \cdot) - Q(y, \cdot)\| \right|$$

$$\leq \|P - Q\|. \qquad \square$$

Sei nun (P_n) eine Folge von Markovkernen auf $(E, \mathcal{B})$ mit $0 \leq c(P_n) \leq 1$. μ_n heißt **invariantes Maß** von P_n, wenn

$$\mu_n P_n = \mu_n.$$

Der folgende Satz von Dobrushin (1969) gibt eine Konvergenzaussage für inhomogene Markovketten unter einer Kontraktionsbedingung.

Satz 3.3.3 (Konvergenz von inhomogenen Markovketten)
Für eine Folge von Markovkernen (P_n) auf $(E, \mathcal{B})$ gelte:

1) $\forall n \in \mathbb{N}$ existiere ein invariantes Maß μ_n von P_n mit $\sum_n \|\mu_{n+1} - \mu_n\| < \infty$.

   Sei $\mu_\infty := \lim \mu_n$ bzgl. $\| \ \|$-Konvergenz.

2) $c(P_n) > 0$, $\forall n \in \mathbb{N}$ und $\prod_{n=1}^{\infty} c(P_n) = 0$.

Dann folgt für alle Maße ν:

$$\lim_{n\to\infty} \|\nu P_1 \cdots P_n - \mu_\infty\| = 0.$$

Beweis: Für alle $n \geq N$ hinreichend groß gilt

$$\|\nu P_1 \cdots P_n - \mu_\infty\| = \|(\nu P_1 \cdots P_N - \mu_\infty)P_{N+1}\cdots P_n + \mu_\infty P_{N+1}\cdots P_n - \mu_\infty\|$$

$$\leq \prod_{k=N+1}^{n} c(P_k) + \|\mu_\infty P_{N+1}\cdots P_n - \mu_\infty\|$$

nach Proposition 3.3.1.

Da μ_{N+1} invariant bzgl. P_{N+1} ist, folgt durch Induktion

$$\mu_\infty P_{N+1}\cdots P_n - \mu_\infty$$
$$= (\mu_\infty - \mu_{N+1})P_{N+1}\cdots P_n + \mu_{N+1}P_{N+2}\cdots P_n - \mu_\infty$$
$$= (\mu_\infty - \mu_{N+1})P_{N+1}\cdots P_n$$
$$+ \sum_{k=1}^{n-N-1} (\mu_{N+k} - \mu_{N+k+1})P_{N+k+1}\cdots P_n + \mu_n - \mu_\infty.$$

Im letzten Schritt wird sukzessive die Invarianz der Maße μ_k benutzt. Aus obiger Abschätzung ergibt sich mit der Annahme $c(P_n) \leq 1$ und Proposition 3.3.1

$$\sup_{n\geq N} \|\mu_\infty P_{N+1}\cdots P_n - \mu_\infty\| \quad \leq \quad \sup_{n\geq N} \|\mu_\infty - \mu_n\| + \sum_{j>n} \|\mu_j - \mu_{j+1}\|$$

$$\xrightarrow[N\to\infty]{} 0 \quad \text{nach Annahme 1).}$$

Daraus folgt mit der Annahme 2) die Behauptung. $\qquad\qquad\qquad\square$

Für den Fall des SA-Algorithmus verwenden wir nun die Folge von Markovkernen

$$P_n := P_{\beta(n)} = \pi_{\{1\}}^{\beta(n)} \cdots \pi_{\{N\}}^{\beta(n)}, \quad n \in \mathbb{N} \quad \text{(vgl. (3.11))}$$

der lokalen Pixelmodifikationen. Der folgende Konvergenzsatz besagt, dass der SA-Algorithmus gegen die Gleichverteilung $\mu_\infty = U_A$ auf der Menge A der Energieminima konvergiert (vgl. (3.9)), wenn $\beta(n)$ langsam genug gegen ∞ konvergiert, d.h. die zugehörige Temperatur T_n langsam genug gegen 0 konvergiert.

Satz 3.3.4 (Konvergenz des Simulated Annealing Algorithmus, Geman und Geman (1984), Gidas (1985))
Seien P_n, $n \in \mathbb{N}$ die Übergangskerne des SA-Algorithmus in (3.11) mit $\beta(n) \leq \gamma \ln n$, $\beta(n) \uparrow \infty$, für eine hinreichend kleine Konstante γ und $n \in \mathbb{N}$. Dann gilt mit $\mu_\infty = U_A$

$$\lim_n \|\nu P_{\beta(1)} \cdots P_{\beta(n)} - \mu_\infty\| = 0, \quad \forall \nu \in M^1(\mathfrak{X}, \mathcal{A}).$$

Beweis: Zum Beweis verifizieren wir die Voraussetzungen 1) und 2) des Konvergenzsatzes 3.3.3. Nach (3.9) ist das Gibbs-Maß μ_β invariantes Maß zu dem Markovkern P_β.

Der Kontraktionskoeffizient $c(P_\beta)$ zu P_β lässt sich wie folgt abschätzen. Für Maße μ, ν gilt

$$\|\mu - \nu\| = \sum_x (\mu(x) - \nu(x))_+ = 1 - \sum_x \min(\mu(x), \nu(x)),$$

und daher folgt:

$$c(P_\beta) = \sup_{x,y} \|P_\beta(x, \cdot) - P_\beta(y, \cdot)\|$$
$$= \sup_{x,y} \left(1 - \sum_z \min\left(P_\beta(x, z), P_\beta(y, z)\right)\right).$$

Für $s \in S$, $x \in S^I$ ist, da $Z_i(\beta) \leq |S|$,

$$\pi_i^\beta(s \mid x) = Z_i(\beta)^{-1} \exp(-\beta E((s, x)))$$
$$\geq |S|^{-1} \exp(-\beta \delta_i(E))$$

mit $\delta_i(E) = $ der Oszillation in der i-ten Koordinate. Daraus folgt

$$\min_{x,y} P_\beta(x, y) \geq \prod_{i=1}^N \pi_i^\beta(y_i \mid x)$$
$$\geq (|S|^{-1} \exp(-\beta \Delta))^N \quad \text{mit } \Delta := \max_i \delta_i(E).$$

Diese Abschätzung impliziert

$$c(P_\beta) \leq 1 - |S|^N (|S|^{-N} \exp(-\beta N \Delta))$$
$$= 1 - \exp(-\beta N \Delta).$$

Gilt also $\beta(n) \leq (N\Delta)^{-1} \ln n$, dann folgt $c(P_{\beta(n)}) \leq 1 - \frac{1}{n}$ und daher

$$\prod_{n=1}^\infty c(P_{\beta(n)}) \leq \prod_{n=1}^\infty \left(1 - \frac{1}{n}\right) = 0,$$

d.h. es gilt Bedingung 2) für $P_n = P_{\beta(n)}$ für $\gamma \leq \gamma_0 := (N\Delta)^{-1}$.

Zum Nachweis von Bedingung 1) beachten wir, dass für alle $x \in S^I$, $\mu_{\beta(n)}(x)$ monoton fallend oder wachsend in n ist. Daraus folgt aber

$$\sum_{n=1}^\infty \|\mu_{\beta(n+1)} - \mu_{\beta(n)}\| = \sum_x \sum_n (\mu_{\beta(n+1)}(x) - \mu_{\beta(n)}(x))_+$$
$$= \sum_{x \in S^I} (\mu_\infty(x) - \mu_{\beta(1)}(x))_+ \quad \text{wegen der Monotonie}$$
$$< \infty. \qquad \square$$

Bemerkung 3.3.5
Bezeichnet P_ν die Verteilung der Markovkette mit Anfangsverteilung ν und Über-gangsfunktion $P_{\beta(n)}$, dann gilt für Anfangsverteilungen μ, ν:

$$P_\nu/\tau = P_\mu/\tau \quad \text{für die terminale } \sigma\text{-Algebra } \tau = \bigcap_n \sigma(X_n, X_{n+1}, \dots).$$

Ist $\beta(n) \leq \frac{1}{2N\Delta} \ln n$, dann gilt auch der Ergodensatz

$$\lim_n \frac{1}{n} \sum_{i=1}^n f(X_i) = \int f \, d\mu_\infty. \tag{3.14}$$

(vgl. Gantert (1990)).

Kapitel 4

Suffizienz, Vollständigkeit und Verteilungsfreiheit

Das Thema dieses Kapitels sind der Suffizienzbegriff, die Vollständigkeit und die Verteilungsfreiheit, drei Grundbegriffe der statistischen Entscheidungstheorie. Die Suffizienz beschreibt die Möglichkeit einer Datenreduktion ohne Informationsverlust für Entscheidungsprobleme. Datenreduktion lässt sich durch eine Statistik $T(x)$ beschreiben. Anstelle des Beobachtungsvektors $x \in \mathfrak{X}$ wird nur die reduzierte Größe $T(x)$ zur Konstruktion von Entscheidungsverfahren verwendet. Sie lässt sich auch durch Unter-σ-Algebren $\mathcal{B} \subset \mathcal{A}$ beschreiben. Anstelle von $x \in \mathfrak{X}$ besteht die Information in der Kenntnis von $1_B(x)$, $\forall B \in \mathcal{B}$. Wir können auch allgemeinere **Informationssysteme** $\mathcal{E} \subset \mathcal{A}$ verwenden. Aber die Information des System $\mathcal{E} \subset \mathcal{A}$ ist äquivalent zu der Information von $\mathcal{B} = \sigma(\mathcal{E})$, so dass wir uns auf Unter-σ-Algebren beschränken können.

Hinreichend 'große' σ-Algebren $\mathcal{B} \subset \mathcal{A}$ sind daher suffizient für ein Experiment $\mathcal{E} = (\mathfrak{X}, \mathcal{A}, \mathcal{P})$. Umgekehrt ist eine hinreichend 'kleine' σ-Algebra $\mathcal{B} \subset \mathcal{A}$ vollständig für $\mathcal{P}$, d.h. $\mathcal{P}$ ist groß genug, um alle Elemente aus $\mathcal{L}^1(\mathfrak{X}, \mathcal{B}, \mathcal{P})$ unterscheiden zu können ($\mathcal{P}$ ist 'punktetrennend').

Dagegen sind verteilungsfreie σ-Algebren $\mathcal{B} \subset \mathcal{A}$ ohne Information für Entscheidungsprobleme. Dennoch sind sie nützlich für die Konstruktion von Entscheidungsverfahren. Wir geben eine Klasse von Anwendungen auf die Konstruktion von Anpassungstests für nichtparametrische Testprobleme. Inhalt dieses Kapitels ist die Diskussion und Motivation dieser zentralen Grundbegriffe der Statistik und der diversen Beziehungen zwischen ihnen.

4.1 Suffiziente σ-Algebren und Statistiken

Ein zentrales Thema der mathematischen Statistik ist die Datenreduktion ohne Informationsverlust. Dieses Thema ist von großer praktischer Relevanz. In einem

Experiment, das Bilddaten beschreibt, ist der Grundraum, z.B. gegeben durch $\mathfrak{X} = \mathbb{R}^{500 \times 500 \times d}$, $d = $ Anzahl der Farben, von sehr hoher Dimension und Komplexität und es ist nicht möglich, Bilder detailliert als Datenmenge pixelweise zu verarbeiten und zu speichern.

Nach Einführung des Suffizienzbegriffes in Definition 4.1.1 diskutieren wir ausführlich, inwieweit dieser Begriff dem intuitiven Suffizienzbegriff entspricht und entsprechende plausible Eigenschaften hat. Dieses erweist sich als anspruchsvolle Aufgabe (vgl. z.B. Satz 4.1.7). Zentrale Resultate dieses Abschnittes sind die Suffizienzkriterien von Halmos-Savage, das verwandte Neyman-Kriterium – beide betreffen den Fall dominierter Verteilungsklassen – sowie die entscheidungstheoretische Rechtfertigung des Begriffes der 'starken Suffizienz' in Satz 4.1.24.

Der Suffizienzbegriff basiert auf dem Begriff des bedingten Erwartungswerts und damit ist für das Folgende die Radon-Nikodým-Ungleichung grundlegend. Für Details zu bedingten Erwartungswerten vgl. Anhang A.1.

Sei $(\mathfrak{X}, \mathcal{A}, P)$ ein Wahrscheinlichkeitsraum und $\mathcal{B} \subset \mathcal{A}$ eine σ-Algebra, dann heißt eine $\mathcal{B}$-messbare Funktion $f_A \in \mathcal{L}(\mathfrak{X}, \mathcal{B})$ **bedingte Wahrscheinlichkeit** von A unter $\mathcal{B}$, Schreibweise: $f_A = P(A \mid \mathcal{B})$, wenn die **Radon-Nikodým-Gleichung** gilt:

$$P(A \cap B) = \int_B f_A \, dP, \quad \forall B \in \mathcal{B}. \tag{4.1}$$

Eine $\mathcal{B}$-messbare Funktion $Y \in \mathcal{L}(\mathfrak{X}, \mathcal{B})$ heißt **bedingter Erwartungswert** von $X \in \mathcal{L}(\mathfrak{X}, \mathcal{A})$, Schreibweise: $Y = E(X \mid \mathcal{B})$, wenn

$$\int_B X \, dP = \int_B Y \, dP, \quad \forall B \in \mathcal{B}. \tag{4.2}$$

Der Satz von Radon-Nikodým sichert die Existenz und $\mathcal{P}$ fast sichere Eindeutigkeit des bedingten Erwartungswertes. Ist $Z \in \mathcal{L}(\mathcal{B})$ ebenfalls Lösung von (4.2), dann gilt $Z = Y$ $[P]$, d.h. $\{Z \neq Y\} \in \mathcal{N}_P := \{N \in \mathcal{A}; \ P(N) = 0\}$, $\{Z \neq Y\}$ ist eine P-Nullmenge.

Definition 4.1.1 (Suffizienz)
Sei $\mathcal{E} = (\mathfrak{X}, \mathcal{A}, \mathcal{P})$ ein statistisches Modell.

a) *Eine σ-Algebra $\mathcal{B} \subset \mathcal{A}$ heißt **suffizient** für $\mathcal{P}$, wenn $\forall A \in \mathcal{A} : \exists f_A \in \mathcal{L}(\mathfrak{X}, \mathcal{B})$ so dass*

$$f_A = P(A \mid \mathcal{B}) \, [P], \quad \forall P \in \mathcal{P}. \tag{4.3}$$

b) *Eine Statistik $T : (\mathfrak{X}, \mathcal{A}) \to (Y, \mathcal{C})$ heißt suffizient für $\mathcal{P}$, wenn $\forall A \in \mathcal{A} : \exists f_A \in \mathcal{L}(\mathfrak{X}, \sigma(T))$ so dass*

$$f_A = P(A \mid T) \, [P], \quad \forall P \in \mathcal{P}.$$

Bemerkung 4.1.2
a) *f_A ist $\mathcal{P}$ f.s. eindeutig, d.h. ist g_A einen weitere Version der bedingten Wahrscheinlichkeit in (4.3), dann gilt $f_A = g_A$ $[\mathcal{P}]$ oder äquivalent*

$$\{f_A \neq g_A\} \in \mathcal{N}_{\mathcal{P}} := \{N \in \mathcal{A}; \ P(N) = 0, \forall P \in \mathcal{P}\}$$

b) Ist $\mathcal{B}$ suffizient für $\mathcal{P}$, so gilt

$$P(A) = \int P(A \mid \mathcal{B}) \, dP|_{\mathcal{B}} = \int f_A \, dP|_{\mathcal{B}}, \quad \textit{wobei } f_A \textit{ unabhängig von } P \textit{ ist;}$$

also unterscheiden sich die Wahrscheinlichkeitsmaße $P \in \mathcal{P}$ nur auf $\mathcal{B}$. Dieses ist ein starkes Indiz dafür, dass der Suffizienzbegriff keinen Informationsverlust bedeutet.

c) Sei $X \in \mathcal{L}^1(\mathfrak{X}, \mathcal{A}, \mathcal{P})(\mathcal{L}_+(\mathfrak{X}, \mathcal{A}))$ und $\mathcal{B} \subset \mathcal{A}$ suffizient.
Dann existiert $Y \in \mathcal{L}^1(\mathfrak{X}, \mathcal{B}, \mathcal{P})(\mathcal{L}_+(\mathfrak{X}, \mathcal{A}))$, mit $Y = \mathrm{E}_P(X \mid \mathcal{B})$ [P] für alle $P \in \mathcal{P}$.
Der Beweis erfolgt durch algebraische Induktion wie beim Aufbau des Integralbegriffs.

d) Sei $(\mathfrak{X}, \mathcal{A})$ ein Borel-Raum und $T : (\mathfrak{X}, \mathcal{A}) \to (\mathcal{Y}, \mathfrak{C})$. Dann gilt:
$\quad\quad$ T ist suffizient für $\mathcal{P}$
$\Leftrightarrow\quad$ Es gibt eine bedingte Verteilung Q mit $Q(\cdot, A) = P(A \mid T)$ [P] für alle
$\quad\quad$ $P \in \mathcal{P}$ und $A \in \mathcal{A}$, d.h.
$\quad\quad$ Q ist ein Markovkern von $(\mathfrak{X}, \sigma(T))$ nach $(\mathfrak{X}, \mathcal{A})$ mit

$\quad\quad$ i) $Q(x, \cdot) \in \mathrm{M}^1(\mathfrak{X}, \mathcal{A})$

$\quad\quad$ ii) $Q(\cdot, A) = P(A \mid T)$ ist messbar bzgl. $\sigma(T)$.

Der Beweis erfolgt analog zum Beweis zur Existenz von regulären bedingten Verteilungen.

Lemma 4.1.3
Sei $\mathcal{B} \subset \mathcal{A}$ suffizient und $\mathfrak{C} \subset \mathcal{B}$. Dann sind äquivalent:

1. $\mathfrak{C}$ ist suffizient für $(\mathfrak{X}, \mathcal{A}, \mathcal{P})$

2. $\mathfrak{C}$ ist suffizient für $(\mathfrak{X}, \mathcal{B}, \mathcal{P}|_{\mathcal{B}})$, wobei $\mathcal{P}|_{\mathcal{B}} := \{P|_{\mathcal{B}}; \; P \in \mathcal{P}\}$

Beweis:
"1 $\Rightarrow$ 2": klar.

"2 $\Rightarrow$ 1": Sei $P \in \mathcal{P}$ und $A \in \mathcal{A}$. Dann gilt nach der Glättungsregel:

$$P(A \mid \mathfrak{C}) = \mathrm{E}_P(P(A \mid \mathcal{B}) \mid \mathfrak{C}) = \mathrm{E}_P(f_A \mid \mathfrak{C})$$
$$= \mathrm{E}_{P|_{\mathcal{B}}}(f_A \mid \mathfrak{C}) =: \widetilde{f}_A \in \mathcal{L}(\mathfrak{C}), \text{ da } \mathfrak{C} \text{ suffizient für } \mathcal{B}. \qquad \square$$

Bemerkung 4.1.4
Ein Problem des oben eingeführten Suffizienzbegriffs ist, dass aus $\mathfrak{C}$ suffizient und $\mathfrak{C} \subset \mathcal{B}$ im Allgemeinen **nicht** folgt, dass $\mathcal{B}$ suffizient ist! Der Grund hierfür ist folgender.
Ist $f_A = P(A \mid \mathfrak{C})$, dann folgt aus der Radon-Nikodým-Gleichung $\int_C f_A \, dP = P(A \cap C), \forall C \in \mathfrak{C}$, aber diese Gleichung folgt nicht $\forall B \in \mathcal{B}$!

Wir leiten nun einige Rechenregeln für den Suffizienzbegriff her.

Satz 4.1.5

Seien $\mathcal{B}_n \subset \mathcal{A}$ suffizient für alle $n \in \mathbb{N}$. Dann gilt:

a) *Ist $\mathcal{B}_n \uparrow \mathcal{B} := \bigvee_{n \in \mathbb{N}} \mathcal{B}_n := \sigma(\mathcal{B}_n; n \in \mathbb{N})$, so ist $\mathcal{B}$ suffizient.*

b) *Ist $\mathcal{B}_n \downarrow \mathcal{B} := \bigcap_{n \in \mathbb{N}} \mathcal{B}_n$, so ist $\mathcal{B}$ suffizient.*

Beweis:

a) Zu $A \in \mathcal{A}$ und $n \in \mathbb{N}$ existiert nach Voraussetzung $f_A^n = P(A \mid \mathcal{B}_n)$ [P], so dass $f_A^n \in \mathcal{L}(\mathfrak{X}, \mathcal{B}_n)$ für alle $P \in \mathcal{P}$. Für alle $n < m$ ist dann nach der Glättungsregel

$$\mathrm{E}_P(f_A^m \mid \mathcal{B}_n) = \mathrm{E}_P(\mathrm{E}_P(1_A \mid \mathcal{B}_m) \mid \mathcal{B}_n) = \mathrm{E}_P(1_A \mid \mathcal{B}_n) = f_A^n \quad [P].$$

Da außerdem $0 \leq f_A^n \leq 1$ gilt, ist $(f_A^n, \mathcal{B}_n)_{n \in \mathbb{N}}$ nichtnegatives Martingal. Nach dem Martingalkonvergenzsatz von Lévy existiert $\lim_{n \to \infty} f_A^n$ P-f.s. und in $\mathcal{L}^1(P)$ für alle $P \in \mathcal{P}$ und es gilt für alle $P \in \mathcal{P}$:

$$\lim_{n \to \infty} f_A^n = \mathrm{E}_P(1_A \mid \mathcal{B}) \quad [P] \text{ und in } \mathcal{L}^1(P).$$

Mit $f_A := \liminf_{n \to \infty} f_A^n$ ist $f_A = \lim_{n \to \infty} f_A^n = \mathrm{E}_P(1_A \mid \mathcal{B})$ [P] für alle $P \in \mathcal{P}$. Da f_A nicht von P abhängt, ist $\mathcal{B}$ suffizient für $\mathcal{P}$.

b) Definiere f_A^n wie in a). Dann ist $(f_A^n, \mathcal{B}_n)$ ein inverses Martingal. Mit dem Grenzwertsatz für inverse Martingale folgt analog zu a) die Behauptung. $\square$

Bemerkung 4.1.6 (Bedingte Erwartungswerte als Projektionen)

Bedingte Erwartungswerte lassen sich als bestimmte Projektionen in L^p-Räumen charakterisieren. Für Details zu den folgenden Eigenschaften verweisen wir auf Neveu (1965).

a) *Für $\mathcal{B} \subset \mathcal{A}$ und $P \in \mathrm{M}^1(\mathfrak{X}, \mathcal{A})$ ist $T : \mathrm{L}^2(\mathcal{A}, P) \to \mathrm{L}^2(\mathcal{A}, P)$, $f \to \mathrm{E}_P(f \mid \mathcal{B})$ ein lineares, positives Funktional. Es gilt: $T1 = 1$, $\mathrm{Bild}(T) = \mathrm{L}^2(\mathcal{B}, P)$, $\mathrm{Kern}(T) = \{f - Tf; f \in \mathrm{L}^2(\mathcal{A}, P)\}$. T ist eine **Projektion** auf $\mathrm{L}^2(\mathcal{A}, P)$, d.h. $T^2 = T$. Nach der Radon-Nikodým-Gleichung gilt für alle $g \in \mathrm{Bild}(T)$ und $f \in \mathrm{L}^2(\mathcal{A}, P)$:*

$$\int g \left(f - \mathrm{E}(f \mid \mathcal{B}) \right) dP = 0.$$

Also gilt $\mathrm{Bild}(T) \perp \mathrm{Kern}(T)$, Bild und Kern stehen orthogonal aufeinander. Also ist T eine 'Orthogonalprojektion'.

b) *Es gilt die folgende Umkehrung von a):*
Ist $T : \mathrm{L}^2(\mathcal{A}, P) \to \mathrm{L}^2(\mathcal{A}, P)$ lineare, positive Orthogonalprojektion mit $T1 = 1$, so existiert $\mathcal{B} \subset \mathcal{A}$ mit $Tf = \mathrm{E}_P(f \mid \mathcal{B})$ [P] für alle $f \in \mathrm{L}^2(\mathcal{A}, \mathcal{P})$.

c) *Die Aussage aus b) lässt sich verschärfen, wenn man T auf L^p-Räumen betrachtet, $p \neq 2$:*
   *Ist $p \in [1, \infty)$, $p \neq 2$ und ist die lineare Abbildung $T : L^p(\mathcal{A}, P) \to L^p(\mathcal{A}, P)$ eine lineare Projektion und **Kontraktion** (d.h. $\|Tf\|_p \leq \|f\|_p$ für alle f) mit $T1 = 1$, dann existiert $\mathcal{B} \subset \mathcal{A}$ mit $T = \mathrm{E}(\cdot \mid \mathcal{B})$.*

d) *In einem Hilbertraum H gilt für eine lineare Abbildung $T : H \to H$:*

$$T \text{ ist eine Orthogonalprojektion} \iff T^2 = T \text{ und } \|T\| := \sup_{x \neq 0} \frac{\|Tx\|}{\|x\|} \leq 1.$$

In diesem Fall ist T Projektion auf die Menge der Fixpunkte $\{x \in H; \ Tx = x\}$.

Im Fall $p = 2$ ist es also notwendig, zusätzlich zur Projektions- und Kontraktionseigenschaft die Positivität von T zu fordern um einen bedingten Erwartungswertoperator zu erhalten.

Der folgende Satz über die Suffizienz vom Durchschnitt $\mathcal{B}_1 \cap \mathcal{B}_2$ zweier suffizienter σ-Algebren ist für einen intuitiven Suffizienzbegriff offensichtlich. Für unseren mathematischen Suffizienzbegriff ist der Beweis aber eine beachtliche Hürde. Er verwendet den Zusammenhang mit Projektionen aus Bemerkung 4.1.6. Entscheidend ist eine auf von Neumann zurückgehende Konstruktion mit iterierten Projektionen aus der allgemeinen Hilbertraum-Theorie.

Satz 4.1.7
Seien $\mathcal{B}_1$ und $\mathcal{B}_2$ suffizient und es gelte für das System der P-Nullmengen dass $\mathcal{N}_{\mathcal{P}} \subset \mathcal{B}_1$. Dann ist auch $\mathcal{B}_1 \cap \mathcal{B}_2$ suffizient.

Beweis: Der folgende Beweis verwendet einige Resultate aus der Ergodentheorie (vgl. Anhang A.2).
        Für $P \in \mathcal{P}$ definiere $T_P : L^2(\mathcal{A}, P) \to L^2(\mathcal{A}, P)$ durch $T_P f := E_P(E_P(f \mid \mathcal{B}_2) \mid \mathcal{B}_1)$. Mit der Jensenschen Ungleichung folgt für alle $f \in \mathcal{L}^2(\mathcal{A}, P)$, dass

$$\|T_P f\|_2^2 = \int (E_P(E_P(f \mid \mathcal{B}_2) \mid \mathcal{B}_1))^2 \, dP$$

$$\leq \int E_P(E_P(f^2 \mid \mathcal{B}_2) \mid \mathcal{B}_1) \, dP = \int f^2 \, dP = \|f\|_2,$$

d.h. T ist eine Kontraktion. Nach dem L^2-Ergodensatz folgt, dass für alle $f \in L^2(\mathcal{A}, P)$

$$\pi_P(f) := \lim_{n \to \infty} \frac{1}{n} \sum_{k=1}^{n} T_P^k f$$

in $L^2(\mathcal{A}, P)$ existiert. Weiterhin ist $T_P \geq 0$, $T_P 1 = 1$ und $\|T_P\| \leq 1$. Mit dem individuellen L^2-Ergodensatz erhält man daher, dass die Summe P-f.s. konvergiert und dass π_P eine Orthogonalprojektion auf $M := \{f \in L^2(\mathcal{A}, P); \ T_P f = f \ [P]\}$ ist.

Damit lässt sich der Beweis nun in folgende Schritte gliedern:

1. Behauptung: $\pi_P f = \mathrm{E}_P(f \mid \mathcal{B}_{\mathcal{P}})$ mit $\mathcal{B}_{\mathcal{P}} := (\mathcal{B}_1 \vee \mathcal{N}_{\mathcal{P}}) \cap (\mathcal{B}_2 \vee \mathcal{N}_{\mathcal{P}})$.
   Beweis: Für $f \in M$ gilt $f = T_P f = \mathrm{E}_P(\mathrm{E}_P(f \mid \mathcal{B}_2) \mid \mathcal{B}_1)$ $[P]$. Es folgt:

$$\|f\|_2 = \|\mathrm{E}_P(\mathrm{E}_P(f \mid \mathcal{B}_2) \mid \mathcal{B}_1)\|_2 \le \|\mathrm{E}_P(f \mid \mathcal{B}_2)\|_2 \le \|f\|_2;$$

also gilt Gleichheit in obigen Ungleichungen. Insbesondere ist $\|T_P f\| = \|f\|$.

Allgemein gilt für eine Orthogonalprojektion T in einem Hilbertraum H

$$f = Tf + (f - Tf) \quad \text{und} \quad Tf \perp (f - Tf).$$

Es gilt daher der **Satz von Pythagoras**:

$$\|f\|^2 = \|Tf\|^2 + \|f - Tf\|^2.$$

Aus $\|Tf\| = \|f\|$ folgt also $\|f - Tf\| = 0$, also $f = Tf$.

Daraus folgt aber, dass für alle $f \in L^2(\mathcal{A}, P)$: $f = T_P f$, und damit:

$$f = \mathrm{E}_P(f \mid \mathcal{B}_2) = \mathrm{E}_P(f \mid \mathcal{B}_1) \ [P].$$

Insbesondere ist f also $\mathcal{B}_{\mathcal{P}}$-messbar, d.h. $M \subset L^2(\mathcal{B}_{\mathcal{P}}, P)$.

Umgekehrt gilt für $\mathcal{B}_{\mathcal{P}}$-messbare f: $T_P f = f$ $[P]$, d.h. $f \in M$. Damit ist $M = L^2(\mathcal{B}_{\mathcal{P}}, P)$ mit den üblichen Äquivalenzklassen bzgl. P.

Damit ergibt sich, dass π_P eine positive Orthogonalprojektion auf $L^2(\mathcal{B}_{\mathcal{P}}, P) = M$ mit $\pi_P 1 = 1$ ist. Nach Bemerkung 4.1.6 b) gilt wegen der $\mathcal{B}_{\mathcal{P}}$-Messbarkeit von $\pi_P f$ die Behauptung

$$\pi_P f = \mathrm{E}_P(f \mid \mathcal{B}_{\mathcal{P}}) \ [P].$$

2. Die Konstruktion in 1. hängt von P ab. Im folgenden Schritt wird diese Konstruktion unabhängig von P gemacht. Dazu definiere für alle $A \in \mathcal{A}$ induktiv die Folge $(f_k)_{k \in \mathbb{N}}$ durch:

$$f_0 := 1_A, \quad f_{2k+1} := \mathrm{E}_\bullet(f_{2k} \mid \mathcal{B}_2), \quad f_{2k+2} := \mathrm{E}_\bullet(f_{2k+1} \mid \mathcal{B}_1).$$

Die von $P \in \mathcal{P}$ unabhängige Version des bedingten Erwartungswerts in der Definition existiert nach Voraussetzung, da die $\mathcal{B}_i$, $i = 1, 2$ suffizient sind. Die $(f_k)_{k \in \mathbb{N}}$ bilden eine alternierende Folge von Projektionen auf $L^2(\mathcal{B}_2)$ bzw. $L^2(\mathcal{B}_1)$. Es gilt für alle $P \in \mathcal{P}$:

$$f_{2k} = T_P^k 1_A \ [P].$$

Definiere nun:

$$g(x) = \begin{cases} \lim\limits_{n\to\infty} \frac{1}{n} \sum\limits_{k=1}^{n-1} f_{2k}(x), & \text{falls existiert,} \\ 0, & \text{sonst,} \end{cases}$$

$$h(x) = \begin{cases} \lim\limits_{n\to\infty} \frac{1}{n} \sum\limits_{k=1}^{n-1} f_{2k+1}(x), & \text{falls existiert,} \\ 0, & \text{sonst.} \end{cases}$$

Nach Definition ist g $\mathcal{B}_1$-messbar und h $\mathcal{B}_2$-messbar. Aus dem Ergodensatz und 1. erhält man, dass $g = \mathrm{E}(1_A \mid \mathcal{B}_{\mathcal{P}})$ $[P]$.

3. Behauptung: $g = h$ $[P]$.
   Beweis: Definiert man $T_P^* f := \mathrm{E}_P(\mathrm{E}_P(f \mid \mathcal{B}_1) \mid \mathcal{B}_2)$ – hier ist die Reihenfolge der Projektionen vertauscht – so folgt analog

   $$f_{2k+1} = (T_P^*)^k f_1$$

   und

   $$h = \lim \frac{1}{n} \sum_{k=1}^{n-1} (T_P^*)^k f_1 = \lim \frac{1}{n} \sum_{k=1}^{n-1} f_{2k+1} = \mathrm{E}_P(f_1 \mid \mathcal{B}_{\mathcal{P}}) \; [P].$$

   Wegen $\mathcal{B}_1 \vee \mathcal{N}_{\mathcal{P}} = \{B \cap N; \; N \text{ oder } N^c \in \mathcal{N}_{\mathcal{P}}\}$ folgt nach Definition der Radon-Nikodým-Gleichung aus obiger Beziehung

   $$\begin{aligned} h = \mathrm{E}_P(f_1 \mid \mathcal{B}_{\mathcal{P}}) &= \mathrm{E}_P(\mathrm{E}_P(1_A \mid \mathcal{B}_2 \vee \mathcal{N}_{\mathcal{P}}) \mid \mathcal{B}_{\mathcal{P}}) \\ &= \mathrm{E}_P(1_A \mid \mathcal{B}_{\mathcal{P}}) \quad \text{nach der Glättungsregel} \\ &= g \; [P] \qquad\qquad \text{nach 2).} \end{aligned}$$

4. Mit Hilfe der Suffizienz von $\mathcal{B}_2$ definieren wir $g' := \mathrm{E}.(g \mid \mathcal{B}_2) \in \mathcal{L}(\mathcal{B}_2)$.
   Behauptung: g' ist $\mathcal{B}_1 \cap \mathcal{B}_2$-messbar.
   Beweis: Aus der $\mathcal{B}_2$-Messbarkeit von g' und 3. folgt, dass g' auch $\mathcal{B}_1$-messbar ist, denn:

   $$g' = \mathrm{E}_P(g \mid \mathcal{B}_2) = \mathrm{E}_P(h \mid \mathcal{B}_2) = h = g \; [P]$$

   also $g' \in \mathcal{L}(\mathcal{B}_1)$, da $\mathcal{N}_{\mathcal{P}} \subset \mathcal{B}_1$.

5. Behauptung: $g' = \mathrm{E}_P(1_A \mid \mathcal{B}_1 \cap \mathcal{B}_2)$ für alle $P \in \mathcal{P}$.
   Beweis: Sei $P \in \mathcal{P}$. Dann ist für alle $B \in \mathcal{B}_1 \cap \mathcal{B}_2$:

$$\int\limits_B 1_A \, dP = \int\limits_B \mathrm{E}_P(1_A \mid \mathcal{B}_2) \, dP$$

$$= \int\limits_B f_1 \, dP = \int\limits_B \mathrm{E}_P(f_1 \mid \mathcal{B}_1) \, dP$$

$$= \int\limits_B f_2 \, dP = \cdots$$

$$= \int\limits_B f_k \, dP \text{ für alle } k \in \mathbb{N}.$$

Damit ist für alle $P \in \mathcal{P}$:

$$\int\limits_B 1_A \, dP = \int\limits_B \frac{1}{n} \sum_{k=1}^{n-1} f_{2k} \, dP \;\longrightarrow\; \int\limits_B g \, dP = \int\limits_B g' \, dP \text{ in } \mathrm{L}^2.$$

Das ist gerade die Radon-Nikodým-Gleichung für g'.

Damit erhalten wir schließlich, dass $\mathcal{B}_1 \cap \mathcal{B}_2$ suffizient für $\mathcal{P}$ ist. $\square$

Im Folgenden werden wir eine Bedingung formulieren, unter der Ober-σ-Algebren von suffizienten σ-Algebren wieder suffizient sind. Als Hilfsmittel benötigen wir die folgende explizite Formel für bedingte Erwartungswerte.

Lemma 4.1.8
Sei $(C_i)_{1 \leq i \leq N \leq \infty}$ eine disjunkte $\mathcal{A}$-messbare Zerlegung von $\mathfrak{X}$ und $\mathcal{B} \subset \mathcal{A}$ eine Unter-σ-Algebra von $\mathcal{A}$. Definiere $\mathfrak{C} := \sigma(C_i;\ i \leq N)$. Dann gilt für alle $f \in \mathcal{L}^1(\mathcal{A}, P) \cup \mathcal{L}_+(\mathfrak{X}, \mathcal{A})$

$$\mathrm{E}_P(f \mid \mathcal{B} \vee \mathfrak{C}) = \sum_{k=1}^{N} 1_{C_k} \frac{\mathrm{E}_P(f 1_{C_k} \mid \mathcal{B})}{\mathrm{E}_P(1_{C_k} \mid \mathcal{B})} \ [P].$$

Beweis: Das System $\{B \cap C_i;\ i \leq N,\ B \in \mathcal{B}\}$ ist ein $\cap$-stabiler Erzeuger von $\mathcal{B} \vee \mathfrak{C}$. Für Mengen dieser Form gilt:

$$\int\limits_{C_i \cap B} \mathrm{E}_P(f 1_{C_i} \mid \mathcal{B}) \, dP = \int\limits_B \mathrm{E}_P(f 1_{C_i} \mid \mathcal{B}) \, P(C_i \mid \mathcal{B}) \, dP.$$

Daraus erhält man:

$$\text{Ist } P(C_i \mid \mathcal{B}) = 0 \implies \mathrm{E}_P(f 1_{C_i} \mid \mathcal{B}) = 0 \ [P].$$

Definiert man $\frac{0}{0} := 0$ so folgt:

$$\int_{C_i \cap B} f \, dP = \int_B f 1_{C_i} \, dP$$

$$= \int_B \frac{E_P(f 1_{C_i} \mid \mathcal{B}) P(C_i \mid \mathcal{B})}{P(C_i \mid \mathcal{B})} \, dP$$

$$= \int_B 1_{C_i} \frac{E_P(f 1_{C_i} \mid \mathcal{B})}{P(C_i \mid \mathcal{B})} \, dP = \int_{C_1 \cap B} \frac{E_P(f 1_{C_i} \mid \mathcal{B})}{P(C_i \mid \mathcal{B})} \, dP.$$

Das ist die Radon-Nikodým-Gleichung.   □

Satz 4.1.9 (Suffizienz von erweiterten σ-Algebren)
Sei $\mathcal{B} \subset \mathcal{A}$ suffizient und $\mathfrak{C} \subset \mathcal{A}$ eine abzählbar erzeugte σ-Algebra.
Dann ist $\mathcal{B} \vee \mathfrak{C}$ suffizient.

Beweis:

1. Sei $\mathfrak{C}$ endlich erzeugt, etwa $\mathfrak{C} = \sigma(C_i; 1 \leq i \leq N)$ mit $N \in \mathbb{N}$, wobei die C_i ohne Einschränkung paarweise disjunkt seien und $\mathfrak{X} = \cup_{i=1}^N C_i$ gelte. Für alle $A \in \mathcal{A}$ und $k \in \mathbb{N}$ existieren nach Voraussetzung die von $P \in \mathcal{P}$ unabhängigen Versionen des bedingten Erwartungswerts $E_{\bullet}(1_{A \cap C_k} \mid \mathcal{B}) = P_{\bullet}(A \cap C_k \mid \mathcal{B})$ und $E_{\bullet}(1_{C_k} \mid \mathcal{B}) = P_{\bullet}(C_k \mid \mathcal{B})$. Definiere damit:

$$f_A := \sum_{k=1}^N 1_{C_k} \frac{P_{\bullet}(A \cap C_k \mid \mathcal{B})}{P_{\bullet}(C_k \mid \mathcal{B})} \quad [P].$$

   Dann ist f_A $\mathcal{B} \vee \mathfrak{C}$-messbar und nach Lemma 4.1.8 ist

$$f_A = P(A \mid \mathcal{B} \vee \mathfrak{C}) \quad [P]$$

   für alle $P \in \mathcal{P}$. Folglich ist $\mathcal{B} \vee \mathfrak{C}$ suffizient.

2. Sei $\mathfrak{C}$ abzählbar erzeugt, etwa $\mathfrak{C} = \sigma(C_i; i \in \mathbb{N})$. $\mathfrak{C}$ heißt dann separabel. Definiere für alle $n \in \mathbb{N}$: $\mathfrak{C}_n := \sigma(C_1, \ldots, C_n)$. Mit 1. folgt, dass $\mathcal{B} \vee \mathfrak{C}_n$ suffizient ist für alle $n \in \mathbb{N}$. Nach Satz 4.1.5 ist dann auch die von $\mathcal{B} \vee \mathfrak{C}_n$ erzeugte σ-Algebra $\mathcal{B} \vee \mathfrak{C}$ suffizient.   □

Bemerkung 4.1.10 (Suffizienz von separablen Ober-σ-Algebren)
a) Sei $\mathcal{B} \subset \mathfrak{C} \subset \mathcal{A}$ und $\mathcal{B}$ suffizient. Ist $\mathfrak{C}$ abzählbar erzeugt, so ist $\mathfrak{C}$ suffizient, da dann gilt:

$$\mathfrak{C} = \mathcal{B} \vee \mathfrak{C}.$$

Das heißt: Separable Ober-σ-Algebren von suffizienten σ-Algebren sind suffizient.

b) Ist $\mathcal{A}$ separabel und $\mathcal{B} \subset \mathcal{A}$, dann folgt i.A. nicht, dass $\mathcal{B}$ separabel ist.

Ein Beispiel hierzu ist $\mathcal{A} = \mathbb{B}$, die Borelsche σ-Algebra und $\mathcal{B} = \sigma(\{x\}; x \in \mathbb{R}^1) \subset \mathcal{B}$, die von den Einpunktmengen erzeugte nicht separable σ-Algebra $\mathcal{B}$.

c) Es gilt aber die folgende Aussage (vgl. Heyer (1973)):

Sei $\mathcal{A}$ separabel und $\mathcal{B} \subset \mathcal{A}$, $\mathcal{B}$ suffizient. Dann existiert eine separable Unter-σ-Algebra $\mathfrak{C} \subset \mathcal{A}$, so dass $\mathfrak{C}$ suffizient ist und $\mathfrak{C} \subset \mathcal{B} \subset \mathfrak{C} \cup \mathcal{N}_{\mathcal{P}}$.

Das heißt: $\mathfrak{C}$ approximiert $\mathcal{B}$ bis auf Nullmengen.

Für dominierte Verteilungsklassen $\mathcal{P}$ geben der folgende Satz von Halmos-Savage und der Satz von Neyman ein einfaches Suffizienzkriterium, das sich in Beispielklassen in einfacher Form anwenden lässt. Für den Beweis und die Formulierung des Satzes von Halmos-Savage ist das Dominiertheitskriterium aus Proposition 3.1.7 wichtig. Es besagt, dass zu einem dominierten Modell $\mathcal{P}$ ein Element P^* in der σ-konvexen Hülle von $\mathcal{P}$ existiert, $P^* \in \mathrm{co}_\sigma(\mathcal{P})$, so dass $\mathcal{P} \sim P^*$.

Satz 4.1.11 (Halmos-Savage)

Sei $\mathcal{P}$ dominiert und $P^* \in \mathrm{co}_\sigma(\mathcal{P})$ mit $\mathcal{P} \sim P^*$. Dann gilt für jede Unter-σ-Algebra $\mathcal{B} \subset \mathcal{A}$:

$\mathcal{B}$ ist suffizient für $\mathcal{P}$

$$\Longleftrightarrow \text{ Für alle } P \in \mathcal{P} \text{ existiert } f_P \in \mathcal{L}(\mathfrak{X}, \mathcal{B}) \text{ mit } f_P = \frac{dP}{dP^*} \ [P^*].$$

Beweis:

"$\Leftarrow$": Wir zeigen: Für alle $A \in \mathcal{A}$ und $P \in \mathcal{P}$ ist $P^*(A \mid \mathcal{B}) = P(A \mid \mathcal{B})$ $[P]$.

Dieses folgt aus folgender Gleichungskette. Für alle $A \in \mathcal{A}$, $P \in \mathcal{P}$ und $B \in \mathcal{B}$ ist

$$\int_B 1_A \, dP = \int_B 1_A \, f_P \, dP^*$$

$$= \int_B P^*(A \mid \mathcal{B}) \, f_P \, dP^* \qquad \text{Radon-Nikodým-Gleichung}$$

$$= \int_B P^*(A \mid \mathcal{B}) \, dP.$$

Das ist die Radon-Nikodým-Gleichung für P. Also ist $\mathcal{B}$ suffizient für $\mathcal{P}$.

"$\Rightarrow$": Sei $\mathcal{B}$ suffizient für $\mathcal{P}$. Dann existiert für alle $A \in \mathcal{A}$, $P \in \mathcal{P}$ eine von P unabhängige Funktion $f_A \in \mathcal{L}(\mathfrak{X}, \mathcal{B})$, so dass $f_A = P(A \mid \mathcal{B})$. Mit $P^* = \sum_{n=1}^{\infty} \alpha_n P_n \sim \mathcal{P}$, gilt für alle $B \in \mathcal{B}$:

$$P^*(A \cap B) = \sum_{n=1}^{\infty} \alpha_n \int_B 1_A \, dP_n$$

$$= \sum_{n=1}^{\infty} \alpha_n \int_B f_A \, dP_n = \int_B f_A \, dP^*.$$

Nach Radon-Nikodým ist also $f_A = P^*(A \mid \mathcal{B})$ $[P^*]$, und damit auch P fast sicher. Für alle $P \in \mathcal{P}$ folgt:

$$P(A) = \int f_A \, dP = \int P^*(A \mid \mathcal{B}) \, dP|_{\mathcal{B}} .$$

Definiere $f_P := \frac{dP|_{\mathcal{B}}}{dP^*|_{\mathcal{B}}} \in \mathcal{L}(\mathfrak{X}, \mathcal{B})$. Wir zeigen, dass $f_P = \frac{dP}{dP^*}$ $[P^*]$. Für alle $A \in \mathcal{A}$ gilt:

$$\begin{aligned}
P(A) &= \int P^*(A \mid \mathcal{B}) f_P \, dP^*|_{\mathcal{B}} \\
&= \int P^*(A \mid \mathcal{B}) f_P \, dP^* \qquad \text{da } P^*(A|\mathcal{B}) f_P \in \mathcal{L}(\mathfrak{X}, \mathcal{B}) \\
&= \int_A f_P \, dP^* \qquad\qquad \text{nach Radon-Nikodým.}
\end{aligned}$$

Damit ist f_P eine $\mathcal{B}$-messbare Radon-Nikodým-Ableitung von P bzgl. P^*. Das ist die Behauptung. $\qquad\square$

Für die Rückrichtung geben wir mit Hilfe der folgenden auch im weiteren nützlichen Formel für bedingte Erwartungswerte einen alternativen Beweis. Die Formel zeigt, wie bedingte Erwartungswerte bzgl. eines Maßes Q auf solche bzgl. eines anderen Maßes P zurückgeführt werden können.

Lemma 4.1.12
Für $Q, P \in M^1(\mathfrak{X}, \mathcal{A})$, mit $Q \ll P$ sei $L := \frac{dQ}{dP} \in \mathcal{L}(\mathfrak{X}, \mathcal{B})$ der Dichtequotient. Dann gilt für alle $f \in \mathcal{L}_+(\mathfrak{X}, \mathcal{A})$:

$$E_Q(f \mid \mathcal{B}) = \begin{cases} \dfrac{E_P(fL \mid \mathcal{B})}{E_P(L \mid \mathcal{B})}, & \textit{falls } E_P(L \mid \mathcal{B}) > 0, \\[2mm] 0, & \textit{sonst.} \end{cases}$$

Beweis: Da $L \in \mathcal{L}(\mathfrak{X}, \mathcal{B})$ ist, gilt: $\{E_P(L \mid \mathcal{B}) = 0\} \subset \{E_P(fL \mid \mathcal{B}) = 0\}$. Damit ergibt sich für alle $B \in \mathcal{B}$:

$$\int_B \frac{E_P(fL \mid \mathcal{B})}{E_P(L \mid \mathcal{B})} \, dQ = \int_B \frac{E_P(fL \mid \mathcal{B})}{E_P(L \mid \mathcal{B})} \, L \, dP$$

$$= \int_B E_P(fL \mid \mathcal{B}) \, dP = \int_B fL \, dP = \int_B f \, dQ.$$

Das ist die Radon-Nikodým-Gleichung für Q und es folgt die Behauptung. $\square$

Bemerkung 4.1.13
Mit Lemma 4.1.12 ergibt sich folgender Beweis für die Rückrichtung "$\Leftarrow$" von Satz 4.1.11:
Nach Voraussetzung der Dominiertheit von $\mathcal{P}$ ist $P \ll P^*$.
Sei $L := \frac{dP}{dP^*} \in \mathcal{L}(\mathfrak{X}, \mathcal{B})$. Mit obigem Lemma erhält man:

$$E_P(f \mid \mathcal{B}) = \frac{E_{P^*}(fL \mid \mathcal{B})}{E_{P^*}(L \mid \mathcal{B})} = E_{P^*}(f \mid \mathcal{B}) \quad [P]$$

und damit die Suffizienz von $\mathcal{B}$.

Im dominierten Fall lassen sich nun alle intuitiv naheliegenden Eigenschaften des Suffizienzbegriffs (vgl. z.B. Sätze 4.1.5, 4.1.7 und 4.1.9 mit dem Halmos-Savage-Kriterium) recht mühelos zeigen. Insbesondere gilt hierfür auch generell, dass Vergrößerungen von suffizienten σ-Algebren wieder suffizient sind.

Korollar 4.1.14 (Suffizienz und Dominiertheit)
In dem statistischen Experiment $(\mathfrak{X}, \mathcal{A}, \mathcal{P})$ sei $\mathcal{P}$ dominiert. Dann gilt:

a) Ist eine Unter-σ-Algebra $\mathcal{B} \subset \mathcal{A}$ suffizient, dann ist jede erweiterte σ-Algebra $\mathcal{B}'$ mit $\mathcal{B} \subset \mathcal{B}' \subset \mathcal{A}$ suffizient.

b) Sind $\mathcal{B}_1$ und $\mathcal{B}_2$ suffiziente σ-Algebren und ist $\mathcal{N}_\mathcal{P} \subset \mathcal{B}_1$. Dann ist auch $\mathcal{B}_1 \cap \mathcal{B}_2$ suffizient.

c) Für die Unter-σ-Algebra $\mathcal{B} \subset \mathcal{A}$ gilt:

> *$\mathcal{B}$ ist suffizient für $\mathcal{P}$*
>> *$\Leftrightarrow \mathcal{B}$ ist **paarweise suffizient**, das heißt für alle $P, Q \in \mathcal{P}$*
>> *ist $\mathcal{B}$ suffizient für $\{P, Q\}$.*

d) Sei auch $\mathcal{P}'$ in $(\mathfrak{X}', \mathcal{A}', \mathcal{P}')$ dominiert. Ist $\mathcal{B} \subset \mathcal{A}$ suffizient für $\mathcal{P}$ und $\mathcal{B}' \subset \mathcal{A}'$ suffizient für $\mathcal{P}'$, so ist auch $\mathcal{B} \otimes \mathcal{B}'$ suffizient für $\mathcal{P} \otimes \mathcal{P}' := \{P \otimes P'; P \in \mathcal{P}, P' \in \mathcal{P}'\}$.

Beweis:

a) Zu $P \in \mathcal{P}$ existiert nach dem Satz 4.1.11 von Halmos-Savage eine $\mathcal{B}$-messbare Dichte

$$f_P = \frac{dP}{dP^*} \in \mathcal{L}(\mathfrak{X}, \mathcal{B}) \subset \mathcal{L}(\mathfrak{X}, \mathcal{B}').$$

Wieder nach Halmos-Savage ist also $\mathcal{B}'$ suffizient.

b) Nach Halmos-Savage existieren zu $P \in \mathcal{P}$ eine $\mathcal{B}_2$-messbare Dichte $f_P \in \mathcal{L}(\mathfrak{X}, \mathcal{B}_1)$ und eine $\mathcal{B}_1$-messbare Dichte $h_P \in \mathcal{L}(\mathfrak{X}, \mathcal{B}_2)$, so dass

$$f_P = \frac{dP}{dP^*} = h_P \ [P^*].$$

Wegen $\mathcal{N}_{P^*} = \mathcal{N}_{\mathcal{P}} \subset \mathcal{B}_1$ folgt $h_P = f_P 1_{N^c} + h_P 1_N$ mit $N \in \mathcal{B}^1$, so dass $P^*(N) = 0$ und $f_P 1_{N^c} \in \mathcal{L}(\mathcal{B}_1)$, $h_P 1_N \in \mathcal{L}(\mathcal{B}_1 \cup \mathcal{N}_{\mathcal{P}}) = \mathcal{L}(\mathcal{B}_1)$ und damit $h_P \in \mathcal{L}(\mathfrak{X}, \mathcal{B}_1 \cap \mathcal{B}_2)$. Nach dem Satz von Halmos-Savage folgt daher die Suffizienz von $\mathcal{B}_1 \cap \mathcal{B}_2$.

c) "$\Rightarrow$": klar nach Definition

"$\Leftarrow$": 1. Behauptung: Für alle $P \in \mathcal{P}$ ist $\mathcal{B}$ suffizient für $\{P, P^*\}$.
Beweis: Sei $P^* = \sum_{n=1}^{\infty} \alpha_n P_n$, wobei für alle $n \in \mathbb{N}$, $P_n \in \mathcal{P}$ und $\alpha_n > 0$ mit $\sum_{n=1}^{\infty} \alpha_n = 1$. Nach Voraussetzung ist $\mathcal{B}$ suffizient für die Paare $\{P, P_n\}$, $n \in \mathbb{N}$. Es existiert also für alle $A \in \mathcal{A}$ und $P \in \mathcal{P}$

$$\widetilde{f}_A^n = \widetilde{f}_{A,P}^n = \begin{cases} P(A \mid \mathcal{B}) \ [P] \\ P_n(A \mid \mathcal{B}) \ [P_n] \end{cases}$$

Definiere $f_A^* := \sum_{j=1}^{\infty} \alpha_j h_j \widetilde{f}_A^j$ mit $h_j := \mathbb{E}_{P^*} \left(\frac{dP_j}{dP^*} \mid \mathcal{B} \right)$. Die Definition von f_A^* hängt von P ab. Für $j \neq i$ gilt

$$\widetilde{f}_A^j = \widetilde{f}_A^i \ [P],$$

da beide Seiten gleich $P(A|\mathcal{B})$ sind. Daraus folgt

$$f_A^* = \sum_{j=1}^{\infty} \alpha_j h_j \widetilde{f}_A^j = P(A \mid \mathcal{B}) \ [P],$$

$$\text{da} \ \sum_{j=1}^{\infty} \alpha_j h_j = 1 \ [P^*] \ \text{ also auch } P\text{-f.s.}$$

Weiterhin gilt für $B \in \mathcal{B}$:

$$\int\limits_B f_A^* \, dP^* = \sum_{j=1}^{\infty} \alpha_j \int\limits_B \tilde{f}_A^j h_j \, dP^*$$

$$= \sum_{j=1}^{\infty} \alpha_j \int\limits_B \tilde{f}_A^j \, dP_j$$

$$= \sum_{j=1}^{\infty} \alpha_j \int\limits_B 1_A \, dP_j$$

$$= \int\limits_B 1_A \, dP^*.$$

Damit ist nach Radon-Nikodým

$$f_A^* = P^*(A \mid \mathcal{B}) \; [P^*].$$

Also ist f_A^* eine Version der bedingten Wahrscheinlichkeit für das Paar P, P^* und $\mathcal{B}$ ist suffizient für $\{P, P^*\}$ für alle $P \in \mathcal{P}$.

2. Sei nun $\tilde{f}_A$ eine Version von $P^*(A \mid \mathcal{B})$, d.h. $\tilde{f}_A = \mathrm{E}_{P^*}(1_A \mid \mathcal{B}) \; [P^*]$. Dann ist $\tilde{f}_A = f_A^* \; [P^*]$, also auch P f.s. für alle $P \in \mathcal{P}$. Aus 1. folgt, dass auch $\tilde{f}_A = f_A^* = P(A \mid \mathcal{B}) \; [P]$ für alle $P \in \mathcal{P}$. Damit ist $\mathcal{B}$ suffizient für $\mathcal{P}$.

d) Sei $\mathcal{P} \sim P^*$ und $\mathcal{P}' \sim P'^*$. Dann ist $\mathcal{P} \otimes \mathcal{P}' \sim P^* \otimes P'^*$ und es gilt:

$$\frac{dP \otimes P'}{dP^* \otimes Q^*} = \underbrace{\frac{dP}{dP^*}}_{\in \mathcal{L}(\mathfrak{X}, \mathcal{B})} \underbrace{\frac{dP'}{dQ^*}}_{\in \mathcal{L}(\mathfrak{X}', \mathcal{B}')} \in \mathcal{L}(\mathfrak{X} \otimes \mathfrak{X}', \mathcal{B} \otimes \mathcal{B}').$$

Damit ist $\mathcal{B} \otimes \mathcal{B}'$ suffizient für $\mathcal{P} \otimes \mathcal{P}'$. $\square$

Die Anwendung des Halmos-Savage-Kriteriums hängt von dem i. A. nicht bekannten äquivalenten Maß $P^* \in \mathrm{co}_\sigma(\mathcal{P})$ ab. Eine praktische Variante von Halmos-Savage ist das folgende Neyman-Kriterium.

Satz 4.1.15 (Neyman-Kriterium)
Sei $\mathcal{P} \ll \mu$ und $\mathcal{B} \subset \mathcal{A}$ eine Unter-σ-Algebra. Dann gilt:

a) $\mathcal{B}$ *ist suffizient für* $\mathcal{P}$

  $\Leftrightarrow$ *Es existieren* $h : (\mathfrak{X}, \mathcal{A}) \to (\mathbb{R}^+, \mathbb{B}^+)$ *und für alle* $P \in \mathcal{P}$, $f_P : (\mathfrak{X}, \mathcal{B}) \to (\mathbb{R}^+, \mathbb{B}^+)$, *so dass*

$$\frac{dP}{d\mu}(x) = f_P(x) \, h(x) \; [\mu].$$

b) $T : (\mathfrak{X}, \mathcal{A}) \to (\mathcal{Y}, \mathfrak{C})$ *ist suffizient für* $\mathcal{P}$

$\Leftrightarrow$ *Es existieren* $h : (\mathfrak{X}, \mathcal{A}) \to (\mathbb{R}^+, \mathbb{B}^+)$ *und für alle* $P \in \mathcal{P}$, $f_P : (\mathcal{Y}, \mathfrak{C}) \to (\mathbb{R}^+, \mathbb{B}^+)$, *so dass*

$$\frac{dP}{d\mu}(x) = f_P(T(x))\, h(x)\ [\mu].$$

Beweis:

b) Folgt aus a) mit dem Faktorisierungssatz für $\mathcal{B} = \sigma(T)$.

a) Sei $P^* = \sum_{n=1}^{\infty} \alpha_n P_n \in \mathrm{co}_\sigma(\mathcal{P})$ mit $P^* \sim \mathcal{P}$.

"$\Rightarrow$": Da $P \ll P^* \ll \mu$ ist, gilt $\frac{dP}{d\mu} = \frac{dP}{dP^*}\frac{dP^*}{d\mu}$. Nach Halmos-Savage existiert $f_P \in \mathcal{L}(\mathfrak{X}, \mathcal{B})$ so dass $f_P = \frac{dP}{dP^*}$. Mit $h := \frac{dP^*}{d\mu}$ folgt die Behauptung.

"$\Leftarrow$": Nach Voraussetzung ist $P = f_P h\,\mu$ mit $f_P \in \mathcal{L}^+(\mathfrak{X}, \mathcal{B})$ für alle $P \in \mathcal{P}$, und damit

$$P^* = \sum_{n=1}^{\infty} \alpha_n f_{P_n} h\,\mu.$$

Daraus folgt

$$f_P P^* = f_P \left(\sum_{n=1}^{\infty} \alpha_n f_{P_n} h\right) \mu = \sum_{n=1}^{\infty} \alpha_n f_{P_n} P$$

$$= \left(\sum \alpha_n f_{P_n}\right) f_P P^*.$$

Und daraus folgt

$$\{f_P = 0\} \supset \left\{\sum_{n=1}^{\infty} \alpha_n f_{P_n} = 0\right\}\ [P^*].$$

Da $\frac{dP^*}{d\mu} > 0$ $[P^*]$, folgt $\sum \alpha_n f_{P_n} > 0$ $[P^*]$. Damit ergibt sich nach obiger Beziehungskette

$$P = \frac{f_P}{\sum_{n=1}^{\infty} \alpha_n f_{P_n}} P^*.$$

Nach dem Satz von Halmos-Savage folgt die Suffizienz von $\mathcal{B}$, da $\frac{f_P}{\sum \alpha_n f_{P_n}} \in \mathcal{L}_+(\mathcal{B})$. $\qquad\qquad\square$

Beispiel 4.1.16 (Anwendung des Neyman-Kriteriums)

a) Bernoulliexperiment:

Sei $\mathcal{P} = \{P_\vartheta;\ \vartheta \in \Theta\}$, $(\mathfrak{X}, \mathcal{A}) = (\{0,1\}^n, \mathcal{P}(\{0,1\}^n))$, *und* $P_\vartheta = \bigotimes_{i=1}^{n} \mathcal{B}(1, \vartheta)$ *für alle* $\vartheta \in \Theta := (0,1)$. *Ist* μ *das Zählmaß auf* $\mathfrak{X}$, *so gilt* $\mathcal{P} \ll \mu$ *und*

$$\frac{dP_\vartheta}{d\mu}(x) = f_\vartheta(x) = \prod_{i=1}^{n} \vartheta^{x_i}(1-\vartheta)^{1-x_i} = \vartheta^{\sum_{i=1}^n x_i}(1-\vartheta)^{n-\sum_{i=1}^n x_i} = g_\vartheta(T(x)),$$

mit $T(x) := \sum_{i=1}^{n} x_i$. *Nach dem Neyman-Kriterium, Satz 4.1.15, ist T suffizient.*

Binomialexperiment:
Ebenso gilt für $(\mathfrak{X}, \mathcal{A}) = (\{0, \ldots, k\}^n, \mathcal{P}(\{0, \ldots, k\}^n))$, $P_\vartheta = \mathcal{B}(k, \vartheta)^n$:

$$f_\vartheta(x) = \left(\prod_{i=1}^{n} \binom{k}{x_i} \right) \vartheta^{\sum_{i=1}^{n} x_i} (1-\vartheta)^{nk - \sum_{i=1}^{n} x_i} = g_\vartheta(T(x))\, h(x).$$

Also ist auch in diesem Fall $T(x) = \sum_{i=1}^{n} x_i$ suffizient.

b) Normalverteilungsmodelle:
Sei $(\mathfrak{X}, \mathcal{A}) = (\mathbb{R}^n, \mathbb{B}^n)$, für alle $\vartheta = (\mu, \sigma^2) \in \Theta = \mathbb{R} \times (0, \infty)$ sei $P_\vartheta = \bigotimes_{i=1}^{n} N(\mu, \sigma^2)$ und $\mathcal{P} = \{P_\vartheta; \vartheta \in \Theta\}$. Ist $\nu = \lambda^n$, so gilt $\mathcal{P} \ll \nu$ und

$$f_\vartheta(x) = \frac{dP_\vartheta}{d\nu}(x) = \prod_{i=1}^{n} \varphi_\vartheta(x_i)$$

$$= \frac{1}{(\sqrt{2\pi\sigma^2})^n} \exp\left(-\frac{1}{2\sigma^2} \sum_{i=1}^{n} (x_i - \mu)^2 \right)$$

$$= \frac{1}{(\sqrt{2\pi\sigma^2})^n} \exp\left(-\frac{n\mu^2}{2\sigma^2} \right) \exp\left(-\frac{1}{2\sigma^2} \sum_{i=1}^{n} x_i^2 + \frac{\mu}{\sigma^2} \sum_{i=1}^{n} x_i \right),$$

wobei φ_ϑ die Dichte der (μ, σ^2)-Normalverteilung sei, also $\varphi_\vartheta \lambda = N(\mu, \sigma^2)$. Nach dem Neyman-Kriterium, Satz 4.1.15, folgt, dass

$$T(x) := \left(\sum_{i=1}^{n} x_i^2, \sum_{i=1}^{n} x_i \right)$$

suffizient ist.

Ist σ^2 bekannt, also $\Theta = \mathbb{R}$, so ist $T(x) := \sum_{i=1}^{n} x_i$ suffizient.

Ist μ bekannt, und damit $\Theta = (0, \infty)$, so ist $T(x) = \sum_{i=1}^{n} (x_i - \mu)^2$ suffizient.

c) Exponentialfamilie:
Sei $\mathcal{P} = \{P_\vartheta; \vartheta \in \Theta\} \subset M^1(\mathfrak{X}, A)$ eine (k-parametrische) Exponentialfamilie in Q, T, mit μ-Dichten f_ϑ der Form

$$f_\vartheta(x) = \frac{dP_\vartheta}{d\mu} = C(\vartheta)h(x) \exp\left(\sum_{j=1}^{k} Q_j(\vartheta)T_j(x) \right)$$

Dann ist nach dem Neyman-Kriterium, Satz 4.1.15, T suffizient. Das m-fache Produkt $\mathcal{P}^{(m)}$ ist wieder eine Exponentialfamilie und $\sum_{i=1}^{m} T(x_i)$ ist suffizient.

Im Allgemeinen ist es wesentlich einfacher, die Suffizienz einer Statistik mit dem Neyman-Kriterium (Satz 4.1.15) nachzuweisen, als mit dem Satz von

Halmos-Savage (Satz 4.1.11) oder direkt mit der Definition 4.1.1. Ist etwa in Beispiel 4.1.16 b) $\mu = 0$ bekannt, so muss man zunächst einmal $T(x) = \sum_{i=1}^{n} x_i^2$ als Kandidaten für eine suffiziente Statistik "erraten", um dann $P_{\sigma^2}^{X|T(X)=a}$ zu berechnen, um zu sehen, dass die bedingte Verteilung unabhängig von σ^2 ist.

In Beispiel 4.1.16 b) haben wir gesehen, dass das arithmetische Mittel $T(x) = \overline{x}_n = \frac{1}{n} \sum x_i$ suffizient für die Translationsfamilie der Normalverteilung ist. Im Folgenden wollen wir die umgekehrte Fragestellung behandeln: "Für welche Lokationsklassen ist $T(x) = \overline{x}_n$ suffizient?" Es stellt sich auch hier heraus, dass das arithmetische Mittel eng an die Normalverteilungshypothese gekoppelt ist.

Wir benötigen folgenden Satz über die Unabhängigkeit von Linearformen, der hier nicht bewiesen wird. Einen Beweis findet man in Kagan, Linnik und Rao (1973).

Satz 4.1.17 (Unabhängigkeit von Linearformen (Darmois-Skitovich))
Seien $X_1, \ldots, X_n$ reelle stochastisch unabhängige Zufallsvariablen. Seien $a_i, b_i \in \mathbb{R}$ so dass $\sum_{i=1}^{n} a_i X_i$ und $\sum_{i=1}^{n} b_i X_i$ stochastisch unabhängig sind. Dann sind die X_i mit $a_i, b_i \neq 0$ normalverteilt.

Satz 4.1.18 (Suffizienz des arithmetischen Mittels)
Für $P \in \mathrm{M}^1(\mathbb{R}^1, \mathbb{B}^1)$ und $n \geq 2$ sei $\mathcal{P} = \{P_a^{(n)}; \ a \in \mathbb{R}\}$ die von P erzeugte Translationsfamilie. Sei $T(x) = \overline{x}_n = \frac{1}{n} \sum_{i=1}^{n} x_i$, dann gilt:

T *ist suffizient für* $\mathcal{P}$ $\Leftrightarrow$ *Es existieren* $\mu \in \mathbb{R}$ *und* $\sigma^2 \geq 0$ *mit* $P = N(\mu, \sigma^2)$.

Für $\sigma^2 = 0$ ist $P = N(\mu, 0) = \varepsilon_\mu$, das Einpunktmaß in μ.

Beweis:
"$\Leftarrow$": Sei ohne Einschränkung $\mu = 0$.

    i) Ist $\sigma^2 > 0$, so ist T suffizient nach Beispiel 4.1.16 b).

    ii) Ist $\sigma^2 = 0$, so ist $P = \varepsilon_{\{0\}}$ und damit $\mathcal{P} = \{\varepsilon_{a \cdot e}\}$, mit $e = (1, \ldots, 1)$. Für alle $Q \in \mathcal{P}$ gilt $Q(\cdot | T = y) = \varepsilon_{y \cdot e}$. Da dies unabhängig von Q ist, ist T suffizient.

"$\Rightarrow$": Behauptung: $T_1(x) := x_2 - x_1$ und $T(x) = \frac{1}{n}(x_1 + \cdots + x_n)$ sind stochastisch unabhängig.

Dafür ist zu zeigen: Für alle $t, z \in \mathbb{R}$ sind $B := \{x \in \mathbb{R}^n; \ x_2 - x_1 \leq z\}$ und $\{T \leq t\}$ stochastisch unabhängig.

Beweis: Da T suffizient ist, existiert g, so dass $g \circ T = \mathrm{E}_\bullet(1_B | T)$. Für alle $a \in \mathbb{R}$ gilt

$$\big(x \in B \text{ und } T(x) \leq t\big) \ \Leftrightarrow \ \big(x + a \cdot e \in B + a \cdot e \text{ und } T(x + a \cdot e) \leq t + a\big)$$

und weiter

$$x \in B \ \Leftrightarrow \ x + a \cdot e \in B, \text{ d.h. } B = B + a \cdot e.$$

Damit folgt:

$$P^{(n)}(B \cap \{T \le t\}) = P_a^{(n)}((B+a \cdot e) \cap \{T \le t+a\})$$

$$= \int\limits_{\{T \le t+a\}} 1_B \, dP_a^{(n)} = \int\limits_{\{T \le t+a\}} g \circ T \, dP_a^{(n)}$$

$$= \int\limits_{\{T \le t\}} g(T(x) - a) \, dP^{(n)}(x), \qquad \text{Transformationsformel.}$$

Wählt man $a = -T(y)$, $y \in \mathbb{R}^n$, so erhält man mit Fubini:

$$P^{(n)}(B \cap \{T \le t\}) = \int\limits_{\{T \le t\}} \int g(T(x) + T(y)) \, dP^{(n)}(x) \, dP^{(n)}(y)$$

$$= \int\limits_{\{T \le t\}} \int g(T(x) + T(y)) \, dP^{(n)}(y) \, dP^{(n)}(x)$$

$$= \int\limits_{\{T \le t\}} \underbrace{\int g(T(y)) \, dP_{-T(x)}^{(n)}(y)}_{= P_{-T(x)}^{(n)}(B) = P^{(n)}(B+T(x) \cdot e) = P^{(n)}(B)} \, dP^{(n)}(x)$$

$$= P^{(n)}(B) \, P^{(n)}(\{T \le t\}).$$

Also sind die Linearformen T_1 und T unabhängig. Mit dem Satz von Darmois-Skitovich, Satz 4.1.17, folgt die Behauptung für die Komponenten x_1, x_2. Nach Annahme sind aber $\{x_i\}$ unabhängig identisch verteilt. Damit folgt die Behauptung. $\qquad\qquad\square$

Einige Erweiterungen des vorliegenden Resultates sind hauptsächlich im Rahmen von Exponentialfamilien unter Regularitätsannahmen gefunden worden. Wir geben ohne Beweis zwei Resultate zu diesem Themenkreis an. Sei $\mathcal{P} = \{P_\vartheta; \vartheta \in \Theta\} \subset M^1(\mathbb{R}^n, \mathbb{B}^n)$ ein statistisches Modell, $\mathcal{P} \ll \lambda^n$ und Dichten der Form

$$\frac{dP_\vartheta}{d\lambda^n}(x) = \prod_{i=1}^n f_\vartheta(x_i) \, r(x).$$

Definition 4.1.19

a) *Das Modell $\mathcal{P}$ heißt **regulär**, wenn ein Intervall $I \subset \mathbb{R}^1$ existiert, so dass*

1) $f_\vartheta(x) > 0 \Leftrightarrow x \in I, \quad \forall \vartheta \in \Theta$

2) *f_ϑ ist stetig differenzierbar*

b) *Eine Statistik $T : (\mathbb{R}^n, \mathbb{B}^n) \to (Y, \mathcal{B})$ heißt **trivial** in $x \in \mathbb{R}^n$*
$\Leftrightarrow$ Es existiert eine Umgebung $U(x)$ von x, so dass $T|_{U(x)}$ injektiv ist.

*T heißt **nicht trivial***
$\Leftrightarrow$ Für alle x gilt: T ist nicht trivial in x.

Nur nicht triviale Statistiken sind zur Datenreduktion geeignet.

Satz 4.1.20 (Dynkin, Suffizienz und Exponentialfamilie)
Ist $\mathcal{P}$ regulär und gilt für eine nichttriviale Statistik $T : (\mathbb{R}^n, \mathbb{B}^n) \to (Y, \mathcal{B})$:

$$g_\vartheta(x) = \frac{dP_\vartheta}{d\lambda^n}(x) = h_\vartheta \circ T(x)\,\widetilde{r}(x), \quad \vartheta \in \Theta,$$

d.h. T ist suffizient für $\mathcal{P}$, dann gilt:

$$\exists\, r \leq n - 1 : \exists\, \varphi_j : (\mathbb{R}^n, \mathbb{B}^n) \to (\mathbb{R}_+, \mathbb{B}_+), Q_j : \Theta \to \mathbb{R}^1,$$

so dass φ_j stetig differenzierbar sind, $(1, \varphi_1, \ldots, \varphi_r)$ sind f.s. linear unabhängig und

$$g_\vartheta(x) = \exp\left\{ \sum_{j=1}^{r} Q_j(\vartheta)\varphi_j(x) + Q_0(\vartheta) + \varphi_0(x) \right\},$$

d.h. $\mathcal{P}$ ist eine r-parametrische Exponentialfamilie.

Die Suffizienz einer nicht trivialen Statistik in einem regulären Produktmodell impliziert also eine Exponentialfamilie. Eine Erweiterung dieses Resultates auf nicht reguläre Modelle stammt von Denny (1964).

Satz 4.1.21 (Denny)
Sei $\frac{dP_\vartheta}{d\lambda^n}(x) = \prod_{i=1}^{n} f_\vartheta(x_i), \vartheta \in \Theta$ mit f_ϑ stetig und mit einem Intervall I als Träger.
Angenommen, es existiert eine suffiziente, stetige Statistik $T : (\mathbb{R}^n, \mathbb{B}^n) \to (\mathbb{R}^k, \mathbb{B}^k)$ mit $k < n$. Dann folgt:

a) *Für $k = 1$ ist $\mathcal{P}$ eine einparametrische Exponentialfamilie.*

b) *Ist $k > 1$ und f_ϑ stetig differenzierbar, dann ist $\mathcal{P}$ eine s-parametrische Exponentialfamilie mit $s \leq k$.*

Nach der mathematischen Definition der Suffizienz und der Herleitung grundlegender Rechenregeln für die Suffizienz kommen wir nun zu der Aussage, dass der eingeführte Suffizienzbegriff der geeignete Begriff ist, um Datenreduktion ohne Informationsverlust zu beschreiben. Wir benötigen hierfür im Allgemeinen jedoch eine 'leichte' Verschärfung des Suffizienzbegriffs, die 'starke' Suffizienz. In Borelräumen sind die Suffizienzbegriffe identisch. In den folgenden Kapiteln wird sich herausstellen, dass für klassische Entscheidungsprobleme wie Testen und Schätzen der bisherige Suffizienzbegriff ausreichend ist.

Definition 4.1.22 (Starke Suffizienz)
Sei $\mathcal{E} = (\mathfrak{X}, \mathcal{A}, \mathcal{P})$ ein statistisches Experiment.
   *Eine Unter-σ-Algebra $\mathcal{B} \subset \mathcal{A}$ heißt **stark suffizient** für $\mathcal{P}$*
$\Leftrightarrow \exists$ *Markovkern Q von $(\mathfrak{X}, \mathcal{B})$ nach $(\mathfrak{X}, \mathcal{A})$, so dass*

$$Q(\cdot, A) = P(A \mid \mathcal{B})\,[P], \quad \forall P \in \mathcal{P}, \forall A \in \mathcal{A}.$$

Bemerkung 4.1.23

a) Analog definiert man die starke Suffizienz für Statistiken T.

b) Aus der starken Suffizienz ergeben sich die folgenden Faktorisierungen:

$$P = Q \times P|_{\mathcal{B}}, \ \ bzw. \ P = Q_t \times P^T(dt).$$

c) Ist $(\mathfrak{X}, \mathcal{A})$ ein Borelraum, dann gilt mit Markovkernen Q, Q_t unabhängig von $P \in \mathcal{P}$

$$\mathcal{B} \ suffizient \ \Leftrightarrow \mathcal{B} \ stark \ suffizient.$$

Es gilt die folgende zentrale entscheidungstheoretische Interpretation der starken Suffizienz. Für das Entscheidungsproblem $(\mathcal{E}, \Delta, L)$ bezeichnen $\mathcal{D}(\mathfrak{X}, \mathcal{A})$ die randomisierten Entscheidungsfunktionen (EF), d.h. Markovkerne von $(\mathfrak{X}, \mathcal{A})$ nach $(\Delta, \mathcal{A}_\Delta)$, $\mathcal{D}(\mathfrak{X}, \mathcal{B})$ die randomisierten EF von $(\mathfrak{X}, \mathcal{B})$ nach $(\Delta, \mathcal{A}_\Delta)$. Der folgende Satz besagt, dass es zu jeder EF $\delta \in \mathcal{D}(\mathfrak{X}, \mathcal{A})$ eine ebenso gute EF $\widetilde{\delta} \in \mathcal{D}(\mathfrak{X}, \mathcal{B})$ gibt.

Satz 4.1.24 (Entscheidungstheoretisches Reduktionsprinzip)
Sei $(\mathcal{E}, \Delta, L)$ ein Entscheidungsproblem mit $\mathcal{E} = (\mathfrak{X}, \mathcal{A}, \mathcal{P})$, und sei $\mathcal{B} \subset \mathcal{A}$ eine stark suffiziente Unter-σ-Algebra. Dann gilt:

$$\forall \delta \in \mathcal{D}(\mathfrak{X}, \mathcal{A}), \ \exists \widetilde{\delta} \in \mathcal{D}(\mathfrak{X}, \mathcal{B}): \ R(\vartheta, \delta) = R(\vartheta, \widetilde{\delta}), \ \ \forall \vartheta \in \Theta.$$

Beweis: Zu $\delta \in \mathcal{D}(\mathfrak{X}, \mathcal{A})$ definieren wir

$$\widetilde{\delta}(x, A) := \int \delta(y, A) Q(x, dy), \ \ A \in \mathcal{A}_\Delta.$$

Dabei sei Q der Markovkern von $(\mathfrak{X}, \mathcal{B})$ nach $(\Delta, \mathcal{A}_\Delta)$ aus dem starken Suffizienzbegriff, d.h. $P = Q \times P|_{\mathcal{B}}$. Dann ist $\widetilde{\delta}$ ein Markovkern von $(\mathfrak{X}, \mathcal{B})$ nach $(\Delta, \mathcal{A}_\Delta)$ und es gilt:

$$\begin{aligned}
R(\vartheta, \delta) &= \int_{\mathfrak{X}} \int_{\Delta} L(\vartheta, a) \delta(x, da) dP_\vartheta(x) \\
&= \int_{\mathfrak{X}} \int_{\Delta} L(\vartheta, a) \delta(x, da) Q \times P_{\vartheta|_{\mathcal{B}}}(dx) \\
&= \int_{\mathfrak{X}} \int_{\Delta} L(\vartheta, a) \left(\int \delta(y, da) Q(x, dy) \right) P_{\vartheta|_{\mathcal{B}}}(dx) \\
&= \int_{\mathfrak{X}} \int_{\Delta} L(\vartheta, a) \widetilde{\delta}(x, da) P_{\vartheta|_{\mathcal{B}}}(dy) = R(\vartheta, \widetilde{\delta}).
\end{aligned}$$

Also sind δ und $\widetilde{\delta}$ äquivalente EF mit identischer Risikofunktion. $\square$

Damit ist gezeigt, dass stark suffiziente σ-Algebren hinreichend Information für Entscheidungsprobleme besitzen. Im Fall von Borelräumen $(\mathfrak{X}, \mathcal{A})$ ist hierdurch der Suffizienzbegriff entscheidungstheoretisch gut begründet. Für einige Typen von Entscheidungsproblemen, wie z.B. Tests und Schätzer, ist die Suffizienz für ein analoges Resultat generell ausreichend.

4.2 Minimalsuffizienz, Vollständigkeit und Verteilungsfreiheit

Thema dieses Abschnitts ist es, die Begriffe der Minimalsuffizienz, der Vollständigkeit und der Verteilungsfreiheit einzuführen und Beziehungen zwischen diesen zu beschreiben.

A) Minimalsuffizienz
Eine natürliche Frage im Zusammenhang mit dem Suffizienzbegriff ist die nach maximaler Datenreduktion ohne Informationsverlust. Der Begriff der Minimalsuffizienz betrifft dieses Thema. Wir diskutieren die Konstruktion und Existenz von suffizienten σ-Algebren und Statistiken. Im dominierten Fall gibt es, basierend auf dem Satz von Halmos und Savage, einfache Kriterien und Konstruktionsverfahren.

Definition 4.2.1 (Minimalsuffizienz)
a) *Sei die σ-Algebra $\mathcal{T} \subset \mathcal{A}$ suffizient für $\mathcal{P}$. Dann heißt $\mathcal{T}$ **minimalsuffizient**, falls für alle suffizienten σ-Algebren $\mathfrak{C} \subset \mathcal{A}$ gilt: $\mathcal{T} \subset \mathfrak{C} \vee \mathcal{N}_\mathcal{P}$, d.h. $\mathcal{T} \subset \mathfrak{C}$ $[\mathcal{P}]$.*

b) *Sei die Statistik $T : (\mathfrak{X}, \mathcal{A}) \to (\mathfrak{X}', \mathcal{A}')$ suffizient für $\mathcal{P}$. T heißt **minimalsuffizient**, wenn $\sigma(T) \subset U$ eine minimalsuffiziente σ-Algebra ist.*

*T heißt **minimalsuffiziente Statistik**, wenn für alle suffizienten Statistiken $\widehat{T} : (\mathfrak{X}, \mathcal{A}) \to (\mathfrak{X}'', \mathcal{A}'')$ eine (nicht notwendigerweise messbare) Abbildung $h : \mathfrak{X}'' \to \mathfrak{X}'$ existiert, so dass $T = h \circ \widehat{T}$ $[\mathcal{P}]$.*

Bemerkung 4.2.2
1. ***Lemma (Hoffmann-Jørgensen)***
   Seien $\mathfrak{X}$, $\mathcal{Y}$ und $\mathcal{Z}$ Borelräume, $f : \mathfrak{X} \to \mathcal{Y}$ und $g : \mathfrak{X} \to \mathcal{Z}$ messbar. Existiert $\widetilde{h} : \mathcal{Y} \to \mathcal{Z}$, so dass $g = \widetilde{h} \circ f$, so existiert eine messbare Abbildung $h : \mathcal{Y} \to \mathcal{Z}$ mit $g = h \circ f$.

   In diesem Fall kann man in Definition 4.2.1 b) äquivalent auch die Messbarkeit von h verlangen. Aus $T = h \circ \widehat{T}$ folgt dann $\sigma(T) \subset \sigma(\widehat{T})$ $[\mathcal{P}]$.

2. *Im Allgemeinen gilt aber: $\sigma(T)$ minimalsuffizient $\not\Rightarrow$ T minimalsuffiziente Statistik.*

   "$\not\Rightarrow$": Seien $\Omega := \{1, 2\}$, $\mathcal{A} := \{\emptyset, \Omega\}$, $\mathcal{P} := \mathrm{M}^1(\Omega, \mathcal{A})$ und $T = \mathrm{id}_\Omega$. Dann ist $\sigma(T) = T^{-1}(\mathcal{A}) = \mathcal{A}$ minimalsuffizient. Betrachte $\widehat{T} : (\Omega, \mathcal{A}) \to (\mathbb{R}, \mathbb{B})$, $\widehat{T} := c \in \mathbb{R}$. Da $\sigma(\widehat{T}) = \mathcal{A}$ ist $\widehat{T}$ suffizient. Es gibt aber keine

*Funktion h, so dass $T = h \circ \widehat{T}$ [$\mathcal{P}$]. Das heißt, T ist nicht minimalsuffizi-
ente Statistik.*

"$\not\Leftarrow$": Ein Gegenbeispiel findet sich in Heyer (1973, Bsp. 6.8).

*Mit Hilfe des obigen Lemmas von Hoffmann-Jørgensen erhält man für Bo-
relräume die Äquivalenz der beiden Begriffe. Für den dominierten Fall gilt die
Äquivalenz nach folgendem Resultat von Bahadur (1954) für Borelräume.*

Satz 4.2.3 (Äquivalenz im dominierten Fall)
Sei $(\mathfrak{X}, \mathcal{A})$ Borelsch und sei $\mathcal{P} \subset M^1(\mathfrak{X}, \mathcal{A})$ dominiert. Dann gilt:

*1) Es existiert eine minimalsuffiziente σ-Algebra $\mathcal{B} \subset \mathcal{A}$.
$\Leftrightarrow$ Es existiert eine minimalsuffiziente Statistik T.*

*2) Ist T eine minimalsuffiziente Statistik
$\Rightarrow \sigma(T)$ ist minimalsuffizient.*

*3) Ist $T : (\mathfrak{X}, \mathcal{A}) \to (Y, \mathcal{B})$ minimalsuffizient, $(Y, \mathcal{B})$ Borelsch, dann ist T eine
minimalsuffiziente Statistik.*

Im nichtdominierten Fall gibt es für perfekte Maßräume eine Erweiterung
obiger Äquivalenzaussage.

Definition 4.2.4 (Perfekte Maßräume)
*Ein Wahrscheinlichkeitsmaß $P \in M^1(\mathfrak{X}, \mathcal{A})$ heißt **perfekt**, wenn es für alle $f :
(\mathfrak{X}, \mathcal{A}) \to (\mathbb{R}, \mathbb{B})$ und für alle $C \subset \mathbb{R}$ mit $f^{-1}(C) \in \mathcal{A}$ ein $B \in \mathcal{B}$ gibt mit $B \subset C$ so
dass $P(f^{-1}(C) \setminus f^{-1}(B)) = 0$.*

Als Folgerung aus obigem Lemma von Hoffmann-Jørgensen ergibt sich, dass
auf einem Borelraum $(\mathfrak{X}, \mathcal{A})$ alle Wahrscheinlichkeitsmaße perfekt sind.

Proposition 4.2.5
Ist $(\mathfrak{X}, \mathcal{A})$ Borelsch und $P \in M^1(\mathfrak{X}, \mathcal{A})$, dann ist P perfekt.

Beweis: Sei $D = f^{-1}(C) \in \mathcal{A}$ für eine Teilmenge $C \subset \mathbb{R}$. Dann ist $g := 1_D : \mathfrak{X} \to
\mathbb{R}^1$ und $g = 1_D = 1_{f^{-1}(C)} = 1_C \circ f$. Nach dem Lemma von Hoffmann-Jørgensen
existiert daher $h : (\mathbb{R}, \mathbb{B}) \to (\mathbb{R}, \mathbb{B})$ so dass $1_D = h \circ f$. Daraus folgt:

$$D = (h \circ f)^{-1}(\{1\}) = f^{-1}(h^{-1}(\{1\}) \in \sigma(f).$$

Es gilt also sogar, dass für eine reelle Funktion f

$$\delta(f) := f^{-1}(\mathcal{P}(\mathbb{R})) \cap \mathcal{A} = \sigma(f) = f^{-1}(\mathcal{B})$$

ist. $\square$

Satz 4.2.6 (Minimalsuffizienz in perfekten Maßräumen, Rogge (1972))
Sei $\mathcal{P} \subset M^1(\mathfrak{X}, \mathcal{A})$ eine Familie von perfekten Maßen auf $(\mathfrak{X}, \mathcal{A})$, dann gilt

a) *Es existiert eine minimalsuffiziente Unter-σ-Algebra $\mathcal{B} \subset \mathcal{A}$.*
   ⇔ Es existiert eine minimalsuffiziente Statistik T.

b) *Ist T eine minimalsuffiziente Statistik, dann ist $\sigma(T)$ minimalsuffizient.*

Bemerkung 4.2.7
Im Allgemeinen existiert keine minimalsuffiziente σ-Algebra oder Statistik. Ein Beispiel zur σ-Algebra findet man etwa in Heyer (1973, Bsp. 6.5), oder in Landers und Rogge (1972).

Die folgenden Sätze sichern unter Zusatzvoraussetzungen, die Existenz minimalsuffizienter σ-Algebren bzw. Statistiken.

Satz 4.2.8 (Minimalsuffiziente σ-Algebra, dominierter Fall)
Sei $\mathcal{P}$ dominiert. Dann existiert eine minimalsuffiziente σ-Algebra $\mathcal{T}$ für $\mathcal{P}$, nämlich

$$\mathcal{T} := \sigma(f_P; \ P \in \mathcal{P}), \ \textit{wobei } f_P := \frac{dP}{dP^*} \ \textit{mit } P^* \in \text{co}_\sigma(\mathcal{P}), P^* \sim \mathcal{P}.$$

Beweis: Nach Satz 4.1.11 von Halmos-Savage ist $\mathcal{T}$ suffizient für $\mathcal{P}$. Ist auch $\mathfrak{C}$ suffizient für $\mathcal{P}$, so existiert nach Satz 4.1.11 eine Funktion $g_P \in \mathcal{L}(\mathfrak{C})$, so dass $g_P = \frac{dP}{dP^*} \ [P^*]$.

Damit gilt $\mathfrak{C} \supset \sigma(g_P; \ P \in \mathcal{P})$.

Da $g_P = f_P \ [P^*]$ folgt $\mathcal{T} \subset \mathfrak{C} \vee \mathcal{N}_\mathcal{P}$. Also ist $\mathcal{T}$ minimalsuffizient. $\qquad\square$

Satz 4.2.9 (Minimalsuffiziente Statistik)
Sei d_1 die Totalvariationsmetrik und $(\mathcal{P}, d_1)$ separabel. Dann existiert eine minimalsuffiziente Statistik T für $\mathcal{P}$.

Die Statistik $R^* : \mathfrak{X} \to \mathbb{R}^\mathbb{N}$, $R^* := (f_i)_{i \in \mathbb{N}}$, wobei $f_i := \frac{dP_i}{dP^*}$ mit $(P_i)_{i \in \mathbb{N}}$ dicht in $\mathcal{P}$ und $P^* := \sum_{i=1}^\infty \frac{1}{2^i} P_i \sim \mathcal{P}$ ist eine minimalsuffiziente Statistik.

Beweis:
1. Behauptung: Ist $\mathcal{T}$ suffizient für $\mathcal{P}$, so ist $\mathcal{T}$ auch suffizient für $\overline{\text{co}\,\mathcal{P}}^w$;
   der Abschluss ist bzgl. der Topologie der schwachen Konvergenz, d.h. in der gröbsten Topologie, so dass alle Abbildungen $P \to P(A)$ mit $A \in \mathcal{A}$ stetig sind. Beweis: Da $\mathcal{T}$ auch für die konvexe Hülle von $\mathcal{P}$ suffizient ist, können wir ohne Einschränkung annehmen, dass $\mathcal{P}$ konvex ist. Nach Voraussetzung existiert $\forall A \in \mathcal{A} : f_A = \text{E}_\bullet(1_A \mid \mathcal{T})_\mathcal{P}$. Für alle $Q \in \overline{\mathcal{P}}^w$ existiert ein Netz $(P_\alpha) \subset \mathcal{P}$ mit $P_\alpha \overset{w}{\to} Q$. Für alle $B \in \mathcal{T}$ ergibt sich also:

$$\int_B f \, dQ \leftarrow \int_B f \, dP_\alpha = P_\alpha(A \cap B) \to Q(A \cap B) = \int_B \text{E}_Q(1_A \mid \mathcal{T}) \, dQ.$$

Damit ist die Radon-Nikodým-Gleichung erfüllt; es ist also $\text{E}_Q(1_A \mid \mathcal{T}) = f_A \ [Q]$. Daraus folgt die Suffizienz von $\mathcal{T}$ für $\overline{\mathcal{P}}^w$.

2. Sei $(P_i;\ i \in \mathbb{N})$ dicht in $\mathcal{P}$, $P^* = \sum_{i=1}^{\infty} \frac{1}{2^i} P_i \sim \mathcal{P}$ und $f_i = \frac{dP_i}{dP^*}$. Dann folgt für $R^* = (f_i)_{i \in \mathbb{N}} : (\mathfrak{X}, \mathcal{A}) \to (\mathbb{R}^{\mathbb{N}}, \mathbb{B}^{\mathbb{N}})$ nach Satz 4.2.8, dass $\sigma(R^*) = \sigma(f_i;\ i \in \mathbb{N})$ suffizient für $(P_i;\ i \in \mathbb{N})$ ist. Nach 1. ist $\sigma(R^*)$ damit auch suffizient für $\overline{co(P_i;\ i \in \mathbb{N})}^w \supset \overline{co(P_i;\ i \in \mathbb{N})}^{d_1} \supset \mathcal{P}$.

3. Behauptung: R^* ist eine minimalsuffiziente Statistik für $\mathcal{P}$.
   Beweis: Sei T suffizient. Nach Satz 4.1.11 von Halmos-Savage existiert für alle $P \in \mathcal{P}$ eine Funktion h_P, so dass $\frac{dP}{dP^*} = h_P \circ T$. Daraus folgt $f_i = h_{P_i} \circ T \ [P^*]$ für alle $i \in \mathbb{N}$ und damit $R^* = (f_i)_{i \in \mathbb{N}} = (h_{P_i} \circ T) = h \circ T \ [P^*]$ mit $h := (h_{P_i})$. Somit ist R^* minimalsuffizient für $\mathcal{P}$. $\qquad\square$

Die Voraussetzung von Satz 4.2.9, dass $(\mathcal{P}, d_1)$ separabel ist, ist insbesondere erfüllt, wenn $\mathcal{P}$ dominiert und $\mathcal{A}$ eine separable σ-Algebra ist. Eine konstruktive Version von Satz 4.2.9 enthält das folgende Korollar.

Korollar 4.2.10
Sei $\mathcal{P} = \{P_\vartheta;\ \vartheta \in \Theta\} \ll \mu$, $f_\vartheta := \frac{dP_\vartheta}{d\mu}$ für alle $\vartheta \in \Theta \subset \mathbb{R}^k$ und sei $\vartheta \to f_\vartheta(x)$ stetig für μ-fast alle $x \in \mathfrak{X}$. Sei weiter Θ_0 eine abzählbare dichte Teilmenge $\Theta_0 \subset \Theta$, dann gilt:

1. $\sigma(f_\vartheta;\ \vartheta \in \Theta) = \sigma(f_\vartheta;\ \vartheta \in \Theta_0)$ ist minimalsuffizient.

2. $R := (f_\vartheta)_{\vartheta \in \Theta_0}$ ist eine minimalsuffiziente Statistik.

Beweis: Nach Satz 4.2.8 ist $\sigma(f_\vartheta;\ \vartheta \in \Theta)$ minimalsuffizient. Ist T eine suffiziente Statistik, dann gilt nach dem Satz 4.1.9 von Halmos-Savage $f_\vartheta(x) = h_\vartheta(T(x)) \ [P^*]$. Wegen der Abzählbarkeit von Θ_0 gilt dann

$$R(x) = (f_\vartheta(x))_{\vartheta \in \Theta_0} = h(T(x)) \ [P^*]$$

mit $h := (h_\vartheta)_{\vartheta \in \Theta_0}$. R ist also eine minimalsuffiziente Statistik. $\qquad\square$

Die folgende Proposition ist einfach aber nützlich für viele Beispiele.

Proposition 4.2.11
Sei $R : (\mathfrak{X}, \mathcal{A}) \to (Y, \mathcal{C})$ eine minimalsuffiziente Statistik (z.B. $R = (f_\vartheta)_{\vartheta \in \Theta_0}$ in Korollar 4.2.10) und es erzeuge die Statistik $T : (\mathfrak{X}, \mathcal{A}) \to (\mathcal{Z}, \mathcal{E})$ dieselbe Faserung wie R, d.h.
$$R(x) = R(y) \ \Leftrightarrow \ T(x) = T(y).$$
Dann ist auch T eine minimalsuffiziente Statistik.

Beweis: Für alle r, t mit $R(x) = r$, $T(x) = t$ für ein $x \in \mathfrak{X}$ gilt $\{R = r\} = \{T = t\}$. Daraus folgt die Existenz einer Abbildung h so, dass $R = h \circ T$. Mit R ist daher auch T minimalsuffiziente Statistik. $\qquad\square$

Mit Proposition 4.2.11 lässt sich in vielen Beispielen die 'unhandliche' minimalsuffiziente Statistik $R = (f_\vartheta)_{\vartheta \in \Theta_0}$ aus Korollar 4.2.10 durch eine 'einfache' minimalsuffiziente Statistik T ersetzen. Beispiel 4.2.12 enthält eine Anwendung von Proposition 4.2.11.

Beispiel 4.2.12
In diesem Beispiel werden zwei Statistiken angegeben, die dieselbe σ-Algebra erzeugen, von denen aber nur eine Abbildung eine minimalsuffiziente Statistik ist.

Sei $(\mathfrak{X}, \mathcal{A}, \mathcal{P}) := (\mathbb{R}^2, \mathbb{B}^2, \{P_\vartheta; \ \vartheta \in \mathbb{R}\})$ mit $P_\vartheta = N(0,1) \otimes N(\vartheta, 1) \sim P_0 = N(0,1)^2$ für alle $\vartheta \in \mathbb{R}$.

1. Für alle $\vartheta \in \mathbb{R}$ und $x_1, x_2 \in \mathbb{R}$ ist dann

$$f_\vartheta(x_1, x_2) = \frac{dP_\vartheta}{dP_0} = \frac{dP_\vartheta}{d\lambda^2}\frac{d\lambda^2}{dP_0} = \frac{\exp(-\frac{1}{2}(x_2 - \vartheta)^2)}{\exp(-\frac{1}{2}x_2^2)} = g_\vartheta \circ \pi_2(x_1, x_2),$$

mit $\pi_2(x_1, x_2) = x_2$ und $g_\vartheta(x_2) = \exp(\vartheta\, x_2 - \frac{\vartheta^2}{2})$. Da $\sigma(f_\vartheta, \vartheta \in \mathbb{R}) = \sigma(f_\vartheta; \ \vartheta \in \mathbb{Q}) = \sigma(R)$ mit $R = (f_\vartheta)_{\vartheta \in \mathbb{Q}}$ ist nach Korollar 4.2.10 R eine minimalsuffiziente Statistik. Da π_2 und R äquivalent sind, ist nach Proposition 4.2.11 π_2 eine minimalsuffiziente Statistik. $\sigma(f_\vartheta; \ \vartheta \in \mathbb{R})$ ist eine minimalsuffiziente σ-Algebra.

2. Sei für alle $x_1, x_2 \in \mathbb{R}$:

$$\widetilde{f}_\vartheta(x_1, x_2) = (1 - 1_{\{\vartheta\}}(x_1))f_\vartheta(x_1, x_2) \quad \text{mit } f_\vartheta \text{ wie in 1.}$$

Dann ist $\widetilde{f}_\vartheta \in \frac{dP_\vartheta}{dP_0}$, da f_ϑ nur auf einer Nullmenge abgeändert wird. Nach Satz 4.2.8 ist also auch $\sigma(\widetilde{f}_\vartheta; \ \vartheta \in \mathbb{R})$ minimalsuffizient. Es gilt

$$\sigma(\pi_2) \subset \sigma(\widetilde{f}_\vartheta; \ \vartheta \in \mathbb{R}) = \sigma(\{x_1\}; \ x_1 \in \mathbb{R}) \otimes \mathbb{B} \subset \mathcal{N}_\mathcal{P} \vee \sigma(\pi_2).$$

$\widehat{T} := (\widetilde{f}_\vartheta; \ \vartheta \in \mathbb{R})$ ist aber nicht eine minimalsuffiziente Statistik. Denn für alle $x_1 \neq y_1$ und für alle x_2 gilt: $\widehat{T}(x_1, x_2) \neq \widehat{T}(y_1, x_2)$. Da für alle Funktionen h auf $\mathbb{R}$ gilt $h \circ \pi_2(x_1, x_2) = h \circ \pi_2(y_1, x_2)$ existiert kein h, so dass $\widehat{T} = h \circ \pi_2 \ [\mathcal{P}^*]$. $\widehat{T}$ ist also keine minimalsuffiziente Statistik.

B) Vollständigkeit
Die Vollständigkeit einer Unter-σ-Algebra $\mathcal{T} \subset \mathcal{A}$ für $\mathcal{P}$ besagt (im Unterschied zur Suffizienz), dass $\mathcal{T}$ 'hinreichend klein' ist oder äquivalent, dass $\mathcal{P}$ groß genug ist, um alle Elemente aus $\mathcal{L}^1(\mathfrak{X}, \mathcal{T}, \mathcal{P})$ unterscheiden zu können. Es zeigt sich, dass vollständige und suffiziente σ-Algebren (sofern sie existieren) minimalsuffizient sind. Sei $\mathcal{T} \subset \mathcal{A}$ eine Unter-σ-Algebra und $B(\mathfrak{X}, \mathcal{A})$ bezeichne die Menge der beschränkten $\mathcal{A}$-messbaren Funktionen. Definiere die **Menge der $\mathcal{P}$-Nullschätzer**:

$$D_0(\mathcal{P}) = D_0 = \{f \in \mathcal{L}^1(\mathfrak{X}, \mathcal{A}, \mathcal{P}); \ \mathbb{E}_P f = 0 \text{ für alle } P \in \mathcal{P}\}.$$

Die Vollständigkeit einer Verteilungsklasse $\mathcal{P}$ besagt, dass es nur triviale Nullschätzer gibt.

Definition 4.2.13 (Vollständigkeit)

a) *Eine Verteilungsklasse $\mathcal{P} \subset M^1(\mathfrak{X}, \mathcal{A})$ heißt **vollständig**, wenn für alle $f \in D_0$ gilt*

$$f = 0 \; [\mathcal{P}].$$

b) *$\mathcal{P}$ heißt **beschränkt vollständig**, wenn für alle $f \in D_0 \cap B(\mathfrak{X}, \mathcal{A})$ gilt $f = 0 \; [\mathcal{P}]$.*

c) *Eine Statistik $T : (\mathfrak{X}, \mathcal{A}) \to (Y, \mathcal{B})$ heißt (beschränkt) vollständig, wenn $\mathcal{P}|_{\sigma(T)}$ (beschränkt) vollständig ist.*

Bemerkung 4.2.14

*Die Vollständigkeit von $\mathcal{P}$ ist äquivalent damit, dass $\mathcal{P}$ **punktetrennend** auf $\mathcal{L}^1(\mathcal{P})$ operiert, d.h. gilt für $f, g \in \mathcal{L}^1(\mathcal{P})$*

$$\int f \, dP = \int g \, dP, \quad \forall P \in \mathcal{P},$$

dann folgt:

$$f = g \; [P].$$

Eine nützliche Erweiterung obiger Definition ist die $\mathcal{L}$-Vollständigkeit für Teilklassen $\mathcal{L} \subset \mathcal{L}^1(\mathfrak{X}, \mathcal{A})$. Diese findet Anwendungen in Entscheidungsproblemen mit Reduktion der Entscheidungsverfahren auf die Klasse $\mathcal{L}$ (z.B. äquivariante Schätzer, invariante Tests etc.).

Definition 4.2.15 ($\mathcal{L}$-Vollständigkeit)
Sei $\mathcal{L} \subset \mathcal{L}^1(\mathfrak{X}, \mathcal{A}, \mathcal{P})$.

a) *$\mathcal{P}$ heißt **$\mathcal{L}$-vollständig**, wenn für alle $f \in D_0 \cap \mathcal{L}$ gilt: $\{f \neq 0\} \in \mathcal{N}_{\mathcal{P}}$.*

b) *Die Unter-σ-Algebra $\mathcal{T} \subset \mathcal{A}$ heißt **$\mathcal{L}$-vollständig** für $\mathcal{P}$, wenn $\mathcal{P}$ $\mathcal{L} \cap \mathcal{L}^1(\mathfrak{X}, \mathcal{T}, \mathcal{P}|_{\mathcal{T}})$-vollständig ist.*

   *$\mathcal{T}$ heißt **beschränkt $\mathcal{L}$-vollständig** für $\mathcal{P}$, wenn $\mathcal{P}$ $\mathcal{L} \cap B(\mathfrak{X}, \mathcal{T})$-vollständig ist.*

c) *Ist $\mathcal{L} = \mathcal{L}(\mathfrak{X}, \mathcal{A}, \mathcal{P})$, so schreibt man auch τ ist (beschränkt) vollständig, statt τ ist (beschränkt) $\mathcal{L}$-vollständig.*

d) *Die Statistik $T : (\mathfrak{X}, \mathcal{A}) \to (\mathfrak{X}', \mathcal{A}')$ heißt (beschränkt) $\mathcal{L}$-vollständig für $\mathcal{P}$, wenn $\sigma(T)$ (beschränkt) $\mathcal{L}$-vollständig für $\mathcal{P}$ ist, d.h. $h \circ T \in B(\mathfrak{X}, \mathcal{A}) \cap \mathcal{L}$ gilt:*

$$E_\vartheta h \circ T = 0, \quad \forall \vartheta \in \Theta \Rightarrow h \circ T = 0 \; [\mathcal{P}^T].$$

Bemerkung 4.2.16

1. *Sei $\mathcal{T}$ vollständig für $\mathcal{P}$ und $\mathcal{P}' \subset \mathcal{P} \subset \mathcal{P}''$. Dann folgt i.A. nicht die Vollständigkeit für $\mathcal{P}'$ oder $\mathcal{P}''$. Ist $\mathcal{N}_{\mathcal{P}''} = \mathcal{N}_{\mathcal{P}}$, so erhält man jedoch, dass $\mathcal{T}$ vollständig für $\mathcal{P}''$ ist.*

2. *Ist $\mathcal{T}$ (beschränkt) vollständig für $\mathcal{P}$, so ist $\mathcal{T}$ auch (beschränkt) vollständig für $\overline{\mathrm{co}_\sigma(\mathcal{P})}^w$.*

3. *Ist $\mathcal{T}$ vollständig für $\mathcal{P}$ und $\mathcal{T}' \subset \mathcal{T} \subset \mathcal{T}''$. Dann ist auch $\mathcal{T}'$ vollständig für $\mathcal{P}$, i.A. ist aber $\mathcal{T}''$ nicht vollständig für $\mathcal{P}$.*

4. *Seien für $i = 1,\ 2$ $(\mathfrak{X}_i, \mathcal{A}_i, \mathcal{P}_i)$ statistische Experimente und $\mathcal{T}_i \subset \mathcal{A}_i$ Unter-σ-Algebren. Sind für $i = 1,\ 2$ $\mathcal{T}_i$ (beschränkt) vollständig für $\mathcal{P}_i$, so ist auch $\mathcal{T}_1 \otimes \mathcal{T}_2$ (beschränkt) vollständig für $\mathcal{P}_1 \otimes \mathcal{P}_2$. Der Beweis hierzu folgt mit Hilfe des Satzes von Fubini.*

'Große' Unter-σ-Algebren sind typischerweise suffizient, 'kleine' σ-Algebren sind typischerweise vollständig. Im Schnitt dieser Eigenschaften erhält man minimalsuffiziente σ-Algebren.

Satz 4.2.17
Sei $\mathcal{T}$ suffizient und beschränkt vollständig für $\mathcal{P}$. Dann ist $\mathcal{T}$ minimalsuffizient für $\mathcal{P}$.

Beweis: Sei $\mathcal{T}'$ suffizient für $\mathcal{P}$. Zu zeigen ist $\mathcal{T} \subset \mathcal{T}' \vee \mathcal{N}_{\mathcal{P}}$.

D.h. $\forall T \in \mathcal{T}$ existiert ein $T' \in \mathcal{T}'$, so dass für alle $P \in \mathcal{P}$ gilt: $P(T \triangle T') = 0$.

Mit $f_T = \mathrm{E}_\bullet(1_T \mid \mathcal{T}')$ und $g_T = \mathrm{E}_\bullet(f_T \mid \mathcal{T})$ gilt:

1. $\int g_T \, dP = \int f_T \, dP = \int 1_T \, dP$ für alle $P \in \mathcal{P}$.

   Es ergibt sich also: $\int (g_T - 1_T) \, dP = 0$ für alle $P \in \mathcal{P}$.

   Da $g_T - 1_T \in B(\mathfrak{X}, \mathcal{T})$ und $\mathcal{T}$ beschränkt vollständig ist, gilt $g_T = 1_T \ [\mathcal{P}]$.

2. Nach 1. ist $1_T = 1_T 1_T = 1_T g_T = 1_T \mathrm{E}_\bullet(f_T \mid \mathcal{T}) \ [\mathcal{P}]$ und damit nach Radon-Nikodým

$$\int 1_T \, dP = \int 1_T \mathrm{E}_\bullet(f_T \mid \mathcal{T}) \, dP$$
$$= \int 1_T f_T \, dP \quad \text{für alle } P \in \mathcal{P}.$$

Also ist $\int 1_T(1 - f_T) \, dP = 0$ für alle $P \in \mathcal{P}$. Da $0 \le f_T \le 1 \ [\mathcal{P}]$ folgt hieraus

$$1_T(1 - f_T) = 0 \ [\mathcal{P}].$$

Ebenso folgt aus

$$\int f_T \, dP = \int 1_T \, dP = \int 1_T f_T \, dP$$

dass

$$\int f_T(1 - 1_T) \, dP = 0 \quad \text{für alle } P \in \mathcal{P},$$

und damit $f_T(1 - 1_T) = 0 \ [\mathcal{P}]$. Daher ist $f_T = 1_T \ [\mathcal{P}]$.

Für $T' := \{f_T = 1\}$ gilt $T' \in \mathcal{T}'$ und $P(T \triangle T') = 0$; die Behauptung. $\qquad \square$

Beispiel 4.2.18

Sei $(\mathfrak{X}, \mathcal{A}, \mathcal{P}) = (\mathbb{R}^n, \mathbb{B}^n, \{P_\vartheta; \ \vartheta \in \mathbb{R}\})$, *mit der Cauchy-Verteilung* $P_\vartheta = f_\vartheta \lambda^n$,

d.h. $f_\vartheta(x) := \prod\limits_{i=1}^{n} \frac{1}{\pi} \frac{1}{1+(x_i-\vartheta)^2}$ *und sei* $T : \mathbb{R}^n \to \mathbb{R}^n$ *die Ordnungsstatistik, d.h.*

$T(x_1, \dots, x_n) = (x_{(1)}, \dots, x_{(n)})$ *mit* $x_{(1)} \leq \cdots \leq x_{(n)}$.

Behauptung: T ist minimalsuffizient und minimalsuffiziente Statistik für $\mathcal{P}$.
Es gibt also nur eine geringfügige Reduktion durch Suffizienz.
Beweis:

1. *Sei* $P^* = P_0 \sim \mathcal{P}$, *dann gilt für die Dichten*

$$f_\vartheta^*(x) = \frac{f_\vartheta(x)}{f_0(x)} = \prod_{i=1}^{n} \frac{1+x_i^2}{1+(x_i-\vartheta)^2}.$$

Zu zeigen ist:

$$f_\vartheta^*(x) = f_\vartheta^*(y), \quad \forall \vartheta \in \mathbb{R}$$
$$\Leftrightarrow f_\vartheta^*(x) = f_\vartheta^*(y), \quad \forall \vartheta \in \mathbb{Q}$$
$$\Leftrightarrow T(x) = T(y)$$

Die erste Äquivalenz ist klar. Zum Nachweis der zweiten:

„$\Leftarrow$": *Ist* $T(x) = T(y)$, *dann ist* $f_\vartheta^*(x) = f_\vartheta^*(y)$, $\forall \vartheta$, *also gilt* „$\Leftarrow$".
„$\Rightarrow$": *Definiere für* $\vartheta \in \mathbb{R}$ *die Polynome*

$$g(\vartheta) := \prod_{i=1}^{n} \frac{1+(x_i-\vartheta)^2}{1+x_i^2}, \qquad h(\vartheta) := \prod_{i=1}^{n} \frac{1+(y_i-\vartheta)^2}{1+y_i^2}$$

vom Grad $2n$.

Setzt man g und h analytisch auf $\mathbb{C}$ fort, so erhält man auch $g|_\mathbb{C} = h|_\mathbb{C}$, da beides analytische Funktionen sind und $g|_\mathbb{R} = h|_\mathbb{R}$ gilt. Damit erhält man

$$\{x_r \pm i; \ r = 1, \dots, n\} = \{g = 0\} = \{h = 0\} = \{y_r \pm i; \ r = 1, \dots, n\},$$

das heißt, auch die Nullstellenmengen sind mit Vielfachheiten gleich. Also ist $T(x) = T(y)$.

2. *Für alle* $x \in \mathbb{R}^n$ *ist die Abbildung* $\vartheta \to f_\vartheta(x)$ *stetig. Nach Korollar 4.2.10 ist $R = (f_\vartheta)_{\vartheta \in \mathbb{Q}}$ minimalsuffiziente Statistik und auch minimalsuffizient. Nach Proposition 4.2.11 ist auch T minimalsuffiziente Statistik und minimalsuffizient.*

Beispiel 4.2.19 (Bernoulliexperiment)
Sei $\mathcal{P} = \{P_\vartheta; \ \vartheta \in (0,1)\}$, *wobei* $P_\vartheta = \otimes_{i=1}^{n} \mathcal{B}(1, \vartheta)$.
Behauptung: $T(x) := \sum_{i=1}^{n} x_i$ ist vollständig bzgl. $\mathcal{P}$.

Nach dem Neyman-Kriterium ist T suffizient und daher dann auch minimalsuffizient.

Beweis: Sei $f \in \mathcal{L}(\mathfrak{X}, \sigma(T)) \cap D_0(\mathcal{P})$. *Dann existiert eine messbare Funktion* h, *so dass* $f = h \circ T$. *Da weiterhin* $P_\vartheta^T = \mathcal{B}(n, \vartheta)$ *gilt, erhält man für alle* $\vartheta \in (0, 1)$:

$$
0 = \mathrm{E}_\vartheta(h \circ T) = \int h(t)\, dP_\vartheta^T(t)
$$
$$
= \sum_{t=0}^n h(t) \binom{n}{t} \vartheta^t (1 - \vartheta)^{n-t}
$$
$$
= \left[\sum_{t=0}^n h(t) \binom{n}{t} \left(\frac{\vartheta}{1 - \vartheta} \right)^t \right] (1 - \vartheta)^n.
$$

Da die Abbildung $(0, 1) \to (0, \infty)$, $\vartheta \to z := \frac{\vartheta}{1-\vartheta}$ *bijektiv ist, sind alle Koeffizienten des Polynoms null. Es gilt also* $h(t) = 0$ *für alle* $t \in \{0, \dots, n\}$ *und damit* $f = h \circ T = 0$ $[\mathcal{P}]$.

Daraus folgt, dass T *vollständig und suffizient ist, also auch minimalsuffizient.*

Beispiel 4.2.20 (Invariante Verteilungsklassen)

Sei $\mathcal{Q}$ *eine endliche Gruppe messbarer surjektiver Abbildungen* $q : (\mathfrak{X}, \mathcal{A}) \to (\mathfrak{X}, \mathcal{A})$. *Dann ist jedes* $q \in \mathcal{Q}$ *bijektiv.*
Beweis: Für das neutrale Element $e \in \mathcal{Q}$ *gilt:* $e^2 = e$. *Weiterhin existiert für jedes* $y \in \mathfrak{X}$ *ein* $x \in \mathfrak{X}$, *so dass* $e(x) = y$. *Daraus folgt für alle* $y \in \mathfrak{X}$:

$$
e(y) = e^2(x) = e(x) = y.
$$

Also ist $e = \mathrm{id}_{\mathfrak{X}}$; *damit ist das Gruppeninverse die Umkehrabbildung.*
Sei $\mathcal{I} := \{A \in \mathcal{A};\ \forall q \in \mathcal{Q}, q(A) = A\} = \{ \bigcup_{q \in \mathcal{Q}} q(A);\ A \in \mathcal{A}\}$ *die* σ-*Algebra der* **$\mathcal{Q}$-invarianten Mengen**. *Dann gilt:*

1. $\mathcal{I}$ *ist eine* σ-*Algebra. Dieses folgt aus der Bijektivität der* $q \in Q$. *Beachte, dass für* $A \in \mathcal{A}$

$$
q(A) = (q^{-1})^{-1}(A) \in \mathcal{A}.
$$

2. *Für alle* **$\mathcal{Q}$-invarianten Wahrscheinlichkeitsmaße** $P \in \mathrm{M}^1(\mathfrak{X}, \mathcal{A})$ *(das heißt* $P^q = P$ *für alle* $q \in \mathcal{Q}$) *und für alle* $g \in \mathcal{L}^1(P)$ *gilt:*

$$
\mathrm{E}_P(g \mid \mathcal{I})(x) = \frac{1}{|\mathcal{Q}|} \sum_{q \in \mathcal{Q}} g \circ q(x) =: h(x).
$$

Beweis: Für alle $B \in \mathcal{I}$ ist nach der Transformationsformel:

$$\int_B g \, dP = \int_{q^{-1}(B)} g \, dP$$

$$= \int_B g \circ q \, dP^q$$

$$= \int_B g \circ q \, dP.$$

Das ist die Radon-Nikodým-Gleichung. Da h Q-invariant, also $\mathcal{I}$-messbar ist, folgt

$$h = \mathrm{E}_P(g \mid \mathcal{I}).$$

3. *Sei $\mathcal{P} = \{P \in \mathrm{M}^1(\mathfrak{X}, \mathcal{A}); \; P \text{ ist } Q\text{-invariant}\}$ die Menge der Q-invarianten Wahrscheinlichkeitsmaße auf $(\mathfrak{X}, \mathcal{A})$. Dann ist $\mathcal{I}$ vollständig und suffizient für $\mathcal{P}$.*
   Beweis:

   i) *$\mathcal{I}$ ist suffizient nach 2.*

   ii) *Sei $f \in \mathcal{L}^1(\mathfrak{X}, \mathcal{I}) \cap D_0(\mathcal{P})$, $f = f_+ - f_-$. Dann gilt $f_+, f_- \in \mathcal{L}^1_+(\mathfrak{X}, \mathcal{I})$ und*

   $$\int f_+ \, dP = \int f_- \, dP \text{ für alle } P \in \mathcal{P}.$$

   Für $g \in \mathcal{B}_+(\mathfrak{X}, \mathcal{I})$ und $P \in \mathcal{P}$ mit $\int g \, dP > 0$ ist

   $$h := \frac{g}{\int g \, dP} \text{ eine } P\text{-Dichte und } hP \in \mathcal{P}.$$

   Daher folgt $\int f_+ h \, dP = \int f_- h \, dP$.
   Wählt man $g := 1_B$ für $B \in \mathcal{I}$ mit $P(B) > 0$, so erhält man

   $$\int_B f_+ \, dP = \int_B f_- \, dP,$$

   und damit $f_+ = f_-$ $[P]$ für alle $P \in \mathcal{P}$. Also ist $f = 0$ $[\mathcal{P}]$.

Satz 4.2.21 (Vollständigkeit von Exponentialfamilien)

Sei $\mathcal{P} = \{P_\vartheta; \; \vartheta \in \Theta\}$ eine Exponentialfamilie in Q und T mit $\mathrm{int}(Q(\Theta)) \neq \emptyset$. Dann ist T vollständig und suffizient für $\mathcal{P}$.

Beweis:

i) Die Suffizienz von T gilt nach dem Neyman-Kriterium in Satz 4.1.15.

ii) Vollständigkeit: Sei o.B.d.A. $a > 0$, so dass $(-a,a)^k \subset \text{int}(Q(\Theta))$ (durch affine Transformation zu erreichen). Dann gilt für alle $\vartheta \in (-a,a)^k$:

$$0 = \text{E}_\vartheta(h \circ T) = \int h(t)C(\vartheta)e^{\langle \vartheta, t \rangle}\, d\nu^T(t).$$

Mit $h = h_+ - h_-$ folgt also für alle $\vartheta \in (-a,a)^k$:

$$\int h_+(t)e^{\langle \vartheta, t \rangle}\, d\nu^T(t) = \int h_-(t)e^{\langle \vartheta, t \rangle}\, d\nu^T(t)$$

und insbesondere mit $\vartheta = 0$:

$$w := \int h_+(t)\, d\nu^T(t) = \int h_-(t)\, d\nu^T(t).$$

zu zeigen: $w = 0$. Daraus folgt die Vollständigkeit.
Angenommen $w > 0$. Definiere die Wahrscheinlichkeitsmaße $\kappa_+ := \frac{h_+}{w}\nu^T$ und $\kappa_- := \frac{h_-}{w}\nu^T$. Dann gilt für die Laplacetransformierten von κ_+ und κ_-:

$$\int e^{\langle \vartheta, t \rangle}\, d\kappa_+(t) = \int e^{\langle \vartheta, t \rangle}\, d\kappa_-(t) \text{ für alle } \vartheta \in (-a,a)^k.$$

Die Eindeutigkeit der Laplacetransformierten ergibt $\kappa_+ = \kappa_-$. Daraus folgt, dass $h_+ = h_-$ $[\nu^T]$ und damit $h = 0$ $[\nu^T]$ und $w = 0$. $\qquad\square$

Bemerkung 4.2.22 (Vollständigkeit von Lokationsklassen)
Sei $P = f\lambda^1$ ein Wahrscheinlichkeitsmaß mit Dichte f auf $\mathbb{R}$ und sei $\mathcal{P} = \{P_\vartheta; \vartheta \in \Theta = \mathbb{R}\}$, $P_\vartheta = \varepsilon_\vartheta * P = f_\vartheta \lambda^1$ die erzeugte Lokationsfamilie mit $f_\vartheta(x) = f(x - \vartheta)$. Dann gilt das auch in der harmonischen Analysis bedeutsame

Wiener-Closure-Theorem:
$\mathcal{P}$ ist genau dann beschränkt vollständig, wenn $\widehat{f}(t) \neq 0$, $\forall t \in \mathbb{R}^1$, d.h. die Fouriertransformierte $\widehat{f}$ (oder äquivalent die charakteristische Funktion φ_P) hat keine Nullstellen.

Es gibt Varianten des obigen Resultats in lokal kompakten Gruppen. Die $\mathcal{L}^q$-Vollständigkeit von $\mathcal{P}$ lässt sich mit der Größe der Nullstellenmenge von $\widehat{f}$ (gemessen mit der Hausdorffdimension) beschreiben. Für einige Klassen wurden diese Resultate auch für statistische Vollständigkeitsaussagen bzgl. $\mathcal{L}^1(\mathfrak{X}, \mathcal{P})$ modifiziert (siehe Isenbeck und Rüschendorf (1992) und Mattner (1992)).

Im Allgemeinen ist es jedoch schwierig, die Vollständigkeit von Lokationsklassen und Skalenklassen nachzuweisen. Im Buch von Simons (1981) wird gezeigt, dass die Vollständigkeit einer speziellen Skalenklasse äquivalent zur Riemannschen Vermutung ist.

C) Verteilungsfreiheit und Basusche Sätze

Im Unterschied zur Suffizienz enthalten verteilungsfreie σ-Algebren keine Information, die für die Lösung von entscheidungstheoretischen Fragen relevant sind.

Definition 4.2.23 (Verteilungsfreiheit)

*a) $\mathcal{B} \subset \mathcal{A}$ heißt **verteilungsfrei** bzgl. $\mathcal{P}$, wenn für alle $B \in \mathcal{B}$ und $P, Q \in \mathcal{P}$ gilt: $P(B) = Q(B)$.*

*b) Eine Statistik $S : (\mathfrak{X}, \mathcal{A}) \to (Y, \mathcal{B})$ heißt **verteilungsfrei**, wenn $\sigma(S)$ verteilungsfrei ist. Das ist genau dann der Fall, wenn für alle $P, Q \in \mathcal{P}$ gilt: $P^S = Q^S$.*

Bemerkung 4.2.24

Eine suffiziente Statistik enthält wesentliche Information über die Parameter, dagegen enthält eine verteilungsfreie Statistik keine Information über die Parameter. In einem Normalverteilungsmodell $P_\vartheta = \mathcal{N}(\vartheta, 1)^{(n)}$, $\vartheta \in \Theta = \mathbb{R}^1$ ist der Schätzer $T(x) := \bar{x}_n$ für $g(\vartheta) = \vartheta$ suffizient. Die Abbildung $S(x) := \frac{1}{n-1} \sum_{i=1}^{n} (x_i - \bar{x}_n)^2$ ist ein Schätzer für die konstante Varianz $\sigma^2 = 1$ in dem Modell. Aus S können keine Informationen über den Parameter gewonnen werden. S ist eine verteilungsfreie Statistik. Für eine Zufallsvariable $X \sim P_0$ (das heißt $Q^X = P_0$) gilt $X + \vartheta \cdot e \sim P_\vartheta$ und damit

$$P_\vartheta^S = Q^{S(X+\vartheta \cdot e)} = Q^{S \circ X} = P_0^S \text{ für alle } \vartheta \in \Theta.$$

S enthält jedoch Informationen über die Genauigkeit des Schätzers T.

Die folgenden drei **Sätze von Basu** stellen einige grundlegende Beziehungen zwischen den Begriffen Suffizienz, Vollständigkeit und Verteilungsfreiheit her.

Satz 4.2.25 (Suffizienz, Vollständigkeit und Verteilungsfreiheit)

Sei $T : (\mathfrak{X}, \mathcal{A}) \to (\mathcal{Y}, \mathcal{B})$ beschränkt vollständig und suffizient und $S : (\mathfrak{X}, \mathcal{A}) \to (W, \mathcal{W})$ verteilungsfrei. Dann sind S und T stochastisch unabhängig für alle $P \in \mathcal{P}$.

Beweis: Seien $C \in \sigma(S)$ und $P, Q \in \mathcal{P}$. Dann folgt aus der Verteilungsfreiheit von S und der Suffizienz von T:

$$0 = P(C) - Q(C) = \int \left(1_C - Q(C) \right) dP = \int \mathrm{E.} \left(1_C - Q(C) \mid T \right) dP.$$

Da T beschränkt vollständig ist, ergibt sich $P(C|T) = Q(C)$ $[P]$ für alle $P \in \mathcal{P}$. Damit gilt für alle $B \in \sigma(T)$:

$$P(B \cap C) = \int_B P(C|T) \, dP = Q(C)P(B) \text{ für alle } P \in \mathcal{P}.$$

Also sind T und S stochastisch unabhängig. $\square$

Der zweite Satz von Basu liefert, dass von suffizienten σ-Algebren unabhängige σ-Algebren verteilungsfrei sind.

Satz 4.2.26 (Unabhängigkeit von suffizienter σ-Algebra und Vertei-lungsfreiheit) Seien $\mathcal{B}, \mathcal{C} \subset \mathcal{A}$ stochastisch unabhängig für alle $P \in \mathcal{P}$ und $\mathcal{B}$ suffizient. Weiterhin existiere für alle $P, Q \in \mathcal{P}$ eine Kette $P_1 = P, P_2, \ldots, P_n = Q$ in $\mathcal{P}$ so dass P_i, P_{i+1} nicht orthogonal sind für alle i. Dann ist $\mathcal{C}$ verteilungsfrei.

Beweis: Sei $\mathcal{B}$ suffizient und $\mathcal{C}, \mathcal{B}$ stochastisch unabhängig. Zu $P, Q \in \mathcal{P}, C \in \mathcal{C}$ existiert $f_C \in \mathcal{L}(\mathfrak{X}, \mathcal{B})$ so dass

$$Q(C \mid \mathcal{B}) = f_C = P(C \mid \mathcal{B}).$$

Da $\mathcal{B}$ und $\mathcal{C}$ stochastisch unabhängig sind, gilt für alle $B \in \mathcal{B}$:

$$\int_B f_C \, dP = \int_B P(C \mid \mathcal{B}) \, dP = P(C \cap B) = P(C)P(B) = \int_B P(C) \, dP, \quad \forall B \in \mathcal{B}.$$

Also ist $f_C = P(C)$ $[P]$. Analog zeigt man $f_C = Q(C)$ $[Q]$. Sind P, Q nicht orthogonal, dann gibt es gemeinsame Trägerpunkte der Verteilungen und es folgt $P(C) = Q(C)$.

Allgemein existiert eine Kette $P = P_1, P_2, \ldots, P_n = Q$ in $\mathcal{P}$ mit P_i, P_{i+1} nicht orthogonal. Die obige Folgerung liefert dann sukzessive

$$P(C) = P_1(C) = \cdots = P_n(C) = Q(C).$$

Also ist $\mathcal{C}$ verteilungsfrei. $\square$

Der dritte Satz von Basu besagt, dass eine maximale unabhängige Ergänzung einer verteilungsfreien σ-Algebra suffizient ist.

Satz 4.2.27 (Suffizienz von maximalen unabhängigen Ergänzungen) *Seien $\mathcal{B}, \mathcal{C} \subset \mathcal{A}$ stochastisch unabhängig für alle $P \in \mathcal{P}$ und sei $\mathcal{C}$ verteilungsfrei. Gilt $\mathcal{B} \vee \mathcal{C} = \mathcal{A}$, dann ist $\mathcal{B}$ suffizient.*

Beweis: Für alle $P, Q \in \mathcal{P}$, $B \in \mathcal{B}$ und $C \in \mathcal{C}$ gilt:

$$P(B \cap C \mid \mathcal{B}) = 1_C P(C \mid \mathcal{B}) = 1_B P(C) = 1_B Q(C) =: f_{B \cap C}.$$

Das Mengensystem

$$SS := \{A \in \mathcal{A}; \ \exists f_A \in \mathcal{L}(\mathfrak{X}, \mathcal{B}) : f_A = P(A \mid \mathcal{B}), \forall P \in \mathcal{P}\}$$

ist ein Dynkin-System. Weiterhin ist $\mathcal{E} := \{B \cap C; \ B \in \mathcal{B}, C \in \mathcal{C}\} \subset SS$. $\mathcal{E}$ ist ein $\cap$-stabiler Erzeuger von $\mathcal{B} \vee \mathcal{C} = \mathcal{A}$. Also gilt $SS \supset \sigma(\mathcal{E}) = \mathcal{A}$. Daraus folgt die Behauptung. $\square$

4.3 Anwendungen
in der nichtparametrischen Statistik

Die in den Kapiteln 4.1 und 4.2 eingeführten Begriffe der Suffizienz, Vollständigkeit und Verteilungsfreiheit sind für die Schätz- und Testtheorie von grundlegender
Bedeutung. In diesem Abschnitt behandeln wir Anwendungen auf einige Fragestellungen aus der nichtparametrischen Statistik. Für große nichtparametrische Verteilungsklassen erweisen sich die Ordnungsvektoren (Ordnungsstatistiken) als typische
Beispiele von vollständigen und suffizienten Statistiken. Der Rangvektor (Rang-
statistik) ist ein typisches Beispiel einer verteilungsfreien Statistik. Ordnungsstatistiken sind daher informativ und als Schätzverfahren für Parameterfunktionen
zu verwenden. Verteilungsfreie Statistiken sind dagegen nützlich um Hypothesen
zu identifizieren und erlauben z.B. die Konstruktion von aussagekräftigen Anpassungstests für nichtparametrische Testprobleme.

Sei $(\mathfrak{X}, \mathcal{A}) := (\mathbb{R}^n, \mathbb{B}^n)$, $\mathcal{P} := \{P^{(n)};\ P \in M^1(\mathbb{R}, \mathbb{B})\}$ eine große nichtparametrische Verteilungsklasse. Sei $\mathcal{S}_n$ die Permutationsgruppe auf $\{1, \ldots, n\}$. Jedes
$\pi \in \mathcal{S}_n$ induziert eine bijektive, messbare Abbildung

$$\widehat{\pi} : \mathbb{R}^n \to \mathbb{R}^n,\ (x_1, \ldots, x_n) \to (x_{\pi(1)}, \ldots, x_{\pi(n)}).$$

Die Menge $\mathcal{Q} = \widehat{\mathcal{S}}_n := \{\widehat{\pi}; \pi \in \mathcal{S}_n\}$ ist mit der Komposition von Abbildungen eine
endliche Gruppe.

Da jedes $P^{(n)} \in \mathcal{P}$ $\mathcal{S}$-invariant ist, ist $\mathcal{P}$ $\widehat{\mathcal{S}}_n$-invariant,

$$\mathcal{P} \subset \mathcal{M}(\mathcal{Q}) = \{Q \in M^1(\mathbb{R}^n, \mathbb{B}^n);\ Q \text{ ist } \mathcal{Q}\text{-invariant}\}.$$

Wie in Beispiel 4.2.20 gezeigt, ist die σ-Algebra der $\widehat{\mathcal{S}}_n$-invarianten Mengen $\mathcal{B}_n :=$
$\{B \in \mathbb{B}^n;\ \widehat{\pi}(B) = B,\ \forall \pi \in \mathcal{S}_n\}$ suffizient für $\mathcal{P}$, d.h. die σ-Algebra $\mathcal{B}_s$ der
symmetrischen Borel-Mengen ist suffizient. Unser Ziel ist es, die Vollständigkeit
von $\mathcal{B}_s$ zu zeigen. Der Beweis hierzu erfordert einige Vorüberlegungen.

Lemma 4.3.1
Sei $T : (\mathbb{R}^n, \mathbb{B}^n) \to (\mathbb{R}^n, \mathbb{B}^n)$ die Ordnungsstatistik. Dann ist $\sigma(T) = \mathcal{B}_s$.

Beweis:
"$\subset$": Für alle $B \in \mathbb{B}^n$ ist $\widehat{\pi} \circ T^{-1}(B) = (T \circ \widehat{\pi}^{-1})^{-1}(B) = T^{-1}(B)$; also $T^{-1}(B) \in$
$\mathcal{B}_s$.

"$\supset$": Es gilt für alle $x, y \in \mathbb{R}^n$: $(T(x) = T(y) \Leftrightarrow \exists\,\pi \in \mathcal{S}_n : \widehat{\pi}(x) = y)$.

Für alle $B \in \mathcal{B}_s$ ist $B = T^{-1}(T(B))$ und $T(B) = B \cap \{x \in \mathbb{R}^n;\ x_1 \leq \cdots \leq$
$x_n\} \in \mathbb{B}^n$. Damit ist $B \in \sigma(T) = T^{-1}(\mathbb{B}^n)$. Also gilt $\sigma(T) = \mathcal{B}_s$ und daher
ist T suffizient für $\mathcal{P}$.   □

Wir zeigen zunächst die Vollständigkeit von T für eine Teilklasse von $\mathcal{P}$. Sei
$\mu \in M^1(\mathbb{R}, \mathbb{B})$ und definiere $\mathcal{P}_\mu := \{P^{(n)}; P \in M^1(\mathbb{R}, \mathbb{B}),\ P \ll \mu\} \sim \mu^n$ die Klasse
der μ-stetigen Wahrscheinlichkeitsverteilungen.

Satz 4.3.2
Die Ordnungsstatistik $T : (\mathbb{R}^n, \mathbb{B}^n) \to (\mathbb{R}^n, \mathbb{B}^n), (x_1, \ldots, x_n) \to (x_{(1)}, \ldots, x_{(n)})$ ist vollständig und suffizient für $\mathcal{P}_\mu$.

Beweis:

i) T ist suffizient für $\mathcal{P}_\mu$ nach Beispiel 4.2.20 und Lemma 4.3.1.

ii) Zu zeigen: T ist vollständig.
Beweis: Betrachte die folgenden Abbildungen:

$$U : \mathbb{R}^n \to \mathbb{R}^n, \ x \to \left(\sum_{i=1}^n x_i, \sum_{i=1}^n x_i^2, \ldots, \sum_{i=1}^n x_i^n \right)$$

(Potenzsummenstatistik)

$$V : \mathbb{R}^n \to \mathbb{R}^n, \ x \to \left(\sum_{i=1}^n x_i, \sum_{i<j} x_i x_j, \ldots, \prod_{i=1}^n x_i \right)$$

(Elementarsymmetrische Funktionen)

Behauptung 1: $\sigma(T) = \sigma(V)$.
Beweis: Sei $f : T(\mathbb{R}^n) \to V(\mathbb{R}^n)$ die Abbildung $f(T(x)) := V(x) = V(T(x))$. Diese ist wohldefiniert, stetig und surjektiv nach Definition.

Teilbehauptung 1: f ist injektiv.
Zum Beweis seien $t, s \in T(\mathbb{R}^n)$, $t_1 \leq \cdots \leq t_n$, $s_1 \leq \cdots \leq s_n$ so dass $V(t) = V(s) =: (v_1, \ldots, v_n)$. Da die elementarsymmetrischen Funktionen $V(x)$ gerade die Koeffizienten des Polynoms $p(y) = \prod_{i=1}^n (y - x_i)$ liefern, gilt für alle $y \in \mathbb{R}^1$:

$$\prod_{i=1}^n (y - t_i) \ = \ y^n - v_1 y^{n-1} + \cdots + (-1)^n v_n \ = \ \prod_{i=1}^n (y - s_i).$$

Es sind also alle Nullstellen einschließlich Vielfachheiten gleich. Da t und s angeordnet sind, folgt für alle $i \in \{1, \ldots, n\}$, $t_i = s_i$. Also ist f injektiv.

Teilbehauptung 2: f^{-1} ist stetig.
Beweis: Sei $(v^{(m)})_{m \in \mathbb{N}} \subset \mathbb{R}^n$ eine Folge mit $v^{(m)} \to v^{(0)}$. Dann ist $(f^{-1}(v^{(m)}))_{m \in \mathbb{N}}$ beschränkt. Seien t^0 und s^0 Häufungspunkte von $(f^{-1}(v^{(m)}))_{m \in \mathbb{N}}$. Wegen der Stetigkeit von f sind damit $f(t^0)$ und $f(s^0)$ Häufungspunkte von $(f(f^{-1}(v^{(m)})))_{m \in \mathbb{N}} = (v^{(m)})_{m \in \mathbb{N}}$. Da $(v^{(m)})_{m \in \mathbb{N}}$ konvergiert, folgt $f(t^0) = f(s^0) = v^{(0)}$. Mit der Injektivität von f erhält man $s^0 = t^0$, also ist f^{-1} stetig.

f und f^{-1} sind damit Homeomorphismen, also auch messbar. Da bijektive, bimessbare Abbildungen die σ-Algebra erhalten, folgt mit $V = f \circ T$ und $T = f^{-1} \circ V$, dass $\sigma(T) = \sigma(V)$.

iii) $\sigma(V) = \sigma(U)$:

Definiere $g : V(\mathbb{R}^n) \to U(\mathbb{R}^n)$, $g(v) := U(f^{-1}(v))$ mit f wie in 1. Dann ergibt sich:

$$U(x) = U(T(x)) = U(f^{-1}(V(x))) = g(V(x)).$$

Also ist g stetig und surjektiv.

Teilbehauptung: g ist injektiv.

Zum Beweis sei $v \in V(\mathbb{R}^n)$, $g(v) =: u = (u_1, \ldots u_n)$ und $x \in \mathbb{R}^n$ so, dass $V(x) = v$. Dann ist

$$u = g(v) = g(V(x)) = U(x).$$

Das Paar (u, v) erfüllt nach Definition von U und V die Newton-Beziehungen:

$$u_1 - v_1 = 0$$
$$u_2 - u_1 v_1 + 2v_2 = 0$$
$$u_3 - u_2 v_1 + u_1 v_2 - 3v_3 = 0$$
$$\vdots \qquad\qquad = \vdots$$
$$u_n - u_{n-1} v_1 + u_{n-2} v_2 - \cdots + (-1)^n n v_n = 0.$$

Diese sind für gegebenes $u \in \mathbb{R}^n$ eindeutig nach v auflösbar. Also ist g injektiv und surjektiv, und nach Definition ist g^{-1} ist stetig. Dieses impliziert die Behauptung $\sigma(V) = \sigma(U)$.

Als Konsequenz erhalten wir: T vollständig $\Leftrightarrow$ U vollständig $\Leftrightarrow$ V vollständig.

Damit reicht es zu zeigen: U ist vollständig.

Zum Beweis sei $a > 0$ fest und $r(x) > 0$ so gewählt, dass

$$\frac{dP_\vartheta}{d\mu}(x) := C(\vartheta) \exp\Big(- \sum_{i=1}^n \vartheta_i x^i \Big) r(x) \quad \text{für alle } \vartheta \in (-a, a)^n$$

μ-integrierbar ist. Mit $\mathcal{P}^* := \{P_\vartheta^{(n)}; \ \vartheta \in (-a, a)^n\} \subset \mathcal{P}_\mu$ und $\nu := r\mu$ gilt: $\mathcal{P}^* \sim \nu^{(n)}$ und

$$\frac{dP_\vartheta^{(n)}}{d\nu^{(n)}}(x) = C^n(\vartheta) \exp\Big(- \sum_{i=1}^n \vartheta_i \Big(\sum_{j=1}^n x_j^i \Big) \Big).$$

$\mathcal{P}^*$ ist also eine Exponentialfamilie in $-\vartheta$, $U(x)$ und $\overset{\circ}{\Theta} \neq \emptyset$. Nach Satz 4.2.21 ist U vollständig für $\mathcal{P}^*$. Wegen $\mathcal{P}^* \sim \mu^{(n)} \sim \mathcal{P}_\mu$ und $\mathcal{P}^* \subset \mathcal{P}_\mu$ ist daher U auch vollständig für $\mathcal{P}_\mu$. $\square$

Die Vollständigkeit wurde hier also durch Rückführung auf eine geeignete parametrische Teilklasse gezeigt. Diese Beweismethode wenden wir auch auf das folgende Beispiel einer nichtparametrischen Verteilungsklasse an. Sei $\mathcal{P}_c := \{P^{(n)}; P \in M^1(\mathbb{R}, \mathbb{B}), P \text{ ist stetig}\}$.

Satz 4.3.3
Die Ordnungsstatistik $T : (\mathbb{R}^n, \mathbb{B}^n) \to (\mathbb{R}^n, \mathbb{B}^n), (x_1, \ldots, x_n) \to (x_{(1)}, \ldots, x_{(n)})$ ist vollständig für $\mathcal{P}_c$.

Beweis: Sei $f \in \mathcal{L}^1(\mathfrak{X}, \mathcal{A}, \mathcal{P}_c)$ so, dass $\mathrm{E}_{P^{(n)}}(f \circ T) = 0$ für alle $P^{(n)} \in \mathcal{P}_c$. Sei $Q \in \mathrm{M}^1(\mathbb{R}, \mathbb{B})$ stetig. Dann gilt $\mathcal{P}_Q \subset \mathcal{P}_c$ und $\mathcal{P}_Q \sim Q^{(n)}$.

Nach Satz 4.3.2 ist T vollständig für $\mathcal{P}_Q$. Daraus folgt $f \circ T = 0$ $[Q^{(n)}]$, und damit auch $f \circ T = 0$ $[\mathcal{P}_c]$. Das ist die Behauptung. $\square$

Definiere $\mathcal{P}_d := \{P^{(n)}; P \in \mathrm{M}^1(\mathbb{R}, \mathbb{B}), P \text{ (endlich) diskret}\}$ die Klasse der Produkte von (endlich) diskreten Wahrscheinlichkeitsmaßen auf $\mathbb{R}$.

Satz 4.3.4
Die Ordnungsstatistik ist vollständig und suffizient für $\mathcal{P}_d$.

Beweis: Der Beweis beruht auf einem einfachen Induktionsargument über die Nullstellen von homogenen Polynomen in n Variablen (Halmos (1946)). $\square$

Als Konsequenz erhalten wir insbesondere die Vollständigkeit und Suffizienz des Ordnungsvektors $T(x) = x_{(\ )}$ für unser Ausgangsmodell $\mathcal{P} = \{P^{(n)}; P \in M^1(\mathbb{R}^1, \mathbb{B}^1)\}$.

Satz 4.3.5
Die Ordnungsstatistik T ist vollständig und suffizient für $\mathcal{P}$.

Allgemeiner lässt sich folgende Vollständigkeitsaussage zeigen:

Satz 4.3.6 (Vollständigkeit von Produkten)
Ist $\mathcal{P} \subset M^1(\mathfrak{X}, \mathcal{A})$ konvex und vollständig, dann ist $\mathcal{P}^{(n)} = \{P^{(n)}; P \in \mathcal{P}\}$ symmetrisch vollständig, d.h. vollständig bzgl. der Klasse der symmetrischen, $\mathcal{P}$ integrierbaren Funktionen,

$$\mathcal{L}_{\mathrm{sym}}^1 = \{f \in \mathcal{L}^1(\mathcal{P}^{(n)}); \ f = f \circ \hat{\pi}, \ \forall \pi \in \mathcal{S}_n\}$$

Für diese Vollständigkeitsaussage reicht auch eine abgeschwächte Form der Konvexität aus (vgl. Mandelbaum und Rüschendorf (1987)).

Rangstatistiken sind eine wichtige Klasse von verteilungsfreien Statistiken.

Definition 4.3.7 (Rangstatistiken, Ordnungsstatistiken)
*Sei $R : \mathbb{R}^n \to \{1, \ldots, n\}^n$, $R(x) := (R_1(x), \ldots, R_n(x))$ der **Rangvektor**. Dabei bezeichnet $R_i(x) := \sum_{k=1}^n 1_{(-\infty, x_i]}(x_k)$ den Rang von x_i in $\{x_1, \ldots, x_n\}$.*
*Messbare Funktionen $\Psi(R)$ heißen **Rangstatistiken**, messbare Funktionen $\Phi(T)$ des Ordnungsvektors T heißen **Ordnungsstatistiken**.*

Lemma 4.3.8 (Verteilungsfreiheit von Rangstatistiken)
Für $P \in \mathcal{P}_c$ gilt:

1. $P(R = r) = \frac{1}{n!}$ *für alle* $r = (r_1, \ldots, r_n) \in \mathcal{S}_n$. R *ist gleichverteilt auf* $\mathcal{S}_n$, *insbesondere ist* R *verteilungsfrei für* $\mathcal{P}_c$.

2. $P(R_i = r_i) = \frac{1}{n}$ *für alle* $r_i \in \{1, \ldots, n\}$.

3. $P(R_i = r_i, R_j = r_j) = \frac{1}{n(n-1)}$ *für alle* $r_i, r_j \in \{1, \ldots, n\}$, $r_i \neq r_j$.

4. R *und* T *sind stochastisch unabhängig.*

Beweis:

1. Sei $A := \{x \in \mathbb{R}^n; \, x_1 < \ldots < x_n\}$ und $P = Q^{(n)} \in \mathcal{P}_c$. Dann gilt: $P(\cup_{\pi \in \mathcal{S}_n} \pi(A)) = 1$.

   Zum Beweis erhalten wir zunächst nach Fubini:

$$P(\{x \in \mathbb{R}^n; \, x_i = x_j\}) = Q^{(2)}(\{x \in \mathbb{R}^2; \, x_1 = x_2\})$$
$$= \int Q(\{x \in \mathbb{R}^2; \, x_1 = x_2\})_{x_2} \, dQ(x_2)$$
$$= \int Q(\{x_2\}) \, dQ(x_2)$$
$$= 0, \quad \text{da } Q \text{ stetig ist.}$$

   Also ergibt sich für alle $\pi \in \mathcal{S}_n$:

$$1 = P\left(\bigcup_{\pi \in SS_n} \pi(A) \right) = \sum_{\pi \in SS_n} P(\pi(A)) = n! P(A) = n! P(\{R = \pi\}).$$

   Daraus folgt die Behauptung.

2. Für alle $P \in \mathcal{P}_c$ gilt:

$$P(R_i = r_i) = \sum_{r = (r_1', \ldots, r_i, \ldots, r_n') \in \mathcal{S}_n} P(R_1 = r_1', \ldots, R_i = r_i, \ldots, R_n = r_n')$$
$$= \frac{1}{n!}(n-1)!$$
$$= \frac{1}{n}.$$

3. Der Beweis zu 3. ist analog zu dem zu 2..

4. Nach Satz 4.3.3 ist T (beschränkt) vollständig und suffizient für $\mathcal{P}_c$. Nach 1. ist R verteilungsfrei für $\mathcal{P}_c$. Aus Satz 4.2.25 von Basu folgt die Behauptung. $\square$

Wir zeigen nun die Bedeutung von verteilungsfreien Statistiken, wie z.B. der Rangstatistiken für die Konstruktion von Testverfahren. Wir behandeln exemplarisch ein nichtparametrisches Zweistichprobenproblem.

Beim **Zweistichprobenproblem** geht es um zwei Versuchsreihen, die eine mit n Wiederholungen, die nach der Verteilungsfunktion F verteilt sind, die zweite mit m Wiederholungen, nach G verteilt. Es ergibt sich folgendes Modell:

$$\mathfrak{X} = \mathbb{R}^n \times \mathbb{R}^m, \ \mathcal{P} = \left\{ P_F^{(n)} \times P_G^{(m)}; \ F \text{ und } G \text{ sind stetige Verteilungsfunktionen} \right\}.$$

Betrachte die Hypothese $\mathcal{P}_0 := \{ P_F^{(n)} \times P_F^{(m)}; F \text{ ist eine stetige Verteilungsfunktion} \}$, dass den Versuchsreihen die gleiche Verteilungsfunktion zu Grunde liegt, und mit einer Alternative $\mathcal{P}_1 \subset \mathcal{P} \setminus \mathcal{P}_0$.

Zur Konstruktion eines sinnvollen Tests für dieses Zweistichprobenproblem betrachten wir die zugehörigen empirischen Verteilungsfunktionen,

$$\widehat{F}_n(a) := \widehat{F}_{n,x}(a) := \frac{1}{n} \sum_{i=1}^{n} 1_{(-\infty,a)}(x_i),$$

$$\widehat{G}_m(a) := \widehat{G}_{m,y}(a) := \frac{1}{m} \sum_{i=1}^{m} 1_{(-\infty,a)}(y_i),$$

definiert zu Beobachtungsvektoren $(x, y) \in \mathfrak{X}$.

Nach dem Satz von Glivenko-Cantelli gilt, dass f.s. gleichmäßig in $a \in \mathbb{R}^1$:

$$\widehat{F}_n(a) \longrightarrow F(a) \quad \text{und} \quad \widehat{G}_m(a) \longrightarrow G(a).$$

Ist nun $\widehat{F}_n \approx \widehat{G}_m$, so ist also zu erwarten, dass auch $F \approx G$, und es ist naheliegend, sich für die Hypothese zu entscheiden. Um die Distanz zwischen den empirischen Verteilungsfunktionen zu messen, sind folgende Funktionen geeignet:

- **Kolmogorov-Smirnov-Statistik:**

$$T_{1,n,m} := T_1(x, y) := \sup_{a \in \mathbb{R}} \left| \widehat{F}_{n,x}(a) - \widehat{G}_{m,y}(a) \right|.$$

- **Cramér-von Mises-Statistik:**

$$T_{2,n,m} := T_2(x, y) := \int \left(\widehat{F}_{n,x}(a) - \widehat{G}_{m,y}(a) \right)^2 dW(a),$$

mit $W := \frac{1}{n+m} (n \widehat{F}_{n,x} + m \widehat{G}_{m,y})$, die empirische Verteilungsfunktion der gemeinsamen Stichprobe.

Lemma 4.3.9
T_1 und T_2 sind verteilungsfrei für die Hypothese $\mathcal{P}_0$.

Beweis: Seien $U_1, \ldots, U_n, V_1, \ldots, V_m$ unabhängige $R(0,1)$-verteilte Zufallsgrößen. Nach dem Simulationslemma folgt:

$$\left(F^{-1}(U_1), \ldots, F^{-1}(U_n), G^{-1}(V_1), \ldots, G^{-1}(V_m) \right) \sim P_F^{(n)} \otimes P_G^{(m)}.$$

Damit gilt für den Fall $F = G$

$$\left(P_F^{(n)} \otimes P_G^{(m)}\right)^{T_1} = P^{\sup_{a \in \mathbb{R}} \left| \frac{1}{n} \sum_{i=1}^n 1_{(-\infty,a]}(F^{-1}(U_i)) - \frac{1}{m} \sum_{i=1}^m 1_{(-\infty,a]}(G^{-1}(V_i)) \right|}$$

$$= P^{\sup_{a \in [0,1]} \left| \frac{1}{n} \sum_{i=1}^n 1_{[0,u]}(U_i) - \frac{1}{m} \sum_{i=1}^m 1_{[0,u]}(V_i) \right|}$$

Die Verteilung von T_1 ist unabhängig von F. Ähnlich sieht man, dass T_2 verteilungsfrei ist.

Definiert man für $m = n$ (oder $\frac{m}{n} \to \lambda \in (0,1)$) $P_n := P^{\sqrt{n}T_{1,n,m}}$. Dann gilt:

$$P_n \xrightarrow{\mathcal{D}} P_0,$$

P_n konvergiert schwach gegen die Kolmogorov-Smirnov-Verteilung P_0 (bzw. P_λ). Analoge Überlegungen für T_2 ergeben Konvergenz gegen eine χ_2^2-Verteilung:

$$Q_n := P^{\sqrt{n}T_{2,n,n}} \xrightarrow{\mathcal{D}} \chi_2^2. \qquad\qquad \square$$

T_1 und T_2 sind auf der Hypothese $\mathcal{P}_0$ verteilungsfrei. Dieses erlaubt es die Hypothese $\mathcal{P}_0$ zu identifizieren und bietet damit die Möglichkeit $\mathcal{P}_0$ von $\mathcal{P} \setminus \mathcal{P}_0$ mittels der Teststatistiken T_i zu unterscheiden.

Ein auf der Statistik $T_{1,n,m}$ basierender Test ist der **Kolmogorov-Smirnov-Test**:

$$\varphi_{(n,m)}^1 = \begin{cases} 1 \\ 0 \end{cases} \quad \sqrt{n}\,T_{1,n,m} \begin{array}{c} > \\ \le \end{array} u_\alpha(\lambda)$$

mit $u_\alpha(\lambda) = F_{P_\lambda}^{-1}(1 - \alpha)$, dem α-Fraktil von P_λ. Dann gilt für $\frac{m}{n} \to \lambda$:

$$E_{P_{n,m}}\varphi_{(n,m)}^1 \to \alpha \quad \text{für alle } P_{n,m} \in \mathcal{P}_0 = \mathcal{P}_0(n,m),$$

$\varphi_{(n,m)}^1$ ist ein asymptotischer Test zu Niveau α.

Der ähnlich konstruierte auf $T_{2,n,m}$ basierende Test heißt **Cramér-von Mises-Test**.

Die Verteilungsfreiheit von T_i erlaubt es, die Hypothesen zu identifizieren und damit einen sinnvollen Test zu konstruieren.

Auf einer ähnlichen Idee basiert auch der **Wilcoxon-Zweistichproben-Rangtest**. Sei $S_1(z)$ die Teststatistik

$$S_1(z) := \sum_{j=1}^n R_{1,j}(z),$$

wobei $R_{1,j}(z)$ den Rang von x_j in der gemeinsamen Stichprobe $z = (x,y)$ beschreibt. Wegen der Beziehung

$$\sum_{i=1}^2 \sum_j R_{ij}(z) = \frac{(n+m)(n+m+1)}{2}$$

ist eine äquivalente Teststatistik

$$S_2(z) = \frac{1}{n} \sum_{i=1}^{n} R_{1j}(z) - \frac{1}{m} \sum_{j=1}^{m} R_{2j}(z),$$

d.h. $\{S_1 \geq k_1\} = \{S_2 \geq k_2\}$ für geeignete k_1, k_2.

S_1 und S_2 sind beide verteilungsfrei und erlauben daher ebenfalls die Identifizierung der Hypothese $\mathcal{P}_0$. S_2 ist asymptotisch normalverteilt, so dass approximative Fraktile der Normalverteilung verwendet werden können. Alle drei Tests haben spezifische Abweichungen von der Hypothese, die sie gut entdecken können. Mit dem Begriff der (asymptotischen) Effizienz werden in der asymptotischen Statistik die Richtungen (Abweichungen von der Hypothese) spezifiziert, für die die jeweiligen Tests besonders gut geeignet sind. Kein Test ist universell für alle möglichen Abweichungen gut geeignet.

Kapitel 5

Schätztheorie

In diesem Kapitel soll in einige Methoden zur Konstruktion von 'guten' Schätzverfahren und deren Analyse eingeführt werden. Es gibt eine Reihe von unterschiedlichen Ansätzen zur Schätztheorie. Aus der Entscheidungstheorie motiviert sind Ansätze, die versuchen in geeignet restringierten Klassen von Schätzverfahren optimale Elemente zu finden, d.h. solche mit minimalen Risikofunktionen. Mögliche und sinnvolle Typen von Restriktionen sind z.B. **erwartungstreue Schätzer**, d.h. solche, für die $E_\vartheta d = g(\vartheta)$, $\forall \vartheta \in \Theta$ gilt. Die Schätzfunktion d soll keinen systematischen Bias aufweisen. Eine verwandte Form der Restriktion ist die auf **Median-unverfälschte** Schätzer, d.h.

$$g(\vartheta) \in \text{med}_\vartheta\, d, \quad \forall \vartheta \in \Theta,$$

der Parameterwert soll im Median des Schätzers liegen.

Teilweise werden auch (zusätzliche) Forderungen an die Form der Schätzer gestellt, z.B. äquivariante Schätzer, lineare, quadratische oder polynomielle Schätzer, lineare Ordnungsstatistiken u.a.

Es gibt eine Reihe von Schätzverfahren, die historisch und intuitiv gut motiviert sind, wie z.B. die Maximum-Likelihood-Methode, die Momentenmethode oder die teilweise entscheidungstheoretisch motiviert sind, wie z.B. Bayes- und Minimax-Schätzer (vgl. auch Kapitel 2.2).

Alle oben genannten Methoden haben ihre jeweiligen Anwendungsbereiche und sind im Rahmen der finiten Statistik nur schwer miteinander zu vergleichen. Erst durch Methoden der asymptotischen Statistik ist es möglich geworden, weitgehende Vergleiche dieser Schätzmethoden zu finden für 'große' Stichprobenumfänge, d.h. für $n \to \infty$. Der Grund, dass solche Vergleiche asymptotisch möglich werden liegt darin, dass basierend auf zentralen Grenzwertsätzen mit $n \to \infty$ die statistischen Experimente sich stark vereinfachen.

In diesen Limesexperimenten ist es möglich, mit Methoden der finiten Statistik 'optimale' Verfahren zu konstruieren und basierend hierauf 'approximativ optimale' Verfahren für $n \to \infty$ zu erhalten. Damit erhalten Methoden der finiten Statistik auch in diesem erweiterten asymptotischen Zusammenhang Bedeutung.

Wir behandeln in diesem Kapitel zunächst erwartungstreue Schätzer. Hier findet sich ein unmittelbarer Zusammenhang mit den Begriffen Suffizienz und Vollständigkeit aus Kapitel 4. Danach gehen wir auf einige weitere der oben genannten Schätzmethoden in knapperer Form ein. Äquivariante Schätzer in Lokations- und Skalenfamilien und in Linearen Modellen behandeln wir in Kapitel 8.

5.1   Erwartungstreue Schätzer

Zentrale Resultate dieses Abschnittes sind die Kovarianzmethode zur Charakterisierung optimaler erwartungstreuer Schätzer sowie die Sätze von Bahadur und Lehmann-Scheffé über die Konstruktion von optimalen Schätzern mit Hilfe von vollständigen und suffizienten Statistiken. Allgemeine Existenzaussagen optimaler Schätzer basieren auf der schwachen Kompaktheit (vgl. Satz 5.1.18). Die interessanten Charakterisierungen von optimalen Schätzern von Barankin und Stein (vgl. Satz 5.1.19) führen zu einfachen Konstruktionsverfahren und Fehlerschranken. Sie liefern auch Existenzaussagen über erwartungstreue Schätzer sowie Charakterisierungen von lokaler Optimalität.

Sei $g : \Theta \to \mathbb{R}$ eine zu schätzende reelle Parameterfunktion in dem statistischen Modell $\mathcal{P} = \{P_\vartheta;\ \vartheta \in \Theta\}$. Wir betrachten quadratischen Verlust $L(\vartheta, a) = (g(\vartheta) - a)^2$. Die Menge der deterministischen Schätzfunktionen $D := \{d : (\mathfrak{X}, \mathcal{A}) \to \mathbb{R}^1, \mathbb{B}^1)\}$ wird dann durch die Anforderung der Erwartungstreue eingeschränkt. Diese verlangt, dass im 'Mittel' ein Schätzer die zu schätzende Parameterfunktion $g(\vartheta)$ korrekt schätzt.

Definition 5.1.1 (Erwartungstreue Schätzer)
*a) $d \in D \cap \mathcal{L}^1(\mathcal{P})$ heißt **erwartungstreuer Schätzer** für g, wenn*

$$E_\vartheta d = g(\vartheta), \quad \forall \vartheta \in \Theta.$$

*$\widetilde{D}_g$ bezeichnet die Menge aller **erwartungstreuen Schätzer** für g.*

b) $D_g := \widetilde{D}_g \cap \mathcal{L}^2(\mathcal{P})$ ist die Menge aller erwartungstreuen Schätzer mit endlichem Risiko.

*c) Für den Spezialfall $g(\vartheta) = 0$, $\theta \in \Theta$ heißen die Elemente von $\widetilde{D}_0$, D_0 **Nullschätzer**.*

Das inhomogene lineare Gleichungssystem in der Definition erwartungstreuer Schätzer impliziert wie in der linearen Algebra die folgende Struktur der Lösungsmenge.

Proposition 5.1.2
Sei $d_0 \in \widetilde{D}_g$ resp. D_g, dann gilt:

$$\widetilde{D}_g = d_0 + \widetilde{D}_0 \quad resp.\ D_g = d_0 + D_0.$$

Beweis: Offensichtlich ist $d_0 + \widetilde{D}_0 \subset \widetilde{D}_g$. Wenn $d \in \widetilde{D}_g$, dann folgt $d - d_0 \in \widetilde{D}_0$
$\Rightarrow d = d_0 + (d - d_0) \in d_0 + \widetilde{D}_0$. $\qquad\square$

Die Frage nach der erwartungstreuen Schätzbarkeit von Funktionen g ist i.A. schwer zu beantworten. Für manche natürlich erscheinenden Parameterfunktionen existieren keine, wenige oder auch nur skurrile erwartungstreue Schätzer.

Beispiel 5.1.3
a) Binomial-Modell, Bernoulli-Modell
Sei $\mathcal{P}_1 = \{P_\vartheta = \mathcal{B}(n, \vartheta);\ \vartheta \in \Theta = (0,1)\}$ ein **Binomial-Modell**, dann gilt

$g : (0,1) \to \mathbb{R}$ ist genau dann erwartungstreu schätzbar, d.h. $\widetilde{D}_g \neq \emptyset$,

wenn g ein Polynom vom Grad $\leq n$ ist.

Beweis: „$\Rightarrow$" Sei $d \in \widetilde{D}_g$, dann folgt

$$g(\vartheta) = E_\vartheta d = \sum_{k=0}^{n} d(k) \binom{n}{k} \vartheta^k (1 - \vartheta)^{n-k}, \quad \vartheta \in (0,1),$$

d.h. g ist ein Polynom vom Grad $\leq n$.

„$\Leftarrow$" Es reicht zu zeigen, dass die Monome $g_r(\vartheta) = \vartheta^r$, $0 \leq r \leq n$ schätzbar sind. Mit $q := 1 - \vartheta$, $\varrho = \frac{\vartheta}{q} \in \mathbb{R}_+$ gilt $\vartheta = \frac{\varrho}{1+\varrho}$, $q = \frac{1}{1+\varrho}$. Damit gilt

$$d_r \in \widetilde{D}_{g_r} \Leftrightarrow \vartheta^r = \frac{\varrho^r}{(1+\varrho)^r} = g_r(\vartheta) = \sum_{k=0}^{n} d_r(k) \binom{n}{k} \frac{\varrho^k}{(1+\varrho)^n}$$

$$\Leftrightarrow \varrho^r (1+\varrho)^{n-r} = \varrho^r \sum_{k=0}^{n-r} \binom{n-r}{k} \varrho^k = \sum_{k=0}^{n} d_r(k) \binom{n}{k} \varrho^k$$

$$\Leftrightarrow \sum_{k=0}^{n} \binom{n}{k} d_r(k) \varrho^k = \sum_{k=r}^{n} \binom{n-r}{n-k} \varrho^k.$$

Durch Koeffizientenvergleich ergibt sich als eindeutige Lösung

$$d_r(k) = \begin{cases} 0, & k = 0, \ldots, r-1, \\ \binom{n-r}{n-k} / \binom{n}{k}, & k = r, \ldots, n. \end{cases}$$

Speziell für die Varianz $g(\vartheta) = n\vartheta(1 - \vartheta)$ ergibt sich als erwartungstreuer Schätzer

$$d(k) = \frac{k(n-k)}{n-1}. \qquad\square$$

Im **Bernoulli-Modell** $\mathcal{P}_2 = \{P_\vartheta = \mathcal{B}(1, \vartheta)^{(n)};\ \vartheta \in \Theta = (0,1)\}$ ergibt sich dieselbe Klasse von erwartungstreu schätzbaren Funktionen – die Menge aller Polynome vom Grad $\leq n$.

Beweis: Offensichtlich ist $D_g(\mathcal{P}_1) \subset D_g(\mathcal{P}_2)$. Ist umgekehrt $d \in D_g(\mathcal{P}_2)$, dann ist auch $\tilde{d} := E_\bullet(d \mid T) \in D_g(\mathcal{P}_2)$ mit $T(x) = \sum_{i=1}^{n} x_i$. Da für $P_\vartheta \in \mathcal{P}_2$, $P_\vartheta^T = \mathcal{B}(n, \vartheta)$ und da $\tilde{d} = h \circ T$, folgt $h \in D_g(\mathcal{P}_1)$. $\qquad\square$

Im Bernoulli-Modell ist aber die Auswahlmöglichkeit von erwartungstreuen Schätzern größer.

b) **Poissonverteilung**

Sei für $\vartheta \in \Theta = \mathbb{R}_+$, $P_\vartheta = \mathcal{P}(\vartheta)$ die Poissonverteilung mit Parameter ϑ,

$$P_\vartheta(\{k\}) = \begin{cases} e^{-\vartheta} \frac{\vartheta^k}{k!}, & k \in \mathbb{N}_0, \\ 0, & \text{sonst.} \end{cases}$$

$\mathcal{P}$ beschreibt z.B. die Anzahl der Unfälle in einer Stadt pro Woche. Sei z.B. $g(\vartheta) = e^{-3\vartheta}$ die Wahrscheinlichkeit, dass in drei (unabhängigen) Wochen kein Unfall geschieht. Dann gilt:

$$d \in D_g \Leftrightarrow e^{-3\vartheta} = \sum_{k=0}^{\infty} d(k) e^{-\vartheta} \frac{\vartheta^k}{k!}, \quad \vartheta \in \mathbb{R}_+,$$

$$\Leftrightarrow e^{-2\vartheta} = \sum_{k=0}^{\infty} (-2)^k \frac{\vartheta^k}{k!} = \sum_{k=0}^{\infty} \frac{d(k)}{k!} \vartheta^k, \quad \vartheta \in \mathbb{R}_+$$

$$\Leftrightarrow d(k) = (-2)^k, \quad k \in \mathbb{N}_0, \quad \text{Koeffizientenvergleich.}$$

Nur ein offensichtlich unsinniger Schätzer ist erwartungstreu.

c) **Kernfunktionale, U-Statistiken**

Sei $\mathcal{P} = \{P^{(n)}; \; P \in \Theta \subset M^1(\mathbb{R}^+, \mathbb{B}^+)\}$ und für $m \leq n$ sei $h : (\mathbb{R}^m, \mathbb{B}^m) \to (\mathbb{R}^1, \mathbb{B}^1)$ ein **Kern** vom Grad m. Dann ist das zugehörige **Kernfunktional vom Grad m**, $g : \Theta \to \mathbb{R}$, $g(P) = \int h \, dP^{(m)}$ für $h \in \mathcal{L}^1(P)$ erwartungstreu schätzbar. Wir fassen h formal als Funktion von n Variable auf und können durch Symmetrisierung o.E. annehmen, dass h symmetrisch ist, d.h. $h = h \circ T$ ist eine Funktion der Ordnungsstatistik $T(x) = x_{(\;)}$.

Ein kanonischer erwartungstreuer Schätzer für das Kernfunktional g ist die **U-Statistik**

$$U_n(x) := \frac{1}{\binom{n}{m}} \sum_{\substack{S \subset \{1,\ldots,n\} \\ |S| = m}} h(x_S)$$

mit $S = \{i_1, \ldots, i_m\}$, $x_S = (x_{i_1}, \ldots, x_{i_m})$.

Ist z.B. $g(P) = \mathrm{Var}(P) = \int (x - \int x \, dP(x))^2 \, dP(x)$ die Varianz von P. Dann gilt mit dem Kern vom Grad 2: $h(x_1, x_2) = \frac{1}{2}(x_1 - x_2)^2$

$$\int h \, dP^{(2)} = \mathrm{Var}(P) = g(P),$$

d.h. g ist ein Kernfunktional vom Grad 2.

Die zugehörige U-Statistik ist

$$U_n(x) = \frac{2}{n(n-1)} \sum_{i<j} h(x_i, x_j)$$

$$= \frac{1}{n-1} \sum_{i=1}^{n} (x_i - \overline{x}_n)^2,$$

d.h. U_n ist die **Stichprobenvarianz**, ein Standardschätzer für das Varianz-funktional.

Bemerkung 5.1.4 (Anwendbarkeit des Prinzips erwartungstreuer Schätzer) *Wie etwa in Beispiel 5.1.3 a) und b) zeigen, ist das Prinzip der Einschränkung auf erwartungstreue Schätzer nicht immer sinnvoll. Dieses führte nach einer stürmischen Entwicklung der Theorie erwartungstreuer Schätzer in 50er–70er Jahren zu einer 'Ernüchterung' und Ablehnung dieses Prinzips, da es zu wenig als allgemeines Schätzprinzip gelten könne. Mit folgender Erweiterung des Prinzips erwartungstreuer Schätzer lässt sich jedoch diesem Einwand begegnen.*

Reguläre (differenzierbare) Funktionale $g : \mathcal{P} \to \mathbb{R}$ – dies sind die in der asymptotischen Statistik typischerweise verwendeten Schätzfunktionale – kann man in der Umgebung eines Punktes $P \in \mathcal{P}$ (lokal) durch Kernfunktionale g'_P approximieren, d.h.

$$g(Q) \approx g(P) + g'_P(Q - P).$$

Die Kernfunktionale $g'_P(Q - P)$ als Funktion von Q lassen sich aber gut erwartungstreu durch U-Statistiken $U_{n,P}$ schätzen (vgl. Beispiel 5.1.3c)).

Verwendet man nun einen konsistenten Schätzer $\widehat{P}_n$ (nichtparametrisch oder parametrisch) für den Aufpunkt P, dann erweist sich der auf dem erweiterten Prinzip der Erwartungstreue basierende plug-in-Schätzer

$$\widehat{d}_n = g(\widehat{P}_n) + U_{n, \widehat{P}_n}$$

unter allgemeinen Bedingungen als asymptotisch 'effizienter' Schätzer für g. (Für Details und Beispiele vgl. Rüschendorf (1985, 1987).)

Sei für $\vartheta_0 \in \Theta$

$$\widetilde{D}_g(\vartheta_0) = \widetilde{D}_g \cap \mathcal{L}^2(P_{\vartheta_0})$$

die Menge der erwartungstreuen Schätzer mit endlichem Risiko in ϑ_0 (bzgl. der quadratischen Verlustfunktion).

Definition 5.1.5 (Optimale erwartungstreue Schätzer)
a) $d^* \in D_g$ heißt gleichmäßig bester erwartungstreuer Schätzer für g (gleichmäßig minimal für g), wenn für alle $\vartheta \in \Theta$, $d \in D_g$ gilt

$$E_\vartheta(d^* - g(\vartheta))^2 \leq E_\vartheta(d - g(\vartheta))^2.$$

*b) $d^* \in \widetilde{D}_g(\vartheta_0)$ heißt **lokal optimal** in $\vartheta \in \Theta$ (bzgl. $\widetilde{D}_g(\vartheta)$), wenn für alle $d \in$
$\widetilde{D}_g(\vartheta)$ gilt*

$$E_\vartheta(d^* - g(\vartheta))^2 \le E_\vartheta(d - g(\vartheta))^2.$$

Im Unterschied zu gleichmäßig minimalen Schätzern wird für lokal minimale Schätzer die größere Klasse $\widetilde{D}_g(\vartheta)$ zum Vergleich zugelassen.

Die Optimalität von erwartungstreuen Schätzern lässt sich mit der Kovarianzmethode charakterisieren.

Satz 5.1.6 (Kovarianzmethode)
1) $d^* \in \widetilde{D}_g(\vartheta_0)$ ist lokal optimal in $\vartheta_0 \in \Theta \Leftrightarrow \mathrm{Cov}_{\vartheta_0}(d^*, d_0) = 0, \quad \forall d_0 \in \widetilde{D}_0(\vartheta_0)$

2) $d^* \in D_g$ ist gleichmäßig minimal für g bzgl. D_g

$$\Leftrightarrow \quad \forall \vartheta \in \Theta \text{ und } \forall d_0 \in D_0 \text{ gilt: } \quad \mathrm{Cov}_\vartheta(d^*, d_0) = 0, \quad \forall d_0 \in D_0.$$

Beweis: Wir geben den Beweis zu 2); der Beweis zu 1) ist analog.
"⇒" Sei $d^* \in D_g$ gleichmäßig minimal. Angenommen es ex. $\vartheta_0 \in \Theta$, $d_0 \in D_0$ mit
$\mathrm{Cov}_{\vartheta_0}(d^*, d_0) = E_{\vartheta_0} d_0 \neq 0$. Dann definiere $\lambda_0 := -\frac{E_{\vartheta_0} d^* d_0}{E_{\vartheta_0} d_0^2}$. Es gilt $d^* + \lambda_0 d_0 \in D_g$
und

$$\begin{aligned}
\mathrm{Var}_{\vartheta_0}(d^* + \lambda_0 d_0) &= E_{\vartheta_0}(d^* + \lambda_0 d_0)^2 - (g(\vartheta))^2 \\
&= \mathrm{Var}_{\vartheta_0}(d^*) - \frac{(E_{\vartheta_0} d^* d_0)^2}{E_{\vartheta_0} d_0^2} < \mathrm{Var}_{\vartheta_0} d
\end{aligned}$$

im Widerspruch zur Annahme, dass d^* gleichmäßig minimal ist.
"⇐" Sei nun umgekehrt $d \in D_g$ orthogonal zu D_0, d.h.

$$\mathrm{Cov}_\vartheta(d, d_0) = 0, \quad \forall d_0 \in D_0, \forall \vartheta \in \Theta.$$

Für $h \in D_g$ ist dann $d - h \in D_0$ also

$$E_\vartheta(d - h)d = 0, \quad \forall \vartheta \in \Theta.$$

Daraus folgt aber nach Cauchy-Schwarz

$$E_\vartheta d^2 = E_\vartheta dh \le \left(E_\vartheta d^2\right)^{1/2} \left(E_\vartheta h^2\right)^{1/2}, \quad \vartheta \in \Theta$$

Dieses impliziert dass $E_\vartheta d^2 \le E_\vartheta h^2$, $\vartheta \in \Theta$, also

$$\mathrm{Var}_\vartheta d \le \mathrm{Var}_\vartheta h, \quad \forall \vartheta \in \Theta.$$

Also ist d gleichmäßig minimal.   □

Bemerkung 5.1.7
*a) **erweiterte Kovarianzmethode***
   Sei $\mathcal{F} \subset D$ eine lineare Teilklasse aller Schätzfunktionen, z.B. lineare oder quadratische Schätzer, äquivariante Schätzer, $\mathcal{B}$-messbare Schätzer, Schätzer mit endlichem Integral bzgl. einer konvexen Funktion h o.Ä. Dann gilt folgende erweiterte Version der Kovarianzmethode.

Korollar 5.1.8 (erweiterte Kovarianzmethode)
1) $d^* \in D_g \cap \mathcal{F}$ ist gleichmäßig minimal für g bzgl. $D_g \cap \mathcal{F}$,

$$\Leftrightarrow \quad \mathrm{Cov}_{\vartheta_0}(d^*, d_0) = 0, \quad \forall \vartheta \in \theta, \forall d_0 \in D_0 \cap \mathcal{F}.$$

2) $d^* \in \tilde{D}_g(\vartheta_0) \cap \mathcal{F}$ ist lokal minimal in ϑ_0 für g bzgl. $D_g \cap \mathcal{F}$,

$$\Leftrightarrow \quad \mathrm{Cov}_{\vartheta_0}(d^*, d_0) = 0, \quad \forall d_0 \in \tilde{D}_0(\vartheta_0) \cap \mathcal{F}.$$

b) Als Konsequenz der Kovarianzmethode ergeben sich folgende Strukturaussagen für (gleichmäßig) minimale Schätzer (jeweils für ihren Erwartungswert $g(\vartheta) = E_\vartheta d$):

1) Sind d_1, d_2 gleichmäßig minimal, dann sind auch $\alpha_1 d_1 + \alpha_2 d_2$ gleichmäßig minimal.

2) Sind d_n gleichmäßig minimal, $n \in \mathbb{N}$ und gilt $d_n \xrightarrow{L^2(P)} d, \forall P \in \mathcal{P}$, dann ist d gleichmäßig minimal.

3) Sind d_i gleichmäßig minimal und beschränkt, $1 \le i \le k$, dann ist auch $\prod_{i=1}^{k} d_i$ gleichmäßig minimal.

Beispiel 5.1.9 (Taxibeispiel)
Sei $\mathfrak{X} = \mathbb{N}$, $\Theta = \{n \in \mathbb{N}; n \ge M\}$, $P_n = \frac{1}{n} \sum_{i=1}^{n} \delta_{\{i\}}$ die Gleichverteilung auf $\{1, \dots, n\}$ und $g(n) = n$. In einer Stadt befinden sich eine unbekannte Anzahl $n \ge M$ von Taxis. Aufgrund einer Beobachtung eines zufällig ausgewählten Taxis (mit Nummer k) schätze die Anzahl n aller Taxis. Sei allgemein $g : \Theta \to \mathbb{R}$ eine zu schätzende Funktion.

$$\text{Sei} \qquad d^*(i) := \begin{cases} g(M), & i \le M, \\ ig(i) - (i-1)g(i-1), & i > M, \end{cases}$$

dann gilt $d^* \in D_g$ und d^* ist gleichmäßig minimal.

Beweis:

1) Für $n \ge M$ gilt

$$E_n d^* = \frac{1}{n} \sum_{i=1}^{n} d^*(i) = \frac{1}{n} M g(M) + \frac{1}{n} \sum_{i=M+1}^{n} (ig(i) - (i-1)g(i-1))$$

$$= g(n); \qquad \text{also ist } d^* \in D_g.$$

2)
$$d_0 \in D_0 \Leftrightarrow \begin{cases} d_0(i) = 0, & i \ge M+1, \\ \sum_{i=1}^{M} d_0(i) = 0; \end{cases}$$

dieses ergibt sich direkt durch Nachrechnen.

3) Ist $d_0 \in D_0$, dann folgt

$$E_n d^* d_0 = \frac{1}{n} \sum_{i=1}^{n} d^*(i) d_0(i) = \frac{1}{n} \sum_{i=1}^{M} d^*(i) d_0(i), \quad \text{da } d_0(i) = 0 \text{ für } i \geq M+1,$$

$$= \frac{g(M)}{n} \sum_{i=1}^{M} d_0(i) = 0 \quad \text{nach 2)}.$$

Nach der Kovarianzmethode folgt also dass d^* gleichmäßig minimal ist.

Für unser Taxibeispiel mit $g(n) = n$ ist also $d^*(i) = \begin{cases} M, & \text{für } i \leq M, \\ 2i - 1, & \text{für } i \geq M+1, \end{cases}$

gleichmäßig minimal. $\square$

Mit Hilfe von suffizienten Statistiken lassen sich erwartungstreue Schätzer verbessern.

Lemma 5.1.10
Sei $P \in M^1(\mathfrak{X}, \mathcal{A})$ und $\mathcal{B} \subset \mathcal{A}$. Zu $d \in \mathcal{L}^1(\mathfrak{X}, \mathcal{A}, P)$ definiere $d^* := E(d \mid \mathcal{B})$. Dann gilt

$$\text{Var}(d) = \text{Var}(d^*) + E(d - d^*)^2.$$

Beweis: Nach der Glättungsregel für bedingte Erwartungswerte gilt $Ed = Ed^*$. Sei o.E. $Ed = 0$, dann folgt

$$Ed^2 = E(d - d^* + d^*)^2$$
$$= E(d - d^*)^2 + E(d^*)^2 + 2E(d - d^*)d^*.$$

Es gilt aber

$$Edd^* = EE(dd^* \mid \mathcal{B})$$
$$= Ed^* E(d \mid \mathcal{B}) \quad \text{da } d^* \in \mathcal{L}(\mathcal{B})$$
$$= E(d^*)^2.$$

Daraus folgt die Behauptung. $\square$

Ist $\mathcal{B} \subset \mathcal{A}$ eine suffiziente Unter-σ-Algebra für $\mathcal{P}$, so ist der bedingte Erwartungswert $E_P(d \mid \mathcal{B}) = E_\bullet(d \mid \mathcal{B})$ unabhängig von $P \in \mathcal{P}$ wählbar. Als Konsequenz ergibt sich die folgende Rao-Blackwell-Verbesserung.

Satz 5.1.11 (Rao-Blackwell-Verbesserung)
Sei $d \in \tilde{D}_g$ und $\mathcal{B} \subset \mathcal{A}$ eine suffiziente Unter-σ-Algebra. Definiere die Rao-Blackwell-Verbesserung $d^* := E_\bullet(d \mid \mathcal{B})$. Dann gilt:

1. $d^* \in \tilde{D}_g$

2. $\text{Var}_\vartheta d^* \leq \text{Var}_\vartheta d$, $\forall \vartheta \in \Theta$, d.h. d^* ist besser als d, $d^* \preceq d$.

Beweis:
1. Mit Hilfe der Glättungsregel für bedingte Erwartungswerte gilt für $\vartheta \in \Theta$:

$$\mathrm{E}_\vartheta d^* = \mathrm{E}_\vartheta \mathrm{E}_{\scriptscriptstyle\bullet}(d \mid \mathcal{B}) = \mathrm{E}_\vartheta \mathrm{E}_\vartheta(d \mid \mathcal{B}) = \mathrm{E}_\vartheta d = g(\vartheta).$$

Also ist $d^* \in \widetilde{D}_g$.

2. Die Aussage ergibt sich aus Lemma 5.1.10 und

$$\mathrm{E}_P(d \mid \mathcal{B}) = \mathrm{E}_{\scriptscriptstyle\bullet}(d \mid \mathcal{B}), \quad \forall P \in \mathcal{P}. \qquad \square$$

Für folgende Eindeutigkeitsaussagen verwenden wir die Bezeichnung

$$d \sim d^* \Leftrightarrow d \sim_{\mathcal{P}} d^* \Leftrightarrow d = d^* \; [P_\vartheta] \text{ für alle } \vartheta \in \Theta.$$

Eine Erweiterung von Lemma 5.1.10 liefert die

Bemerkung 5.1.12 (Bedingte Jensensche Ungleichung)
*Sei X eine reelle Zufallsvariable und $\varphi : \mathbb{R} \to \mathbb{R}$ eine konvexe Funktion. Seien X
und $\varphi(X)$ integrierbar und $\mathcal{B} \subset \mathcal{A}$ eine Unter-σ-Algebra. Dann gilt:*

$$\mathrm{E}(\varphi(X)|\mathcal{B}) \geq \varphi(\mathrm{E}(X|\mathcal{B})) \quad \textit{fast sicher.}$$

*Damit ist die Rao-Blackwell-Verbesserung eine Verbesserung für alle konve-
xen Verlustfunktionen $L(a - g(\vartheta))$.*

Ist die suffiziente Unter-σ-Algebra $\mathcal{B} \subset \mathcal{A}$ auch vollständig, dann ist die
Rao-Blackwell-Verbesserung gleichmäßig minimal.

Satz 5.1.13 (Satz von Lehmann-Scheffé)
*Sei $\mathcal{B} \subset \mathcal{A}$ suffizient und $\mathcal{L}^2(\mathcal{P})$-vollständig und $d \in D_g$. Dann ist die Rao-
Blackwell-Verbesserung $d^* = \mathrm{E}_{\scriptscriptstyle\bullet}(d \mid \mathcal{B})$ gleichmäßig bester erwartungstreuer Schät-
zer für g.*

Beweis: Zu zeigen ist $d^* \preceq d_1$, für alle $d_1 \in D_g$.
Nach dem Satz von Rao-Blackwell folgt

$$\widetilde{d} := \mathrm{E}_{\scriptscriptstyle\bullet}(d_1|\mathcal{B}) \in D_g \text{ und } \widetilde{d} \preceq d_1.$$

Da $\widetilde{d}$ und d erwartungstreu für g sind, ergibt sich für alle $\vartheta \in \Theta$

$$\int (\widetilde{d} - d^*) \, dP_\vartheta = 0$$

und damit, wegen der Vollständigkeit von $\mathcal{B}$

$$\widetilde{d} = d^* \; [\mathcal{P}], \quad \text{d.h. } \widetilde{d} \sim_{\mathcal{P}} d^*.$$

Folglich ist $d^* = \tilde{d} \preceq d_1$, das heißt d^* ist $\mathcal{P}$-fast-sicher gleich $\tilde{d}$, und damit ist d^* besser als d_1. $\qquad\qquad\qquad\qquad\qquad\qquad\qquad\qquad\qquad\qquad\qquad\qquad\qquad\quad$ $\square$

Die folgende Umformulierung des Satzes von Lehmann-Scheffé ist oft einfacher anzuwenden.

Korollar 5.1.14
Sei $\mathcal{B} \subset \mathcal{A}$ suffizient und $\mathcal{L}^2(\mathcal{P})$-vollständig und sei $d^* \in \mathcal{L}^2(\mathcal{B},\mathcal{P}) \cap D_g$. Dann ist d^* ein gleichmäßig bester erwartungstreuer Schätzer für g.

Der Satz von Lehmann-Scheffé, Satz 5.1.6 und Korollar 5.1.14 liefern ein Verfahren, einen gleichmäßig besten erwartungstreuen Schätzer zu finden.

Beispiel 5.1.15
a) **stetiges Taxibeispiel**
Sei $(\mathfrak{X},\mathcal{A}) = (\mathbb{R}^n_+,\mathbb{B}^n_+)$, $\Theta = \mathbb{R}_+$, $P_\vartheta = \otimes_{i=1}^n U(0,\vartheta)$, $\vartheta \in \mathbb{R}_+$ und $g(\vartheta) = \vartheta$. Basierend auf n unabhängigen Beobachtungen einer gleichverteilten Zufallsvariablen in $[0,\vartheta]$ soll die unbekannte Größe ϑ geschätzt werden. Es gilt mit $g_\vartheta(x_i) = \frac{1}{\vartheta}1_{[0,\vartheta]}(x_i)$, $\mu = \lambda^n_+|_{\mathbb{R}^n_+}$

$$f_\vartheta(x) = \prod_{i=1}^n g_\vartheta(x_i) = \frac{1}{\vartheta^n}1_{[0,\vartheta]}(\max x_i).$$

Nach dem Neyman-Kriterium ist $T(x) = \max x_i$ suffizient für $\mathcal{P}$. Es ist

$$P_\vartheta(T \le t) = P_\vartheta(\max_{i \le n} x_i \le t)$$

$$= \prod_{i=1}^n P_\vartheta(x_i \le t) = \begin{cases} \left(\frac{t}{\vartheta}\right)^n, & t \in [0,\vartheta], \\ 1, & t > \vartheta. \end{cases}$$

$$\text{Daraus folgt: } f_\vartheta^T(t) = \begin{cases} n\left(\frac{t}{\vartheta}\right)^{n-1}, & t \in [0,\vartheta], \\ 0, & \text{sonst.} \end{cases}$$

Behauptung 1: T ist vollständig für $\mathcal{P}$
Zum Beweis sei $g \in \mathcal{L}^1(\mathcal{P}^T)$ und $E_\vartheta g \circ T = 0$, $\vartheta \in \Theta$. Dann folgt

$$\int_{[0,1]} g(t)n\left(\frac{t}{\vartheta}\right)^{n-1} dt = 0, \qquad \forall \vartheta \in \Theta$$

und damit $\quad \int_{[0,\vartheta]} g_+(t)t^{n-1}\,d\lambda(t) = \int_{[0,\vartheta]} g_-(t)t^{n-1}\,d\lambda(t), \qquad \forall \vartheta \in \mathbb{R}_+.$

Wegen der Eindeutigkeit der Dichten von Maßen folgt $g_+ = g_-$ $[\lambda_+]$ und daher $g = 0$ $[\lambda_+]$.

Behauptung 2: $d^* := \frac{n+1}{n}T$ ist gleichmäßig minimal für g

Beweis: Es ist $E_\vartheta d^* = \dfrac{n+1}{n} \displaystyle\int_0^\vartheta t \dfrac{n}{\vartheta^n} t^{n-1}\, dt$

$$= \dfrac{n+1}{\vartheta^n} \int_0^\vartheta t^n\, dt = \vartheta, \qquad \vartheta \in \Theta.$$

Also ist d^* erwartungstreuer Schätzer für ϑ. Nach Lehmann-Scheffé (Korollar 5.1.14) folgt die Behauptung.

b) Im diskreten **Taxibeispiel** mit wiederholten Beobachtungen $\mathcal{P} = \{P_N^{(n)}; \ N \in \Theta = \mathbb{N}\}$, P_N Laplace-Verteilung auf $\{1, \ldots, N\}$, $g(N) = N$ (vgl. Beispiel 5.1.9) ergibt sich analog zu a) $T(x) = \max_{1 \le i \le n} x_i$ ist vollständig und suffizient für $\mathcal{P}$. Mit

$$h^*(t) := \dfrac{t^{n+1} - (t-1)^{n+1}}{t^n - (t-1)^n}$$

ist $d^* = h^* \circ T \in D_g$ und d^* ist gleichmäßig minimal.

Es gilt $h^*(t) \sim \frac{n+1}{n} t$. Ist $n = 1$ und $t = T(x) = 20$, dann ist $d^*(x) = h^*(t) = 39$; ist $n = 2$ und $t = T(x) = 20$ dann ist $d^*(x) = h^*(t) \approx 29$.

c) **Normalverteilungsmodell** Sei $\mathcal{P} := \{P_\vartheta; \ \vartheta = (\mu, \sigma^2) \in \Theta := \mathbb{R} \times \mathbb{R}_+\}$ mit $P_\vartheta := N(\mu, \sigma^2)^{(n)}$. Wie schon gezeigt wurde, ist $T(x) := (\sum_{i=1}^n x_i, \sum_{i=1}^n x_i^2)$ vollständig und suffizient. Damit gilt nach Lehmann-Scheffé:

1. Für $g_1(\vartheta) := \mu$ ist das arithmetische Mittel $d_1^*(x) := \frac{1}{n} \sum_{i=1}^n x_i \in D_{g_1}$ gleichmäßig minimal.

2. Für $g_2(\vartheta) := \sigma^2$ ist die Stichprobenvarianz $d_2^*(x) := \frac{1}{n-1} \sum_{i=1}^n (x_i - \overline{x})^2 \in D_{g_2}$ gleichmäßig minimal.

Der Schätzer $d_3^*(x) := \frac{1}{n} \sum_{i=1}^n (x_i - \overline{x})^2$ ist nicht erwartungstreu, $d_3^* \notin D_{g_2}$, aber es gilt:

$$d_3^* \preceq d_2^*.$$

Ein gleichmäßig bester erwartungstreuer Schätzer muss also nicht zulässig sein.

d) **Kernfunktionale** Sei $\mathcal{P} \subset \mathcal{P}_c = \{P^{(n)}; \ P \in M^1(\mathbb{R}, \mathbb{B})\}$ eine 'große' Teilklasse so, dass die Ordnungsstatistik $T(x) = x_{(\ )}$ vollständig und suffizient für $\mathcal{P}$ ist (vgl. Beispiel 5.1.3c)). Weiter sei $h : \mathbb{R}^m \to \mathbb{R}$ ein messbarer symmetrischer Kern vom Grad m, so dass $h \in \mathcal{L}^1(\mathcal{P})$. Zur Schätzung des Funktionals $g(P) := \int h\, dP^{(m)}$ verwenden wir die zugehörige U-Statistik:

$$U_n(x) = \dfrac{1}{\dbinom{n}{m}} \sum_{\substack{T \subset \{1, \ldots, n\} \\ |T| = m}} h(x_T),$$

wobei für $T = \{i_1, \ldots, i_m\}, x_T := (x_{i_1}, \ldots, x_{i_m})$.

Wegen der Symmetrie von h ist $U_n = U_n \circ T$ und damit $U_n \in \mathcal{L}^2(\mathcal{B}, \mathcal{P})$ mit $\mathcal{B} = \sigma(T)$. Da $E_{P^{(n)}}(U_n) = g(P)$ gilt, ist $U_n \in D_g$. Nach dem Satz von Lehmann-Scheffé (Satz 5.1.13) ist U_n daher gleichmäßig minimal in D_g.

Wählt man z.B. $g_2(P) = \mathrm{Var}(P) = \int \left(x - \int x\, dP \right)^2 dP(x)$ und $h(x_1, x_2) :=$ $\frac{1}{2}(x_1 - x_2)^2$, so ist

$$\int h\, dP^{(2)} = \frac{1}{2} \mathrm{E}(X_1 - X_2)^2 = \frac{1}{2}(\mathrm{Var}X_1 + \mathrm{Var}X_2) = \mathrm{Var}(P) = g_2(P).$$

g ist darstellbar mit dem Kern h der Ordnung 2. Es ist die U-Statistik

$$U_n(x) = \frac{n}{n(n-1)} \sum_{i<j} h(x_i, x_j) = \frac{1}{n-1} \sum_{i=1}^{n} (x_i - \overline{x_n})^2 = s_n^2.$$

gleich der **Stichprobenvarianz** s_n^2. Nach Lehmann-Scheffé ist daher s_n^2 ein minimaler Schätzer für die Varianz in jedem solchen Modell $\mathcal{P}$.

Ebenso ist das **arithmetische Mittel** $d_1(x) = \overline{x}_n$ gleichmäßig minimaler Schätzer für den Erwartungswert $g_1(P) = \int x\, dP(x) = m_1(P)$ bzgl. $\mathcal{P}$.

Die **empirische Verteilungsfunktion**

$$\widehat{F}_n(t) = \frac{1}{n} \sum_{i=1}^{n} 1_{(-\infty, t]}(x_i) = \widehat{F}_{n,x}(t)$$

ist gleichmäßig minimal für die Verteilungsfunktion $g_t(P) = F_P(t)$.

Im Allgemeinen existieren keine gleichmäßig minimalen Schätzer. Im Folgenden zeigen wir, dass unter recht allgemeinen Bedingungen lokal minimale Schätzer existieren. Wir geben danach eine auf Barankin (1949) und Stein (1950) zurückgehende Methode an, um solche lokal optimalen Schätzer zu konstruieren. Für den Existenznachweis verwenden wir eine Kompaktheitsaussage für schwache Topologien aus der Funktionalanalysis.

Bemerkung 5.1.16 (Schwache Kompaktheit)
Sei $\mu \in M_\sigma(\mathfrak{X}, \mathcal{A})$ und $E := L^p(\mu)$, $1 < p < \infty$, dann hat nach dem Satz von Riesz jede stetige Linearform Ψ auf E die Form $\Psi(f) = \int fg\, d\mu$ mit $g \in F := L^q(\mu)$ und $\frac{1}{p} + \frac{1}{q} = 1$, q der konjugierte Index zu p.

Der Banachraum $E = L^p(\mu)$ ist reflexiv mit Dualraum $F = L^q(\mu)$. Auf $L^p(\mu)$ wird die schwache Konvergenz $f_\alpha \overset{w}{\to} f$ eingeführt durch die Konvergenz der stetigen Funktionale

$$\int f_\alpha g\, d\mu \to \int fg\, d\mu, \quad \forall g \in L^q(\mu).$$

*In der Topolgie der schwachen Konvergenz – der **schwachen Topologie** $\sigma(L^p, L^q)$ – gibt es mehr kompakte Teilmengen als in der Normtopologie. Dieses ist eine sehr nützliche Eigenschaft und erlaubt einfache Existenzbeweise. Die folgende Charakterisierung kompakter Mengen ist fundamental.*

Satz 5.1.17 (Satz von Pettis)
Eine Teilmenge $A \subset L^p(\mu)$ ist schwach kompakt
$\Leftrightarrow A$ *ist norm-beschränkt und A ist schwach abgeschlossen.*

Insbesondere existieren daher für stetige Funktionen F auf A Minima resp. Maxima.

Satz 5.1.18 (Existenz und Eindeutigkeit lokal optimaler Schätzer)
Sei $\vartheta_0 \in \Theta$ und $\mathcal{P} \ll P_{\vartheta_0}$, so dass $\frac{dP_\vartheta}{dP_{\vartheta_0}} \in L^2(P_{\vartheta_0})$, $\forall \vartheta \in \Theta$. Sei g ein erwartungs-treu schätzbares Funktional, d.h. $\widetilde{D}_g(\vartheta_0) \neq \emptyset$. Dann gilt

a) Es existiert ein in ϑ_0 lokal optimaler Schätzer $d^* \in \widetilde{D}_g(\vartheta_0)$.

b) d^* ist P_{ϑ_0} fast sicher eindeutig.

Beweis:
a) Nach Definition der lokalen Optimalität in Definition 5.1.5 gilt:

$$d^* \text{ ist lokal optimal in } \vartheta_0 \Leftrightarrow \mathrm{E}_{\vartheta_0}(d^*)^2 - (\mathrm{E}_{\vartheta_0}d^*)^2 = \inf_{d\in\widetilde{D}_g(\vartheta_0)} \mathrm{E}_{\vartheta_0}d^2 - (\mathrm{E}_{\vartheta_0}d)^2$$

$$\Leftrightarrow \mathrm{E}_{\vartheta_0}(d^*)^2 = \inf_{d\in\widetilde{D}_g(\vartheta_0)} \mathrm{E}_{\vartheta_0}d^2 =: \gamma$$

Nach Voraussetzung ist $\widetilde{D}_g(\vartheta_0) \neq \emptyset$. Mit $A_c := A_c(P_{\vartheta_0}) := \{f \in \mathcal{L}^2(P_{\vartheta_0}) : \mathrm{E}_{\vartheta_0}f^2 \leq c\}$ und $c > \inf_{d\in\widetilde{D}_g} d^2$ gilt:

$$d^* \in \widetilde{D}_g(\vartheta_0) \text{ ist lokal optimal in } \vartheta_0 \Leftrightarrow \mathrm{E}_{\vartheta_0}(d^*)^2 = \inf_{d\in\widetilde{D}_g(\vartheta_0)\cap A_c} \mathrm{E}_{\vartheta_0}d^2$$

Nach Definition ist

$$\widetilde{D}_g(\vartheta_0) \cap A_c = \bigcap_{\vartheta\in\Theta} \{f \in \mathcal{L}^2(P_{\vartheta_0}); \mathrm{E}_\vartheta f = g(\vartheta), \mathrm{E}_{\vartheta_0}f^2 \leq c\} \subset A_c \subset \mathcal{L}^2(P_{\vartheta_0}).$$

A_c ist schwach abgeschlossen und normbeschränkt:
Sei etwa $(x_\alpha) \subset A_c$ ein Netz in A_c, $x_\alpha \to x \in \mathcal{L}^2(P_{\vartheta_0})$ schwach, so konvergiert

$$\langle x_\alpha, x \rangle \to \langle x, x \rangle = \|x\|^2.$$

Nach der Cauchy-Schwarz-Ungleichung ist

$$|\langle x_\alpha, x \rangle| \leq \|x_\alpha\| \cdot \|x\| \leq \sqrt{c}\|x\|.$$

Hieraus ergibt sich $\|x\|^2 \leq \sqrt{c}\|x\|$ und somit $\|x\| \leq \sqrt{c}$, das heißt $x \in A_c$. Daher ist A_c schwach kompakt.
$\widetilde{D}_g(\vartheta_0)$ ist schwach abgeschlossen, denn sei $d_\alpha \in \widetilde{D}_g(\vartheta_0)$ und $d_\alpha \xrightarrow{w} d \in \mathcal{L}^2(P_{\vartheta_0})$, dann folgt

$$\langle d_\alpha, f_\vartheta \rangle = \int d_\alpha f_\vartheta \, dP_{\vartheta_0} = \int d_\alpha \, dP_\vartheta \to \int d \, dP_\vartheta,$$

also ist $\int d\, dP_\vartheta = g(\vartheta)$. Daraus ergibt sich, dass der Schnitt $\widetilde{D}_g(\vartheta_0) \cap A_c \neq \emptyset$ kompakt ist für alle $c > \inf_{d \in \widetilde{D}_g(\vartheta_0)} d^2 = \gamma$.

Das Mengensystem $\{\widetilde{D}_g(\vartheta_0) \cap A_c;\ c > \gamma\}$ hat die endliche $\cap$-Eigenschaft, endliche Durchschnitte sind nicht leer. Wegen der Kompaktheit folgt

$$A^* := \bigcap_{c > \gamma} \widetilde{D}_g(\vartheta_0) \cap A_c \neq \emptyset.$$

Sei $d^* \in A^*$ dann folgt, dass $E_{\vartheta_0}(d^*)^2 = \gamma$, d.h. d^* ist lokal minimal.

Alternativ lässt sich auch folgendes Argument verwenden:

Die Abbildung $A_c \cap \widetilde{D}_g(\vartheta_0) \xrightarrow{F} \mathbb{R}$, $d \to E_{\vartheta_0} d^2$ ist (nach obigem Argument) halbstetig nach unten (hnu), d.h. $\{d \in \widetilde{D}_g(\vartheta_0) \cap A_c : E_{\vartheta_0} d^2 \leq t\}$ ist abgeschlossen, $\forall t$. Daraus folgt, dass F sein Minimum auf der kompakten Menge $\widetilde{D}_g(\vartheta_0) \cap A_c$ annimmt.

b) Nach der Kovarianzmethode gilt:

$$d^* \text{ ist lokal optimal in } \vartheta_0 \Leftrightarrow d^* \perp d_0 \text{ in } L^2(P_{\vartheta_0}) \text{ für alle } d_0 \in \widetilde{D}_0(\vartheta_0)$$

Sind also d_1^* und d_2^* lokal optimal in ϑ_0, so folgt

$$E_{\vartheta_0}(d_1^* - d_2^*)^2 = E_{\vartheta_0} d_1^* \underbrace{(d_1^* - d_2^*)}_{\in \widetilde{D}_0(\vartheta_0)} - E_{\vartheta_0} d_2^* \underbrace{(d_1^* - d_2^*)}_{\in \widetilde{D}_0(\vartheta_0)} = 0$$

und daher $d_1^* = d_2^*\ [P_{\vartheta_0}]$. $\square$

Unter der Voraussetzung von Satz 5.1.18 lassen sich nun lokal optimale Schätzer mit Hilfe des folgenden Satzes von Barankin und Stein beschreiben und konstruieren.

Satz 5.1.19 (Satz von Barankin und Stein)
Sei $\vartheta_0 \in \Theta$, $\mathcal{P} \ll P_{\vartheta_0}$ und $\frac{dP_\vartheta}{dP_{\vartheta_0}} \in \mathcal{L}^2(P_{\vartheta_0})$ für $\vartheta \in \Theta$. Sei $d^* \in \widetilde{D}_g(\vartheta_0)$, dann gilt:

d^* ist lokal optimal in ϑ_0

$$\Leftrightarrow\ d^* \in \overline{\lin\left\{\frac{dP_\vartheta}{dP_{\vartheta_0}};\ \vartheta \in \Theta\right\}}^{\vartheta_0} \quad \text{mit dem Abschluss} \ \overline{}^{\vartheta_0} \text{ in } L^2(P_{\vartheta_0}).$$

Beweis: Es gilt

$$d_0 \in \widetilde{D}_0(\vartheta_0) \Leftrightarrow 0 = E_\vartheta d_0 = \int d_0 \frac{dP_\vartheta}{dP_{\vartheta_0}}\, dP_{\vartheta_0} = \left\langle d_0, \frac{dP_\vartheta}{dP_{\vartheta_0}} \right\rangle_{P_{\vartheta_0}}.$$

Daher ist $\widetilde{D}_0(\vartheta_0) = \bigcap_\vartheta \mathcal{L}_\vartheta^{\perp_{\vartheta_0}}$ mit $\mathcal{L}_\vartheta = \langle \frac{dP_\vartheta}{dP_{\vartheta_0}} \rangle$ der von $\frac{dP_\vartheta}{dP_{\vartheta_0}}$ erzeugte lineare Raum, wobei $\perp_{\vartheta_0}$ die Orthogonalität in $L^2(P_{\vartheta_0})$ bezeichnet.

Da für Unterräume H_i eines Hilbertraumes H gilt, dass

$$\left(\bigcap H_i^{\perp}\right)^{\perp} = \overline{\left\langle \bigcup H_i \right\rangle},$$

folgt mit der Kovarianzmethode:

$$d^* \text{ ist lokal optimal in } \vartheta_0$$

$$\Leftrightarrow d^* \in \left(\bigcap_\vartheta \mathcal{L}_\vartheta^{\perp \vartheta_0}\right)^{\perp \vartheta_0} = \overline{\text{lin}}^{\vartheta_0}\left\{\frac{dP_\vartheta}{dP_{\vartheta_0}};\ \vartheta \in \Theta\right\} =: \overline{L}_{\vartheta_0}. \qquad \square$$

Als Korollar zu Satz 5.1.19 ergibt sich

Korollar 5.1.20 (Optimale Schätzer und Projektionen)
Unter der Voraussetzung von Satz 5.1.19 gilt: Sei $d \in \widetilde{D}_g(\vartheta_0)$ und sei $d^* := \widehat{\pi}(d \mid \overline{L_{\vartheta_0}})$ die Projektion von d auf $\overline{\mathcal{L}_{\vartheta_0}}$ in $L^2(P_{\vartheta_0})$. Dann gilt:

$$d^* \in \widetilde{D}_g(\vartheta_0) \text{ und } d^* \text{ ist lokal minimal für } g.$$

Beweis: Es ist $d^* \in \widetilde{D}_g(\vartheta_0)$ da wegen der Projektionsgleichungen gilt:

$$E_\vartheta d^* = \int d^* f_\vartheta\, dP_{\vartheta_0} = \int d f_\vartheta\, dP_{\vartheta_0} - b(\vartheta) = g(\vartheta), \quad \vartheta \in \Theta.$$

Damit folgt die Aussage nach Satz 5.1.19. $\qquad \square$

Im Fall dass Θ endlich ist, lassen sich die Projektionen explizit bestimmen.

Korollar 5.1.21
Sei $\Theta = \{\vartheta_0, \ldots, \vartheta_m\}$, $\mathcal{P} \ll P_{\vartheta_0}$ mit $f_\vartheta = \frac{dP_\vartheta}{dP_{\vartheta_0}} \in L^2(P_{\vartheta_0})$. Sei $\widetilde{D}_g(\vartheta_0) \neq \emptyset$, sei $A := E_{\vartheta_0} T T^\top$ regulär für $T := (1, f_{\vartheta_1}, \ldots, f_{\vartheta_m})^\top$ und sei $c := (g(\vartheta_0), \ldots, g(\vartheta_m))^\top$. Dann gilt

a) $d^*(x) = c^\top A^{-1} T(x) \in \widetilde{D}_g(\vartheta_0)$ und d^* ist lokal optimal in ϑ_0.

b) $\text{Var}_{\vartheta_0}(d) \geq c^\top A^{-1} c - g^2(\vartheta_0)$, $\forall d \in \widetilde{D}_g(\vartheta_0)$.

Beweis:
a) Es ist $d^* \in \text{lin}\{f_\vartheta; \vartheta \in \Theta\} = \overline{\mathcal{L}_{\vartheta_0}}$ und weiter gilt

$$\begin{aligned}
(E_{\vartheta_i} d^*) &= (E_{\vartheta_0} d^* T_i) \\
&= (E_{\vartheta_0} T_i T^\top A^{-1} c) \quad \text{da } A \text{ symmetrisch} \\
&= (E_{\vartheta_0} T T^\top) A^{-1} c = c.
\end{aligned}$$

Damit folgt die Behauptung nach Korollar 5.1.20.

b) $\forall d \in \widetilde{D}_g(\vartheta_0)$ gilt:

$$\begin{aligned}
\mathrm{Var}_{\vartheta_0} d &\geq \mathrm{Var}_{\vartheta_0} d^* = E_{\vartheta_0}(d^*)^2 - g(\vartheta_0)^2 \\
&= E_{\vartheta_0} c^\top A^{-1} T T^\top A^{-1} c - g(\vartheta_0)^2 \\
&= c^\top A^{-1} c - g(\vartheta_0)^2.
\end{aligned}$$

$\square$

Bemerkung 5.1.22

a) *Unter den Voraussetzungen von Satz 5.1.19 sind in $\overline{\mathcal{L}}_{\vartheta_0}$ die in ϑ_0 lokal optimalen Schätzer. In $\bigcap_{j=1}^n \overline{\mathcal{L}}_{\vartheta_j}$ finden wir die lokal optimalen Schätzer in $\vartheta_1, \ldots, \vartheta_n$. In $\bigcap_{\vartheta \in \Theta} \overline{\mathcal{L}}_\vartheta$ sind unter den Voraussetzungen von Satz 5.1.19 die gleichmäßig optimalen Schätzer. Existiert eine vollständig suffiziente σ-Algebra $\mathcal{B}$, dann gilt nach dem Satz von Lehmann-Scheffé (siehe Satz 5.1.13)*

$$\bigcap_{\vartheta \in \Theta} \overline{\mathcal{L}}_\vartheta = \mathcal{L}^2(\mathcal{B}, \mathcal{P}).$$

b) *Es habe für ein signiertes Maß λ auf $(\Theta, \mathcal{A}_\Theta)$ die zu schätzende Funktion g eine Darstellung der Form*

$$g(\vartheta_1) = \int \langle f_\vartheta, f_{\vartheta_1} \rangle_{\vartheta_0} \, d\lambda(\vartheta), \quad \vartheta_1 \in \Theta, f_\vartheta = \frac{dP_\vartheta}{dP_{\vartheta_0}},$$

mit $\langle f_\vartheta, f_{\vartheta_1} \rangle_{\vartheta_0} = \int f_\vartheta f_{\vartheta_1} dP_{\vartheta_0}$. Weiter sei $\int f_\vartheta(x) \, d|\lambda|(\vartheta) \leq h(x) \in \mathcal{L}^2(P_{\vartheta_0})$. Dann ist $d^*(x) := \int f_\vartheta(x) \, d\lambda(\vartheta) \in \widetilde{D}_g(\vartheta_0)$, d^* ist lokal minimal in ϑ_0 und

$$\mathrm{Var}_{\vartheta_0}(d^*) = \int g(\vartheta) \, d\lambda(\vartheta) - g(\vartheta_0)^2.$$

Weitere Elemente aus dem Raum $\overline{\mathcal{L}}_{\vartheta_0}$ lassen sich über Ableitungen $\frac{\partial^m}{\partial \vartheta^m} f_\vartheta(x) \big|_{\vartheta = \vartheta_0}$ sowie durch Linearkombinationen und Limiten hieraus gewinnen. Eine umfangreiche Liste solcher Konstruktionen findet sich in der Arbeit von Stein.

Korollar 5.1.21 erlaubt es, untere Varianzschranken für erwartungstreue Schätzer zu erhalten.

Satz 5.1.23 (Chapman-Robbins-Ungleichungen)

Sei $\mathcal{P} \ll P_{\vartheta_0}$, $f_\vartheta = \frac{dP_\vartheta}{dP_{\vartheta_0}}$ und $d \in \widetilde{D}_g(\vartheta_0)$. Dann gilt

$$\mathrm{Var}_{\vartheta_0}(d) \geq \sup_{\vartheta \in \Theta_0} \frac{(g(\vartheta) - g(\vartheta_0))^2}{\mathrm{Var}_{\vartheta_0}(f_\vartheta)}$$

mit $\Theta_0 := \{\vartheta \in \Theta; \ f_\vartheta \in \mathcal{L}^2(P_{\vartheta_0})\}$.

Beweis: Betrachte für $\vartheta \in \Theta_0$ das 2-Punktschätzproblem $\{\vartheta_0, \vartheta_1\}$ mit $\vartheta_1 = \vartheta$, $m = 1$ und $K := E_{\vartheta_0} f_\vartheta^2$

$$\Rightarrow K - 1 = \mathrm{Var}_{\vartheta_0}(f_\vartheta) > 0 \text{ da } P_\vartheta \neq P_{\vartheta_0}$$

$$\Rightarrow A = E_{\vartheta_0} TT^\top = \begin{pmatrix} 1 & 1 \\ 1 & K \end{pmatrix}, \qquad A^{-1} = \frac{1}{K-1}\begin{pmatrix} K & -1 \\ -1 & 1 \end{pmatrix}$$

und

$$c^\top A^{-1} c = \frac{1}{K-1}\left(g^2(\vartheta_0) K - 2g(\vartheta_0)g(\vartheta) + g^2(\vartheta)\right).$$

Nach Korollar 5.1.21 folgt:

$$\mathrm{Var}_{\vartheta_0} d \geq \mathrm{Var}_{\vartheta_0} d^* = c^\top A^{-1} c - g^2(\vartheta_0)$$
$$= \frac{(g(\vartheta) - g(\vartheta_0))^2}{\mathrm{Var}_{\vartheta_0}(f_\vartheta)}.$$

Alternativ folgt obige Schranke auch aus folgendem einfachen Argument:

$$g(\vartheta) - g(\vartheta_0) = E_\vartheta d - E_{\vartheta_0} d$$
$$= E_{\vartheta_0} d(f_\vartheta - 1) = E_{\vartheta_0}(d - g(\vartheta_0))(f_\vartheta - 1)$$
$$\leq \left(E_{\vartheta_0}(d - g(\vartheta_0))^2\right)^{\frac{1}{2}} \left(E_{\vartheta_0}(f_\vartheta - 1)^2\right)^{1/2} \quad \text{nach Cauchy-Schwarz.} \square$$

Aus der Chapman-Robbins-Ungleichung erhält man als Grenzfall für $\vartheta \to \vartheta_0$ die Cramér-Rao-Ungleichung unter folgenden Annahmen: Es existiere $\frac{\partial}{\partial\vartheta} f_\vartheta$ in ϑ_0 und es gelte **L^2-Differenzierbarkeit** der Dichten in ϑ_0

$D_2)$ $\dfrac{f_\vartheta - 1}{\vartheta - \vartheta_0} \to \dfrac{\partial}{\partial\vartheta} f_\vartheta \Big|_{\vartheta=\vartheta_0}$ in $\mathcal{L}^2(P_{\vartheta_0})$ für $\vartheta \to \vartheta_0$.

Annahme $D_2)$ impliziert, dass für $\vartheta \to \vartheta_0$

$$\frac{\mathrm{Var}_{\vartheta_0} f_\vartheta}{(\vartheta - \vartheta_0)^2} = E_{\vartheta_0}\left(\frac{f_\vartheta - 1}{\vartheta - \vartheta_0}\right)^2 \to E_{\vartheta_0}\left(\frac{\partial}{\partial\vartheta} f_\vartheta \Big|_{\vartheta=\vartheta_0}\right)^2 := I(\vartheta_0).$$

$I(\vartheta_0)$ heißt **Fisher-Information** in ϑ_0. Weiter folgt aus $D_2)$ für $d \in \widetilde{D}_g(\vartheta_0)$

$$\frac{g(\vartheta) - g(\vartheta_0)}{\vartheta - \vartheta_0} = E_\vartheta \frac{d(f_\vartheta - 1)}{\vartheta - \vartheta_0} \to_{\vartheta\to\vartheta_0} E_{\vartheta_0} d\frac{\partial}{\partial\vartheta} f_\vartheta \Big|_{\vartheta_0} = g'(\vartheta_0).$$

Damit folgt aus der Chapman-Robbins-Ungleichung in Satz 5.1.23

Satz 5.1.24 (Cramér-Rao-Ungleichung)
Es existieren $\frac{\partial}{\partial\vartheta} f_\vartheta \mid_{\vartheta=\vartheta_0}$ und es gelte die L^2-Differenzierbarkeitsbedingung $D_2)$ in ϑ_0. Dann gilt für alle $d \in \widetilde{D}_g(\vartheta_0)$

$$\mathrm{Var}_{\vartheta_0}(d) \geq \frac{(g'(\vartheta_0))^2}{I(\vartheta_0)}.$$

Als Konsequenz ergibt sich, dass ein erwartungstreuer Schätzer 'gut' in ϑ_0 ist, wenn seine Varianz approximativ gleich der unteren Schranke ist. Es erweist sich, dass in regulären Modellen in der asymptotischen Statistik die zugehörige Schranke bei n unabhängigen Beobachtungen $\frac{(g'(\vartheta_0))^2}{nI(\vartheta_0)}$ asymptotisch optimale Schätzer beschreibt. Für festes n wird sie in Exponentialfamilien angenommen.

Zum Abschluss dieses Abschnitts geben wir eine funktionalanalytische Charakterisierung für die Existenz erwartungstreuer Schätzer und eine damit verbunden Charakterisierung lokal optimaler Schätzer. Beide Aussagen gehen wieder auf die Arbeiten von Barankin (1949) und Stein (1950) zurück.

Satz 5.1.25 (Existenz erwartungstreuer Schätzer und lokale Optimalität) *Sei* $\mathcal{P} \ll P_{\vartheta_0}$, $f_\vartheta = \frac{dP_\vartheta}{dP_{\vartheta_0}} \in \mathcal{L}^2(P_{\vartheta_0})$, $\vartheta \in \Theta$ *und sei* $g : \Theta \to \mathbb{R}^1$. *Dann gilt:*

a) ***Existenz:*** $\widetilde{D}_g(\vartheta_0) \neq \emptyset$
   $\Leftrightarrow \exists c \in \mathbb{R}$ *so dass* $\forall \vartheta_1, \ldots, \vartheta_k \in \Theta$ *und* $\forall a_1, \ldots, a_k \in \mathbb{R}$ *gilt:*

$$\left| \sum_{i=1}^{k} a_i g(\vartheta_i) \right| \leq c \left\| \sum_{i=1}^{k} a_i f_{\vartheta_i} \right\|_{2,\vartheta_0} \tag{5.1}$$

b) ***Optimalität:*** *Sei* $c_0 := \inf\{c \in \mathbb{R}; \ (5.1) \ \text{gilt} \ \forall \vartheta_i \in \Theta, a_i \in \mathbb{R}, k \in \mathbb{N}\}$.
   Dann gilt für alle $d \in \widetilde{D}_g(\vartheta)$ *dass* $\|d\|_{2,\vartheta_0} \geq c_0$.

   Weiter gilt:
   $d \in \widetilde{D}_g(\vartheta_0)$ *ist lokal optimal in* $\vartheta_0 \Leftrightarrow \|d\|_{2,\vartheta_0} = c_0$.

Beweis: Sei $d \in \widetilde{D}_g(\vartheta_0)$, dann gilt

$$\left| \sum_{i=1}^{k} a_i g(\vartheta_i) \right| = \left| \int d \left(\sum_{i=1}^{k} a_i f_{\vartheta_i} \right) dP_{\vartheta_0} \right|$$

$$\leq \|d\|_{2,\vartheta_0} \left\| \sum_{i=1}^{k} a_i f_{\vartheta_i} \right\|_{2,\vartheta_0}$$

nach der Cauchy-Schwarz-Ungleichung. Mit $c = \|d\|_{2,\vartheta_0}$ und auch mit der optimalen Konstanten $c = c_0$ gilt also die Ungleichung in (5.1).
Insbesondere folgt daraus auch die Rückrichtung ,$\Leftarrow$' in b).

Ist $d \in \widetilde{D}_g(\vartheta_0)$, dann ist $d^* = \widehat{\pi}(d \mid \overline{\mathcal{L}}_{\vartheta_0})$ lokal optimaler Schätzer in ϑ_0 (vgl. Korollar 5.1.20). Für diesen gilt in obiger Anwendung der Cauchy-Schwarz-Ungleichung im Limes die Gleichheit für eine Folge $h_n = \sum_{i=1}^{k_n} a_i^n f_{\vartheta_i^n} \to d^*$ in $\mathcal{L}^2(P_{\vartheta_0})$. Dieses impliziert, dass die optimale Konstante c_0 in (5.1) gegeben ist durch

$$c_0 = \inf_{d \in \widetilde{D}_g(\vartheta_0)} \|d\|_{2,\vartheta_0}.$$

Daraus folgen die noch fehlenden Implikationen.

Der folgende alternative Beweis basiert auf einem Hahn-Banach-Argument.

Ohne Einschränkung durch Übergang von $d \to d - g(\vartheta_0)$ und von $g \to h = g - g(\vartheta_0)$ erhalten wir:

$d^* + g(\vartheta_0)$ ist lokal optimal für g

$\Leftrightarrow \int d^* f_{\vartheta_0} \, dP_{\vartheta_0} = h(\vartheta), \vartheta \in \Theta$ und $\|d\|_{2,\vartheta_0} \geq \|d^*\|_{2,\vartheta_0}, \forall d \in \widetilde{D}_g(\vartheta_0)$.

Zur Konstruktion von d^* erhalten wir aus Bedingung (5.4) nach dem Satz von Hahn-Banach die Existenz eines linearen Funktionals $F : \mathcal{L}^2(P_{\vartheta_0}) \to \mathbb{R}$ mit $F(f_\vartheta) = h(\vartheta) = g(\vartheta) - g(\vartheta_0)$ und $\|F\| \leq c_0$. Für $\sum_i a_i f_{\vartheta_i} \in \mathcal{L}_{\vartheta_0}$ gilt dann:

$$F\left(\sum a_i f_{\vartheta_i}\right) = \sum a_i h(\vartheta_i)$$

und daher

$$\|F\| \geq \sup_{f \in \overline{\mathcal{L}}_{\vartheta_0}} \frac{|F(f)|}{\|f\|_{2,\vartheta_0}} = c_0.$$

Es folgt daher aus dem ersten Teil des Beweises $\|F\| = c_0$.

Nach dem Darstellungssatz von Riesz existiert daher ein Element $d^* \in \mathcal{L}^2(P_{\vartheta_0})$ so dass

$$F(f) = \int d^* f \, dP_{\vartheta_0}, \quad f \in \mathcal{L}^2(P_{\vartheta_0}) \text{ und } \|d^*\|_{2,\vartheta_0} = \|F\| = c_0.$$

Damit gilt aber:

$$\int d^* f_\vartheta \, dP_{\vartheta_0} = h(\vartheta) \quad \text{und} \quad \|d^*\|_{2,\vartheta_0} = c_0. \qquad \square$$

5.2 Struktur gleichmäßig minimaler Schätzer

Mit dem Satz von Lehmann-Scheffé ist die Struktur der gleichmäßig minimalen Schätzer einfach zu beschreiben, wenn eine suffiziente und vollständige Unter-σ-Algebra $\mathcal{B} \subset \mathcal{A}$ existiert. Die Klasse der gleichmäßig minimalen Schätzer

$$D^* := \{d^* \in \mathcal{L}^2(\mathcal{P}); \ d^* \text{ ist gleichmäßig minimal (für } g(\vartheta) = E_\vartheta d^*)\}$$

ist identisch mit $\mathcal{L}^2(\mathcal{B}, \mathcal{P})$. Bahadur hat die Frage nach der Struktur gleichmäßig minimaler Schätzer untersucht und insbesondere eine Umkehrung des Satzes von Lehmann-Scheffé im dominierten Fall gegeben. Wenn für alle durch beschränkte Schätzer erwartungstreu schätzbaren Funktionen ein gleichmäßig bester Schätzer existiert, dann existiert eine vollständig suffiziente Unter-σ-Algebra $\mathcal{B} \subset \mathcal{A}$. Wir beschreiben in diesem Abschnitt allgemeiner die Struktur gleichmäßig minimaler Schätzer.

Definition 5.2.1

a) *Für* $d_1, d_2 \in D \cap \mathcal{L}^1(\mathcal{P})$ *definieren wir* $d_1 \sim_E d_2$ *wenn* $d_1 - d_2 \in \tilde{D}_0$, *d.h.* $E_\vartheta d_1 = E_\vartheta d_2$, $\forall \vartheta \in \Theta$.

b) *Sei* $U := \{d \in \mathcal{L}^2(\mathcal{P}); \exists d^* \in D^* \text{ mit } d \sim_E d^*\}$ *die Menge der Schätzfunktionen, deren Erwartungswertfunktion sich gleichmäßig minimal schätzen lässt.*

Für $d \in U$ *sei* $\pi(d) \in D^*$ *so dass* $d \sim_E \pi(d)$, *d.h.* $\pi(d)$ *ist eine Version des zugehörigen gleichmäßig minimalen Schätzers.*

$\pi(d)$ ist $\mathcal{P}$ f.s. eindeutig. Wir identifizieren in diesem Abschnitt $\mathcal{P}$ f.s. äquivalente Versionen.

Proposition 5.2.2

a) $U \subset \mathcal{L}^2(\mathcal{P})$ *ist ein linearer Teilraum.*

b) $\pi : U \to U$ *ist linear und idempotent*

c) $D^* = \pi(U)$ *ist abgeschlossen bzgl. der Familie von Halbnormen* $\| \ \|_{2,\vartheta}$, $\vartheta \in \Theta$, *und* π *ist gleichmäßig stetig.*

Beweis:

a), b) folgt aus der Kovarianzmethode. Für $d_i \in U$, $a_i \in \mathbb{R}$ gilt:

$$\pi(d_i) \perp_\vartheta D_0, \quad i = 1, 2 \quad (\text{Orthogonalität in } \mathcal{L}^2(P_\vartheta)), \forall \vartheta \in \Theta.$$

Daraus folgt: $\alpha_1 \pi(d_1) + \alpha_2 \pi(d_2) \perp_\vartheta D_0, \forall \vartheta \in \Theta$ und daher

$$\alpha_1 d_1 + \alpha_2 d_2 \in U \text{ und } \pi(\alpha_1 d_1 + \alpha_2 d_2) = \alpha_1 \pi(d_1) + \alpha_2 \pi(d_2).$$

Also ist π linear. Offensichtlich ist π auch idempotent, $\pi^2 = \pi$.

c) $D^* = \pi(U)$ ist abgeschlossen bzgl. $(\| \ \|_{2,\vartheta})_{\vartheta \in \Theta}$. Denn sei $d_\alpha \in D^* = \pi(U)$, $\lim d_\alpha = d^*$, also $\|d_\alpha - d^*\|_{2,\vartheta} \to 0$, $\vartheta \in \Theta$.

Nach der Kovarianzmethode gilt

$$d_\alpha \perp_\vartheta D_0, \quad \vartheta \in \Theta.$$

Daraus folgt

$$d^* \perp_\vartheta D_0, \quad \forall \vartheta \in \Theta_0.$$

Wieder nach der Kovarianzmethode folgt

$$d^* \in D^* = \pi(U).$$

Weiter ist für $d_1, d_2 \in U$, $d_1 - d_2 \in U$ und

$$E_\vartheta(\pi(d_1) - \pi(d_2))^2 = E_\vartheta(\pi(d_1 - d_2))^2$$
$$\leq E_\vartheta(d_1 - d_2)^2, \quad \forall \vartheta \in \Theta.$$

Also ist π gleichmäßig stetig. $\square$

Wir definieren
$$\tau_* := \{A \in \mathcal{A};\ 1_A \in D^*\},$$

d.h. $A \in \tau_*$, wenn 1_A gleichmäßig minimal für $P_\vartheta(A)$ ist. Nach der Kovarianzmethode gilt
$$A \in \tau_* \quad \Leftrightarrow \quad 1_A \perp_\vartheta D_0, \quad \forall \vartheta \in \Theta.$$

Proposition 5.2.3 (Eigenschaften von τ_*)

1) τ_* *ist eine σ-Algebra.*

2) $\mathcal{L}^2(\tau_*, \mathcal{P}) \subset D^* = \pi(U)$

3) τ_* *ist $\mathcal{L}^2(\mathcal{A}, \mathcal{P})$-vollständig.*

4) *Die σ-Algebra τ_* ist 'necessary' d.h. ist $\mathcal{B} \subset \mathcal{A}$ suffizient, dann gilt*

$$\tau_* \subset \mathcal{B} \ [\mathcal{P}].$$

τ_* liegt $\mathcal{P}$ f.s. in jeder suffizienten σ-Algebra.

Beweis:

1) Es ist mit der Kovarianzmethode leicht zu sehen, dass τ_* ein Dynkinsystem ist. Sind $A, B \in \tau_*$, dann folgt

$$1_A d_0 \in D_0, \quad \forall d_0 \in D_0, \text{ da } 1_A \perp_\vartheta D_0, \forall \vartheta \in \Theta.$$

Daraus folgt aber:

$$1_{A \cap B} d_0 = 1_B(1_A d_0) \in D_0, \quad \forall d_0 \in D_0 \text{ da } B \in \tau_*.$$

Damit gilt : $1_{A \cap B} \perp_\vartheta D_0, \forall \vartheta \in \Theta$ und nach der Kovarianzmethode ist

$$1_{A \cap B} \in D^*, \text{ also } A \cap B \in \tau_*.$$

τ_* ist also ein $\cap$-stabiles Dynkinsystem und daher eine σ-Algebra.

2) Die Aussage in 2) folgt aus 1) über den Aufbau integrierbarer Funktionen mit einem Approximationsargument und der Abgeschlossenheit von D^* aus Proposition 5.2.2.

3) Sei $d \in D_0 \cap \mathcal{L}^2(\tau_*, \mathcal{P})$; dann gilt nach 2):

$$\int_A d\, dP_\vartheta = 0, \quad \forall A \in \tau_*, \forall \vartheta \in \Theta.$$

Daraus folgt aber

$$d = 0 \ [P_\theta], \quad \forall \vartheta \in \Theta, \text{ also } d = 0 \ [\mathcal{P}]$$

und τ_* ist $\mathcal{L}^2(\tau_*, \mathcal{P})$-vollständig.

4) Sei $\mathcal{B} \subset \mathcal{A}$ suffizient und $A \in \tau_*$. Dann folgt $1_A \in D^*$.

Nach dem Satz von Rao-Blackwell folgt daher, dass die Rao-Blackwell-Verbesserung auch in D^* ist.

$$E_{\cdot}(1_A \mid \mathcal{B}) \in D^*.$$

Wegen der Eindeutigkeit von gleichmäßig minimalen Schätzern folgt

$$1_A = E_{\cdot}(1_A \mid \mathcal{B}) \; [\mathcal{P}]$$

und daher: $A \in \mathcal{B} \vee \mathcal{N}_{\mathcal{P}}$ □

Im folgenden Schritt ergibt sich nun, dass die Projektion π eingeschränkt auf $\mathcal{L}^2(\mathfrak{X}, \tau_*)$ ein bedingter Erwartungswert ist.

Proposition 5.2.4
a) Ist $d \in U$ und $h \in B(\mathfrak{X}, \tau_*)$, dann ist $h\,d \in U$ und $\pi(h\,d) = h\,\pi(d)$.

b) Ist $d \in U$ und $\pi(d) \in \mathcal{L}^2(\mathfrak{X}, \tau_*)$, dann gilt:
$\pi(d) = E_\vartheta(d \mid \tau_*) \; [P_\vartheta], \quad \forall \vartheta \in \Theta$, d.h. $\pi(d) = E_{\cdot}(d \mid \tau_*) \; [\mathcal{P}]$.

Beweis:
a) Für $d \in U$ und $h \in B(\mathfrak{X}, \tau_*)$ ist $h \in \pi(U)$ nach Proposition 5.2.3 und daher

$$\int (h\,d - \pi(d)h)\,dP_\vartheta = \int (d - \pi(d))h\,dP_\vartheta = 0, \;\; \forall \vartheta \in \Theta.$$

Daher ist $h\,\pi(d)$ erwartungstreuer Schätzer für $g(\vartheta) = E_\vartheta h\,d$. Nach der Kovarianzmethode gilt

$$d_0 \in D_0 \Rightarrow h\,d_0 \in D_0.$$

Als Konsequenz ergibt sich

$$\int \pi(d)(h\,d_0)\,dP_\vartheta = 0, \quad \forall \vartheta \in \Theta,$$

also $\pi(d)\,h \perp_\vartheta D_0, \forall \vartheta \in \Theta$. Wieder nach der Kovarianzmethode ist

$$\pi(d)\,h = \pi(d\,h).$$

b) Für $d \in U$ und $A \in \tau_*$ gilt nach a)

$$\int_A \pi(d)\,dP_\vartheta = \int \pi(d)1_A\,dP_\vartheta$$
$$= \int \pi(d\,1_A)\,dP_\vartheta$$
$$= \int_A d\,dP_\vartheta, \quad \vartheta \in \Theta.$$

Daraus folgt aber: $\pi(d) = E_\vartheta(d \mid \tau_*), \quad \vartheta \in \Theta.$ □

Als Konsequenz ergibt sich nun der folgende wichtige Satz über die Struktur gleichmäßig minimaler Schätzer. Der Beweis beruht auf einem schönen Approximationsargument.

Satz 5.2.5 (Struktur gleichmäßig minimaler Schätzer)
Jeder beschränkte gleichmäßig minimale Schätzer ist τ_* messbar, d.h.

$$D^* \cap B(\mathfrak{X}, \mathcal{A}) \subset \mathcal{L}^2(\mathfrak{X}, \tau_*).$$

Beweis: Sei $d \in D^* \cap B(\mathfrak{X}, \mathfrak{A})$, dann ist nach der Kovarianzmethode $d_0\, d \in D_0$, $\forall d_0 \in D_0$.

Daraus folgt
$$E_\vartheta d(d_0 d) = E_\vartheta d^2 d_0 = 0, \quad \forall \vartheta \in \Theta.$$

Nach der Kovarianzmethode ist also $d^2 \in D^*$.
Induktiv ergibt sich: $d^n \in D^*, \forall n \in \mathbb{N}$.
Daher folgt, dass $p(d) \in D^*$ für alle Polynome p.

Nach Annahme liegt $d(\mathfrak{X})$ in einem kompakten Intervall. Ist $\varphi : \mathbb{R} \to \mathbb{R}$ stetig, dann folgt nach dem Satz von Stone-Weierstraß und der Kovarianzmethode:

$$\varphi \circ d \in D^*.$$

Für $U \subset \mathbb{R}^1$ offen ist 1_U durch stetige Funktionen monoton approximierbar. Daraus folgt $1_U(d) \in D^*$, d.h. $\{d \in U\} \in \tau_*$ nach Definition von τ_*. Als Konsequenz erhalten wir

$$d \in \mathcal{L}(\mathfrak{X}, \tau_*). \qquad \qquad \square$$

Bemerkung 5.2.6
Allgemeiner zeigt der obige Beweis, dass auch für $d \in \overline{D^* \cap B(\mathfrak{X}, \mathcal{A})}^{\mathcal{L}^2(\mathcal{P})}$ gilt, dass $d \in \mathcal{L}(\mathfrak{X}, \tau_*)$. Die durch beschränkt minimale Schätzer approximierbaren (und damit minimalen) Schätzer liegen in $\mathcal{L}^2(\tau_*, \mathcal{P})$ und umgekehrt gilt nach Proposition 5.2.3:

$$\mathcal{L}^2(\tau_*, \mathcal{P}) \subset D^*.$$

Es bleibt also eine potentielle Lücke, nämlich die, dass es Elemente $d^* \in D^*$ gibt, die sich nicht durch Elemente aus $D^* \cap B(\mathfrak{X}, \mathcal{A})$ approximieren lassen.

Im dominierten Fall erhalten wir nun die folgende Umkehrung des Satzes von Lehmann-Scheffé von Bahadur.

Satz 5.2.7 (Umkehrung des Satzes von Lehmann-Scheffé)
Sei $\mathcal{P}$ eine dominierte Verteilungsklasse und sei $B(\mathfrak{X}, \mathcal{A}) \subset U$, d.h. es existiert zu jedem $d \in B(\mathfrak{X}, \mathcal{A})$ ein $d^* \in D^*$ mit $d \sim_E d^*$.

Dann ist τ_* $\mathcal{L}^2(\mathcal{P})$-vollständig und suffizient, insbesondere also minimalsuffizient.

Beweis: Zu $P_1, P_2 \in \mathcal{P}$ seien $P_i \in \mathcal{P}$, $i \geq 2$, so dass $Q = \sum_{n=1}^{\infty} 2^{-n} P_n \in M^1(\mathfrak{X}, \mathcal{A})$ und $Q \sim \mathcal{P}$. Dann folgt: $\frac{dP_n}{dQ} \leq 2^n$, $n \in \mathbb{N}$.

Zu zeigen ist: $\qquad\qquad\qquad\qquad \frac{dP_i}{dQ} \in \mathcal{L}(\mathfrak{X}, \tau_*)$, $i = 1, 2$.

Dann folgt, dass τ_* paarweise suffizient ist und daher auch suffizient ist. Die $\mathcal{L}^2(\mathcal{P})$-Vollständigkeit gilt schon nach Proposition 5.2.3. Ist τ_* suffizient, dann folgt nach Proposition 5.2.3 die Minimalsuffizienz von τ_*, da τ_* necessary ist.

Seien $h_i = \pi\left(\frac{dP_i}{dQ}\right)$, $i = 1, 2$, dann folgt

$$E_{\vartheta} h_i d_0 = 0, \quad \forall \vartheta \in \Theta, \forall d_0 \in D_0$$
$$\Rightarrow \quad E_Q h_i d_0 = 0, \quad \forall d_0 \in D_0.$$

Andererseits folgt aus $E_{P_i} d_0 = 0$, $i \in \mathbb{N}$, dass

$$E_Q d_0 \frac{dP_i}{dQ} = E_{P_i} d_0 = 0, \quad \forall d_0 \in D_0$$
$$\Rightarrow \quad E_Q \left(h_i - \frac{dP_i}{dQ}\right) d_0 = 0, \quad \forall d_0 \in D_0.$$

Da $h_i - \frac{dP_i}{dQ} \in D_0$, $i \in \mathbb{N}$, folgt

$$E_Q \left(h_i - \frac{dP_i}{dQ}\right)^2 = 0 \text{ und daher } h_i = \frac{dP_i}{dQ} \;\; [\mathcal{P}].$$

Die Dichten $\frac{dP_i}{dQ}$ sind also beschränkt und gleichmäßig minimal,

$$\frac{dP_i}{dQ} \in D^* \cap B(\mathfrak{X}, \mathcal{A}).$$

Nach Satz 5.2.5 folgt daher

$$\frac{dP_i}{dQ} \in \mathcal{L}^2(\mathfrak{X}, \tau_*), \quad i = 1, 2,$$

also die Behauptung. $\qquad\qquad\qquad\qquad\qquad\qquad\qquad\qquad\qquad\qquad\qquad \square$

Die Umkehrung in Satz 5.2.7 gilt auch unter leicht abgeschwächten Voraussetzungen.

Korollar 5.2.8
Sei $\mathcal{P}$ dominiert und sei $\{1_A; \; A \in \mathcal{A}\} \subset U$.
Dann ist τ_* suffizient und $\mathcal{L}^2(\mathcal{P})$-vollständig.

Beweis: Wir zeigen, dass $B(\mathfrak{X}, \mathcal{A}) \subset U$. Für alle $d \in B(\mathfrak{X}, \mathcal{A})$ existiert eine Folge d_n von Treppenfunktionen, so dass in der Supremumsmetrik

$$\|d - d_n\|_{\infty} \to 0.$$

Durch Übergang zu einer Teilfolge sei o.E.

$$\sum_n \|d_n - d_{n+1}\|_\infty < \infty.$$

Da $d_n \in U$, $n \in \mathbb{N}$, gilt

$$\|\pi(d_n) - \pi(d_{n+1})\|_{2,\vartheta} \leq \|d_n - d_{n+1}\|_{2,\vartheta}$$
$$\leq \|d_n - d_{n+1}\|_\infty, \quad \forall n \in \mathbb{N}, \forall \vartheta \in \Theta.$$

Daraus folgt:

$$\sum_{n=1}^\infty \|\pi(d_n) - \pi(d_{n+1})\|_{2,\vartheta}^2 < \infty, \quad \vartheta \in \Theta.$$

Sei $P^* \in \mathrm{con}_\sigma(\mathcal{P})$ mit $P^* \sim \mathcal{P}$, dann folgt

$$\sum_{n=1}^\infty \|\pi(d_n) - \pi(d_{n+1})\|_{2,P^*}^2 < \infty.$$

Nach Borel-Cantelli folgt daher

$$\lim_{n\to\infty} \pi(d_n) =: d^* \text{ existiert } P^* f.s.,$$

also auch $\mathcal{P}$ f.s. Wieder nach der Kovarianzmethode folgt, dass $d^* = \pi(d)$.   □

Für den nichtdominierten Fall gibt es folgende Erweiterung von Satz 5.2.7. Wir definieren

$$D_\Delta^* := \{d^* \in D^*; \ \exists d \in B(\mathfrak{X}, \mathcal{A}), d^* = \pi(d)\}$$

und $\tau^* := \sigma(D_\Delta^*)$ die von D_Δ^* erzeugte σ-Algebra. Dann gilt der folgende Satz, den wir ohne Beweis aufführen.

Satz 5.2.9 (Umkehrung des Satzes von Lehmann-Scheffé, allgemeiner Fall) *In dem statistischen Modell* $(\mathfrak{X}, \mathcal{A}, \mathcal{P})$ *sei* $\{1_A; \ A \in \mathcal{A}\} \subset U$. *Dann sind die folgenden Aussagen äquivalent:*

1) $d^* \in D_\Delta^* \Rightarrow |d^*| \in D_\Delta^*$

2) D^* *ist ein Verband*

3) D_Δ^* *ist ein Verband*

4) $D_\Delta^* = D^* \cap B(\mathfrak{X}, \mathcal{A})$

5) $\tau_* = \tau^*$ *ist eine beschränkt vollständige und suffiziente* σ-*Algebra*

6) $D^* = \mathcal{L}^2(\mathfrak{X}, \tau_*, \mathcal{P})$

Mit diesem Satz ist auch die noch offen gebliebene Lücke geschlossen. Insbesondere erhält man als Korollar die folgende Verallgemeinerung von Satz 5.2.7.

Korollar 5.2.10
Ist $B(\mathfrak{X}, \mathcal{A}) \subset U$, dann existiert eine beschränkt vollständige suffiziente σ-Algebra, nämlich $\tau_* = \tau^*$.

5.3 Unverfälschte Schätzer und konvexe Verlustfunktionen

Für ein Schätzproblem $(\mathcal{E}, L, g)$, $g : \Theta \to \mathbb{R}^1$ ist die L-Unverfälschtheit eine Verall-gemeinerung der Erwartungstreue. Eine interessante Beispielklasse sind die Median-unverfälschten Schätzfunktionen. Wir leiten für diese in einem Gaußschen Loka-tions-(Shift-)Experiment eine universelle untere Schranke für die Risikofunktion her. Dieses Resultat ist auch in der asymptotischen Statistik von Interesse, da solche Gaußschen Shiftexperimente dort typischerweise als Limesexperiment auf-treten. Für konvexe Verlustfunktionen kann man sich o.E. auf nichtrandomisierte Schätzer einschränken. In Analogie zum Fall quadratischer Verlustfunktionen cha-rakterisieren wir optimale erwartungstreue Schätzer.

5.3.1 Erwartungstreue Schätzer bei konvexer Verlustfunktion

Sei $g : \Theta \to \Delta \subset \mathbb{R}^m$, Δ eine konvexe Teilmenge und $L(g(\vartheta), a)$ eine in a konvexe Verlustfunktion mit zugehörigem Risiko $R(\vartheta, d) = E_\vartheta L(g(\vartheta), d)$ eines Schätzers d. Sei

$$D_{g,L} := \{d \in D; \ R(\vartheta, d) < \infty, \ \text{und} \ E_\vartheta d = g(\vartheta), \vartheta \in \Theta\}$$

die Menge der erwartungstreuen Schätzer für g mit endlichem Risiko. Für $d \in D_{g,L}$ und $d_0 \in D_{0,L}$ sei $D_\vartheta(d, d_0)$ die Richtungsableitung von $L(g(\vartheta), \cdot)$ in d bzgl. d_0, d.h.

$$D_\vartheta(d, d_0)(x) := \lim_{\varepsilon \downarrow 0} \frac{1}{\varepsilon}\big(L(g(\vartheta), d(x) + \varepsilon d_0(x)) - L(g(\vartheta), d(x))\big), \quad x \in \mathfrak{X}.$$

Es ist

$$\frac{1}{\varepsilon}\big(L(g(\vartheta), d + \varepsilon d_0) - L(g(\vartheta), d)\big) = \frac{1}{\varepsilon}\big(L(g(\vartheta), \varepsilon(d + d_0) + (1 - \varepsilon)d) - L(g(\vartheta), d)\big)$$
$$\leq L(g(\vartheta), d + d_0) - L(g(\vartheta), d))$$

und der Quotient ist antiton in ε. Daraus folgt die Existenz des Limes und die Quasiintegrierbarkeit. Der folgende Satz gibt eine Version der Kovarianzmethode für diese erweiterte Situation.

Satz 5.3.1 (Charakterisierung gleichmäßig minimaler Schätzer)
Sei $(\mathcal{E}, g, L)$ ein konvexes Schätzproblem. Sei S suffizient und $d^* = h^* \circ S \in D_{g,L}$. Dann sind äquivalent:

a) d^* ist gleichmäßig minimal bzgl. $D_{g,L}$

b) $\forall d_0 = h_0 \circ S \in D_{0,L}$ gilt

$$E_\vartheta D_\vartheta(d^*, d_0) \geq 0, \quad \forall \vartheta \in \Theta.$$

Beweis:

a) $\Rightarrow$ b) Ist $d_0 = h_0 \circ S \in D_{0,L}$, dann ist $d^* + d_0 \in D_{g,L}$ und $f(\vartheta, \alpha) := R(\vartheta, d^* + \alpha d_0)$ ist konvex in α. Mit dem Satz über monotone Konvergenz folgt $\forall \vartheta \in \Theta$:

$$\frac{\partial}{\partial \alpha} f(\vartheta, \alpha)\Big|_{\alpha=0} = \lim_{\varepsilon \downarrow 0} \frac{f(\vartheta, \varepsilon) - f(\vartheta, 0)}{\varepsilon}$$
$$= E_\vartheta D_\vartheta(d^*, d_0) \geq 0, \quad \text{da } f(\vartheta, \varepsilon) \geq f(\theta, 0).$$

b) $\Rightarrow$ a) Sei $d = h \circ S \in D_{g,L}$, dann ist $d_0 := d - d^* = (h - h^*) \circ S$ und nach den Vorbemerkungen zu Satz 5.3.1 gilt

$$L(g(\vartheta), d) - L(g(\vartheta), d^*) = L(g(\vartheta), d^* + d_0) - L(g(\vartheta), d^*)$$
$$\geq D_\vartheta(d^*, d_0) \geq 0.$$

Damit ist auch

$$R(\vartheta, d^*) \leq R(\vartheta, d), \forall \vartheta \in \Theta.$$

Wegen der Suffizienz von S reicht es, Schätzer der Form $d = h \circ S$ zu betrachten. $\qquad \square$

Für den Spezialfall $L(g(\vartheta), a) = \|g(\vartheta) - a\|^k$ für ein $k > 1$ und mit der Schreibweise $D_{g,k} := D_{g,L}$ ergibt sich als Konsequenz

Korollar 5.3.2
Sei S suffizient für $\mathcal{P}$. Dann gilt

a) $d^* = h^* \circ S \in D_{g,k}$ ist gleichmäßig minimal bzgl. $D_{g,k}$
   $\Leftrightarrow \forall d_0 = h_0 \circ S \in D_{0,k}$ gilt:

$$E_\vartheta \|d^* - g(\vartheta)\|^{k-2} \langle d^* - g(\vartheta), d_0 \rangle = 0, \forall \vartheta \in \Theta.$$

b) *Ist $m = 1$, dann ist a) äquivalent zu*

$$E_\vartheta |d^* - g(\vartheta)|^{k-1} d_0 \, \mathrm{sgn}(d^* - g(\vartheta)) = 0.$$

c) *Ist $k = 2$, dann ist a) äquivalent zu*

$$E_\vartheta d_i^* d_{0,i} = \mathrm{Cov}_\vartheta(d_i^*, d_{0,i}) = 0 \; \forall d_0 = h_0 \circ S \in D_0, \forall \vartheta \in \Theta,$$

wobei $d^* = (d_1^*, \ldots, d_m^*)$.

Beweis:
a) Sei für $s, t \in \mathbb{R}^m$, $f(\cdot, s, t) : \mathbb{R} \to \mathbb{R}_+$,

$$f(y, s, t) = \|s + ty\|^k = \left(\sum_{i=1}^{m} (s_i + yt_i)^2 \right)^{k/2}.$$

Dann folgt

$$\frac{\partial}{\partial y} f(y, s, t) = k \left(\sum_{i=1}^{m} (s_i + yt_i)^2 \right)^{\frac{k-2}{k}} \sum_{i=1}^{m} t_i (s_i + yt_i)$$

$$= k \|s + yt\|^{k-2} \langle s + yt, t \rangle.$$

Es ergibt sich also $\frac{\partial}{\partial y} f(0, s, t) = k\|s\|^{k-2} \langle s, t \rangle$.

Wegen $\|g(\vartheta) - (d^*(x) + \varepsilon d_0(x))\|^k = f(\varepsilon, d(x) - g(\vartheta), d_0(x))$ folgt

$$D_\vartheta(d^*, d_0) = -k\|d^* - g(\vartheta)\|^{k-2} \langle d^* - g(\vartheta), d_0 \rangle.$$

Mit $d_0 \in D_{0,k}$ ist auch $-d_0 \in D_{0,k}$ und damit ist obige Richtungsableitung gleich null.

b) ist ein Spezialfall von a)

c) Für quadratischen Verlust ist

$$R(\vartheta, d^*) = E_\vartheta \|d^* - g(\vartheta)\|^2$$

$$= \sum_{i=1}^{m} E_\vartheta (d_i^* - g_i(\vartheta))^2.$$

Damit ist $d^* \in D_{g,2}$ gleichmäßig minimal bzgl. $D_{g,2}$
$\Leftrightarrow d_i^* \in D_{g_i,2}$ ist gleichmäßig minimal für g_i bzgl. $D_{g_i,2}$, $1 \leq i \leq m$. □

Bemerkung 5.3.3
a) *Verallgemeinerter Satz von Rao-Blackwell: Ist $L(g(\vartheta), \cdot)$ konvex, $d \in D_{g,L}$ und S eine suffiziente Statistik, dann gilt für die Rao-Blackwell-Verbesserung $\widetilde{d} = E.(d \mid S)$*

$$R(\vartheta, \widetilde{d}) \leq R(\vartheta, d), \quad \forall \vartheta \in \Theta.$$

Für strikt konvexen Verlust $L(g(\vartheta), \cdot)$ folgt aus $R_{\widetilde{d}} = R_d$, dass $d = \widetilde{d}$ [$\mathcal{P}$].

b) *Umkehrung von Rao-Blackwell: Es gilt die folgende Umkehrung zum Satz von Rao-Blackwell, die von Bahadur gezeigt wurde:*
Sei L strikt konvex und differenzierbar und es gelte

1) $\forall \vartheta \in \Theta$ existiert genau ein a_ϑ, so dass

$$L(g(\vartheta), a_\vartheta) = \min_{a \in \Delta} L(g(\vartheta), a).$$

2) Für $\vartheta \neq \vartheta'$ ist $a_\vartheta \neq a_{\vartheta'}$.

Ist dann $\mathcal{B} \subset \mathcal{A}$ eine Unter-σ-Algebra, so dass $\forall d \in D$ ein $\widetilde{d} \in \mathcal{L}(\mathcal{B}) \cap D$ existiert mit $R_{\widetilde{d}} \leq R_d$, dann ist $\mathcal{B}$ paarweise suffizient für $\mathcal{P}$.

5.3.2 Unverfälschte Schätzer

Die L-Unverfälschtheit von Schätzern ist eine Verallgemeinerung der Erwartungstreue für quadratischen Verlust und der Mediantreue für Laplace-Verlust. In Gaußschen Schiftexperimenten lassen sich durch einen Zusammenhang mit der Testtheorie optimale Median-unverfälschte Schätzer bestimmen.

Definition 5.3.4
*Ein Schätzer $d \in D$ heißt **L-unverfälscht** $\Leftrightarrow \forall \vartheta, \vartheta' \in \Theta$ gilt:*

$$R(\vartheta, d) = \int L(g(\vartheta), d(x)) \, dP_\vartheta(x)$$

$$\leq \int L(g(\vartheta'), d(x)) \, dP_\vartheta(x).$$

Bzgl. P_ϑ liegt ein L-unverfälschter Schätzer näher an $g(\vartheta)$ (gemessen mit dem Verlust L) als an jedem anderen Wert $g(\vartheta')$.

Beispiel 5.3.5 (Laplace-Verlust)
Sei $L(\vartheta; a) := |g(\vartheta) - a|, \quad a, g(\vartheta) \in \mathbb{R}^1$.
$d \in D \cap \mathcal{L}^1(\mathcal{P})$ ist dann L-unverfälscht

$$\Leftrightarrow \int |d(x) - g(\vartheta)| \, dP_\vartheta(x) \leq \int |d(x) - g(\vartheta')| \, dP_\vartheta(x) \quad \forall \theta, \theta' \in \Theta.$$

Definition 5.3.6
*$d \in D$ heißt **Median-unverfälscht für g**, wenn $\forall \vartheta \in \Theta$:*

$$P_\vartheta(d \geq g(\vartheta)) \geq \frac{1}{2} \quad und \quad P_\vartheta(d \leq g(\vartheta)) \geq \frac{1}{2},$$

d.h. $g(\vartheta)$ ist ein Median von P_ϑ^d, $g(\vartheta) \in \mathrm{med}(P_\vartheta^d)$.

Proposition 5.3.7
Sei $L(\vartheta, a) = |g(\vartheta) - a|$ und $d \in D \cap \mathcal{L}^1(\mathcal{P})$. Dann gilt:
d ist L-unverfälscht $\Leftrightarrow d$ ist Median-unverfälscht für g.

Beweis: „$\Leftarrow$" Sei $g(\vartheta) \in \mathrm{med}(P_\vartheta^d), \forall \vartheta \in \Theta$. Ist $g(\vartheta') \geq g(\vartheta)$, dann folgt

$$|a - g(\vartheta)| - |a - g(\vartheta')| = \begin{cases} g(\vartheta') - g(\vartheta), & a > g(\vartheta'), \\ 2a - (g(\vartheta) + g(\vartheta')), & g(\vartheta) \leq a \leq g(\vartheta'), \\ -(g(\vartheta') - g(\vartheta)), & a < g(\vartheta), \end{cases}$$

$$\leq \begin{cases} g(\vartheta') - g(\vartheta), & a > g(\vartheta), \\ -(g(\vartheta') - g(\vartheta)), & a \leq g(\vartheta). \end{cases}$$

Daraus folgt

$$\int |d - g(\vartheta)|\, dP_\vartheta - \int |d - g(\vartheta')|\, dP_\vartheta$$

$$\leq (g(\vartheta') - g(\vartheta))P_\vartheta(d > g(\vartheta)) - \underbrace{(g(\vartheta') - g(\vartheta))}_{\geq 0}P_\vartheta(d \leq g(\vartheta))$$

$$\leq \frac{1}{2}(g(\vartheta') - g(\vartheta)) - \frac{1}{2}(g(\vartheta') - g(\vartheta)) = 0.$$

Das Argument im Fall $g(\vartheta') \leq g(\vartheta)$ ist analog.

„$\Rightarrow$"   Ist d L-unverfälscht und $g(\vartheta') = g(\vartheta) + \varepsilon$, $\varepsilon > 0$, dann folgt

$$0 \geq \int |d - g(\vartheta)|\, dP_\vartheta - \int |d - g(\vartheta')|\, dP_\vartheta$$

$$\geq \varepsilon P_\vartheta(d \geq g(\vartheta')) - \varepsilon P_\vartheta(d < g(\vartheta)) - \varepsilon P_\vartheta\big(g(\vartheta) \leq d < \underbrace{g(\vartheta) + \varepsilon}_{=g(\vartheta')}\big).$$

Für $\varepsilon \to 0$ folgt daraus

$$0 \geq P_\vartheta(d > g(\vartheta')) - P_\vartheta(d < g(\vartheta)) - P_\vartheta(d = g(\vartheta))$$

$$= 1 - 2P_\vartheta(d \leq g(\vartheta))$$

$$\Rightarrow \quad P_\vartheta(d \leq g(\vartheta)) \geq \frac{1}{2}.$$

Ebenso folgt $P_\vartheta(d \geq g(\vartheta)) \geq \frac{1}{2}$. Also ist d Median-unverfälscht. $\square$

Für den quadratischen Verlust $L(g(\vartheta), a) = (g(\vartheta) - a)^2$ ist L-Unverfälschtheit äquivalent zur Erwartungstreue.

Proposition 5.3.8
Sei L die quadratische Verlustfunktion, $g(\Theta)$ offen und $d \in \mathcal{L}^2(\mathcal{P})$, dann gilt:

$$d \text{ ist } L\text{-unverfälscht} \Leftrightarrow d \in D_g.$$

Beweis: „$\Leftarrow$"   Sei $d \in D_g$, dann ist $E_\vartheta d = g(\vartheta)$, $\vartheta \in \Theta$ und daher für $a \in \mathbb{R}^1$

$$E_\vartheta(d - a)^2 = E_\vartheta(d - g(\vartheta) + g(\vartheta) - a)^2$$

$$= E_\vartheta(d - g(\vartheta))^2 + (g(\vartheta) - a)^2 + 2\underbrace{(g(\vartheta) - a)E_\vartheta(d - g(\vartheta))}_{=0}$$

$$\geq E_\vartheta(d - g(\vartheta))^2.$$

Also ist d L-unverfälscht.

„$\Rightarrow$"   Ist umgekehrt d L-unverfälscht, d.h.

$$E_\vartheta(d - g(\vartheta))^2 \leq E_\vartheta(d - g(\vartheta'))^2, \quad \forall \vartheta, \vartheta',$$

dann folgt

$$2(g(\vartheta') - g(\vartheta)) \int d\, dP_\vartheta \leq (g(\vartheta') - g(\vartheta))(g(\vartheta') + g(\vartheta)), \quad \forall \vartheta, \vartheta'.$$

Daraus folgt:

$$\int d\, dP_\vartheta \leq \frac{1}{2}(g(\vartheta) + g(\vartheta')) \text{ wenn } g(\vartheta') > g(\vartheta)$$

und

$$\int d\, dP_\vartheta \geq \frac{1}{2}(g(\vartheta) + g(\vartheta')) \text{ wenn } g(\vartheta') < g(\vartheta).$$

Da $g(\Theta)$ offen ist folgt $\int d\, dP_\vartheta = g(\vartheta)$, $\theta \in \Theta$.   □

Bemerkung 5.3.9
Ohne die Annahme, dass $g(\Theta)$ offen ist, folgt dass d L-unverfälscht ist genau dann, wenn $\vartheta \to \int d\, dP_\vartheta$ genauso angeordnet ist wie $\vartheta \to g(\vartheta)$.

Die Bestimmung von optimalen Median-unverfälschten Schätzern ist eng gekoppelt an die Bestimmung von optimalen unverfälschten Tests. Wir zeigen diesen Zusammenhang am Beispiel von **Gaußschen Shiftexperimenten**. Sei $(\mathfrak{X}, \mathcal{A}) = (\mathbb{R}^n, \mathbb{B}^n)$, $\mathcal{P} = \{P_\vartheta, \vartheta \in \Theta\}$ mit $P_\vartheta = \varepsilon_\vartheta * N$ der Shift von $N = N(0, \Sigma)$ einer multivariaten Normalverteilung mit regulärer Kovarianzmatrix Σ. $\Theta \subset \mathbb{R}^n$ ist dabei ein linearer Teilraum von Shifts.

Mit dem Skalarprodukt $\langle x, y \rangle := x^\top \Sigma^{-1} y = \langle x, y \rangle_\Sigma$ und dem standardisierten Lebesguemaß auf $(\mathbb{R}^n, \langle\ ,\ \rangle_\Sigma)$, $\lambda = \frac{1}{\det \Sigma} \lambda^n$, so dass $\lambda(\{x : \|x\|_\Sigma \leq 1\}) = 1$, ist die Dichte von N

$$\frac{dN}{d\lambda}(x) = \frac{1}{(2\pi)^{n/2}} \exp\left(-\frac{\|x\|^2}{2}\right), \quad x \in \mathbb{R}^n.$$

Zu schätzen ist in dem Gaußschen Shiftexperiment eine lineare Funktion $g : \Theta \to \mathbb{R}$ des Shiftparameters.

Wir betrachten eine Verlustfunktion der allgemeinen Form $L(|a - g(\vartheta)|)$ mit

$$L : \mathbb{R}_+ \to \mathbb{R}_+ \uparrow, \text{ messbar}, L(0) = 0 \text{ und } L(\infty) := \sup_a L(a).$$

Ohne Konvexitätsannahmen betrachten wir als zulässige Schätzer alle randomisierten Schätzer $\delta \in \mathcal{D}$. Das Risiko von $\delta \in \mathcal{D}$ ist

$$R(\vartheta, \delta) = \int \int L(|a - g(\vartheta)|) \delta(x, da)\, dP_\vartheta(x)$$

$$= \int L(|a - g(\vartheta)|)(\delta P_\vartheta)(da)$$

mit $\delta P_\vartheta(A) = \int \delta(x, A)\, dP_\vartheta(x)$ die gemittelte Entscheidungsfunktion.

Definition 5.3.10 (Median-unverfälschte Schätzer)
Eine randomisierte Schätzfunktion $\delta \in \mathcal{D}$ für g heißt **Median-unverfälscht**, *wenn*

$$\delta P_\vartheta([g(\vartheta), \infty]) \geq \frac{1}{2} \quad und \quad \delta P_\vartheta([-\infty, g(\vartheta)]) \geq \frac{1}{2}, \quad \forall \vartheta \in \Theta.$$

Sei $\mathcal{D}^u = \mathcal{D}^u_g$ die Menge aller Median-unverfälschten Schätzer für g.

Die folgende Proposition gibt eine obere Schranke für die mittlere Konzentration eines Median-unverfälschten Schätzers um $g(\vartheta)$ an. Das Argument basiert wesentlich auf einem Resultat aus der Testtheorie.

Proposition 5.3.11
Für jeden Median-unverfälschten Schätzer $\delta \in \mathcal{D}^u_g$ gilt für alle $\alpha, \beta > 0$:

$$\delta P_\vartheta\big((g(\vartheta) - \alpha, g(\vartheta) + \beta)\big) \leq \Phi\Big(\frac{\beta}{\|g\|}\Big) - \Phi\Big(-\frac{\alpha}{\|g\|}\Big), \quad \vartheta \in \Theta,$$

Φ die Verteilungsfunktion der Standardnormalverteilung $N(0,1)$.

Beweis: Sei $e \in \Theta$, $\|e\| = 1$ und sei e orthogonal auf dem Kern(g) bzgl. $\langle\,,\,\rangle = \langle\,,\,\rangle_\Sigma$ mit $g(e) > 0$. e existiert, da dim(Kern g) $= n - 1$ und es gilt $g(e) = \|g\|$.
   Mit $\vartheta_1 := \vartheta - \frac{\alpha}{\|g\|}e$, $\vartheta_2 := \vartheta + \frac{\beta}{\|g\|}e$ gilt

$$g(\vartheta_1) = g(\vartheta) - \alpha, \quad g(\vartheta_2) = g(\vartheta) + \beta$$

und daher wegen $\delta \in \mathcal{D}^u$

$$\delta P_{\vartheta_1}\big([-\infty, g(\vartheta) - \alpha]\big) \geq \frac{1}{2} \quad und \quad \delta P_{\vartheta_2}\big([g(\vartheta) + \beta, \infty]\big) \geq \frac{1}{2}, \quad \forall \vartheta \in \Theta. \quad (5.2)$$

Aus der Testtheorie benötigen wir nun das folgende Lemma (vgl. Proposition 6.5.1).

Lemma 5.3.12
Für $\alpha \in [0,1]$ und $a, b \in \Theta$ sei $\varphi \in \Phi$ eine Testfunktion. Dann gilt:

   a) Ist $E_a\varphi \leq \alpha$, dann ist $E_b\varphi \leq \overline{\Phi}(u_\alpha - \|b - a\|)$;

   b) Ist $E_a\varphi \geq \alpha$, dann ist $E_b\varphi \geq \overline{\Phi}(u_\alpha + \|b - a\|)$;

u_α ist das α-Fraktil von $N(0,1)$ und $\overline{\Phi}_\alpha = 1 - \Phi$.

Angewendet auf obige Ungleichung in (5.2) mit dem Test $\varphi_1(x) = \delta(x, [-\infty, g(\vartheta) - \alpha])$ bzw. $\varphi_2(x) = \delta(x, [g(\vartheta) + \beta, \infty])$ ergibt sich

$$\delta P_\vartheta([-\infty, g(\vartheta) - \alpha]) \geq \Phi\Big(-\Big\|\frac{\alpha}{\|g\|}e\Big\|\Big) = \Phi\Big(-\frac{\alpha}{\|g\|}\Big)$$

und

$$\delta P_\vartheta([g(\vartheta) + \beta, \infty]) \geq \Phi\Big(-\Big\|\frac{\beta}{\|g\|}e\Big\|\Big) = \Phi\Big(-\frac{\beta}{\|g\|}\Big).$$

Damit erhalten wir die Konzentrationsschranke

$$\delta P_\vartheta((g(\vartheta) - \alpha, g(\vartheta) + \beta)) \leq 1 - \Phi\left(-\frac{\beta}{\|g\|}\right) - \Phi\left(-\frac{\alpha}{\|g\|}\right) = \Phi\left(\frac{\beta}{\|g\|}\right) - \Phi\left(\frac{\alpha}{\|g\|}\right). \quad \square$$

Als Folgerung ergibt sich nun eine universelle untere Schranke für das Risiko Median-unverfälschter Schätzer.

Satz 5.3.13 (Untere Risikoschranke für Median-unverfälschte Schätzer)
Sei die Verlustfunktion L halbstetig nach unten und sei $\delta \in \mathcal{D}_g^u$ Median-unverfälscht für g. Dann gilt:

$$R(\vartheta, \delta) \geq \int L(\|g\| \, |s|) \, N(0,1)(ds).$$

Beweis: Für eine Partition $\tau = (t_0 = 0 < t_1 < \cdots < t_k)$ sei $L_\tau := \sum_{i=1}^k (L(t_i) - L(t_{i-1})) 1_{(t_i, \infty)}$, dann ist $L_\tau \leq L$ und $L_\tau \to L$ für $|\tau| = \max(t_i - t_{i-1}) \to 0$ und $t_k \to \infty$. Nach Proposition 5.3.11 folgt

$$\iint L_0(|a - g(\vartheta)|) \delta(x, da) \, dP_\vartheta(x) \geq \int L_0(\|g\| \, |s|) \, N(0,1)(ds).$$

Durch obige Approximation ergibt sich die Behauptung. $\qquad \square$

Bemerkung 5.3.14
Gaußsche Shift-Experimente treten als Limesexperimente in der asymptotischen Statistik auch in unendlichdimensionalen Hilberträumen auf (Parametrisierung durch ∞-dimensionale Tangentialräume). Die obige Konstruktion von Schranken für Median-unverfälschte Schätzer lässt sich auf diesen Rahmen erweitern und liefert wichtige Schranken für asymptotisch unverfälschte Schätzer. Für Details siehe Strasser (1985).

Als Konsequenz der unteren Risikoschranke in Satz 5.3.13 ist es nun leicht den optimalen Median-unverfälschten Schätzer zu bestimmen. Es ist beachtlich, dass dieser unabhängig von der gewählten Verlustfunktion L ist.

Satz 5.3.15 (Optimaler Median-unverfälschter Schätzer)
Sei $\mathcal{P} = \{P_\vartheta; \ \vartheta \in \Theta\}$ ein Gaußsches Shift-Experiment mit $\Theta \subset \mathbb{R}^n$ ein linearer Teilraum und mit Verlustfunktion L halbstetig nach unten. Sei $\pi_\Theta : \mathbb{R}^n \to \Theta$ die Projektion von $\mathbb{R}^n$ nach Θ bzgl. dem Skalarprodukt $\langle \, , \, \rangle = \langle \, , \, \rangle_\Sigma$. Dann gilt

a) $d^* = g \circ \pi_\Theta \in \mathcal{D}_g^u$, d^* ist Median-unverfälschter Schätzer

b) d^* ist bester Median-unverfälschter Schätzer für g und

$$R(\vartheta, d^*) = \int L(\|g\| \, |s|) N(0,1)(ds).$$

Beweis: Sei $e \in \Theta$, $\|e\| = 1$, so dass $e \perp \mathrm{Kern}(g)$, $g(e) > 0$ (vgl. Beweis zu Proposition 5.3.11). Dann ist

$$g \circ \pi_\Theta(x) = \langle x, e \rangle g(e) = \langle x, e \rangle \|g\|.$$

Für die Normalverteilung $N = N(0, \Sigma)$ gilt bzgl. dem Skalarprodukt $\langle \, , \, \rangle = \langle \, , \, \rangle_\Sigma$ dass $N^{\langle \cdot, e \rangle} = N(0, 1)$. Daraus folgt

$$P_\vartheta^{g \circ \pi_\Theta} = N(g(\vartheta), \|g\|^2), \quad \vartheta \in \Theta.$$

Daraus folgt, dass $d^* = g \circ \pi_\Theta \in \mathcal{D}_g$ Median-unverfälscht für g ist. Für das Risiko von d^* gilt

$$R(\vartheta, d^*) = \int L(|g \circ \pi_\Theta|) \, dN$$

$$= \int L(|\,\|g\|\, s|) N^{g \circ \pi_\Theta}(ds)$$

$$= \int L(\|g\| |s|) N(0, 1)(ds), \quad \vartheta \in \Theta.$$

Es wird also die untere Risikoschranke aus Satz 5.3.13 angenommen. Daher ist d^* optimaler Median-unverfälschter Schätzer für g. $\qquad\qquad\square$

5.4 Fisher-Information, Cramér-Rao-Schranken und Maximum-Likelihood-Schätzer

Ziel dieses Abschnittes ist es die klassische Schätzmethode der Maximum-Likelihood-Schätzer einzuführen und zu motivieren. ML-Schätzer sind historisch schon bei Lambert, Bernoulli, Laplace und Gauß im 18. und frühen 19. Jahrhundert angewendet worden. Historische Anmerkungen hierzu finden sich in Pfanzagl (1994).

Wir behandeln in diesem Abschnitt die Cramér-Rao-Schranke und den daraus entwickelten Begriff der asymptotischen Effizienz von Schätzfolgen. Wir zeigen dann Konsistenz, asymptotische Normalität und asymptotische Effizienz des Maximum-Likelihood-Schätzers in regulären Modellen und geben eine kurze Einführung in M-Schätzer und Minimum-Distanzschätzer.

Für die Asymptotik von ML-Schätzern und für den Begriff der asymptotischen Effizienz erweist sich die Fisher-Information als wesentlich. Wir beschreiben diesen Zusammenhang im eindimensionalen Fall unter folgenden Regularitätsbedingungen.

Sei $\Theta \subset \mathbb{R}^1$ ein offenes Intervall und sei $\mathcal{P} = \{P_\vartheta; \ \vartheta \in \Theta\}$ homogen, $P_\vartheta \sim \mu$, mit $f_\vartheta = \frac{dP_\vartheta}{d\mu}$, $\vartheta \in \Theta$.

$\mathcal{P}$ heißt **regulär** wenn

R1) $\frac{\partial}{\partial\vartheta}f_\vartheta$ existiert, ist stetig und $\forall d \in \mathcal{L}^2(\mathcal{P})$ gilt

$$\frac{\partial}{\partial\vartheta}\int d\,f_\vartheta\,d\mu = \int d\frac{\partial}{\partial\vartheta}f_\vartheta\,d\mu, \quad \forall\vartheta \in \Theta$$

R2) $0 < I(\vartheta) := \mathrm{Var}_\vartheta\left(\frac{\partial}{\partial\vartheta}\ln f_\vartheta\right) < \infty$

R3) $\frac{\partial^2}{\partial\vartheta^2}\ln f_\vartheta$ existiert, ist stetig und $0 = \frac{\partial^2}{\partial\vartheta^2}\int d\,f_\vartheta\,d\mu = \int d\,\frac{\partial^2}{\partial\vartheta^2}f_\vartheta\,d\mu$ für alle $d \in \mathcal{L}^2(\mathcal{P})$.

Definition 5.4.1 (Fisher-Information)
Die Größe

$$I(\vartheta) = E_\vartheta\left(\frac{\partial}{\partial\vartheta}\ln f_\vartheta\right)^2$$

$$= \int\left(\frac{\partial}{\partial\vartheta}\ln f_\vartheta\right)^2 f_\vartheta\,d\mu = \int\frac{1}{f_\vartheta}\left(\frac{\partial}{\partial\vartheta}f_\vartheta\right)^2 d\mu$$

*heißt **Fisher-Information** von $\mathcal{P}$ in ϑ.*

Bemerkung 5.4.2
1) $\frac{\partial}{\partial\vartheta}\ln f_\vartheta$ beschreibt die Änderung der Dichte in Abhängigkeit von der Änderung des Parameters. Ist diese lokale Änderung groß, dann erhält man in Konsequenz aus einer Beobachtung viel 'Information' über den Parameter. Dieses motiviert den Begriff der Fisher-Information.

2) Die Fisher-Information ist unabhängig vom dominierenden Maß μ definiert. Mit $P^* \sim \mathcal{P}$ gilt $P^* \ll \mu$ und daher $\frac{dP_\vartheta}{d\mu} = \frac{dP_\vartheta}{dP^*}\frac{dP^*}{d\mu}$. Daraus folgt

$$\frac{\partial}{\partial\vartheta}\left(\ln\frac{dP_\vartheta}{d\mu}\right) = \frac{\partial}{\partial\vartheta}\left(\ln\frac{dP_\vartheta}{dP^*}\right).$$

*3) **Exponentialfamilie** Ist $\mathcal{P} = \{P_\vartheta; \vartheta \in \Theta\}$ eine einparametrische Exponentialfamilie in natürlicher Parametrisierung, d.h. $f_\vartheta(x) = \exp(\vartheta T(x) - \Psi(\vartheta))$, dann ist*

$$\frac{\partial}{\partial\vartheta}\ln f_\vartheta(x) = T(x) - \frac{\partial}{\partial\vartheta}\Psi(\vartheta) = T(x) - E_\vartheta T.$$

Es folgt, dass $I(\vartheta) = \mathrm{Var}_\vartheta(T)$. $I(\vartheta)$ ist die Varianz des gleichmäßig besten erwartungstreuen Schätzers für $g(\vartheta) = E_\vartheta T$.

4) Ist $\mathcal{P}$ regulär, dann gilt

$$I(\vartheta) = \int\frac{\left(\frac{\partial}{\partial\vartheta}f_\vartheta\right)^2}{f_\vartheta}\,d\mu = -E_\vartheta\left(\frac{\partial^2}{\partial\vartheta^2}\ln f_\vartheta\right),$$

denn $\frac{\partial^2}{\partial \vartheta^2} \ln f_\vartheta = \frac{\frac{\partial^2}{\partial \vartheta^2} f_\vartheta}{f_\vartheta} - \left(\frac{\frac{\partial}{\partial \vartheta} f_\vartheta}{f_\vartheta} \right)^2.$

$\Rightarrow \quad E_\vartheta \frac{\partial^2}{\partial \vartheta^2} \ln f_\vartheta = 0 - \operatorname{Var}_\vartheta \left(\frac{\partial}{\partial \vartheta} \ln f_\vartheta \right) = -I(\vartheta).$

Definition 5.4.3
Für eine Abbildung $T : (\mathfrak{X}, \mathcal{A}) \to (Y, \mathcal{C})$ definieren wir $f_\vartheta^T = \frac{dP_\vartheta^T}{d\mu^T}$ und $I_T(\vartheta)$ als Fisher-Information von $\mathcal{P}^T = \{P_\vartheta^T;\ \vartheta \in \Theta\}$ in ϑ, d.h.

$$I_T(\vartheta) := \int \left(\frac{\partial}{\partial \vartheta} \ln f_\vartheta^T \right)^2 dP_\vartheta^T.$$

Entsprechend definieren wir für eine Unter-σ-Algebra $\mathcal{B} \subset \mathcal{A}$ die Fisher-Information $I_\mathcal{B}(\vartheta)$ als die Fisher-Information von $\mathcal{P}_\mathcal{B} = \{P_\vartheta|_\mathcal{B};\ \vartheta \in \Theta\}$ in ϑ.

Die Fisher-Information hat die folgenden typischen Eigenschaften eines Informationsmaßes.

Proposition 5.4.4
Sei $\mathcal{P}$ ein reguläres Modell, dann gilt

$I_1)$ *T ist verteilungsfrei für $\mathcal{P} \Leftrightarrow I_T(\vartheta) = 0, \quad \forall \vartheta \in \Theta$.*

$I_2)$ *Ist T suffizient für $\mathcal{P}$ dann gilt $I_T(\vartheta) = I(\vartheta), \quad \vartheta \in \Theta$*

$I_3)$ *Sind T_1, T_2 stochastisch unabhängig bzgl. $P_\vartheta, \forall \vartheta \in \Theta$*
    $\Rightarrow I_{(T_1, T_2)}(\vartheta) = I_{T_1}(\vartheta) + I_{T_2}(\vartheta), \quad \forall \vartheta \in \Theta.$

Beweis: Sei $V_\vartheta^T(x) := \frac{\partial}{\partial \vartheta} \ln f_\vartheta^T(x)$.

$I_1)$ Ist T eine verteilungsfreie Statistik,
    $\Rightarrow f_\vartheta^T = f_{\vartheta'}^T \ [\mu], \quad \forall \vartheta, \vartheta' \in \Theta$
    $\Rightarrow V_\vartheta^T = 0 \ [\mu]$, also gilt

$$I_T(\vartheta) = \int (V_\vartheta^T)^2 \, dP_\vartheta^T = 0, \quad \forall \vartheta \in \Theta.$$

Ist umgekehrt $I_T(\vartheta) = 0, \forall \vartheta \in \Theta$, dann folgt wegen $E_\vartheta V_\vartheta^T = 0$

$$E_\vartheta \left(\frac{\partial}{\partial \vartheta} \ln f_\vartheta^T \right)^2 = 0.$$

Daraus folgt: $\frac{\partial}{\partial \vartheta} \ln f_\vartheta^T = 0 \ [P_\vartheta^T], \forall \vartheta \in \Theta$, und damit

$$f_\vartheta^T = f_{\vartheta'}^T \ [\mathcal{P}^T], \quad \forall \vartheta \neq \vartheta'.$$

I_2) Sei $P^* \sim \mathcal{P}$ ein äquivalentes dominierendes Wahrscheinlichkeitsmaß. Nach dem Satz von Halmos-Savage gilt dann: $\frac{dP_\vartheta}{dP^*} = g_\vartheta \circ T$, $\vartheta \in \Theta$. Daraus folgt

$$\mathcal{P}^T \ll (P^*)^T \quad \text{und} \quad \frac{dP_\vartheta^T}{d(P^*)^T}(t) = g_\vartheta(t) \ [(P^*)^T].$$

Mit $V_\vartheta(x) = \frac{\partial}{\partial\vartheta} \ln g_\vartheta \circ T(x)$ folgt dann

$$I(\vartheta) = \text{Var}_\vartheta(V_\vartheta) = \int \left(\frac{\partial}{\partial\vartheta} \ln g_\vartheta \circ T\right)^2 dP_\vartheta$$

$$= \int \left(\frac{\partial}{\partial\vartheta} \ln g_\vartheta\right)^2 dP_\vartheta^T \quad \text{nach der Transformationsformel}$$

$$= \text{Var}_\vartheta(V_\vartheta^T) = I_T(\vartheta)$$

I_3) Aus der Unabhängigkeit von T_1, T_2 folgt $f_\vartheta^{(T_1,T_2)}(t_1, t_2) = f_\vartheta^{T_1}(t_1) f_\vartheta^{T_2}(t_2)$. Daher gilt

$$V_\vartheta^{(T_1,T_2)} = \frac{\partial}{\partial\vartheta} \ln f_\vartheta^{(T_1,T_2)} = \frac{\partial}{\partial\vartheta} \ln f_\vartheta^{T_1} + \frac{\partial}{\partial\vartheta} \ln f_\vartheta^{T_2}.$$

Es folgt wegen $E_\vartheta \frac{\partial}{\partial\vartheta} \ln f_\vartheta^{T_i} = 0$ und wegen der Unabhängigkeit der T_i, dass

$$I_{(T_1,T_2)}(\vartheta) = \text{Var}_\vartheta V_\vartheta^{(T_1,T_2)} = \text{Var}_\vartheta(V_\vartheta^{T_1}) + \text{Var}_\vartheta(V_\vartheta^{T_2}) = I_{T_1}(\vartheta) + I_{T_2}(\vartheta). \quad \square$$

Bemerkung 5.4.5 (Bedingte Information)
Ist $I_{T_1|T_2=y}$ *die Fisher-Information der bedingten Verteilung* $P_\vartheta^{T_1|T_2=y}$ *und ist* $I_{T_1|T_2}(\vartheta) = E_\vartheta I_{T_1|T_2} = E_\vartheta(V_\vartheta^{T_1|T_2})^2$, *mit* $V_\vartheta^{T_1|T_2=y} = \frac{\partial}{\partial\vartheta} \ln f_\vartheta^{T_1|T_2=y}$, *dann gilt:*

$$I_{(T_1,T_2)}(\vartheta) = I_{T_1|T_2}(\vartheta) + I_{T_2}(\vartheta).$$

Die Information aus dem Paar (T_1, T_2) *ist gleich der Summe der Information aus* T_2 *und aus der Information von* T_1 *bedingt unter* T_2.

Mittels der Fisher-Information ergibt sich nun eine untere Schranke für die Varianz einer Schätzfunktion d.

Satz 5.4.6 (Cramér-Rao-Ungleichung)
Sei $\mathcal{P}$ *regulär und* $d \in \mathcal{L}^2(\mathcal{P})$ *mit* $\Psi(\vartheta) = E_\vartheta d$, $\vartheta \in \Theta$. *Dann gilt*

$$\text{Var}_\vartheta(d) \geq \frac{(\Psi'(\vartheta))^2}{I(\vartheta)}, \quad \vartheta \in \Theta.$$

Beweis: Aus den Regularitätsannahmen folgt

$$\Psi'(\vartheta) = \frac{\partial}{\partial\vartheta} \Psi(\vartheta) = \int d \frac{\partial}{\partial\vartheta} f_\vartheta \, d\mu$$

$$= \int (d - \Psi(\vartheta)) \frac{\partial}{\partial\vartheta} f_\vartheta \, d\mu$$

$$= \int (d - \Psi(\vartheta)) \frac{\partial}{\partial\vartheta} \ln f_\vartheta \, dP_\vartheta.$$

Damit folgt nach der Cauchy-Schwarz-Ungleichung

$$|\Psi'(\vartheta)| \leq \left(\int (d - \Psi(\vartheta))^2 \, dP_\vartheta \right)^{1/2} \left(\int \left(\frac{\partial}{\partial \vartheta} \ln f_\vartheta \right)^2 \, dP_\vartheta \right)^{1/2}$$

$$= (\text{Var}_\vartheta(d))^{1/2} (I(\vartheta))^{1/2}.$$

Hieraus folgt die Behauptung. □

Bemerkung 5.4.7

a) Exponentialfamilien

Die Gleichheit gilt in der Cramér-Rao-Ungleichung genau dann, wenn

$$d - \Psi(\vartheta) = c(\vartheta) \frac{\partial}{\partial \vartheta} \ln f_\vartheta \; [\mu], \quad d.h. \; wenn \; \frac{\partial}{\partial \vartheta} \ln f_\vartheta = \frac{1}{c(\vartheta)} (d - \Psi(\vartheta)).$$

Gilt diese Gleichheit für alle $\vartheta \in \Theta$ und ist $\vartheta_0 \in \Theta$, dann folgt durch Integration

$$\ln \frac{f_\vartheta}{f_{\vartheta_0}} = \int_{\vartheta_0}^{\vartheta} \frac{1}{c(\vartheta')} (d - \Psi(\vartheta')) \, d\vartheta'$$

$$= d \left(\int_{\vartheta_0}^{\vartheta} \frac{1}{c(\vartheta')} d\vartheta' \right) - \int_{\vartheta_0}^{\vartheta} \frac{1}{c(\vartheta')} \Psi(\vartheta') \, d\vartheta'$$

$$= d \, Q(\vartheta) - A(\vartheta),$$

d.h. $\mathcal{P}$ ist eine Exponentialfamilie. Die Schranke ist also nur in Exponentialfamilien scharf.

b) Cramér-Rao-Ungleichung und Erwartungstreue

Ist $g : \Theta \to \mathbb{R}^1$ eine zu schätzende Funktion, dann heißt für einen Schätzer $d \in D$

$$b(\vartheta) := E_\vartheta d - g(\vartheta)$$

der **Bias** von d. Aus der Cramér-Rao-Ungleichung folgt:

$$E_\vartheta(d - g(\vartheta))^2 = \text{Var}_\vartheta(d) + (b(\vartheta))^2 \geq \frac{(b'(\vartheta) + g'(\vartheta))^2}{I(\vartheta)} + (b(\vartheta))^2.$$

c) Cramér-Rao-Ungleichung und unabhängige Versuchswiederholung

Sei das Modell $\mathcal{P}$ regulär. Bei n unabhängigen Versuchswiederholungen ist dann $\mathcal{P}^{(n)} = \{P_\vartheta^{(n)}; \vartheta \in \Theta\}$ das relevante reguläre Modell. Nach Proposition 5.4.4 ist die Fisher-Information $I(P_\vartheta^{(n)}) = nI(\vartheta)$. Für einen Schätzer $d_n \in \mathcal{L}^2(\mathcal{P}^{(n)})$ gilt daher die Schranke

$$\text{Var}_\vartheta(d_n) \geq \frac{(\Psi'(\vartheta))^2}{nI(\vartheta)}.$$

In einer unabhängigen Modellfolge $\mathcal{P}^{(n)}$ erhalten wir aus Bemerkung c) das folgende asymptotische Resultat.

Korollar 5.4.8
Sei $\mathcal{P}$ regulär und $g : \Theta \to \mathbb{R}$. Für die Modellfolge $\mathcal{P}^{(n)}$ sei $d_n \in \mathcal{L}^2(\mathcal{P}^{(n)})$ eine Schätzfolge für g mit $b_n'(\vartheta) \to 0$, $\sqrt{n}b_n(\vartheta) \to 0$, mit dem Bias $b_n(\vartheta) := E_\vartheta d_n - g(\vartheta)$. Dann gilt

$$\underline{\lim} \, n E_\vartheta (d_n - g(\vartheta))^2 \geq \frac{(g'(\vartheta))^2}{I(\vartheta)}.$$

$\frac{(g'(\vartheta))^2}{I(\vartheta)}$ *ist also eine asymptotisch untere Schranke für den skalierten Schätzfehler* $n E_\vartheta (d_n - g(\vartheta))^2$.

Korollar 5.4.9
Sei zusätzlich zu den Voraussetzungen von Korollar 5.4.8 d_n asymptotisch normalverteilt
$\sqrt{n}(d_n - g(\vartheta)) \overset{\mathcal{D}}{\to} N(0, v(\vartheta))$, $\vartheta \in \Theta$ *und es gelte* $\mathrm{Var}(\sqrt{n}(d_n - g(\vartheta))) \underset{n \to \infty}{\longrightarrow} v(\vartheta)$,
$\vartheta \in \Theta$. *Dann gilt für die Varianz $v(\vartheta)$ die Limesverteilung:*

$$v(\vartheta) \geq \frac{(g'(\vartheta))^2}{I(\vartheta)}.$$

Im Allgemeinen folgt aus der Verteilungskonvergenzannahme nur, dass

$$v(\vartheta) \leq \underline{\lim} \, n \mathrm{Var}(d_n - g(\vartheta)),$$

so dass die zusätzliche Annahme einer gleichgradigen Integrierbarkeitsbedingung entspricht. Die untere Varianzschranke erweist sich in der asymptotischen Statistik als scharf und auf die in Korollar 5.4.9 gestellte Zusatzannahme an $\mathrm{Var}(d_n - g(\vartheta))$ kann verzichtet werden. Korollar 5.4.9 motiviert die folgende Definition von asymptotisch effizienten Schätzfolgen.

Definition 5.4.10 (Asymptotisch effiziente Schätzfolgen)
*Sei $\mathcal{P}$ regulär und $\mathcal{P}_n = \mathcal{P}^{(n)}$. Eine asymptotisch normale Schätzfolge (d_n) für g heißt **asymptotisch effizient** in ϑ, wenn*

$$v(\vartheta) = \frac{(g'(\vartheta))^2}{I(\vartheta)}.$$

Beispiel 5.4.11
a) Sei $P_\vartheta = N(\vartheta, \sigma_0^2)^{(n)}$, $\vartheta \in \Theta = \mathbb{R}^1$, dann ist

$$I(P_\vartheta) = nI(N(\vartheta, \sigma_0^2)) = n\frac{\mathrm{Var}_\vartheta(X - \vartheta)}{\sigma_0^4} = \frac{n}{\sigma_0^2}.$$

Das arithmetische Mittel $d(x) = \frac{1}{n}\sum_{i=1}^n X_i$ ist erwartungstreuer Schätzer von $g(\vartheta) = \vartheta$,

$$E_\vartheta d = d \quad und \quad \mathrm{Var}_\vartheta(d) = \frac{\sigma^2}{n} = \frac{(g'(\vartheta))^2}{I(\vartheta)}, \quad \vartheta \in \Theta.$$

d nimmt also die Varianzschranke der Cramér-Rao-Ungleichung an und ist daher gleichmäßig minimal für g.

b) *Sei $P_\vartheta = \mathcal{B}(1, \vartheta)^{(n)}$, $\vartheta \in (0,1)$, $g(\vartheta) = \vartheta$, dann ist*

$$I(P_\vartheta) = nI(\mathcal{B}(1, \vartheta)) = \frac{n}{\theta(1-\theta)}.$$

Wieder gilt für $d(x) = \frac{1}{n} \sum_{i=1}^{n} x_i$

$$\mathrm{Var}_\vartheta(d) = \frac{n}{\vartheta(1-\vartheta)} = \frac{1}{I(P_\vartheta)}$$

und d ist gleichmäßig minimaler Schätzer.

Eine klassische Methode zur Konstruktion von asymptotisch effizienten Schätzfolgen ist die Methode der Maximum-Likelihood-Schätzer. Sei $\mathcal{P} \ll \mu$ und $f_\theta = \frac{dP_\theta}{d\mu}$, $\theta \in \Theta$. Die Dichte als Funktion von ϑ heißt **Likelihood-Funktion** definiert für $x \in \mathfrak{X}$,

$$L_x(\vartheta) := f_\vartheta(x) =: L(\vartheta, x), \quad \vartheta \in \Theta.$$

Sei Θ versehen mit einer σ-Algebra $\mathcal{A}_\Theta$.

Definition 5.4.12 (Maximum-Likelihood-Schätzer)
a) *Eine messbare Abbildung $\widehat{\vartheta} : \mathfrak{X} \to \Theta$ heißt **Maximum-Likelihood-Schätzer** (MLS), wenn*

$$L_x(\widehat{\vartheta}(x)) = \sup_{\vartheta \in \Theta} L_x(\vartheta) \ [\mu]$$
$$\Leftrightarrow \ \ln L_x(\widehat{\vartheta}(x)) = \sup_{\vartheta \in \Theta} \ln L_x(\vartheta) \ [\mu].$$

b) *Ist $\Theta \subset \mathbb{R}^k$ offen, L_x partiell differenzierbar, dann erfüllt ein MLS die **Likelihood-Gleichungen***

$$\frac{\partial}{\partial \vartheta_j} \ln L_x(\widehat{\vartheta}(x)) = 0, \quad 1 \leq j \leq k \ [\mu].$$

Die Idee eines MLS ist einfach. Wird x beobachtet, dann ist der Parameter am plausibelsten, für den $f_\vartheta(x)$ maximal wird.

Beispiel 5.4.13
Einige Beispiele für MLS:

a) **Normalverteilung** $\Theta = \mathbb{R}^1 \times \mathbb{R}_+$, $\vartheta = (\mu, \sigma^1)$, $P_\vartheta = \otimes_{i=1}^{n} N(\mu, \sigma^2)$.
Dann ist für $x \in \mathfrak{X} = \mathbb{R}^n$

$$L_x(\vartheta) = \frac{1}{\sigma^n (2\pi)^{n/2}} \exp \left(-\frac{1}{2\sigma^2} \sum_{i=1}^{n} (x_i - \mu)^2 \right),$$

also

$$\ln L_x(\vartheta) = -\frac{n}{2}\ln \sigma^2 - \frac{n}{2}\ln(2\pi) - \frac{1}{2\sigma^2}\sum_{i=1}^{n}(x_i - y)^2.$$

Die Likelihood-Gleichungen

$$\frac{1}{\sigma^2}\sum_{i=1}^{n}(x_i - \mu)^2 = 0, \quad -\frac{n}{2}\frac{1}{\sigma^2} + \frac{1}{2\sigma^4}\sum_{i=1}^{n}(x_i - \mu)^2 = 0$$

haben die Lösungen

$$\widehat{\mu} = \frac{1}{n}\sum_{i=1}^{n}x_i = \overline{x}_n, \quad \widehat{\sigma}^2 = \frac{1}{n}\sum_{i=1}^{n}(x_i - \overline{x}_n)^2.$$

$\widehat{\vartheta} = (\widehat{\mu}, \widehat{\sigma}^2)$ *ist also MLS. Insbesondere folgt, dass MLS nicht notwendig erwartungstreu sind.* $\widehat{\vartheta}$ *ist suffizient für* $\mathcal{P}$.

b) Taxibeispiel *Sei* $\Theta = \mathbb{N}$, $P_m = \left(\frac{1}{m}\sum_{i=1}^{m}\varepsilon_{\{i\}}\right)^{(n)} \sim$ *unabhängige Beobachtung von n Taxis. Sei* μ *das abzählende Maß auf* $\mathbb{N}^n$, *dann ist*

$$L_x(m) = \begin{cases} \frac{1}{m^n}, & 1 \leq \max x_i \leq m, \\ 0, & sonst, \end{cases}$$

$$\Rightarrow \quad \widehat{m} = \max_{i \leq n} x_i \text{ ist MLS für den Parameter } m.$$

c) Qualitätskontrolle *Unter N produzierten Teilen befinden sich M defekte. M ist unbekannt. Um M zu bestimmen wird eine Stichprobe vom Umfang n genommen, in der x defekte Teile gefunden werden. Dann ist die Anzahl D der defekten Teile in der Stichprobe hypergeometrisch verteilt*

$$f_M(x) = \begin{cases} \binom{M}{x}\binom{N-M}{n-x}, & \max(0, n-N+M) \leq x \leq \min(n, M), \\ 0, & sonst, \end{cases}$$

$M \in \Theta = \{0, 1, \dots, N\}$. *Es gilt*

$$\frac{f_M(x)}{f_{M-1}(x)} = \frac{M}{M-x}\frac{N-M-n+x+1}{N-M+1} > 1$$

$$\Leftrightarrow \quad M < \frac{x(N+1)}{n}.$$

Es ergibt sich der MLS

$$\widehat{M} = \begin{cases} \left[\frac{x(N+1)}{n}\right], \left[\frac{x(N+1)}{n}\right] + 1, & wenn \ \frac{x(N+1)}{n} \notin \mathbb{N}, \\ \frac{x(N+1)}{n}, & wenn \ \frac{x(N+1)}{n} \in \mathbb{N}. \end{cases}$$

Es ist $ED = n\frac{M}{N}$. Mit $x \sim ED = n\frac{M}{N}$ erhalten wir aus der Momentenmethode den Schätzer

$$\widetilde{M} = x\frac{N}{n}.$$

Der Momentenschätzer $\widetilde{M}$ ist dem MLS sehr ähnlich.

d) Häufigkeitsmethode *Ist $\Theta = \{\vartheta = (\vartheta_1, \ldots, \vartheta_r) \in (0,1)^r; \ \sum_{j=1}^r \vartheta_j = 1\}$ und $P_\vartheta = M(n, \vartheta)$ die Multinomialverteilung mit Dichte*

$$f_\vartheta(x) = \frac{n!}{\prod_{j=1}^r x_j!} \prod_{j=1}^r \vartheta_j^{x_j} 1_{\{\sum_{j=1}^r x_j = n\}}$$

für $x \in \mathfrak{X} = \mathbb{N}^r$. Sei etwa $\Omega = \sum_{j=1}^r A_j$ eine disjunkte Zerlegung von Ω. Bei einem Versuch liegt das Ergebnis in A_j mit der Wahrscheinlichkeit $\vartheta_j = P(A_j)$. Bei n unabhängigen Versuchen ergibt sich für die Häufigkeiten x_j der Ergebnisse in A_j, $j = 1, \ldots, r$ die obige Dichte.

Es ist

$$\ln L_x(\vartheta) = \ln \frac{n!}{\prod x_j!} + \sum_{j=1}^{r-1} x_j \ln \vartheta_j + x_r \ln\left(1 - \sum_{j=1}^{r-1} \vartheta_j\right) = f(\vartheta_1, \ldots, \vartheta_{r-1}).$$

Hierdurch ergeben sich als Likelihood-Gleichungen

$$\frac{x_j}{\vartheta_j} - \frac{x_r}{\vartheta_r} = 0, \quad j = 1, \ldots, r-1,$$

d.h. $\frac{x_1}{\vartheta_1} = \frac{x_2}{\vartheta_2} = \cdots = \frac{x_r}{\vartheta_r} =: a$. Wegen $n = \sum_{j=1}^r x_j = a \sum_{j=1}^r \vartheta_i = a$ folgt: Der Vektor $\hat{\vartheta}$ der relativen Häufigkeiten $\hat{\vartheta}_j = \frac{x_j}{n}$, $1 \le j \le r$ ist der MLS.

Bemerkung 5.4.14

1) *Im Allgemeinen existiert der MLS nicht. Ist zum Beispiel in Beispiel 5.4.13 d) $\Theta = \{(\vartheta_1, \ldots, \vartheta_r) \in (0,1)^r; \ \sum \vartheta_j = 1\}$, dann ist für $x_j = 0$, $\hat{\vartheta}_j = 0$, also $\hat{\vartheta} \notin \Theta$.*

2) *Explizite Formeln für MLS sind nur in einigen Beispielen möglich. Es gibt aber gute numerische Iterationsverfahren (Newton-Raphson-Iteration) zur approximativen Bestimmung des MLS. Für $\Theta \subset \mathbb{R}^1$ definiert man eine Folge $(\overline{\vartheta}_n)$ iterativ:*

$$\overline{\vartheta}_{n+1} = \overline{\vartheta}_n - h(\overline{\vartheta}_n)\frac{\partial}{\partial \vartheta} \ln L_x |_{\overline{\vartheta}_n}$$

a) *Für $h(\vartheta) = \left(\frac{\partial^2}{\partial \vartheta^2} \ln L_x\right)^{-1}$ ergibt sich ein Iterationsverfahren 2. Ordnung. Es benötigt aber eine gute Anfangsnäherung.*

b) Für die Skalierungsfunktion

$$h(\vartheta) = \left(E_\vartheta \left(\frac{\partial^2}{\partial \vartheta^2} \ln L_x \right) \right)^{-1}$$
$$= -\left(I(\vartheta) \right)^{-1}$$

erhält man ein Verfahren erster Ordnung, das robuster gegenüber Anfangs-werten ist.

Beide Verfahren sind von der Form $h(\vartheta) = \frac{k(\vartheta)}{n}$.

Zum Schätzen von Parameterfunktionalen g führen wir den Begriff des MLS für g ein.

Definition 5.4.15 (MLS für Parameterfunktionen)
Sei $g : \Theta \to \Theta'$ eine surjektive Parameterfunktion und für $\lambda \in g(\Theta)$ sei $\Theta_\lambda := \{\vartheta \in \Theta; \ g(\vartheta) = \lambda\}$. Dann heißt $M(\lambda, x) := \sup_{\vartheta \in \Theta_\lambda} L_x(\vartheta) = M_x(\lambda)$ die auf Θ' induzierte Likelihood-Funktion. Eine messbare Abbildung $\widehat{\lambda} : \mathfrak{X} \to \Theta'$ heißt MLS für g, wenn

$$M_x(\widehat{\lambda}(x)) = \sup_{\lambda \in \Theta'} M_x(\lambda).$$

Proposition 5.4.16
Sei $g : \Theta \to \Theta'$ eine surjektive Parameterfunktion und sei $\widehat{\vartheta}$ ein MLS für ϑ. Dann ist $g(\widehat{\vartheta})$ ein MLS für $\lambda = g(\vartheta)$.

Beweis: Für $x \in \mathfrak{X}$ ist wegen $\widehat{\vartheta}(x) \in \Theta_{\widehat{\lambda}(x)}$

$$M_x(\widehat{\lambda}(x)) = \sup_{\vartheta \in \Theta_{\widehat{\lambda}(x)}} L_x(\vartheta)$$
$$\geq L_x(\widehat{\vartheta}(x)) = \sup_{\vartheta \in \Theta} L_x(\theta).$$

Andererseits ist aber

$$M_x(\widehat{\lambda}(x)) \leq \sup_{\lambda \in \Theta'} M_x(\lambda)$$
$$= \sup_{\lambda \in \Theta'} \sup_{\theta \in \Theta_\lambda} L_x(\vartheta).$$

Es folgt damit $M_x(\widehat{\lambda}(x)) = \sup_{\lambda \in \Theta'} M_x(\lambda)$, d.h. $\widehat{\lambda} = g \circ \widehat{\vartheta}$ ist MLS für $g(\vartheta)$. $\qquad\square$

Bemerkung 5.4.17
a) Insbesondere ist also im Bernoulli-Modell $P_\vartheta = \mathcal{B}(1, \vartheta)^{(n)}$ mit $g(\vartheta) = \vartheta(1 - \vartheta)$

$$\widehat{\lambda}(x) = \overline{x}_n(1 - \overline{x}_n) \ \text{ein MLS für } g.$$

Im Modell der Multinomialverteilung (Beispiel 5.4.13 d)) ist

$$\widehat{\lambda}(x) = g\Big(\frac{x_1}{n}, \ldots, \frac{x_r}{n}\Big)$$

ein MLS für $g(\vartheta_1, \ldots, \vartheta_r)$.

b) **MLS in einparametrischen Exponentialfamilien** *Sei $\mathcal{P}$ eine einparametrische Exponentialfamilie in natürlicher Parametrisierung, d.h.*

$$f_\vartheta(x) = \exp(\vartheta T(x) - \Psi(\vartheta)), \quad \vartheta \in \Theta \subset \mathbb{R}^1, \Theta \text{ offen.}$$

Dann ist der MLS $\widehat{\vartheta}$ für ϑ eine Lösung der Likelihood-Gleichungen. Mit $g(\vartheta) := E_\vartheta T$ gilt

$$T(x) = \Psi'(\vartheta) = E_\vartheta T = g(\vartheta).$$

Ist g injektiv mit messbarer inverser Funktion g^{-1}, dann folgt also

$$\widehat{\vartheta}(x) = g^{-1}(T(x)).$$

MLS und Suffizienz In den bisherigen Beispielen ergab sich der MLS als Funktion einer suffizienten Statistik (vgl. a) oder b)). Diese Eigenschaft gilt in allgemeiner Form für dominierte Modelle $\mathcal{P} \ll \mu$. Nach dem Neyman-Kriterium gilt für eine suffiziente Statistik $T : (\mathfrak{X}, \mathcal{A}) \to (Y, \mathcal{B})$

$$f_\vartheta(x) = h(x)g_\vartheta(T(x)).$$

Sei für $t \in T(\mathfrak{X})$, $\Theta_t = \{\vartheta;\ g_\vartheta(t) = \sup_{\vartheta' \in \Theta} g_{\vartheta'}(t)\}$. Wir machen die Messbarkeitsannahme:

M)   Es existiert eine messbare Abbildung $\widehat{\vartheta} : \mathfrak{X} \to \Theta$ so dass $\widehat{\vartheta}(x) \in \Theta_{T(x)}$.

Bedingung M) ist eine schwache Regularitätsannahme, die unter Monotonie- und Stetigkeitsannahmen an $f_\vartheta(x)$ in ϑ gilt. Offensichtlich gilt, dass $\widehat{\vartheta}(x) = \widehat{\vartheta}(T(x))$ ist, so dass im Fall von Borelräumen o.E. $\widehat{\vartheta}$ als Funktion von T gewählt werden kann. Damit folgt

Proposition 5.4.18 (MLS und Suffizienz)
Sei $\mathcal{P}$ dominiert, $T : (\mathfrak{X}, \mathcal{A}) \to (Y, \mathcal{B})$ eine suffiziente Statistik und seien $\mathfrak{X}$ und Y Borelräume. Unter der Messbarkeitsbedingung M) existiert dann ein MLS $\widehat{\vartheta}$ so, dass

$$\widehat{\vartheta}(x) = \widehat{\vartheta}(T(x))\ [\mathcal{P}].$$

Zum Nachweis der Konsistenz und asymptotischen Normalität von MLS in iid Modellen behandeln wir die folgenden vereinfachenden Annahmen:

Sei $\mathcal{P} = \{P_\vartheta;\ d \in \Theta\}$, $\Theta \subset \mathbb{R}^1$ regulär und sei $S_\vartheta = \{x;\ f_\vartheta(x) > 0\}$ unabhängig von $\vartheta \in \Theta$ und sei die Parametrisierung identifizierbar, d.h. $\vartheta_1 \neq \vartheta_2 \Rightarrow P_{\vartheta_1} \neq P_{\vartheta_2}$. Weiter sei der **Kullback-Leibler-Abstand**

$$I(P_{\vartheta_0}, P_\vartheta) = \int \ln \frac{f_{\vartheta_0}}{f_\vartheta}\, dP_{\vartheta_0} < \infty$$

endlich $\forall \vartheta \neq \vartheta_0$.

Lemma 5.4.19

a) $E_{\vartheta_0} \ln f_\vartheta < E_{\vartheta_0} \ln f_{\vartheta_0}$, $\quad I(P_{\vartheta_0}, P_\vartheta) > 0$

b) Sei $J(\vartheta, \vartheta_0) := E_{\vartheta_0}\left(\frac{\partial}{\partial \vartheta} \ln f_\vartheta\right)$ stetig differenzierbar, dann ist $\vartheta \to J(\vartheta, \vartheta_0)$ strikt antiton in einer Umgebung $U(\vartheta_0)$ und $I(\vartheta_0) > 0$.

Beweis:

a) Nach der Jensen-Ungleichung gilt für $\vartheta \neq \vartheta_0$

$$E_{\vartheta_0} \ln \frac{f_\vartheta}{f_{\vartheta_0}} < \ln E_{\vartheta_0} \frac{f_\vartheta}{f_{\vartheta_0}} = \ln \int f_\vartheta\, d\mu = 0,$$

also ist $E_{\vartheta_0} \ln f_\vartheta < E_{\vartheta_0} \ln f_{\vartheta_0}$ und $I(P_{\vartheta_0}, P_\vartheta) > 0$.

b) Nach a) hat die Abbildung $\vartheta \to E_{\vartheta_0} \ln f_\vartheta$ ein striktes Maximum in ϑ_0
$\Rightarrow J(\vartheta, \vartheta_0) \leq J(\vartheta_0, \vartheta_0) = 0$
und wegen der Regularitätsannahme gilt $\frac{\partial}{\partial \vartheta} J(\vartheta, \vartheta_0) = E_{\vartheta_0}\left(\frac{\partial^2}{\partial \vartheta^2} \ln f_\vartheta\right)$ ist stetig
$\Rightarrow \exists U(\vartheta_0) : \frac{\partial}{\partial \vartheta} J(\vartheta, \vartheta_0) < 0\ \forall \vartheta \in U(\vartheta_0)$.

Insbesondere gilt: $\frac{\partial}{\partial \vartheta} J(\vartheta, \vartheta_0)\big|_{\vartheta_0} = -I(\vartheta_0) < 0$. $\qquad\qquad \square$

Satz 5.4.20 (Konsistenz des MLS)
Im iid Modell $\mathcal{P}_n = \mathcal{P}^{(n)}$ mit $\mathcal{P} = \{P_\vartheta; \vartheta \in \Theta\}$ sei $\mathcal{P}$ regulär. Sei $\vartheta \to J(\vartheta, \vartheta_0)$ stetig differenzierbar und sei $\vartheta \to E_{\vartheta_0} \frac{\partial^2}{\partial \vartheta^2} \ln f_\vartheta$ stetig und endlich. Dann folgt: Es existiert eine konsistente Schätzfolge $\widehat{\vartheta}_n : (\mathfrak{X}^{(n)}, \mathcal{A}^{(n)}) \to (\Theta, \Theta\mathcal{B}^1)$ für ϑ, die Lösung der Likelihood-Gleichungen ist, d.h.

$$\sum_{i=1}^n \frac{\partial}{\partial \vartheta} \ln f_\vartheta(x_i)\,\big|_{\vartheta = \widehat{\vartheta}_n(x)} = 0.$$

Beweis: Sei $\vartheta_0 \in \Theta$ und $Z_n(\vartheta, x) := \frac{1}{n} \sum_{i=1}^n \frac{\partial}{\partial \vartheta} \ln f_\vartheta(x_i)$. Da $\frac{\partial}{\partial \vartheta} \ln f_\vartheta \in \mathcal{L}^1(\mathcal{P})$ folgt nach dem starken Gesetz großer Zahlen

$$Z_n(\vartheta, \cdot) \to E_{\vartheta_0}\left(\frac{\partial}{\partial \vartheta} \ln f_\vartheta\right) = J(\vartheta, \vartheta_0) \quad \text{f.s. bzgl. } P_{\vartheta_0}^{(\infty)}$$

Nach Lemma 5.4.19 existiert eine Umgebung $U(\vartheta_0) \subset \Theta$, so dass $J(\cdot, \vartheta_0)$ strikt antiton in $U(\vartheta_0)$ ist. Sei $\varepsilon_0 > 0$ so dass $[\vartheta_0 - \varepsilon_0, \vartheta_0 + \varepsilon_0] \subset U(\vartheta_0)$. Dann folgt für

$\varepsilon \leq \varepsilon_0$:

$$\begin{cases} Z_n(\vartheta_0 - \varepsilon) & \to J(\vartheta_0 - \varepsilon, \vartheta_0) > 0 \\ Z_n(\vartheta_0 - \varepsilon) & \to J(\vartheta_0 + \varepsilon, \vartheta_0) < 0 \end{cases} \quad [P_{\vartheta_0}^{(\infty)}]. \tag{5.3}$$

$\forall x = (x_i) \in \mathfrak{X}^\infty$ existiert $N = N(x)$, so dass $\forall n \geq N$:

$$Z_n(\vartheta_0 - \varepsilon) > 0 \text{ und } Z_n(\vartheta_0 + \varepsilon) < 0, \quad \forall \varepsilon \leq \varepsilon_0.$$

Nach Annahme ist $\frac{\partial}{\partial \vartheta} \ln f_\vartheta$ stetig. Mit Hilfe des Zwischenwertsatzes folgt die Existenz von $\widehat{\vartheta}_n = \widehat{\vartheta}_n(x_1, \dots, x_n) \in [\vartheta_0 - \varepsilon, \vartheta_0 + \varepsilon]$, so dass

$$Z_n(\widehat{\vartheta}_n(x), x) = \frac{1}{n} \sum_{i=1}^n \frac{\partial}{\partial \vartheta} \ln f_{\widehat{\vartheta}_n(x)}(x_i) = 0,$$

d.h. $\widehat{\vartheta}_n$ löst die Likelihood-Gleichung und $\widehat{\vartheta}_n(x) \to 0$ $[P_{\vartheta_0}^{(\infty)}]$, da (5.3) für alle $\varepsilon \leq \varepsilon_0$ gilt und $J(\cdot, \vartheta_0)$ stetig und strikt monoton ist. $\qquad\square$

Bemerkung 5.4.21
Ist zusätzlich zu den Voraussetzungen von Satz 5.4.20 $\frac{\partial^2}{\partial \vartheta^2} \ln f_\vartheta(x)$ stetig in ϑ gleichmäßig in x, dann ist jede Lösung der Likelihood-Gleichung konsistent.

Das folgende wichtige Resultat liefert die asymptotische Normalität und die asymptotische Effizienz von ML-Schätzern für ϑ in regulären Modellen.

Satz 5.4.22 (Asymptotische Normalität des MLS)
Sei $\vartheta_0 \in \Theta$, sei $\mathcal{P}$ regulär und es gelten:

1) $\frac{\partial}{\partial \vartheta} \ln f_\vartheta$ und $\frac{\partial^2}{\partial \vartheta^2} \ln f_\vartheta \in \mathcal{L}^1(P_{\vartheta_0})$,

2) $0 < E_{\vartheta_0} \frac{\partial^2}{\partial \vartheta^2} \ln f_\vartheta < \infty$

3) $\frac{\partial^2}{\partial \vartheta^2} \ln f_\vartheta(x)$ ist stetig in ϑ gleichmäßig in x.

Dann gilt für jede Lösung $(\widehat{\vartheta}_n)$ der Likelihood-Gleichungen bzgl. $P_{\vartheta_0}^{(\infty)}$:

$$\sqrt{n}(\widehat{\vartheta}_n - \vartheta_0) \xrightarrow{\mathcal{D}} N\left(0, \frac{1}{I(\vartheta_0)}\right).$$

Beweis: Mit $\varphi(\vartheta, x) = \frac{\partial}{\partial \vartheta} \ln f_\vartheta(x)$ gilt nach dem Mittelwertsatz

$$\sum_{i=1}^n \varphi(\vartheta_0, x_i) = \sum_{i=1}^n \varphi(\widehat{\vartheta}_n(x), x_i) + (\vartheta_0 - \widehat{\vartheta}_n(x)) \sum_{i=1}^n \frac{\partial}{\partial \vartheta} \varphi(\vartheta, x_i) \Big|_{\vartheta_n^*(x)}$$

mit $\vartheta_n^*(x)$ im Intervall $[\vartheta_0, \widehat{\vartheta}_n(x)]$ resp. $[\widehat{\vartheta}_n(x), \vartheta_0]$. Daraus folgt

$$\sqrt{n}\left(\widehat{\vartheta}_n(x) - \vartheta_0\right) = \frac{A_n}{B_n}$$

mit $A_n = \frac{1}{\sqrt{n}} \sum_{i=1}^n \varphi(\vartheta_0, x_i)$, $B_n = -\frac{1}{n} \sum_{i=1}^n \frac{\partial}{\partial \vartheta} \varphi(\vartheta, x_i)\big|_{\vartheta_n^*(x)}$.

Wegen $E_{\vartheta_0}\varphi(\vartheta_0, \cdot) = 0$, $\mathrm{Var}_{\vartheta_0}(\varphi(\vartheta_0, \cdot)) = I(\vartheta_0)$ folgt nach dem zentralen Grenzwertsatz (bzgl. $P_{\vartheta_0}^{(\infty)}$)

$$A_n \xrightarrow{\mathcal{D}} N(0, I(\vartheta_0)).$$

Wir zerlegen B_n in zwei Teile:

$$-B_n = \frac{1}{n}\sum_{i=1}^{n}\frac{\partial}{\partial\vartheta}\varphi(\vartheta_0, x_i) + \frac{1}{n}\sum_{i=1}^{n}\left(\frac{\partial}{\partial\vartheta}\varphi(\vartheta, x_i)\Big|_{\vartheta_n^*(x)} - \frac{\partial}{\partial\vartheta}\varphi(\vartheta_0, x_i)\right).$$

Nach dem starken Gesetz großer Zahlen gilt

$$\frac{1}{n}\sum_{i=1}^{n}\frac{\partial}{\partial\vartheta}\varphi(\vartheta_0, x_i) \to E_{\vartheta_0}\frac{\partial}{\partial\vartheta}\varphi(\vartheta_0, \cdot) = -I(\vartheta_0) \ \ [P_{\vartheta_0}^{(\infty)}].$$

Aus der Konsistenz von $\widehat{\vartheta}_n$ (vgl. Bemerkung 5.4.21) folgt $\vartheta_n^* \to \vartheta_0$ $[P_{\vartheta_0}^{(\infty)}]$. Damit folgt

$$\frac{1}{n}\sum_{i=1}^{n}\left(\frac{\partial}{\partial\vartheta}\varphi(\vartheta_0, x_i) - \frac{\partial}{\partial\vartheta}\varphi(\vartheta_n^*(x), x_i)\right) \to 0 \ \ [P_{\vartheta_0}^{(\infty)}]$$

(vgl. Beweis zu Satz 5.4.20). Es folgt $B_n \to I(\vartheta_0) > 0$ f.s., also $B_n > 0$ für $n \geq n_0$ und daher folgt

$$\frac{A_n}{B_n} \xrightarrow{\mathcal{D}} \frac{1}{I(\vartheta_0)}\mathcal{N}(0, I(\vartheta_0)) \overset{d}{=} N\left(0, \frac{1}{I(\vartheta_0)}\right). \qquad \square$$

Bemerkung 5.4.23

a) *Gilt auch* $\mathrm{Var}_{\vartheta_0}(\sqrt{n}(\widehat{\vartheta}_n - \vartheta_0)) \longrightarrow \frac{1}{I(\vartheta_0)}$, *dann ist der MLS auch asymptotisch effizient im Sinne von Korollar 5.4.9.*

b) *Schätzer mit der asymptotischen Normalverteilung* $N(0, \frac{1}{I(\vartheta_0)})$ *heißen* **best asymptotic normal (BAN)**.

c) *Unter zusätzlichen Bedingungen erweist sich, dass der MLS* $\widehat{\vartheta}_n$ *nicht nur optimal in der Klasse der asymptotisch normalen Schätzer ist (BAN), sondern in der Klasse aller Schätzer* d_n *die asymptotisch lokal gleichmäßig konvergieren. D.h. mit* $R_n(\vartheta, d_n) = nE_{\vartheta}(d_n - \vartheta)^2$ *gilt*

$$\underline{\lim}\ \sup_{|\vartheta - \vartheta_0| \leq \frac{c}{\sqrt{n}}}\ R_n(\vartheta, d_n) \geq \frac{1}{I(\vartheta_0)}, \quad \forall c > 0.$$

d) **M-Schätzer**

Eine Erweiterung des Maximum-Likelihood-Prinzips sind M*-Schätzer. Hier wählt man eine* **Kontrastfunktion** $h(x, \vartheta) \in \mathcal{L}^1(\mathcal{P})$, *d.h. es gilt*

$$\int h(\cdot, \vartheta)\, dP_{\vartheta} < \int h(\cdot, \vartheta')\, dP_{\vartheta}, \quad \forall \vartheta, \vartheta' \in \Theta, \vartheta \neq \vartheta'.$$

*d_n heißt **M-Schätzer** für ϑ im Modell $\mathcal{P}_n = \mathcal{P}^{(n)}$ bzgl. der Kontrastfunktion h, wenn*

$$\frac{1}{n}\sum_{i=1}^{n} h(x_i, d_n(x)) = \inf_{\vartheta' \in \Theta} \frac{1}{n}\sum_{i=1}^{n} h(x_i, \vartheta').$$

Im Spezialfall der Kontrastfunktion $h(x, \vartheta) = -\ln f(x, \vartheta)$ ergibt sich als M-Schätzer der MLS $\widehat{\vartheta}_n$. Durch geeignete Wahl von h lassen sich auf diese Weise 'robustere' Versionen von asymptotisch effizienten Schätzern gewinnen. Es gelten Konsistenzaussagen und asymptotische Normalität ähnlich wie für den MLS.

e) *Minimum-Distanzschätzer*

*Eine naheliegende Klasse von Schätzverfahren sind Minimum-Distanzschätzer. Sei ϱ eine Metrik auf $\mathcal{P}$, wie z.B. die Hellingerdistanz, Totalvariationsmetrik, oder der Supremumsabstand der Verteilungsfunktionen, wenn $\mathcal{P} \subset M^1(\mathbb{R}^1, \mathbb{B}^1)$. $\widetilde{\vartheta} : (\mathfrak{X}, \mathcal{A}) \to (\Theta, \mathcal{A}_\Theta)$ heißt **Minimum-Distanzschätzer** für ϑ, wenn*

$$\varrho(P_{\widetilde{\vartheta}(x)}, \widehat{P}_n) = \inf_{\vartheta \in \Theta} \varrho(P_\vartheta, \widehat{P}_n).$$

Dabei sei $\widehat{P}_n$ ein kanonischer (verteilungsunabhängiger) Schätzer für das zugrundeliegende Wahrscheinlichkeitsmaß, z.B. das empirische Maß. In iid Modellen erhält man unter schwachen Regularitätsannahmen, dass $\widetilde{\vartheta}_n$ $\sqrt{n}$-konsistent ist, d.h. $(\sqrt{n}(\widetilde{\vartheta}_n - \vartheta))$ ist stochastisch beschränkt bzgl. $P_\vartheta^{(\infty)}$. $\widetilde{\vartheta}_n$ hat also die optimale Konvergenzrate $\sqrt{n}$ in diesen Modellen.

f) *Für weitere Details und spezifischere Konsistenz- und Konvergenzaussagen für MLS, M-Schätzer und Minimum-Distanzschätzer verweisen wir auf die Spezialliteratur zur asymptotischen Statistik.*

5.5 Momentenmethode und Methode der kleinsten Quadrate

In diesem Abschnitt beschreiben wir zwei der klassischen Schätzmethoden, die Momentenmethode und die Methode der kleinsten Quadrate. Die Momentenmethode ist ein intuitiv naheliegendes Plug-in-Verfahren mit weitreichendem Anwendungsbereich. Ihre Eigenschaften beruhen auf den Grenzwertsätzen der Wahrscheinlichkeitstheorie. Die Methode der kleinsten Quadrate gehört zum Standardrepertoire der Statistik für die statistische Analyse von linearen Modellen, insbesondere in Regressionsproblemen, in Mehrfaktormodellen u.ä. (siehe auch die Einleitung in Kapitel 2).

5.5.1 Die Momentenmethode

Die Momentenmethode ist eine der ältesten Schätzmethoden. Wir beschreiben sie im Fall von iid Modellen

$$\mathcal{P}_n = \mathcal{P}^{(n)} = \{P_\vartheta^{(n)}; \ \vartheta \in \Theta\}, \quad P_\vartheta \in M^1(\mathfrak{X}, \mathcal{A}).$$

Seien $\varphi_1, \ldots, \varphi_k \in \mathcal{L}^1(\mathcal{P})$ mit (verallgemeinerten) Momenten $m_i(\vartheta) = \int \varphi_i \, dP_\vartheta$, $1 \leq i \leq k, \vartheta \in \Theta$. Funktionen der Form

$$g(\vartheta) = h(m_1(\vartheta), \ldots, m_k(\vartheta))$$

heißen (verallgemeinerte) **Momentenfunktionen.** Im klassischen Fall $\mathfrak{X} = \mathbb{R}^1$, $\varphi_j(x) = x^j$, $1 \leq j \leq k$ sind $m_j(\vartheta) = \int x^j \, dP_\vartheta(x)$ die Momente der Verteilung und Momentenfunktionen sind Funktionen der ersten k Momente.

Definition 5.5.1 (Momentenmethode)
Sei $g(\vartheta) = h(m_1(\vartheta), \ldots, m_k(\vartheta))$ *eine Momentenfunktion. Dann heißt für* $x = (x_1, \ldots, x_n)$

$$\widehat{d}_n(x) := h\left(\frac{1}{n} \sum_{j=1}^n \varphi_1(x_j), \ldots, \frac{1}{n} \sum_{j=1}^n \varphi_k(x_j)\right)$$

Schätzer für g *nach der* **Momentenmethode.**

Schätzer nach der Momentenmethode sind typischerweise konsistent.

Satz 5.5.2 (Konsistenz von $\widehat{d}_n$)
Ist h *stetig, dann ist der Schätzer* $\widehat{d}_n$ *nach der Momentenmethode für das Momentenfunktional* g *stark konsistent, d.h.* $\forall \vartheta \in \Theta$ *ist*

$$\widehat{d}_n \to g(\vartheta) \ [P_\vartheta^{(\infty)}].$$

Beweis: Nach dem starken Gesetz großer Zahlen gilt

$$\frac{1}{n} \sum_{j=1}^n \varphi_i(x_j) \to m_i(\vartheta) \ [P_\vartheta^{(\infty)}], \quad 1 \leq i \leq k.$$

Wegen der Stetigkeit von h folgt daher $\forall \vartheta \in \Theta$:

$$\widehat{d}_n = h\left(\frac{1}{n} \sum_{j=1}^n \varphi_1(x_j), \ldots, \frac{1}{n} \sum_{i=1}^n \varphi_k(x_j)\right)$$

$$\longrightarrow h(m_1(\vartheta), \ldots, m_k(\vartheta)) = g(\vartheta) \ [P_\vartheta^{(\infty)}]. \qquad \square$$

Nach der δ-Methode erhält man die asymptotische Normalität der Momentenschätzer.

Satz 5.5.3 (Asymptotische Normalität von $\widehat{d}_n$)
Ist h reell und differenzierbar in $m(\vartheta) = (m_1(\vartheta), \ldots, m_k(\vartheta))$, dann ist der Momen-tenschätzer $\widehat{d}_n$ asymptotisch normal, d.h. bzgl. $P_\vartheta^{(\infty)}$ gilt:

$$\sqrt{n}(\widehat{d}_n - m(\vartheta)) \xrightarrow{D} N(0, \sigma^2(\vartheta))$$

mit $\sigma^2(\vartheta) = (h'(\vartheta))^\top \Sigma(\vartheta) h'(\vartheta)$ und $\Sigma(\vartheta) = (\mathrm{Cov}_\vartheta(\varphi_i, \varphi_j))$.

Beispiel 5.5.4
*a) Sei $\Theta = \{P \in M^1(\mathbb{R}^1, \mathbb{B}^1); \; m_2(P) = \int x^2 \, dP(x) < \infty\}$, $\mathcal{P}_n = \{P^{(n)}; \; P \in \Theta\}$
und $g : \Theta \to \mathbb{R}$, $g(P) = \sqrt{\mathrm{Var}(P)} = \sigma(P)$ die Standardabweichung. Wegen
$\mathrm{Var}(P) = \int x^2 \, dP(x) - (\int x \, dP(x))^2$ ist g ein Momentenfunktional.*

Der Momentenschätzer $\widehat{d}_n$ ist gegeben durch

$$\widehat{d}_n(x) = \sqrt{\frac{1}{n} \sum_{i=1}^{n} x_i^2 - (\overline{x}_n)^2}.$$

Nach den Sätzen 5.5.2 und 5.5.3 ist $\widehat{d}_n$ konsistent für $g(P)$ und asymptotisch normal, $P \in \Theta$. $\widehat{d}_n$ ist asymptotisch äquivalent zu dem gleichmäßig minimalen Schätzer.

*b) **Uniforme Verteilungen***
*Sei $\mathcal{P}_n = \{P_\vartheta^{(n)}; \; \vartheta = (a, b), a, b \in \mathbb{R}^1, a < b\}$ mit $P_\vartheta = f_\vartheta \lambda^1$, $f_\vartheta = \frac{1}{b-a} 1_{[a,b]}$
die uniforme Verteilung auf $[a, b]$. Dann ist $m_1 = \frac{a+b}{2}$, $\mathrm{Var}(P_\vartheta) = \frac{(b-a)^2}{12} = m_2(\vartheta) - m_1(\vartheta)^2$.*
*$\widehat{d}_1(x) = \overline{x}_n$ ist Momentenschätzer für $m_1(\vartheta)$, $\widehat{d}_2(x) = \frac{1}{n} \sum_{i=1}^{n} (x_i - \overline{x}_n)^2)$ ist Mo-mentenschätzer für $\mathrm{Var}(P_\vartheta)$. Zum Schätzen von $g_1(\vartheta) = a$, $g_2(\vartheta) = b$ verwenden
wir die Darstellung*

$$a = m_1(\vartheta) - \sqrt{2\mathrm{Var}(P_\vartheta)}, \qquad b = m_1(\vartheta) + \sqrt{2\mathrm{Var}(P_\vartheta)}.$$

Der Momentenschätzer für a ist daher

$$\widetilde{d}_1(x) = \overline{x}_n - \sqrt{3\widehat{d}_2(x)}.$$

Der Momentenschätzer für b ist

$$\widetilde{d}_2(x) = \overline{x}_n + \sqrt{3\widehat{d}_2(x)}.$$

*c) **Binomial-Modell***
Sei $\Theta = \{\vartheta = (k, p); \; k \in \mathbb{N}, p \in [0, 1]\}$ und für $\vartheta = (k, p) \in \Theta$ sei $P_\vartheta = \otimes_{i=1}^{n} \mathcal{B}(k, p)$. Es werden n mal unabhängig k Pfeile auf eine Scheibe geworfen,

Trefferwahrscheinlichkeit p. Die Trefferzahlen sind $x_1, \ldots, x_n$. Zu schätzen sind die unbekannten Parameter k und p.

Es ist $m_1(\vartheta) = kp$, $m_2(\vartheta) = kp(1-p) + k^2p^2 = kp((1-p) + kp) = m_1(\vartheta)(1 - p + m_1)$. Daraus folgt

$$p = \frac{m_1 + m_1^2 - m_2}{m_1}, \quad k = \frac{m_1^2}{m_1 + m_1^2 - m_2}.$$

Die Momentenschätzer für p und k sind daher

$$\widehat{d}_1(x) = \frac{\overline{x}_n + (\overline{x}_n)^2 - \frac{1}{n}\sum_{i=1}^n x_i^2}{\overline{x}_n}, \quad \widehat{d}_2(x) = \frac{\overline{x}_n}{\widehat{d}_1(x)}.$$

Ist z.B. $n = 5$ und $x = (10, 6, 5, 6, 8)$, dann ist $\overline{x}_5 = 7$, $\frac{1}{5}\sum_{i=1}^n x_i^2 = 52{,}2$ und daher $\widehat{d}_1 = 0{,}54$, $\widehat{d}_2 = 12{,}9$.

Ist $n = 5$ und $x = (10, 10, 10, 10, 10)$, dann ist $\widehat{d}_1 = 1$ und $\widehat{d}_2 = 10$.

Wieder gelten Konsistenz und asymptotische Normalität, so dass darauf basierend approximative Fehlerschranken für die Schätzer angegeben werden können.

5.5.2 Methode der kleinsten Quadrate

Ein klassisches Modell der statistischen Analyse von Versuchsdaten ist das **Lineare Modell**

$$Y = B\vartheta + \varepsilon.$$

$\vartheta = (\vartheta_1, \ldots, \vartheta_k)^\top$ sind k Einflussvariable, $Y = (Y_1, \ldots, Y_n)^\top$ der Beobachtungsvektor, $B \in \mathbb{R}^{n \times k}$ die Designmatrix und $\varepsilon = (\varepsilon_1, \ldots, \varepsilon_n)^\top$ ein Zufallsfehler. Wir nehmen an, dass $E\varepsilon = 0$ und $\mathrm{Cov}\,\varepsilon = \sigma^2 I_n$ ist, wobei $\sigma^2 \in \mathbb{R}_+$ ein unbekannter Parameter für die Größe des Zufallsfehlers ist. Der allgemeinere Fall $\mathrm{Cov}\,\varepsilon = \sigma^2\Sigma_0$ mit einer bekannten positiv definiten Kovarianzmatrix kann durch lineare Transformation der Daten auf obigen Fall zurückgeführt werden.

Eine bei Messexperimenten typische Verteilungsannahme ist die, dass $\varepsilon \sim N(0, I_n)$ (bzw. $N(0, \Sigma_0)$)). Der unbekannte Parameter $\widetilde{\vartheta} = (\vartheta, \sigma^2)$ hat also zwei Komponenten und $P_{\widetilde{\vartheta}} \sim B\vartheta + \sigma\varepsilon$ beschreibt für $\widetilde{\vartheta} \in \mathbb{R}^k \times \mathbb{R}_+$ die Verteilung des Experiments. Typische Beispiele für lineare Modelle sind Regressionsprobleme, z.B. polynomielle Regression

$$Y_i = \vartheta_0 + \vartheta_1 x_i + \cdots + \vartheta_k x_i^k + \sigma\varepsilon_i, \quad 1 \leq i \leq n$$

mit Einflussfaktoren $x_1, \ldots, x_n$ (Temperatur, Zeit, $\ldots$). Weitere typische Beispiele sind Ein- und Mehrfaktormodelle, die den Einfluss von einem oder mehreren Faktoren beschreiben. Im Unterschied zur explorativen Datenanalyse (EDA) ermöglicht die Verteilungsannahme über den Messfehler ε eine Bewertung der statistischen Verfahren, die zum Ziel haben, die unbekannten Parameter ϑ und σ^2 zu ermitteln.

Wir behandeln zunächst das Schätzen des Parameters ϑ. In unserer üblichen Schreibweise ist unser Modell $(\mathfrak{X}, \mathcal{A}) = (\mathbb{R}^n, \mathbb{B}^n)$, $\mathcal{P} = \{P_{\widetilde{\vartheta}}; \ \widetilde{\vartheta} \in \mathbb{R}^k \times \mathbb{R}_+\}$, $\widetilde{\vartheta} =$

(ϑ, σ^2) mit $E_{\widetilde{\vartheta}} X = B\vartheta$, $\mathrm{Cov}_{\widetilde{\vartheta}} X = \sigma^2 I_n$ für $X \sim P_{\widetilde{\vartheta}}$ und der Beobachtungsvektor ist $x \in \mathbb{R}^n$.

Definition 5.5.5 (Kleinster Quadrate-Schätzer)
$\widehat{\vartheta} : (\mathbb{R}^n, \mathbb{B}^n) \to (\mathbb{R}^k, \mathbb{B}^k)$ heißt **kleinster Quadrate-Schätzer** (kQS) für ϑ, wenn $\forall x \in \mathbb{R}^n$

$$\|x - B\widehat{\vartheta}(x)\|^2 = \inf\{\|x - Ba\|^2; \quad \forall a \in \mathbb{R}^k\};$$

dabei ist $\|y\|^2 = \sqrt{y^\top y}$ die euklidische Norm auf $\mathbb{R}^n$.

Der kQS ist also der Parameter $\widehat{\vartheta}$ so dass $B\widehat{\vartheta}$ einen möglichst kleinen Abstand zum Beobachtungswert x hat.

Satz 5.5.6
Ist $Rg B = k$, dann gilt:
$$\widehat{\vartheta}(x) = (B^\top B)^{-1} B^\top x$$

und es gilt: a) $\widehat{\vartheta}$ ist erwartungstreu für ϑ: $E_{(\vartheta, \sigma^2)} \widehat{\vartheta} = \vartheta$

  b) $\widehat{\vartheta}$ ist linear

  c) $\mathrm{Cov}_{(\vartheta, \sigma^2)} \widehat{\vartheta} = \sigma^2 (B^\top B)^{-1}$

Beweis: Die Abbildung $h : \mathbb{R}^n \to \mathbb{R}^1$, $h(y) = \|x - By\|^2$ ist differenzierbar. Ist $y_0 \in \mathbb{R}^k$ Minimumstelle von h, dann gilt

$$\frac{\partial}{\partial y_j} h(y_0) = 0 = \frac{\partial}{\partial y_j} (x - By)^\top (x - By) \Big|_{y=y_0}$$

$$= \frac{\partial}{\partial y_j} (x^\top x + y^\top B^\top B y - 2x^\top B y) \Big|_{y=y_0}.$$

Dieses ist äquivalent zu den **Normalgleichungen**

$$B^\top B y_0 = B^\top x.$$

Wegen $Rg B = Rg B^\top B = k$ ist $B^\top B$ regulär und es ergibt sich als notwendige Bedingung

$$y_0 = (B^\top B)^{-1} B^\top x.$$

Für $\|y\| \to \infty$ gilt $\|x - By\| \to \infty$, also können wir o.E. $\|y\| \le c_0$ annehmen, so dass die stetige Funktion h ihr Minimum auf dem Kompaktum $\{\|y\| \le c_0\}$ annimmt. Also folgt die Existenz.

Der kQS ist ein linearer Schätzer. Weiter ist

$$E_{(\vartheta, \sigma^2)} \widehat{\vartheta} = (B^\top B)^{-1} B^\top B \vartheta = \vartheta;$$

also ist $\widehat{\vartheta}$ ein erwartungstreuer Schätzer.

Die Kovarianzmatrix von ϑ ist gegeben durch

$$\begin{aligned}
\mathrm{Cov}_{(\vartheta,\sigma^2)}\,\widehat{\vartheta} &= (B^\top B)^{-1} B^\top (\mathrm{Cov}_{(\vartheta,\sigma^2)}\,\varepsilon) B (B^\top B)^{-1} \\
&= \sigma^2 (B^\top B)^{-1} B^\top I_n B (B^\top B)^{-1} \\
&= \sigma^2 (B^\top B)^{-1}.
\end{aligned}$$

$\square$

Bemerkung 5.5.7

a) *Geometrische Interpretation*   *Sei* $\mathrm{Im}\,B = B\mathbb{R}^k \subset \mathbb{R}^n$ *das Bild von* B *und der Rang* $\mathrm{Rg}\,B = k$. *Dann minimiert* $\widehat{\mu} = B\widehat{\vartheta}$ *den quadratischen Abstand*

$$\|x - \widehat{\mu}(x)\|^2 = \inf\{\|x - \mu\|^2;\ \mu \in \mathrm{Im}\,B\}, \tag{5.4}$$

d.h. $\widehat{\mu}(x) = B\widehat{\vartheta}(x)$ *ist die* **Orthogonalprojektion** *von* x *auf den linearen Teilraum* $\mathrm{Im}\,B \subset \mathbb{R}^n$. *Es gilt also* $\widehat{\mu}(x) = \pi x = B\widehat{\vartheta}(x)$ *mit der* **Projektionsmatrix** $\pi = B(B^\top B)^{-1} B^\top$.

b) *Verallgemeinerte Inverse (g-Inverse)*   *Zu einer* $p \times q$-*Matrix* A *heißt eine* $q \times p$-*Matrix* A^- **g-Inverse** *(verallgemeinerte Inverse) wenn* $AA^-A = A$.

Es gilt: Es existiert eine g-Inverse zu A. *Weiter gilt:*

1) *Ist* A *eine reguläre* $p \times p$-*Matrix, dann ist* $A^- = A^{-1}$.

2) *Ist* $B \in \mathbb{R}^{n \times k}$, *dann ist* $B(B^\top B)^- B^\top$ *unabhängig von der Wahl der g-Inversen* $(B^\top B)^-$ *und es gilt*

$$B(B^\top B)^- B^\top B = B \quad \text{und} \quad B^\top B(B^\top B)^- B^\top = B^\top.$$

c) *Allgemeines Projektionsproblem*   *Im allgemeinen Fall ohne die Annahme an den Rang* $\mathrm{Rg}\,B = k$ *ist* $\widehat{\mu}(x) = \pi x$ *Lösung des Projektionsproblems* (5.4) *in* a). *Dabei ist* π *die Projektionsmatrix* $\pi = B(B^\top B)^- B^\top$ *auf* $\mathrm{Im}\,B$ *und es gilt:*

$$\widehat{\vartheta}(x) \text{ ist Lösung der Normalgleichungen } B^\top B\vartheta = B^\top x$$
$$\Leftrightarrow \widehat{\mu}(x) = B\widehat{\vartheta}(x) = \pi x = B(B^\top B)^- B^\top x.$$

Im regulären Fall existiert eine eindeutige Lösung:

$$\widehat{\vartheta}(x) = (B^\top B)^{-1} B^\top x.$$

Beispiel 5.5.8 (Lineare Regression)

Wir betrachten das lineare Regressionsmodell $y_i = \vartheta_0 + \vartheta_1 x_i + \sigma \varepsilon_i$, $1 \leq i \leq n$, mit Einflussgrößen x_i und abhängigen Variablen y_i.

Wir folgen hier der üblichen Notation, die Einflussvariable mit x_i und die abhängige Variable mit y_i zu bezeichnen (im Unterschied zu unserer sonstigen durchgängigen Bezeichnungsweise). Dann ist $\vartheta = (\vartheta_0, \vartheta_1)^\top$, $B = \begin{bmatrix} 1 & x_1 \\ \vdots & \vdots \\ 1 & x_n \end{bmatrix}$, also

$$B^\top B = \begin{pmatrix} n & \Sigma x_i \\ \Sigma x_i & \Sigma x_i^2 \end{pmatrix} \quad \text{und} \quad (B^\top B)^{-1} = \frac{1}{n\Sigma x_i^2 - (\Sigma x_i)^2} \begin{bmatrix} \Sigma x_i^2 & -\Sigma x_i \\ -\Sigma x_i & n \end{bmatrix}$$

und es ergibt sich als kQS:

$$\widehat{\vartheta} = \widehat{\vartheta}(x) = \frac{1}{n\Sigma x_i^2 - (\Sigma x_i)^2} \begin{bmatrix} \Sigma x_i^2 & -\Sigma x_i \\ -\Sigma x_i & n \end{bmatrix} \begin{pmatrix} \Sigma y_i \\ \Sigma x_i y_i \end{pmatrix} = \begin{pmatrix} \widehat{\vartheta}_0 \\ \widehat{\vartheta}_1 \end{pmatrix}$$

mit

$$\widehat{\vartheta}_1 = \frac{\sum_{i=1}^n (x_i - \overline{x}_n)(y_i - \overline{y}_n)}{\Sigma(x_i - \overline{x}_n)^2}, \quad \widehat{\vartheta}_0 = \overline{y}_n - \widehat{\vartheta}_1 \overline{x}_n.$$

Die Kovarianzmatrix von $\widehat{\vartheta}$ ergibt sich zu

$$\text{Cov}_{(\vartheta, \sigma^2)}(\widehat{\vartheta}) = \frac{\sigma^2}{\sum_{i=1}^n (x_i - \overline{x}_n)^2} \begin{bmatrix} \frac{1}{n} \sum_{i=1}^n x_i^2 & -\overline{x}_n \\ -\overline{x}_n & 1 \end{bmatrix}.$$

Die Regressionsgerade $\widehat{m}(t) = \widehat{\vartheta}_0 + \widehat{\vartheta}_1 t$ lässt sich auch schreiben in der Form

$$\widehat{m}(t) = \overline{y}_n + r \frac{s_y}{s_x}(t - \overline{x}_n)$$

mit s_y, s_x der Stichprobenvarianz der y_i bzw. x_i,

$$s_y = \frac{1}{n-1} \Sigma (y_i - \overline{y}_n)^2, \quad s_x = \frac{1}{n-1} \Sigma (x_i - \overline{x}_n)^2$$

und $r = \frac{\Sigma(x_i - \overline{x}_n)(y_i - \overline{y}_n)}{\sqrt{\Sigma(y_i - \overline{y}_n)^2}\sqrt{\Sigma(x_i - \overline{x}_n)^2}}$ dem empirischen Korrelationskoeffizienten (vgl. Kapitel 2).

Der kQS $\widehat{\vartheta}$ hat Optimalitätseigenschaften, die im Folgenden bestimmt werden sollen.

Definition 5.5.9
*Eine lineare Abbildung $g : \mathbb{R}^k \to \mathbb{R}$, $g(\vartheta) = \beta^\top \vartheta$, $\beta \in \mathbb{R}^k$ heißt **linear schätzbar** $\Leftrightarrow \exists$ linearer Schätzer $d : \mathbb{R}^n \to \mathbb{R}$, der erwartungstreu für g ist, d.h. $d \in D_g$.*

Lemma 5.5.10 (Lineare Schätzbarkeit)
$g(\vartheta) = \beta^\top \vartheta$, $\vartheta \in \mathbb{R}^k$ ist genau dann linear schätzbar, wenn es ein $\alpha \in \mathbb{R}^n$ gibt, so dass $\beta = B^\top \alpha$, d.h. $\beta \in \text{Im } B^\top$.

Beweis: β ist linear schätzbar

$\Rightarrow \exists \alpha \in \mathbb{R}^n : E_{(\vartheta,\sigma^2)} \alpha^\top x = \alpha^\top B \vartheta = \beta^\top \vartheta, \forall \vartheta \in \mathbb{R}^k$

$\Rightarrow \beta = B^\top \alpha$, d.h. $\beta \in \operatorname{Im} B^\top$, β liegt im Zeilenraum von B. □

Satz 5.5.11 (Gauß-Markov)

Sei $g(\vartheta) = \beta^\top \vartheta$, $\vartheta \in \mathbb{R}^k$ linear schätzbar. Dann ist $\widehat{d}(x) = \beta^\top \widehat{\vartheta}(x) \in D_g$ und $\widehat{d}$ hat minimale Varianz unter allen linearen erwartungstreuen Schätzern für g.

Beweis: Nach Lemma 5.5.10 ist $g(\vartheta) = \beta^\top \vartheta$ genau dann linear schätzbar, wenn $\beta = B^\top \alpha$ für ein $\alpha \in \mathbb{R}^n$. Sei $d(x) = \alpha^\top x \in D_g$, dann folgt

$$\begin{aligned}
\operatorname{Var}_{(\vartheta,\sigma^2)}(d) &= \operatorname{Var}_{(\vartheta,\sigma^2)}(d - \beta^\top \widehat{\vartheta} + \beta^\top \widehat{\vartheta}) \\
&= \operatorname{Var}_{(\vartheta,\sigma^2)}(d - \beta^\top \widehat{\vartheta}) + \operatorname{Var}_{(\vartheta,\sigma^2)}(\beta^\top \widehat{\vartheta}) + A
\end{aligned}$$

mit $A = 2\operatorname{Cov}_{(\vartheta,\sigma^2)}(d - \beta^\top \widehat{\vartheta}, \beta^\top \widehat{\vartheta})$. Für $a,b \in \mathbb{R}^n$ gilt

$$\begin{aligned}
E_{(\vartheta,\sigma^2)}(a^\top x)(b^\top x) &= E_{(\vartheta,\sigma)}\Big(\sum_{i,j} a_i b_j x_i x_j\Big) \\
&= \sigma^2 a^\top b.
\end{aligned}$$

Daraus ergibt sich

$$\begin{aligned}
A &= E_{(\vartheta,\sigma^2)}\left[\alpha^\top(I - B(B^\top B)^- B^\top)x\right]\left[\alpha^\top B[(B^\top B)^- B^\top)x]\right] \\
&= \sigma^2 \alpha^\top(I - B(B^\top B)^- B^\top)B^\top B(B^\top B)^- B^\top \alpha.
\end{aligned}$$

Nach Bemerkung 5.5.7b) ist $B = B(B^\top B)^- B^\top$ und daher $A = 0$. Daraus folgt die Behauptung. □

Zum Schätzen des **Varianzparameters σ^2**, $\sigma^2 = \operatorname{Var}_{(\vartheta,\sigma^2)}\varepsilon$, betrachten wir den Fehler $\varepsilon = y - B\vartheta$. Dieser wird geschätzt durch die Residuen

$$\widehat{\varepsilon} = x - B\widehat{\vartheta} = (I_n - \pi)x,$$

π die Projektion auf $\operatorname{Im} B$. $I_n - \pi$ ist die Projektion auf das orthogonale Komplement von $\operatorname{Im} B$. Es folgt

$$\widehat{\varepsilon}^\top \widehat{\varepsilon} = x^\top(I_n - \pi)x.$$

Hieraus ergibt sich

$$\begin{aligned}
E_{(\vartheta,\sigma^2)}\widehat{\varepsilon}^\top \widehat{\varepsilon} &= E_{(\vartheta,\sigma^2)}(B\vartheta + \varepsilon)^\top(I_n - \pi)(B\vartheta + \varepsilon) \\
&= E_{(\vartheta,\sigma^2)}(\varepsilon^\top(I_n - \pi)\varepsilon = E_{(\vartheta,\sigma^2)}\operatorname{tr}(I_n - \pi)\varepsilon\varepsilon^\top \\
&= \sigma^2 \operatorname{tr}(I_n - \pi), \qquad \operatorname{tr} A \text{ ist die Spur von } A.
\end{aligned}$$

Es ist $\operatorname{tr}(I_n - \pi) = n - q$ mit $q = \operatorname{rg}(B)$. Daraus folgt nun

Satz 5.5.12 (kleinster Quadrateschätzer für σ^2)
Im linearen Modell ist

$$\widehat{\sigma}^2 = \frac{1}{n-q}(x - B\widehat{\vartheta})^\top(x - B\widehat{\vartheta}), \quad q = \mathrm{rg}(B)$$

ein erwartungstreuer Schätzer von σ^2. $\widehat{\sigma}^2$ heißt **kleinster Quadrate-Schätzer (kQS)** *für σ^2.*

Bemerkung 5.5.13
a) *Im Beispiel der linearen Regression (Beispiel 5.5.8) ist $q = 2$ und in der dortigen Terminologie ist $\widehat{\sigma}^2 = \widehat{\sigma}^2(y)$ gegeben durch*

$$\widehat{\sigma}^2 = \frac{1}{n-q}\|y - B\widehat{\vartheta}\|^2$$

$$= \frac{1}{n-q}\sum_{i=1}^{n}(y_i - (\widehat{\vartheta}_0 + \widehat{\vartheta}_1 x_i))^2.$$

b) **Verallgemeinerter kQS** *Ist im linearen Modell $\mathrm{Cov}_{(\vartheta,\sigma^2)}\,\varepsilon = \sigma^2\Sigma$ mit einer bekannten positiv definiten Matrix Σ, dann führt das kQS-Problem (nach Umtransformation auf den Fall mit Kovarianzmatrix $\sigma^2 I_n$) zu der Definition: $\widehat{\vartheta}$ ist* **verallgemeinerter kQS** *für ϑ,*

$$\text{wenn } \widehat{\vartheta} \text{ eine Minimalstelle von } (x - B\vartheta)^\top\Sigma^{-1}(x - B\vartheta) \text{ ist.}$$

Für eine lineare Funktion $\gamma = L\vartheta$ heißt dann $\widehat{\gamma}(x) = L\widehat{\vartheta}$ **verallgemeinerter kQS von γ.**

Es ergibt sich ähnlich wie im Fall $\Sigma = I_n$:
Der verallgemeinerte kQS für ϑ ist

$$\widehat{\vartheta}(x) = (B^\top\Sigma^{-1}B)^- B^\top\Sigma^{-1}x.$$

Ist $\gamma = L\vartheta$ linear schätzbar, dann ist $\widehat{\gamma} = L\widehat{\vartheta}$ ein erwartungstreuer Schätzer von γ.

Das Analogon zum Satz von Gauß-Markov, Satz 5.5.11 für linear schätzbare (mehrdimensionale) Funktionale $\gamma = L\vartheta$ nimmt dann die folgende Form an:

Satz 5.5.14 (Verallgemeinerter Satz von Gauß-Markov)
Sei im verallgemeinerten linearen Modell $\gamma = L\vartheta$ linear schätzbar und sei $\widehat{\gamma} = L\widehat{\vartheta}$ der verallgemeinerte kQS. Dann gilt für jeden linearen erwartungstreuen Schätzer $\widetilde{\gamma}$ für γ

$$\mathrm{Cov}_{(\vartheta,\sigma^2)}\,\widehat{\gamma} \leq_{\mathrm{psd}} \mathrm{Cov}_{(\vartheta,\sigma^2)}\,\widetilde{\gamma},$$

wobei $\leq_{\mathrm{psd}}$ die Anordnung im Sinne der positiven Definitheit ist, d.h. der kQS $\widehat{\gamma} = L\widehat{\vartheta}$ ist der beste lineare, unverfälschte Schätzer (BLUE, best linear unbiased estimator) für γ.

Im Normalverteilungsmodell $\varepsilon \sim N(0, \sigma^2 I_n)$ ist die Dichte

$$f_{(\vartheta, \sigma^2)}(x) = \frac{1}{(2\pi\sigma^2)^{n/2}} \exp\left(-\frac{1}{2\sigma^2}(x - B\vartheta)^\top (x - B\vartheta)\right).$$

Der Maximum-Likelihood-Schätzer $\widehat{\vartheta}_{\mathrm{MLS}}$ für ϑ ist also identisch mit dem kQS $\widehat{\vartheta}$. Der MLS für σ^2 ist

$$\widehat{\sigma}^2_{\mathrm{MLS}} = \frac{1}{n}(x - B\widehat{\vartheta})^\top (x - B\widehat{\vartheta}).$$

Er ist bis auf den Faktor $\frac{n-q}{n}$, $q = RgB$ identisch mit dem kQS

$$\widehat{\sigma}^2 = \frac{1}{n-q}(x - B\widehat{\vartheta})^\top (x - B\widehat{\vartheta}).$$

Im Normalverteilungsmodell haben die kQS stärkere Optimalitätseigenschaften. Sie sind optimale erwartungstreue Schätzer.

Satz 5.5.15 (Optimalität des kQS im Normalverteilungsmodell)
Im linearen Modell mit $P_{(\vartheta, \sigma^2)} = N(B\vartheta, \sigma^2 I_n)$, $\vartheta \in \mathbb{R}^k$, $\sigma^2 > 0$, $RgB = k$ sind die kQS $\widehat{\vartheta}, \widehat{\sigma}^2$ beste erwartungstreue Schätzer für ϑ, bzw. σ^2 d.h. für alle erwartungstreuen Schätzer $\widehat{d}$ von ϑ und $\widehat{\tau}^2$ für σ^2 gilt

$$\mathrm{Cov}_{(\vartheta, \sigma^2)} \widehat{\vartheta} \leq_{\mathrm{psd}} \mathrm{Cov}_{(\vartheta, \sigma^2)} \widehat{d} \quad \text{und} \quad \mathrm{Var}_{(\vartheta, \sigma^2)} \widehat{\sigma}^2 \leq \mathrm{Var}_{(\vartheta, \sigma^2)} \widehat{\tau}^2.$$

Beweis: Nach dem Neyman-Kriterium ist $T(x) = (x^\top x, B^\top x)$ suffizient für $\mathcal{P}$. T ist auch vollständig, da $\mathcal{P}$ eine Exponentialfamilie in T ist. Für jedes $a \in \mathbb{R}^k$ ist $a^\top \widehat{\vartheta}$ dann nach dem Satz von Lehmann-Scheffé gleichmäßig bester erwartungstreuer Schätzer für $a^\top \vartheta$. Es folgt daher für jeden erwartungstreuen Schätzer $\widehat{d}$ von a

$$\begin{aligned}
\mathrm{Var}_{(\vartheta, \sigma^2)}(a^\top \widehat{\vartheta}) &= a^\top \left(\mathrm{Cov}_{(\vartheta, \sigma^2)} \widehat{\vartheta}\right) a \\
&\leq a^\top \left(\mathrm{Cov}_{(\vartheta, \sigma^2)} \widehat{d}\right) a = \mathrm{Var}_{(\vartheta, \sigma^2)}(a^\top \widehat{d}).
\end{aligned}$$

Dieses impliziert: $\mathrm{Cov}_{(\vartheta, \sigma^2)} \widehat{\vartheta} \leq_{\mathrm{psd}} \mathrm{Cov}_{(\vartheta, \sigma^2)} \widehat{d}$.
Das Argument für $\widehat{\sigma}^2$ ist analog. $\qquad \square$

Bemerkung 5.5.16

a) *Ohne die Regularitätsannahme $RgB = k$ gilt eine ähnliche Optimalitätsaussage für lineare schätzbare Funktionale $L\vartheta$.*

b) *$\widehat{\vartheta}$ und $\widehat{\sigma}^2$ sind stochastisch unabhängig. Denn für festes σ^2 ist $\widehat{\vartheta}$ suffizient und $\widehat{\sigma}^2$ ist verteilungsfrei für $\{P_{(\vartheta, \sigma^2)}; \vartheta \in \mathbb{R}^k\}$. Also sind nach dem Satz von Basu $\widehat{\sigma}^2, \widehat{\vartheta}$ stochastisch unabhängig.*

Kapitel 6

Testtheorie

Die Testtheorie hat als Thema die Entscheidung zwischen zwei Hypothesen. Dieses ist eine fundamentale Fragestellung der Statistik und macht insbesondere einen guten Teil der Praxisrelevanz der Statistik aus. Testtheorie macht einen Großteil der Tätigkeit von Statistikern aus, sei es bei der Kontrolle und dem Design von medizinischen Studien, bei Medikamenten-Tests in der pharmazeutischen Industrie oder bei der Qualitätsüberprüfung von Produktionsprozessen. Auch die Entscheidung nach langen Versuchsserien, ob ein neues Elementarteilchen gefunden wurde oder nur ein zufälliger Störeffekt vorliegt, ist ein Testproblem. Zur Veranschaulichung dieser Bedeutung kann man etwa an folgende Fragestellungen denken: Ist es auf Grund von vorliegenden Daten oder Ergebnissen von Experimenten gesichert, dass

- ein neues Medikament (ein neues technisches Instrument) besser wirkt (funktioniert) als das bisher verwendete

- eine globale Erwärmung durch den Treibhauseffekt stattgefunden hat

- in den Cern-Experimenten ein Higgs-Teilchen nachgewiesen wurde

- die Daten einer wissenschaftlichen Versuchsreihe zum Einfluss spezifischer Genome auf die Entstehung einer Krankheit überzeugend (oder gefälscht) sind.

Ziel der Testtheorie ist es, ein möglichst effizientes Entscheidungsverfahren für derartige Fragestellungen zu entwickeln und zu begründen.

Der Grundbaustein für die Konstruktion von optimalen Tests ist das Neyman-Pearson-Lemma. Gekoppelt mit weiteren Techniken wie dem monotonen Dichtequotienten, Bayes-Verfahren und ungünstigsten a-priori-Verteilungen erweist es sich als ein besonders effektives Mittel. Nach einigen Existenzaussagen für optimale Tests behandeln wir das Neyman-Pearson-Lemma und seine Erweiterung auf Hypothesen mit monotonen Dichtequotienten. Die Mischungsmethode und die Methode bedingter Tests erlauben es, weitere Anwendungsbeispiele, insbesondere in Exponentialfamilien, zu behandeln. Wir stellen einige der klassischen Test wie z.B. den

Studentschen t-Test, den Fisher-Test im Zweistichprobenproblem und eine Klasse von Pitman-Tests vor und diskutieren deren Optimalitätseigenschaften. Abschließend bestimmen wir optimale unverfälschte Tests in Gaußschen linearen Modellen.

Ziel dieses Kapitels ist es, ein Verständnis für die vorhandenen Methoden zur Testtheorie zu entwickeln, das es erlaubt für praktische Testprobleme, wie z.B. die oben skizzierten Anwendungsprobleme geeignete Testverfahren zu konstruieren oder anzuwenden.

6.1 Existenz optimaler Tests

Dieser Abschnitt behandelt Aussagen über die Existenz von optimalen Tests bezüglich einiger Optimalitätskriterien. Wesentliches Mittel hierzu sind Abgeschlossenheits- und Kompaktheitseigenschaften der schwachen bzw. schwach-$*$-Topologien der Funktionalanalysis (Satz von Banach-Alaoglu, Satz von Mazur) in die kurz eingeführt wird.

In einem Modell $\mathcal{P} = \{P_\vartheta;\ \vartheta \in \Theta\}$ betrachten wir das Testproblem $\Theta = \Theta_0 + \Theta_1$, wobei Θ_0 die **Hypothese** und Θ_1 die **Alternative** bezeichnet.

$$\Phi := \{\varphi : (\mathfrak{X}, \mathcal{A}) \to ([0,1], [0,1]\mathbb{B})\}$$

ist die Menge aller Testfunktionen. Für die **Neyman-Pearson-Verlustfunktion** mit $L_0 = L_1 = 1$ ergibt sich die Risikofunktion

$$R(\vartheta, \varphi) = \begin{cases} E_\vartheta \varphi, & \vartheta \in \Theta_0, \\ E_\vartheta(1 - \varphi), & \vartheta \in \Theta_1. \end{cases}$$

Definition 6.1.1 (Gleichmäßig bester Test zum Niveau α)
a) *Für $\alpha \in [0,1]$ ist $\Phi_\alpha := \{\varphi \in \Phi;\ E_\vartheta \varphi \leq \alpha$ für alle $\vartheta \in \Theta_0\}$ die Menge aller* **Tests zum Niveau α**.

b) *$\varphi^* \in \Phi_\alpha$ heißt* **gleichmäßig bester Test zum Niveau α** *(UMP = Uniformly* **M**ost **P**owerful*), falls für alle $\vartheta \in \Theta_1$ gilt:*

$$E_\vartheta \varphi^* = \sup_{\varphi \in \Phi_\alpha} E_\vartheta \varphi =: \beta^*(\vartheta).$$

$\beta^* = \beta^*_\alpha$ heißt **envelope power function**.

c) *$\varphi^* \in \Phi_\alpha$ heißt* **Maximin-Test zum Niveau α**, *falls gilt:*

$$\inf_{\vartheta \in \Theta_1} E_\vartheta \varphi^* = \sup_{\varphi \in \Phi_\alpha} \inf_{\vartheta \in \Theta_1} E_\vartheta \varphi.$$

d) *$\varphi^* \in \Phi_\alpha$ heißt* **strenger Test zum Niveau α**, *falls*

$$\sup_{\vartheta \in \Theta_1} \left(\beta^*(\vartheta) - E_\vartheta(\varphi^*) \right) = \inf_{\varphi \in \Phi_\alpha} \sup_{\vartheta \in \Theta_1} \big(\underbrace{\beta^*(\vartheta) - E_\vartheta \varphi}_{\text{``short coming''}} \big).$$

Ein strenger Test minimiert also den maximalen Abstand zum lokal besten Test.

Bemerkung 6.1.2

Ein Test $\varphi^* \in \Phi_\alpha$ ist gleichmäßig bester Test zum Niveau α für $(\Theta_0, \Theta_1) \Leftrightarrow \varphi^*$ ist bester Test für $(\Theta_0, \{\vartheta_1\})$, $\forall \vartheta_1 \in \Theta_1$. Es reicht daher optimale Tests für einfache Alternativen ϑ_1 zu bestimmen, die unabhängig von $\vartheta_1 \in \Theta_1$ sind.

Im Allgemeinen existiert kein gleichmäßig bester Test zum Niveau α, aber unter recht allgemeinen Bedingungen lässt sich die Existenz von Maximin- und strengen Tests zeigen. Die Existenzaussagen nutzen die schwache $*$-Topologie und deren Beziehung zur schwachen Topologie. Die schwache Topologie auf L^p-Räum-en für $1 < p < \infty$ hatten wir schon für Existenzaussagen bei Schätzproblemen verwendet.

Bemerkung 6.1.3 (Schwache und schwach-$*$-Topologie)

Sei $\mathcal{P} \ll \mu$. Dann ist $\Phi \subset \mathcal{L}^\infty(\mu) := \{\varphi \in \mathcal{L}(\mathfrak{X}, \mathcal{A}); \text{ es existiert } K \in \mathbb{R}^1, \text{ so dass} |\varphi| \le K \,[\mu]\}$. Die auf $\mathcal{L}^\infty$ übliche Norm ist $\|\varphi\| := \inf \{K; |\varphi| \le K \,[\mu]\} = \operatorname{ess\,sup}_\mu \varphi$. Im Allgemeinen identifizieren wir hier $\mathcal{L}^\infty(\mu) \simeq L^\infty(\mu)$.

Wir betrachten das duale Paar $L^1(\mu)$, $L^\infty(\mu)$ mit der Dualität, d.h. stetigen Bilinearform $L^1 \times L^\infty \to \mathbb{R}$, $(f, g) \to \int fg \, d\mu$.

a) schwach-$*$-Topologie auf L^∞

Zu $g \in L^1$ ist $\pi_g : L^\infty \to \mathbb{R}$, $\varphi \to \int \varphi g \, d\mu$ linear und stetig. $L^1 \subset (L^\infty)^*$, aber die Inklusion ist i.A. strikt. Die **schwach-$*$-Topologie** $\sigma(L^\infty, L^1) = \mathcal{O}(\pi_g, g \in L^1)$ auf L^∞ ist die gröbste Topologie auf L^∞, so dass π_g, $g \in L^1$, stetig sind. Eine Umgebungsbasis von $\sigma(L^\infty, L^1)$ bilden die Mengen $U_\varepsilon(\varphi, g_1, \ldots, g_n) = \{\psi \in L^\infty; \ |\int (\varphi - \psi) g_i \, d\mu| \le \varepsilon, \ 1 \le i \le n\}$ für $g_i \in L^1(\mu)$, $\varphi \in L^\infty(\mu)$.

Der zugehörige Konvergenzbegriff $\xrightarrow{w^*}$ der schwach-$*$-Konvergenz lässt sich wie folgt beschreiben. Es gilt für ein Netz (φ_α):

$$\varphi_\alpha \xrightarrow{w^*} \varphi, \quad \varphi_\alpha \text{ konvergiert schwach-}* \text{ gegen } \varphi, \text{ wenn}$$

$$\int \varphi_\alpha g \, d\mu \to \int \varphi g \, d\mu, \quad \forall g \in L^1(\mu).$$

Ein wichtiger Grund für die Verwendung der schwach-$*$-Topologie ist der

Satz von Banach-Alaoglu. Die abgeschlossene Einheitskugel $B = \{f \in L^\infty(\mu); \|f\|_\infty \le 1\}$ in $L^\infty(\mu)$ ist schwach-$*$-kompakt.

b) schwache Topologie auf L^1

Sei zu $h \in L^\infty(\mu)$, $\pi_h : L^1 \to \mathbb{R}$, $\pi_h(f) = \int fh \, d\mu$. π_h ist linear und stetig und es gilt

$$L^\infty(\mu) = (L^1(\mu))^*,$$

d.h. alle linearen stetigen Funktionale sind von obiger Form (**Satz von Riesz**). Die **schwache Topologie** auf L^1 ist

$$\sigma(L^1, L^\infty) = \mathcal{O}(\pi_h; h \in L^1(\mu)).$$

Für $(f_\alpha) \subset L^1(\mu)$ ist der zugehörige Konvergenzbegriff die schwache Konvergenz $\xrightarrow{w}$:

$f_\alpha \xrightarrow{w} f$, f_α konvergiert schwach gegen f, wenn

$$\int f_\alpha h \, d\mu \to \int f h \, d\mu, \quad \forall h \in L^\infty.$$

Eine nützliche Eigenschaft der schwachen Topologie ist der

Satz von Mazur. Sei $A \subset L^1$ eine konvexe Teilmenge. Dann gilt: Der schwache Abschluss von A ist gleich dem Normabschluss

$$\overline{A}^{\,\sigma(L^1, L^\infty)} = \overline{A}^{\,\|\ \|_1}.$$

Der Satz von Banach-Alaoglu führt zu folgenden Kompaktheitsaussagen für die Menge der Testfunktionen.

Satz 6.1.4 (Schwach-∗-Kompaktheit der Menge der Testfunktionen)
Sei $\mu \in M_\sigma(\mathfrak{X}, \mathcal{A})$.

a) Φ *ist eine schwach-∗-kompakte Teilmenge von $L^\infty(\mu)$.*

b) Φ *ist* **schwach-∗-folgenkompakt**, *das heißt für jede Folge $(\varphi_n) \subset \Phi$ existiert eine konvergente Teilfolge $(\varphi_{n_k}) \subset \Phi$, $\varphi_{n_k} \xrightarrow{w^*} \varphi^*$ mit $\varphi^* \in \Phi$.*

c) *Die Menge der Gütefunktionen $G := \{\beta_\varphi : \Theta \to [0,1]; \ \beta_\varphi(\vartheta) = \mathrm{E}_\vartheta \varphi, \ \vartheta \in \Theta, \ \varphi \in \Phi\}$ ist eine kompakte und konvexe Teilmenge von $[0,1]^\Theta$ in der Produkt-topologie $\mathcal{O}(\pi_\vartheta, \vartheta \in \Theta)$, wobei $\pi_\vartheta(\varphi) = \varphi(\theta), \ \vartheta \in \Theta$ die Projektionen auf $L^\infty(\mu)$ bezeichnen.*

Beweis:

a) Nach dem Satz von Banach-Alaoglu ist die Einheitskugel $B := \{f \in L^\infty; \|f\|_\infty \leq 1\}$ schwach-∗-kompakt. Weiterhin ist $A := \{h \in L^\infty; h \geq 0\}$ abge-schlossen. Da $\Phi = A \cap B$ gilt, ist Φ schwach-∗-kompakt.

b) Die Behauptung wird auf Teil a) zurückgeführt.
Für den Fall einer abzählbar erzeugten σ-Algebra $\mathcal{A}$ ist $L^1(\mathfrak{X}, \mathcal{A}, \mu)$ separabel. Damit ist $\sigma(L^\infty, L^1)$ metrisierbar. Daraus folgt, dass Kompaktheit und Folgen-kompaktheit äquivalent sind. Damit gilt b) für den separablen Fall nach a).

Allgemeiner Fall: Sei $(\varphi_n)_{n \in \mathbb{N}} \subset \Phi$ und (B_n) eine disjunkte messbare Zerlegung von $\mathfrak{X}$ mit $0 < \mu(B_n) < \infty$ und sei $\mu_n = \frac{\mu(\cdot \, \cap B_n)}{\mu(B_n)}$. Dann ist $\mathcal{A}' := \sigma(\varphi_n, 1_{B_n}; n \in \mathbb{N})$. $\mathcal{A}' \subset \mathcal{A}$ ist abzählbar erzeugt. Zur Reduktion auf $\mathcal{A}'$ definieren wir für $g \in L^1(\mathcal{A}, \mu)$ den **bedingten Erwartungswert**

$$E_\mu(g \mid \mathcal{A}') := \sum_n E_{\mu_n}(g \mid \mathcal{A}') 1_{B_n}.$$

Dann gilt $\mu = \sum \mu(B_n)\mu_n$ und wir erhalten für $\varphi \in L(\mathcal{A}')$

$$\int \varphi g \, d\mu = \sum_n \mu(B_n) \int \varphi g \mathbb{1}_{B_n} \, d\mu_n$$

$$= \sum_n \int \varphi E_{\mu_n}(g \mid \mathcal{A}') \mathbb{1}_{B_n} \, d\mu$$

$$= \int \varphi \Big(\sum_n E_{\mu_n}(g \mid \mathcal{A}') \mathbb{1}_{B_n} \Big) \, d\mu = \int \varphi E_\mu(g \mid \mathcal{A}') \, d\mu.$$

Es gilt also die Radon-Nikodým-Gleichung. Damit lässt sich die Behauptung auf den separablen Fall mit der σ-Algebra $\mathcal{A}'$ reduzieren.

c) Kompaktheit der Menge der Gütefunktionen:
Sei $[0,1]^\Theta$ mit der Produkttopologie $\mathcal{O}(\pi_\vartheta; \vartheta \in \Theta)$ versehen, wobei die π_ϑ : $[0,1]^\Theta \to [0,1]$, $f \to f(\vartheta)$ die Projektionen sind. Definiere $\beta : \Phi \to [0,1]^\Theta$, $\varphi \to \beta_\varphi$. Da Φ nach a) schwach-$*$-kompakt ist, ist nun zu zeigen, dass β stetig ist. Dann ist $G = \beta(\Phi)$ als stetiges Bild einer kompakten Menge kompakt. Es ergibt sich folgende Sequenz:

$$\Phi \overset{\beta}{\longrightarrow} [0,1]^\Theta \overset{\pi_\vartheta}{\longrightarrow} [0,1]$$

$$\varphi \longrightarrow \beta_\varphi \longrightarrow \beta_\varphi(\vartheta) = \int \varphi \frac{dP_\vartheta}{d\mu} \, d\mu.$$

Dann ist β stetig genau dann, wenn $\pi_\vartheta \circ \beta$ für alle $\vartheta \in \Theta$ stetig ist. Wegen $\pi_\vartheta \circ \beta(\varphi) = \int \varphi \frac{dP_\vartheta}{d\mu} \, d\mu$ mit $\frac{dP_\vartheta}{d\mu} \in L^1(\mu)$ folgt dies aus der Definition der schwach-$*$-Topologie.

Konvexität:
Für $\varphi, \psi \in \Phi$ ist auch die Konvexkombination $a\varphi + (1-a)\psi \in \Phi$. Daraus folgt: $a\beta_\varphi + (1-a)\beta_\psi = \beta_{a\varphi+(1-a)\psi} \in G$. Also ist G konvex. $\square$

Die Kompaktheitsaussagen aus Satz 6.1.4 ermöglichen nun die folgende allgemeine Existenzaussage für optimale Tests.

Satz 6.1.5 (Existenz optimaler Tests)
Sei $\alpha \in [0,1]$, $\Theta = \Theta_0 + \Theta_1$ und $\mathcal{P} = \mathcal{P}_0 + \mathcal{P}_1$. Ist $\mathcal{P}_0 \ll \mu$ oder $\mathcal{P}_1 \ll \mu$, so existieren ein Maximin-Test zum Niveau α und ein strenger Test zum Niveau α.

Beweis:
a) Wir machen zunächst die Annahme $\mathcal{P} \ll \mu$. Unter dieser Annahme lässt sich der Existenzbeweis mit den Standardmitteln der Analysis führen.

Da $\mathcal{P}_0 \ll \mu$, ist $\Phi_\alpha := \{\varphi \in \Phi; \ \beta_\varphi(\vartheta) \leq \alpha \ \text{für alle} \ \vartheta \in \Theta_0\} \subset L^\infty(\mu)$ und

$$\Phi_\alpha = \bigcap_{\vartheta \in \Theta_0} \{\varphi \in \Phi; \ \beta_\varphi(\vartheta) \leq \alpha\} = \bigcap_{\vartheta \in \Theta_0} (\pi_\vartheta \circ \beta)^{-1}([0,\alpha]) \subset \Phi \ \text{ist abgeschlossen.}$$

Daher ist Φ_α als abgeschlossene Teilmenge einer kompakten Menge wieder kompakt bzgl. $\sigma(L^\infty, L^1)$.

Sei nun $g : \Phi_\alpha \to [0,1]$ definiert als:

1) $g(\varphi) := \inf_{\vartheta \in \Theta_1} E_\vartheta \varphi = \inf_{\vartheta \in \Theta_1} \pi_\vartheta \circ \beta(\varphi)$.

   Da $\mathcal{P}_1 \ll \mu$ und $\pi_\vartheta \circ \beta$ stetig ist, folgt: g ist halbstetig nach oben (hno), d.h. $\{g \leq \alpha\}$ ist abgeschlossen, $\forall \alpha$. Daher nimmt g sein Supremum auf der kompakten Menge Φ_α an. Also existiert ein $\varphi^* \in \Phi_\alpha$ so dass $g(\varphi^*) = \sup_{\varphi \in \Phi_\alpha} g(\varphi)$. φ^* ist ein Maximin-Test.

2) $g(\varphi) := \sup_{\vartheta \in \Theta_1} (\beta^*(\vartheta) - E_\vartheta \varphi)$. g ist als Supremum stetiger Funktionen halbstetig nach unten (hnu).

   Damit folgt die Existenz eines Tests $varphi^* \in \Phi_\alpha$ so dass $g(\varphi^*) = \inf_{\varphi \in \Phi_\alpha} g(\varphi)$. φ^* ist ein strenger Test zum Niveau α.

b) Wir betrachten nun den allgemeinen Fall.

   Für $f : \Theta_1 \to \mathbb{R}_+$ definiere das Optimierungsproblem

$$f^* := \inf_{\varphi \in \Phi_\alpha} \sup_{\vartheta \in \Theta_1} \Big(f(\vartheta) - E_\vartheta \varphi \Big).$$

Lösungen φ^* sind für $f :\equiv 1$ Maximin-Tests zum Niveau α, und für $f := \beta^*$ strenge Tests zum Niveau α. Nach Definition existiert eine Folge $(\varphi_n)_{n \in \mathbb{N}} \subset \Phi_\alpha$ so, dass

$$f^* = \lim_{n \to \infty} \sup_{\vartheta \in \Theta_1} \Big(f(\vartheta) - E_\vartheta \varphi_n \Big).$$

Im Folgenden wird es wichtig zwischen Äquivalenzklassen $[\varphi] = \{\varphi + g; \ g \in \mathcal{L}^\infty(\mu), g = 0[\mu]\}$ von Tests φ und den Tests φ zu unterscheiden. Sei $\widetilde{\Phi}_\alpha := \{\widetilde{\varphi} = [\varphi]; \ \varphi \in \Phi_\alpha\} \subset L^\infty(\mu)$ die Menge der Äquivalenzklassen von Φ_α. Dann ist $\widetilde{\Phi}_\alpha$ schwach-$*$-kompakt und folgenkompakt bzgl. $\sigma(L^\infty(\mu), L^1(\mu))$. Es existiert daher eine Teilfolge (n') von $\mathbb{N}$ und ein $\widetilde{\varphi}_0 \in \widetilde{\Phi}_\alpha$, so dass $\widetilde{\varphi}_{n'} \to \widetilde{\varphi}_0$ in $\sigma(L^\infty, L^1)$. Insbesondere existiert ein Test $\varphi_0 \in \widetilde{\varphi}_0 \cap \Phi_\alpha$.

1. Fall: $\mathcal{P}_1 \ll \mu$

Für $\vartheta \in \Theta_1$ gilt:

$$E_\vartheta \varphi_{n'} = \int \varphi_{n'} \frac{dP_\vartheta}{d\mu} \, d\mu \to \int \varphi_0 \frac{dP_\vartheta}{d\mu} \, d\mu = E_\vartheta \varphi_0$$

und damit $f^* \geq \limsup_{n'} \big(f(\vartheta) - E_\vartheta \varphi_{n'} \big) = f(\vartheta) - E_\vartheta \varphi_0$ für alle $\vartheta \in \Theta_1$. Nach Definition von f^* folgt:

$$f^* \geq \sup_{\vartheta \in \Theta_1} \big(f(\vartheta) - E_\vartheta \varphi_0 \big) \geq \inf_{\varphi \in \Phi_\alpha} \sup_{\vartheta \in \Theta_1} \big(f(\vartheta) - E_\vartheta \varphi \big) = f^*.$$

Also folgt Gleichheit und φ_0 ist optimal.

2. Fall: $\mathcal{P}_0 \ll \mu$

Sei o.B.d.A. $\mu \in \mathrm{M}^1(\mathfrak{X}, \mathcal{A})$. Für alle $k \in \mathbb{N}$ existiert $n_k \in \mathbb{N}$, so dass für alle $n' \geq n_k$ gilt:

$$f^* \geq f(\vartheta) - \mathrm{E}_\vartheta \varphi_{n'} - \frac{1}{k}, \quad \forall \vartheta \in \Theta_1.$$

Damit ist für alle $\psi \in A_k := \mathrm{co}\{\varphi_{n'}; \; n' \geq n_k\}$:

$$f^* \geq f(\vartheta) - \mathrm{E}_\vartheta \psi - \frac{1}{k}.$$

Dieser Übergang zur konvexen Hülle erweist sich im Folgenden als wichtig. Da $\mathrm{L}^\infty \subset \mathrm{L}^1$ folgt für $(\widetilde{\varphi}_{n'}) \subset \mathrm{L}^\infty$ aus $\widetilde{\varphi}_{n'} \xrightarrow{\sigma(L^\infty, L^1)} \widetilde{\varphi}_0$ in der schwachen $*$-Topologie, dass

$$\widetilde{\varphi}_{n'} \xrightarrow{\sigma(\mathrm{L}^1, \mathrm{L}^\infty)} \widetilde{\varphi}_0 \text{ in der schwachen Topologie } \sigma(L^1, L^\infty).$$

Da $A_k \subset \mathrm{L}^1$ konvex ist, folgt nach dem Satz von Mazur $\overline{A}_k^{\sigma(\mathrm{L}^1, \mathrm{L}^\infty)} = \overline{A}_k^{\|\cdot\|_1}$. Es existiert also eine Folge $(\psi_{n,k})_{n \in \mathbb{N}} \subset A_k$ für die gilt: $\widetilde{\psi}_{n,k} \longrightarrow \widetilde{\varphi}_0$ in $\mathrm{L}^1(\mu)$, also insbesondere gilt stochastische Konvergenz. Seien $\psi_{n,k} \in \widetilde{\psi}_{n,k}$, $\varphi_0 \in \widetilde{\varphi}_0$ so dass $\psi_{n,k} \xrightarrow{\mu} \varphi_0$. Also gibt es eine Teilfolge $(n') \subset \mathbb{N}$, so dass für alle $k \in \mathbb{N}$ gilt: $\psi_{n',k} \xrightarrow{} \varphi_0 \ [\mu]$. Mit einem Diagonalfolgenargument sei o.E. (n') unabhängig von k. Für alle $k \in \mathbb{N}$ existiert eine μ-Nullmenge N_k, so dass:

$$\psi_{n',k} 1_{N_k^c} \longrightarrow \varphi_0 1_{N_k^c}, \quad \mu(N_k) = 0.$$

Mit $N := \bigcup_{k \in \mathbb{N}} N_k$ ergibt sich $\mu(N) = 0$ und es gilt

$$\tau_{n',k} := \psi_{n',k} 1_{N^c} + 1_N \longrightarrow \varphi_0 1_{N^c} + 1_N =: \tau_0 \text{ punktweise für } n' \to \infty.$$

Es gilt

$$\tau_{n',k} \geq \psi_{n',k} \quad \text{und} \quad \tau_0 \in \Phi_\alpha,$$

da $P_0 \ll \mu$. Nach dem Satz über majorisierte Konvergenz gilt

$$\mathrm{E}_\vartheta \tau_{n',k} \to \mathrm{E}_\vartheta \tau_0 \text{ für alle } \vartheta \in \Theta.$$

Daher folgt für alle $k \in \mathbb{N}$, $n' \geq n_k$ und $\vartheta \in \Theta_1$:

$$\begin{aligned}
f^* &\geq f(\vartheta) - \mathrm{E}_\vartheta \psi_{n',k} - \frac{1}{k}, & \text{da } \Psi_{n',k} \in A_k \\
&\geq f(\vartheta) - \mathrm{E}_\vartheta \tau_{n',k} - \frac{1}{k}, & \text{da } \tau_{n',k} \geq \Psi_{n',k} \text{ für } n' \geq n_k', \\
&\geq f(\vartheta) - \mathrm{E}_\vartheta \tau_0 - \frac{2}{k}, & \text{unabhängig von } n'.
\end{aligned}$$

Das ergibt:

$$f^* \geq \sup_{\vartheta \in \Theta_1} \left(f(\vartheta) - \mathrm{E}_\vartheta \tau_0 \right)$$

$$\geq \inf_{\varphi \in \Phi_\alpha} \sup_{\vartheta \in \Theta_1} \left(f(\vartheta) - \mathrm{E}_\vartheta \varphi \right) = f^*.$$

Aus der Gleichheit folgt, dass τ_0 Lösung des Optimierungsproblems ist. $\qquad\square$

Der folgende Satz charakterisiert die Existenz gleichmäßig bester Tests durch die Linearität der envelope power Funktionen β_α^* auf der konvexen Hülle.

Satz 6.1.6 (Existenz gleichmäßig bester Tests)
Sei $\mathcal{P}_1 \ll \mu$. Dann gilt:

Es existiert ein gleichmäßig bester Test zum Niveau α für $(\mathcal{P}_0, \mathcal{P}_1)$

$\Leftrightarrow$ *β_α^* ist linear auf $\mathrm{co}(\mathcal{P}_1)$, wobei $\beta_\alpha^*(Q) := \sup\limits_{\varphi \in \Phi_\alpha} \mathrm{E}_Q \varphi$.*

Beweis:

"$\Rightarrow$": Sei φ^* gleichmäßig bester Test zum Niveau α und $\sum_{i=1}^n \gamma_i Q_i \in \mathrm{co}(\mathcal{P}_1)$. Dann ist

$$\mathrm{E}_{\sum \gamma_i Q_i} \varphi^* = \beta_\alpha^* \Big(\sum_{i=1}^n \gamma_i Q_i \Big)$$
$$\leq \sum \gamma_i \beta_\alpha^*(Q_i)$$
$$= \sum \gamma_i \mathrm{E}_{Q_i} \varphi^*$$
$$= \mathrm{E}_{\sum \gamma_i Q_i} \varphi^*.$$

Daraus folgt Gleichheit. Also ist β_α^* linear auf $\mathrm{co}(\mathcal{P}_1)$.

"$\Leftarrow$": Betrachte die Abbildung

$$A : \mathrm{co}(\mathcal{P}_1) \times \widetilde{\Phi}_\alpha \to [0,1]$$
$$(Q, \widetilde{\varphi}) \to \beta_\alpha^*(Q) - \mathrm{E}_Q \widetilde{\varphi}.$$

A ist konkav in Q (da linear) und stetig in $\widetilde{\varphi}$. Die konvexe Hülle $\mathrm{co}(\mathcal{P}_1)$ ist konvex und $\widetilde{\Phi}_\alpha$, die Menge der Äquivalenzklassen von Φ_α, ist konvex und schwach-$*$-kompakt. Nach dem Minimax-Satz von Ky-Fan existiert $\widetilde{\varphi}^* \in \widetilde{\Phi}_\alpha$, also auch ein Repräsentant $\varphi^* \in \widetilde{\varphi}^* \cap \Phi_\alpha$, mit

$$\sup_{Q \in \mathrm{co}(\mathcal{P}_1)} \Big(\beta_\alpha^*(Q) - \mathrm{E}_Q \varphi^* \Big) = \inf_{\varphi \in \Phi_\alpha} \sup_{Q \in \mathrm{co}(\mathcal{P}_1)} \Big(\beta_\alpha^*(Q) - \mathrm{E}_Q \varphi \Big)$$
$$= \sup_{Q \in \mathrm{co}(\mathcal{P}_1)} \inf_{\varphi \in \Phi_\alpha} \Big(\beta_\alpha^*(Q) - \mathrm{E}_Q \varphi \Big) = 0.$$

Daraus folgt $\beta_\alpha^*(Q) = \mathrm{E}_Q \varphi^*$ für alle $Q \in \mathcal{P}_1$. Das heißt φ^* ist gleichmäßig bester Test für $(\mathcal{P}_0, \mathcal{P}_1)$. Insbesondere folgt:

φ^* ist gleichmäßig bester Test zum Niveau α für $(\mathcal{P}_0, \mathcal{P}_1)$

$\Leftrightarrow$ φ^* ist gleichmäßig bester Test zum Niveau α für $(\mathcal{P}_0, \mathrm{co}(\mathcal{P}_1))$. $\square$

Bemerkung 6.1.7

a) *Im Allgemeinen ist die Linearität in Beispielen kaum nachprüfbar, so dass Satz 6.1.6 nur eine strukturelle Aussage für β_α^* ist. Ist $|\mathcal{P}_1| = 1$, dann ist die Bedingung allerdings erfüllt. Es ergibt sich als Korollar nochmals die Existenz eines besten Tests zum Niveau α für Testprobleme $(\mathcal{P}_0, \mathcal{P}_1)$, $\mathcal{P}_1 = \{Q\}$ mit einfachen Alternativen*

b) *Ist $\mathcal{P}_1$ nicht dominiert, so gilt die Aussage von Satz 6.1.6 i. A. nicht! Betrachte zum Beispiel*

$$\mathcal{P}_0 := \{\lambda|_{[0,1]}\} \text{ und } \mathcal{P}_1 := \{\varepsilon_x; \ x \in [0,1]\}.$$

Für alle $x \in \mathbb{R}$ ist $\beta_\alpha^*(\varepsilon_x) = \sup_{\varphi \in \Phi_\alpha} \varphi(x) = 1$. Ebenso ist für $\sum \alpha_i \varepsilon_{x_i} \in \mathrm{co}(\mathcal{P}_1)$,

$$\beta_\alpha^*\left(\sum \alpha_i \varepsilon_{x_i}\right) = 1.$$

Also ist β_α^* linear auf $\mathrm{co}(\mathcal{P}_1)$.

Sei $\varphi^* \in \Phi_\alpha$ ein gleichmäßig bester Test für $(\mathcal{P}_0, \mathcal{P}_1)$. Dann folgt:

$$1 = \beta_\alpha^*(\varepsilon_x) = \mathrm{E}_{\varepsilon_x} \varphi^* = \varphi^*(x) \text{ für alle } x \in [0,1].$$

Für $\alpha < 1$ führt aber $\varphi^* \equiv 1$ zu einem Widerspruch.

c) *Im Beweis von Satz 6.1.6 kann man $\widetilde{\Phi}_\alpha$ durch beliebige schwach-∗-kompakte Teilmengen von Φ ersetzen.*

6.2 Konstruktion optimaler Tests (Neyman-Pearson-Theorie)

Das zentrale Mittel zur Konstruktion optimaler Testverfahren ist das Neyman-Pearson-Lemma für einfache Testprobleme. Mit Hilfe des Begriffs des monotonen Dichtequotienten erlaubt es die Konstruktion gleichmäßig bester Tests für einige wichtige zusammengesetzte Testprobleme.

Wir betrachten zunächst einfache Testprobleme. Sei für $i = 1, 2$ $\Theta_i = \{\vartheta_i\}$, $P_i = P_{\vartheta_i} = f_i \mu$ und $L := \frac{f_1}{f_0}$ der **Dichtequotient**, wobei $\frac{a}{0} := \infty$ für alle $a > 0$ und $\frac{0}{0} := 0$.

φ heißt **Likelihood-Quotiententest** (LQ-Test), wenn φ von der Form

$$\varphi(x) = \begin{cases} 1, & \text{falls } L(x) > k, \\ \gamma(x), & \text{falls } L(x) = k, \quad [P_0 + P_1] \quad \text{ist.} \\ 0, & \text{falls } L(x) < k, \end{cases}$$

k heißt **kritischer Wert** von φ, $\{L = k\}$ ist der **Randomisierungsbereich** von φ. Sei

$$\Phi_\alpha = \left\{\varphi \in \Phi; \ \mathrm{E}_\vartheta(\varphi) \leq \alpha \text{ für alle } \vartheta \in \Theta_0\right\} = \Phi_\alpha(\Theta_0)$$

die Menge aller Tests $\varphi \in \Phi$ zum Niveau α.

Das grundlegende Neyman-Pearson-Lemma gibt eine explizite Konstruktion optimaler Tests für einfache Testprobleme.

Satz 6.2.1 (Neyman-Pearson-Lemma)
Sei $\Theta_i = \{\vartheta_i\}$ für $i = 1,2$ und $0 < \alpha < 1$. Dann gilt:

a) *Es existiert ein LQ-Test φ^* mit $\gamma(x) = \gamma \in [0,1]$ und $E_{\vartheta_0}\varphi^* = \alpha$.*

b) *Ist φ^* LQ-Test mit $E_{\vartheta_0}\varphi^* = \alpha$, so ist φ^* bester Test zum Niveau α.*

c) *Ist φ ein bester Test zum Niveau α, so gilt:*

    1. φ ist ein LQ-Test.

    2. Aus $E_{\vartheta_0}\varphi < \alpha$ folgt: $E_{\vartheta_1}\varphi = 1$.

Beweis:

a) Sei $\alpha \in (0,1)$. Es ist $f_0 > 0$ $[P_0]$, das heißt $L = \frac{f_1}{f_0} < \infty$ $[P_0]$. Sei F_0 die Verteilungsfunktion von P_0^L. Wähle den kritischen Wert

$$k^* := F_0^{-1}(1-\alpha) = \inf\{y;\ F_0(y) \geq 1-\alpha\}$$
$$= \inf\{y;\ P_0(L > y) \leq \alpha\} \text{ als } \alpha\text{-Fraktil von } P_0^L.$$

Dann ist $P_0(L \geq k^*) \geq \alpha \geq P_0(L > k^*)$. Bei der Wahl von γ^* sind folgende Fälle zu unterscheiden:

1. Fall: $P_0(L = k^*) = 0$. Wähle $\gamma^* := 0$.

2. Fall: $P_0(L = k^*) > 0$. Wähle $\gamma^* := \dfrac{\alpha - P_0(L > k^*)}{P_0(L = k^*)}$.

Mit $\varphi^* := \varphi_{\gamma^*,k^*}$ ist

$$E_{\vartheta_0}\varphi^* = P_0(L > k^*) + \gamma^* P(L = k^*) = \alpha.$$

Das ist auch für $\alpha \in \{0,1\}$ möglich.

b) Sei φ^* LQ-Test mit kritischem Wert k^* und $E_{\vartheta_0}\varphi^* = \alpha$. Dann gilt für alle $\varphi \in \Phi_\alpha$:

$$E_{\vartheta_1}\varphi^* - E_{\vartheta_1}\varphi = \int (\varphi^* - \varphi) f_1\, d\mu$$
$$= \int \underbrace{(\varphi^* - \varphi)(f_1 - k^* f_0)}_{=:A}\, d\mu \ + \ k^* \underbrace{\int (\varphi^* - \varphi) f_0\, d\mu}_{\geq 0}.$$

Zu zeigen ist: $A \geq 0$ $[\mu]$.

1. Fall: Ist $\varphi^*(x) > \varphi(x) \geq 0$, dann folgt: $f_1(x) \geq k^* f_0(x)$ $[\mu]$.

2. Fall: Ist $\varphi^*(x) < \varphi(x) \leq 1$, dann folgt: $f_1(x) \leq k^* f_0(x)$ $[\mu]$.

In beiden Fällen gilt also $A \geq 0$ und damit $E_{\vartheta_1}\varphi^* \geq E_{\vartheta_1}\varphi$.

c) Sei φ bester Test zum Niveau α und sei φ^* LQ-Test mit $E_{\vartheta_0}\varphi^* = \alpha$ (Existenz nach Teil a). Nach Teil b) ist $E_{\vartheta_1}\varphi^* = E_{\vartheta_1}\varphi$ und nach dem Beweis von b) folgt:

1. $k^* \int (\varphi^* - \varphi) f_0 \, d\mu = 0$

2. $(\varphi^* - \varphi)(f_1 - k^* f_0) = 0 \ [\mu]$

Aus 2. folgt $\{\varphi^* \neq \varphi\} \subset \{f_1 = k^* f_0\} \ [\mu]$, also ist φ LQ-Test.

Ist $E_\vartheta \varphi < \alpha$, so folgt mit 1. $k^* = 0$. Das ergibt $\varphi^*(x) = 1$, falls $f_1(x) > 0$. Daraus folgt, da φ bester Test ist, $E_{\vartheta_1}\varphi^* = 1 = E_{\vartheta_1}\varphi$. $\qquad\square$

Für ein zusammengesetztes Testproblem (Θ_0, Θ_1) sei $(\mathcal{P}_0, \mathcal{P}_1)$ die zugehörige Zerlegung von $\mathcal{P}$, $\mathcal{P} = \mathcal{P}_0 + \mathcal{P}_1$, und sei $\mathcal{P} << \mu$ mit $f_\vartheta = \frac{dP_\vartheta}{d\mu}$, $\vartheta \in \Theta$.

Definition 6.2.2
*Sei $(\Theta, \leq)$ total geordnet. Dann hat $\mathcal{P}$ einen **(streng) monotonen Dichtequotienten** in $T : (\mathfrak{X}, \mathcal{A}) \to (\overline{\mathbb{R}}, \overline{\mathbb{B}})$, wenn für alle $\vartheta, \vartheta' \in \Theta$ $\vartheta \leq \vartheta'$ eine (streng) isotone Abbildung $f_{\vartheta,\vartheta'} : (\overline{\mathbb{R}}, \overline{\mathbb{B}}) \to (\overline{\mathbb{R}}, \overline{\mathbb{B}})$ existiert so dass*

$$L_{\vartheta,\vartheta'} := \frac{f_{\vartheta'}}{f_\vartheta} = f_{\vartheta,\vartheta'} \circ T \quad [P_\vartheta + P_{\vartheta'}]$$

Bemerkung 6.2.3
a) Ist $\mathcal{P}$ einparametrische Exponentialfamilie, $f_\vartheta(x) = C(\vartheta) \exp(Q_1(\vartheta) T_1(x)) h(x)$, ist Θ total geordnet und Q_1 (streng) isoton sowie $h > 0$, dann gilt für $\vartheta \leq \vartheta'$, $Q_1(\vartheta') \geq Q_1(\vartheta)$ und

$$\frac{f_{\vartheta'}(x)}{f_\vartheta(x)} = \frac{C(\vartheta')}{C(\vartheta)} \exp\left\{(Q_1(\vartheta') - Q_1(\vartheta)) T_1(x)\right\}.$$

$\mathcal{P}$ hat einen monotonen Dichtequotienten in T_1. Es hat einen streng monotonen Dichtequotienten, wenn Q_1 streng monoton ist.

b) Ist $\mathcal{P} = \{U(0, \vartheta); \ \vartheta > 0\}$ die Menge der Gleichverteilungen auf $(0, \vartheta)$, dann gilt:

$$L_{\vartheta,\vartheta'} = \frac{f_{\vartheta'}(x)}{f_\vartheta(x)} = \frac{\vartheta}{\vartheta'} 1_{[0,\vartheta]}(x) + \infty \ 1_{(\vartheta,\infty)}(x) \ [P_\vartheta + P_{\vartheta'}].$$

$\mathcal{P}$ hat also einen monotonen Dichtequotient in $T = \mathrm{id}_{\mathbb{R}}$. Analog hat $\mathcal{P}^{(n)} = \{P^{(n)}; \ P \in \mathcal{P}\}$ einen monotonen Dichtequotienten in $T(x) = \max\limits_{1 \leq i \leq n} x_i$.

c) Sei $\mathcal{P}$ die von $P_0 \in M^1(\mathbb{R}^1, \mathbb{B}^1)$ erzeugte Lokationsfamilie $\mathcal{P} = \{\varepsilon_\vartheta * P_0; \ \vartheta \in \mathbb{R}^1\}$ und $f_0 = \frac{dP_0}{d\lambda^1}$, dann gilt: $\mathcal{P}$ hat einen monotonen Dichtequotienten in $T = \mathrm{id}_{\mathbb{R}^1} \Leftrightarrow \ln f_0$ ist konkav.

d) $\mathcal{P}$ hat einen monotonen Dichtequotienten in $T \Leftrightarrow \mathcal{P}^T$ hat monotonen Dichtequotienten in $\mathrm{id}_{\overline{\mathbb{R}}}$.

Verteilungsklassen mit monotonem Dichtequotienten haben die folgende stochastische Monotonieeigenschaft.

Proposition 6.2.4 (stochastische Monotonie)
$\mathcal{P}$ *habe monotonen Dichtequotienten in* T *und sei* $f : (\mathbb{R}^1, \mathbb{B}^1) \to (\mathbb{R}^1, \mathbb{B}^1)$ *isoton und* $f \circ T \in \mathcal{L}^1(\mathcal{P})$. *Dann gilt:*

a) *Die Abbildung* $h : \Theta \to \mathbb{R}^1$, $h(\vartheta) = \mathrm{E}_\vartheta f \circ T$ *ist isoton.*

b) *Ist* f *streng isoton und hat* $\mathcal{P}$ *einen streng monotonen Dichtequotienten, dann ist* h *streng isoton.*

Beweis: Nach Übergang von $\mathcal{P}$ zu $\mathcal{P}^T$ hat o.E. $\mathcal{P}$ monotonen DQ in $T = \mathrm{id}_{\overline{\mathbb{R}}}$.

Sei $s(x, y) := f(y) - f(x)$; dann ist s antisymmetrisch, $s(y, x) = -s(x, y)$ und für $\vartheta \le \vartheta'$ gilt:

$$\mathrm{E}_{\vartheta'} f - \mathrm{E}_\vartheta f$$

$$= \iint s(x, y) f_\vartheta(x) f_{\vartheta'}(y) \mu(dx)\, \mu(dy)$$

$$= \iint_{\{y>x\}} s(x, y) f_\vartheta(x) f_{\vartheta'}(y) \mu(dx)\, \mu(dy) + \iint_{\{y<x\}} s(x, y) f_\vartheta(x) f_{\vartheta'}(y) \mu(dx)\, \mu(dy)$$

$$= \int_{\{y>x\}} \underbrace{s(x, y)}_{\ge 0} (f_\vartheta(x) f_{\vartheta'}(y) - f_\vartheta(y) f_{\vartheta'}(x)) \mu \otimes \mu(dx, dy).$$

Wegen der Annahme des monotonen DQ von $\mathcal{P}$ ist $f_\vartheta(x) f_{\vartheta'}(y) - f_\vartheta(y) f_{\vartheta'}(x) \ge 0$. Daraus folgt, dass $\mathrm{E}_{\vartheta'} f - \mathrm{E}_\vartheta f \ge 0$. $\qquad\qquad\square$

Bemerkung 6.2.5
Proposition 6.2.4 besagt, dass ein monotoner DQ von $\mathcal{P}$ in T impliziert, dass die Verteilungsklasse $\mathcal{P}^T$ stochastisch in $\vartheta \in \Theta$ geordnet ist. Die Umkehrung dieser Aussage gilt i.A. nicht.

Die folgende Aussage zur Konstruktion gleichmäßig bester Tests ist grundlegend. Einseitige Testprobleme mit monotonen Dichtequotienten erlauben die Konstruktion gleichmäßig bester Tests.

Satz 6.2.6 (Konstruktion gleichmäßig bester Tests)
Sei Θ eine total geordnete und identifizierbare Parametrisierung (d.h. $\vartheta \to \mathcal{P}_\vartheta$ ist injektiv). Ferner habe $\mathcal{P}$ einen monotonen DQ in T und seien $\alpha \in [0, 1]$ und für $\vartheta_0 \in \Theta$, $\Theta_0 := \{\vartheta \in \Theta;\ \vartheta \le \vartheta_0\}$, $\Theta_1 := \{\vartheta \in \Theta;\ \vartheta > \vartheta_0\} \ne \varnothing$. Dann gilt:

a) *Es existiert ein gleichmäßig bester Test $\widetilde{\varphi}$ zum Niveau α für (Θ_0, Θ_1) von der Form*

$$\widetilde{\varphi}(x) := \varphi_{c,\gamma}(x) := \begin{cases} 1, & > \\ \gamma, & T(x) = c \quad mit\ c \in \overline{\mathbb{R}},\ \gamma \in [0,1] \\ 0, & < \end{cases} \tag{6.1}$$

b) *Die Gütefunktion $\beta_{\widetilde{\varphi}}$ von $\widetilde{\varphi}$ ist strikt isoton auf $\widetilde{\Theta} := \{\vartheta \in \Theta;\ 0 < E_\vartheta \widetilde{\varphi} < 1\}$*

c) *Sei $\varphi^* := \varphi_{c',\gamma'}$ wie in (6.1) definiert und für $\vartheta_0' \in \Theta$ seien $\Theta_0' := \{\vartheta \in \Theta;\ \vartheta \leq \vartheta_0'\}$, $\Theta_1' := \{\vartheta \in \Theta;\ \vartheta > \vartheta_0'\} = \emptyset$ und $\alpha' := E_{\vartheta_0'} \varphi^*$. Dann ist φ^* gleichmäßig bester Test zum Niveau α' für (Θ_0', Θ_1').*

d) *Sei $\vartheta < \vartheta_0$; dann gilt: $E_\vartheta \widetilde{\varphi} = \min\{E_\vartheta \varphi;\ \varphi \in \Phi, E_{\vartheta_0} \varphi \geq \alpha\}$.*
   $\widetilde{\varphi}$ minimiert also auch den Fehler erster Art.

Beweis:

a) Sei $\vartheta_1 \in \Theta_1$, also $\vartheta_0 < \vartheta_1$, und sei $k := f_{\vartheta_0,\vartheta_1}(c)$. Dann ist $\widetilde{\varphi}$ LQ-Test für $(\{\vartheta_0\}, \{\vartheta_1\})$ mit kritischem Wert k, denn

$$\begin{cases} T(x) > c & \Rightarrow & f_{\vartheta_0,\vartheta_1}(T(x)) = \frac{f_{\vartheta_1}(x)}{f_{\vartheta_0}(x)} \geq f_{\vartheta_0,\vartheta_1}(c) = k, \\ T(x) = c & \Rightarrow & f_{\vartheta_1}(x) = k f_{\vartheta_0}(x), \\ T(x) < c & \Rightarrow & f_{\vartheta_1}(x) \leq k f_{\vartheta_0}(x). \end{cases}$$

Damit folgt umgekehrt:

$$\begin{cases} f_{\vartheta_1}(x) > k f_{\vartheta_0}(x) & \Rightarrow & T(x) > c \Rightarrow \widetilde{\varphi}(x) = 1, \\ f_{\vartheta_1}(x) < k f_{\vartheta_0}(x) & \Rightarrow & T(x) < c \Rightarrow \widetilde{\varphi}(x) = 0. \end{cases}$$

Also ist $\widetilde{\varphi}$ ein LQ-Test.

Nach dem NP-Lemma ist $\widetilde{\varphi}$ bester Test zum Niveau α für $(\{\vartheta_0\}, \{\vartheta_1\})$. $\widetilde{\varphi}$ ist aber unabhängig von $\vartheta_1 \in \Theta_1$ konstruiert und ist daher gleichmäßig bester Test zum Niveau α für $(\{\vartheta_0\}, \Theta_1)$.

Da $\widetilde{\varphi} = f \circ T$ mit $f(y) := 1_{(c,\infty)}(y) + \gamma 1_{\{c\}}(y)$ und da f isoton ist, folgt nach Proposition 6.2.4, dass die Gütefunktion $\vartheta \to E_\vartheta \widetilde{\varphi}$ isoton ist.

Insbesondere gilt für $\vartheta \in \Theta_0$: $E_\vartheta \widetilde{\varphi} \leq E_{\vartheta_0} \widetilde{\varphi} = \alpha$ d.h. $\widetilde{\varphi} \in \Phi_\alpha(\Theta_0)$.

Daher ist $\widetilde{\varphi}$ gleichmäßig bester Test zum Niveau α für (Θ_0, Θ_1).
Denn für jeden Test $\psi \in \Phi_\alpha(\Theta_0)$ und $\vartheta_1 \in \Theta_1$ gilt:
$\psi \in \Phi_\alpha(\{\vartheta_0\})$ also $E_{\vartheta_1} \psi \leq E_{\vartheta_1} \widetilde{\varphi}$.

b), c) Sei $\vartheta'_0 < \vartheta'_1$, $\varphi^* := \widetilde{\varphi}_{c',\gamma'}$ und $\alpha' := \mathrm{E}_{\vartheta'_0}\varphi^* \in (0,1)$. Dann gilt wie im Beweis zu Teil a): φ^* ist LQ-Test für $(\{\vartheta'_0\}\{\vartheta'_1\})$. Wegen der identifizierbaren Parametrisierung folgt:

$$\mathrm{E}_{\vartheta'_0}\varphi^* < \mathrm{E}_{\vartheta'_1}\varphi^*.$$

Denn angenommen $\mathrm{E}_{\vartheta'_1}\varphi^* = \mathrm{E}_{\vartheta'_0}\varphi^* = \alpha'$. Dann folgt:

$\varphi_{\alpha'}(x) \equiv \alpha'$ ist bester Test zum Niveau α' für $(\{\vartheta'_0\}\{\vartheta'_1\})$.

Daher ist $\varphi_{\alpha'}$ ein LQ-Test.

Damit existiert ein kritischer Wert k' so dass

$$f_{\vartheta'_1}(x) = k' f_{\vartheta'_0}(x), \quad \forall x.$$

Also ist $k' = 1$ im Widerspruch zur Identifizierbarkeit. Daher ist die Gütefunktion β_{φ^*} strikt isoton auf $\widetilde{\Theta}$. Wie in a) ist dann φ^* gleichmäßig bester Test zum Niveau α' für (Θ'_0, Θ'_1).

d) Sei $\vartheta < \vartheta_0$, dann gilt

$$\frac{f_{\vartheta_0}(x)}{f_\vartheta(x)} = f_{\vartheta,\vartheta_0}(T(x)) \; [P_{\vartheta_0} + P_\vartheta] \text{ mit } f_{\vartheta,\vartheta_0} \uparrow .$$

Daraus folgt

$$\frac{f_\vartheta(x)}{f_{\vartheta_0}(x)} = \frac{1}{f_{\vartheta,\vartheta_0}(T(x))} = h_{\vartheta_0,\vartheta}(T(x)) \; [P_{\vartheta_0} + P_\vartheta] \text{ mit } h_{\vartheta_0,\vartheta} \downarrow .$$

Es ergibt sich wie im Beispiel zu a), dass der Test $\widetilde{\psi} := 1 - \widetilde{\varphi}(x)$ definiert durch

$$\widetilde{\psi}(x) = 1 - \widetilde{\varphi}(x) := \begin{cases} 1, & < \\ 1-\gamma, & T(x) = c, \\ 0, & < \end{cases}$$

ein LQ-Test zum Niveau $1-\alpha = \mathrm{E}_{\vartheta_0}(1-\widetilde{\varphi})$ für $(\{\vartheta_0\}, \{\vartheta\})$ ist.

$\widetilde{\psi} = 1-\widetilde{\varphi}$ ist unabhängig von $\vartheta \in \Theta_0 \backslash \{\vartheta_0\}$ definiert. Also ist $1-\widetilde{\varphi}$ gleichmäßig bester Test zum Niveau $1-\alpha$ für $(\{\vartheta_0\}, \{\vartheta \in \Theta; \; \vartheta < \vartheta_0\})$. Daraus folgt:

$$\forall \psi \in \Phi \text{ mit } \mathrm{E}_{\vartheta_0}\psi \leq 1-\alpha \text{ gilt } \mathrm{E}_\vartheta\psi \leq \mathrm{E}_\vartheta \underbrace{(1 - \widetilde{\varphi})}_{=\widetilde{\psi}}, \; \forall \vartheta < \vartheta_0.$$

Mit $\varphi = 1 - \psi$ folgt:

$$\forall \varphi \in \Phi \text{ mit } \mathrm{E}_{\vartheta_0}\varphi \geq \alpha \text{ gilt: } \mathrm{E}_\vartheta\widetilde{\varphi} \leq \mathrm{E}_\vartheta\varphi, \quad \forall \vartheta < \vartheta_0.$$

Dieses impliziert die Behauptung.

Bemerkung 6.2.7
Es gilt eine teilweise Umkehrung von Satz 6.2.6. Unter der Annahme paarweiser äquivalenter Maße P_ϑ impliziert die Existenz eines gleichmäßig besten Tests zu jedem Niveau $\alpha \in (0,1)$ die Existenz eines monotonen Dichtequotienten (Pfanzagl, 1962) bzgl. einer geeigneten Anordnung des Parameterraumes.

Beispiel 6.2.8
a) Einstichproben Gaußtest
Sei $\Theta = \mathbb{R}^1$, $P_\vartheta = \otimes_{i=1}^n N(\vartheta,1)$, $\Theta_0 = (-\infty, \vartheta_0]$, $\Theta_1 = (\vartheta_0, \infty)$. Dann ist der Einstichproben Gaußtest

$$\varphi^*(x) := \begin{cases} 1 \\ 0 \end{cases} \quad \overline{x}_n \begin{array}{c} \geq \\ < \end{array} \vartheta_0 + \frac{u_\alpha}{\sqrt{n}}, \qquad x \in \mathbb{R}^n$$

gleichmäßig bester Test zum Niveau α für (Θ_0, Θ_1). $u_\alpha = \Phi^{-1}(1-\alpha)$ ist das α-Fraktil von $N(0,1)$.

Beweis: $P_\vartheta = f_\vartheta \lambda^n$ mit $f_\vartheta(x) = \frac{1}{(\sqrt{2\pi})^n} e^{\vartheta \sum x_i - \frac{n}{2}\vartheta^2} e^{-\frac{1}{2}\sum x_i^2}$, hat einen monotonen DQ in $T(x) = \overline{x}_n$ und $E_{\vartheta_0}\varphi^* = \alpha$. Die Behauptung folgt daher nach Satz 6.2.6.   □

b) χ^2-Test
Sei $\Theta = \mathbb{R}_+$, $P_\vartheta = \otimes_{i=1}^n N(\mu_0, \sigma^2)$, $\vartheta = \sigma \in \Theta$ und $\Theta_0 := [0, \sigma_0]$, $\Theta_1 := (\sigma_0, \infty)$. Dann hat die Verteilungsklasse $\mathcal{P}$ einen monotonen Dichtequotienten in $T_n(x) = \sum_{i=1}^n (\frac{x_i - \mu_0}{\sigma_0})^2$. Für $\sigma^2 = \sigma_0^2$ gilt $P_{\sigma_0}^{T_n} = \chi_n^2$ ist die χ^2-Verteilung mit n Freiheitsgraden und damit $P_{\sigma_0}(T_n \geq \chi_{n,\alpha}^2) = \alpha$.

Nach Satz 6.2.6 ist daher der χ^2-Test

$$\varphi^*(x) = \begin{cases} 1, \\ 0, \end{cases} \quad T_n(x) \begin{array}{c} \geq \\ < \end{array} \chi_{n,\alpha}^2$$

gleichmäßig bester Test zum Niveau α für das Testproblem (Θ_0, Θ_1).

c) Optimale Testverfahren in Normalverteilungsmodellen
In den folgenden Tabellen werden 'optimale' Testverfahren für einige Standardtestprobleme in Normalverteilungsmodellen zusammengestellt.

c1) Einstichprobenprobleme:

$\mathfrak{X} = \mathbb{R}^n$, $\vartheta = (\mu, \sigma^2)$, $P_\vartheta = N(\mu, \sigma^2)^{(n)}$, $\overline{x} = \frac{1}{n} \sum_{j=1}^{n} x_j$, $\widehat{\sigma}^2 = \frac{1}{n-1} \sum_{j=1}^{n} (x_i - \overline{x})^2$

	Test	Hypothesen	Teststatistik $T(x)$	kritische Werte
1)	Gauß-Test zur Prüfung eines Mittelwerts	$\Theta_0 : \mu \leq \mu_0, \quad \Theta_1 : \mu > \mu_0;$ $\sigma^2 = \sigma_0^2 > 0$ bekannt	$\sqrt{n}\,\dfrac{\overline{x} - \mu_0}{\sigma_0}$	u_α
2)	t-Test zur Prüfung eines Mittelwerts	$\Theta_0 : \mu \leq \mu_0, \quad \Theta_1 : \mu > \mu_0;$ $\sigma^2 > 0$ bekannt	$\sqrt{n}\,\dfrac{\overline{x} - \mu_0}{\widehat{\sigma}(x)}$	$t_{n-1;\alpha}$
3)	χ^2-Test zur Prüfung einer Varianz	$\Theta_0 : \sigma^2 \leq \sigma_0^2, \quad \Theta_1 : \sigma^2 > \sigma_0^2;$ $\mu = \mu_0$ bekannt	$\dfrac{\sum (x_j - \mu_0)^2}{\sigma_0^2}$	$\chi_{n;\alpha}^2$
4)	χ^2-Test zur Prüfung einer Varianz	$\Theta_0 : \sigma^2 \leq \sigma_0^2, \quad \Theta_1 : \sigma^2 > \sigma_0^2;$ $\mu \in \mathbb{R}$ unbekannt	$\dfrac{\sum (x_j - \overline{x})^2}{\sigma_0^2}$	$\chi_{n-1;\alpha}^2$

c2) Zweistichprobenprobleme:

$\mathfrak{X} = \mathbb{R}^{n_1} \times \mathbb{R}^{n_2}$, $x = (x_{1,1}, \ldots, x_{1,n_1}, x_{2,1}, \ldots, x_{2,n_2},)$, $\vartheta = (\mu, \nu, \sigma^2, \tau^2)$, $P_\vartheta = N(\mu, \sigma^2)^{(n_1)} \otimes N(\nu, \tau^2)^{(n_2)}$, $\overline{x}_{1.} = \frac{1}{n_1} \sum_{j=1}^{n_1} x_{1,j}$, $\overline{x}_{2.} = \frac{1}{n_2} \sum_{j=1}^{n_2} x_{2,j}$, $\widehat{\sigma}^2 = \sum \sum (x_{ij} - \overline{x}_{i.})^2 / (n_1 + n_2 - 2)$

	Test	Hypothesen	Teststatistik $T(x)$	kritische Werte
5)	Gauß-Test zum Vergleich zweier Mittelwerte	$\Theta_0 : \mu \leq \nu, \quad \Theta_1 : \mu > \nu;$ $\sigma^2 = \tau^2 = \sigma_0^2 > 0$ bekannt	$\sqrt{\dfrac{n_1 n_2}{n_1 + n_2}}\,\dfrac{\overline{x}_{1.} - \overline{x}_{2.}}{\sigma_0}$	u_α
6)	t-Test zum Vergleich zweier Mittelwerte	$\Theta_0 : \mu \leq \nu, \quad \Theta_1 : \mu > \nu;$ $\sigma^2 = \tau^2 > 0$ unbekannt	$\sqrt{\dfrac{n_1 n_2}{n_1 + n_2}}\,\dfrac{\overline{x}_{1.} - \overline{x}_{2.}}{\widehat{\sigma}_0}$	$t_{n_1+n_2-2;\alpha}$
7)	F-Test zum Vergleich zweier Varianzen	$\Theta_0 : \sigma^2 \leq \tau^2, \quad \Theta_1 : \sigma^2 > \tau^2;$ $\mu = \mu_0, \nu = \nu_0$ bekannt	$\dfrac{\frac{1}{n_1} \sum (x_{1j} - \mu_0)^2}{\frac{1}{n_2} \sum (x_{2j} - \nu_0)^2}$	$F_{n_1,n_2;\alpha}$
8)	F-Test zum Vergleich zweier Varianzen	$\Theta_0 : \sigma^2 \leq \tau^2, \quad \Theta_1 : \sigma^2 > \tau^2;$ $\mu \in \mathbb{R}, \nu \in \mathbb{R}$ unbekannt	$\dfrac{\frac{1}{n_1-1} \sum (x_{1j} - \overline{x}_{1.})^2}{\frac{1}{n_2-1} \sum (x_{2j} - \overline{x}_{2.})^2}$	$F_{n_1-1,n_2-1;\alpha}$
9)	Behrens-Fisher-Problem	$\Theta_0 : \mu \leq \nu, \quad \Theta_1 : \mu > \nu;$ $\sigma^2, \tau^2 > 0$ unbekannt	$\dfrac{\overline{x}_{1.} - \overline{x}_{2.}}{\sqrt{\frac{s_1^2}{n_1} + \frac{s_2^2}{n_2}}}$	$\sim u_\alpha$ $n_1, n_2 \geq 30$

In den vorhergehenden Listen von Ein- und Zweistichprobenproblemen im Normalverteilungsmodell ergibt sich die *Optimalität* der Tests in 1), 3), 5) und 7) aus Satz 6.2.6 über monotonen Dichtequotienten. Die Optimalität des χ^2-Tests in 4) wird mit der folgenden Mischungsmethode behandelt. Die t-Tests in 2) und 6) erweisen sich als gleichmäßig beste unverfälschte Tests. Sie benötigen die Methode bedingter Tests in Kapitel 6.4. Die Optimalität des F-Tests in 8) basiert auf der Reduktion durch Invarianz (vgl. Kapitel 8.4). Die Existenz eines gleichmäßig besten Tests in 9) ist ein offenes Problem.

6.3 Zusammengesetzte Hypothesen

Die Mischungsmethode verfolgt die Idee, die Hypothese und die Alternative durch Mischungen auf einfache Hypothesen zu reduzieren, die dann dem Neyman-Pearson-Lemma zugänglich sind. Geeignete Mischungsverteilungen machen das reduzierte Testproblem so schwer wie möglich (ungünstigste a-priori-Verteilungen). Im Fall endlicher Hypothesen und einfacher Alternative lässt sich diese Methode explizit handhaben (verallgemeinertes Neyman-Pearson-Lemma). Sie führt zu der Konstruktion einer Reihe für die Praxis wichtiger Tests in Exponentialfamilien. Eine wichtige duale Darstellung des Maximin-Risikos von Baumann (1968) ermöglicht die einheitliche Konstruktion ungünstigster Paare für eine Reihe von Testproblemen. Wir geben eine detaillierte Anwendung auf Fortsetzungsmodelle. Diese enthalten eine Reihe von relevanten Beispielklassen.

Für zusammengesetzte Testprobleme $\Theta = \Theta_0 + \Theta_1$ resp. $\mathcal{P} = \mathcal{P}_0 + \mathcal{P}_1$ gilt allgemein das folgende Reduktionsprinzip. Wir benötigen hier nur die Suffizienz im Unterschied zur starken Suffizienz in Satz 4.1.24.

Satz 6.3.1 (Reduktion durch Suffizienz)
Sei $T : (\mathfrak{X}, \mathcal{A}) \to (Y, \mathcal{B})$ suffizient für $\mathcal{P}$. Dann sind die Testprobleme $(\mathcal{P}_0, \mathcal{P}_1)$ und $(\mathcal{P}_0^T, \mathcal{P}_1^T)$ äquivalent d.h. $\{\beta_\varphi;\ \varphi \in \Phi(\mathcal{P}_0, \mathcal{P}_1)\} = \{\beta_\psi;\ \psi \in \Phi(\mathcal{P}_0^T, \mathcal{P}_1^T)\}$.

Beweis: Zu $\varphi \in \Phi(\mathcal{P}_0, \mathcal{P}_1)$ definiere den Test ψ als faktorisierte bedingte Erwartung von φ

$$\psi := \mathrm{E}_{\bullet}(\varphi \mid T = \cdot).$$

Wegen der Suffizienz von T ist ψ $\quad \mathcal{P}$ f.s. eindeutig definiert und $\psi \in \Phi(\mathcal{P}_0^T, \mathcal{P}_1^T)$. Es gilt

$$\beta_\psi(\vartheta) = \mathrm{E}_\vartheta \psi \circ T = \mathrm{E}_\vartheta \varphi = \beta_\varphi(\vartheta), \quad \vartheta \in \Theta.$$

ψ und φ haben dieselbe Gütefunktion.

Die Umkehrung ist trivial. $\qquad\qquad\qquad\qquad\qquad\qquad\qquad\qquad\qquad\qquad\qquad$ $\square$

Als Folgerung ergibt sich:

Korollar 6.3.2
Ist T suffizient für $\mathcal{P}$ und ψ 'bester' Test für $(\mathcal{P}_0^T, \mathcal{P}_1^T)$, dann ist $\varphi := \psi \circ T$ 'bester' Test für $(\mathcal{P}_0, \mathcal{P}_1)$.

Zur Einführung der **Mischungsmethode** betrachten wir zunächst den Fall, dass $\Theta_1 = \{\vartheta_1\}$ einelementig ist, Θ_0 beliebig. Sei $\alpha \in [0,1]$, $P_\vartheta = f_\vartheta \mu$, $\vartheta \in \Theta$ und sei

$$\Theta \times \mathfrak{X} \to \mathbb{R}_+, (\vartheta, x) \to f_\vartheta(x) \text{ produktmessbar.}$$

Zu einer a-priori-Verteilung $\lambda \in \widetilde{\Theta}_0 := M^1(\Theta_0, \mathcal{A}_{\Theta_0})$ auf Θ_0 betrachten wir das einfache Testproblem $(\{P_\lambda\}, \{P_{\vartheta_1}\})$ wobei

$$P_\lambda := \int_{\Theta_0} P_\vartheta \, d\lambda(\vartheta)$$

die λ-Mischung über Θ_0 ist. Es gilt $P_\lambda = h_\lambda \mu$ mit $h_\lambda(x) = \int_{\Theta_0} f_\vartheta(x) \, d\lambda(\vartheta)$.

Sei $\varphi_\lambda := \varphi_{\lambda,\alpha}$ bester Test zum Niveau α für $(\{P_\lambda\}, \{P_{\vartheta_1}\})$ und $\beta_\lambda := \beta_{\lambda,\alpha}(\vartheta_1) = E_{\vartheta_1}\varphi_\lambda$ die Güte von φ_λ.

Von besonderer Bedeutung sind **ungünstigste a-priori-Verteilungen** die die Mischung P_λ möglichst ähnlich zu P_{ϑ_1} machen.

Definition 6.3.3
$\lambda \in \widetilde{\Theta}_0$ *heißt* **ungünstigste a-priori-Verteilung** *zum Niveau* α,
wenn $\forall \widetilde{\lambda} \in \widetilde{\Theta}_0$ *gilt:* $\beta_{\lambda,\alpha} \leq \beta_{\widetilde{\lambda},\alpha}$.

Die folgende Mischungsmethode besagt, dass die Tests φ_λ für Mischungen bzgl. einer ungünstigsten a-priori-Verteilung gute Kandidaten für beste Tests zum Niveau α sind.

Satz 6.3.4 (Mischungsmethode)
Sei $\lambda \in \widetilde{\Theta}_0$ so dass $\varphi_\lambda \in \Phi_\alpha(\Theta_0)$. Dann gilt:

  a) φ_λ *ist bester Test zum Niveau α für $(\Theta_0, \{\vartheta_1\})$*

  b) λ *ist ungünstigste a-priori-Verteilung zum Niveau α.*

Beweis:
a) Sei $\varphi \in \Phi_\alpha(\Theta_0)$, dann folgt nach dem Satz von Fubini:

$$\int \varphi \, dP_\lambda = \int \varphi \, h_\lambda \, d\mu = \int_{\Theta_0} \left(\int \varphi(x) f_\vartheta(x) \, d\mu(x) \right) d\lambda(\vartheta) \leq \alpha,$$

da $E_\vartheta \varphi \leq \alpha$ für $\vartheta \in \Theta_0$. Also ist $\varphi \in \Phi_\alpha(\{P_\lambda\})$ und daher folgt $E_{\vartheta_1}\varphi \leq E_{\vartheta_1}\varphi_\lambda$.

b) Sei $\widetilde{\lambda} \in \widetilde{\Theta}_0$ eine a-priori-Verteilung, dann folgt:

$$\int \varphi_\lambda \, dP_{\widetilde{\lambda}} = \int_{\Theta_0} \left(\underbrace{\int \varphi_\lambda(x) f_\vartheta(x) \, d\mu(x)}_{\leq \alpha} \right) d\widetilde{\lambda}(\vartheta) \leq \alpha,$$

d.h. $\varphi_\lambda \in \Phi_\alpha(\{P_{\widetilde{\lambda}}\})$. Daraus folgt aber, dass

$$\beta_\lambda = E_{\vartheta_1} \varphi_\lambda \leq E_{\vartheta_1} \varphi_{\widetilde{\lambda}} = \beta_{\widetilde{\lambda}}.$$

Also ist λ eine ungünstigste a-priori-Verteilung. $\qquad\square$

Bemerkung 6.3.5

a) Die Mischungsmethode stellt einen Zusammenhang von besten Tests zum Niveau α zu Bayes-Tests her. Am einfachsten ist die Mischungsmethode anwendbar, wenn ein Punktmaß eine ungünstigste a-priori-Verteilung ist (vgl. Sätze 6.2.6 und 6.3.18 und Kapitel 9.1). Die ungünstigste a-priori Verteilung λ lässt sich auch durch die Eigenschaft beschreiben, dass bzgl. geeigneter Metriken d gilt:
$d(P_\lambda, P_{\vartheta_1}) \leq d(P_{\widetilde{\lambda}}, P_{\vartheta_1}), \ \forall \widetilde{\lambda} \in \widetilde{\Theta}_0.$

b) Ist $\varphi_\lambda \in \Phi_\alpha(\Theta_0)$ und $E_\lambda \varphi_\lambda = \alpha$, dann gilt

$$\varphi_\lambda(x) = \begin{cases} 1, \\ 0, \end{cases} \qquad f_{\vartheta_1}(x) \begin{array}{c} > \\ < \end{array} k \int_{\Theta_0} f_\vartheta(x) \, d\lambda(\vartheta) \, [\mu].$$

Aus $\qquad \alpha = \int \varphi_\lambda \, dP_\lambda = \int_{\Theta_0} \left(\underbrace{\int \varphi_\lambda(x) f_\vartheta(x) \, d\mu(x)}_{\leq \alpha} \right) d\lambda(\vartheta)$

folgt: $\qquad\qquad \int \varphi_\lambda(x) f_\vartheta(x) \, d\mu(x) = \alpha \ [\lambda],$

d.h. auf dem Träger von λ ist der Test φ_λ "α-ähnlich".

Beispiel 6.3.6 (χ^2-Test)

*Sei $\Theta = \mathbb{R} \times \mathbb{R}_+$, $\vartheta = (a, \sigma^2)$, $P_\vartheta = N(a, \sigma^2)^{(n)}$. Wir betrachten das Testproblem (Θ_0, Θ_1) mit: $\Theta_0 = \{(a, \sigma^2); \ \sigma^2 \leq \sigma_0^2\} =: \{\sigma^2 \leq \sigma_0^2\}$, $\Theta_1 = \{\sigma^2 > \sigma_0^2\}$. Der Mittelwert a ist ein sogenannter "**nuisance Parameter**". Testprobleme dieser Art treten z.B. auf, wenn die Präzision eines technischen Gerätes (z.B. einer optischen Linse) bestimmt werden soll.*

Sei $T(x) := \sum_{i=1}^{n} (x_i - \overline{x}_n)^2$, dann gilt: $P_{(a,1)}^T = \chi_{n-1}^2$, die zentrale χ_{n-1}^2-Verteilung mit der Dichte

$$f_{n-1}(x) = \frac{1}{2^{\frac{n-1}{2}} \Gamma\left(\frac{n-1}{2}\right)} x^{\frac{n-1}{2}-1} e^{-\frac{x}{2}}, \qquad x \geq 0.$$

Behauptung: Der Test

$$\varphi^*(x) := \begin{cases} 1, \\ 0, \end{cases} \quad \sum_{i=1}^{n}(x_i - \overline{x}_n)^2 \begin{array}{c} \geq \\ < \end{array} \sigma_0\, \chi^2_{n-1,\alpha}$$

– *mit dem α-Fraktil $\chi^2_{n-1,\alpha}$ der χ^2_{n-1}-Verteilung – ist gleichmäßig bester Test zum Niveau α für (Θ_0, Θ_1).*

Beweis:

1) Sei $\vartheta_1 = (a_1, \sigma_1^2) \in \Theta_1$, also $a_1 \in \mathbb{R}^1$, $\sigma_1^2 > \sigma_0^2$. Wir betrachten die a-priori-Verteilung

$$\lambda := N\left(a_1, \frac{\sigma_1^2 - \sigma_0^2}{n}\right) \otimes \varepsilon_{\sigma_0^2} \in \widetilde{\Theta}_0$$

Der Träger von λ ist $S(\lambda) = \mathbb{R}^1 \times \{\sigma_0^2\}$. Mit Hilfe der Faltungsformel

$$N\left(0, \frac{\sigma_0^2}{n}\right) * N\left(0, \frac{\sigma_1^2 - \sigma_0^2}{n}\right) = N\left(0, \frac{\sigma_1^2}{n}\right)$$

erhält man die Faktorisierungen

$$f_\lambda(x) = \int f_\vartheta(x)\, d\lambda(\vartheta)$$

$$= \frac{1}{\sqrt{n}} \frac{1}{\left(\sqrt{2\pi}\,\sigma_0\right)^{n-1}} e^{-\frac{1}{2\sigma_0^2}\sum(x_i - \overline{x}_n)^2} \frac{\sqrt{n}}{\sqrt{2\pi}\,\sigma_1} e^{-\frac{n}{2\sigma_1^2}(\overline{x}_n - a)^2},$$

$$f_{a_1,\sigma_1^2}(x) = \frac{1}{\sqrt{n}} \left(\frac{1}{\sqrt{2\pi}\,\sigma_1}\right)^{n-1} e^{-\frac{1}{2\sigma_1^2}\sum(x_i - \overline{x}_n)^2} \frac{\sqrt{n}}{\sqrt{2\pi}\,\sigma_1^2} e^{-\frac{n}{2\sigma_1^2}(\overline{x}_n - a_1)^2}.$$

Daher ergibt sich für den Dichtequotienten die Darstellung

$$\frac{f_{a_1,\sigma_1^2}(x)}{f_\lambda(x)} = g\left(\sum_{i=1}^{n}(x_i - \overline{x}_n)^2\right)$$

mit einer stetigen, streng monoton wachsenden Funktion g.

2) Analog zum Beweis von Satz 6.2.6 folgt, dass φ^* bester Test zum Niveau α ist für $(\{P_\lambda\}, \{P_{\vartheta_1}\})$. Denn φ^* ist LQ-Test und $\int \varphi^*\, dP_\lambda = \alpha$.

3) $\varphi^* \in \Phi_\alpha(\Theta_0)$. Denn es gilt für $(a, \sigma^2) \in \Theta_0$ – also $\sigma^2 \leq \sigma_0^2$ –

$$E_{a,\sigma^2}\varphi^* = P_{a,\sigma^2}\left(\sum_{i=1}^{n}(x_i - \overline{x}_n)^2 \geq \sigma_0^2\, \chi^2_{n-1,\alpha}\right)$$

$$= P_{a,\sigma^2}\left(\sum_{i=1}^{n}\left(\frac{x_i - \overline{x}_n}{\sigma}\right)^2 \geq \frac{\sigma_0^2}{\sigma^2}\, \chi^2_{n-1,\alpha}\right)$$

$$\leq P_{a,\sigma^2}\left(\sum_{i=1}^{n}\left(\frac{x_i - \overline{x}_n}{\sigma}\right)^2 \geq \chi^2_{n-1,\alpha}\right), \qquad \text{da } \frac{\sigma_0^2}{\sigma^2} \geq 1$$

$$= \alpha.$$

Also ist $\varphi^* \in \Phi_\alpha(\Theta_0)$ und

$$E_\vartheta \varphi^* = \alpha \iff \sigma^2 = \sigma_0^2.$$

Also gilt $\int \varphi^* \, dP_\lambda = \alpha$. Nach dem NP-Lemma ist φ^* bester Test für $(\{P_\lambda\}, \{P_{\vartheta_1}\})$.
Nach der Mischungsmethode in Satz 6.3.4 ist φ^* gleichmäßig bester Test für $(\Theta_0, \{\vartheta_1\})$.
Da φ^* unabhängig von ϑ_1 definiert ist, folgt die Behauptung. $\square$

Im Fall, dass $\Theta_0 = \{\vartheta_1, \dots, \vartheta_m\}$ endlich ist, ist eine verallgemeinerte Form der Mischungsmethode auch notwendig für die Konstruktion optimaler Tests. Sei $\Theta_1 = \{\vartheta_{m+1}\}$, $f_k := \frac{dP_{\vartheta_k}}{d\mu}$, $1 \leq k \leq m+1$ und für $\alpha = (\alpha_1, \dots, \alpha_m) \in \mathbb{R}^m$ sei

$$\Phi[\alpha] := \{\varphi \in \Phi;\ E_{\vartheta_i}\varphi = \alpha_i, 1 \leq i \leq m\}$$
$$\text{und } \Phi(\alpha) := \{\varphi \in \Phi;\ E_{\vartheta_i}\varphi \leq \alpha_i, 1 \leq i \leq m\}.$$

Definition 6.3.7
*$\varphi \in \Phi$ heißt **(verallgemeinerter) LQ-Test** für (Θ_0, Θ_1)*
$\iff \exists c_1, \dots, c_m \in \overline{\mathbb{R}}, \ \gamma \in \Phi$, so dass

$$\varphi(x) = \begin{cases} 1, & > \\ \gamma(x), & \quad f_{m+1}(x) = \sum_{k=1}^{m} c_k f_k(x) \ [\mu] . \\ 0, & < \end{cases}$$

φ ist also ein LQ-Test bzgl. der Mischung (c_k) auf der Hypothese mit möglicherweise negativen Gewichten c_k. Der folgende Satz verallgemeinert das Neyman-Pearson-Lemma.

Satz 6.3.8 (Verallgemeinertes Neyman-Pearson-Lemma)
a) Ist $\Phi[\alpha] \neq \emptyset$, dann existiert $\varphi^* \in \Phi[\alpha]$, so dass $E_{\vartheta_{m+1}}\varphi^* = \max\limits_{\varphi \in \Phi[\alpha]} E_{\vartheta_{m+1}}\varphi$

b) Ist $\varphi^* \in \Phi[\alpha]$ ein LQ-Test, dann gilt:

  1.) $E_{\vartheta_{m+1}}\varphi^* = \max\limits_{\varphi \in \Phi[\alpha]} E_{\vartheta_{m+1}}\varphi$

  2.) Sind $c_k \geq 0$, $1 \leq k \leq m$, dann ist $\varphi^* \ \Phi(\alpha)$-optimal in ϑ_{m+1}

c) Sei $Q_m := \{\alpha \in \mathbb{R}^m;\ \Phi[\alpha] \neq \emptyset\}$ und $\alpha \in \overset{\circ}{Q}_m$, dann existiert ein LQ-Test $\varphi^* \in \Phi[\alpha]$ und jeder $\Phi[\alpha]$-optimale Test in ϑ_{m+1} ist ein LQ-Test.

Beweis:
a) $\Phi[\alpha] \subset \Phi$ ist eine nichtleere schwach-$*$-kompakte Teilmenge von Φ. Die Gütefunktion $\beta(\varphi) = E_{\vartheta_{m+1}}\varphi, \varphi \in \Phi$ ist schwach-$*$-stetig in φ. Es existiert daher eine Maximumstelle in $\Phi[\alpha]$.

b) Sei

$$\varphi^*(x) = \begin{cases} 1, & > \\ \gamma(x), & \quad f_{m+1}(x) = \sum_{k=1}^{m} c_k f_k(x) \ [\mu], \\ 0, & < \end{cases}$$

ein LQ-Test in $\Phi[\alpha]$ und sei $\psi \in \Phi[\alpha]$. Dann gilt:

$$\mathrm{E}_{\vartheta_{m+1}}(\varphi^* - \psi) = \int (\varphi^* - \psi) f_{m+1} \, d\mu$$

$$= \int (\varphi^* - \psi)(f_{m+1} - \sum_{k=1}^{m} c_k f_k) \, d\mu + \int (\varphi^* - \psi) \Big(\sum_{k=1}^{m} c_k f_k \Big) \, d\mu$$

$$= I + II.$$

Da φ^* LQ-Test ist, ist der Integrand von I nichtnegativ. Weiter ist $II = 0$, da $\varphi^*, \psi \in \Phi[\alpha]$. Also ist $I + II \geq 0$.

Ist $c_k \geq 0, 1 \leq k \leq m$, und $\psi \in \Phi(\alpha)$, dann ist $II = \sum_{k=1}^{m} c_k \int (\varphi^* - \psi) f_k \, d\mu \geq 0$; also auch $I + II \geq 0$.

c) 1) Sei $\mathcal{G} = \{\beta_\varphi; \ \varphi \in \Phi\}$ die Menge der Gütefunktionen, $\beta_\varphi(\vartheta) = \mathrm{E}_\vartheta \varphi$ und $Q_{m+1} := \{(\mathrm{E}_{\vartheta_1}\varphi, \dots, \mathrm{E}_{\vartheta_{m+1}}\varphi); \ \varphi \in \Phi\}$. Dann ist

$$H : \mathcal{G} \to Q_{m+1}, \beta_\varphi \to (\beta_\varphi(\vartheta_1), \dots, \beta_\varphi(\vartheta_{m+1}))$$

eine stetige und lineare Bijektion, $\mathcal{G}$ ist konvex und kompakt,
$\Rightarrow Q_{m+1} = H(\mathcal{G}) \subset \mathbb{R}^{m+1}$ ist konvex und kompakt.

2) Sei $\beta^* := \sup\{\mathrm{E}_{\vartheta_{m+1}}\varphi; \ \varphi \in \Phi[\alpha]\}$. Dann ist $(\alpha, \beta^*) \in Q_{m+1}$ ein Randpunkt von Q_{m+1} – und der zugehörige Test ist der gesuchte optimale Test. Nach dem Stützhyperebenensatz ex. $c \in \mathbb{R}^{m+1}$, $c \neq 0$ so dass $H_c := \{y; \ c^\top y = c^\top(\alpha, \beta^*)\}$ eine Stützhyperebene an Q_{m+1} in (α, β^*) ist, d.h. es gilt:

$$\sum_{i=1}^{m+1} c_i \mathrm{E}_{\vartheta_i} \varphi \leq \sum_{i=1}^{m} c_i \alpha_i + c_{m+1} \beta^*, \quad \forall \varphi \in \Phi. \tag{6.2}$$

3) Beh. $c_{m+1} \neq 0$.

Denn angenommen: $c_{m+1} = 0$. Wegen $\alpha \in \overset{\circ}{Q}_m$ existieren dann $\beta_i \in Q_m, i = 1, 2$ so dass

$$c \cdot \beta_1 < c \cdot \alpha < c \cdot \beta_2.$$

Seien $\varphi_i \in \Phi$ Tests zugehörig zu $\beta_i, i = 1, 2$, d.h. $\mathrm{E}_{\vartheta_i}\varphi_1 = \beta_{1,i}, \mathrm{E}_{\vartheta_i}\varphi_2 = \beta_{2,i}, i = 1, 2$. Dann ergibt sich ein Widerspruch zu (6.2). Es ist also $c_{m+1} \neq 0$ und daher $c_{m+1} > 0$.

4) Sei nun $\varphi^* \in \Phi[\alpha]$ ein nach a.) existierender optimaler Test in $\Phi[\alpha]$ mit $E_{\vartheta_{m+1}}\varphi^* = \beta^*$ und definiere $\widetilde{c}_i := -\frac{c_i}{c_{m+1}}, 1 \leq i \leq m$. Dann folgt aus (6.2)

$$E_{\vartheta_{m+1}}\varphi - \sum_{i=1}^{m} \widetilde{c}_i E_{\vartheta_i}\varphi \leq \beta^* - \sum_{i=1}^{m} \widetilde{c}_i \alpha_i, \quad \forall \varphi \in \Phi.$$

Daraus ergibt sich für alle $\varphi \in \Phi$:

$$\int \varphi\left(f_{m+1} - \sum_{k=1}^{m} \widetilde{c}_i f_i\right) d\mu \leq \int \varphi^*\left(f_{m+1} - \sum_{i=1}^{m} \widetilde{c}_i f_i\right) d\mu.$$

Hieraus folgt aber:

$$\varphi^* = \begin{cases} 1, \\ 0, \end{cases} \quad f_{m+1} \begin{matrix} > \\ < \end{matrix} \sum_{i=1}^{m} \widetilde{c}_i f_i \; [\mu].$$

Also ist φ^* ein verallgemeinerter LQ-Test. Insgesamt erhalten wir also: Es existiert ein LQ-Test in $\Phi[\alpha]$ und jeder optimale Test ist ein LQ-Test. $\square$

Im Unterschied zum Neyman-Pearson-Lemma ist das verallgemeinerte NP-Lemma i.A. nicht konstruktiv. Mit demselben Beweis wie in Satz 6.3.8 lässt sich auch die folgende allgemeinere Fassung herleiten.

Proposition 6.3.9
Sei μ ein σ-endliches Maß und $g_i \in \mathcal{L}^1(\mu)$, $1 \leq i \leq m+1$, sei $\alpha = (\alpha_1, \ldots, \alpha_m) \in \overset{\circ}{Q}_m$ mit $Q_m := \{(\int \varphi g_1 \, d\mu, \ldots, \int \varphi g_m \, d\mu); \; \varphi \in \Phi\}$. Dann gilt:

a) φ^* ist Lösung von

$$\begin{cases} \int \varphi g_{m+1} \, d\mu = \max, \\ \int \varphi g_i \, d\mu \quad = \alpha_i, \; 1 \leq i \leq m, \end{cases}$$

$\Leftrightarrow \exists c_1, \ldots, c_m \in \overline{\mathbb{R}}$ *so dass*

$$\varphi^*(x) = \begin{cases} 1, \\ 0, \end{cases} \quad g_{m+1} \begin{matrix} > \\ < \end{matrix} \sum_{i=1}^{m} c_i g_i(x) \; [\mu];$$

und $\int \varphi^* g_i \, d\mu = \alpha_i, 1 \leq i \leq m$.

b) Es existiert eine Lösung von a).

Die innere Punktbedingung lässt sich im Fall $\alpha_i = \alpha_0$, $1 \leq i \leq m$, einfach beschreiben.

Lemma 6.3.10

Sei $0 < \alpha_0 < 1$ und $\alpha = (\alpha_0, \ldots, \alpha_0) \in \mathbb{R}^m$. Dann sind äquivalent:

i) $\alpha \in \overset{\circ}{Q}_m$

ii) $(P_{\vartheta_1}, \ldots, P_{\vartheta_m})$ *sind linear unabhängig*

Beweis:

i) $\Rightarrow$ *ii):* Angenommen es gibt $\lambda = (\lambda_1, \ldots, \lambda_m) \in \mathbb{R}^m$ mit $\sum_{i=1}^{m} \lambda_i P_{\vartheta_i} = 0$. Dann ist auch $\sum_{i=1}^{m} \lambda_i f_{\vartheta_i} = 0 \ [\mu]$. Daraus folgt:

$$\sum_{i=1}^{m} \lambda_i \int \varphi f_i \, d\mu = \int \varphi \sum_{i=1}^{m} (\lambda_i f_i) \, d\mu = 0, \text{ für alle } \varphi \in \Phi.$$

Damit gilt, dass

$$Q_m \subset H_\lambda := \{x \in \mathbb{R}^m; \ \lambda^\top x = 0\},$$

Q_m liegt also in der Hyperebene H, d.h. $\overset{\circ}{Q}_m = \emptyset$ im Widerspruch zur Annahme.

ii) $\Rightarrow$ *i):* Angenommen $\alpha = (\alpha_0, \ldots, \alpha_0) \notin \overset{\circ}{Q}_m$.
Dann existiert nach dem Stützhyperebenensatz ein $c \in \mathbb{R}^m \setminus \{0\}$, so dass

$$c^\top \alpha = \Big(\sum_{i=1}^{m} \alpha_i\Big) c_0 \geq \sum_{i=1}^{m} c_i \int \varphi f_i \, d\mu, \quad \forall \varphi \in \Phi.$$

Folglich ist $\int (\alpha_0 - \varphi)(\sum_{i=1}^{m} c_i f_i) \, d\mu \geq 0$ für alle $\varphi \in \Phi$. Sei nun

$$\varphi_1(x) = \begin{cases} 1, & \\ \alpha_0, & \end{cases} \text{ falls } \sum_{i=1}^{m} c_i f_i \begin{array}{l} > 0, \\ \leq 0. \end{array}$$

Nach Definition von φ_1 ist dann

$$(\alpha_0 - \varphi_1)\Big(\sum_{i=1}^{m} c_i f_i\Big) \leq 0 \ \mu\text{-f.s.}$$

Damit erhält man aus obiger Ungleichung

$$\int (\alpha_0 - \varphi)\Big(\sum_{i=1}^{m} c_i f_i\Big) \, d\mu = 0.$$

Folglich ergibt sich $\sum_{i=1}^{m} c_i f_i \leq 0 \ \mu\text{-f.s.}$
Wähle nun $\varphi_2 \equiv 0$. Dann ist $\int \alpha_0 (\sum_{i=1}^{m} c_i f_i) \, d\mu \geq 0$.
Hieraus folgt: $\sum_{i=1}^{m} c_i f_i = 0 \ [\mu]$. Also sind $P_{\vartheta_1}, \ldots, P_{\vartheta_m}$ linear unabhängig. $\qquad \square$

Beispiel 6.3.11 (Zweiseitige Hypothesen in einparametrischen Exponentialfamilien)

Sei $(\Theta, \le)$ total geordnet, $P_\vartheta = f_\vartheta \mu$ mit $f_\vartheta(x) = C(\vartheta)\exp(Q(\vartheta)T(x))$, Q strikt isoton und $T : (\mathfrak{X}, \mathcal{A}) \to (\mathbb{R}^1, \mathbb{B}^1)$, d.h. $\mathcal{P}$ ist eine einparametrische Exponentialfamilie. Seien $0 < \alpha < 1$ und der Träger des Bildmaßes $\mu^\top$ habe mehr als 2 Punkte, $|S(\mu^\top)| > 2$. Dann ist $\mathcal{P}$ identifizierbar. Wir betrachten beispielhaft das zweiseitige Testproblem 'außen' gegen 'innen' (vgl. Abbildung 6.1):

$$\Theta_0 := \{\vartheta \in \Theta; \ \vartheta \le \vartheta_1\} \cup \{\vartheta \in \Theta; \ \vartheta \ge \vartheta_2\}$$
$$\Theta_1 := (\vartheta_1, \vartheta_2) \ne \emptyset \ \ wobei \ \vartheta_1, \vartheta_2 \in \Theta, \vartheta_1 < \vartheta_2.$$

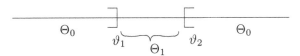

Abbildung 6.1 Toleranzbereich $(\vartheta_1, \vartheta_2)$ einer Maschine

Satz 6.3.12

a) Es existiert ein gleichmäßig bester Test zum Niveau $\alpha \in (0, 1)$ für (Θ_0, Θ_1) von der Form

$$\varphi^*(x) = \begin{cases} 1, & c_1 < T(x) < c_2, \\ \gamma_i, & T(x) = c_i, \ i = 1, 2, \\ 0, & T(x) < c_1 \ oder \ T(x) > c_2, \end{cases}$$

mit $c_1 \le c_2$ endlich und γ_i so, dass $E_{\vartheta_i}\varphi^* = \alpha$, $i = 1, 2$.

b) $\forall \varphi \in \Phi_\alpha$ mit $E_{\vartheta_i}\varphi = \alpha$, $i = 1, 2$ gilt

$$E_\vartheta \varphi^* \le E_\vartheta \varphi, \quad \forall \vartheta \in \Theta_0,$$

d.h. φ^* minimiert auch den Fehler erster Art.

Beweis: Sei $\vartheta' \in \Theta_1$, d.h. $\vartheta_1 < \vartheta' < \vartheta_2$. Wir betrachten das Hilfsproblem

(HP)
$$\begin{cases} E_{\vartheta'}\varphi = \max, \\ E_{\vartheta_i}\varphi = \alpha, \ i = 1, 2. \end{cases}$$

Da $|S(\mu^\top)| > 2$ und Q streng isoton ist, folgt $\{P_{\vartheta_1}, P_{\vartheta_2}\}$ sind linear unabhängig und daher ist nach Lemma 6.3.10 $(\alpha, \alpha) \in \overset{\circ}{Q}_2$.

Nach Proposition 6.3.9 existiert eine Lösung von (HP) von der Form

$$\varphi^*(x) = \begin{cases} 1, & \\ & \tilde{c}_1 f_{\vartheta_1}(x) + \tilde{c}_2 f_{\vartheta_2}(x) \quad \begin{matrix} < \\ \\ > \end{matrix} \quad f_{\vartheta'}(x) \\ 0, & \end{cases}$$

$$= \begin{cases} 1, & \\ & a_1 e^{b_1 T(x)} + a_2 e^{b_2 T(x)} \quad \begin{matrix} < \\ \\ > \end{matrix} \quad 1 \\ 0, & \end{cases}$$

mit $b_1 := Q(\vartheta_1) - Q(\vartheta') < 0$, $b_2 := Q(\vartheta_2) - Q(\vartheta') > 0$ und $a_1 := \tilde{c}_1 \frac{C(\vartheta_1)}{C(\vartheta')}$, $a_2 := \tilde{c}_2 \frac{C(\vartheta_2)}{C(\vartheta')}$.

Es gilt: $a_1 > 0$, $a_2 > 0$. Denn angenommen $a_1 \leq 0, a_2 \leq 0$, dann folgt $\varphi \equiv 1$, also $\alpha = 1$ ein Widerspruch.

Falls: $a_1 > 0, a_2 \leq 0$ oder $a_1 \leq 0, a_2 > 0$, dann ist der Dichtequotient

$$a_1 e^{b_1 T(x)} + a_2 e^{b_2 T(x)}$$

streng monoton in $T(x)$ (einmal isoton, einmal antiton). Daraus folgt aber $E_{\vartheta_1}\varphi < E_{\vartheta_2}\varphi$ oder $E_{\vartheta_1}\varphi > E_{\vartheta_2}\varphi$ im Widerspruch zur Annahme $E_{\vartheta_i}\varphi = \alpha$, $i = 1, 2$. Also gilt $a_1 > 0, a_2 > 0$.

Die Funktion $f(y) := a_1 e^{b_1 y} + a_2 e^{b_2 y}$ ist konvex und $f(y) \to \infty$ für $y \to \pm\infty$. Also ist $\{y; \ f(y) < 1\}$ ein Intervall (c_1, c_2) und damit (vgl. Abbildung 6.2)

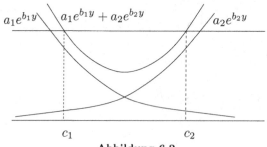

Abbildung 6.2

$$\varphi^*(x) = \begin{cases} 1, & c_1 < T(x) < c_2, \\ 0, & T(x) < c_1 \text{ oder } T(x) > c_2. \end{cases}$$

Weiter existieren γ_i, c_i so dass mit $\varphi^*(x) = c_i$, wenn $T(x) = c_i$ gilt

$$E_{\vartheta_i}\varphi^* = \alpha, \quad i = 1, 2.$$

c_i, γ_i lassen sich aus dieser Bedingung umgekehrt auch ermitteln.

Der so konstruierte Test φ^* ist unabhängig von $\vartheta' \in \Theta_1$; also ist φ^* gleich-mäßig bester Test für $(\{\vartheta_1, \vartheta_2\}, \Theta_1)$ in $\Phi[(\alpha, \alpha)]$. Wegen $a_1 > 0, a_2 > 0$ sind auch $\tilde{c}_1 > 0, \tilde{c}_2 > 0$ und daher ist φ^* auch optimaler Test in $\Phi((\alpha, \alpha)) = \Phi_\alpha(\{\vartheta_0, \vartheta_1\})$.
Wir zeigen nun: $\varphi^* \in \Phi_\alpha(\Theta_0)$.
Dazu betrachte für $\vartheta' < \vartheta_1$ oder $\vartheta' > \vartheta_2$ das Testproblem

(P) $\qquad\qquad\qquad \begin{cases} E_{\vartheta'}\varphi = \inf, \\[2mm] E_{\vartheta_1}\varphi = E_{\vartheta_2}\varphi = \alpha. \end{cases}$

(P) hat als Lösung denselben Test φ^* wie in Teil a). Daher ist φ^* besser als der Test $\varphi_\alpha \equiv \alpha$, d.h. $\varphi^* \in \Phi_\alpha(\Theta_0)$ und φ^* minimiert auch den Fehler zweiter Art. $\qquad\square$

Bemerkung 6.3.13
Testprobleme der Form $(\Theta_0 = \Theta \setminus \{\vartheta_0\}, \{\vartheta_0\})$ mit einelementiger Alternative bei einparametrigen Exponentialfamilien sind nicht sinnvoll. Die Abbildung $\vartheta \mapsto E_\vartheta\varphi$ ist stetig. Ist $\varphi^* \in \Phi_\alpha(\Theta_0)$, d.h. $E_\vartheta\varphi \leq \alpha$ für alle $\vartheta \neq \vartheta_0$, dann folgt $E_{\vartheta_0}\varphi \leq \alpha$.

Infolgedessen ist $\varphi \equiv \alpha$ gleichmäßig bester α-Niveau-Test. Für das Test-problem 'innen' gegen 'außen' ergibt sich entsprechend zu Satz 6.3.12 ein bester unverfälschter Test zum Niveau α (vgl. Kapitel 6.4). Ein gleichmäßig bester Test zum Niveau α existiert für dieses Testproblem nicht.

Wenn kein gleichmäßig bester Test zum Niveau α existiert, dann kann man lokal optimale Tests betrachten. Wir behandeln exemplarisch das einseitige Test-problem in Dimension $d = 1$, $\Theta = \mathbb{R}^1$, $\Theta_0 = (-\infty, \vartheta_0]$, $\Theta_1 = (\vartheta_0, \infty)$. Wir treffen die folgende Differenzierbarkeits-Annahme:

(D) $\forall \varphi \in \Phi$ ist $\beta_\varphi(\vartheta) = E_\vartheta\varphi$ in ϑ_0 differenzierbar und

$$\beta_\varphi'(\vartheta_0) = \int \varphi \frac{\partial}{\partial \vartheta} f_\vartheta\big|_{\vartheta_0} \, d\mu.$$

Definition 6.3.14 (Lokale Optimalität, $d = 1$)
$\varphi^* \in \Phi_\alpha$ heißt *lokal optimal* in ϑ_0 zum Niveau α, wenn

1.) $E_{\vartheta_0}\varphi^* = \alpha$

2.) $\forall \varphi \in \Phi_\alpha$ mit $E_{\vartheta_0}\varphi = \alpha$ gilt: $\quad \beta_{\varphi^*}'(\vartheta_0) \geq \beta_\varphi'(\vartheta_0)$

Ein lokal optimaler Test maximiert die Steigung der Gütefunktion in ϑ_0. Er lässt sich wie folgt konstruieren:

Proposition 6.3.15

Es gelte die Differenzierbarkeits-Annahme (D).

$$Sei \; \varphi^*(x) := \begin{cases} 1, & > \\ \gamma, & \frac{\partial}{\partial\vartheta} \ln f_\vartheta(x)\big|_{\vartheta_0} = k, \\ 0, & < \end{cases}$$

ein Test mit $E_{\vartheta_0}\varphi^* = \alpha$ und es sei $\varphi^* \in \Phi_\alpha$.
Dann ist φ^* lokal optimal in ϑ_0 zum Niveau α.

Beweis: Aus dem verallgemeinerten Neyman-Pearson-Lemma in Proposition 6.3.9 folgt:

$$\varphi^* \text{ ist Lösung von } \begin{cases} \int \varphi \dfrac{\partial}{\partial\vartheta} f_\vartheta\big|_{\vartheta_0} \, d\mu = \sup, \\ \int \varphi f_{\vartheta_0} \, d\mu = \alpha, \end{cases}$$

genau dann, wenn $E_{\vartheta_0}\varphi^* = \alpha$ und φ^* von der folgenden Form ist

$$\varphi^*(x) = \begin{cases} 1, & > \\ & \frac{\partial}{\partial\vartheta} f_\vartheta(x)\big|_{\vartheta_0} \quad k f_{\vartheta_0}(x). \\ 0, & < \end{cases}$$

Dieses impliziert die Behauptung.   □

Bemerkung 6.3.16 (zweiseitige Tests)

Für zweiseitige Tests für das Testproblem $(\{\vartheta_0\}, \Theta \setminus \{\vartheta_0\})$ in Dimension $d = 1$ definiert man analog lokale Optimalität durch

$$\begin{cases} \beta_\varphi''(\vartheta_0) = \sup, \\ \beta_\varphi(\vartheta_0) = \alpha, \\ \beta_\varphi'(\vartheta_0) = 0, \end{cases}$$

d.h. die Krümmung der Gütefunktion wird maximal in ϑ_0. Wieder lässt sich mit Proposition 6.3.9 die Lösung 'explizit' angeben.

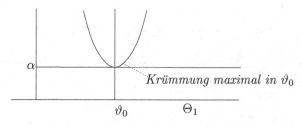

In Dimension $d \geq 2$ betrachtet man analog das Problem, die Gaußsche Krümmung der Gütefunktion in ϑ_0 zu maximieren.

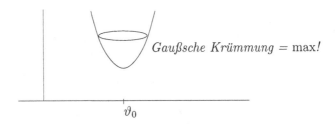

Gaußsche Krümmung = max!

ϑ_0

Für eine Erweiterung der Mischungsmethode auf zusammengesetzte Hypothesen und Alternativen $\mathcal{P}_0, \mathcal{P}_1 \subset M^1(\mathfrak{X}, \mathcal{A})$ betrachten wir das **Maximin-Risiko** zum Niveau α

$$\beta(\alpha, \mathcal{P}_0, \mathcal{P}_1) = \sup_{\varphi \in \Phi_\alpha(\mathcal{P}_0)} \inf_{Q \in \mathcal{P}_1} E_Q \varphi.$$

Folgende Erweiterung des Begriffes der ungünstigsten a-priori-Verteilung (Definition 6.3.3) erweist sich als nützlich.

Definition 6.3.17 (ungünstigste Paare)
*Seien $P_i \in M^1(\mathfrak{X}, \mathcal{A})$, $i = 0, 1$. Dann heißt (P_0, P_1) **ungünstigstes Paar** für das Testproblem $(\mathcal{P}_0, \mathcal{P}_1)$ zum Niveau α, wenn $P_i \in \overline{\mathrm{co}\, \mathcal{P}_i}^{w^*}$, $i = 0, 1$ – die P_i liegen im schwach-$*$-Abschluss der konvexen Hülle von $\mathcal{P}_i$ – und es gilt*

$$\beta(\alpha, P_0, P_1) = \beta(\alpha, \mathcal{P}_0, \mathcal{P}_1).$$

Sei $LF_\alpha(\mathcal{P}_0, \mathcal{P}_1)$ die Menge der ungünstigsten Paare für $(\mathcal{P}_0, \mathcal{P}_1)$ zum Niveau α.

(P_0, P_1) ist genau dann ein ungünstigstes Paar in $LF_\alpha(\mathcal{P}_0, \mathcal{P}_1)$ zum Niveau α, wenn ein bester Test für (P_0, P_1) zum Niveau α existiert, der Maximin-Test für $(\mathcal{P}_0, \mathcal{P}_1)$ ist.

Ungünstigste Paare entsprechen den Mischungen von ungünstigsten a-priori-Verteilungen. Im Allgemeinen sind die Elemente von $\overline{\mathrm{co}\, \mathcal{P}_i}^{w^*}$ nur endlich additiv. Man könnte, wie der folgende Satz zeigt, in sinnvoller Weise auch allgemeiner ungünstigste Paare von Inhalten zulassen.

Die folgende duale Darstellung des Maximin-Risikos ist eine Erweiterung der entsprechenden Formel für einfache oder endliche Hypothesen. Sie beruht auf einem allgemeinen Dualitätssatz von Baumann (1968), den wir ohne Beweis angeben.

Satz 6.3.18 (duale Darstellung des Maximin-Risikos, Baumann (1968))
Seien $\mathcal{P}_0, \mathcal{P}_1$ dominierte Hypothesen und $\alpha \in [0, 1]$. Dann hat das Maximin-Risiko zum Niveau α die folgende duale Darstellung:

$$\beta(\alpha, \mathcal{P}_0, \mathcal{P}_1) = \min \left\{ \alpha k + (Q - kP)_+(\mathfrak{X}); \ k \geq 0, P \in \overline{\mathrm{co}\, \mathcal{P}_0}^{w^*}, \ Q \in \overline{\mathrm{co}\, \mathcal{P}_1}^{w^*} \right\}.$$

$(Q - kP)_+(\mathfrak{X})$ ist dabei der positive Teil der Jordan-Hahn-Zerlegung des signierten Maßes $Q - kP$.

Bemerkung 6.3.19

a) *Das Infimum der rechten Seite wird angenommen, im Allgemeinen aber für zwei endlich additive Maße* (P_0, Q_0). *Definieren wir*

$$\beta_\alpha(P_0, Q_0) = \inf\{\alpha k + (Q_0 - kP_0)_+(\mathfrak{X}); \ k \geq 0\}$$

als Schärfe des besten Tests für die endlich additiven Maße P_0, Q_0, *so sieht man an Satz 6.3.18, dass* (P_0, Q_0) *ungünstigste endlich additive Maße zum Niveau* α *sind.*

Sind $P_0, Q_0 \in M^1(\mathfrak{X}, \mathcal{A})$, *dann sind* P_0, Q_0 *ungünstigste Paare zum Niveau* α, $(P_0, Q_0) \in LF_\alpha(\mathcal{P}_0, \mathcal{Q}_0)$, *d.h.* $\beta(\alpha, \mathcal{P}_0, \mathcal{P}_1) = \beta(\alpha, P_0, Q_0)$.

Eine interessante Frage ist daher, unter welchen Bedingungen ungünstigste Paare P_0, Q_0 *im Raum der Maße existieren.*

b) **(ungünstigste Paare – minimale Distanzen)** *Wir definieren die folgende (nicht symmetrische) Distanz* d_k *auf dem Raum der signierten endliche additiven Maße* $ba(\mathfrak{X}, \mathcal{A})$ *durch*

$$d_k(P, Q) := \|Q - kP\| = \sup\{Q(A) - kP(A) - (Q(B) - kP(B)); \ A, B \in \mathcal{A}\},$$

dann gilt

$$(Q - kP)_+(\mathfrak{X}) = \frac{1-k}{2} + \frac{1}{2}d_k(P, Q).$$

Wir erhalten also die folgende 'metrische' Form von Satz 6.3.18:

$$\beta(\alpha, \mathcal{P}_0, \mathcal{P}_1) = \min\left\{\alpha k + \frac{1-k}{2} + \frac{1}{2}d_k(P, Q); \ k \geq 0, P \in \overline{\text{co}\,\mathcal{P}_0}^{w*}, Q \in \overline{\text{co}\,\mathcal{P}_1}^{w*}\right\}.$$
$$(6.3)$$

Man sieht, dass ungünstigste Paare $(P_0, Q_0) \in LF_\alpha(\mathcal{P}_0, \mathcal{P}_1)$ *– sofern sie existieren – die Distanz* $d_{k_0}(P, Q)$ *auf* $\mathcal{P}_0 \times \mathcal{P}_1$ *minimieren, wobei* k_0 *eine Minimumstelle der rechten Seite von (6.3) ist.*

Wir beschreiben im Folgenden eine Anwendung der allgemeinen Mischungsmethode in Satz 6.3.18 auf Fortsetzungsmodelle.

Definition 6.3.20 (Fortsetzungsmodelle)
Sei $\mathcal{A}_0 \subset \mathcal{A}$ *eine Unter-σ-Algebra von* $\mathcal{A}$. *Für* $P \in M^1(\mathfrak{X}, \mathcal{A}_0)$ *sei*

$$E(P) = \{Q \in M^1(\mathfrak{X}, \mathcal{A}); \ Q|_{\mathcal{A}_0} = P_0\}$$

die Menge der **Fortsetzungen** *von* P *auf* $\mathcal{A}$.
Für $\mathcal{P} \subset M^1(\mathfrak{X}, \mathcal{A}_0)$ *sei* $E(\mathcal{P}) = \bigcup_{P \in \mathcal{P}} E(P)$ *die Menge der Fortsetzungen von* $\mathcal{P}$.
Eine Teilklasse $\mathcal{Q} \subset E(\mathcal{P})$ *heißt* **Fortsetzungsmodell** *von* $\mathcal{P}$.

Relevante Beispiele von Fortsetzungsmodellen sind

a) **Modelle 'schwacher Information':** Sind $\mathcal{Q}_0, \mathcal{Q}_1 \subset M^1(\mathfrak{X}, \mathcal{A})$ und $T : (\mathfrak{X}, \mathcal{A})$ $\to (Y, \mathcal{B})$ eine Statistik. Hat man als Beobachtung nur die Werte von $T(x)$ vorliegen (schwache Information), so kann man mit $\mathcal{A}_0 = \sigma(T)$, $\mathcal{P}_i = \mathcal{Q}_i|_{\mathcal{A}_0}$, $i = 0, 1$, $\mathcal{Q}_i$ als Fortsetzungsmodell von $\mathcal{P}_i$ auffassen. Eine interessante Frage ist, ob 'optimale' Tests für $(\mathcal{P}_0, \mathcal{P}_1)$, d.h. solche, die nur auf T basieren, auch 'optimal' für $(\mathcal{Q}_0, \mathcal{Q}_1)$ sind.

b) **invariante Modelle:** Sei G eine Gruppe von messbaren bijektiven Transformationen von $(\mathfrak{X}, \mathcal{A})$ und $\mathcal{A}_0 = \mathcal{I}(G)$ die σ-Algebra der G-invarianten Menge (siehe Kapitel 8). Seien $\mathcal{P}_0, \mathcal{P}_1 \subset M^1(\mathfrak{X}, \mathcal{A})$ und $\mathcal{Q}_0 = \bigcup_{P_0 \in \mathcal{P}_0} \{P_0^g; \ g \in G\}$, $\mathcal{Q}_1 = \bigcup_{P_1 \in \mathcal{P}_1} \{P_1^g; \ g \in G\}$ die erzeugten **G-Modelle** (z.B. Lokationsfamilien, wenn G die Translationsgruppe ist). Dann sind $\mathcal{Q}_0, \mathcal{Q}_1$ Fortsetzungsmodelle der Restriktionen $\mathcal{P}_0|_{\mathcal{A}_0}$, $\mathcal{P}_1|_{\mathcal{A}_0}$. Die Frage nach der Optimalität von besten invarianten Tests unter allen Tests ist von Interesse. Sie wird durch den Satz von Hunt-Stein (in Kapitel 8) beantwortet.

c) **nuisance Parameter:** Seien $\mathcal{Q}_i = \{P_{(\vartheta, \eta)}; \ \vartheta \in \Theta_i, \eta \in \Gamma\}$. Wir betrachten das Testproblem (Θ_0, Θ_1). $\eta \in \Gamma$ ist also ein nuisance Parameter. Angenommen, man findet eine Unter-σ-Algebra $\mathcal{A}_0 \subset \mathcal{A}$ mit $P_{(\vartheta, \eta)}|_{\mathcal{A}_0} = P_\vartheta$ ist unabhängig von $\eta \in \Gamma$; z.B. eine Statistik T mit $P_{(\vartheta, \eta)}^T = Q_\vartheta$ ist unabhängig von $\eta \in \Gamma$. Dann ist eine interessante Frage, ob $\mathcal{A}_0$ 'suffizient' für das Testproblem (Θ_0, Θ_1) ist, d.h. der nuisance Parameter auf diese Weise eliminiert werden kann.

Eine wichtige Klasse von Fortsetzungen konstruiert der folgende Satz.

Satz 6.3.21 (Konstruktion von Fortsetzungen)
Sei $\mu \in M(\mathfrak{X}, \mathcal{A})$ und $\mu|_{\mathcal{A}_0}$ σ-endlich und sei $P \in M^1(\mathfrak{X}, \mathcal{A}_0)$, $P \ll \mu|_{\mathcal{A}_0}$. Definiere $P_\mu(A) := \int_A \frac{dP}{d\mu|_{\mathcal{A}_0}} d\mu$, $A \in \mathcal{A}$ und $(E(P))_\mu := \{Q \in E(P); \ Q \ll \mu\}$ die Menge aller von μ dominierten Fortsetzungen. Dann gilt:

a) $P_\mu \in E(P)$

b) $Q \ll P_\mu$, $\quad \forall Q \in (E(P))_\mu$

c) $(E(P))_\mu = \{h\mu; \ h \in \mathcal{L}_+(\mathfrak{X}, \mathcal{A}), E_\mu(h \mid \mathcal{A}_0) = \frac{dP}{d\mu|_{\mathcal{A}_0}}\}$.

Beweis:
a) folgt direkt nach Definition von P_μ aus der Radon-Nikodým-Gleichung.

b) Ist $Q \in (E(P))_\mu$ und $P_\mu(A) = 0$, $A \in \mathcal{A}$, dann folgt $1_A \frac{dP}{d\mu|_{\mathcal{A}_0}} = 0 \ [\mu]$, also auch $[Q]$.

Da $\frac{dP}{d\mu|_{\mathcal{A}_0}} > 0 \ [P]$, also auch $[Q]$, folgt $1_A = 0 \ [Q]$; d.h. $q \ll P_\mu$.

c) Ist $Q = h\mu$ mit $E_\mu(h \mid \mathcal{A}_0) = \frac{dP}{d\mu|_{\mathcal{A}_0}}$, dann gilt

$$\frac{dQ|_{\mathcal{A}_0}}{dP|_{\mathcal{A}_0}} = 1, \text{ also } Q|_{\mathcal{A}_0} = P|_{\mathcal{A}_0}$$

und daher $Q \in (E(P))_\mu$.

Ist umgekehrt $Q \in (E(P))_\mu$, dann existiert nach dem Satz von Radon-Nikodým eine Dichte $h \in \mathcal{L}_+(\mathfrak{X}, \mathcal{A})$, so dass $Q = h\mu$. Daraus folgt für $A_0 \in \mathcal{A}_0$:

$$Q(A_0) = \int_{A_0} h \, d\mu = P(A_0) = \int_{A_0} \frac{dP}{d\mu|_{\mathcal{A}_0}} \, d\mu.$$

Daraus ergibt sich: $E_\mu(h \mid \mathcal{A}_0) = \frac{dP}{d\mu|_{\mathcal{A}_0}} \; [\mu|_{\mathcal{A}_0}].$ $\square$

Als Korollar ergibt sich die folgende einfache Konstruktionsmethode, die es ermöglicht eine große Klasse von Fortsetzungen zu konstruieren.

Korollar 6.3.22
Sei $Q \in E(P)$ und $f \in \mathcal{L}_+^1(\mathcal{A}, Q)$ mit $E_Q(f \mid \mathcal{A}_0) > 0$. Sei $h = \frac{f}{E_Q(f|\mathcal{A}_0)}$ und $Q^{(f)} := hQ$, dann ist $Q^{(f)} \in E(P)$.

Insbesondere folgt, dass die Existenz einer Fortsetzung die Existenz von vielen Fortsetzungen impliziert. Wir bestimmen nun den d_k-Abstand von Fortsetzungsklassen.

Proposition 6.3.23
Seien $\mathcal{P}_i \subset M^1(\mathfrak{X}, \mathcal{A}_0)$ und $E(P) \neq \emptyset$, $\forall P \in \mathcal{P}_i$, $i = 0, 1$. Dann gilt für $k \geq 0$

a) Für $P_i \in \mathcal{P}_i$ und $\mu \in M(\mathfrak{X}, \mathcal{A})$ mit $\mu|_{\mathcal{A}_0} \in M_\sigma(\mathfrak{X}, \mathcal{A}_0)$ sei $P_i \ll \mu|_{\mathcal{A}_0}$, $i = 0, 1$.
Dann gilt

$$d_k(P_0, P_1) = d_k(P_{0,\mu}, P_{1,\mu}).$$

b) $d_k(\mathcal{P}_0, \mathcal{P}_1) = d_k(E(\mathcal{P}_0), E(\mathcal{P}_1)).$

Beweis:
a) Mit der Darstellung

$$d_k(P_0, P_1) = \|P_1 - kP_0\| = k - 1 + 2(P_1 - kP_0)_+(\mathfrak{X})$$

gilt mit $A := \{\frac{dP_1}{d\mu|_{\mathcal{A}_0}} \geq k\frac{dP_0}{d\mu|_{\mathcal{A}_0}}\}$

$$(P_1 - kP_0)_+(\mathfrak{X}) = (P_1 - kP_0)(A) = (P_{1,\mu} - kP_{0,\mu})(A),$$

also Behauptung a).

b) Für $P_i \in \mathcal{P}_i$ und $Q_i \in E(\mathcal{P}_i)$, $i = 0, 1$, gilt

$$\|P_1 - kP_0\| \le \|Q_1 - kQ_0\|.$$

Nach a) gilt Gleichheit für $Q_i = P_{i,\mu}$. Daraus folgt die Behauptung. $\qquad\square$

Der folgende Satz gibt nun eine hinreichende Bedingung dafür, dass ein Maximin-Test für $\mathcal{P}_0$, $\mathcal{P}_1$ ein Maximin-Test für die Fortsetzungsmodelle $\mathcal{Q}_0$, $\mathcal{Q}_1$ ist, sofern die Fortsetzungsklassen genügend groß sind.

Satz 6.3.24 (Fortsetzung von Optimalitätseigenschaften)
Seien $\mathcal{P}_i \ll \mu$ und $\mathcal{Q}_i \subset E(\mathcal{P}_i)$ Fortsetzungsmodelle, $i = 0, 1$. Sei für alle $k \ge 0$ $d_k(\mathrm{co}\,\mathcal{Q}_0, \mathrm{co}\,\mathcal{Q}_1) = d_k(\mathrm{co}\,\mathcal{P}_0, \mathrm{co}\,\mathcal{P}_1)$, dann gilt

$$\beta(\alpha, \mathcal{Q}_0, \mathcal{Q}_1) = \beta(\alpha, \mathcal{P}_0, \mathcal{P}_1).$$

Ein Maximin-Test φ_0 für $\mathcal{P}_0$, $\mathcal{P}_1$ zum Niveau α ist auch Maximin-Test für die Fortsetzungsmodelle $\mathcal{Q}_0$, $\mathcal{Q}_1$. Insbesondere gilt die Gleichheit für $\mathcal{Q}_i = E(\mathcal{P}_i)$.

Beweis: Wir verwenden zum Beweis Satz 6.3.18 über die duale Darstellung des Maximin-Risikos. Für alle $\varepsilon > 0$ existiert $\widetilde{\mu} \in M_\sigma(\mathfrak{X}, \mathcal{A})$ mit $d_k((\mathrm{co}\,\mathcal{Q}_0)_{\widetilde{\mu}}, (\mathrm{co}\,\mathcal{Q}_1)_{\widetilde{\mu}}) \le d_k(\mathrm{co}\,\mathcal{Q}_0, \mathrm{co}\,\mathcal{Q}_1) + \varepsilon$ nach Definition des Infimums. Damit erhalten wir aus Satz 6.3.18

$$\beta(\alpha, \mathcal{Q}_0, \mathcal{Q}_1) \le \beta(\alpha, (\mathcal{Q}_0)_{\widetilde{\mu}}, (\mathcal{Q}_1)_{\widetilde{\mu}})$$
$$= \inf\left\{\alpha k + \frac{1-k}{2} + \frac{1}{2}d_k(\mathrm{co}(\mathcal{Q}_0)_{\widetilde{\mu}}, \mathrm{co}(\mathcal{Q}_1)_{\widetilde{\mu}})\right\}$$
$$= \inf\left\{\alpha k + \frac{1-k}{2} + \frac{1}{2}d_k((\mathrm{co}\,\mathcal{Q}_0)_{\widetilde{\mu}}, (\mathrm{co}\,\mathcal{Q}_1)_{\widetilde{\mu}})\right\}$$
$$\le \inf\left\{\alpha k + \frac{1-k}{2} + \frac{1}{2}d_k(\mathrm{co}\,\mathcal{Q}_0, \mathrm{co}\,\mathcal{Q}_1)\right\} + \varepsilon$$
$$= \inf\left\{\alpha k + \frac{1-k}{2} + \frac{1}{2}d_k(\mathrm{co}\,\mathcal{P}_0, \mathrm{co}\,\mathcal{P}_1)\right\} + \varepsilon$$
$$= \beta(\alpha, \mathcal{P}_0, \mathcal{P}_1) + \varepsilon, \quad \forall \varepsilon > 0. \qquad\square$$

Satz 6.3.25 (Ungünstigste Paare für Fortsetzungsmodelle)
Sei $(P_0, P_1) \in LF_\alpha(\mathcal{P}_0, \mathcal{P}_1)$ und es existieren $Q_i \in \overline{\mathrm{co}(\mathcal{Q}_i)}^{w^*} \cap E(P_i)$, $i = 0, 1$, so dass $\mathcal{A}_0$ suffizient für (Q_0, Q_1) ist, dann gilt:

a) $(Q_0, Q_1) \in LF_\alpha(\mathcal{Q}_0, \mathcal{Q}_1)$

b) $\exists$ bester Test φ_α für (P_0, P_1), der Maximin-Test zum Niveau α für $\mathcal{Q}_0$, $\mathcal{Q}_1$ ist.

Beweis: Sei $(P_0, P_1) \in LF_\alpha(\mathcal{P}_0, \mathcal{P}_1)$, dann existiert ein bester Test φ_α für (P_0, P_1) zum Niveau α, der Maximin-Test für $(\mathcal{P}_0, \mathcal{P}_1)$ ist. Daraus folgt $\varphi_\alpha \in \Phi_\alpha(\mathcal{Q}_0, \mathcal{A})$.

Zu einem Test $\varphi \in \Phi_\alpha(\mathcal{Q}_0, \mathcal{A})$ definiere $\psi = E_{\{Q_0, Q_1\}}(\varphi \mid \mathcal{A}_0)$. Dann ist

$$\inf_{Q \in \mathcal{Q}_1} E_Q\varphi \leq E_{Q_1}\varphi, \text{ da } Q_1 \in \overline{\text{co } \mathcal{Q}_1}^{w^*}$$

und weiter $E_{Q_1}\varphi = E_{Q_1}\psi = E_{P_1}\psi$.
Da $\psi \in \Phi_\alpha(\mathcal{P}_0, \mathcal{A}_0)$, folgt

$$E_{P_1}\psi \leq E_{P_1}\varphi_\alpha = \inf_{P \in \mathcal{P}_1} E_P\varphi_\alpha = \beta(\alpha, \mathcal{Q}_0, \mathcal{Q}_1).$$

Also ist $(Q_0, Q_1) \in LF_\alpha(\mathcal{Q}_0, \mathcal{Q}_1)$ und φ_α ist ein Maximin-Test für (Q_0, Q_1).   □

Als Korollar ergibt sich insbesondere die folgende Konstruktion von Maximin-Tests für die vollen Fortsetzungsmodelle.

Korollar 6.3.26 (Maximin-Tests für volle Fortsetzungsmodelle)
Sind $(P_0, P_1) \in LF_\alpha(\mathcal{P}_0, \mathcal{P}_1)$ und ist φ_α ein bester Test zum Niveau α für (P_0, P_1) der Maximin-Test für $(\mathcal{P}_0, \mathcal{P}_1)$ ist. Dann ist φ_α Maximin-Test für $(E(\mathcal{P}_0), E(\mathcal{P}_1))$.

Dieses Korollar lässt sich insbesondere auf die eingangs erwähnten Beispiele für Fortsetzungsmodelle anwenden. Weitere Beispiele und Anwendungen auf die Konstruktion von gleichmäßig besten Tests in Fortsetzungsmodellen finden sich in Plachky und Rüschendorf (1987).

6.4 Unverfälschte, ähnliche und bedingte Tests

Wenn keine gleichmäßig besten Tests existieren, ist es naheliegend (analog zur Schätztheorie), sich auf 'sinnvolle' Teilklassen aller Test einzuschränken. Eine gut motivierte Reduktion ist die Klasse der unverfälschten Tests, d.h. der Tests, die besser sind als der triviale Test $\varphi_\alpha \equiv \alpha$. Die Methode der bedingten Tests erlaubt es, optimale unverfälschte Tests zu konstruieren. Dazu wird durch eine geeignete Zerlegung des Grundraums in die Fasern einer vollständig suffizienten Statistik das zusammengesetzte Testproblem auf ein System einfacher Testprobleme auf den Fasern reduziert. Diese Methode hat eine Fülle von wichtigen Anwendungen, z.B. auf die Optimalität des t-Tests, der exakten Tests von Fisher oder auch von Tests für nichtparametrische Hypothesen wie den Pitman-Permutationstest.

Nur unverfälschte Tests, d.h. solche, die besser als der triviale Test φ_α sind, werden zugelassen.

Definition 6.4.1 (unverfälschte Tests)
*a) Ein Test $\varphi \in \Phi$ heißt **unverfälscht zum Niveau** α, wenn $\varphi \in \Phi_\alpha$ und $E_\vartheta\varphi \geq \alpha, \forall \vartheta \in \Theta_1$.*

Sei $U_\alpha := \{\varphi \in \Phi; \ \varphi \text{ unverfälscht zum Niveau } \alpha\}$ die Menge der unverfälschten Tests zum Niveau α.

b) Sei $J \subset \Theta$. Ein Test $\varphi \in \Phi$ heißt **α-ähnlich auf J**, *wenn $E_\vartheta \varphi = \alpha, \forall \vartheta \in J$.*

Sei $\Phi_{J,\alpha} := \{\varphi \in \Phi;\ E_\vartheta \varphi = \alpha,\quad \forall \vartheta \in J\}$ die Menge der α-ähnlichen Tests auf J.

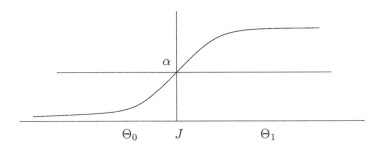

Für J wird typischerweise der gemeinsame Rand von Hypothese und Alternative gewählt. Dann lassen sich unverfälschte Tests auf α-ähnliche Tests reduzieren.

Proposition 6.4.2
Sei $(\Theta, \mathcal{O})$ ein topologischer Raum und für alle $\varphi \in \Phi$ sei die Gütefunktion $\beta_\varphi : \Theta \to [0,1]$, $\beta_\varphi(\vartheta) = E_\vartheta \varphi$ stetig. Dann gilt:

$$U_\alpha \subset \Phi_{J,\alpha} \text{ mit } J := \overline{\Theta}_0 \cap \overline{\Theta}_1 \text{ (falls } J \neq \emptyset).$$

Bemerkung 6.4.3
Ist speziell $\Theta = \mathcal{P}$ versehen mit der Totalvariationsmetrik, dann ist für alle $\varphi \in \Phi$

$$\beta_\varphi : \ \mathcal{P} \to [0,1], \ P \to E_P \varphi \text{ stetig.}$$

Ist $J = \overline{\mathcal{P}}_0 \cap \overline{\mathcal{P}}_1 \neq \emptyset$, dann ist $U_\alpha \subset \Phi_{J,\alpha}$.

Korollar 6.4.4
Unter der Voraussetzung von Proposition 6.4.2 sei $\varphi^* \in \Phi_\alpha$. Ist φ^* gleichmäßig bester α-ähnlicher Test für (Θ_0, Θ_1), dann ist φ^* auch gleichmäßig bester unverfälschter Test zum Niveau α.

Die Bestimmung gleichmäßig bester unverfälschter Tests lässt sich mit Korollar 6.4.4 auf die Bestimmung gleichmäßig bester α-ähnlicher Tests auf J zurückführen. Die folgende Charakterisierung der α-ähnlichen Tests auf dem Rand $\mathcal{P}_J := \{P_\vartheta;\ \vartheta \in J\}$ ist hierfür das zentrale Hilfsmittel.

Satz 6.4.5 (Tests mit Neyman-Struktur)
Sei $V : (\mathfrak{X}, \mathcal{A}) \to (Y, \mathcal{B})$ beschränkt vollständig und suffizient für P_J und $\varphi \in \Phi$. Dann gilt

$$\varphi \in \Phi_{J,\alpha} \Leftrightarrow E_\bullet(\varphi \mid V) = \alpha \ [\mathcal{P}_J].$$

Der Test φ hat **Neyman-Struktur bzgl. V**.

Beweis: Es ist $\alpha = E_P\varphi = E_P E.(\varphi \mid V), \quad \forall P \in \mathcal{P}_J$

$$\Leftrightarrow \quad E_P(\underbrace{\alpha - E.(\varphi \mid V)}_{=:\Psi(V)}) = 0, \quad \forall P \in \mathcal{P}.$$

Da $\Psi(V)$ eine beschränkte Funktion von V ist, ist diese Bedingung wegen der beschränkten Vollständigkeit von V äquivalent mit der Neyman-Strukturbedingung

$$E.(\varphi \mid V) = \alpha \; [\mathcal{P}_J] \qquad\qquad \square$$

Die Idee zur Konstruktion eines besten α-ähnlichen Tests für $(\mathcal{P}_J, \{P_{\vartheta_1}\})$ ist es nun, aus den besten Tests φ_v für die bedingten Verteilungen auf den Fasern $\{V = v\}$ von V einen Test für $(\mathcal{P}_J, \{P_{\vartheta_1}\})$ zusammenzusetzen. Auf den Fasern $\{V = v\}$ reduziert sich die zusammengesetzte Hypothese J auf eine einelementige bedingte Hypothese $\{P_\bullet^{\pi|V=v}\}$. Dieses ermöglicht die Anwendung des Neyman-Pearson-Lemmas für einfache Hypothesen.

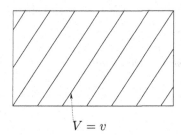

$$V = v$$

Für die Durchführung dieser Idee benötigt man einige Regularitätsannahmen:

A1) Es existiert eine beschränkt vollständige, suffiziente Statistik V für $\mathcal{P}_J$.

A2) Es existieren reguläre bedingte Verteilungen

$$P_{\vartheta_1}^{\pi|V=v}, P_\bullet^{\pi|V=v} \quad \text{für } P \in \mathcal{P}_J$$

für alle $v \in V(\mathfrak{X})$ mit $\pi = \mathrm{id}_{\mathfrak{X}}$.

Bemerkung 6.4.6
Bedingung A2) gilt, wenn $(\mathfrak{X}, \mathcal{A})$ ein Borelscher Raum ist. Unter der Annahme der Existenz regulärer bedingter Verteilungen folgt aus dem Einsetzungssatz

(A) $P_\bullet^{\pi|V=v}(\{V = v\}) = 1 \; [P_J^V] \quad und \quad P_{\vartheta_1}^{\pi|V=v}(\{V = v\}) = 1 \; [P_{\vartheta_1}^V].$

Sei nun $\varphi_v^* \in \Phi$ bester Test zum Niveau α für das reduzierte Testproblem für die bedingten Verteilungen auf den Fasern, d.h. für

$$(\{P_\bullet^{\pi|V=v}\}, \{P_{\vartheta_1}^{\pi|V=v}\}), \quad v \in V(\mathfrak{X}).$$

A3) Es gelte die Inklusion der Nullmengen

$$\mathcal{N}_{\mathcal{P}_J^V} \subset \mathcal{N}_{\mathcal{P}_{\vartheta_1}^V}.$$

A4) $\exists\, \varphi^* \in \Phi$, so dass $\varphi^*(x) = \varphi^*_{V(x)}(x)[\mathcal{P}_J]$.

Bedingung A3) erlaubt es, Tests auf $\mathcal{P}_J^V$ Nullmengen abzuändern ohne die Güte unter $P_{\vartheta_1}^V$ zu verändern. A4) folgt aus der Messbarkeit von $(x,v) \to \varphi_v(x)$, die typischerweise gegeben ist.

Satz 6.4.7 (Konstruktion bester α-ähnlicher Tests)
Unter den Voraussetzungen A1)–A4) ist der bedingte Test φ^* aus A4) bester α-ähnlicher Test für $(\mathcal{P}_J, \{P_{\vartheta_1}\})$.

Beweis: Nach Satz 6.4.5 über die Neyman-Struktur α-ähnlicher Tests ist

$$\Phi_{J,\alpha} = \{\Psi \in \Phi;\ E_{\bullet}(\Psi \mid V = v) = \alpha\ [\mathcal{P}_J^V]\}.$$

Also ist mit Hilfe von A3) φ bester α-ähnlicher Test, wenn φ das Testproblem (P1) löst:

(P1) :
$$\begin{cases} E_{\vartheta_1}\Psi = E_{\vartheta_1}E_{\vartheta_1}(\Psi \mid V = v) = \sup \\[2mm] E_{\bullet}(\Psi \mid V = v) = \alpha\ [\mathcal{P}_J^V]. \end{cases}$$

Wir betrachten nun zwei Varianten von (P1):

(P2) :
$$\begin{cases} E_{\vartheta_1}(\Psi \mid V = v) = \sup\ [P_{\vartheta_1}^V], \\[2mm] E_{\bullet}(\Psi \mid V = v) = \alpha\ [\mathcal{P}_J^V] \end{cases}$$

und

(P3) :
$$\begin{cases} \int \Psi dP_{\vartheta_1}^{\pi|V=v} = \sup\ [P_{\vartheta_1}^V], \\[2mm] \int \Psi dP_{\bullet}^{\pi|V=v} = \alpha\ [\mathcal{P}_J^V]. \end{cases}$$

Wegen A2) sind (P2) und (P3) äquivalent. Aus (P2) folgt offensichtlich (P1).
    Wir zeigen nun, dass φ^* eine Lösung von (P3) ist. Nach A4) und A3) ex. $N \in \mathcal{N}_{\mathcal{P}_J^V} \subset \mathcal{N}_{\mathcal{P}_{\vartheta_1}^V}$ so dass für alle $v \in N^c$ und für alle x mit $V(x) = v$ gilt:

$$\varphi^*(x) = \varphi^*_v(x) = \varphi^*_{V(x)}(x).$$

Daraus folgt mit Hilfe von A2)

$$\int \varphi^* dP_{\bullet}^{\pi|V=v} = \int \varphi^*_{V(x)}(x) dP_{\bullet}^{\pi|V=v}(x)$$

$$= \int \varphi^*_v dP_{\bullet}^{\pi|V=v} = \alpha\ [\mathcal{P}_J^V],$$

da $P_{\bullet}^{\pi|V=v}(\{V=v\}) = 1$ $[P^V]$ für alle $P \in \mathcal{P}_J$. Da $P_{\vartheta_1}^V(N) = 0$ ist, folgt:

$$\int \varphi^* dP_{\vartheta_1}^{\pi|V=v} = \int \varphi_v^* dP_{\vartheta_1}^{\pi|V=v} = \sup \ [P_{\vartheta_1}^V],$$

d.h. φ^* löst (P3). Damit ist φ^* bester α-ähnlicher Test. $\square$

Als erste Anwendung der Methode bedingter Tests behandeln wir im folgenden Beispiel den Studentschen t-Test.

Beispiel 6.4.8 (Studentscher t-Test)
Sei $\widetilde{P}_\vartheta := \otimes_{i=1}^n N(\mu, \sigma^2)$, $\vartheta = (\mu, \sigma^2) \in \mathbb{R} \times \mathbb{R}_+ = \Theta$. *Wir betrachten das Testen
einseitiger Hypothesen* $\Theta_0 = \{\mu \leq \mu_0\}$, $\Theta_1 = \{\mu > \mu_0\}$. *Die Varianz* σ^2 *ist ein
nuisance Parameter.*

Satz 6.4.9 (Studentscher t-Test für einseitige Hypothesen)
Für das einseitige Testproblem $\Theta_0 = \{\mu \leq \mu_0\}$, $\Theta_1 = \{\mu > \mu_0\}$ *ist der* **Student-
sche** t-**Test**

$$\varphi^*(x) = \begin{cases} 1, & > \\ & T^*(x) \quad t_{n-1,\alpha}, \\ 0, & \leq \end{cases}$$

gleichmäßig bester unverfälschter Test zum Niveau α. *Dabei ist*

$$T^*(x) := \sqrt{n}\, \frac{\overline{x}_n - \mu_0}{\sqrt{\frac{1}{n-1}\sum(x_i - \overline{x}_n)^2}}$$

und $t_{n-1,\alpha}$ *das* α-*Fraktil der* t_{n-1}-*Verteilung.*

Beweis:
1) Die Dichte von $\widetilde{P}_\vartheta$ ist

$$\widetilde{f}_\vartheta(x) = C(\vartheta)e^{-\frac{1}{2\sigma^2}\sum_{i=1}^n(x_i^2 - 2\mu x_i)}h(x).$$

Daher ist $T(x) = (\sum x_i, \sum x_i^2)$ suffizient für $\widetilde{\mathcal{P}}$. Nach *Reduktion durch Suffizienz*
betrachten wir daher das reduzierte Testproblem für $P_\vartheta := \widetilde{P}_\vartheta^T = f_\vartheta(\lambda^1 \otimes \lambda_+^1)$
mit den Dichten

$$f_\vartheta(t_1, t_2) = C(\vartheta)e^{\frac{\mu}{\sigma^2}t_1 - \frac{1}{2\sigma^2}t_2}\widetilde{h}(t_1, t_2), t_1 \in \mathbb{R}^1, t_2 \geq 0.$$

Die Klasse $\mathcal{P} = \{P_\vartheta; \vartheta \in \Theta\}$ ist eine zweiparametrische Exponentialfamilie mit
$Q_1(\vartheta) = \frac{\mu}{\sigma^2}$, $Q_2(\vartheta) = -\frac{1}{2\sigma^2}$ und $\pi(t_1, t_2) = (t_1, t_2)$.

2) O.E. sei $\mu_0 = 0$. Die Abbildung $\Theta \to \mathcal{P}$, $\vartheta \to P_\vartheta$ ist stetig und daher $U_\alpha \subset \Phi_{J,\alpha}$
mit $J = \overline{\Theta}_0 \cap \overline{\Theta}_1 = \{(0, \sigma^2); \sigma^2 > 0\}$. $\mathcal{P}_J$ ist eine einparametrische Exponentialfamilie und die Statistik $V(t_1, t_2) = t_2$ ist vollständig und suffizient für $\mathcal{P}_J$.

Nach der Formel für bedingte Dichten hat die bedingte Verteilung von π unter $V(t_1, t_2) = t_2$ die Gestalt

$$P_\vartheta^{\pi|V=t_2} = \left(\widetilde{c}_{t_2}(\vartheta)e^{\frac{\mu}{\sigma^2}t_1}\right)\nu_{t_2} \otimes \varepsilon_{\{t_2\}}$$

mit einem σ-endlichen Maß ν_{t_2} auf $\mathbb{R}^1$. Die Voraussetzungen A1)–A3) aus Satz 6.4.7 gelten für $(\mathcal{P}_J, \{P_{\vartheta_1}\})$ mit $\vartheta_1 = (\mu, \sigma^2) \in \Theta_1$, d.h. $\mu > 0$ und der Test

$$\varphi_{t_2}(t_1, t_2) = \begin{cases} 1, & > \\ \gamma^*(t_2), & t_1 \;=\; c^*(t_2), \\ 0, & < \end{cases}$$

mit $\gamma^*(t_2)$, $c^*(t_2)$ so gewählt, dass $E_{P^{\pi|V=t_2}_\bullet}\varphi_{t_2} = \alpha$, ist bester Test zum Niveau α für $(\{P^{\pi|V=t_2}_\bullet\}, \{P^{\pi|V=t_2}_{\vartheta_1}\})$ und damit bester α-ähnlicher Test für $(\mathcal{P}_J, \{P_{\vartheta_1}\})$. Diese Form des bedingten Tests kann durch eine geeignete Transformation wesentlich vereinfacht werden.

3) **Transformation auf nichtbedingte Tests** Sei $h_{t_2}(t_1) := \sqrt{n-1}\,\dfrac{t_1}{\sqrt{nt_2-t_1^2}}$, dann gilt:

a) h_{t_2} ist strikt isoton auf $\{t_1;\ nt_2 > t_1^2\}$

b) $\{(t_1, t_2);\ nt_2 \leq t_1^2\}$ ist eine $\mathcal{P}$-Nullmenge, denn

$$P_\vartheta(\{(t_1, t_2);\ nt_2 - t_1^2 \leq 0\})$$
$$= \widetilde{P}_\vartheta\left(\left\{x;\ n\sum x_i^2 - n^2\overline{x}_n^2 = n\sum(x_i - \overline{x}_n)^2 \leq 0\right\}\right)$$
$$= \widetilde{P}_\vartheta(\{x;\ x_1 = \cdots = x_n\}) = 0.$$

Also gilt:

$$\varphi_{t_2}(t_1, t_2) = \begin{cases} 1, & > \\ \gamma^*(t_2), & \sqrt{n-1}\,\dfrac{t_1}{\sqrt{nt_2-t_1^2}} \;=\; \widetilde{c}(t_2), \\ 0, & < \end{cases}$$

mit $\widetilde{c}(t_2) := h_{t_2}(c^*(t_2))$ und so dass $E_{P^{\pi|V=t_2}_\bullet}\varphi_{t_2} = \alpha$.

$V(t_1, t_2) = t_2$ ist vollständig, suffizient für $\mathcal{P}_J$ und $S(t_1, t_2) := \sqrt{n-1}$ $\cdot\dfrac{t_1}{\sqrt{nt_2-t_1^2}}$ ist verteilungsfrei für $\mathcal{P}_J$. Nach dem Basu'schen Satz sind V, S stochastisch unabhängig und daher gilt

$$P_\vartheta^{S|V=t_2} = P_\vartheta^S = \widetilde{P}_\vartheta^{T^*} = t_{n-1}$$

ist unabhängig von t_2. Daher folgt, dass $\widetilde{c}(t_2) = t_{n-1,\alpha}$ und $\gamma^*(t_2) = 0$ (o.E.) unabhängig von t_2 und $\varphi_{t_2}(t_1, t_2) = \varphi^*(t_1, t_2)$ ist messbar – es gilt also auch A4). Nach Satz 6.4.7 ist φ^* gleichmäßig bester α-ähnlicher Test für $(\{(0,\sigma^2);\ \sigma^2 > 0\}, \{(\mu,\sigma^2);\ \sigma^2 > 0, \mu > 0\})$, denn φ^* ist unabhängig von der Alternative ϑ_1.

4) Es bleibt zu zeigen, dass $\varphi^* \in \Phi_\alpha(\Theta_0)$; dann folgt die Behauptung nach Korollar 6.4.4.

Für $\mu \leq 0$ gilt aber

$$P_{\mu,\sigma^2}(\{T^* > t_{n-1,\alpha}\})$$

$$= P_{\mu,\sigma^2}\left(\left\{\frac{\sqrt{n}(\overline{x}_n - \mu)}{\sqrt{\frac{1}{n-1}\sum(x_i - \mu - (\overline{x}_n - \mu))^2}} > t_{n-1,\alpha} - \frac{\sqrt{n}\,\mu}{\sqrt{\frac{1}{n-1}\sum(x_i - \overline{x}_n)^2}}\right\}\right)$$

$$= P_{0,\sigma^2}\left(\left\{T^* > t_{n-1,\alpha} - \frac{\sqrt{n}\,\mu}{\sqrt{\frac{1}{n-1}\sum(x_i - \overline{x}_n)^2}}\right\}\right) \leq \alpha. \qquad \square$$

Bedingte Tests in Exponentialfamilien

Die Aussage und der Beweis aus Beispiel 6.4.8 über den Studentschen t-Test überträgt sich direkt auf folgende allgemeinere Situation. Sei $\Theta \subset \mathbb{R}^k$, $\vartheta = (\eta, \zeta)$, $\eta \in I \subset \mathbb{R}^1$, $\zeta \in U \subset \mathbb{R}^{k-1}$ mit einem Intervall I und $\overset{\circ}{U} \neq \emptyset$. Sei

$$f_\vartheta(x) = C(\vartheta)\exp\{\eta U(x) + \langle\zeta, V(x)\rangle\}, \quad \vartheta = (\eta, \zeta)$$

ν-Dichte einer k-parametrischen Exponentialfamilie. Dann ist $T(x) = (U(x), V(x))$ eine suffiziente Statistik. Übergang zu den Bildmaßen unter T führt zu den ν^T-Dichten

$$f^T_{(\eta,\zeta)}(u, v) = C(\eta, \zeta)\exp\{\eta u + \langle\zeta, v\rangle\}.$$

Für das einseitige Testproblem mit $\eta_0 \in I$,

$$\Theta_0 := \{\eta \leq \eta_0\}, \qquad \Theta_1 := \{\eta > \eta_0\} \neq \emptyset$$

gilt dann: $J = \{\eta_0\} = \{(\eta_0, \zeta);\ \zeta \in \mathbb{R}^{k-1}\}$ und $\tau(u, v) := v$ ist vollständig und suffizient für $\mathcal{P}_J$.

Satz 6.4.10 (optimale unverfälschte einseitige Tests in Exponentialfamilien) *Für das Testproblem* (Θ_0, Θ_1) *existiert ein Test der Form* $\varphi^* = \Psi^*(U, V)$ *mit*

$$\Psi^*(u, v) = 1_{(c(v),\infty)}(u) + \overline{\gamma}(v)1_{\{c(v)\}}(u)$$

und es existieren $c(v)$, $\overline{\gamma}(v)$ *so, dass*

$$\int \Psi^* dP_{\bullet}^{\pi|V=v} = \alpha, \quad \forall v \in V(\mathfrak{X}).$$

Der Test φ^* *ist gleichmäßig bester auf* $J = \{\eta = \eta_0\}$ α-*ähnlicher Test und* φ^* *ist gleichmäßig bester unverfälschter Test zum Niveau* α *für die einseitigen Testprobleme* (Θ_0, Θ_1).

Wir geben zwei Beispiele für die Anwendung von Satz 6.4.10.

Beispiel 6.4.11 (Exakter Test von Fisher für das Zweistichprobenproblem)   Zum Vergleich zweier Stichproben sei $\mathfrak{X} = \{0,1\}^n$, $n = n_1 + n_2$, $z = (x_1, \ldots, x_{n_1}, y_1, \ldots, y_{n_2}) \in \{0,1\}^n$ ein Bernoulliexperiment mit

$$P_\vartheta := \mathcal{B}(1, \vartheta_1)^{(n_1)} \otimes \mathcal{B}(1, \vartheta_2)^{(n_2)}, \quad \vartheta = (\vartheta_1, \vartheta_2) \in \Theta := (0,1)^2.$$

Wir betrachten das Testproblem: $\Theta_0 = \{\vartheta_1 \leq \vartheta_2\}$, $\Theta_1 := \{\vartheta_1 > \vartheta_2\}$. Dann gilt:

$$P_\vartheta(\{z\}) = \vartheta_1^{\sum x_i}(1 - \vartheta_1)^{n_1 - \sum x_i} \vartheta_2^{\sum y_i}(1 - \vartheta_2)^{n_2 - \sum y_i}$$

$$= (1 - \vartheta_1)^{n_1}(1 - \vartheta_2)^{n_2} \exp\left\{\sum x_i \log \frac{\vartheta_1}{1 - \vartheta_1} + \sum y_i \log \frac{\vartheta_2}{1 - \vartheta_2}\right\}.$$

$\mathcal{P}$ ist eine zweiparametrische Exponentialfamilie mit

$$Q(\vartheta) = (Q_1(\vartheta), Q_2(\vartheta)) = \left(\log \frac{\vartheta_1}{1 - \vartheta_1}, \log \frac{\vartheta_2}{1 - \vartheta_2}\right) \text{ und } T(z) = \left(\sum x_j, \sum y_j\right).$$

Das Testproblem (Θ_0, Θ_1) hat noch nicht die Form eines einseitigen Testproblems aus Satz 6.4.10. Sei daher

$$\eta(\vartheta) := Q_1(\vartheta) - Q_2(\vartheta) = \log \frac{\vartheta_1}{1 - \vartheta_1} \frac{1 - \vartheta_2}{\vartheta_2}, \quad \zeta(\vartheta) := Q_2(\vartheta).$$

In der neuen Parametrisierung (η, ζ) gilt dann: $\Theta_0 = \{\eta \leq 0\}$, $\Theta_1 = \{\eta > 0\}$ und mit $(U(z), V(z)) := (\sum x_j, \sum x_j + \sum y_j)$ gilt

$$P_\vartheta(z) = \widetilde{c}(\vartheta) \exp\{\eta(\vartheta)U(z) + \zeta(\vartheta)V(z)\}.$$

Es gilt: $J = \overline{\Theta}_0 \cap \overline{\Theta}_1 = \{\eta = 0\}$ und V ist vollständig und suffizient für $\mathcal{P}_J$. Die bedingte Verteilung unter $V = v$ ist die hypergeometrische Verteilung

$$P_\bullet^{U|V=v}(\{u\}) = h_{n,n_1,v}(u),$$

denn wir haben in der Gesamtstichprobe $n = n_1 + n_2$, n_1 Experimente vom Typ I (n_1 rote Kugeln) und $v = \sum x_j + \sum y_j$ erfolgreiche Experimente. Wir interessieren uns für die Anzahl u der Erfolge vom Typ I unter allen v Erfolgen – das wird aber gerade durch die hypergeometrische Verteilung beschrieben.

Nach Satz 6.4.10 ist der Test

$$\Psi^*(x,y) := 1_{(c(v),\infty)}\left(\sum x_j\right) + \overline{\gamma}(v)1_{\{c(v)\}}\left(\sum x_j\right)$$

mit $v = \sum x_j + \sum y_j$ und $c(v)$ als α-Fraktil von $h_{n,n_1,v}$, gleichmäßig, bester unverfälschter Test zum Niveau α für (Θ_0, Θ_1). Ψ^* heißt **exakter Test von Fisher** für das Zweistichprobenproblem.

Zur Durchführung des Tests stelle man die zugehörige 2×2 Feldertafel auf, die ein derartiges Zweistichprobenexperiment beschreibt bei gegebenen Parametern n_1, n_2, v, n in der Form:

	$+$	$-$	
I	$\sum x_j$	$n_1 - \sum x_j$	n_1
II	$\sum y_j$	$n_2 - \sum y_j$	n_2
	v	$n - v$	

2×2 Feldertafel

Das Versuchsergebnis (bzw. die zugehörige 2×2 Feldertafel) ist mit dem kritischen Wert $c(v)$ zu vergleichen.

Beispiel: Sei $n_1 = 8$, $n_2 = 11$ und $u = 7$, $v = 11$, d.h. in der ersten Versuchsreihe 7 Erfolge bei 8 Versuchen, in der zweiten Versuchsreihe 4 Erfolge bei 11 Versuchen.

$$
\begin{array}{cc|c}
7 & 1 & 8 \\
4 & 7 & 11 \\
\hline
11 & 8 &
\end{array}
$$

Dann ist für $\alpha = 0,05$ das α-Fraktil $h_{19,8,11,\alpha} = 6 = c(v)$ und $\overline{\gamma}(v) = 0,076$. Dazu betrachte 2×2 Feldertafeln mit gleichen Randhäufigkeiten

u	8	7	6	$\ldots$	0
	$\begin{pmatrix} 8 & 0 \\ 3 & 8 \end{pmatrix}$	$\begin{pmatrix} 7 & 1 \\ 4 & 7 \end{pmatrix}$	$\begin{pmatrix} 6 & 2 \\ 5 & 6 \end{pmatrix}$	$\ldots$	$\begin{pmatrix} 0 & 8 \\ 11 & 0 \end{pmatrix}$
$h_{19,8,11}(u)$:	0,0022	0,0349	0,1712		$13 \cdot 10^{-6}$

$0,037$

$0,2083$

Also ist $c(v) = 6$ und $\overline{\gamma}(11) = 0,076$. Folglich gilt $\Psi^*(x,y) = 1$, da $u = \sum x_j = 7 > c(v) = 6$, d.h. Methode I ist signifikant besser als Methode II beim Fehlerniveau $\alpha = 0,05$. Bei nur 6 Erfolgen von 8 Versuchen wäre keine eindeutige Entscheidung möglich.

Der Fishertest lehnt also die Hypothese ab. Methode I ist signifikant besser als Methode II.

Der Fishertest Ψ^* lässt sich auf einen approximativ nichtbedingten Test transformieren. Bei gegebenem $v = V(x)$ ist eine äquivalente Prüfgröße $\overset{\approx}{U}(x,y) =$

$\overline{x}_{n_1} - \overline{y}_{n_1}$, d.h.

$$\Psi^*(x,y) = \begin{cases} 1, & > \\ \gamma(v), & \widetilde{U}(x,y) \overset{=}{} \widetilde{c}(v). \\ 0, & < \end{cases}$$

Für große Stichprobenumfänge n_1, n_2, $\frac{n_1}{n_2} \to \lambda \in (0,1)$ ist $\widetilde{U}$ approximativ normalverteilt, so dass das α-Fraktil $\widetilde{c}(v)$ approximativ durch das (nichtbedingte) α-Fraktil der Normalverteilung ersetzt werden kann.

Das zweite Anwendungsbeispiel ist ein typisches nichtparametrisches Testproblem. Es führt ein in die Klasse der Permutationstests.

Beispiel 6.4.12 (Nichtparametrisches Zweistichprobenproblem: Permutationstest) Wir betrachten folgendes nichtparametrische Zweistichprobenproblem zu zwei reellen Versuchsreihen

$$\mathfrak{X} = \mathbb{R}^n \times \mathbb{R}^m, \quad \mathcal{P}_0 = \{P_{F_1}^{(n)} \otimes P_{F_2}^{(m)}; \; F_i \in \mathcal{F}_c, F_1 = F_2\}$$
$$\mathcal{P}_1 = \{P_{F_1}^{(n)} \otimes P_{F_2}^{(m)}; \; F_i \in \mathcal{F}_c, F_1 \leq F_2, F_1 \neq F_2\};$$

dabei ist $\mathcal{F}_c$ die Klasse der stetigen Verteilungsfunktionen auf $\mathbb{R}$, $\mathcal{P} = \mathcal{P}_0 + \mathcal{P}_1$. Unter der Alternative stammt in der Beobachtung $z = (x,y)$ die zweite Komponente y aus einer stochastisch kleineren Gesamtheit als die erste Komponente x.

$V(z) = z_{()}$, der Ordnungsvektor, ist vollständig und suffizient für $\mathcal{P}_0 = \mathcal{P}_J$. Als Parametrisierung von $\mathcal{P}$ können wir $\Theta = \{(F_1, F_2); \; F_i \in \mathcal{F}_c, F_1 \leq F_2\} = \Theta_0 + \Theta_1$ wählen. Sei $\vartheta = (F_1, F_2) \in \Theta_1$, $P_{F_i} = h_i\mu$, dann gilt:

$$\frac{dP_\vartheta}{d\mu^{(n+m)}}(x,y) = \prod_{i=1}^n h_1(x_i) \prod_{j=1}^m h_2(y_j) =: h_\vartheta(x,y),$$

$P_\vartheta^{\pi|V=v}$ ist auf die Menge $\{V = v\}$ konzentriert und $P_\vartheta^{\pi|V=v}(\{z\}) = \frac{1}{h_\vartheta^V(v)} h_\vartheta(z)$ für $z \in \{V = v\}$ mit $h_\vartheta^V(v) = \sum_{\pi \in \gamma_{n+m}} h_\vartheta(\pi^{-1}(v))$. Wir erhalten

$$P_\vartheta^{\pi|V=v}(B) = \frac{\sum_{\pi \in \gamma_{n+m}} 1_B(\pi^{-1}v) h_\vartheta(\pi^{-1}v)}{h_\vartheta^V(v)}.$$

Für $\vartheta = (F, F) \in \Theta_0$ ist $P_\bullet^{\pi|V=v}(\{z\}) = \frac{1}{(n+m)!}$, für $V(z) = v$, die Gleichverteilung auf $\{V = v\}$. Sei $\vartheta_1 = (F_1, F_2) \in \Theta_1$, dann ist

$$\varphi_v^*(z) = \begin{cases} 1, & > \\ \gamma^*(v), & h_{\vartheta_1}(z) \overset{=}{} c^*(v), \quad z \in \{V = v\}. \\ 0, & < \end{cases}$$

mit $c^*(v)$, $\gamma^*(v)$, so dass

$$\frac{1}{(n+m)!} \# \{z \in \{V=v\}; \ h_{\vartheta_1}(z) > c^*(v)\}$$

$$+ \gamma^*(v) \frac{1}{(n+m)!} \# \{z \in \{V=v\}; \ h_{\vartheta_1}(z) = c^*(v)\} = \alpha$$

bester Test zum Niveau α für $(\{P_\bullet^{\pi|V=v}\}, \{P_{\vartheta_1}^{\pi|V=v}\})$.

Der induzierte Test $\varphi^*(z) = \varphi^*_{V(z)}(z)$ ist unverfälscht auf Θ_0 und daher bester Test zum Niveau α für $\Theta_0, \{\vartheta_1\}$. Der Test φ^* heißt **Permutationstest**, da er auf dem Vergleich der Dichten auf den Permutationen der Stichprobe z basiert. Die Durchführung solcher Test ist rechenintensiv.

Es gibt für bestimmte Teilklassen der Alternative gleichmäßig beste unverfälschte Tests. Diese Teilklassen müssen auf den Permutationen $\{V = v\}$ dieselbe Ordnung erzeugen wie P_{ϑ_1}. Wir betrachten als Beispiel eine einparametrische Klasse von normalverteilten Translationsalternativen $P_\Delta = N(a+\Delta, \sigma^2)^{(n)} \otimes N(a, \sigma^2)^{(m)}$, $\widetilde{\Theta}_1 = \{P_\Delta; \ \Delta > 0\} \subset \Theta_1$. Dann gilt

$$h_\Delta(x, y) = c e^{-\frac{1}{2\sigma^2}(\sum x_j^2 + \sum y_i^2) + \frac{a}{\sigma^2}(\sum x_j + \sum y_j) + \frac{\Delta}{\sigma^2} \sum x_j}, \quad c = c(\Delta, \sigma^2).$$

Dann ist der Permutationstest φ^* gegeben durch

$$\varphi^*_v(z) = \begin{cases} 1, & > \\ \gamma^*(v), & \overline{x} = c(v) \\ 0, & < \end{cases} = \begin{cases} 1, & > \\ \gamma^*(v), & \overline{x} - \overline{y} = c^*(v), \\ 0, & < \end{cases}$$

mit $\gamma^*(v)$, $c(v)$ so, dass

$$\frac{1}{(n+m)!} \# \{z; \ V(z) = v; \ S(x) > c^*(v)\}$$

$$+ \gamma^*(v) \frac{1}{(n+m)!} \# \{z; \ V(z) = v; \ S(x) = c^*(v)\} = \alpha$$

und mit $S(x) = \overline{x} - \overline{y}$. $\varphi^* = \varphi^*_V$ ist gleichmäßig bester unverfälschter Test zum Niveau α für $(\Theta_0, \widetilde{\Theta}_1)$. φ^* heißt **Pitman-Zweistichprobentest**. Das α-Fraktil kann wieder approximativ aus der Limes-Normalverteilung unbedingt bestimmt werden.

6.5 Unverfälschte Tests in Linearen Modellen

Im abschließenden Kapitel 6.5 der Testtheorie behandeln wir die Konstruktion von gleichmäßig besten unverfälschten Tests in Gaußschen Shift-Modellen, d.h. die Hypothesen sind Shifts einer multivariaten Normalverteilung. Solche Hypothesen treten insbesondere häufig als asymptotische Form von Testproblemen für Funktionale auf, aber sie sind auch typisch für Testprobleme in linearen Modellen (vgl. Kapitel 8.4). Der Nachweis der Optimalität eines naheliegenden Testverfahrens basiert auf einer einfachen Testschranke für einfache Hypothesen.

Sei $(\mathfrak{X}, \mathcal{A}) = (\mathbb{R}^n, \mathcal{B}^n)$, $\mathcal{P} = \{P_\vartheta;\ \vartheta \in \Theta\}$ mit $P_\vartheta = \varepsilon_\vartheta * N$ der Shift von $N = N(0, \Sigma)$ einer multivariaten Normalverteilung mit regulärer Kovarianzmatrix Σ. $\Theta \subset \mathbb{R}^n$ sei ein linearer Teilraum von Shifts. Bezüglich dem Skalarprodukt $\langle x, y \rangle = x^\top \Sigma^{-1} y = \langle x, y \rangle_\Sigma$ der zugehörigen Norm $\|x\| = \|x\|_\Sigma = \langle x, x \rangle_\Sigma^{1/2}$ auf $\mathbb{R}^n$ und dem normierten Lebesguemaß $\lambda = \frac{1}{\det \Sigma} \lambda^n$ hat dann N die Dichte

$$\frac{dN}{d\lambda}(x) = \frac{1}{(2\pi)^{n/2}} \exp\left(-\frac{\|x\|^2}{2}\right), \quad x \in \mathbb{R}^n.$$

Das obige Lineare Modell $\mathcal{P}$ heißt **Gaußsches Shift-Modell (Lineares Modell)**. Wir betrachten für eine lineare Funktion $g : \Theta \to \mathbb{R}^1$ die einseitigen Hypothesen

$$\Theta_0 = \{\vartheta \in \Theta;\ g(\vartheta) \leq 0\}, \quad \Theta_1 = \{\vartheta \in \Theta;\ g(\vartheta) > 0\}.$$

Zu beachten ist, dass die Alternative trotz der formalen Ähnlichkeit zur Hypothese nur eindimensional ist. Das folgende Lemma gibt Schranken für Tests zwischen zwei einfachen Hypothesen $a, b \in \Theta$ an. Es wurde schon im Beweis zu Proposition 5.3.8 zur Herleitung von Schranken für Median-unverfälschte Schätzer verwendet.

Proposition 6.5.1 (Testschranken für einfache Hypothesen)
Für $\alpha \in [0, 1]$ und $a, b \in \Theta$ sei $\varphi \in \Phi$ eine Testfunktion. Dann gilt:

a) Ist $E_a \varphi \leq \alpha$, dann ist $E_b \varphi \leq \bar{\Phi}(u_\alpha - \|b - a\|)$, $\bar{\Phi} = 1 - \Phi$.

b) Ist $E_a \varphi \geq \alpha$, dann ist $E_b \varphi \geq \bar{\Phi}(u_\alpha + \|b - a\|)$

mit dem α-Fraktil u_α von $N(0, 1)$, $u_\alpha = \Phi^{-1}(1 - \alpha)$.

Beweis: $P_\vartheta = f_\vartheta \lambda$ hat die Dichte

$$f_\vartheta = f_0(x - \vartheta) = \frac{1}{(2\pi)^{n/2}} \exp\left(-\frac{1}{2}\|x - \vartheta\|^2\right)$$

$$= \frac{1}{(2\pi)^{n/2}} \exp\left(-\frac{1}{2}\|x\|^2 + \langle x, \vartheta \rangle - \frac{1}{2}\|\vartheta\|^2\right).$$

Daraus ergibt sich

$$\frac{dP_b}{dP_a}(x) = \exp\left(\langle b - a, x \rangle - \frac{1}{2}(\|b\|^2 - \|a\|^2)\right)$$

a) Sei φ^* der Neyman-Pearson-Test für (P_a, P_b) mit $E_a\varphi^* = \alpha$.
Ist $E_a\varphi \leq \alpha$, dann folgt: $E_b\varphi \leq E_b\varphi^*$.

φ^* hat die Form

$$\varphi^*(x) = \begin{cases} 1, & \quad > \\ & \langle b - a, x\rangle \quad\quad \langle b - a, a\rangle + \|b - a\|u_\alpha, \\ 0, & \quad \leq \end{cases}$$

denn wenn $X \sim N$, dann ist $\langle a, X\rangle \sim N(0, \|a\|^2)$. Also gilt

$$E_a\varphi^* = P_a\Big(\frac{\langle b - a, x - y\rangle}{\|b - a\|} > u_\alpha\Big) = \alpha.$$

Damit folgt

$$\begin{aligned}
E_b\varphi \leq E_b\varphi^* &= P_b(\langle b - a, x\rangle > \langle b - a, a\rangle + u_\alpha\|b - a\|)\\
&= P_b(\langle b - a, x - b\rangle > -\|b - a\|^2 + \|b - a\|u_\alpha)\\
&= P_0\Big(\frac{\langle b - a, x\rangle}{\|b - a\|} > u_\alpha - \|b - a\|\Big)\\
&= \bar\Phi(u_\alpha - \|b - a\|), \quad \bar\Phi = 1 - \Phi.
\end{aligned}$$

b) Ist $E_a\varphi \geq \alpha \Rightarrow E_a(1 - \varphi) \leq 1 - \alpha$.
Nach a) folgt daher $\quad E_b(1 - \varphi) \leq \bar\Phi(u_{1-\alpha} - \|b - a\|)$.

Daraus folgt

$$\begin{aligned}
E_b\varphi &\geq \Phi(u_{1-\alpha} - \|b - a\|)\\
&= \bar\Phi(u_\alpha + \|b - a\|). \hspace{3cm} \square
\end{aligned}$$

Sei nun $\pi_\Theta : \mathbb{R}^n \to \Theta$ die Projektion von $\mathbb{R}^n$ nach Θ bzgl. dem Skalarprodukt $\langle\,,\,\rangle = \langle\,,\,\rangle_\Sigma$. Dann erweist sich der folgende intuitiv naheliegende Test als gleichmäßig bester unverfälschter Test.

Satz 6.5.2 (Gleichmäßig bester unverfälschter Test im Gaußschen Shift-Modell) *Für die einseitigen Hypothesen* $\Theta_0 = \{\vartheta \in \Theta;\ g(\vartheta) \leq 0\}$, $\Theta_1 = \{\vartheta \in \Theta;\ g(\vartheta) > 0\}$ *im Gaußschen Shiftmodell ist der Test* φ^*,

$$\varphi^*(x) = \begin{cases} 1, & \quad > \\ & g \circ \pi_\Theta(x) \quad\quad \|g\|\,u_\alpha, \quad x \in \mathbb{R}^n, \\ 0, & \quad \leq \end{cases}$$

ein gleichmäßig bester unverfälschter Test zum Niveau α.

Beweis: Sei $e \in \theta$, $\|e\| = 1$, $e \perp \mathrm{Kern}(g)$ und $g(e) > 0$. Dann gilt

$$\|g\| = g(e) \quad \text{und} \quad g \circ \pi_\Theta(x) = \langle x, e\rangle\|g\|,$$

denn $\Theta = \mathrm{Kern}(g) \oplus \langle e\rangle$.

Es gelten die folgenden Schranken für $\varphi \in U_\alpha(\Theta_0)$:

1) $E_a\varphi \geq \bar{\Phi}(u_\alpha + |\langle a, e \rangle|)$ für $a \in \Theta_0$

2) $E_a\varphi \leq \bar{\Phi}(u_\alpha - |\langle a, e \rangle|)$ für $a \in \Theta_1$

Zum Beweis zerlegen wir

$$a = \langle a, e \rangle e + b, \quad b \in \mathrm{Kern}(g),$$

also gilt $\quad \frac{g(a)}{g(e)} = \langle a, e \rangle$.

Da $g(b) = 0$, ist b im Rand der Hypothesen $b \in J := \partial\Theta_0 \cap \partial\Theta_1$. Daher gilt wegen der Unverfälschtheit von φ

$$E_b\varphi = \alpha.$$

Damit folgt nach den Ungleichungen in Proposition 6.5.1

$$\bar{\Phi}(u_\alpha + |\langle a, e \rangle|) \leq E_a\varphi \leq \bar{\Phi}(u_\alpha - |\langle a, e \rangle|).$$

Für $a \in \Theta_0$ ist $\frac{g(a)}{\|g\|} = \langle a, e \rangle \leq 0$, also ist $-|\langle a, e \rangle| = \frac{g(a)}{\|g\|}$ und wir erhalten

$$\begin{aligned}
E_a\varphi^* &= P_a(\{x \in \mathbb{R}^n; \ g \circ \pi_\Theta(x) > u_\alpha \|g\|\}) \\
&= P_a(\{x \in \mathbb{R}^n; \ \langle x, e \rangle \|g\| > u_\alpha \|g\|\}) \\
&= \bar{\Phi}(u_\alpha - \langle a, e \rangle).
\end{aligned}$$

Also gilt $E_a\varphi^* \leq \alpha$, d.h. $\varphi^* \in \Phi_\alpha(\Theta_0)$.

Für $a \in \Theta_1$ gilt:

$$0 \leq \frac{g(a)}{\|g\|} = \langle a, e \rangle = |\langle a, e \rangle|.$$

Daher folgt aus 2) und obiger Rechnung

$$E_a\varphi^* = \bar{\Phi}(u_\alpha - |\langle a, e \rangle|) \geq E_a\varphi.$$

Es gilt also die Behauptung. $\qquad\qquad\qquad\qquad\qquad\qquad\qquad\qquad\qquad\qquad$ □

Kapitel 7

Konfidenzbereiche

Ziel der Konstruktion von Konfidenzbereichen ist es, basierend auf einer Beobachtung $x \in \mathfrak{X}$ einen Bereich $C(x)$ anzugeben, der bei vorliegendem Parameter ϑ einen interessierenden Parameterfunktionswert $g(\vartheta)$ mit großer Wahrscheinlichkeit $\geq 1 - \alpha$ enthält, d.h.

$$P_\vartheta(\{x : g(\vartheta) \in C(x)\}) \geq 1 - \alpha.$$

$C(x)$ kann also als 'Schätzbereich' für $g(\vartheta)$ angesehen werden.

Ein verwandtes Problem ist die **Prognose** oder Bestimmung von **Prognosebereichen** für zufällige Größen Y. Ist X eine beobachtete Zufallsvariable, dann soll unabhängig vom Parameter $\vartheta \in \Theta$, $C(X)$ die Variable Y gut vorhersagen in dem Sinne, dass unabhängig von $\vartheta \in \Theta$

$$P_\vartheta(\{Y \in C(X)\}) \geq 1 - \alpha.$$

Sei z.B. $Y = f(X^\top \vartheta) + \sigma \mathcal{N}$ ein Regressionsmodell mit der beobachteten Kovariablen (Prediktor) $X \in \mathbb{R}^k$, dem unbekannten Parameter $\vartheta \in \mathbb{R}^k$, $\sigma > 0$, einer unabhängigen normalverteilten Fehlervariablen $\mathcal{N}$, und einer (bekannten) reellen Regressionsfunktion f. Dann ist der bedingte Erwartungswert

$$E(Y \mid X = x) = f(x^\top \vartheta)$$

die beste L^2-Vorhersage von Y bei Beobachtung von $X = x$. Gelingt es auf Grund von n unabhängigen Beobachtungsdaten (Lernpaaren) $(X_1, Y_1), \ldots, (X_n, Y_n)$ mit $(X_i, Y_i) \sim (X, Y)$ einen Schätzer $\widehat{\vartheta}$ für θ zu konstruieren, z.B. den kleinsten Quadrateschätzer, dann ist es naheliegend $\widehat{Y} = f(X, \widehat{\vartheta})$ als Prognosevariable für Y zunehmen und Prognosebereiche $C(X) = \overline{C}(\widehat{Y}, X)$ basierend auf $\widehat{Y}$ und X zu konstruieren.

Im Folgenden beschränken wir uns auf die Konstruktion von Konfidenzbereichen für (deterministische) Parameterfunktionen. Die Konstruktion von Prognosebereichen ist ähnlich, verlangt aber wie oben beschrieben einen zusätzlichen Schritt zur Schätzung von ϑ. Eine detaillierte Darstellung von Prognoseverfahren in (para-metrischen und nichtparametrischen) nichtlinearen Regressionsmodellen findet sich in Devroye, Györfi und Lugosi (1996). Probleme der Erkennung und Klassifikati-on von Mustern (Pattern recognition and classification) werden dort als zentrale Anwendungen behandelt.

7.1   (Approximative) Konfidenzbereiche und Pivotstatistiken

Ein Konfidenzbereich für eine zu schätzende Funktion $g : \Theta \to \Gamma$ (typischerweise $\Gamma \subset \mathbb{R}^k$) ist eine Abbildung $C : \mathfrak{X} \to \mathcal{P}(\Gamma)$. Es gibt verschiedene sich teilweise widersprechende Zielvorstellungen:

1. Der Konfidenzbereich soll mit hoher Wahrscheinlichkeit den Parameter $\gamma = g(\vartheta)$ enthalten.

2. Der Konfidenzbereich sollte möglichst klein sein und möglichst wenig 'falsche' Werte überdecken.

Was falsche Werte sind, hängt von der Fragestellung ab. Ist z.B. die Frage: 'wie viel % der Stimmen bekommt Partei A bei der nächsten Wahl?', so ist eine Angabe etwa der Form: 'mit Wahrscheinlichkeit $\geq 0{,}95$ erhält Partei A zwischen 26 und 28 % der Stimmen' erwünscht. Ist aber die Frage 'wie viele % der Stimmen erhält Partei A mindestens', so hat eine sinnvolle Antwort etwa die Form 'mit Wahrscheinlichkeit $\geq 0{,}95$ erhält Partei A mindestens 27 % der Stimmen'. Im ersten Fall sind alle Werte $\gamma \neq g(\vartheta)$ oder $\gamma \notin [g(\vartheta) - \varepsilon, g(\vartheta) + \varepsilon]$ 'falsche Werte', im zweiten Fall sind nur $\gamma \leq g(\vartheta)$ oder $\gamma \leq g(\vartheta) - \varepsilon$ 'falsche Werte'. Ziel der Analyse von Parameterfunktionen mit Hilfe von Konfidenzbereichen ist es, Aussagen der Art zu treffen, dass $g(\vartheta)$ mit großer Wahrscheinlichkeit $\geq 1 - \alpha$ in dem angegebenen Konfidenzbereich liegt.

Wir behandeln in diesem Abschnitt die Konstruktion von Konfidenzberei-chen basierend auf Pivotstatistiken. Deren Anwendungsbereich wird stark erweitert durch die Verwendung von asymptotischen Methoden (approximative Pivots). Wir behandeln auch Konfidenzbereiche zum Niveau $1 - \alpha$ mit minimalem Volumen und die Konstruktion optimaler äquivarianter Konfidenzbereiche fester Länge.

Unsere erste (vorläufige) Definition des Konfidenzbereichs berücksichtigt noch nicht die Unterscheidung nach 'falschen' Werten.

Definition 7.1.1 (Konfidenzbereich)
Sei $g : \Theta \to \Gamma$ eine zu schätzende Funktion.

a) *Eine Abbildung $C : \mathfrak{X} \to \mathcal{P}(\Gamma)$ heißt **Bereichsschätzfunktion** (BSF) oder* **Konfidenzbereich** *für g, wenn $A(\gamma') := \{x \in \mathfrak{X};\ \gamma' \in C(x)\} \in \mathcal{A},\ \forall \gamma' \in \Gamma$.*

Sei $\mathcal{E}$ die Menge aller BSF für g.

b) *Sei* $\alpha \in [0,1]$ *und sei* C *eine BSF. Dann heißt* C *BSF für* g *zum Konfidenzniveau* $1 - \alpha$, *wenn* $\forall \vartheta \in \Theta$ *gilt:*

$$P_\vartheta(\{x \in \mathfrak{X}; \; g(\vartheta) \in C(x)\}) \geq 1 - \alpha.$$

Sei $\mathcal{E}_{1-\alpha}$ *die Menge aller BSF für* g *zum Konfidenzniveau* $1 - \alpha$.

Beispiel 7.1.2 (Normalverteilungsmodell)
Sei $\mathcal{P} = \{P_\vartheta; \; \vartheta \in \Theta = \mathbb{R}\}$ *mit* $P_\vartheta = N(\vartheta, \sigma_0^2)^{(n)}$ *und* $g(\vartheta) = \vartheta$.

a) *Sei* $C_1(x) = [\overline{x}_n - \frac{\sigma_0}{\sqrt{n}} u_\alpha, \infty)$, $x \in \mathbb{R}^n$ *ein* **einseitiges Konfidenzintervall** *mit* $u_\alpha = \Phi^{-1}(1 - \alpha)$ *das* α-*Fraktil der Standard-Normalverteilung. Dann gilt für alle* $\vartheta \in \mathbb{R}^1$

$$P_\vartheta(\{x \in \mathbb{R}^n; \; \vartheta \in C_1(x)\}) = P_\vartheta\left(\left\{\vartheta \geq \overline{x}_n - \frac{\sigma_0}{\sqrt{n}} u_\alpha\right\}\right)$$

$$= P_\vartheta\left(\left\{\sqrt{n} \, \frac{\overline{x}_n - \vartheta}{\sigma_0} \leq u_\alpha\right\}\right) = 1 - \alpha.$$

Also ist $C_1 \in \mathcal{E}_{1-\alpha}$. *Bzgl. des Parameters* ϑ *sind nur die Werte* $\vartheta' < \vartheta$ *falsche Werte, die nicht überdeckt werden sollen.*

b) **Zweiseitiges Konfidenzintervall** *Sei* $C_2(x) = [\overline{x}_n - \frac{\sigma_0}{\sqrt{n}} u_{\alpha/2}, \overline{x}_n + \frac{\sigma_0}{\sqrt{n}} u_{\alpha/2}]$, $x \in \mathbb{R}$, *ein zweiseitiges Konfidenzintervall. Dann gilt für alle* $\vartheta \in \mathbb{R}^1$

$$P_\vartheta(\{x \in \mathbb{R}^n; \; \vartheta \in C_2(x)\}) = P_\vartheta\left(\left\{- u_{\alpha/2} \leq \sqrt{n} \, \frac{\overline{x}_n - \vartheta}{\sigma_0} \leq u_{\alpha/2}\right\}\right)$$

$$= \Phi(u_{\alpha/2}) - \Phi(-u_{\alpha/2}) = 1 - \frac{\alpha}{2} - \frac{\alpha}{2} = 1 - \alpha.$$

Also ist $C_2 \in \mathcal{E}_{1-\alpha}$. C_2 *überdeckt 'falsche' Werte außerhalb einer symmetrischen Umgebung von* ϑ *nur mit Wahrscheinlichkeit* $\leq \alpha$.

Das Konstruktionsverfahren in obigem Beispiel lässt sich mit dem Begriff der Pivotstatistik verallgemeinern.

Definition 7.1.3 (Pivotstatistik)
Sei $g : \Theta \to \Gamma$. *Eine messbare Abbildung* $T : \mathfrak{X} \times \Gamma \to \Gamma$ *heißt* **Pivotstatistik** *(für* g), *wenn:*

1) $Q = P_\vartheta^{T(\cdot, g(\vartheta))}$ *hängt nicht von* $\vartheta \in \Theta$ *ab.*

2) *Für* $B \in \mathcal{A}_\Gamma$ *und* $\vartheta \in \Theta$ *ist*

$$\{x \in \mathfrak{X}; \; T(x, g(\vartheta)) \in B\} \in \mathcal{A}.$$

$C_B(x) := \{\gamma \in \Gamma; \; T(x, \gamma) \in B\}$ *heißt die durch* B *und* T *induzierte BSF. Es gilt für* $\vartheta \in \Theta$:

$$\{g(\vartheta) \in C_B(\cdot)\} = \{T(\cdot, g(\vartheta)) \in B\} \in \mathcal{A}.$$

Die Pivotstatistik verallgemeinert den Begriff der verteilungsfreien Statistik. Diese Verallgemeinerung erlaubt die Konstruktion von Konfidenzbereichen C_B. Die Wahl von B bestimmt die geometrische Form und das Konfidenzniveau von C_B.

Beispiel 7.1.4 (Erweitertes Normalverteilungsmodell)
Sei $\Theta = \mathbb{R} \times \mathbb{R}_+$ und $P_\vartheta = N(\mu, \sigma^2)^{(n)}$ für $\vartheta = (\mu, \sigma^2)$.

a) $g(\vartheta) = \mu$

Im Normalverteilungsmodell mit bekannter Varianz $\sigma^2 = \sigma_0^2$ in Beispiel 7.1.2 ist eine Pivotstatistik gegeben durch $T(x, \mu) = \sqrt{n}\frac{\overline{x}_n - \mu}{\sigma_0}$. In unserem erweiterten Modell ist

$$T(x, \mu) = \sqrt{n}\,\frac{\overline{x}_n - \mu}{s_n} \quad \text{mit} \quad s_n = \sqrt{\frac{1}{n-1}\sum_{i=1}^{n}(x_i - \overline{x}_n)^2}$$

eine Pivotstatistik mit $P_\vartheta^{T(\cdot, \mu)} = t_{n-1}$, die t-Verteilung mit $n-1$ Freiheitsgraden.

1) **Einseitiges Konfidenzintervall für μ**

Sei $C_1(x) = [\overline{x}_n - \frac{s_n}{\sqrt{n}}t_{n-1,\alpha}, \infty)$, $t_{n-1,\alpha}$ das α-Fraktil der t_{n-1}-Verteilung. Dann ist für $\vartheta \in \Theta$

$$P_\vartheta(\{\mu \in C_1\}) = P_\vartheta(\{T(\cdot, \mu) \le t_{n-1,\alpha},\}) = 1 - \alpha.$$

C_1 ist also ein einseitiges Konfidenzintervall für μ zum Niveau $1 - \alpha$.

2) **Zweiseitiges Konfidenzintervall für μ**

Sei $C_2(x) = [\overline{x}_n - \frac{s_n}{\sqrt{n}}t_{n-1,\frac{\alpha}{2}}, \overline{x}_n + \frac{s_n}{\sqrt{n}}t_{n-1,1-\frac{\alpha}{2}}]$, dann gilt:

$$P_\vartheta(\{\mu \in C_2\}) = P_\vartheta(\{T(\cdot, \mu) \in [t_{n-1,1-\frac{\alpha}{2}}, t_{n-1,\frac{\alpha}{2}}]\}) = 1 - \alpha$$

C_2 ist also ein zweiseitiges Konfidenzintervall für μ zum Niveau $1 - \alpha$.

b) $g(\vartheta) = \sigma^2$, **Konfidenzintervall für σ^2**

Eine Pivotstatistik für $g(\vartheta) = \sigma^2$ ist $T(x, \sigma^2) = \left(\frac{s_n}{\sigma}\right)^2$ und es gilt

$$P_\vartheta^{T(\cdot, \sigma^2)} = \chi_{n-1}^2, \quad \text{die } \chi_{n-1}^2\text{-Verteilung.}$$

Ein einseitiges Konfidenzintervall für σ^2 zum Niveau $1 - \alpha$ ist

$$C_1(x) = \left[0, \frac{1}{\chi_{n-1,1-\alpha}^2}\sum_{i=1}^{n}(x_i - \overline{x}_n)^2\right].$$

Es gilt für alle $\vartheta \in \Theta$

$$P_\vartheta(\{\sigma^2 \in C_1\}) = 1 - \alpha.$$

Ein entsprechendes zweiseitiges Konfidenzintervall für σ^2 ist

$$C_2(x) = \left[\frac{1}{\chi_{n-1,\frac{\alpha}{2}}^2}\sum_{i=1}^{n}(x_i - \overline{x}_n)^2, \frac{1}{\chi_{n-1,1-\frac{\alpha}{2}}^2}\sum_{i=1}^{n}(x_i - \overline{x}_n)^2\right]$$

und es gilt

$$P_\vartheta(\{\sigma^2 \in C_2\}) = 1 - \alpha.$$

Beispiel 7.1.5 (Lokations- und Skalenfamilien)

Sei $\mathcal{P} = \{P_\vartheta; \ \vartheta \in \Theta\}$ ein Lokationsmodell, $\Theta = \mathbb{R}^1$, $P_\vartheta = \varepsilon_{\vartheta \cdot 1} * P$ mit $P \in M^1(\mathbb{R}^n, \mathcal{B}^n)$. Zu schätzen ist der Lokationsparameter $g(\vartheta) = \vartheta$.

$T : \mathbb{R}^n \to \mathbb{R}$ heißt äquivariante Statistik, wenn $T(x + \vartheta \cdot 1) = T(x) + \vartheta$, $\forall \vartheta \in \mathbb{R}^1$ (vgl. Kap. 8). Jede äquivariante Statistik T erzeugt eine Pivotstatistik

$$T(x, \vartheta) := T(x) - \vartheta.$$

Es gilt: $P_\vartheta^{T(\cdot, \vartheta)} = P_0^{T(\cdot, 0)} =: Q$. Sei $u_\alpha = a_\alpha(Q)$ das α-Fraktil von Q.

Wie in Beispiel 7.1.2 sind daher

$$C_1(x) = [T - u_\alpha, \infty) \quad \text{bzw.} \quad C_2(x) = [T - u_{\frac{\alpha}{2}}, T - u_{1 - \frac{\alpha}{2}}]$$

einseitige bzw. zweiseitige Konfidenzintervalle für ϑ zum Niveau $1 - \alpha$.

Es gilt

$$\begin{aligned} P_\vartheta(\{\vartheta \in C_1\}) &= P_\vartheta(\{T - u_\alpha \le \vartheta\}) = P_0(\{T \le u_\alpha\}) \\ &= 1 - \alpha \end{aligned}$$

und
$$\begin{aligned} P_\vartheta(\{\vartheta \in C_2\}) &= P_\vartheta(\{\vartheta \in [T - u_{\frac{\alpha}{2}}, T - u_{1-\frac{\alpha}{2}}]\}) = P_0(\{T \in [u_{1-\frac{\alpha}{2}}, u_{\frac{\alpha}{2}}]\}) \\ &= 1 - \frac{\alpha}{2} - \frac{\alpha}{2} = 1 - \alpha. \end{aligned}$$

Wir nehmen an, dass die Verteilung Q stetig in den Randpunkten ist; andernfalls ist eine Stetigkeitskorrektur nötig. Z.B. kann man zu $\tilde{T} := T + V$ mit V unabhängig von T und gleichverteilt auf $[0, \varepsilon]$ übergehen.

Der Anwendungsbereich der Pivotmethode lässt sich stark erweitern durch Anwendung von zentralen Grenzwertsätzen und approximativen Pivots.

Sei $\mathcal{P}_n = \{P_{n,\vartheta}; \ \vartheta \in \Theta\}$ ein asymptotisches Modell auf $(\mathfrak{X}_n, \mathcal{A}_n)$, z.B. $\mathcal{P}_n = \mathcal{P}^{(n)}$, $(\mathfrak{X}_n, \mathcal{A}_n) = (\mathfrak{X}, \mathcal{A})^{(n)}$ und sei $g : \Theta \to \Gamma$ eine Parameterfunktion.

Definition 7.1.6 (Approximativer Konfidenzbereich)

a) *Eine Folge (C_n) von BSF, $C_n \in \mathcal{E}(\mathfrak{X}_n, \mathcal{A}_n)$ heißt* **approximative BSF für g** *zum Konfidenzniveau $1 - \alpha$, wenn für alle $\vartheta \in \Theta$*

$$\varliminf P_{n,\vartheta}(\{g(\vartheta) \in C_n\}) \ge 1 - \alpha.$$

b) *Eine Folge von Statistiken $T_n : \mathfrak{X}_n \times \Gamma \to \Gamma$, $\Gamma \subset \mathbb{R}^k$ heißt* **approximative Pivotstatistik** *für g, wenn für ein $Q \in M^1(\Gamma, \mathcal{A}_\Gamma)$ gilt:*

1) $P_\vartheta^{T_n(\cdot, g(\vartheta))} \xrightarrow{\ \mathcal{D}\ } Q$ *für alle $\vartheta \in \Theta$.*

2) *Für $B \in \mathcal{A}_\Gamma$ und $\vartheta \in \Theta$ ist $\{x \in \mathfrak{X}_n; \ T_n(x, g(\vartheta)) \in B\} \in \mathcal{A}_n$.*

$C_{n,B}(x) := \{\gamma \in \Gamma; \ T_n(x, \gamma) \in B\}$ *heißt die durch B und T_n induzierte BSF.*

Für eine durch B und T_n induzierte BSF gilt also für $\vartheta \in \Theta$:

$$\{g(\vartheta) \in C_{n,B}\} = \{T_n(\cdot, g(\vartheta)) \in B\} \in \mathcal{A}_n.$$

Mit approximativen BSF lässt sich die Konstruktion im erweiterten Normalverteilungsmodell stark verallgemeinern. Sei $\mathcal{P}_0 \subset \{P \in M^1(\mathbb{R}^1, \mathcal{B}^1); \; E(P) = 0, \mathrm{Var}(P) = 1\}$ und definiere für $\Theta = \mathbb{R} \times \mathbb{R}_+$, $\vartheta = (\mu, \sigma^2) \in \Theta$, $P_\vartheta = P^{S_\vartheta}$ mit $S_\vartheta(x) = \mu + \sigma x$.

Dann ist $\mathcal{P} = \{P_\vartheta; \vartheta \in \Theta, P \in \mathcal{P}_0\}$ die von $\mathcal{P}_0$ erzeugte Lokations- und Skalenklasse. Wir betrachten das asymptotische Modell $\mathcal{P}_n = \mathcal{P}^{(n)}$, $(\mathfrak{X}_n, \mathcal{A}_n) = (\mathbb{R}^n, \mathcal{B}^n)$. Ziel ist die Konstruktion von approximativen Konfidenzintervallen für μ und σ^2.

Nach dem zentralen Grenzwertsatz gilt für

$$T_n(x, \mu) = \sqrt{n}\,\frac{\overline{x}_n - \mu}{s_n}, \qquad s_n = \sqrt{\frac{1}{n-1}\sum_{i=1}^{n}(x_i - \overline{x}_n)^2}$$

$$P_{n,\vartheta}^{T_n(\cdot,\mu)} \xrightarrow{\mathcal{D}} Q = N(0,1),$$

d.h. T_n ist ein approximativer Pivot für μ.

Satz 7.1.7 (Approximatives Konfidenzintervall für μ)

Im asymptotischen Lokations- und Skalenmodell $\mathcal{P}_n$ sind

$$C_{1,n} = \left[\overline{x}_n - \frac{s_n}{\sqrt{n}}u_\alpha, \infty\right) \; und \; C_{2,n} = \left[\overline{x}_n - \frac{s_n}{\sqrt{n}}u_{\frac{\alpha}{2}}, \overline{x}_n - \frac{s_n}{\sqrt{n}}u_{1-\frac{\alpha}{2}}\right],$$

mit $u_\alpha = \phi^{-1}(1-\alpha)$ und $u_{1-\frac{\alpha}{2}} = \phi^{-1}(\frac{\alpha}{2})$ die α- bzw. $1-\frac{\alpha}{2}$-Fraktile von $N(0,1)$, approximative einseitige bzw. zweiseitige Konfidenzbereiche für μ zum Niveau $1-\alpha$.

Beweis: Es gilt für alle $\vartheta \in \Theta$

$$P_{n,\vartheta}(\{\mu \in C_{1,n}) = P_{n,\vartheta}(\{T_n(\cdot, \mu) \le u_\alpha\})$$
$$\longrightarrow P(\{\mathcal{N}(0,1) \le u_\alpha\}) = 1 - \alpha.$$

Ebenso gilt

$$P_{n,\vartheta}(\{\mu \in C_{2,n}\}) = P_{n,\vartheta}(\{u_{1-\frac{\alpha}{2}} \le T_n(\cdot, \mu) \le u_{\frac{\alpha}{2}}\})$$
$$\longrightarrow P(\{u_{1-\frac{\alpha}{2}} \le \mathcal{N}(0,1) \le u_{\frac{\alpha}{2}}\}) = 1 - \frac{\alpha}{2} - \frac{\alpha}{2} = 1 - \alpha. \qquad \square$$

Bemerkung 7.1.8 (Approximative Konfidenzintervalle für σ^2)

Ebenso erhält man im asymptotischen Lokations- und Skalenmodell $(\mathcal{P}_n)$ approximative Konfidenzintervalle für σ^2. Eine approximative Pivotstatistik ist

$$T_n(x, \sigma^2) = \frac{1}{\sqrt{n}}\sum_{i=1}^{n}\left(\frac{(x_i - \overline{x}_n)^2}{\sigma^2} - 1\right).$$

Es gilt

$$T_n(\cdot, \sigma^2) \xrightarrow{\mathcal{D}} \mathcal{N}(0, m_4)$$

wobei m_4 das zentrale vierte Moment von $\mathcal{N}(0,1)$ ist. Damit sind

$$C_{1,n} = \left[\frac{1}{u_\alpha \sqrt{n} \sqrt{m_4} + 1} \sum_{i=1}^{n} (x_i - \bar{x}_n)^2, \infty \right)$$

und

$$C_{2,n} = \left[\frac{1}{u_{\frac{\alpha}{2}} \sqrt{n} \sqrt{m_4} + 1} \sum_{i=1}^{n} (x_i - \bar{x}_n)^2, \frac{1}{u_{1-\frac{\alpha}{2}} \sqrt{n} \sqrt{m_4} + 1} \sum_{i=1}^{n} (x_i - \bar{x}_n)^2 \right]$$

einseitige bzw. zweiseitige approximative Konfidenzintervalle für σ^2 zum Niveau $1 - \alpha$.

Für die Konstruktion von approximativen Pivots ist in einigen Beispielen die δ-Methode nützlich.

Satz 7.1.9 (δ-Methode)
Sei T_n eine Folge von reellen Statistiken, so dass für $\vartheta \in \mathbb{R}^1$

$$\sqrt{n}(T_n - \vartheta) \xrightarrow{\mathcal{D}} \mathcal{N}(0, \sigma^2), \quad \sigma^2 = \sigma^2(\vartheta).$$

Sei $h : \mathbb{R}^1 \to \mathbb{R}^1$ differenzierbar in ϑ, dann folgt

$$\sqrt{n}(h(T_n) - h(\vartheta)) \xrightarrow{\mathcal{D}} h'(\vartheta) \mathcal{N}(0, \sigma^2).$$

Sind z.B. (X_i) iid mit $EX_i = \mu = \mu(\vartheta)$, $\mathrm{Var} X_i = \sigma^2 = \sigma^2(\vartheta)$, dann ist nach dem zentralen Grenzwertsatz

$$\sqrt{n}(\bar{X}_n - \mu) \xrightarrow{\mathcal{D}} \mathcal{N}(0, \sigma^2)$$

Es folgt also

$$\sqrt{n}(h(\bar{X}_n) - h(\mu)) \xrightarrow{\mathcal{D}} h'(\mu) \mathcal{N}(0, \sigma^2) \sim N(0, (h'(\mu))^2 \sigma^2)$$

Definition 7.1.10 (Varianzstabilisierende Transformation)
*In obiger Situation heißt h **varianzstabilisierende Transformation**, wenn für eine Konstante $c \in \mathbb{R}_+$ gilt*

$$\left(h'(\mu(\vartheta)) \right)^2 \sigma^2(\vartheta) = c, \quad \forall \vartheta \in \Theta.$$

Varianzstabilisierende Transformationen induzieren approximative Pivots. Es gilt:
Ist h eine varianzstabilisierende Transformation, dann ist $T(x, \vartheta) = \sqrt{n}(h(\bar{x}_n) - h(\mu))$ ein approximativer Pivot für μ mit $Q = N(0, c)$.

Beispiel 7.1.11 (Poissonverteilung)
Sei $P_\vartheta = \mathcal{P}(\vartheta)$ die Poissonverteilung mit Parameter $\vartheta > 0$, dann ist $\mu(\vartheta) = \sigma^2(\vartheta) = \vartheta$. Ist $h : \mathbb{R}_+ \to \mathbb{R}_+$ varianzstabilisierend und monoton wachsend, dann gilt $(h'(\vartheta))^2\vartheta = c$, $\forall \vartheta > 0$, also $h'(\vartheta) = \frac{\sqrt{c}}{\sqrt{\vartheta}}$, und damit

$$h(\vartheta) = 2\sqrt{c}\sqrt{\vartheta} + d, \quad d \geq 0.$$

Insbesondere ist $h(\vartheta) = \sqrt{\vartheta}$ varianzstabilisierend. Es folgt im asymptotischen Modell $P_{n,\vartheta} = P_\vartheta^{(n)}$

$$\sqrt{n}(\sqrt{\overline{x}_n} - \sqrt{\vartheta}) \xrightarrow{\mathcal{D}} N(0, \tfrac{1}{4}).$$

Daher gilt: $\qquad\qquad P_\vartheta^n(\{-u_{\frac{\alpha}{2}} \leq 2\sqrt{n}(\sqrt{\overline{x}_n} - \sqrt{\vartheta}) \leq u_{\frac{\alpha}{2}}\}) \to 1 - \alpha,$

d.h. $\widetilde{C}_n = \left[\left(\sqrt{\overline{x}_n} - \frac{1}{2\sqrt{n}}u_{\frac{\alpha}{2}}\right)_+, \sqrt{\overline{x}_n} + \frac{1}{2\sqrt{n}}u_{\frac{\alpha}{2}}\right]$ *ist ein approximatives zweiseitiges Konfidenzintervall für $\sqrt{\vartheta}$, zum Niveau $1 - \alpha$. Damit ist*

$$C_n = \left[\left(\sqrt{\overline{x}_n} - \frac{1}{2\sqrt{n}}u_{\frac{\alpha}{2}}\right)_+^2, \left(\sqrt{\overline{x}_n} + \frac{1}{2\sqrt{n}}u_{\frac{\alpha}{2}}\right)^2\right]$$

ein approximatives zweiseitiges Konfidenzintervall zum Niveau $1 - \alpha$ für ϑ.

Sei $\Theta \subset \mathbb{R}^k$ ein Gebiet und $T : \mathfrak{X} \times \Theta \to \mathbb{R}^k$ eine Pivotstatistik für ϑ, d.h. $P_\vartheta^{T(\cdot,\vartheta)} = Q$, $\forall \vartheta \in \Theta$. Wir betrachten die Menge aller durch T induzierten Konfidenzbereiche der Form

$$\mathcal{E}_T := \{C(\cdot) = \{\vartheta \in \Theta;\ h(T(\cdot,\vartheta)) \in B\}, B \in \mathcal{B}^1, h : (\mathbb{R}^k, \mathcal{B}^k) \to (\mathbb{R}^1, \mathcal{B})\}.$$

$\mathcal{E}_{T,1-\alpha}$ bezeichnet die Menge aller $C \in \mathcal{E}_T$ zum Niveau $1 - \alpha$.
Mit $h \circ T(\cdot,\vartheta) = 1_B(T(\cdot,\vartheta))$ sind damit insbesondere die in Definition 7.1.3 angegebenen durch T induzierten Konfidenzbereiche in $\mathcal{E}_T$ enthalten. Für $C \in \mathcal{E}_T$ ist das Konfidenzniveau

$$\beta_C = P_\vartheta(\{\vartheta \in C\}) = Q(\{h \in B\})$$

unabhängig von $\vartheta \in \Theta$.

Unser Ziel ist es, zu gegebenem Konfidenzniveau $1 - \alpha$ einen **Konfidenzbereich in $\mathcal{E}_T$ mit minimalem Volumen** zu konstruieren. Dazu machen wir die folgende Differenzierbarkeitsannahme:

(D)   Sei $T(x,\cdot) : \Theta \to \Theta$ bijektiv und stetig differenzierbar mit konstanter Funktionaldeterminante $c_x = |\det DT(x,\cdot)|$, $x \in \mathfrak{X}$.

Satz 7.1.12 (Konfidenzbereiche mit minimalem Volumen)
Sei $\Theta \subset \mathbb{R}^k$ ein Gebiet und $T = T(x,\vartheta)$ eine Pivotstatistik mit Pivotverteilung $Q = f\lambda^k$. Sei $q_\alpha = q_\alpha(Q^f)$ das α-Quantil von Q^f und sei die Differenzierbarkeitsbedingung (D) erfüllt. Dann ist

$$C^*(x) = \{\vartheta \in \Theta;\ f(T(x,\vartheta)) \geq q_\alpha\} \in \mathcal{E}_{T,1-\alpha}$$

und für alle Konfidenzbereiche $C \in \mathcal{E}_{T,1-\alpha}$ gilt

$$\lambda^k(C^*(x)) \leq \lambda^k(C(x)), \quad \forall x \in \mathfrak{X},$$

d.h. C^* hat minimales Volumen unter allen Konfidenzbereichen in $\mathcal{E}_{T,1-\alpha}$ für ϑ.

Beweis: Es ist $\beta_{C^*} = Q^f([q_\alpha, \infty)) = 1 - \alpha$, d.h. $C^* \in \mathcal{E}_{T,1-\alpha}$.

Sei $C \in \mathcal{E}_T$ mit $\beta_C \geq \beta_{C^*} = 1 - \alpha$; o.E. ist C von der Form $C = \{x \in \mathfrak{X}; \ h(T(x,\vartheta)) \geq c'\}$. Dann ist für $\vartheta \in \Theta$

$$\begin{aligned}
P_\vartheta(\{\vartheta \in C\}) &= P_\vartheta(\{x \in \mathfrak{X}; \ h(T(x,\vartheta)) \geq c'\}) \\
&= Q(\{t \in \mathbb{R}^k; \ h(t) \geq c'\}) = Q(\{h \geq c'\}) = \beta_C \\
&\geq \beta_{C^*} = Q(\{t \in \mathbb{R}^k; \ f(t) \geq q_\alpha\}) = Q(\{f \geq q_\alpha\}).
\end{aligned}$$

Daraus ergibt sich aber

$$\left(\lambda^k(\{h \geq c'\}) - \lambda^k(\{f \geq q_\alpha\})\right) q_\alpha$$

$$= \int_\Theta (1_{\{h \geq c'\}} - 1_{\{f \geq q_\alpha\}})(q_\alpha - f + f) d\lambda^k$$

$$= \int_\Theta (1_{\{h \geq c'\}} - 1_{\{f \geq q_\alpha\}})(q_\alpha - f) d\lambda^k + (Q(\{h \geq c'\}) - Q(\{f \geq q_\alpha\})).$$

Der zweite Term ist nach Annahme ≥ 0. Der Integrand des ersten Integrals ist nach Konstruktion ≥ 0; also ist auch der erste Term ≥ 0 und wir erhalten

$$\lambda^k(\{h \geq c'\}) \geq \lambda^k(\{f \geq q_\alpha\}).$$

Es gilt für $x \in \mathfrak{X}$ nach dem Transformationssatz

$$\begin{aligned}
\lambda^k(C^*(x)) &= \int_{\{\vartheta \in \Theta; \ f(T(x,\vartheta)) \geq q_\alpha\}} d\lambda^k \\
&= \int_{\{t \in \Theta; \ f(t) \geq q_\alpha\}} \frac{1}{c_x} d\lambda^k(t) \\
&= \frac{1}{c_x} \lambda^k(\{f \geq q_\alpha\}).
\end{aligned}$$

Ebenso ist $\lambda^k(C(x)) = \frac{1}{c_x} \lambda^k(\{h \geq c'\})$ und es folgt

$$\lambda^k(C^*(x)) \leq \lambda^k(C(x)). \qquad \square$$

Zur Anwendung obiger Aussage benötigen wir Pivotstatistiken mit konstanter Funktionaldeterminante $c_x = |\det DT(x,\cdot)|$, $x \in \mathfrak{X}$.

Beispiel 7.1.13
Sei $\Theta = \mathbb{R} \times \mathbb{R}_+$, $\vartheta = (\mu, \sigma^2)$, $P_\vartheta = N(\mu, \sigma^2)^{(n)}$. Dann ist $(\overline{x}_n, s_n^2)$ suffizient für $\mathcal{P}$ und $\overline{x}_n$, s_n^2 sind nach Basu stochastisch unabhängig.

Sei $(T_1, T_2) = \left(\frac{\sqrt{n}(\bar{x}_n - \mu)}{\sigma}, \frac{\sum (x_i - \bar{x}_n)^2}{\sigma^2} \right)$, dann ist $T_1 \sim N(0,1)$ und $T_2 \sim \chi^2_{n-1}$.

Für die Transformation $T(x, \vartheta) = (T_1^*, T_2^*) = \left(T_1, \left(\frac{1}{T_2} \right)^{\frac{3}{2}} \right)$ gilt

$$
\begin{aligned}
|\det DT(x, \cdot)| &= \left| \det \left(\frac{\partial T_i^*}{\partial \vartheta_j} \right) \right| \\
&= \left| \det \begin{pmatrix} -\frac{\sqrt{n}}{\sigma}, & -\frac{\sqrt{n}(\bar{x}_n - \mu)}{2\sigma^3} \\ 0, & \frac{3\sigma}{2((n-1)s^2)^{\frac{3}{2}}} \end{pmatrix} \right| \\
&= -\frac{3\sqrt{n}}{2((n-1)s^2)^{\frac{3}{2}}} = c_x \qquad \text{ist unabhängig von } \vartheta
\end{aligned}
$$

und es ist

$$
Q = P_\vartheta^{T(\cdot, \vartheta)} = f \lambda^2
$$

mit

$$
f(t_1^*, t_2^*) = \varphi(t_1^*)(t_2^*)^{-\frac{5}{3}} (g(t_2^*))^{-\frac{2}{3}}
$$

wobei φ und g Dichten von $N(0,1)$ bzw. χ^2_{n-1} sind. Es ist also

$$
C^*(x) = \{ (t_1^*, t_2^*); \ f(t_1^*, t_2^*) \geq q_\alpha \}
$$

eine BSF zum Niveau $1 - \alpha$ für ϑ basierend auf (T_1^*, T_2^*) mit minimalem Volumen.

Durch Auflösung nach den Variablen t_1, t_2, d.h. $t_1 = t_1^*$, $t_2 = (t_2^*)^{2/3}$ erhält man einen äquivalenten Bereich basierend auf (T_1, T_2).

Für Lokationsmodelle ist es sinnvoll nach **optimalen BSF mit vorgegebener Länge** zu fragen. Sei $P \in M^1(\mathbb{R}^1, \mathcal{B}^1)$, $\Theta = \mathbb{R}^1$, $P = f\lambda$ und $\mathcal{P} = \{ P_\vartheta^{(n)}; \ \vartheta \in \mathbb{R}^1 \}$ das erzeugte Lokationsmodell mit $P_\vartheta = \varepsilon_\vartheta * P$.

Für einen äquivarianten Schätzer $d : (\mathbb{R}^n, \mathcal{B}^n) \to (\mathbb{R}^1, \mathcal{B}^1)$, d.h. $d(x + \vartheta \cdot 1) = d(x) + \vartheta$, $\forall x$, $\forall \vartheta$ ist dann

$$
C_d(x) = C_{d,\varepsilon}(x) = [d(x) - \varepsilon, d(x) + \varepsilon]
$$

eine **äquivariante BSF** der Länge 2ε, d.h. $C_d(x + \vartheta \cdot 1) = \vartheta + C_d(x)$. Sei $\mathcal{E}_{a,\varepsilon}$ die Menge aller äquivarianten BSF der Länge 2ε für ϑ.

Es gilt dann: Die Überdeckungswahrscheinlichkeit

$$
\beta(C_d) = P_\vartheta^{(n)}(\{ \vartheta \in C_d \}) = P_0^{(n)}(\{ 0 \in C_d \})
$$

ist unabhängig von ϑ.

Gesucht ist eine Bereichsschätzfunktion $d^* \in \mathcal{E}_{a,\varepsilon}$, die die Überdeckungswahrscheinlichkeit maximiert, d.h.

$$
\beta(C_{d^*}) = \sup \{ \beta(C_d); \ C_d \in \mathcal{E}_{a,\varepsilon} \}.
$$

Proposition 7.1.14 (Schranke für äquivariante BSF)

Sei $L(x) = \frac{dP_\varepsilon^{(n)}}{dP_{-\varepsilon}^{(n)}}(x) = \prod\limits_{j=1}^{n} \frac{f(x_j - \varepsilon)}{f(x_j + \varepsilon)}$ der Dichtequotient von $P_{-\varepsilon}^{(n)}$ zu $P_\varepsilon^{(n)}$. Dann gilt

für alle äquivarianten Schätzfunktionen d

$$\beta(C_d) \le 1 - P_{-\varepsilon}^{(n)}(\{L > 1\}) - P_\varepsilon^{(n)}(\{L \le 1\}).$$

Beweis: Es ist für eine äquivariante Schätzfunktion d

$$\begin{aligned}
1 - \beta(C_d) &= P_0^{(n)}(\{d \ge \varepsilon\}) + P_0^{(n)}(\{d < -\varepsilon\}) \\
&= P_{-\varepsilon}^{(n)}(\{d \ge 0\}) + P_\varepsilon^{(n)}(\{d < 0\}) \\
&= E_{-\varepsilon}\varphi + E_\varepsilon(1 - \varphi) \quad \text{mit dem Test } \varphi = 1_{\{d \ge 0\}}.
\end{aligned}$$

Damit ist $\frac{1}{2}(1 - \beta(C_d))$ gleich dem Bayes-Risiko des Tests φ zur a-priori-Verteilung $(\frac{1}{2}, \frac{1}{2})$ für das Testproblem $\vartheta_1 = -\varepsilon$, $\vartheta_2 = +\varepsilon$. Das Bayes-Risiko wird minimiert durch den Bayes-Test

$$\varphi = 1_{\{L > 1\}}.$$

Daraus folgt, dass

$$1 - \beta(C_d) \ge P_{-\varepsilon}^{(n)}(\{L > 1\}) + P_\varepsilon^{(n)}(\{L \le 1\}). \qquad \square$$

Es stellt sich die Frage, für welche Dichten f und äquivarianten Schätzer die obige Schranke angenommen wird. Zur Beantwortung dieser Frage benötigen wir das folgende Resultat aus der Analysis (vgl. Hewitt und Stromberg (1975, 18.43)).

Proposition 7.1.15

Sei f eine **streng unimodale** Dichte auf $\mathbb{R}$, d.h. $\exists$ offenes Intervall $I \subset \mathbb{R}$, so dass $\{f > 0\} = I$ und $\ln f$ ist konkav und endlich auf I. Dann gilt:

a) f ist lokal absolut stetig. Es gibt eine Version f' der Ableitung, so dass $\frac{f'}{f} \downarrow$.

b) Für $\varepsilon > 0$ und $z \in \mathbb{R}$ ist mit $\Psi_\varepsilon(z) := \ln \frac{f(z-\varepsilon)}{f(z+\varepsilon)}$ die Abbildung $t \to \Psi_\varepsilon(z+t)$ monoton wachsend.

Sei $$S(x) := \ln L(x) = \sum_{j=1}^{n} \Psi_\varepsilon(x_j)$$

und $$d^*(x) := \sup\{t \in \mathbb{R};\ S(x - t\mathbf{1}) > 0\}.$$

Die Definition von d^* ist sinnvoll, da $t \to \Psi_\varepsilon(z+t)$ monoton wachsend ist.

Satz 7.1.16 (Optimale äquivariante BSF fester Länge)
Sei f streng unimodal und $\varepsilon > 0$, dann gilt

a) *d^* ist ein äquivarianter Schätzer für ϑ*

b) *$C^*(x) = [d^*(x) - \varepsilon, d^*(x) + \varepsilon] = C_{d^*}(x)$ ist beste äquivariante BSF der Länge 2ε, d.h. $\forall C_d \in \mathcal{E}_{a,\varepsilon}$ gilt $\beta(C_d) \leq \beta(C^*)$.*

Beweis:

a) Für alle $x \in \mathbb{R}^n$ und $\vartheta \in \mathbb{R}^1$ gilt

$$d^*(x + \vartheta \cdot 1) = \sup\{t \in \mathbb{R};\ S(x - (t - \vartheta) \cdot 1) > 0\}$$
$$= \vartheta + \sup\{t \in \mathbb{R};\ S(x - t \cdot 1) > 0\}$$
$$= \vartheta + d^*(x).$$

Also ist d^* äquivariant.

b) Wegen der Monotonie von S gilt nach Proposition 7.1.15

$$\{x;\ d^*(x) > 0\} \subset \{x;\ S(x) > 0\} \subset \{x;\ d^*(x) \geq 0\}.$$

Da d^* äquivariant ist und $P^{(n)} \ll \lambda^n$ folgt:
Die obigen Mengen sind $P^{(n)}$ f.s. gleich

$$\{d^* > 0\} = \{S > 0\} = \{L > 1\}\ [P^{(n)}].$$

Daraus folgt: $1_{\{d^* > 0\}} = 1_{\{L > 1\}}$ ist Bayes-Test für $\{P^{(n)}_{-\varepsilon}\}$, $\{P^{(n)}_{\varepsilon}\}$ zur Vorbewertung $(\frac{1}{2}, \frac{1}{2})$ und $\beta(C_{d^*})$ nimmt die obere Schranke in Proposition 7.1.14 an. Es gilt also

$$\beta(C_d) \leq \beta(C_{d^*}), \quad \text{für alle äquivarianten Schätzer } d. \qquad \square$$

7.2   Konfidenzbereiche und Tests

Eine systematische Beschreibung von Optimalitätseigenschaften von BSF zum Konfidenzniveau $1 - \alpha$ wird möglich durch die Herstellung eines Zusammenhangs mit Testproblemen. Mittels eines solchen Zusammenhangs wurden schon in Satz 7.1.16 optimale äquivariante BSF konstanter Länge (d.h. mit einer geometrischen Vorgabe) bestimmt.

Wir betrachten Parameterfunktionen $g : \Theta \to \Gamma$ und Konfidenzbereiche $C : \mathcal{X} \to \mathcal{P}(\Gamma)$. Um anzugeben, dass $C(x)$ bei Vorliegen des Parameters ϑ 'falsche' Werte γ' möglichst nicht enthalten soll, z.B. $\gamma' < g(\vartheta)$ bei einseitigen Konfidenzintervallen oder $\gamma' \in [g(\vartheta) - \varepsilon, g(\vartheta) + \varepsilon]^c$ bei zweiseitigen Konfidenzintervallen, definieren wir für $\vartheta \in \Theta$ Teilmengen $\widetilde{H}_\vartheta \subset \Gamma \sim$ 'richtige' Werte von γ und $\widetilde{K}_\vartheta \subset \Gamma \sim$ 'falsche' Werte von γ, $\widetilde{H}_\vartheta \cap \widetilde{K}_\vartheta = \emptyset$. Wir nennen das System $(\widetilde{H}_\vartheta, \widetilde{K}_\vartheta)$, $\vartheta \in \Theta$, **Formhypothesen** zu g. Wir erweitern nun unsere vorläufige Definition 7.1.1 der BSF zum Niveau $1 - \alpha$, indem wir obige Formanforderungen mit 'falschen' und 'richtigen' Werten formuliert einbringen.

Definition 7.2.1 (Optimale BSF zum Niveau $1 - \alpha$)
Seien $(\widetilde{H}_\vartheta, \widetilde{K}_\vartheta)$, $\vartheta \in \Theta$ vorgegebene Formhypothesen zu g.

a) *Eine BSF C heißt* **BSF für g zum Konfidenzniveau $1 - \alpha$**
   $\Leftrightarrow P_\vartheta(\{\gamma' \in C\}) \geq 1 - \alpha$, $\forall \gamma' \in \widetilde{H}_\vartheta$, $\forall \vartheta \in \Theta$.

   Wieder bezeichne $\mathcal{E}_{1-\alpha} = \mathcal{E}_{1-\alpha}((\widetilde{H}_\vartheta, \widetilde{K}_\vartheta)_{\vartheta \in \Theta})$ die Menge aller BSF zum Niveau $1 - \alpha$.

b) *$C^* \in \mathcal{E}_{1-\alpha}$ heißt* **gleichmäßig beste BSF zum Niveau $1 - \alpha$**
   $\Leftrightarrow P_\vartheta(\{\gamma' \in C^*\}) = \inf\{P_\vartheta(\{\gamma' \in C^*\}); \; C \in \mathcal{E}_{1-\alpha}\}, \quad \forall \gamma' \in \widetilde{K}_\vartheta, \forall \vartheta \in \Theta.$

c) *$C \in \mathcal{E}_{1-\alpha}$ heißt* **unverfälschte BSF zum Niveau $1 - \alpha$ für g**
   $\Leftrightarrow P_\vartheta(\{\gamma' \in C\}) \leq 1 - \alpha$, $\forall \gamma' \in \widetilde{K}_\vartheta$, $\forall \vartheta \in \Theta$.

   Sei $\mathcal{E}_{1-\alpha,u}$ die Menge aller unverfälschten BSF zum Niveau $1 - \alpha$ für g.

d) *$C^* \in \mathcal{E}_{1-\alpha,u}$ heißt* **gleichmäßig beste unverfälschte BSF** *zum Niveau $1 - \alpha$*
   für g
   $\Leftrightarrow P_\vartheta(\{\gamma' \in C^*\}) = \inf_{C \in \mathcal{E}_{1-\alpha,u}} P_\vartheta(\{\gamma' \in C\}), \forall \vartheta' \in \widetilde{K}_\vartheta, \forall \vartheta \in \Theta.$

Sind für $g(\vartheta) = \vartheta$ die Formhypothesen $\widetilde{H}_\vartheta = \{\vartheta\}$, $\widetilde{K}_\vartheta = \Theta \backslash \{\vartheta\}$, $\vartheta \in \Theta$, dann werden alle Parameter $\gamma \in \Theta$, $\gamma \neq \vartheta$ als falsch angesehen und eine optimale BSF C^* sollte wenig falsche Parameter $\gamma \neq \vartheta$ überdecken, d.h. C^* sollte eine Umgebung von $g(\vartheta)$ mit möglichst kleinem Volumen sein.

Sei ϱ ein Volumenmaß auf $(\Theta, \mathcal{A}_\Theta)$ mit $\varrho(\{\vartheta\}) = 0$, $\forall \vartheta \in \Theta$. Wir nehmen an, dass $\{\vartheta\} \in \mathcal{A}_\Theta$, $\forall \vartheta \in \Theta$. Dann ist

$$\mathrm{vol}_\varrho(C) := \int \varrho(C(x)) \, dP_\vartheta(x) = \mathrm{vol}_\varrho(C, \vartheta)$$

das **mittlere Volumen von $C(x)$** und

$$\beta_\varrho(C) := \int_{\Theta \backslash \{\vartheta\}} P_\vartheta(\{\vartheta' \in C\}) \, d\varrho(\vartheta') = \beta_\varrho(C, \vartheta)$$

die **mittlere mit ϱ gewichtete Überdeckungswahrscheinlichkeit** von falschen Werten $\gamma' \neq \vartheta$. Es gilt die Gleichheit dieser Größen.

Satz 7.2.2 (Satz von Pratt (1961))
Sei C eine BSF für $g(\vartheta) = \vartheta$ mit $C(x) \in \mathcal{A}_\Theta$, $\forall x \in \mathfrak{X}$. Für die Formhypothesen $\widetilde{H}_\vartheta = \{\vartheta\}$, $\widetilde{K}_\vartheta = \Theta \setminus \{\vartheta\}$ und das Volumenmaß ϱ wie oben gilt für $\vartheta \in \Theta$:

$$\mathrm{vol}_\varrho(C) = \beta_\varrho(C).$$

Beweis: Mit dem Satz von Fubini folgt

$$
\begin{aligned}
\mathrm{vol}_\varrho(C) &= \int \varrho(C(x))\, dP_\vartheta(x) \\
&= \int_{\mathfrak{X}} \int_\Theta 1_{C(x)}(\vartheta')\, d\varrho(\vartheta')\, dP_\vartheta(x) \\
&= \int_{\Theta \setminus \{\vartheta\}} \left(\int_{\mathfrak{X}} 1_{C(x)}\, dP_\vartheta(x) \right) d\varrho(\vartheta') \\
&= \int_{\Theta \setminus \{\vartheta\}} P_\vartheta(\{\vartheta' \in C\})\, d\varrho(\vartheta') = \beta_\varrho(C).
\end{aligned}
$$
$\qquad\square$

Eine gleichmäßig beste BSF für ϑ zum Niveau $1 - \alpha$ minimiert also auch das mittlere Volumen von $C(x)$. Zur Herstellung eines Zusammenhangs der Optimalität von BSF C zum Niveau $1 - \alpha$ mit der Optimalität in assoziierten Testproblemen definieren wir **Testhypothesen** für $\gamma' \in \Gamma$:

$H_{\gamma'} := \{\vartheta \in \Theta;\ \gamma' \in \widetilde{H}_\vartheta\}$, die Menge der $\vartheta \in \Theta$ für die γ' ein 'richtiger' Schätzwert für $g(\vartheta)$ ist und $K_{\gamma'} := \{\vartheta \in \Theta;\ \gamma' \in \widetilde{K}_\vartheta\}$, die Menge der $\vartheta \in \Theta$, für die γ' ein 'falscher' Schätzwert für $g(\vartheta)$ ist.

Wir betrachten die folgende Zuordnung:

$$
\mathcal{E}_{1-\alpha} \to \left(\Phi_\alpha^{nr}(H_{\gamma'}) \right)_{\gamma' \in \Gamma} \tag{7.1}
$$

von der Menge der BSF zum Niveau $1 - \alpha$ zu der Familie der **nichtrandomisierten Tests** $\Phi_\alpha^{nr}(H_{\gamma'})$ zum Niveau α für das Testproblem $(H_{\gamma'}, K_{\gamma'})$, $\gamma' \in \Gamma$.

1) Ist $C \in \mathcal{E}_{1-\alpha}$, dann definiere für $\gamma' \in \Gamma$

$$
A_C(\gamma') := \{x \in \mathfrak{X};\ \gamma' \in C(x)\}.
$$

Dann ist für alle $\vartheta \in H_{\gamma'}$ oder äquivalent für alle $\gamma' \in \widetilde{H}_\vartheta$

$$
P_\vartheta(A_C(\gamma')) = P_\vartheta(\{\gamma' \in C\}) \geq 1 - \alpha,
$$

d.h. $\varphi_{C,\gamma'} = 1_{(A_C(\gamma'))^c} \in \Phi_\alpha(H_{\gamma'}), \quad \forall \gamma' \in \Gamma$.

$A_C(\gamma')$ ist also der Annahmebereich des nichtrandomisierten Tests $\varphi_{C,\gamma'}$ zum Niveau α für $(H_{\gamma'}, K_{\gamma'})$.

2) Ist umgekehrt $1_{(A(\gamma'))^c} \in \Phi_\alpha^{nr}(H_{\gamma'}), \gamma' \in \Gamma$, dann ist

$$
C(x) = \{\gamma' \in \Gamma;\ x \in A(\gamma')\} \text{ eine BSF zum Niveau } 1 - \alpha, \text{ d.h. } C \in \mathcal{E}_{1-\alpha}.
$$

Denn für alle $\vartheta \in H_{\gamma'}$, äquivalent für alle $\gamma' \in \widetilde{H}_\vartheta$, gilt

$$
P_\vartheta(\{\gamma' \in C\}) = P_\vartheta(A(\gamma')) \geq 1 - \alpha, \quad \forall \vartheta \in \Theta.
$$

Die obige Zuordnung 1), 2) in (7.1) ist bijektiv. Damit korrespondieren auch die Optimalität von BSF C und Familien von nichtrandomisierten Tests.

C ist genau dann eine gleichmäßig beste (unverfälschte) BSF zum Niveau $1 - \alpha$, wenn mit $A(\gamma') = \{\gamma' \in C\}$ gilt: $1_{(A(\gamma'))^c}$ ist ein gleichmäßig bester (unverfälschter) nichtrandomisierter Test zum Niveau α für $(H_{\gamma'}, K_{\gamma'})$, $\forall \gamma' \in \Gamma$.

Das Problem der Bestimmung optimaler BSF wird damit zurückgeführt auf das Problem der Bestimmung einer Klasse von optimalen nichtrandomisierten Tests.

Satz 7.2.3 (Korrespondenzsatz)

$C^* \in \mathcal{E}_{1-\alpha}$ ist eine gleichmäßig beste (unverfälschte) BSF zum Niveau $1 - \alpha$ für g $\Leftrightarrow \forall \gamma' \in \Gamma$ ist $1_{(A_{C^*}(\gamma'))^c}$ ein gleichmäßig bester (unverfälschter) nichtrandomisierter Test zum Niveau α für das Testproblem $(H_{\gamma'}, K_{\gamma'})$.

Insbesondere gilt: Ist $A^*(\gamma')$ Annahmebereich eines 'optimalen' nichtrandomisierten Tests für $(H_{\gamma'}, K_{\gamma'})$ zum Niveau α für $\gamma' \in \Gamma$, dann ist $C^*(x) := \{\gamma' \in \Gamma; \ x \in A^*(\gamma')\}$ eine 'optimale' BSF zum Niveau $1 - \alpha$.

Als Anwendungsbeispiel für den Korrespondenzsatz behandeln wir die Bestimmung optimaler ein- und zweiseitiger Konfidenzbereiche im Normalverteilungsmodell.

Beispiel 7.2.4 (Optimale ein- und zweiseitige Konfidenzintervalle im Normalverteilungsmodell) Sei $\Theta = \mathbb{R}^1$, $P_\vartheta = N(\vartheta, \sigma_0^2)^{(n)}$, $\vartheta \in \Theta$, $g(\vartheta) = \vartheta$.

a) Für einseitige Konfidenzbereiche verwenden wir die Formhypothesen $\widetilde{H}_\vartheta = [\vartheta, \infty)$, d.h. alle Parameter $\gamma \geq \vartheta$ sind 'richtig' und $\widetilde{K}_\vartheta = (-\infty, \vartheta)$, d.h. alle Parameter $\gamma < \vartheta$ sind 'falsch'. Dann sind die zugeordneten Testhypothesen:

$$H_{\vartheta'} = \{\vartheta \in \Theta; \ \vartheta' \in \widetilde{H}_\vartheta\} = (-\infty, \vartheta'], \qquad K_{\vartheta'} = (\vartheta', \infty).$$

Es existiert ein gleichmäßig bester nichtrandomisierter Test φ^* zum Niveau α für $(H_{\vartheta'}, K_{\vartheta'})$, nämlich der Gaußtest mit Annahmebereichen

$$A^*(\vartheta') = \left\{ x \in \mathbb{R}^n; \ \frac{\sqrt{n}(\overline{x}_n - \vartheta')}{\sigma_0} \leq u_\alpha \right\}, \qquad \vartheta' \in \mathbb{R}.$$

Nach Satz 7.2.3 folgt:

$$C^*(x) = \{\vartheta' \in \mathbb{R}; \ x \in A^*(\vartheta')\}$$

$$= \left\{ \vartheta' \in \mathbb{R}; \ \frac{\sqrt{n}(\overline{x}_n - \vartheta')}{\sigma_0} \leq u_\alpha \right\}$$

$$= \left[\overline{x}_n - \frac{\sigma_0}{\sqrt{n}} u_\alpha, \infty \right)$$

ist gleichmäßig beste (einseitige) BSF zum Niveau $1 - \alpha$, d.h. $\underline{\vartheta}(x) := \overline{x}_n - \frac{\sigma_0}{\sqrt{n}} u_\alpha$ ist 'gleichmäßig beste untere Konfidenzschranke' zum Niveau $1 - \alpha$ für ϑ.

b) Für zweiseitige Konfidenzbereiche wählen wir die Formhypothesen $\widetilde{H}_\vartheta = \{\vartheta\}$, $\widetilde{K}_\vartheta = \mathbb{R} \setminus \{\vartheta\}$. Die zugeordneten Testhypothesen sind

$$H_{\vartheta'} = \{\vartheta \in \Theta; \ \vartheta' \in \widetilde{H}_\vartheta\} = \{\vartheta'\}, \qquad K'_\vartheta = \mathbb{R} \setminus \{\vartheta'\}.$$

Es gibt einen gleichmäßig besten nichtrandomisierten unverfälschten Test zum Niveau α mit den Annahmebereichen

$$A^*(\vartheta') = \left\{ x \in \mathbb{R}^n; \ \frac{\sqrt{n}|\overline{x}_n - \vartheta'|}{\sigma_0} \leq u_{\frac{\alpha}{2}} \right\}, \quad \vartheta' \in \mathbb{R}.$$

Nach Satz 7.2.3 folgt

$$C^*(x) = \left\{ \vartheta'; \ \frac{\sqrt{n}|\overline{x}_n - \vartheta'|}{\sigma_0} \leq u_{\frac{\alpha}{2}} \right\}$$

$$= \left[\overline{x}_n - \frac{\sigma_0}{\sqrt{n}} u_{\frac{\alpha}{2}}, \overline{x}_n + \frac{\sigma_0}{\sqrt{n}} u_{\frac{\alpha}{2}} \right]$$

ist gleichmäßig beste unverfälschte (zweiseitige) BSF zum Niveau $1 - \alpha$.

Mit dem Korrespondenzsatz ist es nun möglich die bekannten Konstruktionsverfahren für optimale Tests auf solche für optimale BSF zu übertragen. Insbesondere die Konstruktion für Klassen mit monotonen Dichtequotienten übertragen sich.

Satz 7.2.5 (Gleichmäßig beste untere Konfidenzschranken)

Sei Θ eine vollständig geordnete abgeschlossene Parametermenge. $\mathcal{P}$ habe einen monotonen Dichtequotienten in T, identifizierbaren Parameter und P_ϑ^T sei stetig, $\vartheta \in \Theta$. Sei $c(\vartheta') = u_\alpha(P_{\vartheta'}^T)$, dann ist $c \uparrow$, und $c^{-1}(t) = \inf\{\vartheta \in \Theta; \ c(\vartheta) \geq t\}$ ist wohldefiniert.

Sei $A(\vartheta')$ Annahmebereich des gleichmäßig besten Tests zum Niveau α für das Testproblem $H_{\vartheta'} = \{\vartheta \in \Theta; \ \vartheta \leq \vartheta'\}$, $K_{\vartheta'} = \{\vartheta \in \Theta; \ \vartheta > \vartheta'\}$. Dann gilt

$$C^*(x) = \{\vartheta' \in \Theta; \ x \in A(\vartheta')\} = \{\vartheta' \in \Theta; \ T(x) \leq c(\vartheta')\}$$

$$= \{\vartheta' \in \Theta; \ \underline{c}(x) \leq \vartheta'\}$$

mit $\underline{c}(x) := c^{-1}(T(x))$, ist gleichmäßig beste BSF zum Niveau $1 - \alpha$.

Beweis: Der Annahmebereich $A(\vartheta')$ des gleichmäßig besten Tests zum Niveau α für $(H_{\vartheta'}, K_{\vartheta'})$ hat die Form

$$A(\vartheta') = \{x \in \mathfrak{X}; \ T(x) \leq c(\vartheta')\}.$$

Da der Parameter ϑ identifizierbar ist, ist die Gütefunktion streng isoton. Daraus folgt $P_\vartheta(\{T > c(\vartheta')\}) > \alpha$ für $\vartheta > \vartheta'$ und daher $c(\vartheta) > c(\vartheta')$, d.h. c ist streng isoton. Die gleichmäßig beste BSF ist nach dem Korrespondenzsatz gegeben durch

$$C^*(x) = \{\vartheta' \in \Theta; \ T(x) \leq c(\vartheta')\} = \{\vartheta' \in \Theta; \vartheta' \geq \underline{\vartheta}(x)\}$$

$$= [\underline{\vartheta}(x), \infty) \quad \text{oder} \quad = (\underline{\vartheta}(x), \infty)$$

mit $\underline{\vartheta}(x) := c^{-1}(T(x))$. Wegen der Stetigkeit von P_ϑ^T ist also $[\underline{\vartheta}(x), \infty)$ gleichmäßig bestes Konfidenzintervall zum Niveau $1 - \alpha$. $\square$

Bemerkung 7.2.6

Die untere optimale Konfidenzschranke $\underline{\vartheta}(x)$ kann man folgendermaßen bestimmen: Ist für $x \in \mathfrak{X}$, $\vartheta(x) \in \Theta$ so, dass

$$F_{\vartheta(x)}^T(T(x)) = 1 - \alpha, \tag{7.2}$$

dann gilt: $\vartheta = \underline{\vartheta}$. Denn $F_\vartheta^T(t)$ ist streng antiton in ϑ. Also existiert höchstens eine Lösung $\vartheta(x)$ von (7.2). Andererseits ist: $F_{\vartheta'}^T(c(\vartheta')) = 1 - \alpha$, $\forall \vartheta'$. Daraus folgt:

$$F_{\vartheta(x)}^T(c(\underline{\vartheta}(x))) = 1 - \alpha \text{ mit } \underline{\vartheta}(x) = c^{-1}(T(x)).$$

Wegen $c(\underline{\vartheta}(x)) = T(x)$ folgt daher

$$F_{\underline{\vartheta}(x)}^T(T(x)) = 1 - \alpha = F_{\vartheta(x)}^T(T(x)), \quad \forall x \in \mathfrak{X},$$

also die Behauptung.

Beispiel 7.2.7 (Binomialverteilung)

Sei $\Theta = [0,1]$, $P_\vartheta = \mathcal{B}(n, \vartheta)$, $\vartheta \in [0,1]$, das Binomialverteilungsmodell. Zur Bestimmung einer unteren Konfidenzschranke von ϑ definieren wir $\widetilde{P}_\vartheta = P_\vartheta * U(0,1)$, $\vartheta \in [0,1]$.

Das geglättete Binomial-Modell $\widetilde{\mathcal{P}} = \{\widetilde{P}_\vartheta; \ \vartheta \in [0,1]\}$ hat einen monotonen Dichtequotienten in $T(v) = v$ mit $\widetilde{P}_\vartheta = \widetilde{P}_\vartheta^T$ stetig, $\widetilde{P}_\vartheta = f\lambda$ mit $f(v) = \binom{n}{[v]} \vartheta^{[v]} (1 - \vartheta)^{n-[v]} 1_{[0,n+1]}(v)$.

Es ist

$$\widetilde{F}_\vartheta(v) = \sum_{i=0}^{[v]-1} \binom{n}{i} \vartheta^i (1 - \vartheta)^{n-i} + (v - [v]) \binom{n}{[v]} \vartheta^{[v]} (1 - \vartheta)^{n-[v]}, \quad 0 \le v < n+1,$$

$\widetilde{F}_\vartheta(v)$ ist antiton und stetig in $\vartheta \in [0,1]$ und es gilt

$$\widetilde{F}_\vartheta(v) \underset{\vartheta \to 1}{\longrightarrow} \max(0, v - n), \qquad \widetilde{F}_\vartheta(v) \underset{\vartheta \to 0}{\longrightarrow} \min(1, v).$$

$\forall \alpha \in (0,1)$, $v \in (1 - \alpha, n + 1 - \alpha)$ existiert $\underline{\vartheta}(v) \quad : \widetilde{F}_{\underline{\vartheta}(v)}(v) = 1 - \alpha$.

$\forall v \in (\alpha, n + \alpha)$ existiert genau ein $\overline{\vartheta}(v) \qquad : \widetilde{F}_{\overline{\vartheta}(v)}(v) = \alpha$.

$\underline{\vartheta}(v)$, $\overline{\vartheta}(v)$ sind gleichmäßig beste untere bzw. obere Konfidenzschranken zum Niveau $1 - \alpha$ für ϑ bzgl. $\widetilde{\mathcal{P}}$.

$\underline{\vartheta}(v)$, $\overline{\vartheta}(v)$ sind als Lösungen von algebraischen Gleichungen n-ten Grades zu bestimmen.

Für das Binomial-Modell $\mathcal{P}$ sind sie nach Konstruktion Konfidenzschranken zum Niveau $1 - \alpha$ und approximativ optimal.

Beispiel 7.2.8 (Konfidenzbereich für die Varianz)

Für $\vartheta = \mathbb{R} \times \mathbb{R}_+$, $\vartheta = (\mu, \sigma^2)$ sei $P_\vartheta = N(\mu, \sigma^2)^{(n)}$ und $g(\vartheta) = \sigma^2$. Für zweiseitige BSF betrachten wir die Testprobleme $H_{\sigma_0^2} = \{\sigma^2 = \sigma_0^2\}$, $K_{\sigma_0^2} = \{\sigma^2 \neq \sigma_0^2\}$, $\sigma_0^2 > 0$. Der gleichmäßig beste unverfälschte Test zum Niveau α hat den Annahmebereich

$$A^*(\sigma_0^2) = \left\{ x \in \mathbb{R}^n; \ \chi^2_{n-1, 1 - \frac{\alpha}{2}} \leq \frac{1}{\sigma_0^2} \sum_{i=1}^n (x_i - \overline{x}_n)^2 \leq \chi^2_{n-1, \frac{\alpha}{2}} \right\}$$

mit $\chi^2_{n-1, \alpha}$ das α-Fraktil der χ^2_{n-1}-Verteilung. Nach dem Korrespondenzsatz 7.2.3 folgt

$$C^*(x) = \left[\frac{\sum_{i=1}^n (x_i - \overline{x}_n)^2}{\chi^2_{n-1, \frac{\alpha}{2}}}, \ \frac{\sum_{i=1}^n (x_i - \overline{x}_n)^2}{\chi^2_{n-1, 1 - \frac{\alpha}{2}}} \right]$$

ist gleichmäßig beste unverfälschte BSF zum Niveau $1 - \alpha$ für σ^2.

Für nicht stetig verteilte Statistiken T wie z.B. im Binomial-Modell in Beispiel 7.2.7 ist eine Möglichkeit zur Konstruktion gleichmäßig bester BSF zum Niveau $1 - \alpha$ die Ränder der BSF zu randomisieren, d.h. nur mit gewisser Wahrscheinlichkeit gehört $\underline{\vartheta}(x)$ zu $C(x)$. Formal führt das zu dem Begriff der randomisierten BSF.

Definition 7.2.9 (Randomisierte BSF)

Sei $g : \Theta \to \Gamma$. Eine Abbildung $\varphi : (\mathfrak{X} \times \Gamma, \mathcal{A} \otimes \mathcal{A}_\Gamma) \to ([0,1], [0,1]\mathcal{B}^1)$ heißt **randomisierte BSF** *für g. $E_\vartheta \varphi(\cdot, \gamma)$ heißt Überdeckungswahrscheinlichkeit von γ für $\gamma \in \Gamma$.*

Bemerkung 7.2.10 (Interpretation von randomisierten BSF)

a) Sei $Q_\vartheta := P_\vartheta \otimes U(0,1)$ und $C_\varphi(x, u) = \{\gamma \in \Gamma, \ u \leq \varphi(x, \gamma)\}$. Bei Beobachtung $x \in \mathfrak{X}$ wähle $U \sim U(0,1)$. Ist $U \leq \varphi(x, \gamma)$, dann ist $\gamma \in C_\varphi(x, U)$. Es gilt

$$Q_\vartheta(\{(x, u); \ \gamma \in C_\varphi(x, u)\}) = Q_\vartheta(\{(x, u); \ u \leq \varphi(x, \gamma)\})$$

$$= \int_{\mathfrak{X}} \int_{[0, \varphi(x, \gamma)]} du \, dP_\vartheta(x)$$

$$= \int \varphi(x, \gamma) \, dP_\vartheta(x) = E_\vartheta \varphi(\cdot, \gamma).$$

Eine randomisierte BSF $\varphi(x, \gamma)$ lässt sich also auch als nichtrandomisierte BSF C_φ auf einem erweiterten Grundraum auffassen, in dem eine Überdeckung von γ randomisiert geschieht.

b) Ist $\varphi(x, \gamma) = 1_{C(x)}(\gamma)$, dann ist φ eine nichtrandomisierte BSF C.

c) φ ist eine randomisierte BSF zum Niveau $1 - \alpha$, wenn $E_\vartheta \varphi_{g(\vartheta)} \geq 1 - \alpha$, $\forall \vartheta \in \Theta$, mit $\varphi_{g(\vartheta)} = \varphi(\cdot, g(\vartheta))$. Die erweiterte Definition von Bereichsschätzfunktionen *zum Niveau $1 - \alpha$ basierend auf Formhypothesen überträgt sich direkt auf randomisierte BSF. Damit lässt sich auch die Formulierung von optimalen BSF übertragen.*

d) *Mit dem Begriff der randomisierten BSF lässt sich der Korrespondenzsatz erweitern:*
   'optimale' randomisierte BSF zum Niveau $1 - \alpha$ entsprechen eindeutig 'optimalen' Familien von randomisierten Tests $\varphi_{\gamma'}$ für $(H_{\gamma'}, K_{\gamma'})$, $\gamma' \in \Gamma$ zum Niveau α. Dieses erlaubt dann auch für diskrete Verteilungen 'optimale' randomisierte BSF mit Hilfe der zugehörigen Testtheorie zu konstruieren.

Kapitel 8

Invarianz und Äquivarianz

In den vorangegangenen Kapiteln wurden mehrere Reduktionsprinzipien behandelt. Entscheidungstheoretisch gut begründet ist die Reduktion durch Suffizienz, d.h. die Einschränkung auf Verfahren, die nur von der suffizienten Statistik abhängen und die ohne Informationsverlust vorgenommen werden können. Aber auch die Reduktion auf erwartungstreue Schätzer, auf α-ähnliche und unverfälschte Tests sind gut motivierte Reduktionsprinzipien, die gewisse Klassen von Entscheidungsfunktionen nicht zum Vergleich in Betracht ziehen.

In diesem Kapitel wird eine neue Form von Reduktionsprinzipien behandelt. Es wird verlangt, dass die Test- oder Schätzverfahren Invarianzeigenschaften des statistischen Modells unter einer Gruppe von Transformationen in natürlicher Weise widerspiegeln und respektieren. So sollen z.B. Schätzverfahren für einen Lageparameter unabhängig von der (additiven oder multiplikativen) Skala sein, in der die Daten gemessen werden. Es zeigt sich, dass unter dieser Reduktion eine allgemeine Lösung für das Schätzproblem in Lokations- und Skalenfamilien gegeben werden kann, der Pitman-Schätzer.

Für Schätz- und Testprobleme in allgemeinen gruppeninduzierten Modellen wird die Reduktion auf äquivariante Schätzer bzw. invariante Tests durch die Sätze von Girshik-Savage und von Hunt und Stein entscheidungstheoretisch begründet. Dieser Teil der Statistik hat einen engen Zusammenhang mit der algebraischen Gruppentheorie, insbesondere mit der Strukturtheorie von lokalkompakten Gruppen. Wir behandeln eine Einführung in diesen reizvollen Zusammenhang, insbesondere zum Begriff der 'amenable groups'. Wir diskutieren auch den Zusammenhang der Reduktion durch Äquivarianz und Invarianz mit anderen Reduktionsprinzipien wie Suffizienz und Erwartungstreue.

Im abschließenden Abschnitt 8.4 behandeln wir Anwendungen auf die für die statistische Praxis besonders wichtige Klasse von linearen Modellen (Ein- und Mehrfaktormodelle, Varianz- und Kovarianzanalyse, Varianzkomponenten etc.) und geben insbesondere Herleitungen der χ^2- und F-Tests der linearen Hypothesen, des Satzes von Gauß-Markov über optimale lineare Schätzer und von Hotellings T^2-

Test, einer Verallgemeinerung des t-Tests. Dieser lässt sich sowohl als Likelihood-Quotiententest als auch als gleichmäßig bester invarianter Test charakterisieren.

8.1 Äquivariante Schätzer in Lokations- und Skalenfamilien

Wir bestimmen in Lokations- und in Skalenmodellen den besten äquivarianten Schätzer, den Pitman-Schätzer. Es zeigt sich, dass das Prinzip der Reduktion auf äquivariante Schätzer mit dem der Reduktion auf erwartungstreue Schätzer verträglich ist. Der Satz von Girshik-Savage gibt eine entscheidungstheoretische Rechtfertigung dieser Reduktion. Das arithmetische Mittel ist Pitman-Schätzer nur in Gaußschen Lokationsmodellen. Wir diskutieren auch Resultate von Kagan über die partielle Suffizienz von $\overline{x}_n$ sowie Varianten des Satzes von Basu für Lokationsfamilien von Denny, Takeuchi und Bondesson.

Der Stichprobenraum in diesem Abschnitt ist $\mathfrak{X} = \mathbb{R}^n$. Zu $P \in M^1(\mathbb{R}^n, \mathbb{B}^n)$, $\vartheta \in \Theta = \mathbb{R}$ sei $P_\vartheta = \varepsilon_{\vartheta \cdot 1} * P$, also $P_\vartheta(B) = P(B - \vartheta \cdot 1)$. $\mathcal{P} = \{P_\vartheta; \; \vartheta \in \Theta = \mathbb{R}\}$ ist die von P erzeugte **Lokationsfamilie**.

Sei $Q := \{S_\vartheta; \; \vartheta \in \mathbb{R}\}$, $S_\vartheta(x) := x + \vartheta \cdot 1$ die Gruppe der von Θ erzeugten Translationen auf $\mathbb{R}^n$. Dann gilt: $P_\vartheta = P^{S_\vartheta}$. Wir betrachten zunächst das Schätzproblem für $g(\vartheta) := \vartheta$, $\vartheta \in \Theta$ und fordern, dass Schätzer skalenunabhängig sind.

Definition 8.1.1 (äquivariante Schätzer)
a) $d : (\mathbb{R}^n, \mathbb{B}^n) \to (\mathbb{R}^1, \mathbb{B}^1)$ *heißt **äquivarianter Schätzer**, wenn*

$$d(x + \vartheta \cdot 1) = d(x) + \vartheta, \quad \forall x \in \mathbb{R}^n, \vartheta \in \mathbb{R}$$

d.h. $d \circ S_\vartheta = \vartheta + d$. Sei $\mathscr{E}(D)$ die Menge aller äquivarianten Schätzer.

b) $k \in \mathcal{L}(\mathbb{R}^n, \mathbb{B}^n)$ *heißt **(translations-)invariant**, wenn $k \circ S_\vartheta = k$, $\forall \vartheta \in \mathbb{R}$. Sei $I(D)$ die Menge aller invarianten Schätzfunktionen.*

Werden Beobachtungen in einer um ϑ verschobenen Skala gemessen, so soll der sich dann ergebende Schätzwert $d(x + \vartheta \cdot 1)$ mit $d(x) + \vartheta$, d.h. der Verschiebung um ϑ von $d(x)$ übereinstimmen. Für eine invariante Schätzfunktion wird der Schätzwert dagegen durch eine Verschiebung nicht beeinflusst.

Proposition 8.1.2 (Äquivarianz, Invarianz und Erwartungstreue)
Sei $e \in \mathcal{E}(D), S \in I(D)$, dann gilt:

a) $\mathcal{E}(D) = e + I(D)$

b) *Ist $e \in \mathcal{L}^1(P)$, dann ist*

$$d^* := e - E_P(e \mid S) \in \widetilde{\mathrm{D}}_g,$$

d.h. d^* ist erwartungstreu für g.

c) $T(x) := x - e(x) \cdot 1$ *ist **maximalinvariant bzgl. Q**,* *d.h. für* $x, y \in \mathbb{R}^n$ *gilt:*
$T(x) = T(y) \iff \exists \vartheta \in \mathbb{R} : y = S_\vartheta(x).$

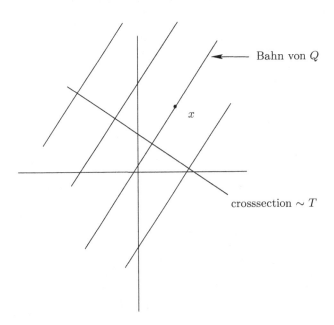

Abbildung 8.1 Auf verschiedenen Bahnen hat T verschiedene Werte. T entspricht einer 'cross section'

Beweis:

a) Sei $d \in \mathscr{E}(D)$, dann ist $d = e + k$ mit $k := d - e$.

Nach Definition ist $k \in I(D)$, denn:

$$k(x + \vartheta \cdot 1) = d(x + \vartheta \cdot 1) - e(x + \vartheta \cdot 1) = d(x) - e(x) = k(x).$$

Also ergibt sich: $\mathscr{E}(D) \subset e + I(D)$. Die umgekehrte Inklusion $\mathscr{E}(D) \supset e + I(D)$ ist aber offensichtlich.

b) Die Funktion $h(S) := E_P(e \mid S)$ ist invariant, d.h. $h(S) \in I(D)$. Nach a) ist daher d^* äquivariant $d^* \in \mathscr{E}(D)$. Weiter ist für $\vartheta \in \mathbb{R}$

$$\begin{aligned} E_\vartheta d^* &= E_\vartheta e - E_\vartheta h(S) \\ &= (E_P e) + \vartheta - E_P h(S) \\ &= \vartheta \qquad \text{da } E_P h(S) = E_P e. \end{aligned}$$

Also ist $d^* \in \widetilde{D}_g$.

c) T ist invariant, denn für alle $\vartheta \in \mathbb{R}$ gilt:

$$T(x + \vartheta \cdot 1) = x + \vartheta \cdot 1 - e(x + \vartheta \cdot 1) \cdot 1$$
$$= x + \vartheta \cdot 1 - (e(x) + \vartheta) \cdot 1 = T(x).$$

Aus $T(x) = T(y)$ folgt: $x - e(x) \cdot 1 = y - e(y) \cdot 1$ und daher

$$y = x + (e(y) - e(x)) \cdot 1 = x + \vartheta \cdot 1 = S_\vartheta(x)$$

mit $\vartheta := e(y) - e(x)$. Also ist T maximalinvariant. $\square$

Im Lokationsmodell haben äquivariante Schätzer konstante Risikofunktionen.

Proposition 8.1.3 (äquivariante Schätzer haben konstantes Risiko)
Im Lokationsmodell $\mathcal{P}$ gilt:

a) *Ist $d \in \mathscr{E}(D)$ und ist $d \in \mathcal{L}^2(P)$, dann gilt*
   *d hat **konstanten Bias**: $E_\vartheta d - \vartheta = E_P d$, $\forall \vartheta \in \mathbb{R}$ und*
   *d hat **konstante Varianz**: $\mathrm{Var}_\vartheta(d) = \mathrm{Var}_P(d)$, $\forall \vartheta \in \mathbb{R}$.*

b) *Sei $L_0 : (\mathbb{R}^2, \mathbb{B}^2) \to (\mathbb{R}_+, \mathbb{B}_+)$ und $L(\vartheta, a) := L_0(a - \vartheta)$ die zugehörige **invariante Verlustfunktion**. Dann gilt für $d \in \mathscr{E}(D)_+$ mit $L_0(d) \in \mathcal{L}^1(P)$: d hat konstantes Risiko,*

$$R(\vartheta, d) = R(0, d) =: R_0(d), \quad \forall \vartheta \in \mathbb{R}.$$

Beweis:

a) Für $\vartheta \in \mathbb{R}^1$ und $d \in \mathscr{E}(D) \cap \mathcal{L}^2(P)$ gilt:

$$E_\vartheta d - \vartheta = E_P \, d \circ S_\vartheta - \vartheta = E_P(d + \vartheta) - \vartheta = E_P d.$$

Ebenso ist

$$\mathrm{Var}_\vartheta(d) = E_\vartheta(d - E_\vartheta d)^2 = E_0(d + \vartheta - E_0(d + \vartheta))^2 = \mathrm{Var}_P d.$$

b) $R(\vartheta, d) = E_\vartheta L_0(d - \vartheta)$
$$= E_0 L_0(d \circ S_\vartheta - \vartheta) = E_0 L_0(d + \vartheta - \vartheta)$$
$$= E_0 L_0(d) = R(0, d) \qquad \text{für alle } \vartheta \in \mathbb{R}. \qquad \square$$

Bemerkung 8.1.4
a) *Als Folgerung aus Proposition 8.1.3 ergibt sich, dass lokale Optimalität von $d \in \mathscr{E}(D)$ bzgl. $\mathscr{E}(D)$ in $\vartheta = 0$ äquivalent ist mit gleichmäßiger Optimalität von d bzgl. $\mathscr{E}(D)$. Es reicht daher, von besten äquivarianten Schätzern zu sprechen.*

b) Beispiele äquivarianter Funktionen sind

$$e_1(x) = x_1, e_2(x) = \overline{x}_n \ oder \ e_3(x) = \sum_{i=1}^{n} a_i x_i \ mit \ \sum_{i=1}^{n} a_i = 1.$$

Zugehörige maximalinvariante Statistiken sind

$$T_1(x) = (x_2 - x_1, \ldots, x_n - x_1) \qquad (formal \ (0, x_2 - x_1, \ldots, x_n - x_1)),$$
$$T_2(x) = (x_1 - \overline{x}_n, \ldots, x_n - \overline{x}_n),$$
$$T_3(x) = x - \Sigma a_i x_i \cdot 1.$$

Es ist $\sigma(T_1) = \sigma(T_2) =: \mathcal{I}$ die σ-Algebra der invarianten Mengen und es gilt:

$$h \in I(D) \Leftrightarrow h \in \mathcal{L}(\mathcal{I})$$
$$\Leftrightarrow Es \ existieren \ k_i \in \mathcal{L}(\mathbb{R}^n) : h = k_i \circ T_i, \ i = 1, 2.$$

Die zweite Äquivalenz ergibt sich aus dem Faktorisierungssatz.

c) Nach einem Satz von Dynkin und Denny sind in Lokationsfamilien suffiziente, äquivariante Schätzer stochastisch unabhängig von verteilungsfreien Schätzern.

Als optimale äquivariante Schätzer werden sich im Folgenden die Pitman-Schätzer erweisen. Wir wählen eine konstruktive Definition des Pitman-Schätzers und zeigen im folgenden Satz, dass Pitman-Schätzer äquivalent auch als optimale äquivariante Schätzer definiert werden können.

Definition 8.1.5 (Pitman-Schätzer)
*Sei $e \in \mathcal{E}(D)$ und $T : (\mathbb{R}^n, \mathbb{B}^n) \to (Y, \mathcal{B})$ eine maximalinvariante Statistik mit $\{y\} \in \mathcal{B}$ für alle $y \in Y$. Sei $h^* \in \mathcal{L}(Y, \mathcal{B})$ so, dass $h^*(t)$ Minimumstelle von $a \to \int L_0(z+a) P^{e|T=t}(dz)$ ist, P^T fast sicher in $t \in Y$. Dann heißt $d^* := e + h^* \circ T$ **Pitman-Schätzer**.*

Bemerkung 8.1.6
a) Die Definition des Pitman-Schätzers hängt von e ab. Es wird sich jedoch erweisen, dass diese Abhängigkeit nur formaler Natur ist.

b) Ist $L_0(z) = z^2$ die quadratische Verlustfunktion und $e \in \mathcal{L}^2(P)$, dann gilt

$$h^*(t) = -E(e \mid T = t)[P^T]$$

und h^* ist P^T f.s. eindeutig; d.h. $d^* = e - E(e \mid T)$.
Denn für eine Zufallsvariable $X \sim P^{e|T=t}$ gilt

$$E(X + a)^2 \geq E(X - EX)^2$$

und Gleichheit gilt genau dann, wenn

$$a = -EX = -E(e \mid T = t).$$

Ist $L_0(z) = |z|$ die Laplacesche Verlustfunktion, dann ist jeder bedingte Median eine Minimumstelle,

$$h^*(t) = -\operatorname{med}(e \mid T = t)$$

und $d^* = e - \operatorname{med}(e \mid T)$ ist Pitman-Schätzer.

Satz 8.1.7 (Optimalität von Pitman-Schätzern)
Sei $e \in \mathscr{E}(D)$ und $L(\vartheta, a) = L_0(a - \vartheta)$ eine invariante Verlustfunktion mit $R_0(e) < \infty$.

a) *Existiert ein Pitman-Schätzer $d^* = e + h^* \circ T$, so ist d^* bester äquivarianter Schätzer.*
   Ist $\tilde{d}$ ein bester äquivarianter Schätzer, so ist $\tilde{d}$ Pitman-Schätzer.

b) *Sei $L(\vartheta, a) = (\vartheta - a)^2$, dann gilt:*

   1) *Es existiert ein Pitman-Schätzer d^*. d^* ist P f.s. eindeutig und unabhängig von e definiert und d^* ist erwartungstreu für g, $d^* \in D_g$.*

   2) *Ist $\tilde{d}$ bester äquivarianter Schätzer, dann ist $\tilde{d} = d^*[P]$. Äquivalent damit ist:*

   $$\exists \tilde{e} \in \mathscr{E}(D) \text{ mit } R_0(\tilde{e}) < \infty \text{ und } \tilde{d} = \tilde{e} - E_P(\tilde{e} \mid T)[P].$$

   3) *Ist $P = f\lambda^n$, dann gilt*

   $$d^*(x) = \frac{\int \vartheta f(x - \vartheta \cdot 1) d\vartheta}{\int f(x - \vartheta \cdot 1) d\vartheta} \, [P].$$

Beweis:
a) Sei $d^* = e + h^* \circ T$ Pitman-Schätzer. Zu zeigen ist:

$$
\begin{aligned}
R_0(d^*) &= \inf\{R_0(d); \ d \in \mathscr{E}(D)\} \\
&= \inf\{EL_0(e + k); \ k \in I(D)\} \\
&= \inf\{EL_0(e + h \circ T); \ h \in \mathcal{L}(Y, \mathcal{B})\}.
\end{aligned}
$$

Der Erwartungswert lässt sich bedingt unter T berechnen:

$$
\begin{aligned}
EL_0(e + h \circ T) &= \int L_0(z + h(t)) \, dP^{(e,T)}(z, t) \\
&= \int \left(\int L_0(z + h(t)) \, dP^{e|T=t}(z) \right) dP^T(t) \\
&\geq \int \left(\int L_0(z + h^*(t)) \, dP^{e|T=t}(z) \right) dP^T(t) \\
&= EL_0(e + h^* \circ T) = R_0(d^*).
\end{aligned}
$$

Also ist d^* ein bester äquivarianter Schätzer.

b) Nach Bemerkung 8.1.6 existiert ein Pitman-Schätzer, nämlich $d^* = e - E_P(e \mid T)$. Ist nun $\widetilde{d} \in \mathscr{E}(D)$ ein bester äquivarianter Schätzer, dann gilt nach Proposition 8.1.2 $\quad \widetilde{d} = e - \widetilde{h} \circ T$. Für quadratischen Verlust und nach der Argumentation zu a) ist aber der Pitman-Schätzer zu e eindeutig definiert und $\widetilde{d} = e - h^* \circ T = d^*[P^T]$.

Insbesondere gilt $\forall \widetilde{e} \in \mathscr{E}(D)$ mit $R_0(\widetilde{e}) < \infty$:
$d_{\widetilde{e}} = \widetilde{e} - E(\widetilde{e} \mid T)$ ist unabhängig von $\widetilde{e}$ definiert und $d_{\widetilde{e}} = d^*$, $d^* \in D_g$ nach Proposition 8.1.2 b).

c) Sei $e(x) := x_1$ und $T(x) = (x_2 - x_1, \ldots, x_n - x_1)$ die zugehörige maximalinvariante Statistik. Dann ist: $H(x) := (e(x), T(x)) = Ax$, mit $A = (a_{ij})$, $a_{ii} = 1$, $a_{i1} = -1$, $a_{ij} = 0$ sonst.
Es ist $\det A = 1$ und nach der Transformationsformel gilt mit $t = (t_2, \ldots, t_n)$

$$f_{(e,T)}(z,t) = \frac{dP^{(e,T)}}{d\lambda^n}(z,t)$$
$$= f(H^{-1}(z,t)) \cdot 1 \; = \; f(z, z + t_2, \ldots, z + t_n)[\lambda^n].$$

Daraus folgt:

$$f_{e|T=t}(z) = \frac{dP^{e|T=t}}{d\lambda}(z)$$
$$= \frac{f(z, z + t_2, \ldots, z + t_n)}{\int f(\widetilde{z}, \widetilde{z} + t_2, \ldots, \widetilde{z} + t_n)\, d\lambda(\widetilde{z})}.$$

Weiter folgt:

$$E(e \mid T = t) = \frac{\int z f(z, z + t_2, \ldots, z + t_n)\, d\lambda(z)}{\int f(z, z + t_2, \ldots, z + t_n)\, d\lambda(z)}.$$

Mit der Substitution $z = x_1 - \vartheta$, $t_j = x_j - x_1$ erhält man daraus:

$$d^*(x) = x_1 - E(e \mid T = T(x))$$
$$= \frac{\int \vartheta f(x_1 - \vartheta, \ldots, x_n - \vartheta)\, d\vartheta}{\int f(x_1 - \vartheta, \ldots, x_n - \vartheta)\, d\vartheta}. \qquad \square$$

Beispiel 8.1.8
Sei $P = Q^n$, $Q = f\lambda$, dann ist $P_\vartheta = Q_\vartheta^{(n)}$ mit $Q_\vartheta = f(\cdot - \vartheta)\lambda$.

*a) **Normalverteilung:** Sei $Q = N(0, \sigma_0^2)$, $\sigma_0^2 > 0$, die Normalverteilung $e(x) := \overline{x}_n$ und $T(x) := x - \overline{x}_n \cdot 1$. Dann sind nach dem Satz von Basu e, T stochastisch unabhängig. Daher gilt:*

$$E_P(e \mid T) = E_P \overline{x}_n = 0$$

und daher ist $d^*(x) = \overline{x}_n$ Pitman-Schätzer und also auch bester äquivarianter Schätzer.

b) Exponentialverteilung: *Ist* $Q = \mathcal{E}(1)$ *die Exponentialverteilung mit Dichte* $f(z) = e^{-z}1_{(0,\infty)}(z)\,[\lambda]$, *dann ist nach Satz 8.1.7 b)*

$$d^*(x) = \frac{\int \vartheta e^{-\Sigma(x_i - \vartheta)}\pi 1_{(0,\infty)}(x_i - \vartheta)d\vartheta}{\int e^{-\Sigma(x_i - \vartheta)}\pi 1_{(0,\infty)}(x_i - \vartheta)d\vartheta}$$

$$= \frac{\int_{-\infty}^{x_{(1)}} \vartheta e^{n\vartheta}d\vartheta}{\int_{-\infty}^{x_{(1)}} e^{n\vartheta}d\vartheta} = x_{(1)} - \frac{1}{n}.$$

Die letzte Gleichheit ergibt sich durch partielle Integration.

Nach Proposition 8.1.2 ist ein Pitman-Schätzer d^* erwartungstreu. d^* ist sogar gleichmäßig bester erwartungstreuer Schätzer falls ein solcher existiert. Für den Beweis dieser Aussage benötigen wir die folgende maßtheoretische Aussage, die wir erst in Kapitel 8.2 beweisen werden (vgl. Satz 8.2.8).

Satz 8.1.9 (Fast sicher invariante Statistiken)
Sei Q eine Gruppe von messbaren Transformation von $(\mathfrak{X}, \mathcal{B})$ nach $(\mathfrak{X}, \mathcal{B})$. Sei $\mathcal{P}$ eine Q-invariante Verteilungsklasse (d.h. $P^q \in \mathcal{P}, \forall P \in \mathcal{P}, \forall q \in Q$). Sei weiter $\mathcal{A}_Q$ eine σ-Algebra auf Q, so dass:

1) $(q, x) \to qx$ ist $(\mathcal{A}_Q \otimes \mathcal{B}, \mathcal{B})$ messbar

2) $A \in \mathcal{A}_Q, q \in Q \Rightarrow Aq \in \mathcal{A}_Q$

3) $\exists \nu \in M^1(Q, \mathcal{A}_Q)$ so dass $\nu(A) = 0 \Rightarrow \nu(Aq) = 0, \forall q \in Q$.

*Sei $T : (\mathfrak{X}, \mathcal{B}) \to (\overline{\mathbb{R}}, \overline{\mathbb{B}})$ $\mathcal{P}$ **fast invariant** (d.h. $\forall q \in Q : \exists N \in \mathcal{N}_\mathcal{P} : T(x) = T(qx), \forall x \in N^c$), dann existiert $\overline{T} \in I(D)$ so, dass*

$$T = \overline{T}\,[\mathcal{P}].$$

Bemerkung 8.1.10
a) Obige Bedingungen sind insbesondere erfüllt, wenn ein (rechts-)invariantes σ-endliches Maß (äquivalent ein Haarsches Maß) auf Q existiert. Haarsche Maße existieren auf lokal kompakten Gruppen Q. Ist Q σ-kompakt, dann existieren σ-endliche invariante Maße.

b) Die Bedingungen in Satz 8.1.9 können äquivalent auch in der Form mit Multiplikation von links formuliert werden.

Das Prinzip der Äquivarianz ist mit dem der Erwartungstreue verträglich.

Satz 8.1.11 (Erwartungstreue Schätzer und äquivariante Schätzer)
Sei $\mathcal{P}$ ein Lokationsmodell und es sei $e \in \mathcal{E}(D)$ mit $R_0(e) < \infty$ bei quadratischem Verlust und zugehörigem Pitman-Schätzer d^*. Existiert ein gleichmäßig bester erwartungstreuer Schätzer $\widetilde{d} \in D_g$, dann gilt $\widetilde{d} = d^*\,[\mathcal{P}]$.

Beweis:

1. Nach Satz 8.1.7 ist $d^* \in \widetilde{D}_g$ und daher gilt $\operatorname{Var}_\vartheta d^* \geq \operatorname{Var}_\vartheta \widetilde{d}$, $\forall \vartheta \in \Theta$.

2. Für $d \in D$ und $a \in \mathbb{R}$ sei $d_a(x) := d(x + a \cdot 1) - a$, $x \in \mathbb{R}^n$. Dann gilt:

$$d \in \widetilde{D}_g \;\Leftrightarrow\; d_a \in \widetilde{D}_g, \quad \forall a \in \mathbb{R},$$

denn $E_\vartheta d_a = E_{\vartheta + a} d - a = (\vartheta + a) - a = \vartheta$, $\quad \forall \vartheta$. Daher gilt auch

$$\begin{aligned}
\operatorname{Var}_\vartheta d_a &= E_\vartheta d_a^2 - \vartheta^2 = E_{\vartheta + a}(d - a)^2 - \vartheta^2 \\
&= E_{\vartheta + a} d^2 - 2a(\vartheta + a) + a^2 - \vartheta^2 \\
&= E_{\vartheta + a} d^2 - (\vartheta + a)^2 = \operatorname{Var}_{\vartheta + a} d.
\end{aligned} \tag{8.1}$$

3. Für den besten erwartungstreuen Schätzer $\widetilde{d}$ folgt hieraus:

$$\begin{aligned}
\operatorname{Var}_\vartheta \widetilde{d}_a &= \operatorname{Var}_{\vartheta + a} \widetilde{d} = \inf_{d \in D_g} \operatorname{Var}_{\vartheta + a} d \\
&= \inf_{d \in D_g} \operatorname{Var}_\vartheta(d_a) = \inf_{d_a \in D_g} \operatorname{Var}_\vartheta(d) \qquad \text{nach 2.)} \\
&= \inf_{d \in D_g} \operatorname{Var}_\vartheta(d) = \operatorname{Var}_\vartheta \widetilde{d}, \quad \forall \vartheta \in \Theta = \mathbb{R}.
\end{aligned}$$

Also ist auch $\widetilde{d}_a$ gleichmäßig bester erwartungstreuer Schätzer. Wegen der Eindeutigkeit von gleichmäßig besten erwartungstreuen Schätzern gilt daher

$$\widetilde{d}_a = \widetilde{d} \;\; [\mathcal{P}],$$

d.h. $\forall a \in \mathbb{R} : \exists N_a \in N_\mathcal{P}$ so dass $\widetilde{d}_a(x) = \widetilde{d}(x), \forall x \in N_a^c$.

Also gilt: $\widetilde{d}(x + a \cdot 1) = \widetilde{d}(x) + a, \forall x \in N_a^c$.

Da $d^* \in \mathscr{E}(D)$ ist auch $d_a^* \in \mathscr{E}(D)$. Daraus folgt:

$$\widetilde{d}(x + a \cdot 1) - d^*(x + a \cdot 1) = \widetilde{d}(x) - d^*(x),$$

für alle $x \in N_a^c$, d.h. $h := \widetilde{d} - d^*$ ist $\mathcal{P}$-f.s. invariant.

Nach Satz 8.1.9, angewendet auf das Lokationsmodell $\mathcal{P}$ existiert ein invarianter Schätzer $\overline{h} \in I(D)$, so dass $h = \overline{h} \; [\mathcal{P}]$. Daraus folgt aber, dass

$$\overline{d}(x) := d^*(x) + \overline{h}(x) \in \mathscr{E}(D)$$

und es ist $\overline{d} = \widetilde{d} \; [\mathcal{P}]$. Es folgt

$$\begin{aligned}
\operatorname{Var}_\vartheta \widetilde{d} &= \operatorname{Var}_\vartheta \overline{d} = R_0(\overline{d}) \\
&\geq R_0(d^*) \qquad \text{da } d^* \text{ Pitman-Schätzer} \\
&= \operatorname{Var}_\vartheta(d^*), \qquad \forall \vartheta \in \mathbb{R}.
\end{aligned}$$

Also gilt „=", da $\widetilde{d}$ gleichmäßig bester erwartungstreuer Schätzer ist und $\widetilde{d} = d^* \; [\mathcal{P}]$. $\qquad\qquad \square$

Da das Risiko von äquivarianten Schätzern unabhängig von ϑ ist, ist es naheliegend zu vermuten, dass ein Pitman-Schätzer auch Minimax-Schätzer ist. Für zwei Typen von Verlustfunktionen wird diese Vermutung im folgenden Satz von Girshik-Savage bestätigt:

Satz 8.1.12 (Girshik-Savage)
Sei $\mathcal{P}$ ein Lokationsmodell, $L(\vartheta, a) = L_0(a - \vartheta)$ und sei
1) L_0 messbar und beschränkt oder sei
2) $L_0(z) = z^2$ und $R_0(e) < \infty$ für ein $e \in \mathscr{E}(D)$. Dann gilt:

a)
$$\sup_{\mu \in \widetilde{\Theta}} \inf_{d \in \mathscr{E}(D)} r(\mu, d) = \inf_{d \in D} \sup_{\mu \in \widetilde{\Theta}} r(\mu, d)$$
$$= \inf_{d \in D} \sup_{\vartheta \in \Theta} R(\vartheta, d) = \inf_{d \in \mathscr{E}(D)} R_0(d)$$

b) *Ist d^* Pitman-Schätzer, dann ist d^* Minimax-Schätzer bzgl. D.*

Beweis: Wir führen den Beweis nur für den Fall $L_0(z) = z^2$ und $P = f\lambda^n$ nach der Limes-Bayes-Methode. Sei $\pi_T = U(-T, T)$ die Gleichverteilung auf $(-T, T), T > 0$. $\pi_T \in \widetilde{\Theta}$ und sei $r_T := \inf_{d \in D} r(d, \pi_T)$ das Bayes-Risiko zu π_T. Wir zeigen, dass $r_T \to r^* := E_0(d^*)^2$ gilt. Dann folgt die Behauptung nach dem Satz von Hodges und Lehmann (Satz 2.2.10). Es reicht zu zeigen, dass $\underline{\lim} \, r_T \geq r^*$. Sei $d_{a,b}$ Bayes-Schätzer zu $U(a, b)$, $d_T := d_{-T,T}$. Nach der Formel für Bayes-Schätzer als Erwartungswert der a-posteriori-Verteilung folgt

$$d_{a,b}(x + c \cdot 1) = d_{a-c, b-c}(x) + c.$$

Daraus ergibt sich:

$$E_\vartheta(d_T - \vartheta)^2 = E_0(d_{-T-\vartheta, T-\vartheta})^2$$

und für $0 < \varepsilon < 1$ ergibt sich für das Bayes-Risiko

$$r_T = \frac{1}{2T} \int_{-T}^{T} E_0(d_{-T-\vartheta, T-\vartheta})^2 d\vartheta \geq (1 - \varepsilon) \inf_{|\vartheta| \leq (1-\varepsilon)T} E_0(d_{-T-\vartheta, T-\vartheta})^2,$$

denn für $|\vartheta| \leq (1 - \varepsilon)T$ ist $-T - \vartheta \leq -\varepsilon T, T - \vartheta \geq \varepsilon T$, so dass sich mit $\frac{2T(1-\varepsilon)}{2T} = 1 - \varepsilon$ bei Einschränkung auf diesen Bereich obige Abschätzung ergibt. Daraus folgt:

$$r_T \geq (1 - \varepsilon) \inf_{\substack{a \leq -\varepsilon T \\ b \geq \varepsilon T}} E_0 d_{a,b}^2.$$

Wegen $\lim_{T \to \infty} \inf_{\substack{a \leq -T \\ b \geq T}} h(a, b) = \lim_{\substack{a \to -\infty \\ b \to \infty}} h(a, b)$ folgt

$$\lim_{T \to \infty} r_T \geq E_0 \left(\lim_{\substack{a \to -\infty \\ b \to \infty}} d_{a,b}^2 \right).$$

Weiter gilt aber nach Satz 8.1.7

$$d_{a,b}(x) = \frac{\int_a^b u f(x - u \cdot 1)\, du}{\int_a^b f(x - u \cdot 1)\, du} \xrightarrow[\substack{a \to -\infty \\ b \to \infty}]{} \frac{\int_{-\infty}^\infty u f(x - u \cdot 1)\, du}{\int_{-\infty}^\infty f(x - u \cdot 1)\, du} = d^*(x).$$

Der Pitman-Schätzer d^* ist also ein Limes-Bayes-Schätzer.

Die Existenz der unbeschränkten Integrale folgt nach Satz 8.1.7. Damit folgt aber

$$\varliminf_{T \to \infty} r_T \geq E_0(d^*)^2 = r^*.$$

$\square$

Nach einem Resultat von Stein sind Pitman-Schätzer in Dimension $d = 1, 2$ zulässig, i.A. aber nicht für $d \geq 3$.

Bemerkung 8.1.13 (Das Skalenmodell)
Ähnliche Invarianzüberlegungen führen auch im Skalenmodell zur Konstruktion von optimalen äquivarianten Schätzern. Die Überlegungen sind weitgehend analog und werden daher in dieser Bemerkung nur skizziert.
Sei $P \in M^1(\mathbb{R}_+^n, \mathbb{B}_+^n)$, $P_\vartheta(B) = P(\frac{1}{\vartheta}B)$, $\vartheta \in \Theta = (0, \infty)$ und $\mathcal{P} := \{P_\vartheta;\, \vartheta \in (0, \infty)\}$ das induzierte **Skalenmodell**. Weiter sei $\mathcal{Q} = \{S_\vartheta;\, \vartheta \in (0, \infty)\}$ mit $S_\vartheta(x) := \vartheta \cdot x$, $x \in \mathbb{R}^n$, die Gruppe der Skalentransformationen und es sei $g = \mathrm{id}_\Theta$ zu schätzen.
$e : (\mathbb{R}_+^n, \mathbb{B}_+^n) \longrightarrow (\mathbb{R}_+, \mathbb{B}_+)$ heißt **äquivariant** $\Leftrightarrow e(\vartheta \cdot x) = \vartheta \cdot e(x)$, $\forall x \in \mathbb{R}_+^n$.
Beispiele sind etwa: $e(x) = x_1, \bar{x}_n$ oder $\Sigma a_i x_i$ mit $\Sigma a_i = 1$.
Sei $\mathscr{E}(D)$ die Menge der **äquivarianten** Schätzer, $I(D)$ die Menge der **invarianten** Schätzer.
Ist $e \in \mathscr{E}(D)$, dann gilt:

$$\mathscr{E}(D) = e I(D).$$

$T(x) := \frac{1}{e(x)} \cdot x$ ist maximalinvariante Statistik bzgl. $\mathcal{Q}$. Damit folgt:

$$k \in I(D) \Leftrightarrow \exists \text{ messbare Abbildung } h, \text{ so dass } k = h \circ T.$$

Die äquivarianten Schätzer sind also von der Form:

$$d = e\, h \circ T.$$

Jede messbare Abbildung $L_0 = \mathbb{R}_+ \to \mathbb{R}_+$ induziert eine **invariante Verlustfunktion**

$$L(\vartheta, a) := L_0\left(\frac{a}{\vartheta}\right),$$

d.h. es gilt: $L(\vartheta, a) = L(\sigma\vartheta, \sigma a)$, $\forall \sigma \in \mathcal{Q}$.

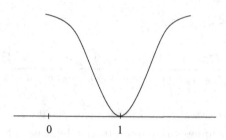

Abbildung 8.2 Verlustfunktion

Jeder äquivariante Schätzer $d \in \mathscr{E}(D)$ hat **konstantes Risiko** bei invarianter Verlustfunktion. $\forall \vartheta \in \Theta$ gilt:

$$R(\vartheta, d) = E_\vartheta L_0 \left(\frac{1}{\vartheta} \cdot d \right) = \int L_0 \left(\frac{1}{\vartheta} \cdot d \right) dP_\vartheta$$

$$= \int L_0 \left(d \left(\frac{1}{\vartheta} \cdot x \right) \right) dP_\vartheta(x) = \int L_0(d) \, dP$$

$$= R(1, d) =: R_1(d).$$

Für $d = e \, h \circ T \in \mathscr{E}(D)$ erhalten wir damit

$$R_1(d) = \int L_0(zh(t)) \, dP^{(e,T)}(z, t)$$

$$= \int \left(\int L_0(zh(t)) \, dP^{e|T=t}(z) \right) dP^T(t).$$

Wir definieren nun

$$Q_t(a) := \int L_0(za) \, dP^{e|T=t}(z).$$

Sei h^* eine messbare Funktion, so dass

$$h^*(t) = \arg \min Q_t \, [P^T],$$

dann heißt $d^* = e \, h^*(T)$ **Pitman-Schätzer**.

Als Konsequenz ergibt sich nun die zu Satz 8.1.7 analoge Aussage im Skalenmodell.

Satz 8.1.14 (Pitman-Schätzer im Skalenmodell)
Sei $L(\vartheta, a) = L_0(\frac{a}{\vartheta})$ eine invariante Verlustfunktion im Skalenmodell $\mathcal{P}$. Sei $e \in \mathscr{E}(d)$ mit $R_1(e) < \infty$. Dann gilt:

a) Ein Pitman-Schätzer d^* ist bester äquivarianter Schätzer im Skalenmodell.

b) *Für quadratischen Verlust $L_0(z) = (z-1)^2$ ist*

$$d^* = e\frac{E(e \mid T)}{E(e^2 \mid T)}[P]$$

c) *Ist $P = f\lambda_+^n$, dann gilt*

$$d^*(x) = \frac{\int_0^\infty \vartheta^n f(\vartheta x_1, \ldots, \vartheta x_n)d\vartheta}{\int_0^\infty \vartheta^{n+1} f(\vartheta x_1, \ldots, \vartheta x_n)d\vartheta} \quad [\lambda_+^n].$$

Beweis:

a) folgt aus den Vorüberlegungen zu Satz 8.1.14 analog zum Beweis von Satz 8.1.7.

b) Es ist $L(\vartheta, a) = \left(\frac{a}{\vartheta} - 1\right)^2 = \left(\frac{a-\vartheta}{\vartheta}\right)^2$ und $e \in \mathcal{L}^2(P)$. Deshalb gilt:

$$Q_t(a) = \int L_0(za)\, dP^{e|T=t}(z)$$

$$= \int \left(a - \frac{1}{z}\right)^2 z^2\, dP^{e|T=t}(z).$$

Um eine Minimumstelle von H_t zu finden, definieren wir das Wahrscheinlichkeitsmaß

$$\mu_t(dz) = \frac{z^2 P^{e|T=t}(dz)}{\int \tilde{z}^2 P^{e|T=t}(d\tilde{z})}.$$

Dann ist $\arg\min Q_t = \arg\min G_t$ mit $G_t(a) := \int \left(a - \frac{1}{z}\right) \mu_t(dz)$. Die Minimumstelle von G_t ist aber eindeutig und gegeben durch

$$h^*(t) = \int \frac{1}{z}\mu_t(dz) = \frac{E(e \mid T=t)}{E(e^2 \mid T=t)}.$$

Damit ist $d^* = e\, h^*(T) = e\frac{E(e|T)}{E(e^2|T)}$ Pitman-Schätzer.

c) Ist $P = f\lambda_+^n$, dann gilt mit $e(x) = x_1$, $T(x) = \left(\frac{x_2}{x_1}, \ldots, \frac{x_n}{x_1}\right)$ nach dem Transformationssatz

$$f_{e|T=t}(z) = \frac{dP^{e|T=t}}{d\lambda_+^1}(z)$$

$$= \frac{z^{n-1}f(z, zt_2, \ldots, zt_n)}{\int_0^\infty \tilde{z}^{n-1}f(\tilde{z}, \tilde{z}t_2, \ldots, \tilde{z}t_n)d\tilde{z}}.$$

Mit der Substitution $z = \vartheta x_1$, $t_i = \frac{x_i}{x_1}$ folgt daraus

$$d^*(x) = x_1 \frac{\int_0^\infty z z^{n-1} f(z, zt_2, \ldots, zt_n)dz}{\int_0^\infty z^2 z^{n-1} f(z, zt_2, \ldots, zt_n)dz}$$

$$= \frac{\int_0^\infty \vartheta^n f(\vartheta x_1, \ldots, \vartheta x_n)d\vartheta}{\int_0^\infty \vartheta^{n+1} f(\vartheta x_1, \ldots, \vartheta x_n)d\vartheta} \quad [\lambda_+^n]. \qquad \square$$

Es folgen einige Anmerkungen zum Pitman-Schätzer in Skalenmodellen:

a) Im Allgemeinen ist der Pitman-Schätzer im Skalenmodell nicht erwartungstreu.

b) Mit Hilfe der Kovarianzmethode, angewendet auf die Klasse der äquivarianten
   Schätzer, ergibt sich:

   $$\tilde{d} := e\frac{E(e \mid T)}{E(e^2 \mid T)}\left(Ee\frac{E(e \mid T)}{E(e^2 \mid T)}\right)^{-1}$$

   $$= \frac{d^*}{E_P d^*} \qquad \text{ist bester erwartungstreuer äquivarianter Schätzer.}$$

   Der Pitman-Schätzer d^* ist also erwartungstreu $\Leftrightarrow E_P d^* = 1$.

c) Ist $P = Q^{(n)}$ mit $Q = f\lambda$, $f(x) = e^{-x}1_{(0,\infty)}(x)$ die Exponentialverteilung, dann
   sind $e(x) = \overline{x}_n$ und T nach dem Lemma von Basu stochastisch unabhängig. Daher gilt:

   $$d^* = e\frac{Ee}{Ee^2}, Ee = E\overline{x}_n = 1 \qquad \text{und}$$

   $$Ee^2 = E(\overline{x}_n)^2 = \mathrm{Var}(\overline{x}_n) + 1 = \frac{1}{n}\mathrm{Var}(x_1) + 1$$

   $$= \frac{1}{n}(Ex_1^2 - 1) + 1 = \frac{1}{n}(2 - 1) + 1 = 1 + \frac{1}{n}.$$

   Also ist $d^* = \frac{1}{1+\frac{1}{n}}\overline{x}_n$ Pitman-Schätzer und $\tilde{d} = \frac{d^*}{E_P d^*} = \overline{x}_n$ ist bester erwartungstreuer äquivarianter Schätzer.

d) Die Aussagen gelten analog für Skalenmodelle auf $\mathbb{R}^n$. Sei z.B. $P_\sigma = N(0, \sigma^2)^{(n)}$,
   $\sigma > 0$. Der Schätzer $e(x) = \sqrt{\frac{1}{n}\sum_{i=1}^n x_i^2}$ ist äquivariant. Nach dem Lemma
   von Basu folgt e, T sind stochastisch unabhängig. Daher ist $d^* = e\frac{Ee}{Ee^2} = eEe$
   Pitman-Schätzer für σ, $E = E_1$ der Erwartungswert bezüglich $\sigma^2 = 1$.

   Hier endet die Bemerkung zu den Skalenmodellen. Die Überlegungen lassen
sich auf allgemeine gruppeninvariante Verteilungsklassen übertragen (vgl. Witting
(1985, S. 444 f.)).   □

   Im folgenden Beispiel werden für einige Lokations- und Skalenfamilien Pitman-Schätzer angegeben.

Beispiel 8.1.15
Bei quadratischem Verlust erhält man folgende Pitman-Schätzer

a) $P_\vartheta = N(\vartheta, \sigma_0^2)^{(n)}$, *dann ist* $d^*(x) = \overline{x}_n$ *Pitman-Schätzer für* ϑ.

b) $P_\vartheta = U(\vartheta - \frac{1}{2}b, \vartheta + \frac{1}{2}b)$, $\vartheta \in \mathbb{R} = \Theta, b > 0$ *eine (feste) positive Zahl, dann ist:*

   $$d^*(x) = \frac{\min x_i + \max x_i}{2} \qquad \text{Pitman-Schätzer für } \vartheta.$$

c) $P_\sigma = N(0, \sigma^2)^{(n)}$, dann ist $e(x) = \sqrt{\frac{1}{n} \sum_{i=1}^{n} x_i^2}$ äquivariant. Nach Basu ist daher

$$d^* = e \frac{Ee}{Ee^2} = eEe \qquad \text{Pitman-Schätzer für } \sigma, E = E_1.$$

Im Lokationsmodell gilt bei quadratischem Verlust, dass der Pitman-Schätzer

$$d^* = e - E_P(e \mid T), \ \ T(x) = (x_2 - x_1, \ldots, x_n - x_1)$$

unabhängig von $e \in \mathscr{E}(D)$ ist. Insbesondere gilt:

$$e \text{ ist Pitman-Schätzer} \Leftrightarrow E_P(e \mid T) = 0\,[P].$$

Mit dieser Äquivalenz lassen sich statistische Modelle dadurch charakterisieren, dass ein äquivarianter Schätzer e Pitman-Schätzer ist. Wir betrachten den Fall $e = \overline{x}_n$.

Satz 8.1.16 (arithmetisches Mittel und Normalverteilung)
Im Lokationsmodell mit quadratischem Verlust und $P = Q^{(n)}$, $n \geq 3$, so dass $\int x\,dQ(x) = 0$, $\int x^2\,dQ(x) < \infty$ gilt:

$$d^*(x) = \overline{x}_n \quad \text{ist Pitman-Schätzer} \iff \exists \sigma^2 \geq 0 \quad \text{so dass } Q = N(0, \sigma^2).$$

Beweis: „$\Leftarrow$" vgl. Beispiel 8.1.15.
„$\Rightarrow$" Sei $\varphi(t) = \varphi_Q(t) = \int e^{itx}\,dQ(x)$ die charakteristische Funktion von Q. Dann ist

$$\varphi'(t) = i \int x e^{itx}\,dQ(x).$$

Aus der Annahme, dass $d^*(x) = \overline{x}_n$ Pitman-Schätzer ist, folgt:

$$E_P(\overline{x}_n \mid T) = 0.$$

Daraus ergibt sich

$$\begin{aligned}
0 &= E_P E_P(\overline{x}_n \mid T) e^{i \sum_{j=2}^{n} t_j (x_j - x_1)} \\
&= E_P \overline{x}_n e^{i \sum_{j=2}^{n} t_j (x_j - x_1)} \\
&= E_P \frac{1}{n} \sum_{k=1}^{n} x_k e^{i \sum_{j=2}^{n} t_j x_j} e^{-i(\sum_{j=2}^{n} t_j) x_1} \\
&= E_P \frac{1}{n} \left[x_1 e^{-i(\sum_{j=2}^{n} t_j) x_1} e^{i \sum_{j=2}^{n} t_j x_j} + \sum_{k=2}^{n} x_k e^{i \sum_{j=2}^{n} t_j x_j} e^{-i(\sum_{j=2}^{n} t_j) x_1} \right] \\
&= -\frac{i}{n} \left[\varphi' \left(-\sum_{j=2}^{n} t_j \right) \prod_{j=2}^{n} \varphi(t_j) + \varphi \left(-\sum_{j=2}^{n} t_j \right) \sum_{k=2}^{n} \varphi'(t_k) \prod_{\substack{j=2 \\ j \neq k}}^{n} \varphi(t_j) \right].
\end{aligned}$$

Es gibt ein $\varepsilon > 0$ so, dass $\varphi(t) \neq 0$ für $|t| < \varepsilon$. Dann gilt

$$\varphi \left(-\sum_{j=2}^{n} t_j \right) \prod_{j=2}^{n} \varphi(t_j) \neq 0 \quad \text{falls } |t_j| < \frac{\varepsilon}{n-1}.$$

Daraus folgt

$$\frac{\varphi'\left(-\sum_{j=2}^n t_j\right)}{\varphi\left(-\sum_{j=2}^n t_j\right)} + \sum_{j=2}^n \frac{\varphi'(t_j)}{\varphi(t_j)} = 0, \quad |t_j| < \frac{\varepsilon}{n-1}.$$

Sei $g(t) := \frac{\varphi'(t)}{\varphi(t)}$, $|t| < \frac{\varepsilon}{n-1}$, dann folgt

$$g\left(-\sum_{j=2}^n t_j\right) + \sum_{j=2}^n g(t_j) = 0, \quad |t_j| < \frac{\varepsilon}{n-1}.$$

Wegen $\int x^2\, dQ(x) < \infty$ ist g differenzierbar und Differentiation bzgl. t_2 liefert

$$g'\left(-\sum_{j=2}^n t_j\right) = g'(t_2), \quad |t_2| < \frac{\varepsilon}{n-1}.$$

Wegen $n > 2$ folgt $g'(t) = \text{const.}$, $|t| < \frac{\varepsilon}{n-1}$, also

$$g(t) = \alpha t + \beta, \quad |t| < \frac{\varepsilon}{n-1}.$$

Wegen $\varphi(0) = 1$, $\varphi'(0) = 0$ folgt nach Definition von g

$$\varphi(t) = e^{-\frac{1}{2}\sigma^2 t}, \quad |t| < \frac{\varepsilon}{n-1}, \quad \text{d.h.}$$

$$\varphi(t) = \varphi_{N(0,\sigma^2)}(t) \quad \text{für } |t| < \frac{\varepsilon}{n-1}.$$

Für $N(0,\sigma^2)$ ist das Momentenproblem eindeutig lösbar, d.h. die charakteristische Funktion ist durch die Werte in einer Umgebung von 0 eindeutig bestimmt. Daher folgt die Behauptung

$$\varphi = \varphi_{N(0,\sigma^2)}. \qquad \qquad \square$$

Mit Hilfe von Pitman-Schätzern lässt sich auch leicht zeigen, dass nur für Gaußsche Lokationsmodelle $\overline{x}_n$ ein zulässiger Schätzer ist bzgl. D_g, $g = \text{id}_\Theta$.

Satz 8.1.17 (Zulässigkeit von $\overline{x}_n$ bzgl. D_g)
Unter den Voraussetzungen von Satz 8.1.16 gilt:

$$d^*(x) = \overline{x}_n \text{ ist zulässig bzgl. } D_g \quad \Longleftrightarrow \quad \exists \sigma^2 \geq 0 \text{ so dass } Q = N(0,\sigma^2)$$

Beweis:
„$\Leftarrow$" klar, da $\overline{x}_n$ vollständig suffizient für $\mathcal{P}$. $\overline{x}_n$ ist nach Satz 2.3.6 sogar zulässig bzgl. D.
„$\Rightarrow$" Sei $d^*(x) = \overline{x}_n$ zulässig bzgl D_g. Dann ist der von $\overline{x}_n$ erzeugte Pitman-Schätzer erwartungstreu,

$$t_n(x) := \overline{x}_n - E_P(\overline{x}_n \mid T) \in D_g$$

und t_n ist eine Verbesserung von $\overline{x}_n$, d.h. $\text{Var}_P t_n \leq \text{Var}_P \overline{x}_n$ (vgl. Satz 8.1.7).

Wegen der Zulässigkeit von $\overline{x}_n$ bzgl. D_g gilt

$$\mathrm{Var}_P t_n = \mathrm{Var}_P \overline{x}_n.$$

Das ist aber nach Satz 8.1.7 äquivalent zu $E_P(\overline{x}_n \mid T) = 0 \; [P]$. Nach Satz 8.1.16 folgt dann $Q = N(0, \sigma^2)$ für ein $\sigma^2 \geq 0$. $\hspace{2cm}$ $\square$

Bemerkung 8.1.18

a) Nach Satz 8.1.16 ist $\overline{x}_n$ suffizient für eine von $Q^{(n)}$ erzeugte Lokationsfamilie $\mathcal{P}$ genau dann, wenn $\mathcal{P}$ von einer Normalverteilung erzeugt wird. Von Kagan stammt eine weitreichende Verschärfung dieser Aussage:

Satz 8.1.19 (Satz von Kagan)
*Ist $\overline{x}_n$ **partiell suffizient** für $\{x_1^2\}$, d.h. $E_\vartheta(x_1^2 \mid \overline{x}_n)$ ist unabhängig von $\vartheta \in \Theta = \mathbb{R}$, dann ist Q eine Normalverteilung.*

b) Nach dem Beweis zu Satz 8.1.17 gilt, dass die Zulässigkeit von $\overline{x}_n$ in der Klasse der erwartungstreuen Schätzer der Form $\{\overline{x}_n + \Psi(T(x)); \int \Psi \circ T \, dP = 0\}$ impliziert, dass Q normal ist. Hierzu gibt es die folgende Verschärfung:
Sei $Q \in M^1(\mathbb{R}, \mathbb{B}^1)$ mit endlichen Momenten der Ordnung $2k$ und sei $\Lambda_k \subset D_g$ die Klasse von Schätzfunktionen

$$\Lambda_k := \{\overline{x}_n + p(T(x)); p \text{ Polynom mit } \mathrm{grd}\, p \leq k, E_P\, p \circ T = 0\} \subset D_g$$

Dann gilt die folgende Aussage von Kagan:

$\hspace{1cm} \overline{x}_n$ ist zulässig bzgl. Λ_k

$$\Longleftrightarrow \exists \sigma^2 > 0 : \int x^\ell \, dQ(x) = \int x^\ell \, dN(0, \sigma^2)(x), 1 \leq \ell \leq k+1. \quad (8.2)$$

Die Beweisidee von (8.2) besteht darin, $t_n(x) := \overline{x}_n - \widehat{E}_P(\overline{x}_n \mid \Lambda_k)$ zu betrachten. Dabei ist $\widehat{E}_P(\cdot \mid \Lambda_k)$ die Projektion in L^2 auf Λ_k. Dann ist t_n eine Verbesserung von $\overline{x}_n$ und es gilt

$$t_n \sim \overline{x}_n,, \text{ d.h. } t_n \text{ und } \overline{x}_n \text{ haben gleiches Risiko}$$
$$\Longleftrightarrow \widehat{E}_P(\overline{x}_n \mid \Lambda_k) = 0.$$

Dieses lässt sich aber in Verallgemeinerung von dem Beweis zu Satz 8.1.16 als äquivalent zur Behauptung nachweisen. (Für Details vgl. das Buch von Kagan, Linnik und Rao (1973).)

In Lokationsfamilien $\mathcal{P}$ und für $e \in \mathcal{E}(D)$ gilt nach dem

Satz von Denny: Sei $e \in \mathcal{E}(D)$ und sei T maximalinvariant, dann gilt

$$e \text{ ist suffizient für } \mathcal{P} \iff e \text{ ist partiell suffizient für } \mathcal{I}$$

$$\iff e, T \text{ sind stochastisch unabhängig.}$$

Reelle stetige suffiziente Statistiken existieren jedoch nur für wenige Beispielklassen von Lokationsfamilien. Die Suffizienz in dieser Charakterisierung lässt sich durch gleichmäßige Optimalität bzgl D_g ersetzen. In dieser Form kann man dann auf Äquivarianz verzichten und erhält folgende reizvolle Variante des Satzes von Basu, die für allgemeine Modelle gilt.

Satz 8.1.20 (Satz von Takeuchi (1973) und Bondesson (1975))
Sei $d \in D^*$ ein gleichmäßig bester erwartungstreuer Schätzer in einem statistischen Modell $\mathcal{P}$ mit $E_\vartheta d^k < \infty$, $\forall k \in \mathbb{N}$. Angenommen die Momente bestimmen die Verteilung von d eindeutig, dann gilt für alle verteilungsfreien Statistiken T:

$$d, T \text{ sind stochastisch unabhängig.}$$

Beweis: Sei $d_0 = h \circ T \in D_0 \cap B(\mathfrak{X}, \mathcal{A})$, dann folgt nach der Kovarianzmethode $E_\vartheta d d_0 = 0$, $\forall \vartheta \in \Theta$, d.h. $dd_0 \in D_0 \cap \mathcal{L}^2(\mathcal{P})$. Wieder nach der Kovarianzmethode folgt

$$E_\vartheta d(dd_0) = E_\vartheta d^2 d_0 = 0, \quad \forall \vartheta \in \Theta.$$

Induktiv ergibt sich: $\quad E_\vartheta d^k d_0 = 0$, $\forall \vartheta \in \Theta$, $\forall k \in \mathbb{N}$.

$\quad \Rightarrow \quad$ Für alle $h \in B(\mathfrak{X}, \mathcal{A})$ gilt

$$E_\vartheta d^k h \circ T = E_\vartheta d^k E_\vartheta h \circ T = E_\vartheta d^k E_0 h \circ T. \tag{8.3}$$

Ist $h > 0$ und $h \circ T$ nicht f.s. $= 0$, dann ist

$$\gamma(t) := E_\vartheta \frac{e^{itd} h \circ T}{E_0 h \circ T}$$

charakteristische Funktion von d bzgl. dem Wahrscheinlichkeitsmaß $Q_\vartheta = \frac{h \circ T}{E_0 h \circ T} P_\vartheta$. Aus (8.3) folgt: $\gamma^{(k)}(0) = \Psi^{(k)}(0)$, $k \in \mathbb{N}$ mit $\Psi(t) := E_\vartheta e^{itd}$.

Aus der Momentenbedingung folgt

$$\gamma = \Psi.$$

Also gilt: $\quad E_\vartheta e^{itd} h \circ T = E_\vartheta e^{itd} E_\vartheta h \circ T$.
Nach dem Eindeutigkeitssatz für charakteristische Funktionen ist daher d, T stochastisch unabhängig. Wähle etwa $h \circ T = e^{iuT}$, dann folgt die Behauptung mit der Zerlegung $h = h_+ - h_-$. $\qquad \square$

Unter Regularitätsannahmen sind also gleichmäßig beste erwartungstreue Schätzer unabhängig von verteilungsfreien Statistiken. Als Folgerung erhalten wir eine weitere Variante des Basuschen Satzes.

Korollar 8.1.21 (Suffizienz von gleichmäßig besten erwartungstreuen Schätzern) *Sei $d \in D^*$, T verteilungsfrei und die Momente von d bestimmen die Verteilung eindeutig. Gilt $\sigma(d, T) = \mathcal{A}$, dann ist d suffizient.*

Beweis: Nach Satz 8.1.20 sind d, T stochastisch unabhängig bzgl. P_ϑ, $\vartheta \in \Theta$. Wegen $\sigma(d, T) = \mathcal{A}$ folgt die Suffizienz aus Satz 4.2.27 von Basu. $\qquad \square$

8.2   Invariante Testprobleme

Wir konstruieren in diesem Abschnitt gleichmäßig beste invariante Tests in Lokationsmodellen. Ein wichtiges Resultat beschreibt die Äquivalenz von Q – fast invarianten und invarianten Statistiken – unter geeigneten Annahmen an die Gruppe Q. Als Konsequenz erhalten wir den Satz von Hall, Wijsman und Ghosh über den Zusammenhang zwischen der Reduktion durch Suffizienz und der Reduktion durch Invarianz.

Sei Q eine Gruppe bijektiver, bimessbarer Abbildungen von $(\mathfrak{X}, \mathcal{A})$ nach $(\mathfrak{X}, \mathcal{A})$ und $\mathcal{P} = \{P_\vartheta;\ \vartheta \in \Theta\} \subset M^1(\mathfrak{X}, \mathcal{A})$. $\mathcal{P}$ heißt **invariant unter Q** falls

$$\mathcal{P}^\pi = \{P_\vartheta^\pi;\ \vartheta \in \Theta\} = \mathcal{P}, \quad \forall \pi \in Q.$$

Jedes $\pi \in Q$ liefert eine äquivalente Beschreibung des Modells und induziert eine bijektive Abbildung $\overline{\pi} : \Theta \to \Theta$ durch $P_\vartheta^\pi = P_{\overline{\pi}\vartheta}$. $\overline{Q} := \{\overline{\pi};\ \pi \in Q\}$ ist eine Gruppe und $Q \to \overline{Q},\ \pi \to \overline{\pi}$ ist ein Gruppenhomomorphismus.

Im Lokationsmodell ist $Q = \{S_\vartheta;\ \vartheta \in \mathbb{R}\}$ die Translationsgruppe und mit $\pi = S_a$ ist $P_\vartheta^\pi = P_{\overline{\pi}\vartheta} = P_{\vartheta+a}$, d.h. $\overline{\pi}\vartheta = \vartheta + a$. $\overline{Q}$ ist die Translationsgruppe auf $\mathbb{R}$.

Definition 8.2.1
*Ein Testproblem $(\mathcal{P}_0, \mathcal{P}_1)$ bzw. (Θ_0, Θ_1) heißt **invariant bzgl. Q** falls $\mathcal{P}_i$ invariant unter Q sind, $i = 0, 1$.*

Ist ein Testproblem (Θ_0, Θ_1) invariant, so ist es natürlich, sich auf invariante Tests zu beschränken, die die Invarianzstruktur des Testproblems widerspiegeln. Die Entscheidung zwischen den Hypothesen soll unabhängig von der gewählten Beschreibung der Modelle sein. Diese Einschränkung nennt man **Reduktion durch Invarianz**.

Proposition 8.2.2
*Das Testproblem (Θ_0, Θ_1) sei Q-invariant und sei $\overline{Q}$ **transitiv** auf Θ_i, $i = 0, 1$, d.h. $\forall \vartheta, \vartheta' \in \Theta : \exists \overline{\pi} \in \overline{Q}$, so dass $\overline{\pi} \circ \vartheta = \vartheta'$. Dann existiert ein gleichmäßig bester invarianter Test zum Niveau α für (Θ_0, Θ_1).*

Beweis: Sei $\varphi \in \Phi$; dann gilt nach dem Faktorisierungslemma:

$$\varphi \text{ ist invariant}(\varphi \in I(Q)) \Longleftrightarrow \varphi \text{ ist } \mathcal{I} \text{ messbar},$$

dabei ist $\mathcal{I} = \mathcal{I}(Q) = \{A \in \mathcal{A};\ \pi A = A, \forall \pi \in Q\}$ die σ-Algebra der invarianten Mengen.

Seien $\varphi \in I(Q)$, $\vartheta_i \in \Theta_i$, $i = 0, 1$, dann gilt für jedes $\vartheta \in \Theta_0$:

$$\exists \overline{\pi} \in \overline{Q} \text{ mit } \overline{\pi}\vartheta_0 = \vartheta.$$

Daraus folgt:

$$E_\vartheta \varphi = \int \varphi\, dP_\vartheta = \int \varphi \circ \pi^{-1}\, dP_\vartheta$$

$$= \int \varphi\, dP_\vartheta^{\pi^{-1}} = \int \varphi\, dP_{\overline{\pi}^{-1}(\vartheta)} = \int \varphi\, dP_{\vartheta_0}.$$

Also gilt für $\vartheta \in \Theta_0$: $P_\vartheta|_{\mathcal{I}} = P_{\vartheta_0}|_{\mathcal{I}}$.

Ebenso gilt für $\vartheta \in \Theta_1$: $P_\vartheta|_{\mathcal{I}} = P_{\vartheta_1}|_{\mathcal{I}}$ und

$$E_\vartheta \varphi = \int \varphi \, dP_{\vartheta_i}|_{\mathcal{I}}, \quad \vartheta \in \Theta_i.$$

Wir erhalten also eine Reduktion auf das einfache Testproblem $(\{P_{\vartheta_0}|_{\mathcal{I}}\}, \{P_{\vartheta_1}|_{\mathcal{I}}\})$. Nach dem Neyman-Pearson-Lemma angewendet auf $(\{P_{\vartheta_0}|_{\mathcal{I}}\}, \{P_{\vartheta_1}|_{\mathcal{I}}\})$ folgt

$$\varphi^* := \begin{cases} 1, & \quad > \\ \gamma, & \dfrac{dP_{\vartheta_1}|_{\mathcal{I}}}{dP_{\vartheta_0}|_{\mathcal{I}}} \; = \; k \quad \text{mit } E_{\vartheta_0}\varphi^* = \alpha \\ 0, & \quad < \end{cases}$$

ist gleichmäßig bester invarianter Test für (Θ_0, Θ_1). $\square$

Bemerkung 8.2.3
Die Transitivität von $\overline{Q}$ auf Θ_i impliziert, dass die Gütefunktion von invarianten Tests konstant auf den Hypothesen Θ_0, Θ_1 ist.

Lokationsmodell Als Beispiel zur expliziten Bestimmung des besten invarianten Tests sei nun $P_i = f_i \lambda^n$, $i = 0, 1$, $\mathcal{P}_i = \{P_{i,\vartheta}; \; \vartheta \in \mathbb{R}\}$ die erzeugten Translationsklassen, $i = 0, 1$. $Q = \mathbb{R}$ operiert auf $\mathbb{R}^n$ durch Translation; $u \in Q$ dann sei $\pi_u : \mathbb{R}^n \to \mathbb{R}^n$, $\pi_u(x) = x + u \cdot 1$ und

$$P_{i,\vartheta}^{\pi_u}(A) = P_{i,\vartheta}(A - u \cdot 1) = P_i(A - (u + \vartheta) \cdot 1) = P_{i,u+\vartheta}(A) = P_{i,\overline{\pi}_u(\vartheta)}(A), \quad A \in \mathbb{B}^n.$$

Also ist $\overline{\pi}_u(\vartheta) = u + \vartheta$ und $\overline{Q} \simeq Q$ wirkt als Translationsgruppe auf $\mathbb{R}$. Die maximalinvariante Statistik bzgl. Q, $T(x) = (x_2 - x_1, \ldots, x_n - x_1)$ erzeugt die σ-Algebra der invarianten Mengen $\mathcal{I} = \sigma(T)$. Es gilt

Lemma 8.2.4
Für $h \in \mathcal{L}^1(P_i)$ gilt

$$E_i(h \mid T)(x) = \int_{-\infty}^{\infty} h(x - u \cdot 1) \frac{f_i(x - u \cdot 1)}{\int f_i(x - v \cdot 1) \, dv} \, du =: \widetilde{h}_i(x).$$

Beweis: Wegen der Translationsinvarianz von λ ist $\widetilde{h}_i(x + c \cdot 1) = \widetilde{h}_i(x)$. Also ist $\widetilde{h}_i$ invariant und damit $\mathcal{I} = \sigma(T)$-messbar. Zu zeigen ist: Für alle beschränkten Funktionen $g \circ T \geq 0$ gilt:

$$E_i g(T) \widetilde{h}_i = E_i g(T) h.$$

Sei o.E. $i = 0$, dann ist

$$E_0 g(T)\widetilde{h}_0 = \int g(T(x)) \left(\int h(x - u \cdot 1) \frac{f_0(x - u \cdot 1)}{\int f_0(x - v \cdot 1)\, dv}\, du \right) f_0(x)\, d\lambda^n(x)$$

$$= \iint g(T(x)) h(x - u \cdot 1) \frac{f_0(x - u \cdot 1) f_0(x)}{\int f_0(x - v \cdot 1)\, dv}\, d\lambda^n(x)\, du$$

$$= \int g(T(y)) h(y) f_0(y) \frac{\int f_0(x + u \cdot 1)\, du}{\int f_0(x - v \cdot 1)\, dv}\, d\lambda^n(y) \qquad \text{mit } y := x - u \cdot 1$$

$$= \int g(T(y)) h(y) f_0(y)\, d\lambda^n(y) = E_0 h\, g \circ T. \qquad \square$$

Als Konsequenz erhalten wir einen gleichmäßig besten invarianten Test im Lokationsmodell.

Satz 8.2.5 (gleichmäßig bester invarianter Test im Lokationsmodell)
a) Der verallgemeinerte Dichtequotient von $P_1|_{\mathcal{I}}$ nach $P_0|_{\mathcal{I}}$ ist

$$\overline{L}_{\mathcal{I}}(x) = \frac{\overline{f}_1(x)}{\overline{f}_0(x)} 1_{\{\overline{f}_0 > 0\}}(x) + \infty 1_{\{\overline{f}_0 = 0, \overline{f}_1 > 0\}}$$

mit $\overline{f}_i(x) = \int f_i(x - u \cdot 1)\, du$.

b) Der Test

$$\varphi^* := \begin{cases} 1, & \\ \gamma, & \overline{L}_{\mathcal{I}}(x) \begin{array}{c} > \\ = \\ < \end{array} c \quad \text{mit } c, \gamma \text{ so gewählt, dass } E_{P_0}\varphi^* = \alpha \\ 0, & \end{cases}$$

ist gleichmäßig bester invarianter Test zum Niveau α für $(\mathcal{P}_0, \mathcal{P}_1)$.

Beweis:
a) Wir betrachten den Fall $P_1 \ll P_0$. Dann ist der Dichtequotient $L = \frac{dP_1}{dP_0} = \frac{f_1}{f_0}$. Damit folgt:

$$\overline{L}_{\mathcal{I}} = \frac{dP_1|_{\mathcal{I}}}{dP_0|_{\mathcal{I}}} = E_{P_0}\left(\frac{f_1}{f_0} \mid \mathcal{I} \right),$$

denn für alle $A \in \mathcal{I}$ ist

$$P_1|_{\mathcal{I}}(A) = P_1(A) = \int_A \frac{f_1}{f_0}\, dP_0$$

$$= \int_A E_{P_0}\left(\frac{f_1}{f_0} \mid \mathcal{I} \right) dP_0|_{\mathcal{I}}.$$

Nach Lemma 8.2.4 folgt

$$E_{P_0}\left(\frac{f_1}{f_0} \mid \mathcal{I} \right) = \int \frac{f_1(x - u \cdot 1)}{f_0(x - u \cdot 1)} \frac{f_0(x - u \cdot 1)}{\int f_0(x - v \cdot 1)\, dv}\, du$$

$$= \frac{\int f_1(x - u \cdot 1)\, du}{\int f_0(x - v \cdot 1)\, dv} = \frac{\overline{f}_1(x)}{\overline{f}_0(x)}, \qquad x \in \mathbb{R}^n.$$

Der allgemeine Fall ergibt sich durch eine zusätzliche Zerlegung des Raums.

b) folgt aus a) nach dem Beweis zu Proposition 8.2.2. $\qquad \square$

Bemerkung 8.2.6

In allgemeinen Maßräumen $(\mathfrak{X}, \mathcal{A})$ gilt für maximalinvariante Statistiken T bzgl. Q, $T : (\mathfrak{X}, \mathcal{A}) \to (Y, \mathcal{B})$ mit Werten in einem Borelschen Raum

$$\mathcal{I} = T^{-1}(\mathcal{B}_T)$$

wobei $\mathcal{B}_T := \{B \subset Y; T^{-1}(B) \in \mathcal{A}\} \supset \mathcal{B}$. Für invariante Funktionen $k : \mathfrak{X} \to Z$, $(Z, \mathcal{Z})$ ein Maßraum, gilt damit:

$$k \text{ ist } (\mathcal{A} - \mathcal{Z})\text{-messbar} \iff \exists h : (Y, \mathcal{B}_T) \to (Z, \mathcal{Z}) \text{ so dass } k = h \circ T,$$

d.h. invariante und messbare Funktionen sind von der Form $h \circ T$, h $(\mathcal{B}_T - \mathcal{Z})$-messbar. In perfekten Maßräumen $(\mathfrak{X}, \mathcal{A})$, wie z.B. $\mathfrak{X} = \mathbb{R}^n$ oder in polnischen Räumen, kann $\mathcal{B}_T$ durch $\mathcal{B}$ ersetzt werden.

Definition 8.2.7

*Sei $T : (\mathfrak{X}, \mathcal{A}) \to (\overline{\mathbb{R}}, \overline{\mathbb{B}})$, $\mathcal{P} \subset M^1(\mathfrak{X}, \mathcal{A})$ und Q eine Gruppe messbarer Transformationen auf $(\mathfrak{X}, \mathcal{A})$. Dann heißt T $\mathcal{P}$ **fast Q-invariant**, wenn $\forall \pi \in Q$ gilt:*

$$T \circ \pi = T \ [\mathcal{P}].$$

Satz 8.2.8 (Fast Q-Invarianz und Invarianz)

Sei T $\mathcal{P}$ fast Q-invariant, sei $\mathcal{P}$ eine Q-invariante Verteilungsklasse und sei $(Q, \mathcal{A}_Q)$ so, dass

1) $(\pi, x) \to \pi x$ $(\mathcal{A}_Q \otimes \mathcal{A}, \mathcal{A})$-messbar ist

2) $A \in \mathcal{A}_Q$, $\pi \in Q \Rightarrow A\pi \in \mathcal{A}_Q$

*3) $\exists$ ein **quasi (rechts) invariantes Maß** $\nu \in M^1(Q, \mathcal{A}_Q)$,
    d.h. $\nu(A) = 0 \Rightarrow \nu(A\pi) = 0, \forall \pi \in Q, A \in \mathcal{A}_Q.$*

Dann existiert eine invariante Statistik $\overline{T} : (\mathfrak{X}, \mathcal{A}) \longrightarrow (\overline{\mathbb{R}}, \overline{\mathbb{B}})$ so dass

$$\overline{T} = T \ [\mathcal{P}].$$

Beweis: Sei zunächst $T = 1_B$ $\mathcal{P}$ fast Q-invariant. Sei

$$\widetilde{\mathcal{I}} := \widetilde{\mathcal{I}}(Q) := \{A \in \mathcal{A}; \ \exists \overline{A} \in \mathcal{I} = \mathcal{I}(Q), A = \overline{A} \ [\mathcal{P}]\}$$

das System der zu einer invarianten Menge $\mathcal{P}$-äquivalenten Mengen. Zu $\pi \in Q$ sei

$$\widetilde{\mathcal{I}}(\pi) := \{A \in \mathcal{A}; \ \exists \overline{A} \in \mathcal{I}(\pi), A = \overline{A} \ [\mathcal{P}]\}$$

dabei ist $\mathcal{I}(\pi)$ das System der π-invarianten Mengen. Dann ist

$$\widetilde{\mathcal{I}}(Q) \subset \bigcap_{\pi \in Q} \widetilde{\mathcal{I}}(\pi) = \text{ Menge der } \mathcal{P} \text{ fast } Q\text{-invarianten Mengen.}$$

Sei umgekehrt $B \in \bigcap_{\pi \in Q} \tilde{\mathcal{I}}(\pi)$. Nach 1), 3) ist

$$C := \{x \in \mathfrak{X}; \ \int_Q 1_B(\pi x) \, d\nu(\pi) = 1\} \in \mathcal{A},$$

mit dem quasi-invarianten Maß ν aus 3).

Behauptung 1: $C = \pi^{-1}C, \ \forall \pi \in Q$, d.h. $C \in \mathcal{I}$.
Äquivalent zu Beh. 1. ist:

$$C \subset \pi^{-1}C \quad \forall \pi \in Q, \text{ da dann } \pi C \subset \pi \circ \pi^{-1}C = C.$$

Es ist: $\quad x \in C \Leftrightarrow \exists N_x \in \mathcal{A}_Q : \nu(N_x) = 0$, so dass $\forall \pi' \in N_x^c$ gilt: $\pi' x \in B$.

Zu zeigen ist: $\qquad\qquad\qquad x \in C \Rightarrow \pi x \in C,$
d.h. $\exists N_{\pi x} \in \mathcal{A}_Q : \nu(N_{\pi x}) = 0$ so dass $\forall \pi' \in N_{\pi x}^c$ gilt $\pi'(\pi x) \in B$.

Definiere $N_{\pi x} := N_x \pi^{-1} \in \mathcal{A}_Q$ nach 2).
Nach 3) folgt: $\qquad\qquad\qquad\qquad \nu(N_{\pi x}) = 0.$

Für $\pi' \in N_{\pi x}^c = (N_x \pi^{-1})^c = (N_x^c)\pi^{-1}$ gilt

$$\pi' \circ \pi \in N_x^c,$$

also $\pi' \circ \pi x \in B$ und damit $\pi x \in C$.

Behauptung 2: $P_\vartheta(B \triangle C) = 0, \ \forall \vartheta \in \Theta,$

denn: $B \in \bigcap_{\pi \in Q} \tilde{\mathcal{I}}(\pi)$ ist $\mathcal{P}$ fast Q-invariant

$$\Leftrightarrow P_\vartheta(B \triangle \pi^{-1}(B)) = \int_{\mathfrak{X}} |1_B(x) - 1_B(\pi x)| \, dP_\vartheta(x) = 0, \quad \forall \pi \in Q, \forall \vartheta \in \Theta$$

$$\Rightarrow \forall \vartheta \in \Theta \text{ gilt: } \int_{\mathfrak{X}} \int_Q |1_B(x) - 1_B(\pi x)| \, d\nu(\pi) \, dP_\vartheta(x) = 0,$$

$$\Rightarrow \forall \vartheta \in \Theta : \exists M_\vartheta \in \mathcal{A} : P_\vartheta(M_\vartheta) = 0, \text{ so dass}$$

$$\int_Q |1_B(x) - 1_B(\pi x)| \, d\nu(\pi) = 0, \quad \forall x \in M_\vartheta^c.$$

Daher gilt $1_B(x) = 1_B(\pi x)[\nu], \forall x \in M_\vartheta^c$.
Für $x \in M_\vartheta^c \cap B$ folgt daher

$$\int_Q 1_B(\pi x) \, d\nu(\pi) = 1_B(x)\nu(Q) = 1,$$

also $x \in C \cap B$.

Für $x \in M_\vartheta^c \cap B^c$ gilt ebenso

$$\int 1_B(\pi x)\, d\nu(\pi) = 1_B(x)\nu(Q) = 0,$$

also $x \in C^c \cap B^c$.

Daraus folgt

$$M_\vartheta^c = M_\vartheta^c \cap B + M_\vartheta^c \cap B^c$$
$$\subset C \cap B + C^c \cap B^c = (C \triangle B)^c;$$

also $C \triangle B \subset M_\vartheta$ und damit die Behauptung 2:

$$P_\vartheta(C \triangle B) \leq P_\vartheta(M_\vartheta) = 0, \quad \forall \vartheta \in \Theta.$$

Aus Behauptung 1 und 2 folgt nun $\widetilde{\mathcal{I}}(Q) = \bigcap_{\pi \in Q} \widetilde{\mathcal{I}}(\pi)$. Daher stimmen auch die messbaren Funktionen überein. Aber es gilt:
T ist $\mathcal{P}$ fast Q-invariant $\Leftrightarrow T \in \mathcal{L}(\bigcap_{\pi \in Q} \widetilde{\mathcal{I}}(\pi))$.

Die Existenz einer invarianten Statistik $\overline{T}$ mit $T = \overline{T}$ $[\mathcal{P}]$ ist äquivalent zu $T \in \mathcal{L}(\widetilde{\mathcal{I}}(Q))$. Damit folgt die Behauptung. $\qquad\square$

Die Verträglichkeit einer Statistik T mit einer Gruppe Q ist von Bedeutung für die Anwendung mehrerer Reduktionsprinzipien z.B. bzgl. zweier Gruppen Q_1, Q_2 oder bzgl. Suffizienz (für die Statistik T) und Invarianz (bzgl. einer Gruppe Q).

Definition 8.2.9 (Q-verträgliche Statistik)
*Sei Q eine Gruppe messbarer Transformationen von $(\mathfrak{X}, \mathcal{A})$ und $T : (\mathfrak{X}, \mathcal{A}) \to (Y, \mathcal{B})$. Dann heißt T mit Q **verträglich**, wenn für $x, y \in \mathfrak{X}$ aus $T(x) = T(y)$ folgt:*

$$T(\pi x) = T(\pi y), \quad \forall \pi \in Q.$$

Bemerkung 8.2.10 (Verträglichkeit und Maximalinvariante)
Seien Q_1, Q_2 Gruppen messbarer Transformationen auf $(\mathfrak{X}, \mathcal{A})$ und sei $T_1 : \mathfrak{X} \to Y$ maximalinvariant bzgl. Q_1. Mit $Y_1 := T_1(\mathfrak{X})$, $\mathcal{B}_1 := \mathcal{B}_{T_1}$ ist dann

$$T_1 : (\mathfrak{X}, \mathcal{A}) \to (Y_1, \mathcal{B}_1).$$

Ist Q_2 und T_1 verträglich, dann ist für $\pi_2 \in Q_2$ die durch

$$\pi_2^*(T_1 x) := T_1(\pi_2 x), \quad x \in \mathfrak{X}$$

definierte Abbildung wohldefiniert und es gilt:
a) $Q_2^* := \{\pi_2^*; \ \pi_2 \in Q_2\}$ ist eine Gruppe messbarer Transformationen auf $(Y_1, \mathcal{B}_1)$.
b) Ist T_2^* maximalinvariant bzgl. Q_2^*, dann ist $T_2^* \circ T_1$ maximalinvariant bzgl. der von $Q_1 \cup Q_2$ erzeugten Gruppe $\langle Q_1, Q_2 \rangle$.

Diese Aussage erlaubt also eine sukzessive Konstruktion von maximalinvarianten Statistiken.

Der folgende Satz macht eine wesentliche Aussage zum Verhältnis von Reduktion durch Suffizienz und der Reduktion durch Invarianz. Unter der Verträglichkeitsannahme aus Definition 8.2.9 führt eine Reduktion durch Suffizienz und dann durch Invarianz zum gleichen Test wie die Reduktion in der umgekehrten Reihenfolge.

Satz 8.2.11 (Suffizienz und Invarianz; Hall, Wijsman und Ghosh (1965))
Sei $(\mathcal{P}_0, \mathcal{P}_1)$ ein Q-invariantes Testproblem. Q erfülle die Voraussetzungen 1)–3) aus Satz 8.2.8. $S : (\mathfrak{X}, \mathcal{A}) \to (Y, \mathcal{B})$ sei eine surjektive, mit Q verträgliche suffiziente Statistik für $\mathcal{P} = \mathcal{P}_0 + \mathcal{P}_1$.

Ist Ψ^* ein gleichmäßig bester Q^*-invarianter Test zum Niveau α für $(\mathcal{P}_0^S, \mathcal{P}_1^S)$, dann ist $\varphi^* := \Psi^* \circ S$ gleichmäßig bester Q-invarianter Test zum Niveau α für $(\mathcal{P}_0, \mathcal{P}_1)$.

Beweis: $\Phi_\alpha(Q)(\Phi_\alpha(Q^*))$ sei die Klasse der α-Niveau-Tests auf $(\mathfrak{X}, \mathcal{P})((Y, \mathcal{P}^S))$ die Q-invariant (bzw. Q^*-invariant) sind. Dann gilt:

$$\Psi^* \in \Phi_\alpha(Q^*) \Rightarrow \Psi^* \circ S \in \Phi_\alpha(Q),$$

denn

$$\Psi^* \circ S \circ \pi = \Psi^* \circ \pi^* \circ S = \Psi^* \circ S, \forall \pi \in Q$$

und

$$\int \Psi^* \, dP_\vartheta^S = \int \Psi^* \circ S \, dP_\vartheta \leq \alpha, \quad \vartheta \in \Theta_0.$$

Damit ist $\Psi^* \circ S$ ein möglicher Kandidat für einen besten Q-invarianten Test. Umgekehrt sei $\varphi \in \Phi_\alpha(Q)$. Zu zeigen ist, dass ein Test der Form $\overline{\Psi} \circ S$ existiert, der besser als φ ist. Dazu definieren wir

$$\widetilde{\Psi}(s) := E.(\varphi \mid S = s) \ [\mathcal{P}^S].$$

Dann folgt

$$E_\vartheta \widetilde{\Psi} \circ S = E_\vartheta \varphi, \vartheta \in \Theta$$

und es gilt:

Behauptung 1: $\widetilde{\Psi}$ ist $\mathcal{P}^S$ fast Q^*-invariant.

Denn für $C \in \mathcal{B}$ sei $\widetilde{C} := \pi^*(C)$, dann folgt:

$$S^{-1}(C) = S^{-1}((\pi^*)^{-1}(\widetilde{C})) = (\pi^* \circ S)^{-1}(\widetilde{C})$$
$$= (S \circ \pi)^{-1}(\widetilde{C}) = \pi^{-1}(S^{-1}(\widetilde{C})).$$

Also folgt nach der Radon-Nikodým-Gleichung für $C \in \mathcal{B}, \vartheta \in \Theta$

$$\int_C \widetilde{\Psi} \, dP_\vartheta^S = \int_{S^{-1}(C)} \varphi \, dP_\vartheta$$

$$= \int_{\pi^{-1}(S^{-1}(\widetilde{C}))} \varphi \circ \pi \, dP_\vartheta \qquad \text{da } \varphi = \varphi \circ \pi$$

$$= \int_{S^{-1}(\widetilde{C})} \varphi \, dP_\vartheta^\pi = \int_{\widetilde{C}} \widetilde{\Psi} \, d(P_\vartheta^\pi)^S \qquad \text{nach Radon-Nikodým}$$

$$= \int_{\widetilde{C}} \widetilde{\Psi} \, dP_\vartheta^{\pi^* \circ S} \qquad \text{da } \pi^* \circ S = S \circ \pi$$

$$= \int_C \widetilde{\Psi} \circ \pi^* \, dP_\vartheta^S \qquad \text{da } (\pi^*)^{-1}(\widetilde{C}) = C.$$

Aus obiger Gleichung ergibt sich:

$$\widetilde{\Psi} \circ \pi^* = \widetilde{\Psi} \; [\mathcal{P}^S] \text{ für alle } \pi^* \in Q^*, \text{ d.h. } \widetilde{\Psi} \text{ ist } \mathcal{P}^S \text{ fast } Q^*\text{-invariant.}$$

Nach Satz 8.2.8 existiert daher ein Q^*-invarianter Test $\overline{\Psi}$ mit $\widetilde{\Psi} = \overline{\Psi} \; [\mathcal{P}^S]$. Denn Q erfüllt die Bedingungen 1)–3). Das impliziert, dass auch Q^* die Bedingungen 1)–3) erfüllt. Also ist $\widetilde{\Psi} \circ S = \overline{\Psi} \circ S \; [\mathcal{P}]$ und $E_\vartheta \overline{\Psi} \circ S = E_\vartheta \widetilde{\Psi} \circ S = E_\vartheta \varphi, \forall \vartheta \in \Theta$. Wegen der Optimalität von Ψ^* unter den Q^*-invarianten Tests zum Niveau α folgt dann:

$$E_\vartheta \Psi^* \circ S \geq E_\vartheta \overline{\Psi} \circ S = E_\vartheta \widetilde{\Psi} \circ S = E_\vartheta \varphi, \forall \vartheta \in \Theta_1 \text{ und } \overline{\Psi} \circ S \in \Phi_\alpha(Q).$$

Damit folgt die Behauptung. $\square$

Das folgende Beispiel zeigt eine Anwendung des Satzes von Hall, Wijsman und Ghosh.

Beispiel 8.2.12 (Zweistichprobenproblem)
Sei $\Theta = \mathbb{R}$, $\vartheta = (\mu_1, \mu_2)$ *und* $P_\vartheta = (N(\mu_1, \sigma_0^2) \otimes N(\mu_2, \sigma_0^2))^{(n)}$.

Wir betrachten das Testproblem $\Theta_0 = \{\mu_1 = \mu_2 = 0\}$, $\Theta_1 = \{\mu_1^2 + \mu_2^2 > 0\}$. *Dann ist der Stichprobenraum* $\mathfrak{X} = (\mathbb{R}^2)^n$ *und mit* $x = ((y_1, z_1), \ldots, (y_n, z_n))$ *ist* $S(x) := (\overline{y}, \overline{z})$ *suffizient für* $\mathcal{P}$ *mit Werten in* $(S, \mathcal{B}) = (\mathbb{R}^2, \mathbb{B}^2)$.

Die orthogonale Gruppe $\mathcal{O}(2)$ *auf* $\mathbb{R}^2$ *erzeugt die Gruppe* $Q := \{(q, \ldots, q); q \in \mathcal{O}(2)\}$ *auf* $(\mathbb{R}^2)^n$ *und das Testproblem* (Θ_0, Θ_1) *ist invariant bzgl.* Q. Q *ist mit* S *verträglich und* $Q^* = \mathcal{O}(2)$, *denn für* $x = (y, z), w = (u, v) \in \mathfrak{X}$ *mit* $Sx = (\overline{y}, \overline{z}) = Sw = (\overline{u}, \overline{v})$ *folgt für* $q \in \mathcal{O}(2)$,

$$S(\overline{q}x) = S(\overline{q}w) = q(\overline{y}, \overline{z}) \text{ für } \overline{q} = (q, \ldots, q).$$

Die Statistik $T^*(s_1, s_2) := n\frac{s_1^2 + s_2^2}{\sigma_0^2}$ *ist* Q^* *maximal-invariant und* $T(x) := T^* \circ S(x) = n\frac{\overline{y}^2 + \overline{z}^2}{\sigma_0^2}$ *hat eine gestreckte* χ_2^2-*Verteilung,*

$$P_\vartheta^T = \chi_2^2(\delta^2) \text{ mit } \delta^2 := n\frac{\mu_1^2 + \mu_2^2}{\sigma_0^2}.$$

Die Klasse $\{\chi_2^2(\delta^2);\ \delta^2 > 0\}$ hat einen monotonen Dichtequotienten in der Identität. Also existiert ein gleichmäßig bester Q^*-invarianter Test zum Niveau α für $(\mathcal{P}_0^S, \mathcal{P}_1^S)$, nämlich

$$\Psi^*(t) := 1_{(\chi_{2,\alpha}^2(\delta^2), \infty)}(t).$$

Nach dem Satz von Hall, Wijsman und Ghosh (1965) ist daher $\varphi^*(x) = \Psi^* \circ T(x)$ gleichmäßig bester Q-invarianter Test zum Niveau α für $\delta^2 = 0$ gegen $\delta^2 > 0$, d.h. für (Θ_0, Θ_1).

Eine analoge Aussage lässt sich auch für das Testproblem $\mu_1^2 + \mu_2^2 \leq t$ gegen $\mu_1^2 + \mu_2^2 > t$ treffen.

Das Prinzip der Reduktion durch Invarianz ist mit der Reduktion durch Unverfälschtheit verträglich.

Satz 8.2.13 (Invarianz und Unverfälschtheit)
Sei $(\mathcal{P}_0, \mathcal{P}_1)$ ein Q-invariantes Testproblem. Sei $\widetilde{\varphi}$ ein gleichmäßig bester unverfälschter Test zum Niveau α. Sei $\widetilde{\varphi}$ $\mathcal{P}$ f.s. eindeutig bestimmt und es sei φ^* ein gleichmäßig bester Q-invarianter Test zum Niveau α.

Erfüllt Q die Voraussetzungen von Satz 8.2.8, dann folgt:

$$\varphi^* \text{ ist } \mathcal{P} \text{ f.s. eindeutig und } \widetilde{\varphi} = \varphi^* \ [\mathcal{P}].$$

Beweis: Da das Testproblem $(\mathcal{P}_0, \mathcal{P}_1)$ Q-invariant ist, gilt:

$$\varphi \in U_\alpha \Leftrightarrow \varphi \circ \pi \in U_\alpha, \forall \pi \in Q.$$

Für alle $\vartheta \in \Theta_1$ folgt hieraus:

$$\begin{aligned}
E_\vartheta \widetilde{\varphi} \circ \pi &= E_{\overline{\pi}\vartheta} \widetilde{\varphi} = \sup_{\varphi \in U_\alpha} E_{\overline{\pi}\vartheta} \varphi \\
&= \sup_{\varphi \in U_\alpha} E_\vartheta \varphi \circ \pi = \sup_{\varphi \circ \pi \in U_\alpha} E_\vartheta \varphi \circ \pi = E_\vartheta \widetilde{\varphi}.
\end{aligned}$$

Also ist auch $\widetilde{\varphi} \circ \pi$ gleichmäßig bester unverfälschter Test zum Niveau α und damit gilt wegen der Eindeutigkeitsannahme

$$\widetilde{\varphi} = \widetilde{\varphi} \circ \pi \ [\mathcal{P}], \text{ d.h. } \widetilde{\varphi} \text{ ist } \mathcal{P} \text{ fast } Q\text{-invariant.}$$

Nach Satz 8.2.8 existiert daher ein Q-invarianter Test $\overline{\varphi}$ mit $\overline{\varphi} = \widetilde{\varphi} \ [\mathcal{P}]$. Es gilt also

$E_\vartheta \overline{\varphi} = E_\vartheta \widetilde{\varphi}$ für alle $\vartheta \in \Theta$. Hieraus folgt

$E_\vartheta \widetilde{\varphi} \leq E_\vartheta \varphi^*, \vartheta \in \Theta_1$, da φ^* optimaler Q-invarianter Test zum Niveau α ist.

Umgekehrt: Der Test $\varphi \equiv \alpha$ ist in U_α und ist Q-invariant

$$\Rightarrow E_\vartheta \varphi^* \geq \alpha, \forall \vartheta \in \Theta_1, \text{ d.h. } \varphi^* \in U_\alpha.$$

Daraus folgt aber die umgekehrte Ungleichung: $E_\vartheta \widetilde{\varphi} \geq E_\vartheta \varphi^*$.

Also gilt: $E_\vartheta \widetilde{\varphi} = E_\vartheta \varphi^*, \forall \vartheta \in \Theta_1$.

Wegen der Eindeutigkeitsannahme folgt

$$\widetilde{\varphi} = \varphi^* \ [\mathcal{P}].$$

$\square$

Bemerkung 8.2.14

Die Eindeutigkeitsannahme von Satz 8.2.13 gilt insbesondere, wenn $\mathcal{P}_1$ vollständig ist. Ist φ^* sogar gleichmäßig bester Test unter allen Tests mit $\overline{Q}$-invarianter Güte-funktion auf Θ_1, dann kann die Eindeutigkeitsannahme in Satz 8.2.13 gestrichen werden.

8.3   Der Satz von Hunt und Stein

Gegenstand dieses Abschnittes ist es, ein Analogon vom Satz 8.1.12 von Girshik und Savage für Testprobleme zu finden. Lassen sich für invariante Testprobleme 'optimale' Tests in der Menge der invarianten Tests finden? Der Satz von Hunt und Stein gibt eine entscheidungstheoretische Begründung für die Reduktion auf invariante Tests bei invarianten Testproblemen. Es ist wie bei den Schätzproblemen plausibel, dass Testverfahren bei invarianten Testproblemen nicht von der verwendeten Skalierung (Beschreibung durch ein Gruppenelement) abhängen sollten und daher eine Reduktion auf invariante Tests als angebracht erscheint. Für nicht 'zu große' Gruppen rechtfertigt der Satz von Hunt und Stein diese Reduktion. Die amenablen Gruppen sind hierfür der geeignete Größenbegriff.

Wir beginnen diesen Abschnitt mit einigen allgemeinen Vorbemerkungen über invariante Entscheidungsprobleme.

Sei $\mathcal{P}$ invariant unter einer Gruppe Q. Ist Q endlich und $\delta = \delta(x, A) \in \mathcal{D}$ eine Entscheidungsfunktion, dann definiert

$$\overline{\delta}(x, A) := \frac{1}{q} \sum_{\pi \in Q} \delta(\pi x, \pi A), \quad q := |Q|$$

eine **invariante Entscheidungsfunktion**, $\overline{\delta} \in \mathcal{J}$, d.h. $\overline{\delta}(\pi x, \pi A) = \overline{\delta}(x, A)$. Ist insbesondere δ invariant, $\delta \in \mathcal{J}$, dann ist $\overline{\delta} = \delta$.

Es gilt $\forall \delta \in \mathcal{D}$

$$R(\vartheta, \overline{\delta}) = \iint L(\vartheta, a) \overline{\delta}(x, da) \, dP_\vartheta(x) \tag{8.4}$$

$$= \frac{1}{q} \sum_{\pi \in Q} \iint L(\vartheta, \pi^{-1} a) \delta(\pi x, da) \, dP_\vartheta(x)$$

$$= \frac{1}{q} \sum_{\pi \in Q} \iint L(\pi \vartheta, a) \delta(x, da) \, dP_{\overline{\pi} \vartheta}(x)$$

$$= \frac{1}{q} \sum_{\pi \in Q} R(\overline{\pi} \vartheta, \delta).$$

Das Risiko von $\overline{\delta}$ ist also auf den Bahnen von $\overline{Q}$ konstant. Wir identifizieren im Folgenden Q und $\overline{Q}$. Aus (8.4) folgt auch:

$$\inf_{\pi \in Q} R(\pi \vartheta, \delta) \leq R(\vartheta, \overline{\delta}) \leq \sup_{\pi \in Q} R(\pi \vartheta, \delta) \tag{8.5}$$

und daher

$$\sup_{\vartheta \in \Theta} R(\vartheta, \overline{\delta}) \leq \sup_{\vartheta \in \Theta} R(\vartheta, \delta).$$

Daraus ergibt sich

$$\inf_{\overline{\delta} \in \mathcal{J}} \sup_{\vartheta \in \Theta} R(\vartheta, \overline{\delta}) \leq \inf_{\delta \in \mathcal{D}} \sup_{\vartheta \in \Theta} R(\vartheta, \delta) \leq \inf_{\delta \in \mathcal{J}} \sup_{\vartheta \in \Theta} R(\vartheta, \delta) \tag{8.6}$$

und damit die Gleichheit in (8.6). Als Ergebnis erhalten wir damit:

Proposition 8.3.1
Ist $\mathcal{P}$ invariant unter der endlichen Gruppe Q, dann gilt

a) $\forall \delta \in \mathcal{J}$ ist das Risiko $R(\cdot, \delta)$ von δ konstant auf den Q-Bahnen

b) $\inf\limits_{\delta \in \mathcal{D}} \sup\limits_{\vartheta \in \Theta} R(\vartheta, \delta) = \inf\limits_{\delta \in \mathcal{J}} \sup\limits_{\vartheta \in \Theta} R(\vartheta, \delta)$

Eine Minimax-Entscheidungsfunktion unter den invarianten Entscheidungsfunktionen ist daher Minimax-Entscheidungsfunktion unter allen Entscheidungsfunktionen.

Das folgende Beispiel zeigt, dass man diese Eigenschaft nicht im Allgemeinen erwarten kann.

Beispiel 8.3.2
Wir betrachten das Modell $\mathcal{P} = \{P_{\Delta,\Sigma} := N(0, \Sigma) \otimes N(0, \Delta\Sigma); \ \Delta \in \mathbb{R}_+, \Sigma \in NN(d)\}$ mit $NN(d)$ die Menge der nichtnegativ definiten $p \times p$-Matrizen. Wir betrachten das Testproblem

$$H_0 : 0 < \triangle \leq \triangle_0 \quad gegen \quad H_1 : \triangle \geq \triangle_1,$$

wobei $0 < \triangle_0 < \triangle_1$. Das Testproblem ist invariant bzgl. $Q := GL(p) = GL(p, \mathbb{R})$, wobei $A \in GL(p)$ auf $\mathfrak{X} = \mathbb{R}^p \times \mathbb{R}^p$ komponentenweise operiert:

$$A(x, y) := (Ax, Ay).$$

Es gilt dann $\quad AP_{\triangle,\Sigma} = P_{\triangle, A^T \Sigma A}$.
Q ist transitiv auf $\mathfrak{X}$, denn für $(x, y), (u, v) \in \mathfrak{X}$, so dass x, y und auch u, v linear unabhängig. Daher existiert ein $A \in Q$ so, dass $A(x, y) = (Ax, Ay) = (u, v)$.
Daraus folgt aber: Jeder invariante Test ist f.s. konstant,
d.h. der triviale Test $\varphi_\alpha(x, y) \equiv \alpha$ ist gleichmäßig bester invarianter Test zum Niveau α.

Es gibt aber bessere Tests zum Niveau α, z.B. von der Form

$$\varphi_1(x, y) := \begin{cases} 1, & \\ & \frac{y_1^2}{x_1^2} \begin{array}{c} > \\ < \end{array} c. \\ 0, & \end{cases}$$

Dann ist die Gütefunktion $\beta_1(\triangle) := E_{\triangle,\Sigma}\varphi_1$ streng isoton in $\triangle$ und unabhängig von Σ. Also gilt $\beta(\triangle) > \beta(\triangle_0) = \alpha$ für alle $\triangle \geq \triangle_1$. Insbesondere gilt die Minimax-Aussage in (8.6) nicht für dieses Beispiel. Die Gruppe Q ist in diesem Beispiel 'zu groß'.

Die in (8.5) hergeleitete Ungleichung ist grundlegend für das weitere Vorgehen.

Proposition 8.3.3

Sei das Testproblem $(\mathcal{P}_0, \mathcal{P}_1)$ invariant unter der Gruppe Q und

1) es existiere ein Maximintest φ zum Niveau α und

2) $\forall \varphi \in \Phi : \exists \overline{\varphi} \in \mathcal{J}$ so dass $\forall \vartheta \in \Theta$

$$\inf_{\pi \in Q} E_{\pi\vartheta}\varphi \leq E_{\vartheta}\overline{\varphi} \leq \sup_{\pi \in Q} E_{\pi\vartheta}\varphi.$$

Dann gilt:
Ist $\varphi^* \in \mathcal{J}_\alpha$ Maximintest zum Niveau α bzgl. $\mathcal{J}_\alpha = \Phi_\alpha(Q)$, der Klasse aller Q-invarianten Tests zum Niveau α, dann ist φ^* auch Maximintest bzgl. Φ_α.

Beweis: Sei $\varphi^* \in \mathcal{J}_\alpha$ Maximintest zum Niveau α bzgl. der Klasse $\mathcal{J}_\alpha$ der Q-invarianten Tests zum Niveau α. Sei $\varphi \in \Phi_\alpha$ und $\overline{\varphi} \in \mathcal{J}$ ein invarianter Test mit der Eigenschaft 2).

Dann ist $\overline{\varphi} \in \mathcal{J}_\alpha$ und für alle $\vartheta \in \Theta_1$ gilt

$$E_{\vartheta}\overline{\varphi} \geq \inf_{\pi \in Q} E_{\pi\vartheta}\varphi.$$

Daraus folgt:

$$\sup_{\varphi \in \Phi_\alpha} \inf_{\vartheta \in \Theta_1} E_{\vartheta}\varphi \leq \sup_{\overline{\varphi} \in \mathcal{J}_\alpha} \inf_{\vartheta \in \Theta_1} E_{\vartheta}\overline{\varphi}.$$

Also gilt Gleichheit und die Behauptung von Proposition 8.3.3 folgt hieraus.   □

Definition 8.3.4

*Sei Q eine Gruppe mit σ-Algebra $\mathcal{A}_Q$. Eine Folge $(\lambda_n) \subset M^1(Q, \mathcal{A}_Q)$ heißt **asymptotisch (rechts-)invariant** auf Q, wenn für alle $A \in \mathcal{A}_Q$ und alle $\pi \in Q$ gilt:*

$$\lim_{n \to \infty} (\lambda_n(A\pi) - \lambda_n(A)) = 0.$$

Bemerkung 8.3.5

*Sei Q eine Gruppe, $\mathcal{O}$ eine Topologie auf Q, so dass Q eine **topologische Gruppe** ist, d.h. die Abbildung $Q \times Q \to Q$, $(\pi_1, \pi_2) \to \pi_1 \circ \pi_2^{-1}$ ist stetig. Auf einer lokalkompakten, Hausdorffschen topologischen Gruppe mit Borelscher σ-Algebra existiert ein bis auf Normierung eindeutig bestimmtes rechtsinvariantes Maß $\lambda \in M(Q, \mathcal{A}_Q)$*

$\lambda \neq 0$ mit $\lambda(K) < \infty$ $\forall K$ kompakt. λ heißt rechtsinvariantes **Haarsches Maß**.[1]
Es gilt:

$$\lambda \text{ ist endliches Maß} \Leftrightarrow Q \text{ ist kompakte Gruppe}$$
$$\lambda \in M_\sigma(Q, \mathcal{A}_Q) \Leftrightarrow Q \text{ ist } \sigma\text{-kompakt.}$$

Auf der lokalkompakten, σ-kompakten Gruppe $Q = GL(n, \mathbb{R})$ ist das Haarsche Maß gegeben durch

$$\frac{d\lambda}{d\lambda^{n^2}}(A) = \frac{1}{|\det A|^n}.$$

Für die multiplikative Gruppe $Q = (0, \infty)$ gilt

$$\frac{d\lambda}{d\lambda}(x) = \frac{1}{x} 1_{(0,\infty)}(x).$$

Ist λ σ-endlich, dann existiert in vielen Fällen eine Folge $K_n \uparrow Q$ kompakter Mengen, so dass

$$\lambda_n(A) := \frac{\lambda(A \cap K_n)}{\lambda(K_n)}, \quad A \in \mathcal{A}_Q$$

asymptotisch rechtsinvariant ist.

Definition 8.3.6
Eine lokalkompakte Gruppe ist **amenable**, wenn es ein asymptotisch rechtsinvariantes Netz $(\lambda_\alpha) \subset M^1(Q, \mathcal{B}(Q))$ gibt.
Eine lokalkompakte, σ-kompakte Gruppe Q heißt **amenable**, wenn es eine asymptotische (rechts-)invariante Folge $(\lambda_n) \subset M^1(Q, \mathcal{B}(Q))$ gibt.

Bemerkung 8.3.7
a) Ist Q lokalkompakte, σ-kompakte Gruppe und existiert $K_n \uparrow Q$, K_n kompakt, so
dass

$$\lim_{n\to\infty} \frac{\lambda(K_n \triangle K_n q)}{\lambda(K_n)} = 0, \quad \forall q \in Q,$$

dann folgt

$$\lim_{n\to\infty} \sup_{A\in\mathcal{B}(Q)} \left| \underbrace{\frac{\lambda(Aq \cap K_n)}{\lambda(K_n)}}_{=:\lambda_n(Aq)} - \underbrace{\frac{\lambda(A \cap K_n)}{\lambda(K_n)}}_{=\lambda_n(A)} \right| = 0, \quad \forall q \in Q.$$

Q ist also amenable mit asymptotisch rechtsinvarianter Folge (λ_n).

---

[1] Analog gibt es dazu auch ein linksinvariantes Maß κ. Es gilt $\frac{d\kappa}{d\lambda}(\pi) = \delta(\pi)$, δ ist ein stetiger Gruppenhomomorphismus $G \to \mathbb{R}_+^*$ so dass $\int f(xa)\delta(a)d\lambda(x) = \int f(x)d\lambda(x)$ und $\int f(x^{-1}\delta(x^{-1}))d\lambda(x) = \int f(x)d\lambda(x)$.

b) *Die Amenabilität von Q ist äquivalent dazu, dass ein (rechts-)**invariantes Mittel** M auf $L^\infty(Q)$ existiert, d.h.: M ist ein endlich additives Funktional auf $L^\infty(Q)$, so dass*

$$M(f_q) = M(f), \quad f_q(x) = f(xq), q \in Q.$$

*Sie ist weiter äquivalent zu einer **Fixpunkteigenschaft**:*
Jede Darstellung von Q als Transformationsgruppe hat einen Fixpunkt (vgl. Pier (1984)).

c) *Beispielklassen amenabler Gruppen sind kompakte Gruppen, abelsche Gruppen und auflösbare Gruppen. Nicht amenable sind z.B. F_2, die freie Gruppe von 2 Erzeugern und $GL(n, \mathbb{R})$, $n \geq 3$.*

d) *Es gibt eine umfangreiche Strukturtheorie von amenablen Gruppen. Ein zentrales Resultat:*
Ist Q lokalkompakt und fast zusammenhängend (d.h. $G \setminus G_0$ ist kompakt, wobei G_0 die Zusammenhangskomponente von e ist), dann gilt:

$$G \text{ ist amenable}$$
$$\Leftrightarrow G \text{ ist fast auflösbar (d.h. } G/\operatorname{rad} G \text{ ist kompakt)}$$
$$\Leftrightarrow G \text{ enthält keine freie Gruppe } F_2 \text{ von zwei Erzeugern.}$$

Jede nichtkompakte, zusammenhängende halbeinfache Lie-Gruppe (d.h. das Radikal (= größtes auflösbares Ideal) von G ist trivial, $r(G) = \{e\}$) enthält F_2 und ist daher nicht amenable.

Die Strukturtheorie solcher Gruppen basiert wesentlich auf der Iwasawa-Zerlegung von halbeinfachen, zusammenhängenden Lieschen Gruppen:

$$G = KAN$$

mit einer maximalkompakten Gruppe K, einer abelschen Gruppe A und einer nilpotenten Gruppe N. Wir verweisen hierzu auf die umfangreiche Spezialliteratur, insbesondere auf Pier (1984).

Beispiel 8.3.8

a) Sei Q die Gruppe der Translationen auf $\mathbb{R}$, $Q = \mathbb{R}$, $\pi_q(x) = x + q$, $q \in \mathbb{R}$. Dann ist das Lebesguesche Maß λ invariant auf Q (d.h. $\lambda = \lambda$ ist Haarsches Maß auf Q). λ ist σ-endlich. Mit $K_n = [-n, n]$ ist das normierte Maß $\lambda_n = \frac{\lambda(\cdot \cap K_n)}{\lambda(K_n)}$ die Gleichverteilung auf K_n. Es gilt $\lambda_n(A) = \frac{1}{2n}\lambda(A \cap [-n, n])$ und $\sup_{A \in \mathbb{B}^1} |\lambda_n(A) - \lambda_n(A + q)| \leq \frac{|q|}{n} \to 0$, $\forall q \in \mathbb{R}$. Also ist (λ_n) asymptotisch (rechts-)invariant und Q ist amenable.

b) Ist $Q = \mathbb{R}^n$ die Gruppe der Translationen auf $\mathbb{R}^n$ (oder allgemeiner auf einem endlich-dimensionalen Hilbertraum H), $\pi_q(x) = x + q$, $q \in Q$, dann ist für $\alpha > 0$, $K_\alpha := \{x \in \mathbb{R}^n; \|x\| \leq \alpha\}$ kompakt und nach der Minkowski-Ungleichung folgt

$$K_{\sqrt{n}} + K_{n - \sqrt{n}} \subseteq K_n.$$

Daraus folgt: $K_{n-\sqrt{n}} \subseteq K_n - t, \forall t \in K_{\sqrt{n}}$. Damit gilt für das Haarsche Maß (Lebesgue-Maß)

$$\lim_{n \to \infty} \frac{\lambda(K_n \backslash (K_n - t))}{\lambda(K_n)} \leq \lim \frac{\lambda(K_n - K_{n-\sqrt{n}})}{\lambda(K_n)}$$

$$= \lim \left(1 - \frac{\lambda(K_{n-\sqrt{n}})}{\lambda(K_n)} \right) = 0.$$

Also ist $\lambda_n := \frac{\lambda(\cdot \cap K_n)}{\lambda(K_n)}$ asymptotisch rechts-invariant und Q ist amenable.

c) Für die multiplikative Gruppe $Q = (0, \infty)$ ist das Haarsche Maß λ gegeben durch $\frac{d\lambda}{d\lambda_+}(v) = v^{-1} 1_{(0,\infty)}(v)$ und Q ist amenable. Für die allgemeine lineare Gruppe $Q = GL(n, \mathbb{R})$ ist das Haarsche Maß λ gegeben durch $\frac{d\lambda}{d\lambda^{n \times n}}(A) = \frac{1}{\lceil \det A \rceil^n}$. Q ist nicht amenable für $n \geq 3$.

d) Die freie Gruppe F_2 von zwei Erzeugern a, b ist gegeben durch

$$F_2 = \{ a^{k_1} b^{k_2} a^{k_3} \ldots, b^{k_1} a^{k_2} b^{k_3} \ldots; \ k_i \in \mathbb{Z}_0, k_1 \neq 0, k_i = 0 \text{ für fast alle } i \}$$

(Darstellung minimaler Länge) F_2 ist nicht amenable. Denn angenommen, M ist ein normiertes links-invariantes Mittel auf F_2, dann sei

$$A := \{ a^{k_1} b^{k_2} a^{k_3} \ldots; \ k_i \in \mathbb{Z}_0, k_1 \neq 0 \}$$

die Menge der Elemente, die mit a oder a^{-1} anfangen. Dann sind A, bA, $b^2 A$ disjunkt und daher gilt

$$3M(A) = M(A) + M(bA) + M(b^2 A) \leq M(F_2) = 1, \text{ also } M(A) \leq \frac{1}{3}.$$

Andererseits ist aber $A \cup aA = F_2$, und daher $1 = M(F_2) \leq 2M(A)$, d.h. $M(A) \geq \frac{1}{2}$; ein Widerspruch.

Also existiert kein (links-)invariantes Mittel auf F_2 und F_2 ist nicht amenable. Diese Eigenschaft hat einen engen Zusammenhang mit dem Banach-Tarski-Paradoxon. Denn es lässt sich zeigen, dass die Gruppe $Q = SO(3, \mathbb{R})$, die von

$$a = \begin{pmatrix} 0 & 1 & 0 \\ 1 & 0 & 0 \\ 0 & 0 & -1 \end{pmatrix} \text{ und } b = \begin{pmatrix} 1 & 0 & 0 \\ 0 & -\frac{1}{2} & \frac{\sqrt{3}}{2} \\ 0 & -\frac{\sqrt{3}}{2} & -\frac{1}{2} \end{pmatrix}$$

erzeugte freie Gruppe F_2 enthält und damit nicht amenable ist. Daraus lässt sich folgern, dass kein orthogonal invarianter Inhalt auf $\mathbb{R}^3$ existiert und dass (wie oben gezeigt) paradoxe Zerlegungen von $\mathbb{R}^3$ existieren.

Die grundlegende Beziehung (8.5) für den Fall endlicher Gruppen lässt sich unter der Annahme der Existenz einer asymptotisch invarianten Folge (λ_n) verallgemeinern.

Satz 8.3.9 (Reduktionsprinzip)
Sei Q eine Gruppe messbarer Transformationen auf $(\mathfrak{X}, \mathcal{A})$ und sei $\mathcal{P}$ Q-invariant, $\mathcal{P} \ll \mu$. Existiert eine asymptotisch (rechts-)invariante Folge $(\lambda_n) \subset M^1(Q, \mathcal{A}_Q)$ und ist $\varphi \in \Phi$, dann existiert ein $\mathcal{P}$-fast Q-invarianter Test $\widetilde{\varphi} \in \Phi$, so dass

$$\inf_{\pi \in Q} E_{\overline{\pi}\vartheta}\varphi \le E_\vartheta \widetilde{\varphi} \le \sup_{\pi \in Q} E_{\overline{\pi}\vartheta}\varphi, \quad \forall \vartheta \in \Theta.$$

Beweis: Sei $\varphi_n(x) := \int_Q \varphi(\pi x) d\lambda_n(\pi), n \in \mathbb{N}$. Wegen der schwach $*$-Folgenkompaktheit von Φ existiert eine Teilfolge $N_0 \subset \mathbb{N}$ und es existiert ein Test $\widetilde{\varphi} \in \Phi$ so dass

$$\lim_{N_0} \int_A \varphi_n \, dP_\vartheta = \int_A \widetilde{\varphi} \, dP_\vartheta, \quad \forall \vartheta \in \Theta, \forall A \in \mathcal{A}.$$

Es ist $E_\vartheta \varphi_n = \int E_\vartheta \varphi \circ \pi d\lambda_n(\pi) = \int E_{\overline{\pi}\vartheta} \varphi d\lambda_n(\pi)$. Daher folgt

$$\inf_{\pi \in Q} E_{\overline{\pi}\vartheta}\varphi \le E_\vartheta \varphi_n \le \sup_{\pi \in Q} E_{\overline{\pi}\vartheta}\varphi, \quad \forall \vartheta \in \Theta.$$

<u>Beh.:</u> $\widetilde{\varphi}$ ist $\mathcal{P}$ fast Q-invariant. Denn sei zu $x \in \mathfrak{X}$, $0 \le j \le m$

$$A_{m,j} := \left\{ \pi \in Q; \ \tfrac{j-1}{m} < \varphi(\pi x) \le \tfrac{j}{m} \right\}.$$

Dann ist $\varphi_n(x) = \sum_{j=1}^m \int_{A_{m,j}} \varphi(\widetilde{\pi}x) d\lambda_n(\widetilde{\pi})$ und es gilt

$$0 \le \sum_{j=1}^m \int_{A_{m,j}} \varphi(\widetilde{\pi}x) d\lambda_n(\widetilde{\pi}) - \sum_{j=1}^m \frac{j-1}{m} \lambda_n(A_{m,j}) \le \frac{1}{m}.$$

Ebenso gilt

$$\varphi_n(\pi x) = \sum_{j=1}^m \int_{A_{m,j} \circ \pi^{-1}} \varphi(\widetilde{\pi}x) d\lambda_n(\widetilde{\pi})$$

und damit

$$0 \le \sum_{j=1}^m \int_{A_{m,j}\circ\pi^{-1}} \varphi(\widetilde{\pi}x) d\lambda_n(\widetilde{\pi}) - \sum_{j=1}^m \frac{j-1}{m} \lambda_n(A_{m,j} \circ \pi^{-1}) \le \frac{1}{m}.$$

Aus diesen beiden Abschätzungen folgt

$$|\varphi_n(\pi x) - \varphi_n(x)| \le \sum_{j=1}^m \frac{j-1}{m} \left| \lambda_n(A_{m,j} \circ \pi^{-1}) - \lambda_n(A_{m,j}) \right| + \frac{1}{m}$$

$$\xrightarrow[\substack{n \to \infty \\ n \in N_0}]{} \frac{1}{m} \text{ für alle } m \in \mathbb{N}, \text{ da } \lambda_n \text{ asymptotisch rechtsinvariant ist.}$$

Daraus folgt, dass für alle $x \in \mathfrak{X}$, $\pi \in Q$

$$\varphi_n(\pi x) - \varphi_n(x) \to 0, \quad n \to \infty, n \in N_0.$$

Nach dem Satz über majorisierte Konvergenz folgt

$$\int_A (\varphi_n(\pi x) - \varphi_n(x))\, dP_\vartheta(x) \xrightarrow[n \in N_0]{} 0 \text{ für alle } A \in \mathcal{A}, \pi \in Q, \vartheta \in \Theta.$$

Für den schwach $*$ Häufungspunkt $\widetilde{\varphi}$ von (φ_n) folgt daher

$$\int_A \widetilde{\varphi}(\pi x)\, dP_\vartheta(x) = \int_A \widetilde{\varphi}(x)\, dP_\vartheta(x), \quad \forall A \in \mathcal{A}, \pi \in Q, \vartheta \in \Theta.$$

Damit folgt aber: $\widetilde{\varphi}(\pi x) = \widetilde{\varphi}(x)\ [\mathcal{P}],\ \forall \pi \in Q$; d.h. $\widetilde{\varphi}$ ist P-fast Q-invariant. □

Als Korollar ergibt sich nun aus Satz 8.3.9 und Proposition 8.3.3

Satz 8.3.10 (Reduktion durch Invarianz, Satz von Hunt-Stein)
Für ein Q-invariantes Testproblem $(\mathcal{P}_0, \mathcal{P}_1)$ mit $\mathcal{P} = \mathcal{P}_0 + \mathcal{P}_1 \ll \mu$ gelten die Voraussetzungen 1)–3) von Satz 8.2.8 für Q und existiere eine asymptotisch rechtsinvariante Folge $(\lambda_n) \subset M^1(Q, \mathcal{A}_Q)$. Existiert ein Maximintest $\varphi \in \Phi_\alpha$, dann existiert auch ein invarianter Maximintest $\overline{\varphi}$ zum Niveau α, $\overline{\varphi} \in \mathcal{J}_\alpha$.

Bemerkung 8.3.11

a) *Die Reduktion durch Invarianz bedeutet also keine Einschränkungen für die Bestimmung von Maximintests. Insbesondere für amenable Gruppen sind die Voraussetzungen von Satz 8.3.10 an Q erfüllt.*

b) *Die Existenz eines Maximintests ist gesichert wenn $\mathcal{P}_0$ oder $\mathcal{P}_1$ dominiert ist. Der invariante Maximintest minimiert nach Satz 8.3.9 sogar das maximale Risiko auf allen Q-Bahnen der Alternative.*

c) *Auch für allgemeine Entscheidungsprobleme lassen sich entsprechende Aussagen zur Reduktion durch Invarianz beweisen.*

8.4   Invariante Tests in Linearen Modellen

In diesem Abschnitt betrachten wir invariante Tests für lineare Hypothesen. Viele wichtige Beispiele in den Anwendungen werden durch solche lineare Hypothesen beschrieben (vgl. Bemerkung 8.4.9). Lineare Hypothesen bestehen darin, dass sich der Erwartungswertvektor eines Experiments in einem linearen Teilraum des im Experiment zugrunde liegenden Grundraums befindet. Durch diese Hypothesenstruktur erhält das Experiment auf natürliche Weise eine Invarianzstruktur aufgeprägt. Viele der Standardtestprobleme in Ein- und Mehrfaktormodellen lassen sich als Spezialfall von Tests in linearen Modellen auffassen und die Hauptresultate über die Optimalität des χ^2-Tests und des F-Tests der linearen Hypothesen (Satz 8.4.8) hierauf anwenden. Wir diskutieren auch kurz die Schätztheorie in Linearen Modellen (Satz von Gauß-Markov, Satz 8.4.10).

Allgemein ist ein Lineares Modell folgendermaßen beschrieben. Sei H ein (endlichdimensionaler) euklidischer Raum mit Skalarprodukt $\langle\,,\,\rangle$; typischer Fall ist

$H = \mathbb{R}^n$ mit dem Standardskalarprodukt. Sei $O(H)$ die orthogonale Gruppe von H und $L \subset H$ ein linearer Teilraum von H. Zu $P \in M^1(H, \mathcal{B}(H))$ sei $P_a := \varepsilon_a * P$ der Shift von P mit $a \in H$ und es sei P isotrop, d.h. $P^\pi = P, \forall \pi \in O(H)$.

Wir betrachten das von L erzeugte **Lineare Modell** $\mathcal{P} = \{P_a; \ a \in L\}$. Für einen linearen Teilraum $L_0 \subset L$ heißt dann $(L_0, L \setminus L_0)$ Testproblem mit **linearen Hypothesen**.

Sei $O_L(H) := \{A \in O(H); \ AL \subset L\}$. Für $A \in O_L(H)$ gilt dann $AL = L, AL^\perp = L^\perp$. Wir identifizieren Teilräume von H mit den zugehörigen Translationen auf H, z.B.

$$O_L(H) \times L = \{\pi_{A,b} : H \to H; \ A \in O_L(H), b \in L\}$$

mit $\pi_{A,b}(x) = Ax + b$. Das Testproblem der linearen Hypothesen $(L_0, L \setminus L_0)$ hat die folgende Invarianzstruktur.

Lemma 8.4.1 (Testproblem mit linearen Hypothesen)
a) Das lineare Modell $\mathcal{P}$ ist invariant bzgl. $Q := O_L(H) \times L$.

b) Sei $O_{L_0,L}(H) := \{A \in O(H); AL \subset L, AL_0 \subset L_0\}$, dann ist das Testproblem $(L_0, L \setminus L_0)$ invariant bzgl.

$$Q_0 := O_{L_0,L}(H) \times L_0.$$

Beweis:

a) Für $(A, b) \in O_L(H) \times L$ und $\pi = \pi_{A,b}$ gilt $P_a^\pi = P_{Aa+b}, \forall a \in L$. Denn wenn X eine Zufallsvariable ist mit Verteilung P, d.h. $X \sim P$, dann ist $X + a \sim P_a$
$\Rightarrow A(X + a) + b = AX + Aa + b \sim X + (Aa + b) \sim P_{Aa+b}$.

b) ist analog zu a).   □

Sei $p_L : H \to L$ die orthogonale Projektion von H auf L, dann gilt:

Lemma 8.4.2 (Darstellung von $O_{L_0,L}(H)$)
a) Ist $A \in O_{L_0,L}(H)$, dann gilt:

$$A p_L = p_L A, \qquad A p_{L_0} = p_{L_0} A$$

b) $O_{L_0,L}(H)$ hat eine Darstellung als direkte Summe

$$O_{L_0,L}(H) = \{A p_{L_0} \oplus B(p_L - p_{L_0}) \oplus C(\mathrm{id}_H - p_L);$$
$$A \in O(L_0), B \in O(L_0^\perp \cap L), C \in O(L^\perp)\}.$$

Beweis:

a) Für $x \in H, y \in L$ gilt

$$
\begin{aligned}
\langle p_L Ax, y \rangle &= \langle Ax, p_L y \rangle \\
&= \langle Ax, y \rangle && \text{da } p_L\text{-Projektion} \\
&= \langle x, A^\top y \rangle \\
&= \langle p_L x, A^\top y \rangle && \text{da } A^\top y \in L \\
&= \langle A p_L x, y \rangle.
\end{aligned}
$$

Die Aussage für L_0 ist analog.

b) Die Inklusion „$\supset$" ist offensichtlich. Umgekehrt sei $D \in O_{L_0, L}(H)$, dann erhält man eine Darstellung von D wie in b) beschrieben mit

$$
A := D|_{L_0}, \quad B := D|_{L_0^\perp \cap L} \quad \text{und} \quad C := D|_{L^\perp}. \qquad \square
$$

Im nächsten Schritt bestimmen wir eine Maximalinvariante.

Proposition 8.4.3 (Maximalinvariante)
Die Abbildung $S : H \to \mathbb{R}^2$, $S = (S_1, S_2)$ mit $S_1(x) := \|x - p_L(x)\|$, $S_2(x) := \|p_L(x) - p_{L_0}(x)\|$ ist maximalinvariant bzgl. $Q_0 := \langle O_{L_0, L}(H), L_0 \rangle$, der von $O_{L_0, L}(H)$ und den Translationen aus L_0 erzeugten Gruppe.

Beweis: Sei $\pi = \pi_{A,b} \in Q_0$ mit $A \in O_{L_0, L}(H)$, $b \in L_0$, dann gilt für $x \in H$:

$$
\begin{aligned}
S_1(\pi x) &= \|\pi x - p_L(\pi x)\| \\
&= \|Ax - p_L(Ax) + \underbrace{b - p_L(b)}_{=0}\| \\
&= \|Ax - p_L Ax\| = \|Ax - A p_L x\| && \text{nach Lemma 8.4.2} \\
&= \|x - p_L x\| && \text{da } A \in O(H) \\
&= S_1(x);
\end{aligned}
$$

also ist S_1 invariant. Ebenso gilt für S_2:

$$
\begin{aligned}
S_2(\pi x) &= \|p_L(\pi x) - p_{L_0}(\pi x)\| \\
&= \|p_L(Ax) - p_{L_0}(Ax) + \underbrace{p_L(b) - p_{L_0}(b)}_{=0}\| \\
&= \|A p_L x - A p_{L_0} x\| && \text{da } b \in L_0 \text{ und nach Lemma 8.4.2} \\
&= \|p_L x - p_{L_0} x\| && \text{da } A \in O(H) \\
&= S_2(x);
\end{aligned}
$$

also ist S_2 invariant. Zum Nachweis der Maximalinvarianz von S sei $Sx = Sy$. Dann folgt:

$$\underbrace{\|x - p_L x\|}_{\in L^\perp} = \|y - p_L y\|, \quad \underbrace{\|p_L x - p_{L_0} x\|}_{\in L_0^\perp \cap L} = \|p_L y - p_{L_0} y\|.$$

Daher existieren $B \in O(L_0^\perp \cap L), C \in O(L^\perp)$, so dass

$$B(p_L x - p_{L_0} x) = p_L y - p_{L_0} y \quad \text{und} \quad C(x - p_L x) = y - p_L y.$$

Wir definieren nun:

$$A := p_{L_0} \oplus B(p_L - p_{L_0}) \oplus C(\mathrm{id}_H - p_L)$$
$$b := p_{L_0} y - p_{L_0} x,$$

dann ist $A \in O_{L_0,L}(H), b \in L_0$ und

$$\begin{aligned}
\pi_{A,b} x = Ax + b &= p_{L_0} x + B(p_L x - p_{L_0} x) + C(x - p_L x) + p_{L_0} y - p_{L_0} x \\
&= p_{L_0} y + (p_L y - p_{L_0} y) + (y - p_L y) \\
&= y.
\end{aligned}$$

Daraus folgt die Maximalinvarianz von S. $\qquad\qquad\qquad\qquad\qquad\qquad$ $\square$

Bemerkung 8.4.4
Insbesondere erhält man folgende Spezialfälle:

a) $L = H, L_0 = \{0\}$, *dann ist* $S(x) = \|x\|$ *maximalinvariant bzgl.* $O(H)$

b) $L = H, L_0 \subset H$, *dann ist* $S(x) = \|x - p_{L_0} x\|$ *maximalinvariant bzgl.* $O_{L_0}(H)$ *und*

c) $L_0 = \{0\}, L \subset H$, *dann ist* $S(x) = (\|x - p_L(x)\|, \|p_L(x)\|)$ *maximalinvariant bzgl.* $O_L(H)$.

Sei nun N_H das **standard Gaußsche Maß** auf H mit der Dichte

$$\frac{dN_H}{d\lambda_H}(x) = (2\pi)^{-\frac{\dim H}{2}} e^{-\frac{\|x\|^2}{2}}$$

bzgl. dem Haarschen Maß λ_H auf H. Wir betrachten im Folgenden von $P = N_H$ erzeugte Lineare Modelle.

Proposition 8.4.5 (Verteilung der Maximalinvariante)
Sei $P = N_H$, *dann gilt*

a) S_1, S_2 *sind stochastisch unabhängig.*

b) $P_a^{S_1} = \chi_{n-\ell}^2$ *mit* $n = \dim H, \ell = \dim L$
$P_a^{S_2} = \chi_{\ell-\ell_0}^2(\|a - p_{L_0} a\|^2), a \in L$, *mit* $\ell_0 = \dim L_0$ *und* $\chi_k^2(\delta)$ *die nicht zentrale* χ_k^2-*Verteilung.*

Beweis: Sei $e_1, \ldots, e_n$ eine ON-Basis von H, so dass $e_1, \ldots, e_{\ell_0}$ ON-Basis von L_0 und $e_1, \ldots, e_\ell$ ON-Basis von L ist. Dann gilt:

$$S(x) = \left(\sum_{i=\ell+1}^{n} \langle e_i, x \rangle^2, \sum_{i=\ell_0+1}^{\ell} \langle e_i, x \rangle^2 \right), \quad x \in H.$$

Seien $X_i(x) := \langle e_i, x \rangle, 1 \leq i \leq n, x \in H$ die Koordinatenfunktionen, $X = (X_1, \ldots, X_n)$, dann folgt nach Definition von N_H, dass bzgl. P $\quad X_i \sim N(0,1)$ und $X \sim N(0,I)$ mit der n-dimensionalen Einheitsmatrix $I = I_n$. Insbesondere sind $X_1, \ldots, X_n$ iid $N(0,1)$-verteilt. Für $a \in H$ folgt

$$P_a^{X_i} = N(\langle a, e_i \rangle, 1), \quad 1 \leq i \leq n,$$

und daher folgt für $a \in L$

$$P_a^{S_1} = P_a^{\sum_{i=\ell+1}^{n} X_i^2} = P^{\sum_{i=\ell+1}^{n} X_i^2} = \chi_{n-\ell}^2,$$

da $\langle a, e_i \rangle = 0$ für $i \geq \ell + 1$. Weiter ist

$$P_a^{\sum_{i=\ell_0+1}^{\ell} X_i^2} = \chi_{\ell-\ell_0}^2(\delta^2) \quad \text{mit} \quad \delta^2 := \sum_{i=\ell_0+1}^{\ell} \langle a, e_i \rangle^2. \qquad \square$$

Wir lassen nun zusätzlich einen Skalenparameter $\sigma \in \mathbb{R}_+$ zu und betrachten das **Lokations-Skalenmodell** $\mathcal{P}'$,

$$\mathcal{P}' := \{ P_{a,\sigma}; \ a \in L, \sigma \in \mathbb{R}_+ \}$$
$$\text{mit } P_{a,\sigma}(B) := P(\{ x \in H; \ \pi_{a,\sigma} x = \sigma x + a \in B \}), B \in \mathcal{B}(H).$$

$\mathcal{P}'$ ist invariant unter der Gruppe $Q' := \mathbb{R}_+ \times O_L(H) \times L$ definiert durch $\pi = \pi_{\tau,A,b} \in Q'$, dann $\pi(x) := \tau A x + b$. Es gilt für $\pi = \pi_{\tau,A,b}$:

$$P_{a,\sigma}^\pi = P_{\tau A a + b, \sigma \tau}.$$

Da für $A \in O_L(H)$ und $a \in L$, $Aa \in L$ und daher auch $\tau A a \in L$ folgt, dass $\mathcal{P}'$ Q'-invariant ist.

Im Lokations-Skalenmodell nimmt die **lineare Hypothese** die Form

$$(L_0 \times \mathbb{R}_+, (L \setminus L_0) \times \mathbb{R}_+)$$

an, wobei $L_0 \subset L$ ein linearer Teilraum ist. Die lineare Hypothese (als Testproblem) ist invariant bzgl. der Untergruppe

$$Q_1' := \mathbb{R}^+ \times O_{L_0,L}(H) \times L_0 \quad \text{von} \quad Q'.$$

Proposition 8.4.6 (Maximalinvariante)
Sei $\ell = \dim L < n = \dim H$, dann ist die Abbildung S definiert durch

$$S(x) := \begin{cases} \frac{\|p_L x - p_{L_0} x\|}{\|x - p_L x\|}, & x - p_L x \neq 0, \text{ d.h. } x \in H \setminus L, \\ \infty, & x - p_L x = 0, p_L x \neq p_{L_0} x, \text{ d.h. } x \in L \setminus L_0, \\ 0, & x \in L_0, \end{cases}$$

maximalinvariant bzgl. Q_1'.

Beweis: Für $\sigma > 0, A \in O_{L_0,L}(H)$ und $b \in L_0$ sei $\pi = \pi_{\sigma,A,b}$, dann gilt:

$$
\begin{aligned}
\|p_L \pi x - p_{L_0} \pi x\| &= \|p_L(\sigma A x + b) - p_{L_0}(\sigma A x + b)\| \\
&= \sigma \|p_L(Ax) - p_{L_0}(Ax)\| \qquad \text{da } p_L b = p_{L_0} b = b \\
&= \sigma \|A p_L x - A p_{L_0} x\| \\
&= \sigma \|p_L x - p_{L_0} x\| \qquad\qquad \text{da } A \in O_{L_0,L}(H).
\end{aligned}
$$

Ebenso gilt: $\|\pi x - p_L \pi x\| = \sigma \|x - \pi_L x\|$. Für $x \in H \setminus L$ folgt daher die Invarianz.

Für $x \in L \setminus L_0$ ist $S(x) = \infty$ und $\pi x = \sigma A x + b \in L \setminus L_0$, also auch $S(\pi x) = \infty$. Für $x \in L_0$ ist $S(x) = 0$ und $\pi x = \sigma A x + b \in L_0$, also auch $S(x) = 0$. Damit ist S Q_1'-invariant.

Sei nun umgekehrt $S(x) = S(y)$. Falls $S(x) \in \mathbb{R}_+$, dann existiert $\alpha > 0$ so, dass

$$
\begin{aligned}
\alpha \|p_L x - p_{L_0} x\| &= \|p_L y - p_{L_0} y\| \\
\alpha \|x - p_L x\| &= \|y - p_L y\|.
\end{aligned}
$$

Mit $A := p_{L_0} + \alpha B(p_L - p_{L_0}) + \alpha C(\mathrm{id}_H - p_L)$ und $b := p_{L_0} y - p_{L_0} x$ folgt dann für $\pi = \pi_{\alpha,A,b}$, $\pi x = y$. Die anderen Fälle sieht man direkt aus der Definition. □

Mit S ist auch S^2 maximalinvariant. Die Verteilung von S^2 wird durch eine **nichtzentrale F-Verteilung $F_{n,m}(\delta^2)$** beschrieben, die definiert wird durch

$$
F_{n,m}(\delta^2) \sim \frac{X}{Y},
$$

wobei X, Y stochastisch unabhängige Zufallsvariable sind mit $nX \sim \chi_n^2(\delta^2), mY \sim \chi_m^2$.

Korollar 8.4.7 (Verteilung der Maximalvariante)
Sei $\ell = \dim L < n = \dim H$, dann gilt:

a) Ist $P \ll \lambda_H$, dann gilt für $a \in L_0$ und $\sigma^2 > 0$:

$$
S(x) = \frac{\|p_L x - p_{L_0} x\|}{\|x - p_L x\|} \; [P_{a,\sigma}].
$$

b) Für $P = N_H$ gilt für $a \in L$

$$
P_{a,\sigma}^{\frac{n-\ell}{\ell-\ell_0} S^2} = F_{\ell-\ell_0, n-\ell}(\delta^2) \; \text{mit } \delta^2 := \frac{\|a - p_{L_0} a\|^2}{\sigma^2}.
$$

Beweis:

a) gilt, da $\lambda_H(L) = 0$ ist.

b) folgt nach Definition der F-Verteilung aus Proposition 8.4.5. □

Als Folgerung ergeben sich nun im Lokationsmodell der χ^2-Test und im Lokations-Skalenmodell der F-Test der linearen Hypothese als optimale invariante Tests.

Satz 8.4.8 (beste invariante Tests von linearen Hypothesen)
Sei $\alpha \in [0,1]$ und $P = N_H$, dann gilt für das Testen der linearen Hypothesen:

a) χ^2-Test der linearen Hypothese
Der Test

$$\varphi^*(x) := \begin{cases} 1, & \\ & \|p_L(x) - p_{L_0}(x)\|^2 \begin{array}{c} > \\ \leq \end{array} \chi^2_{n-\ell}, \\ 0, & \end{cases}$$

ist gleichmäßig bester Q_0-invarianter Test für die lineare Hypothese $(L_0, L \setminus L_0)$ im Lokationsmodell $\mathcal{P}$.

b) F-Test der linearen Hypothese
Der Test

$$\varphi^*(x) := \begin{cases} 1, & \\ & \dfrac{\frac{1}{\ell-\ell_0}\|p_L x - p_{L_0} x\|}{\frac{1}{n-\ell}\|x - p_L x\|^2} \begin{array}{c} > \\ \leq \end{array} F_{\ell-\ell_0, n-h, \alpha}, \\ 0, & \end{cases}$$

ist gleichmäßig bester Q_1'-invarianter Test für die lineare Hypothese $(L_0 \times \mathbb{R}_+,$ $(L \setminus L_0) \times \mathbb{R}_+)$ im Lokations-Skalenmodell $\mathcal{P}'$.

c) Q_0 und Q_1' sind amenable Gruppen; es gilt also das Hunt-Stein-Theorem für φ^*. Insbesondere ist φ^* ein Maximin-Test zum Niveau α.

Beweis:
a) Die Statistik S_2^2 ist suffizient für $\mathcal{P}^{S^2} = \mathcal{P}^{(S_1^2, S_2^2)}$. Nach Reduktion durch Suffizienz reicht es also, den besten Test für $(\{P_a^{S_2^2}; \, a \in L_0\}, \{P_a^{S_2^2}; \, a \in L \setminus L_0\})$ zu bestimmen. Nach Proposition 8.4.5 ist aber $P_a^{S_2} = \chi^2_{\ell-\ell_0}(\delta^2)$ mit $\delta^2 = \|a - P_{L_0} a\|^2$. Damit gilt $\mathcal{P}^{S_2} = \{\chi^2_{\ell-\ell_0}(\delta^2); \, \delta^2 \geq 0\}$ und die Hypothese ist identifizierbar mit $\delta^2 = 0$.

$\mathcal{P}^{S_2}$ hat einen monotonen Dichtequotienten in $T(y) = y$ (vgl. den Abschnitt über χ^2-Tests). Daraus folgt:

$$\Psi^*(y) = \begin{cases} 1, & \\ & y \begin{array}{c} > \\ \leq \end{array} \chi^2_{\ell-\ell_0, \alpha}, \\ 0, & \end{cases}$$

ist gleichmäßig bester Test für $(\{\delta^2 = 0\}, \{\delta^2 > 0\})$. Daraus folgt Behauptung a).

b) Der Beweis zu b) ist analog.

c) Q_0 und Q_0' sind amenable (vgl. Beispiel 8.3.8). $\qquad\square$

Bemerkung 8.4.9

a) In der Literatur findet man eine große Fülle von wichtigen Anwendungsbei-
   spielen für lineare Modelle wie **Ein- und Mehrfaktormodelle** mit oder
   ohne Wechselwirkungen. Ist etwa

$$EX_{ij} = \mu + a_i, \quad 1 \le i \le m, 1 \le j \le n;$$

   so bezeichnet μ den allgemeinen Effekt, a_i den Effekt der i-ten Behandlung.
   So ist etwa die Hypothese gleicher Effekte $a_1 = \cdots = a_m$ gegeben durch
   einen linearen Teilraum L_0. Bei 2 Faktormodellen hat man eine Darstellung
   der Form

$$EX_{ijk} = \mu + a_i + b_j + v_{ij}, \quad 1 \le i \le m, 1 \le j \le n, 1 \le k \le n_{ij}$$

   mit zwei Faktoren a_i, b_j und einem Wechselwirkungsterm v_{ij}. Lineare Hy-
   pothesen betreffen etwa das Fehlen von Wechselwirkungen $v_{ij} = 0$ oder das
   Fehlen einer Faktorwirkung $b_j = 0, \forall j$ usw. Diese Beispiele betreffen für die
   Anwendung besonders bedeutsame und häufig vorkommende Testprobleme.

   Weitere Beispiele für lineare Modelle finden sich in der **Regressions- und
   Kovarianzanalyse** sowie in **Varianzkomponentenmodellen**. Für eine detaillierte Darstellung dieser linearen Modelle vgl. Witting (1985, Kapitel 4).

b) **Varianzanalyse**
   Zähler und Nenner der F-Teststatistik erhält man aus (einfacher) **Varianzanalyse**

$$\|x - p_{L_0}\|^2 = \|x - p_L(x)\|^2 + \|p_L(x) - p_{L_0}(x)\|^2.$$

   Dem entspricht die orthogonale Zerlegung

$$x = p_L(x) + (p_L(x) - p_{L_0}(x)) + (x - p_L(x)).$$

   Z.B. in einem Einfaktormodell mit k-Stufen

$$x_{ij} = \mu_i + \sigma e_{ij} = \mu + \overline{\mu}_i + \sigma e_{ij}, \quad 1 \le i \le k, j = 1, \dots, n_i$$

   haben wir eine Zerlegung $L_k = L_1 \oplus L_{k-1}$. Damit ergibt sich die F-Statistik

$$T^*(x) = \frac{\frac{1}{k-1} \sum_{i=1}^{k} n_i (\overline{x}_{i\bullet} - \overline{x}_{\bullet\bullet})^2}{\frac{1}{n-k} \sum_{i=1}^{k} \sum_{j=1}^{n_i} (x_{ij} - \overline{x}_{i\bullet})^2}$$

$$\sim \frac{\text{Streuung zwischen den Gruppen}}{\text{Streuung in den Gruppen}}.$$

c) In allgemeiner Form lassen sich solche linearen Modelle auch darstellen in der
   Form

$$Y = AX + b \tag{8.7}$$

mit einem zufälligen Beobachtungsvektor $Y \in \mathbb{R}^n$, einem "Einflussvektor" $X \in \mathbb{R}^k$ mit stochastischen und/oder deterministischen Komponenten, einer "Designmatrix" $A \in \mathbb{R}^{n \times k}$ und $b \in \mathbb{R}^k$.

$$E(Y \mid X = x) = Ax + b \qquad (8.8)$$

beschreibt also den linearen Einfluss der Regressorvariablen x auf den Beobachtungsvektor Y. Auf diese Weise ist es mittels Transformation $x = x(t)$, also $X = X(T)$ möglich, auch nichtlineare Abhängigkeit in einer beobachtbaren Einflussgröße T zu beschreiben.

d) **Schätztheorie in linearen Modellen**
Sei $= \{P_{a,\sigma^2}; a \in L, \sigma \in \mathbb{R}_+\}$ ein lineares Modell $P_{a,\sigma^2} \sim a + \sigma X$, $a \in L$, $\sigma \in \mathbb{R}_+$, $X \sim P$. Der **kleinste Quadrate-Schätzer** $\widehat{a}(x)$ für a wird definiert durch

$$\|x - \widehat{a}(x)\|^2 = \min\{\|x - a\|^2; \ a \in L\}, \ x \in \mathbb{R}^n. \qquad (8.9)$$

$$\widehat{\sigma}^2(x) = \frac{1}{n - \ell}\|x - \widehat{a}(x)\|^2, \ \ell = \dim L \qquad (8.10)$$

ist der zugehörige **Residualschätzer** für σ^2. Mit einer Designmatrix $A \in \mathbb{R}^{n \times \ell}$ lässt sich dann L in der Form $L = A\mathbb{R}^d$, $a = A\gamma$, $\gamma \in \mathbb{R}^\ell$ darstellen. $\widehat{a}$ hat dann die folgende Form:

$$\widehat{a}(x) = A\widehat{\gamma}(x) \text{ mit } \widehat{\gamma}(x) = (A^T A)^{-1} A^T x, \qquad (8.11)$$

d.h. $\widehat{a}(x) = px$ mit der Projektionsmatrix $p = A(A^T A)^{-1}A^T$. Ist $A^\top A$ nicht regulär, dann ist $(A^\top A)^{-1}$ durch die verallgemeinerte Inverse $(A^\top A)^-$ zu ersetzen.
Mit Hilfe der Kovarianzmethode folgt, dass kleinste Quadrat-Schätzer im Normalverteilungsmodell gleichmäßig beste erwartungstreue Schätzer sind (vgl. auch Kapitel 5.1).

Satz 8.4.10 (Satz von Gauß-Markov)
Ist $P = N(0, I)$, dann sind $\widehat{a}$, $\widehat{\sigma}^2$ stochastisch unabhängige erwartungstreue Schätzer von $a \in L$ und $\sigma^2 \in \mathbb{R}_+$ mit gleichmäßig kleinster Kovarianzmatrix bzw. Varianz unter allen erwartungstreuen Schätzern, d für a bzw σ^2, d.h. $\forall a \in L$, $\sigma^2 \in \mathbb{R}_+$ gilt

$$\mathrm{Cov}_{a,\sigma^2}\,\widehat{a} \leq_{\mathrm{psd}} \mathrm{Cov}_{a,\sigma^2}\, d,$$
$$und \quad \mathrm{Var}_{a,\sigma^2}\widehat{\sigma}^2 \leq \quad \mathrm{Var}_{a,\sigma^2}d.$$

$\leq_{\mathrm{psd}}$ bezeichnet dabei die positiv semidefinite Halbordnung.

Die analoge Aussage gilt auch im Normalverteilungsmodell mit bekannter Kovarianzmatrix $\sum = \sum_0$.

Hotellings T^2-Test

Im abschließenden Teil diese Kapitels leiten wir Hotellings T^2-Test über zwei unterschiedliche Methoden her; einmal als Likelihood-Quotiententest und zum anderen als besten invarianten Test.

Sei $\mathfrak{X} = (\mathbb{R}^p)^n$, $\Theta = \mathbb{R}^p \times S_p^+$, S_p^+ die Menge der positiv definiten $p \times p$-Matrizen, und $P_\vartheta = N(\mu, \Sigma)^{(n)}$, $\vartheta = (\mu, \Sigma)$. Wir betrachten das Testproblem

$$\Theta_0 = \{\mu = \mu_0\}, \qquad \Theta_1 = \{\mu \neq \mu_0\},$$

die Verallgemeinerung für $p \geq 1$ des zweiseitigen Studentschen t-Tests. O.E. sei $\mu_0 = 0$.

Mit $S(\mu) := \sum_{j=1}^n (x^j - \mu)(x^j - \mu)^\top$ ist die Likelihoodfunktion

$$L_x(\vartheta) = f_\vartheta(x^1, \ldots, x^n) = (2\pi)^{-\frac{np}{2}} (\det \Sigma)^{-\frac{n}{2}} \exp\left(-\frac{1}{2} \operatorname{tr} \Sigma^{-1} S(\mu)\right).$$

Es gibt zwei Herleitungen von Hotellings T^2-Test.

a) **Likelihood-Quotiententest**

Sei $g(\Sigma) := -\frac{1}{2} n \ln \det \Sigma - \frac{1}{2} \operatorname{tr}(\Sigma^{-1} S)$, $\Sigma \in S_p^+$, dann gilt mit $S = S(\mu)$:

Lemma 8.4.11

Die Abbildung g hat ein Maximum in $\frac{S}{g}$, d.h.

$$g(\Sigma) \leq g\left(\frac{S}{n}\right), \quad \forall \Sigma \in S_p^+$$

Beweis:

$$\begin{aligned}
g(\Sigma) &= \frac{1}{2} \ln \det\left(\Sigma^{-1} S\right) - \frac{1}{2} \operatorname{tr}\left(\Sigma^{-1} S\right) - \frac{1}{2} n \ln \det S \\
&= \frac{1}{2} n \ln \det\left(S^{\frac{1}{2}} \Sigma^{-1} S^{\frac{1}{2}}\right) - \frac{1}{2} \operatorname{tr}\left(S^{\frac{1}{2}} \Sigma^{-1} S^{\frac{1}{2}}\right) - \frac{1}{2} n \ln \det S \\
&= \frac{1}{2} \sum_{i=1}^p (n \ln \lambda_i - \lambda_i) - \frac{1}{2} n \ln \det S.
\end{aligned}$$

Dabei bezeichnen λ_i die Eigenwerte von $S^{\frac{1}{2}} \Sigma^{-1} S^{\frac{1}{2}}$ oder äquivalent die von $\Sigma^{-1} S$.

$f(\lambda) := n \ln \lambda - \lambda$ hat ein max in $\lambda = n$.

Daher ist $g(\Sigma) \leq \frac{1}{2} np \ln n - \frac{1}{2} pn - \frac{1}{2} n \ln \det S$ und es gilt Gleichheit genau dann, wenn $\lambda_i = n$, $\forall i$,

d.h. $\qquad\qquad\qquad S^{\frac{1}{2}} \Sigma^{-1} S^{\frac{1}{2}} = nI \Leftrightarrow \Sigma = \frac{1}{n} S.$ $\qquad\qquad$ □

Als Konsequenz von Lemma 8.4.11 erhalten wir

1. $\displaystyle \max_{\vartheta \in \Theta_0} L_x(\vartheta) = (2\pi)^{-\frac{np}{2}} \left[\det\left(\frac{1}{n} S(\mu_0)\right)\right]^{-\frac{n}{2}} \exp\left(-\frac{1}{2} np\right),$

   mit Maximumstelle $\Sigma^* = \frac{1}{n} S(\mu_0)$

2. Die Maximumstelle von $L_x(\vartheta)$, d.h. der Maximum-Likelihoodschätzer von $\vartheta \in \Theta$, ist $\vartheta^* = (\mu^*, \Sigma^*)$ mit $\mu^* = \overline{x}_n = \frac{1}{n} \sum_{j=1}^n x^j$ und $\Sigma^* = \frac{1}{n} \sum_{j=1}^n (x^j - \overline{x}_n)(x^j - \overline{x}_n)^\top = \frac{S}{n}$. Es ist

$$\max_{\vartheta \in \Theta} L_x(\vartheta) = (2\pi)^{-\frac{np}{2}} \left[\det \frac{1}{n} S \right]^{-\frac{n}{2}} \exp \left(-\frac{1}{2} np \right).$$

Der verallgemeinerte **Likelihood-Quotiententest** basiert auf der Statistik

$$\lambda := \frac{\sup_{\Theta_0} L_x(\vartheta)}{\sup_\Theta L_x(\vartheta)}.$$

Für 'kleine' Werte von λ entscheidet sich der Likelihood-Quotiententest für die Alternative, für 'große' Werte von λ für die Hypothese. Im obigen Fall ergibt sich

$$\lambda = \left(\frac{\det S}{\det S(\mu_0)} \right)^{\frac{n}{2}} = \left[\frac{\det S}{\det \left(S + n(\overline{x}_n - \mu_0)(\overline{x}_n - \mu_0)^\top \right)} \right]^{\frac{n}{2}}$$

$$\overset{*}{=} (1 + n(\overline{x}_n - \mu_0)^\top S^{-1}(\overline{x}_n - \mu_0))^{-\frac{n}{2}}$$

$$= g(n(\overline{x}_n - \mu_0)^\top S^{-1}(\overline{x}_n - \mu_0)) \text{ mit } g \downarrow.$$

Zum Nachweis von $(*)$ verwenden wir das folgende Lemma.

Lemma 8.4.12
Sei A eine $p \times q$- und B eine $q \times p$-Matrix. Dann gilt:

$$\det(I_p + AB) = \det(I_q + BA).$$

Beweis: Aus der Beziehung

$$\begin{bmatrix} I_p + AB & A \\ 0 & I_q \end{bmatrix} = \begin{bmatrix} I_p & A \\ -B & I_q \end{bmatrix} \begin{bmatrix} I_p & 0 \\ B & I_q \end{bmatrix}$$

folgt $\quad \det(I_p + AB) = \det \begin{bmatrix} I_p & A \\ -B & I_q \end{bmatrix}.$

Ebenso folgt $\quad \det(I_q + BA) = \det \begin{bmatrix} I_p & A \\ -B & I_q \end{bmatrix}$ aus

$$\begin{bmatrix} I_p & A \\ 0 & I_q + BA \end{bmatrix} = \begin{bmatrix} I_p & 0 \\ B & I_q \end{bmatrix} \begin{bmatrix} I_p & A \\ -B & I_q \end{bmatrix}.$$

Daraus ergibt sich Lemma 8.4.12.   □

Insbesondere folgt aus Lemma 8.4.12 mit $A = S^{-1}x$, $B = x^\top$

$$\det(I + S^{-1}xx^\top) = 1 + x^\top S^{-1}x.$$

Dann erhält man mit der T^2-Statistik

$$T^2 := n(n-1)(\bar{x}_n - \mu_0)^\top S^{-1}(\bar{x}_n - \mu_0).$$

Der LQ-Test für (Θ_0, Θ_1) ist von der Form

$$\varphi^*(x) = \begin{cases} 1, \\ 0, \end{cases} \quad T^2 \begin{array}{c} \geq \\ < \end{array} c_\alpha,$$

mit c_α so, dass $E_{\mu_0}\varphi^* = \alpha$.

Die Verteilung von T^2 unter $\vartheta = (\mu, \Sigma)$ ist die nicht zentrale $T^2_{n-1}(\delta^2)$-Verteilung mit $(n-1)$ Freiheitsgraden $P_\vartheta^{T^2} = T^2_{n-1}(\delta)^2 = f_{\delta^2}\lambda$ mit dem Parameter

$$\delta^2 := \delta^2(\mu, \mu_0) = n(\mu - \mu_0)^\top \Sigma^{-1}(\mu - \mu_0);$$

δ^2 ist der **Mahalanobis-Abstand** von μ zu μ_0. Die Dichte f_{δ^2} von $P_\vartheta^{T^2}$ ist gegeben durch

$$f_{\delta^2}(t) = \frac{\exp\left(-\frac{1}{2}\delta^2\right)}{(n-1)\Gamma\left(\frac{1}{2}(n-p)\right)} \sum_{j=0}^\infty \frac{\left(\frac{1}{2}\delta^2\right)^j \left(\frac{t^2}{n-1}\right)^{\frac{p}{2+j-1}} \Gamma\left(\frac{1}{2}n + j\right)}{j!\Gamma\left(\frac{1}{2}p + j\right) \left(1 + \frac{t^2}{n-1}\right)^{\frac{n}{2+j}}}.$$

Es ist $\vartheta \in \Theta_0 \Leftrightarrow \delta^2 = 0$ und dann ist $\frac{T^2}{n-1}\frac{n-p}{p} = F_{p,n-p}$ die zentrale F-Verteilung (unabhängig von Σ).

Für $0 < \alpha < 1$ ist also der kritische Wert

$$c_\alpha = \frac{(n-1)p}{n-p}F_{p,n-p,\alpha}.$$

Als Konsequenz ergibt sich damit

Satz 8.4.13 (T^2-Test als (verallgemeinerter) Likelihood-Quotiententest)
Der T^2-Test ist (verallgemeinerter) Likelihood-Quotiententest für das Testproblem (Θ_0, Θ_1).

b) **Invarianz**
   1. **Reduktion durch Suffizienz**
   Durch Ausmultiplizieren der Dichte sieht man: $(\bar{x}_n, S)$ ist suffizient für $\mathcal{P}$ und

$$P_\vartheta^{(\bar{x}_n, S)} = N\left(\mu, \frac{1}{n}\Sigma\right) \otimes W_p(n-1, \Sigma),$$

$W_p(n-1, \Sigma)$ ist die **Wishart-Verteilung** auf S_p^+.

2. **Reduktion durch Invarianz**
   Auf $\mathbb{R}^p \times S_p^+$ operiert die Gruppe $Q := GL(p, \mathbb{R})$ durch $B \in Q$, dann
   $(x, A) \to (Bx, BAB^\top)$. Die induzierte Gruppe $\overline{Q}$ auf Θ ist

   $$\overline{B}(\mu, \Sigma) = (B\mu, B\Sigma B^\top).$$

   Das Testproblem $(\{\mu = 0\}, \{\mu \neq 0\})$ ist invariant unter Q.

   Lemma 8.4.14
   $\Phi(\mu, \Sigma) := \mu^\top \Sigma^{-1} \mu$ *ist maximalinvariant bzgl.* Q.

   Beweis: Es ist $\Phi(B\mu, B\Sigma B^\top) = \mu^\top B^\top (B\Sigma B^\top)^{-1} B\mu = \mu^\top \Sigma^{-1} \mu = \Phi(\mu, \Sigma)$, also ist Φ Q-invariant.
   Ist $\Phi(\mu, \Sigma) = \mu^\top \Sigma^{-1} \mu = \tau^\top \Gamma^{-1} \tau = \Phi(\tau, \Gamma)$, dann folgt mit $x = \mu^\top \Sigma^{-1}$

   $$xx^\top = (\tau^\top \Gamma^{-\frac{1}{2}})(\tau^\top \Gamma^{-\frac{1}{2}})^\top.$$

   Daher existiert $H \in O(p)$ so dass $H\Sigma^{-\frac{1}{2}}\mu = \mu^{-\frac{1}{2}}\tau$.
   Definiert man: $B := \Gamma^{\frac{1}{2}} H\Sigma^{-\frac{1}{2}}$, dann ist $B\mu = \tau$, $B\Sigma B^\top = \Gamma$. Also ist Φ maximal-invariant.

3. Sei $T^2 := n\overline{x}_n^\top S^{-1}\overline{x}_n$, dann ist (vgl. Beispiel 8.4a))

   $$\frac{n-p}{(n-1)p}T^2 \overset{d}{=} F_{p,n-p}(\delta^2) \text{ mit } \delta^2 = n\mu^\top \Sigma^{-1}\mu.$$

   Das Testproblem ist nach Reduktion durch Invarianz äquivalent zu $(\{\delta^2 = 0\}, \{\delta^2 > 0\})$.

Die Verteilung von T^2 hat in $\frac{T^2}{n-1}\left(1 + \frac{T^2}{n-1}\right)^{-1}$ einen monotonen Dichtequotienten; also auch in T^2. Daraus folgt:
Der T^2-Test ist gleichmäßig bester Q-invarianter Test für $Q = GL(p, \mathbb{R})$.

Satz 8.4.15 (T^2-Test als gleichmäßig bester invarianter Test)
Der T^2-Test von Hotelling ist gleichmäßig bester $GL(p, \mathbb{R})$-invarianter Test zum Niveau α für das Testproblem $(\{\mu = 0\}), \{\mu \neq 0\})$.

Kapitel 9

Robuste Tests

Robuste Tests und Schätzer haben das Ziel bei einem Schätz- oder Testproblem den Einfluss einer kleinen Anzahl von Fehlern (Messfehler, Rundungsfehler, ...) auf das Ergebnis des Entscheidungsproblems gering zu halten. Da diese Art von Fehlern in Anwendungen häufig auftreten, ist dieses ein relevantes Problem. Im Unterschied zur Risikomessung und Extremwerttheorie – deren Ziel es ist, untypisches extremes Verhalten zu ermitteln – ist es das Ziel der robusten Statistik Schätz- und Testverfahren zu konstruieren, die insensitiv gegen lokale Änderungen, Ausreißer u.Ä. sind und die gleichzeitig im Vergleich zu nichtrobusten Tests und Schätzer möglichst effizient sind.

Beim Schätzen eines Funktionals T der zugrunde liegenden Verteilungsklasse $\mathcal{P}$ bzw. der zugehörigen Verteilungsfunktionen F ist es aus diesem Blickwinkel nur sinnvoll robuste, d.h. gegenüber lokalen Änderungen insensitive, Funktionale $T(F)$ zu schätzen.

Zur Beschreibung der Robustheitseigenschaften eines Funktionals T dient der Begriff der **Influence Curve (IC, Influenzkurve)** definiert für $F_0 \in \mathcal{F}$, $x \in \mathfrak{X}$ durch

$$\mathrm{IC}(x, F_0, T) = \lim_{\varepsilon \to 0} \frac{T((1-\varepsilon)F_0 + \varepsilon \delta_x) - T(F_0)}{\varepsilon}.$$

$\mathrm{IC}(x, F_0, T)$ beschreibt den Einfluss einer lokalen Änderung von F_0 durch ein Einpunktmaß in x. Ein Funktional ist qualitativ robust, wenn es eine beschränkte Influenzkurve hat. Ersetzt man in der Definition von IC F_0 durch die empirische Verteilungsfunktion $F_0 = \widehat{F}_n$, so erhält man die Definition der Robustheit von Schätzern $T = T(\widehat{F}_n)$.

Ist z.B. T ein **M-Schätzer**, d.h. $T(x_1, \ldots, x_n)$ minimiert ein Funktional der Form $J = \sum_{i=1}^{n} \varrho(x_i, t)$ (vgl. Abschnitt über ML-Schätzer, Kapitel 5.4), dann ist unter Regularitätsannahmen T Lösung der Gleichung

$$\frac{\partial J}{\partial t} = \sum_{i=1}^{n} \Psi(x_i, t) = 0 \quad \text{mit } \Psi(x_j, t) = \frac{\partial}{\partial t} \varrho(x_j, t).$$

Ist T äquivariant und S ein robuster Skalenschätzer, z.B.

$$S = MAD = \text{med}\{|x_i - \text{med}\{x_j, j \leq n\}|; \ 1 \leq i \leq n\}$$

der Median der absoluten Abweichungen vom Median, dann lassen sich Ψ und ϱ als Funktionen der Residuen $r_i = \frac{x_i - t}{S}$ schreiben, d.h.

$$\Psi(x_i, t) = \Psi(r_i) = \Psi\left(\frac{x_i - t}{S}\right), \quad \varrho(x_i, t) = \varrho\left(\frac{x_i - t}{S}\right)$$

und die Influenzkurve von T reduziert sich mit $F_0 = \widehat{F}_n$ zu

$$IC(x, F_0, T) = \frac{S(F_0)\Psi\left(\frac{x - T(F_0)}{S(F_0)}\right)}{\int \Psi'\left(\frac{x - T(F_0)}{S(F_0)}\right) dF_0(x)}.$$

Wir konzentrieren uns in den folgenden Abschnitten auf die Konstruktion von robusten Tests. Die Robustheit der Testverfahren wird dadurch erzwungen, dass die Hypothese und die Alternative erweitert werden zu Umgebungsmodellen, die mögliche Fehler beschreiben. Die Maximin-Tests für diese Umgebungsmodelle sind dann die robusten Tests für das Testproblem.

Zur Bestimmung der optimalen robusten Tests führen wir eine im Vergleich zu Kapitel 6.3 stärkeren Begriff von ungünstigsten Paaren ein. Dieser Begriff des ungünstigsten Paars ist unabhängig von dem Testniveau. Seine Bestimmung führt auf eine Verallgemeinerung des Satzes von Radon–Nikodým für Kapazitäten. Als Anwendung behandeln wir die Bestimmung von optimalen robusten Tests für Umgebungsmodelle einfacher Hypothesen. Kapitel 9.3 beinhaltet ein robustes Testproblem, bei dem die Umgebungsmodelle von zwei einfachen Hypothesen durch alle möglichen Abhängigkeitsstrukturen definiert werden. Dieses führt auf das Problem der gegen Abhängigkeit robusten Tests, d.h. der Tests, die den Einfluss stochastischer Abhängigkeiten in den Daten negieren. Eine detaillierte Darstellung der allgemeinen Theorie robuster Tests findet sich in Rieder (1994).

9.1 Ungünstigste Paare und Kapazitäten

Für ein Testproblem $\mathcal{P} = \mathcal{P}_0 + \mathcal{P}_1$ geht die folgende Definition eines ungünstigsten Paars auf Huber-Strassen zurück. Im Unterschied zu dem Begriff der ungünstigsten a-priori-Verteilung ist das ungünstigste Paar nicht abhängig vom Testniveau α.

Definition 9.1.1
*Seien $P_i \in \mathcal{P}_i$, $i = 0, 1$ und $\ell \in \frac{dP_1}{dP_0}$. (P_0, P_1, ℓ) heißt **ungünstigstes Paar** (im Sinne von Huber-Strassen) für das Testproblem $(\mathcal{P}_0, \mathcal{P}_1)$ mit Dichtequotienten ℓ $\Leftrightarrow \forall s \in (0, \infty)$ gilt:*

$$P_0(\ell > s) = \sup_{P \in \mathcal{P}_0} P(\ell > s) \ \text{und} \ P_1(\ell > s) = \inf_{P \in \mathcal{P}_1} P(\ell > s).$$

Bemerkung 9.1.2

a) Äquivalent ist es, obige Beziehungen für $\{\ell \geq s\}$ statt $\{\ell > s\}$ zu fordern.

b) Der Test

$$\varphi(x) = 1_{\{\ell > s\}}(x) + \overline{\gamma}\, 1_{\{\ell = s\}}(x)$$
$$= \overline{\gamma}\, 1_{\{\ell \geq s\}}(x) + (1 - \overline{\gamma})1_{\{\ell > s\}}(x) = \varphi_{s,\overline{\gamma}}(x)$$

ist ein LQ-Test für (P_0, P_1). Es gilt für alle $P \in \mathcal{P}_0$, und alle $Q \in \mathcal{P}_1$:

$$E_P \varphi \leq E_{P_0} \varphi \leq E_{P_1} \varphi \leq E_Q \varphi.$$

Beispiel 9.1.3 (Monotoner Dichtequotient)

$\mathcal{P} = \{P_\vartheta;\ \vartheta \in \Theta\}$ habe einen monotonen Dichtequotienten in T, $(\Theta, \leq)$ sei vollständig geordnet. Sei $\mathcal{P}_0 = \{P_\vartheta;\ \vartheta \leq \vartheta_0\}$, $\mathcal{P}_1 = \{P_\vartheta;\ \vartheta \geq \vartheta_1\}$ mit $\vartheta_0 < \vartheta_1$. Dann ist $\ell = \frac{dP_{\vartheta_1}}{dP_{\vartheta_0}} = L_{\vartheta_0, \vartheta_1} \circ T$, $L_{\vartheta_0, \vartheta_1} \uparrow$. Nach Proposition 6.2.4 ist $\mathcal{P}$ stochastisch geordnet in T. Daraus folgt für $\vartheta \leq \vartheta_0$, $\vartheta' \geq \vartheta_1$

$$P_\vartheta(\{\ell > s\}) \leq P_{\vartheta_0}(\{\ell > s\}) \leq P_{\vartheta_1}(\{\ell > s\}) \leq P_{\vartheta'}(\{\ell > s\}).$$

$(P_{\vartheta_0}, P_{\vartheta_1}, \ell)$ ist also ein ungünstigstes Paar für $(\mathcal{P}_0, \mathcal{P}_1)$ mit Dichtequotienten ℓ.

Definition 9.1.4 (r-Risiko)

a) Für eine stetige, monoton wachsende Funktion $r : [0,1]^2 \to \mathbb{R}$ und einen Test $\varphi \in \Phi$ heißt

$$R(P_0, P_1, \varphi) := r(E_0 \varphi, 1 - E_1 \varphi)$$

das **r-Risiko** von φ.

b) $\varphi^* \in \Phi_\alpha(\{P_0\})$ heißt **r-optimal** zum Niveau α für (P_0, P_1), wenn

$$R(P_0, P_1, \varphi^*) = \inf_{\varphi \in \Phi_\alpha(\{P_0\})} R(P_0, P_1, \varphi).$$

Bemerkung 9.1.5

Ist $\alpha = 1$ und $r(u,v) = \max\{L_0 u, L_1 v\}$, dann ist 'r-optimal' äquivalent zu Minimax. Für $r(u,v) = \lambda L_0 u + \kappa L_1 v$, erhalten wir den Bayes-Test zur a-priori-Verteilung $(\lambda L_0, \kappa L_1)$. Ist $\alpha \in (0,1)$, $r(u,v) = v$, dann erhalten wir den besten Test zum Niveau α.

Wie beim Neyman-Pearson-Lemma gilt folgende Optimalitätsaussage für LQ-Tests:

Proposition 9.1.6 (r-optimale Tests)

a) Es gibt einen r-optimalen Test $\widetilde{\varphi}$ zum Niveau α.

b) Sei $\varphi^*(x) = 1_{\{\ell > s\}}(x) + \overline{\gamma}\, 1_{\{\ell = s\}}(x)$ mit $E_0 \varphi^* = E_0 \widetilde{\varphi}$.

Dann ist φ^* r-optimal zum Niveau α.

Beweis:

a) $\Phi_\alpha(\{P_0\})$ ist schwach $*$-kompakt und das Funktional $R(P_0, P_1, \varphi)$ ist stetig in φ, da r stetig. Daraus folgt die Existenz eines r-optimalen Tests zum Niveau α.

b) Nach Definition ist $\varphi^* \in \Phi_\alpha(\{P_0\})$, da $\widetilde{\varphi} \in \Phi_\alpha$. Da φ^* ein LQ-Test ist, folgt

$$1 - E_1\varphi^* \leq 1 - E_1\widetilde{\varphi}.$$

Die Monotonie von r impliziert daher

$$r(E_0\varphi^*, 1 - E_1\varphi^*) \leq r(E_0\widetilde{\varphi}, 1 - E_1\widetilde{\varphi}). \qquad \square$$

Definition 9.1.7 (r-optimaler Test für $(\mathcal{P}_0, \mathcal{P}_1)$)
Sei $(\mathcal{P}_0, \mathcal{P}_1)$ ein Testproblem und $\varphi^* \in \Phi_\alpha = \Phi_\alpha(\mathcal{P})$. φ^* heißt r-optimaler Test für $(\mathcal{P}_0, \mathcal{P}_1)$ zum Niveau α, wenn

$$\sup\{R(P, Q, \varphi^*); \; P \in \mathcal{P}_0, Q \in \mathcal{P}_1\} = \inf_{\varphi \in \Phi_\alpha} \sup\{R(P, Q, \varphi); \; P \in \mathcal{P}_0, Q \in \mathcal{P}_1\}.$$

r-optimale Tests enthalten als Spezialfall Maximin- und Minimax-Tests zum Niveau α. Ungünstigste Paare erlauben die Konstruktion von r-optimalen Tests.

Satz 9.1.8 (Ungünstigste Paare und r-optimale Tests)
Ist (P_0, P_1, ℓ) ein ungünstigstes Paar mit DQ ℓ für das Testproblem $(\mathcal{P}_0, \mathcal{P}_1)$ und $\alpha \in [0, 1]$, dann gilt: Jeder r-optimale Test für (P_0, P_1) zum Niveau α ist ein r-optimaler Test für $(\mathcal{P}_0, \mathcal{P}_1)$ zum Niveau α.

Beweis: Für $\alpha < 1$ ist jeder r-optimale Test für (P_0, P_1) zum Niveau α ein LQ-Test. Daraus folgt nach Definition des ungünstigsten Paars für $P \in \mathcal{P}_0$

$$E_P\varphi^* \leq E_{P_0}\varphi^* \leq \alpha, \quad \text{d.h. } \varphi^* \in \Phi_\alpha(\mathcal{P}_0).$$

und

$$E_Q(1 - \varphi^*) \geq E_{P_1}(1 - \varphi^*), \quad \forall Q \in \mathcal{P}_1.$$

Damit ergibt sich für alle $P \in \mathcal{P}_0$, $Q \in \mathcal{P}_1$:

$$\begin{aligned}
R(P, Q, \varphi^*) &\leq R(P_0, P_1, \varphi^*) \\
&= \inf_{\varphi \in \Phi_\alpha(P_0)} R(P_0, P_1, \varphi) \\
&\leq \inf_{\varphi \in \Phi_\alpha(\mathcal{P}_0)} R(P_0, P_1, \varphi).
\end{aligned}$$

Also ist φ^* r-optimal für $(\mathcal{P}_0, \mathcal{P}_1)$ zum Niveau α. $\qquad \square$

Lemma 9.1.9
Sei (P_0, P_1) ungünstigstes Paar und φ^* zugehöriger LQ-Test zum Niveau α für $(\mathcal{P}_0, \mathcal{P}_1)$. Sei (Q_0, Q_1) ebenfalls ungünstigstes Paar und ψ^* zugehöriger LQ-Test zum Niveau α für (Q_0, Q_1). Dann gilt:

$$\beta_{\alpha, \varphi^*}(P_1) = \beta_{\alpha, \psi^*}(Q_1).$$

Beweis: Da (P_0, P_1) ungünstigstes Paar ist gilt für den zugehörigen LQ-Test φ^*

$$E_{Q_0}\varphi^* \leq E_{P_0}\varphi^* \quad \text{und} \quad E_{Q_1}\varphi^* \geq E_{P_1}\varphi^*.$$

Ebenso gilt für (Q_0, Q_1) und den zugehörigen LQ-Test ψ^*

$$E_{P_0}\psi^* \leq E_{Q_0}\psi^* \leq \alpha \quad \text{und} \quad E_{P_1}\psi^* \geq E_{Q_1}\psi^*.$$

Ist $E_{P_1}\varphi^* < E_{Q_1}\Psi^*$, dann folgt

$$E_{P_1}\psi^* \geq E_{Q_1}\psi^* > E_{P_1}\varphi^*.$$

Daraus folgt aber, dass ψ^* ein besserer Test zum Niveau α für das Testproblem (P_0, P_1) ist als der LQ-Test φ^*; ein Widerspruch.

Ebenso folgt aus $E_{Q_1}\psi^* < E_{P_1}\varphi^*$, dass φ^* besser als ψ^* für das Testproblem (Q_0, Q_1) ist; wiederum ein Widerspruch. Es folgt also die Behauptung. $\qquad \square$

Mit obigem Lemma ergibt sich die folgende Eindeutigkeitsaussage für ungünstigste Paare.

Satz 9.1.10 (Eindeutigkeit ungünstigster Paare)
Sei $(\mathcal{P}_0, \mathcal{P}_1)$ ein Testproblem mit $\mathcal{P}_0 \cap \mathcal{P}_1 = \emptyset$ und seien (P_0, P_1, ℓ), (Q_0, Q_1, g) ungünstigste Paare mit DQ ℓ, g. Dann gilt:

a) $P_0^\ell = Q_0^g, P_1^\ell = Q_1^g,$

b) $\ell = g \ [P_0 + P_1 + Q_0 + Q_1].$

Beweis:

a) Sei für $s \in (0, \infty)$ $\quad \varphi_s^* := 1_{\{\ell > s\}}, \ \psi_s^* := 1_{\{g > s\}}.$

Dann ist φ_s^* ein nichtrandomisierter Bayes-Test für (P_0, P_1) zur Vorbewertung $(\frac{s}{1+s}, \frac{1}{1+s})$. Ebenso ist ψ_s^* ein nichtrandomisierter Bayes-Test für (Q_0, Q_1) zur Vorbewertung $(\frac{s}{1+s}, \frac{1}{1+s})$.

Daraus folgt: $E_{P_0}\varphi_s^* = P_0(\{\ell > s\}) = \min\{s\alpha - \beta_{\alpha, \varphi_s^*}(P_1); \ \alpha \in [0,1]\}.$

Ebenso erhält man: $E_{Q_0}\psi_s^* = Q_0(\{g > s\}) = \min\{s\alpha - \beta_{\alpha, \psi_s^*}(Q_1); \ \alpha \in [0,1]\}.$

Nach Lemma 9.1.9 folgt also $E_{P_0}\varphi^* = E_{Q_0}\psi^*$, $\forall s \in (0, \infty)$, also $P_0^\ell = Q_0^g$.

Ebenfalls nach Lemma 9.1.9 ergibt sich

$$E_{P_1}\varphi^* = P_1(\ell > s) = \beta_{\varphi^*}(P_1) = \beta_{\psi^*}(Q_1) = E_{Q_1}\psi^*$$
$$= Q_1(g > s), \quad \forall s \in (0, \infty).$$

Daher gilt auch: $P_1^\ell = Q_1^g.$

b) Es gilt $\quad P_0(\ell > s) = Q_0(g > s) \geq P_0(g > s), \quad \forall s, \qquad$ und
$$P_1(\ell > s) = Q_1(g > s) \leq P_1(g > s), \quad \forall s.$$

Daraus folgt:
$$sP_0(g > s) - P_1(g > s) \leq sP_0(\ell > s) - P_1(\ell > s)$$
$$= \inf_{A \in \mathcal{A}} w_s(A), \quad \text{mit } w_s(A) := sP_0(A) - P_1(A)$$

wegen der Bayes-Eigenschaft von LQ-Tests. Also ist $\{g > s\}$ auch Minimumstelle für w_s und daher folgt: $\ell = g \; [P_0 + P_1]$. Analog folgt $\ell = g \; [Q_0 + Q_1]$. $\square$

Für reichhaltige Hypothesen $\mathcal{P}_0$, $\mathcal{P}_1$, für die ein ungünstigstes Paar (P_0, P_1, ℓ) existiert, ist der DQ nach oben bzw. unten beschränkt.

Proposition 9.1.11 (Beschränktheit von ℓ)
Sei (P_0, P_1, ℓ) ein ungünstigstes Paar für das Testproblem $(\mathcal{P}_0, \mathcal{P}_1)$.

a) Wenn $\inf\limits_{\substack{A \in \mathcal{A} \\ A \notin \mathcal{N}_{\mathcal{P}_0}}} \sup\limits_{P \in \mathcal{P}_0} P(A) > 0$, dann existiert ein $s_0 > 0$ so dass $\{\ell > s_0\} \in \mathcal{N}_{\mathcal{P}_0}$.

b) Wenn $\inf\limits_{\substack{A \in \mathcal{A} \\ A \notin \mathcal{N}_{\mathcal{P}_1}}} \sup\limits_{P \in \mathcal{P}_1} P(A) > 0$, dann existiert ein $\varepsilon > 0$, so dass $\{\ell < \varepsilon\} \in \mathcal{N}_{\mathcal{P}_1}$.

Beweis:
a) Wenn $\{\ell > s\} \notin \mathcal{N}_{\mathcal{P}_0}$, $\forall s > 0$, dann folgt

$$P_0(\ell > s) = \sup_{P \in \mathcal{P}_0} P(\ell > s) \geq \inf_{A \notin \mathcal{N}_{\mathcal{P}_0}} P(A) =: \eta_0 > 0, \quad \forall s > 0.$$

Daraus folgt aber

$$P_0(\ell = \infty) = \lim_{s \uparrow \infty} P_0(\ell > s) \geq \eta_0 > 0,$$

ein Widerspruch, denn $P_0(\ell = \infty) = 0$.

b) Der Beweis zu b) ist analog. $\square$

Die Beschränktheit des Dichtequotienten ℓ eines ungünstigsten Paares in robusten Umgebungsmodellen impliziert qualitative Robustheit des zugehörigen LQ-Tests (vgl. die Einleitung von Kapitel 9). Im Folgenden behandeln wir die Bestimmung von ungünstigsten Paaren in Produktmodellen.

Proposition 9.1.12 (Ungünstigste Paare in Produktmodellen)
Seien $(\mathcal{P}_{0,j}, \mathcal{P}_{1,j})$ Testprobleme in $(\mathfrak{X}_j, \mathcal{A}_j)$ mit ungünstigsten Paaren $(P_{0,j}, P_{1,j}, \ell_j)$, $1 \leq j \leq n$. Im Produktmodell $(\mathfrak{X}, \mathcal{A}) = \bigotimes\limits_{j=1}^{n}(\mathfrak{X}_j, \mathcal{A}_j)$, $\mathcal{P}_0 = \bigotimes\limits_{j=1}^{n} \mathcal{P}_{0,j}$, $\mathcal{P}_1 = \bigotimes\limits_{j=1}^{n} \mathcal{P}_{1,j}$ ist dann $(\bigotimes\limits_{j=1}^{n} P_{0,j}, \bigotimes\limits_{j=1}^{n} P_{1,j}, \ell_{(n)})$, mit $\ell_{(n)}(x) = \prod\limits_{j=1}^{n} \ell_j(x_j)$, ein ungünstigstes Paar mit Dichtequotienten $\ell_{(n)}$.

Beweis: Der Beweis folgt durch Induktion nach n. Für den Induktionsschluss erhalten wir nach Induktionsannahme und mit Fubini $\forall Q = Q_{0,(n+1)} \in \mathcal{P}_0 = \mathcal{P}_{0,(n+1)}$

$$
\begin{aligned}
P_{0,(n+1)}(\ell_{(n+1)} > s) &= P_{0,(n+1)}(\ell_{(n+1)} > s, \ell_{n+1} > 0) \\
&= \int_{\{\ell_{n+1} > 0\}} P_{0,(n)}\left(\ell_{(n)} > \frac{s}{\ell_{n+1}}\right) dP_{0,n+1} \\
&\geq \int Q_{0,(n)}\left(\ell_{(n)} > \frac{s}{\ell_{n+1}}\right) dP_{0,n+1} \\
&= \int P_{0,n+1}\left(\ell_{n+1} > \frac{s}{\ell_{(n)}}\right) dQ_{0,(n)} \\
&\geq \int Q_{0,n+1}\left(\ell_{n+1} > \frac{s}{\ell_{(n)}}\right) dQ_{0,(n)} \\
&= Q_{0,(n+1)}(\ell_{(n+1)} > s)
\end{aligned}
$$

Ebenso ergibt sich

$$
P_{1,(n+1)}(\ell_{(n+1)} > s) \leq Q_{1,(n+1)}(\ell_{(n+1)} > s), \quad \forall Q_1 = Q_{1,(n+1)} \in \mathcal{P}_1 = \mathcal{P}_{1,(n+1)}. \square
$$

Der Dichtequotient ℓ eines Paares (P_0, P_1) lässt sich charakterisieren über die Minimumstellen $D_s = \{l > s\}$ der Abbildung

$$
A \to w_s(A) = sP_0(A) - P_1(A).
$$

Zur Bestimmung des DQ ℓ für ein (unbekanntes) ungünstigstes Paar (P_0, P_1) ersetzen wir P_0 durch $\sup_{P \in \mathcal{P}_0} P$ und P_1 durch $\inf_{P \in \mathcal{P}_1} P$.

Definition 9.1.13 (Obere und untere Wahrscheinlichkeiten)
Für eine Teilmenge $\mathcal{P} \subset M^1(\mathfrak{X}, \mathcal{A})$ heißt

$$
v(A) := v_{\mathcal{P}}(A) := \sup_{P \in \mathcal{P}} P(A), \ A \in \mathcal{A} \ \text{\textbf{obere Wahrscheinlichkeit}} \ \textit{von } \mathcal{P} \ \textit{und}
$$

$$
u(A) := u_{\mathcal{P}}(A) := \inf_{P \in \mathcal{P}} P(A), \ A \in \mathcal{A} \ \text{\textbf{untere Wahrscheinlichkeit}} \ \textit{von } \mathcal{P}.
$$

Für obere und untere Wahrscheinlichkeiten gilt die folgende Beziehung:

$$
u_{\mathcal{P}}(A) = 1 - \sup_{P \in \mathcal{P}} P(A^c) = 1 - v_{\mathcal{P}}(A^c), \quad A \in \mathcal{A}.
$$

Die oberen und unteren Wahrscheinlichkeiten v und u haben die folgenden grundlegenden Eigenschaften, die direkt aus deren Definition folgen.

Proposition 9.1.14
Sei $\mathcal{P} \subset M^1(\mathfrak{X}, \mathcal{A})$ und seien $v = v_{\mathcal{P}}$, $u = u_{\mathcal{P}}$ die obere bzw. untere Wahrscheinlichkeit von $\mathcal{P}$. Dann gilt für v:

a) $v(\emptyset) = 0$

b) $v(\mathfrak{X}) = 1$

c) v ist monoton wachsend, d.h. $A_1 \subset A_2 \Rightarrow v(A_1) \leq v(A_2)$.

d) v ist stetig von unten, d.h. $A_n \uparrow A \Rightarrow v(A_n) \uparrow v(A)$.

Ebenso gilt für u:

a') $u(\emptyset) = 0$

b') $u(\mathfrak{X}) = 1$

c') u ist monoton wachsend, d.h. $A_1 \subset A_2 \Rightarrow u(A_1) \leq u(A_2)$.

d') u ist stetig von oben, d.h. $A_n \downarrow A \Rightarrow u(A_n) \downarrow u(A)$.

Bemerkung 9.1.15

a) Kapazitäten: *Ist v ein Funktional, $v : \mathcal{A} \to \mathbb{R}$ mit den Eigenschaften a)–d), dann lässt sich v auf $\mathcal{P}(\mathfrak{X})$ fortsetzen, so dass die Eigenschaften a)–d) erhalten bleiben.*

Definiere $\overline{v} : \mathcal{P}(X) \to \mathbb{R}$ durch

$$\overline{v}(B) = \inf\{v(A); \ A \in \mathcal{A}, A \supset B\}.$$

*Dann erfüllt $\overline{v}$ die Bedingungen a)–d). $\overline{v}$ ist eine **Kapazität** auf $\mathcal{P}(\mathfrak{X})$.*

*$\overline{u}(B) = 1 - \overline{v}(B^c)$, $B \in \mathcal{P}(\mathfrak{X})$ erfüllt die Bedingungen a')–d'). $\overline{u}$ heißt die zu $\overline{v}$ **duale Kapazität**.*

Eine grundlegende Frage ist:
Unter welchen Bedingungen existiert zu einer Kapazität v eine erzeugende Teilmenge $\mathcal{P} \subset M^1(\mathfrak{X}, \mathcal{A})$, so dass $v = v_{\mathcal{P}}$?

b) Ungünstigste Paare und Dichtequotienten: *Existiert ein ungünstigstes Paar (P_0, P_1, ℓ) von $(\mathcal{P}_0, \mathcal{P}_1)$, dann ist*

$$P_0(\ell > t) = v_0(\ell > t), \ v_0 = v_{\mathcal{P}_0} \quad und \quad P_1(\ell > t) = u_1(\ell > t), \ u_1 = u_{\mathcal{P}_1}.$$
$$(9.1)$$

Aus (9.1) folgt, dass

$$tv_0(\ell > t) - u_1(\ell > t) \leq tP_0(A) - P_1(A) \leq tv_0(A) - u_1(A), \quad \forall A \in \mathcal{A}. \quad (9.2)$$

Daraus folgt, dass $D_t := \{\ell > t\}$ für $t > 0$ die Mengenfunktion $w_t(A) := tv_0(A) - u_1(A)$ minimiert.

Es stellt sich bei gegebenen Kapazitäten v_0 und u_1 die Frage, wann es eine Funktion $\ell : \mathfrak{X} \to \overline{\mathbb{R}}_+$ gibt, so dass $D_t = \{\ell > t\}$ eine Minimumstelle von w_t ist. ℓ ist dann ein Kandidat für den Dichtequotienten eines ungünstigsten Paares.

Definition 9.1.16 (Verallgemeinerte Ableitung von Kapazitäten)
*Seien v_0, v_1 Kapazitäten auf $(\mathfrak{X}, \mathcal{A})$. $\ell \in \overline{\mathcal{L}}_+(\mathfrak{X}, \mathcal{A})$ heißt **verallgemeinerte Ableitung** von v_1 nach v_0, wenn $\forall t > 0$, $D_t = \{\ell > t\}$ eine Minimumstelle von $w_t(A) = tv_0(A) - u_1(A)$ ist, wobei u_1 die zu v_1 duale Kapazität ist.*

$\qquad$ *Schreibweise:* $\quad \ell = \dfrac{dv_1}{dv_0}$

Die entscheidende Eigenschaft zur Beantwortung obiger Frage ist die Eigenschaft 'zweifach alternierend' bzw. 'zweifach monoton'.

Definition 9.1.17 (Zweifach alternierende Kapazität)
*e) Eine Kapazität v auf $(\mathfrak{X}, \mathcal{A})$ heißt **zweifach alternierend**, wenn*

$$v(A_1 \cup A_2) + v(A_1 \cap A_2) \leq v(A_1) + v(A_2).$$

*e') Eine duale Kapazität u heißt **zweifach monoton**, wenn*

$$u(A_1 \cup A_2) + u(A_1 \cap A_2) \geq u(A_1) + u(A_2).$$

Satz 9.1.18 (Verallgemeinerter Dichtequotient)
Seien v_0 und u_1 eine zweifach alternierende bzw. eine zweifach monotone Kapazität mit zugehörigen dualen Kapazitäten v_1 und u_0 und sei für $t \geq 0$, $w_t := tv_0 - u_1$. Dann gilt

a) $\forall t \in \mathbb{R}_+$ existieren $D_t \in \mathcal{A}$ mit $D_t = \cup_{t < s < \infty} D_s$, $\forall t > 0$, so dass

$$h(t) := w_t(D_t) = \inf_{A \in \mathcal{A}} w_t(A).$$

b) $\ell(t) := \begin{cases} \inf\{s \in (0, \infty); \; t \notin D_s\}, & t \notin \bigcap_{s \in \mathbb{R}_+} D_s, \\ \infty, & \text{sonst}, \end{cases}$

$\quad$ *ist eine verallgemeinerte Ableitung von v_1 nach v_0, $\ell = \dfrac{dv_1}{dv_0}$, ℓ ist $\mathcal{A}$-messbar.*

c) 1) h ist Lipschitz-stetig, $|h(s) - h(t)| \leq |s - t|$, $\forall s, t \in (0, \infty)$.

$\quad$ *2) h ist absolut stetig und $h(t) - h(s) = \int_s^t v_0(D_u)\, du$, $0 < s < t < \infty$ und*

$\quad$ *3) $\dfrac{h(s) - h(t)}{s - t} \xrightarrow[s \downarrow t]{} v_0(D_t)$*

d) h ist isoton und konkav.

Beweis: Die Mengenfunktion w_t hat folgende Eigenschaften:

1) w_t ist zweifach alternierend

2) $B_n \uparrow B \Rightarrow w_t(B) \leq \lim w_t(B_n)$

3) Für $s > t$ und $B \subset C$ gilt

$$w_s(B) - w_t(B) \leq w_s(C) - w_t(C)$$

4) $\|w_s - w_t\| = \sup\{|w_s(A) - w_t(A)|; \ a \in \mathcal{A}\} \le |s - t|$

Eigenschaften 3) und 4) folgen aus $w_s(A) - w_t(A) = (s-t)v_0(A)$. 1) und 2) folgen direkt nach Definition.

a) Sei $(\varepsilon_n) \subset (0,1)$ so dass $\sum_n \varepsilon_n < \infty$ und sei

$$\eta_t := \inf_{A \in \mathcal{A}} w_t(A).$$

Für $t \in (0, \infty)$ und $\forall k \in \mathbb{N} : \exists A_k \in \mathcal{A}$ mit

$$w_t(A_k) \le \eta_t + \varepsilon_k.$$

Daraus folgt nach 1):

$$2\eta_t \le w_t(A_n \cup A_m) + w_t(A_n \cap A_m)$$
$$\le w_t(A_n) + w_t(A_m) \le 2\eta_t + \varepsilon_n + \varepsilon_m.$$

Wegen $w_t(A_n \cap A_m) \ge \eta_t$ folgt

$$w_t(A_n \cup A_m) \le \eta_t + \varepsilon_n + \varepsilon_m, \quad \forall n, m \in \mathbb{N}.$$

Durch Induktion ergibt sich hieraus

$$\eta_t \le w_t \left(\bigcup_{n \le m \le j} A_m \right) \le \eta_t + \sum_{n \le m \le j} \varepsilon_m, \quad \forall n, j \in \mathbb{N}.$$

Für erst $j \to \infty$ und dann $n \to \infty$ folgt hieraus

$$\eta_t \le w_t \underbrace{\left(\bigcap_n \bigcup_{m \ge n} A_m \right)}_{:=C_t} \le \eta_t,$$

also $\eta_t = w_t(C_t), \quad \forall t > 0$.

Sei $T = \{t_n\}$ dicht in $[0, \infty)$ und definiere $D_t := \bigcup_{t_n \in T} C_{t_n}$. Dann ist D_t antiton in t und mit 3) und 1) folgt für $0 < t < s$:

$$w_t(C_t \cup C_s) - w_s(C_t \cup C_s) \le w_t(C_t) - w_s(C_s)$$

und

$$w_s(C_t \cup C_s) + w_s(C_t \cap C_s) \le w_s(C_t) + w_s(C_s).$$

Hieraus folgt durch Addition nach Definition von η_t

$$\eta_t + \eta_s \le w_s(C_t \cup C_s) + w_s(C_t \cap C_s)$$
$$\le w_t(C_t) + w_s(C_s) = \eta_t + \eta_s$$
$$\Rightarrow w_t(C_t \cup C_s) = \eta_t$$

Mit Induktion ergibt sich:

$$w_{s_1}\left(\bigcup_{1 \le m \le n} C_{s_m}\right) = \eta_{s_1}, \quad 0 < s_1 < \cdots < s_n.$$

Mit $t_n^* = \min_{\substack{m \le n \\ t_m > t}} t_m$ folgt aus 3) und 4)

$$\eta_t \le w_t(D_t) = w_t\left(\lim_{n \to \infty} \bigcup_{\substack{m \le n \\ t_m > t}} C_{t_m}\right)$$

$$\le \lim_{n \to \infty} w_t\left(\bigcup_{\substack{m \le n \\ t_m > t}} C_{t_m}\right)$$

$$\le \overline{\lim_{n \to \infty}}\,(\eta_{t_n^*} + \|w_{t_n^*} - w_t\|)$$

$$\le \lim \eta_{t_n^*} + \lim |t_n^* - t| = \eta_t.$$

Daraus folgt a). Insbesondere ist D_t antiton in t.

b) folgt aus a) nach Definition von ℓ.

c) Sei $0 < t < s < \infty$, dann gilt

$$0 \le (s-t)v_0(D_s) = w_s(D_s) - w_t(D_s)$$
$$\le w_s(D_s) - w_t(D_t) \le w_s(D_t) - w_t(D_t)$$
$$\le (s-t)v_0(D_t).$$

Wegen $|v_0(A)| \le 1, \forall A \in \mathcal{A}$ folgt

$$v_0(D_s) \le \frac{w_s(D_s) - w_t(D_t)}{s-t} \le v_0(D_t).$$

Also ist h Lipschitz-stetig.

Wegen $D_s \uparrow D_t$ für $s \downarrow t$ folgt weiter

$$v_0(D_s) \uparrow v_0(D_t) \text{ für } s \downarrow t,$$

d.h. $t \to w_t(D_t)$ ist in t rechtsseitig differenzierbar mit rechtsseitiger Ableitung $v_0(D_t)$.

Also ist $v_0(D_t)$ ⅄ f.s. die rechtsseitige Ableitung von h und es gilt die Integraldarstellung.

d) Nach a) ist $t \to D_t$ antiton, also ist $k(t) := v_0(D_t)$ eine antitone Abbildung.

Wegen $v_0 \geq 0$ ist h isoton und für $t < s < r$ gilt

$$\frac{h(s) - h(t)}{s - t} = \frac{1}{s-t} \int_t^s k(u)du = \int_0^1 k(t + (s-t)u)du$$

$$\geq \int_0^1 k(t + (r-t)u)du = \frac{1}{r-t} \int_t^r k(u)du$$

$$= \frac{h(r) - h(t)}{r - t}.$$

Daraus folgt, dass h konkav ist.   □

Sind also die obere Wahrscheinlichkeit $v_0 = v_{\mathcal{P}_0}$ und die untere Wahrscheinlichkeit $u_1 = u_{\mathcal{P}_1}$ für ein Testproblem $(\mathcal{P}_0, \mathcal{P}_1)$ zweifach alternierende bzw. zweifach monotone Kapazitäten, dann existiert die verallgemeinerte Ableitung $\ell = \frac{dv_1}{dv_0}$. Jedes Paar $(P_0, P_1) \in \mathcal{P}_0 \times \mathcal{P}_1$ mit $\ell = \frac{dP_1}{dP_0}$ ist ein ungünstigstes Paar mit Dichtequotienten ℓ.

9.2   Umgebungsmodelle und robuste Tests

Als Anwendung der ungünstigsten Paare aus Abschnitt 9.1 behandeln wir in diesem Abschnitt Umgebungsmodelle und robuste Tests für einfache Hypothesen.

Definition 9.2.1 ($\varepsilon - \delta$ Umgebungsmodell)
Zu einem Wahrscheinlichkeitsmaß $P_1 \in M^1(\mathfrak{X}, \mathcal{A})$ und $\varepsilon, \delta \in [0,1]$ mit $0 < \varepsilon + \delta < 1$ heißt

$$\mathcal{P} = \mathcal{P}_{\varepsilon,\delta}(P_1) = \big\{ P \in M^1(\mathfrak{X}, \mathcal{A}); \ ((1-\varepsilon)P_1(A) - \delta) \vee 0$$
$$\leq P(A) \leq ((1-\varepsilon)P_1(A) + \varepsilon + \delta) \wedge 1, \quad \forall A \in \mathcal{A} \big\}$$

$\varepsilon - \delta$ Umgebungsmodell von P_1.

Bemerkung 9.2.2
Sind $P_0, P_1 \in M^1(\mathfrak{X}, \mathcal{A})$ und $\mathcal{P}_0, \mathcal{P}_1$ die $\varepsilon - \delta$ Umgebungsmodelle von P_0, P_1, dann ist für $\varepsilon = 0$, $P \in \mathcal{P}_i \Leftrightarrow \|P - P_i\| \leq \delta$, $\| \ \|$ die Supremumsnorm, d.h. P liegt in einer δ-sup-Norm-Umgebung von P_i.

Für $\delta = 0$ gilt: $P \in \mathcal{P}_i \Leftrightarrow \exists Q \in M^1(\mathfrak{X}, \mathcal{A})$, so dass $P = (1-\varepsilon)P_i + \varepsilon Q$.

Das Umgebungsmodell $\mathcal{P}_{\varepsilon,0}(P_i)$ heißt auch 'gross error' Modell.

Mit Wahrscheinlichkeit ε wird eine 'Beobachtung' nach einer von P_i verschiedenen Verteilung ermittelt, z.B. ein Ausreißer. Damit $\mathcal{P}_0 \cap \mathcal{P}_1 = \emptyset$ ist, ist die Bedingung $\frac{\varepsilon + 2\delta}{1 - \varepsilon} < \|P_1 - P_0\|$ an ε, δ sinnvoll.

Ein moderater Typ von Umgebungsmodellen ist von der Form

$$\mathcal{P}_i = \{P; \ d(P, P_i) \leq \varepsilon\}$$

mit einer Metrik, die die Verteilungskonvergenz beschreibt, wie z.B. der Prohorov-Metrik. Hier erlaubt man nur kleine Abweichungen (Messfehler) im Umgebungsmodell.

Die $\varepsilon - \delta$ Umgebungsmodelle führen zu zweifach alternierenden Kapazitäten.

Satz 9.2.3 (Obere und untere Wahrscheinlichkeit von $\varepsilon - \delta$ Umgebungsmodellen) *Seien $\mathcal{P}_i = \mathcal{P}_{\varepsilon,\delta}(P_i)$, $i = 0, 1$, $\varepsilon - \delta$ Umgebungsmodelle von P_i.*

a) Sei $v_i(A) := \begin{cases} ((1-\varepsilon)P_i(A) + \varepsilon + \delta) \wedge 1, & A \neq \emptyset, \\ 0, & A = \emptyset, \text{ dann gilt:} \end{cases}$

v_i sind obere Wahrscheinlichkeiten zu den $\varepsilon - \delta$ Umgebungsmodellen $\mathcal{P}_i$, d.h. $v_i = v_{\mathcal{P}_i}$. v_i sind zweifach alternierend und $\forall A \in \mathcal{A}$ existieren $P \in \mathcal{P}_i$ mit $P(A) = v_i(A)$.

b) Sei $u_i(A) := 1 - v_i(A^c)$ die duale Kapazität. Dann ist

$$u_i(A) = \begin{cases} ((1-\varepsilon)P_i(A) - \delta) \vee 0, & A \neq \mathfrak{X}, \\ 1, & A = \mathfrak{X}, \end{cases}$$

$u_i = u_{\mathcal{P}_i}$, und für alle $A \in \mathcal{A}$ existieren $P \in \mathcal{P}_i$ mit $P(A) = u_i(A)$. u_i sind zweifach monotone Kapazitäten.

c) $\mathcal{P}_i = \{P \in M^1(\mathfrak{X}, \mathcal{A}); \ P(A) \leq v_i(A), \forall A \in \mathcal{A}\}$

$= \{P \in M^1(\mathfrak{X}, \mathcal{A}); \ P(A) \geq u_i(A), \forall A \in \mathcal{A}\}$

Beweis:

a), b) Ist $A = \emptyset$ oder $P_i(A) = 1$, dann wähle $P = P_i$. Ist $P_i(A) \in (0, 1)$, dann gilt für $P' := (1-\varepsilon)P_i + \varepsilon \delta_x$ mit $x \in A$ und δ_x das Einpunktmaß in x: $P'(A) \in (0, 1)$.

$$P(B) := v_i(A)P'(B \mid A) + (1 - v_i(A))P'(B \mid A^c), \quad B \in \mathcal{A}$$

definiert ein Wahrscheinlichkeitsmaß auf $(\mathfrak{X}, \mathcal{A})$ mit $P(A) = v_i(A)$. Durch Fallunterscheidung $v_i(A) < 1$ bzw. $v_i(A) = 1$ sieht man, dass $P \in \mathcal{P}_i$. Es folgt damit $v_i = v_{\mathcal{P}_i}$.

Zu zeigen bleibt: v_i ist zweifach alternierend.

Dazu sei $f(a) = ((1-\varepsilon)a + \varepsilon + \delta) \wedge 1$. Dann ist f konkav und für $a, b, c, d \geq 0$ mit
$a \leq b$, $c \leq d$ und $a + d = b + c$ gilt

$$f(a) + f(d) \leq f(b) + f(c).$$

Dieses impliziert nach Definition von v_i, dass v_i zweifach alternierend ist. Die Aussagen für u_i sind analog.

c) Nach a) ist $v_i = v_{\mathcal{P}_i}$, also $P(A) \leq v_i(A)$, $\forall P \in \mathcal{P}_i$, $\forall A \in \mathcal{A}$.

Aber $P \leq v_i$ ist äquivalent zu $P \geq u_i$. Daher ist $P \leq v_i$ äquivalent zu $P \in \mathcal{P}_i$.

$\square$

Das folgende einfache Lemma gibt eine notwendige und hinreichende Bedingung dafür, dass $\mathcal{P}_0 \cap \mathcal{P}_1 \neq \emptyset$ (vgl. auch Bemerkung 9.2.2).

Lemma 9.2.4
Äquivalent sind

a) $\mathcal{P}_0 \cap \mathcal{P}_1 \neq \emptyset$

b) $(1 - \varepsilon)P_1(A) + \varepsilon + \delta \geq (1 - \varepsilon)P_0(A) - \delta$, $\quad \forall A \in \mathcal{A}$

c) $\|P_0 - P_1\| \leq \frac{\varepsilon + 2\delta}{1 - \varepsilon}$

Die folgende Proposition gibt eine Spezialisierung der Aussagen von Satz 9.1.18 zur Bestimmung von Dichtequotienten ungünstigster Paare (verallgemeinerte Ableitungen der zugehörigen Kapazitäten) auf den Fall von $\varepsilon - \delta$-Umgebungsmodellen.

Proposition 9.2.5
Sei D_t Minimumstelle von $w_t = tv_0 - u_1$, $t \in (0, \infty)$, dann gilt:

a) $h(t) = w_t(D_t)$ *ist isoton und konkav und es gibt* $0 < t_0 < t_1 < \infty$, *so dass*

$$h(t) = \begin{cases} t - 1, & 0 < t \leq t_0, \\ \text{strikt isoton} & t_0 \leq t < t_1, \\ 0, & t_1 \leq t. \end{cases}$$

b) Mit $v := \frac{\varepsilon + \delta}{1 - \varepsilon}$, $w := \frac{\delta}{1 - \varepsilon}$ *und* $L = \frac{dP_1}{dP_0}$ *sind* $t_0, t_1 \in (0, \infty)$ *Lösung von*

$$t_0 P(L < t_0) - P_1(L < t_0) = v + wt_0,$$
$$P_1(L < t_1) - t_1 P_0(L > t_1) = vt_1 + w.$$

c) $D_t = \mathfrak{X}$, $\quad 0 < t \leq t_0$ *und* $\emptyset \subset D_t \subsetneq \mathfrak{X}$,

d.h. D_t ist eine echte Teilmenge von $\mathfrak{X}$ für $t_0 \leq t < t_1$.

$D_t = \emptyset$ *für* $t_1 \leq t < \infty$.

Mit diesen Vorbereitungen erhalten wir nun die verallgemeinerte Ableitung der Kapazitäten und damit den Dichtequotienten der ungünstigsten Verteilungen. Dieser ergibt sich als nach oben und unten abgeschnittener Dichtequotient von P_1 nach P_0. Dieses liefert dann die Prüfgröße des optimalen robusten Tests.

Satz 9.2.6 (Verallgemeinerter Dichtequotient)

Seien $v := \frac{\varepsilon + \delta}{1 - \varepsilon}$, $w := \frac{\delta}{1 - \varepsilon}$, dann gilt:

ℓ ist verallgemeinerte Ableitung von v_1 nach v_0, $\ell \in \frac{dv_1}{dv_0}$,

$\Leftrightarrow \exists L \in \frac{dP_1}{dP_0}$, so dass $\ell = t_0 \vee L \wedge t_1$ mit t_0, t_1 aus Proposition 9.2.5 b).

Beweis: Mit $w_t = tv_0 - u_1$ ist ℓ definiert durch $\{\ell > t\} = D_t$, $t > 0$, mit $w_t(D_t) = \inf_{A \in \mathcal{A}} w_t(A)$. Nach Proposition 9.2.5c) gilt:

$$\{\ell > t\} = \mathfrak{X} \text{ für } t < t_0 \Rightarrow \ell(x) \geq t_0, \quad \forall x$$
$$\text{und } \{\ell > t\} = \emptyset \text{ für } t \geq t_1 \Rightarrow \ell(x) \leq t_1, \quad \forall x.$$

Behauptung: Mit $W_t := tP_0 - P_1$ gilt

$$w_t(D_t) = (1 - \varepsilon)W_t(D_t) + t(\varepsilon + \delta) + \delta, \quad t_0 \leq t < t_1$$

Zum Beweis dieser Behauptung verwenden wir die Darstellung von v_0, u_1 und erhalten für $t_0 \leq t < t_1$

$$w_t(D_t) \leq w_t(A) = tv_0(A) - u_1(A)$$
$$= (1 - \varepsilon)W_t(A) + t(\varepsilon + \delta) + \delta, \quad A \in \mathcal{A}.$$

Andererseits ist für $t < t_1$, $D_t \neq \emptyset$ und daher
$$v_0(D_t) = ((1 - \varepsilon)P_0(D_t) + \varepsilon + \delta) \wedge 1.$$
Ist für ein $t > t_0$, $v_0(D_t) = 1$, dann folgt wegen $w_t(D_t) = tv_0(D_t) - u_1(D_t) < t - 1$, dass $u_1(D_t) > 1$; ein Widerspruch.

Also ist
$$v_0(D_t) = (1 - \varepsilon)P_0(D_t) + \varepsilon + \delta.$$
Ebenso ist $u_1(D_t) = (1 - \varepsilon)P_1(D_t) - \delta$ für $t_0 < t < t_1$. Daraus folgt die Teilbehauptung.

$t \to w_t(D_t)$ ist nach Proposition 9.2.5 a) konkav, also stetig. Für $t \downarrow t_0$ folgt daher

$$w_t(D_t) = tP_0(D_t) - P_1(D_t)$$
$$\to t_0 P_0(D_{t_0}) - P_1(D_{t_0}) = w_{t_0}(D_{t_0}),$$

da $D_t \uparrow D_{t_0}$. Also gilt die Formel auch für $t = t_0$. Für $t \in [t_0, t_1)$ sind also die Minimumstellen von w_t gleich der Minimumstellen von W_t. Daraus folgt

$$\{\ell > t\} = \{L > t\} \, [P_0 + P_1] \text{ für } t \in [t_0, t_1].$$

Daraus folgt nach dem Eindeutigkeitssatz

$$\ell(x) = L(x) \, [P_0 + P_1] \text{ für } t_0 \leq L(x) < t_1. \qquad \square$$

Schließlich bestimmen wir ein ungünstigstes Paar (Q_0, Q_1, ℓ) mit Dichtequotienten ℓ. Dieses erlaubt dann die Festlegung kritischer Werte für r-optimale Tests insbesondere für Minimax- und Maximin-Tests zum Niveau α.

Satz 9.2.7 (Ungünstigste Paare für das $\varepsilon - \delta$ Umgebungsmodell)
Seien $P_i = f_i\mu$, $i = 0,1$, dann gilt:

a) (Q_0, Q_1, ℓ) ist ein ungünstigstes Paar für $(\mathcal{P}_0, \mathcal{P}_1)$ mit DQ ℓ, wenn

1) $Q_0, Q_1 \ll \mu$, $Q_i = q_i\mu$ *und* $\dfrac{q_1}{q_0} = \ell$

2) $\exists L \in \dfrac{dP_1}{dP_0}$ *mit* $\ell(x) = t_0 \vee L(x) \wedge t_1$ $[P_0 + P_1]$

3) $q_0(x) = (1 - \varepsilon)f_0(x)$ $[\mu]$ *für* $L(x) \in [t_0, t_1]$

4) $(1 - \varepsilon)\dfrac{f_1(x)}{t_0} \leq q_0(x) \leq (1 - \varepsilon)\dfrac{f_1(x)}{t_1}$ $[\mu]$ *für* $L(x) > t_1$

5) $(1 - \varepsilon)f_0(x) \leq q_0(x) \leq (1 - \varepsilon)\dfrac{f_1(x)}{t_1}$ $[\mu]$ *für* $L(x) > t_1$

6) $Q_0(L < t_0) = (1 - \varepsilon)P_0(L < t_0) - \delta$ *oder äquivalent*

7) $Q_0(L > t_1) = (1 - \varepsilon)P_0(L > t_1) + \varepsilon + \delta$

b) Bedingungen 1)–6) sind auch notwendig dafür, dass (Q_0, Q_1) ein ungünstigstes Paar ist.

c) Es gibt ein ungünstigstes Paar (Q_0, Q_1, ℓ) gegeben durch

$$
q_0(x) = \begin{cases} \frac{1-\varepsilon}{v+wt_0}(vf_0(x) + wf_1(x)), & L(x) < t_0, \\ (1 - \varepsilon)f_0(x), & t_0 \leq L(x) \leq t_1, \\ \frac{1-\varepsilon}{vt_1+w}(wf_0(x) + vf_1(x)), & L(x) > t_1, \end{cases}
$$

$$
q_1(x) = \begin{cases} \frac{(1-\varepsilon)t_0}{v+wt_0}(vf_0(x) + wf_1(x)), & L(x) < t_0, \\ (1 - \varepsilon)f_1(x), & t_0 \leq L(x) \leq t_1, \\ \frac{(1-\varepsilon)t_1}{vt_1+w}(wf_0(x) + vf_1(x)), & L(x) > t_1, \end{cases}
$$

mit $v := \frac{\varepsilon+\delta}{1-\varepsilon}$, $w := \frac{\delta}{1-\varepsilon}$.

Beweis:
a) $\underline{Q_0 \in \mathcal{P}_0}$. Zum Nachweis dazu verwenden wir

$$Q_0(A) = Q_0(A \cap \{L < t_0\}) + Q_0(A \cap \{t_0 \leq L \leq t_1\}) + Q_0(A \cap \{L > t_1\}).$$

Aus 4) und 3) folgt

$$Q_0(A \cap \{L < t_0\}) \leq (1 - \varepsilon)P_0(A \cap \{L < t_0\})$$
$$\text{und} \quad Q_0(A \cap \{t_0 \leq L \leq t_1\}) = (1 - \varepsilon)P_0(A \cap \{t_0 \leq L \leq t_1\}).$$

Aus 5) ergibt sich

$$Q_0(A^c \cap \{L > t_1\}) \geq (1 - \varepsilon)P_0(A^c \cap \{L > t_1\})$$

und aus 7) erhalten wir

$$Q_0(A) \leq ((1-\varepsilon)P_0(A) + \varepsilon + \delta) \wedge 1 = v_0(A), \quad \forall A \in \mathcal{A}.$$

Daher folgt $Q_0 \in \mathcal{P}_0$.

Es ist $\ell(x) \in [t_0, t_1], \forall x \in \mathfrak{X}$ und $\{\ell > t\} = \{L > t\}$ für $t \in [t_0, t_1)$. Aus 6) und 3) folgt:

$$Q_0(L > t) = (1-\varepsilon)P_0(L > t) + \varepsilon + \delta, \quad t \in [t_0, t_1).$$

Nach Definition von v_0 und Satz 9.2.3 gilt

$$Q_0(L > t) \geq v_0(L > t)$$
$$= \sup_{P \in \mathcal{P}_0} P(L > t), \quad t \in [t_0, t_1);$$

also gilt die Gleichheit.

Ebenso gilt

$$Q_1(L > t) = (1-\varepsilon)P_1(L > t) - \delta, \quad t \in [t_0, t_1),$$

so dass nach Satz 9.2.3 folgt:

$$Q_1(L > t) \leq u_1(L > t) = \inf_{P \in \mathcal{P}_1} P(L > t), \quad t \in [t_0, t_1).$$

Daraus folgt a).

b) Die Notwendigkeit der Bedingungen 1)–6) folgt aus Lemma 9.2.4, Proposition 9.2.5 und Satz 9.2.6. Wir verzichten auf die Details.

c) Zum Nachweis von c) prüft man nach, dass das konstruierte Paar (Q_0, Q_1) die hinreichenden Bedingungen 1)–6) aus a) erfüllt. □

Bemerkung 9.2.8 (Optimaler robuster Test)

a) *Der 'optimale' robuste Test für das einfache Testproblem (P_0, P_1) zum Niveau α ist definiert als der 'optimale' Test zum Niveau α für die $\varepsilon - \delta$-Umgebungsmodelle $(\mathcal{P}_0, \mathcal{P}_1)$. Er hat die Form*

$$\varphi^*(x) = \begin{cases} 1, & > \\ \gamma, & \ell(x) = k_0, \\ 0 & < \end{cases}$$

mit k_0, γ so, dass $E_{Q_0}\varphi^* = \alpha$. ℓ ist der verallgemeinerte Dichtequotient aus Satz 9.2.6.

b) *Der optimale robuste Test für (P_0, P_1) zum Niveau α verwendet als Teststatistik die abgeschnittene Likelihood-Funktion $\ell(x) = t_0 \vee L(x) \wedge t_1$. Dieses entspricht der in Proposition 9.1.11 gezeigten Beschränktheit der verallgemeinerten Ableitung in reichhaltigen Modellen.*

c) *Die Konstruktion optimaler robuster Tests lässt sich in ähnlicher Form verallgemeinern auf zusammengesetzte Hypothesen, sofern deren Umgebungsmodelle $\mathcal{P}_i$ durch zweifach alternierende Kapazitäten definiert werden (vgl. Rieder (1994)).*

9.3   Robuste Tests gegen Abhängigkeit

Für einige interessante Umgebungsmodelle ist das Konzept für ungünstigste Paare von Huber und Strassen in Definition 9.1.1 zu stark und das schwächere Konzept ungünstigster Paare $LF_\alpha(\mathcal{P}_0, \mathcal{P}_1)$ aus Proposition 6.3.15 ist besser geeignet. Als Beispielklasse behandeln wir Robustheit gegen Abhängigkeit.

Sei $(\mathfrak{X}, \mathcal{A}) = \otimes_{i=1}^n (\mathfrak{X}_i, \mathcal{A}_i)$ und für $P_i, Q_i \in M^1(\mathfrak{X}_i, \mathcal{A}_i)$ sei

$$M_1 = M(P_1, \dots, P_n) = \{P \in M^1(\mathfrak{X}, \mathcal{A}); \ P^{\pi_i} = P_i, 1 \le i \le n\}$$

und

$$M_2 = M(Q_1, \dots, Q_n) = \{Q \in M^1(\mathfrak{X}, \mathcal{A}); \ Q^{\pi_i} = Q_i, 1 \le i \le n\},$$

mit den Projektionen π_i auf die i-te Komponente. M_1, M_2 sind Umgebungsmodelle von $\otimes_{i=1}^n P_i$, $\otimes_{i=1}^n Q_i$, die alle Wahrscheinlichkeitsmaße enthalten, die P_i bzw. Q_i als Randverteilungen haben, die aber eine beliebige Abhängigkeitsstruktur haben.

M_1, M_2 haben kein ungünstigstes Paar im Sinne von Huber und Strassen. Zur Bestimmung von ungünstigsten Paaren in $LF_\alpha(M_1, M_2)$ nach Proposition 6.3.15 benötigen wir die folgende Bestimmung des d_k-Abstandes, $d_k(P, Q) = \sup\{(Q(A) - kP(A)); \ A \in \mathcal{A}\}$.

Proposition 9.3.1 (d_k-Abstand von M_1, M_2)
Für $k \ge 0$ gilt
$$d_k(M_1, M_2) = \max_{1 \le i \le n} d_k(P_i, Q_i)$$

Beweis: Die obige Formel ist äquivalent zu

$$\sup\{|kP \wedge Q|; \ P \in M_1, Q \in M_2\} = \min_{1 \le i \le k} |kP_i \wedge Q_i|.$$

Dabei ist $kP \wedge Q$ das verbandstheoretische Infimum,

$$(kP \wedge Q)(A) = \inf\{kP(AB) + Q(AB^c); \ B \in \mathcal{A}\}$$

und $|kP \wedge Q| = (kP \wedge Q)(X)$ der Betrag.

Seien $S_i = kP_i \wedge Q_i$ und sei o.E. $|S_1| = \min_{1 \le i \le n} |S_i|$ Dann existiert ein endliches Maß $R \in M(\mathfrak{X}, \mathcal{A})$ so dass $R^{\pi_1} = S_1$ und $R^{\pi_i} \le S_i$, $2 \le i \le n$. Mit $kP_i' = kP_i - R^{\pi_i}$, $Q_i' = Q_i - R^{\pi_i}$, gilt

$$|kP_i'| = kP_i(\mathfrak{X}_i) - R^{\pi_i}(\mathfrak{X}_i) = kP_1(\mathfrak{X}_1) - R(\mathfrak{X})$$
$$= |kP_1| - R^{\pi_1}(\mathfrak{X}_1) = |kP| - |kP_1 \wedge Q_1|$$

und ebenso

$$|Q_i'| = |Q_1| - |kP_1 \wedge Q_1|, \quad 1 \le i \le n.$$

Seien $R_1' \in M(P_1', \dots, P_n')$, $R_2' \in M(Q_1', \dots, Q_n')$ und definiere $R_1 = R + kR_1'$, $R_2 = R + R_2'$. Dann gilt $R \le R_i$, $i = 1, 2$, $R_1 \in M(P_1, \dots, P_n)$, $R_2 \in M(Q_1, \dots, Q_n)$ und

$$|kR_1 \wedge R_2| \ge |R| = \min_{1 \le i \le n} |kP_i \wedge Q_i|.$$

Andererseits folgt für $P \in M_1$, $Q \in M_2$ nach Definition

$$|kP \wedge Q| \leq \min_{1 \leq i \leq n} |kP_i \wedge Q_i|.$$

In Konsequenz gilt

$$|R_1 \wedge R_2| = |R| = \min_{1 \leq i \leq n} |kP_i \wedge Q_i|.$$

Daraus folgt die Behauptung.   □

Sei nun

$$L_k(M_1, M_2) = \{(R_1, R_2) \in M_1 \times M_2; \quad d_k(M_1, M_2) = d_k(R_1, R_2)\}$$

und

$$h_\alpha(k) := \alpha k + \max_{1 \leq i \leq n} d_k(P_i, Q_i).$$

$L_k(M_1, M_2)$ sind die bzgl. der Distanz d_k minimalen Paare in M_1, M_2. Mit einem Approximationsargument wie im Beweis zu Satz 6.3.25 lässt sich die Darstellungformel von Satz 6.3.18 über die duale Darstellung des Maximin-Risikos auf den nichtdominierten Fall übertragen und es gilt

$$\beta(\alpha, M_1, M_2) = \inf\{\alpha k + d_k(\overline{M}_1^{w^*}, \overline{M}_2^{w^*}); \quad k \geq 0\}.$$

Nach Proposition 9.3.1 und demselben Approximationsargument ist

$$d_k(\overline{M}_1^{w^*}, \overline{M}_2^{w^*}) = d_k(M_1, M_2) = \max_{1 \leq i \leq n} d_k(P_i, Q_i).$$

Daraus folgt

$$\beta(\alpha, M_1, M_2) = \min_{k \geq 0} h_\alpha(k)$$

und wir erhalten den folgenden Satz.

Satz 9.3.2 (Maximin-Test, Robustheit gegen Abhängigkeit)
Für $\alpha \in [0, 1]$ ist

a) $\beta(\alpha, M_1, M_2) = \min\{h_\alpha(k); \ k \geq 0\}$

b) Sei $k^* \geq 0$ eine Minimumstelle von h_α und sei $(R_1, R_2) \in L_{k^*}(M_1, M_2)$, dann gilt:

1) $(R_1, R_2) \in LF_\alpha(M_1, M_2)$.

2) Es existiert ein LQ-Test φ^* zum Niveau α für R_1, R_2 mit kritischem Wert k^* so dass φ^* ein Maximin-Test zum Niveau α für M_1, M_2 ist.

Beweis: Teil a) folgt aus der dualen Darstellung des Maximinrisikos in Proposition 9.3.1 und den Vorüberlegungen zu Satz 9.3.2.

b)   Ist $(R_1, R_2) \in L_{k^*}(M_1, M_2)$, dann ist $d_{k^*}(R_1, R_2) = \max_{1 \leq i \leq n} d_{k^*}(P_i, Q_i)$ und daher

$$\beta(\alpha, M_1, M_2) = h_\alpha(k^*) = \alpha k^* + \max_i d_{k^*}(P_i, Q_i)$$
$$= \alpha k^* + d_{k^*}(R_1, R_2)$$
$$\geq \inf\{\alpha k + d_k(R_1, R_2);\ k \geq 0\} = \beta(\alpha, R_1, R_2).$$

Da nach Definition $\beta(\alpha, M_1, M_1) \leq \beta(\alpha, R_1, R_2)$, folgt die Gleichheit und $(R_1, R_2) \in LF_\alpha(M_1, M_2)$. Damit folgt die Behauptung in Teil b).   □

Im Allgemeinen ist die Maximinschärfe für das Testproblem M_1, M_2 zum Niveau α größer als die maximale Schärfe der Tests, die die einzelnen Komponenten testen. Dieses Resultat erscheint auf den ersten Blick zu überraschen, da ja alle möglichen Abhängigkeiten in den Umgebungen zugelassen sind. Modelle bei denen Marginalverteilungen bekannt sind aber die Abhängigkeitsstruktur völlig unbekannt ist, sind z.B. relevant in der Risikoanalyse von großen Versicherungsunternehmen. Für Beispiele hierzu siehe Rüschendorf (1985, 2013).

Kapitel 10

Sequentielle Tests

Das Ziel sequentieller Tests ist es, für ein Testproblem Beobachtungskosten mit zu berücksichtigen und eine Entscheidung zwischen zwei Hypothesen mit einer möglichst geringen Anzahl an Beobachtungen herbeizuführen. In 'klaren' Beobachtungssituationen lassen sich Beobachtungen einsparen, 'unklare' Situationen erfordern eine höhere Anzahl an Beobachtungen. Sind Beobachtungen mit hohen Kosten oder Risiken verbunden, wie etwa in medizinischen oder pharmazeutischen Versuchsreihen, dann ist diese Zielsetzung von großer Bedeutung. Zur Beschreibung des Experiments verwenden wir unendliche Produkträume. Wir behandeln den Fall von iid Beobachtungen.

Zentrale Resultate dieses Kapitels sind der Nachweis der Optimalität des sequential probability ratio tests (SPRT) von Wald und Wolfowitz, Aussagen zur Struktur optimaler sequentieller Bayes-Tests, Approximationen für die mittlere Anzahl von benötigten Stichproben (ASN = average sample number) und für Stoppschranken, und die Konstruktion von Tests der Schärfe 1, die die Gültigkeit der Alternative ohne Fehler entdeckt; eine besonders reizvolle Anwendung des Gesetzes vom iterierten Logarithmus.

Die moderne Theorie des Sequentialanalyse begann, motiviert durch Probleme aus der Qualitätskontrolle mit dem Buch 'Sequential Analysis' von Wald (1947). Wir beschränken uns in dieser Einführung im Wesentlichen auf die klassischen und besonders schönen Resultate dieser Theorie für einfache statistische Hypothesen. Weiterentwicklungen dieser Theorie waren stark motiviert durch Anwendungen aus klinischen Studien aus der Survivalanalyse und durch den Zusammenhang mit sequentiellen Verfahren des 'experimental designs'. Das strukturelle Hauptresultat dieses Abschnittes besagt, dass ein Bayessches sequentielles Testproblem in zwei Anteile zerlegt werden kann: Ein Stoppproblem, das das Design der Analyse ausmacht, und ein terminales Entscheidungsproblem. Eine umfangreiche Darstellung dieser Theorie, ihrer Anwendungen und mathematischen Zusammenhänge (insbesondere mit (nichtlinearer) Erneuerungstheorie, Brownscher Bewegung und boundary crossing findet sich in Siegmund (1985)).

Sei $(\mathfrak{X}, \mathcal{A}, \mathcal{P})$ ein Grundraum mit $\mathcal{P} = \{P_\vartheta;\ \vartheta \in \Theta\}$ und sei $\Theta = \Theta_0 + \Theta_1$ ein Testproblem. Bei (potentiell unendlich vielen) iid Beobachtungen verwenden wir als Stichprobenraum $(E, \mathcal{B}, \mathcal{Q}) = (\mathfrak{X}^{(\infty)}, \mathcal{A}^{(\infty)}, \mathcal{P}^{(\infty)})$ mit $\mathcal{P}^{(\infty)} = \{P^{(\infty)};\ P \in \mathcal{P}\}$. Für sequentielle Tests verwenden wir gelegentlich auch die Darstellung mit Zufallsvariablen, insbesondere für die Anwendung von Grenzwertsätzen aus der Wahrscheinlichkeitstheorie.

Sei $\mathcal{A}_n := \sigma(\pi_1, \ldots, \pi_n) = \{B \times \mathfrak{X}^{(\infty)};\ B \in \mathcal{A}^{(n)} \subset \mathcal{B}\}$ die σ-Algebra der ersten n Beobachtungen , π_i die Projektionen auf $\mathfrak{X}^{(\infty)}$, $\mathcal{A}_0 := \{\varnothing, \mathfrak{X}^{(\infty)}\}$, und sei

$$\Phi_n := \{\varphi \in \Phi = \Phi(E, \mathcal{B});\ \varphi\ \mathcal{A}_n\text{-messbar}\}$$
$$= \{\varphi \in \Phi;\ \varphi(x) = \varphi(x_1, \ldots, x_n), x \in E\}.$$

die Menge der Tests basierend auf n Beobachtungen.

Ein sequentieller Test hat zwei Bestandteile:

1) Eine Regel, die sagt, wie viele Beobachtungen genommen werden, d.h. eine Stoppzeit.

2) Eine Entscheidungsregel.

Definition 10.1 (Stoppzeit, sequentieller Test)
a) $N : (\mathfrak{X}^{(\infty)}, \mathcal{A}^{(\infty)}) \to (\mathbb{N}_0, \mathcal{P}(\mathbb{N}_0))$ *heißt **Stoppzeit***
$\Leftrightarrow \forall n \in \mathbb{N}_0$ *gilt:* $\{N = n\} \in \mathcal{A}_n$.
b) Sei $\varphi = (\varphi_n)_{n \in \mathbb{N}_0}$ *mit* $\varphi_n \in \Phi_n$, $n \in \mathbb{N}_0$ *und sei* N *eine Stoppzeit. Dann heißt* (φ, N) *ein **sequentieller Test**.*
c) $\varphi_N(x) := \varphi_{N(x)}(x)$ *heißt **terminale Entscheidungsfunktion** von* (φ, N)
d) $\beta(\vartheta) := E_\vartheta \varphi_N$, *die **Gütefunktion** von* φ_N *heißt **Operationscharakteristik** (**OC-Funktion**).* $A(\vartheta) := E_\vartheta N$, *der erwartete Stichprobenumfang, heißt **ASN-Funktion**.*

Bemerkung 10.2
Ist (φ, N) *ein sequentieller Test, dann bestimmt die Stoppzeit* N *den Stichproben-umfang. Die Entscheidung* $\{N = n\}$ *hängt nur von den Beobachtungen in der Ver-gangenheit ab. Man kann nicht in die Zukunft sehen.* $\varphi_N(x)$ *ist dann die terminale Entscheidungsfunktion für die Hypothese oder die Alternative.*

Wir behandeln im Folgenden den Fall einfacher Hypothesen $\Theta_0 = \{\vartheta_0\}$, $\Theta_1 = \{\vartheta_1\}$ und setzen $P_i := P_{\vartheta_i}$, $i = 0, 1$. Das folgende Beispiel führt den sequential probability ratio test (SPRT) ein. Im Anschluss werden dann einige Eigenschaften dieses grundlegenden sequentiellen Tests hergeleitet.

Beispiel 10.3 (SPRT – sequential probability ratio test)
Sei $P_0 = f\mu$, $P_1 = g\mu$, $f_n(x) = \prod\limits_{i=1}^{n} f(x_i)$, $g_n(x) = \prod\limits_{i=1}^{n} g(x_i)$ *und* $L_n = \frac{g_n}{f_n}$ *der*

Dichtequotient, $L_n = \frac{dP_1^{(n)}}{dP_0^{(n)}}$. *Für* $0 < A_0 < 1 < A_1 < \infty$ *definiere die Stoppzeit*

$$N = N_{A_0, A_1} = \inf\{n \in \mathbb{N};\ L_n \notin (A_0, A_1)\}$$

und für $n \in \mathbb{N}$

$$\varphi_n = \varphi_{n,A_0,A_1} = \begin{cases} 1, & L_n \geq A_1, \\ 0, & L_n \leq A_0. \end{cases}$$

Für $L_n \in (A_0, A_1)$ *ist* φ_n *nicht festgelegt. Dann ist*

$$\varphi_N = \begin{cases} 1, & \geq A_1, \\ & \text{falls } L_N \\ 0, & \leq A_0, \end{cases}$$

die terminale Entscheidungsfunktion. (φ, N) *heißt* **SPRT** *mit* **Schranken** A_0, A_1.

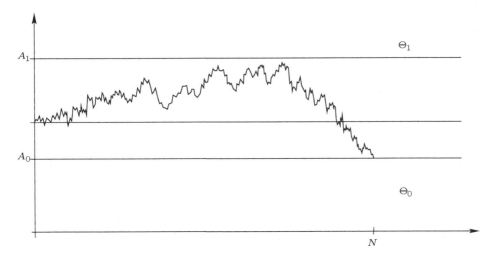

Abbildung 10.1 SPRT (in stetiger Zeit)

Den Begriff sequentieller Tests kann man so erweitern, dass auch $N = \infty$ zugelassen wird, d.h. für bestimmte Situationen lässt man die Entscheidung offen. Für den SPRT ist aber $N < \infty$ $[P_i^{(\infty)}]$, $i = 0, 1$. Dazu beachte, dass

$$L_n \to \begin{cases} \infty \\ 0 \end{cases} \Leftrightarrow \ln L_n(x) = \sum_{i=1}^{n} \ln \frac{g}{f}(x_i) \to \begin{cases} \infty \ [P_1^{(\infty)}] \\ -\infty \ [P_0^{(\infty)}] \end{cases}$$

Sind X_i iid Zufallsvariablen mit $EX_i \neq 0$, dann folgt nach dem starken Gesetz großer Zahlen

$$\overline{\lim}_{n \to \infty} \left| \sum_{i=1}^{n} X_i \right| = \infty \ \text{f.s.}$$

Ist $EX_i = 0$ und $X_i \not\equiv 0$, dann gilt nach dem Satz von Chung und Fuchs

$$\overline{\lim}_{n \to \infty} \sum_{i=1}^{n} X_i = \infty \ \text{f.s.}$$

In beiden Fällen ist also mit $X_i = \frac{g}{f} \circ \pi_i$ die Stoppzeit N des SPRT fast sicher endlich. Eine genauere Analyse der Stoppzeit N des SPRT gibt der folgende Satz von Stein. Er impliziert insbesondere die Endlichkeit von EN unter der Annahme $P_0 \neq P_1$.

Satz 10.4 (Exponentielle Schranken für Stoppzeiten)
Seien $X_1, X_2, \ldots$ iid reelle Zufallsvariablen auf $(\Omega, \mathcal{A}, P)$ mit $P(X_1 \neq 0) > 0$. Für $a < b$ sei

$$\sigma := \inf\{j \in \mathbb{N};\ S_j \notin (a, b)\}, \quad S_j := \sum_{i=1}^{j} X_i.$$

Dann folgt:

a) $\exists \gamma > 0,\ \varrho \in (0, 1)$ *mit* $\qquad\qquad P(\sigma \geq j) \leq \gamma \varrho^j,\ j \in \mathbb{N}.$

b) $E\sigma^n < \infty,\ \forall n \in \mathbb{N}$; *insbesondere ist $\sigma < \infty$ [P].*

Beweis: O.E. sei $a < 0 < b$. Wegen $P(X_1 \neq 0) > 0$ existiert ein $\varepsilon > 0$: $P(X_1 > \varepsilon) > 0$ oder $P(X_1 < -\varepsilon) > 0$. Sei $m \in \mathbb{N}$ mit $m\varepsilon > b - a$, dann folgt

$$P(S_m > b - a) \geq P\Big(\bigcap_{i=1}^{m}\{X_i > \varepsilon\}\Big) = (P(\{X_1 > \varepsilon\}))^m$$

und

$$P(S_m < -(b - a)) \geq P\Big(\bigcap_{i=1}^{m}\{X_i < -\varepsilon\}\Big) = (P(\{X_1 < -\varepsilon\}))^m.$$

Damit gilt : $\quad P(|S_m| > b - a) \geq (P(X_1 > \varepsilon))^m + (P(X_1 < -\varepsilon))^m =: \delta.$ (10.1)

Für alle $i \in \mathbb{N}$ ist $\{|X_{(i-1)m+1} + \cdots + X_{im}| > b - a\} \subset \{\sigma \leq im\}$.

Mit $A_i := \{|X_{(i-1)m+1} + \cdots + X_{im}| > b - a\}$ gilt $\bigcup_{i=1}^{k} A_i \subset \{\sigma \leq km\}$.
Daraus folgt

$$P(\sigma > km) \leq P\Big(\bigcap_{i=1}^{k} A_i^c\Big)$$

$$= \prod_{i=1}^{k} P(\{|X_{(i-1)m+1} + \cdots + X_{im}| \leq b - a\})$$

$$\leq (1 - \delta)^k \quad \text{mit } \delta \text{ aus (10.1).}$$

Für $\delta = 1$ ist $P(\sigma > m) = 0$.
Für $\delta \in (0, 1)$ und $(k - 1)m < j \leq km$ gilt

$$P(\sigma \geq j) \leq P(\sigma > (k - 1)m)$$

$$\leq (1 - \delta)^{k-1} = \frac{1}{1 - \delta}\Big(\underbrace{(1 - \delta)^{\frac{1}{m}}}_{=:\varrho}\Big)^{km}$$

$$\leq \gamma \varrho^j \quad \text{mit } \gamma := \frac{1}{1 - \delta}. \qquad\qquad \square$$

Die exakte Bestimmung der Kenngrößen A_0, A_1 der OC-Funktion und der ASN des SPRT bei vorgegebenen Fehlerschranken ist im Allgemeinen schwierig. Es gibt aber auf Wald zurückgehende Approximationen für obige Größen.

Waldsche Approximationen

a) Approximative Schranken

Seien α_0, α_1 vorgegebene Fehlerschranken. Die Aufgabe ist es, Grenzen (boundaries) A_0, A_1 für den SPRT so zu bestimmen, dass die vorgegebenen Fehlerschranken eingehalten werden,

$$E_0 \varphi_{N_{A_0,A_1}} = \alpha_0, \quad E_1(1 - \varphi_{N_{A_0,A_1}}) = \alpha_1 \quad \text{(exakte Schranken)}.$$

Diese Schranken exakt einzuhalten ist schwierig oder sogar nicht möglich. Es gibt aber **approximative Schranken** A_0', A_1' mit

$$E_0 \varphi_{N_{A_0',A_1'}} = \alpha_0' \sim \alpha_0 \quad \text{und} \quad E_1(1 - \varphi_{N_{A_0',A_1'}}) = \alpha_1' \sim \alpha_1.$$

Proposition 10.5 (Approximative Schranken)
Für die approximativen Schranken $A_0' := \frac{\alpha_1}{1-\alpha_0}$, $A_1' = \frac{1-\alpha_1}{\alpha_0}$ *gilt:*

$$A_0' \leq A_0, \quad A_1' \geq A_1.$$

Für die Fehler α_0', α_1' *des zugehörigen SPRT* $\varphi_{N_{A_0',A_1'}}$ *gilt:*

$$\alpha_0' \leq \frac{\alpha_0}{1-\alpha_1}, \quad \alpha_1' \leq \frac{\alpha_1}{1-\alpha_0}.$$

Beweis: Sei (φ, N) der SPRT mit exakten Schranken A_0, A_1 und sei $R_n := \{x \in \mathfrak{X}^{(\infty)}; \ L_k(x) \in (A_0, A_1), 1 \leq k \leq n-1, L_n(x) \geq A_1\} = \{N = n, \varphi_N = 1\}$ der Ablehnungsbereich der Hypothese.

Dann gilt:

$$\alpha_0 = \sum_{n=1}^{\infty} P_0(R_n) = \sum_{n=1}^{\infty} \int_{R_n} f_n \, d\mu^{(n)}$$

$$\leq \frac{1}{A_1} \sum_{n=1}^{\infty} \int_{R_n} g_n \, d\mu^{(n)}, \quad \text{da auf } R_n : \frac{g_n}{f_n} \geq A_1$$

$$= \frac{1 - \alpha_1}{A_1}.$$

Ebenso ergibt sich mit

$$W_n := \{N = n, \varphi_n = 0\} = \{N = n, L_n \leq A_0\}$$

$$1 - \alpha_0 = E_0(1 - \varphi_N) = \sum_{n=1}^{\infty} \int_{W_n} f_n \, d\mu^{(n)}$$

$$\geq \frac{1}{A_0} \sum_{n=1}^{\infty} \int_{W_n} g_n \, d\mu^{(n)} = \frac{\alpha_1}{A_0}.$$

Es folgt: $A_0 \geq \frac{\alpha_1}{1-\alpha_0} = A_0'$ und $A_1 \leq \frac{1-\alpha_1}{\alpha_0} = A_1'$.

Für den approximativen SPRT $\varphi_{N_{A_0', A_1'}}$ mit Fehlerschranken α_0', α_1' gilt ebenso:

$$A_0' \geq \frac{\alpha_1'}{1 - \alpha_0'}, \qquad A_1' \leq \frac{1 - \alpha_1'}{\alpha_0'}.$$

Dieses impliziert

$$\alpha_0' \leq \frac{\alpha_0}{1 - \alpha_1}, \qquad \alpha_1' \leq \frac{\alpha_1}{1 - \alpha_0}. \qquad\qquad \square$$

Bemerkung 10.6

1) *Da typischerweise α_0, α_1 klein sind, z.B. 0,01, sind die approximativen Fehlerschranken gute Approximationen; z.B. für $\alpha_0 = \alpha_1 = 0,01$ ist $\alpha_0', \alpha_1' \leq 0,0101$.*

2) **Exzess und overshoot** *Die Ungleichung in Proposition 10.5 entsteht durch den **oberen Exzess** $(L_N - A_1)_+$ bzw. den **unteren Exzess** $(A_0 - L_N)+$.*

   *Durch Logarithmieren ergibt sich auf W_n der **overshoot***

$$\sum_{i=1}^{n} \ln \frac{g(x_i)}{f(x_i)} \geq \ln A_1 > \underbrace{\sum_{i=1}^{n-1} \ln \frac{g(x_i)}{f(x_i)}}_{=:V_i}.$$

   Der overshoot beträgt also maximal V_n und lässt sich in dieser Form gut analysieren.

Beispiel 10.7 (Sequentieller Binomialtest)
Seien $P_i = \mathcal{B}(1, p_i)$, $i = 0, 1$ mit $p_0 < p_1$, dann ist

$$\frac{g_n(x)}{f_n(x)} = \frac{p_1^{\sum_{j=1}^n x_j}(1 - p_1)^{n - \sum_{j=1}^n x_j}}{p_0^{\sum_{j=1}^n x_j}(1 - p_0)^{n - \sum_{j=1}^n x_j}} = \left(\frac{q_1}{q_0}\right)^n \left(\frac{p_1 q_0}{p_0 q_1}\right)^{\sum_{j=1}^n x_j}$$

mit $q_i = 1 - p_i$. Sind z.B. die Erfolgswahrscheinlichkeiten $p_0 = 0,05$, $p_1 = 0,17$ und die vorgegebenen Fehlerschranken $\alpha_0 = 0,05$, $\alpha_1 = 0,1$, dann sind die approximativen Fehlerschranken $\alpha_0' = 0,031$, $\alpha_1' = 0,099$. Mit den approximativen Grenzen A_0', A_1' gilt für den SPRT $N' = N_{A_0', A_1'}$: $E_0 N' = 31,4$, $E_1 N' = 30,0$.

   Im Unterschied dazu benötigt der beste Test bei festem Stichprobenumfang zum Niveau $\alpha_0 = 0,05$, $\alpha_1 = 0,1$ den Stichprobenumfang $n = 57$. Der SPRT benötigt also sowohl unter der Hypothese als auch unter der Alternative im Mittel eine deutlich geringere Anzahl an Beobachtungen.

b) approximative ASN
Zur approximativen Bestimmung der ASN $E_i N$ für die Stoppzeit $N = N_{A_0, A_1}$ des SPRT

$$N = \inf\left\{ n \in \mathbb{N}; \ \sum_{j=1}^n V_j \notin (\ln A_0, \ln A_1) \right\}, \quad V_j = \ln \frac{g(x_j)}{f(x_j)} \qquad (10.2)$$

benötigen wir das

Optional Sampling Theorem (OS-Theorem): Sei $(M_j)_{j \in \mathbb{N}}$ ein Martingal und τ eine Stoppzeit, so dass EM_τ existiert und sei $\lim_{j \to \infty} \int_{\{\tau > j\}} |M_j| \, dP = 0$.

Dann gilt: $$EM_\tau = E\tau EM_1.$$

Die Bedingungen des OS-Theorems gelten bei gleichgradig integrierbaren Martingalen für alle Stoppzeiten. Für iid Folgen (X_i) mit $EX_i = 0$, für eine Stoppzeit τ mit $E\tau < \infty$ und das Martingal $S_n := \sum_{j=1}^n X_j$ ergibt sich eine Anwendung auf das Problem der approximativen Bestimmung der ASN für die obige Darstellung (10.2) der Stoppzeit des SPRT mit den Zufallsvariablen $X_i = V_i = \ln \frac{g(x_i)}{f(x_i)}$.

Seien nun (X_i) iid integrierbare Zufallsvariable auf $(\Omega, \mathcal{A}, P)$. Unter Vernachlässigung des overshoots erhalten wir die folgenden Approximationen.

Proposition 10.8 (Approximative Bestimmung der ASN)
Sei $\sigma := \inf\{j \in \mathbb{N}; \; S_j \notin (a, b)\}$.

a) Sei $EX_1 \neq 0$ und $h \neq 0$ mit $Ee^{hX_1} = 1$; dann gilt

1) $P(S_\sigma \geq b) \approx \dfrac{1 - e^{ha}}{e^{hb} - e^{ha}}, \quad P(S_\sigma \leq a) \approx \dfrac{e^{hb} - 1}{e^{hb} - e^{ha}}$

2) $E\sigma \approx \dfrac{1}{EX_1} \dfrac{a(e^{hb} - 1) + b(1 - e^{ha})}{e^{hb} - e^{ha}}$

b) Ist $EX_1 = 0$ und $a < 0 < b$, dann gilt

1) $P(S_\sigma \geq b) \approx \dfrac{-a}{b - a}, \quad P(S_\sigma \leq a) \approx \dfrac{b}{b - a}$

2) *Ist $\mathrm{Var}(X_1) < \infty$, dann gilt:* $E\sigma \approx \dfrac{-ab}{\mathrm{Var}(X_1)}.$

Beweis:

a) (e^{hS_j}) ist ein Martingal bzgl. $(\mathcal{A}_j) = (\sigma(X_1, \ldots, X_j))$. Nach dem Optional Sampling Theorem folgt:

$$Ee^{hS_\sigma} = Ee^{hX_1} = 1,$$

d.h. $\int_{\{S_\sigma \leq a\}} e^{hS_\sigma} \, dP + \int_{\{S_\sigma \geq b\}} e^{hS_\sigma} \, dP = 1$.

Unter Vernachlässigung des Exzesses (overshoots) ist

$$e^{hS_\sigma} \approx e^{ha} \quad \text{bzw.} \quad e^{hS_\sigma} \approx e^{hb}$$

und wir erhalten

$$e^{ha} P(S_\sigma \leq a) + e^{hb} P(S_\sigma \geq b) = (e^{ha} - e^{hb}) P(S_\sigma \leq a) + e^{hb} \approx 1.$$

Dieses impliziert 1).

Mit dem Martingal $(\sum_{j=1}^{n}(X_j - EX_1))$ gilt nach dem OS-Theorem

$$ES_\sigma = E\sigma EX_1.$$

Wieder unter Vernachlässigung des Exzesses folgt

$$E\sigma EX_1 = ES_\sigma \approx aP(S_\sigma \le a) + bP(S_\sigma \ge b) = (a - b)P(S_\sigma \le a) + b.$$

Daraus folgt 2) unter Verwendung von 1).

b) 1) Ist $EX_1 = 0$, dann ist (S_j) ein Martingal und nach dem OS-Theorem gilt

$$ES_\sigma = 0.$$

Unter Vernachlässigung des Exzesses gilt

$$aP(S_\sigma \le a) + bP(S_\sigma \ge b) \approx 0.$$

Daraus folgt

$$P(S_\sigma \ge b) \approx \frac{-a}{b-a}, \quad P(S_\sigma \le a) \approx \frac{b}{b-a}.$$

2) Ist $\mathrm{Var}(X_1) < \infty$, dann ist $(S_j^2 - j\mathrm{Var}(X_1))$ ein Martingal. Nach dem OS-Theorem folgt:

$$ES_\sigma^2 = E\sigma\mathrm{Var}(X_1).$$

Unter Vernachlässigung des Exzesses folgt

$$E\sigma\mathrm{Var}(X_1) = ES_\sigma^2 \approx a^2 P(S_\sigma \le a) + b^2 P(S_\sigma \ge b).$$

Mit 1) folgt daraus $E\sigma \approx \frac{-ab}{\mathrm{Var}(X_1)}$. $\square$

Bemerkung 10.9

Eine Bestimmung der Genauigkeit der obigen Approximationen erfordert eine Analyse des Exzesses (overshoots) des random walks S_n bzw. von e^{hS_n}. Mit Hilfe von Erneuerungstheorie wird eine solche Analyse in Shiryaev (1974) und Siegmund (1985) gegeben. Sind die X_i beschränkte Zufallsvariable, dann können einfache Schranken angegeben werden.

Der folgende Satz von Wald-Wolfowitz besagt die Optimalität des SPRT. Für alle sequentiellen Tests mit kleineren Fehlerschranken als die eines SPRT benötigt man im Mittel mehr Beobachtungen als beim SPRT.

Satz 10.10 (Optimalität des SPRT, Satz von Wald-Wolfowitz)

Sei (φ, N) ein SPRT mit Schranken $A_0 < 1 < A_1$. Sei (Ψ, σ) ein sequentieller Test mit $E_0\sigma < \infty$, $E_1\sigma < \infty$ und $E_0\Psi_\sigma \le E_0\varphi_N$, $E_1\Psi_\sigma \ge E_1\varphi_N$. Dann gilt:

$$E_0 N \le E_0\sigma, \quad E_1 N \le E_1\sigma.$$

Der Beweis von Satz 10.10 benötigt einige Vorbereitungen. Als erstes zeigen wir, dass der SPRT ein sequentieller Bayes-Test ist. Sei $(\pi, 1 - \pi)$ eine a-priori-Verteilung auf $\{0, 1\}$. Zu einem sequentiellen Test $\delta = (\Psi, \sigma)$ definieren wir das **sequentielle Bayes-Risiko bzgl.** π

$$r(\pi, \delta) := \pi(w_0 E_0 \Psi_\sigma + c E_0 \sigma) + (1 - \pi)(w_1 E_1(1 - \Psi_\sigma) + c E_1 \sigma)$$

w_0, w_1 sind Gewichte der Fehlerwahrscheinlichkeiten $\alpha_0 = E_0 \Psi_\sigma$, $\alpha_1 = E_1(1 - \Psi_\sigma)$. Dazu gibt es einen Term c für die Beobachtungskosten. Sei

$$\varrho(\pi) = \inf\{r(\pi, \delta); \ \delta \in \mathcal{E}_1\}$$

das minimale Bayes-Risiko unter allen sequentiellen Tests (Ψ, σ) mit $\sigma \geq 1$. Wir untersuchen zuerst die Frage, wann der sequentielle Test wenigstens eine Beobachtung benötigt.

Fall: keine Beobachtungen für optimalen Test
Sei $\delta_0 = (\Psi_0, \sigma_0)$ mit $\sigma_0 \equiv 0$, $\Psi_0 \equiv 1$, d.h. keine Beobachtung und Ablehnung der Hypothese. Dann gilt
$$r(\pi, \delta_0) = \pi w_0.$$
Für $\delta_1 = (\Psi_1, \sigma_0)$, $\Psi_1 \equiv 1$ gilt: $r(\pi, \delta_1) = (1 - \pi)w_1$.

Es gilt nun:

$$\inf_{\delta \in \mathcal{E}} r(\pi, \delta) = \inf\{r(\pi, \delta_0), r(\pi, \delta_1), \varrho(\pi)\}. \tag{10.3}$$

ϱ ist konkav und $\varrho \geq 0$; also ist ϱ stetig auf $(0, 1)$.

Denn für $0 < \lambda < 1$, $\pi_0, \pi_1 \in (0, 1)$ gilt:

$$\varrho(\lambda \pi_0 + (1 - \lambda)\pi_1) = \inf_{\delta \in \mathcal{E}_1} (\lambda r(\pi_0, \delta) + (1 - \lambda)r(\pi_1, \delta))$$

$$\geq \lambda \varrho(\pi_0) + (1 - \lambda)\varrho(\pi_1).$$

Wenn $\varrho\left(\frac{w_1}{w_0 + w_1}\right) < \frac{w_0 w_1}{w_0 + w_1}$, dann definieren wir π', π'' als Lösung von

$$r(\pi', \delta_0) = \varrho(\pi'), \quad r(\pi'', \delta_1) = \varrho(\pi''). \tag{10.4}$$

Sonst definieren wir: $\pi' = \pi'' = \frac{w_1}{w_0 + w_1}$.

Im Intervall $[0, \pi']$ ist δ_0, d.h. eine Entscheidung für Θ_0, optimal; in $[\pi'', 1]$ ist δ_1 optimal. Es ist also nur noch das sequentielle Bayes-Risiko für $\pi' \leq \pi \leq \pi''$ zu analysieren. Mit dieser Vorüberlegung erhalten wir

Satz 10.11 (SPRT als sequentieller Bayes-Test)
Seien π', π'' wie in (10.4) bestimmt. Für $0 < \pi' \leq \pi \leq \pi'' < 1$ wird das sequentielle Bayes-Risiko $r(\pi, \delta)$ minimiert durch einen SPRT mit den Grenzen

$$A_0 = \frac{\pi}{1 - \pi} \frac{1 - \pi''}{\pi''}, \quad A_1 = \frac{\pi}{1 - \pi} \frac{1 - \pi'}{\pi'}.$$

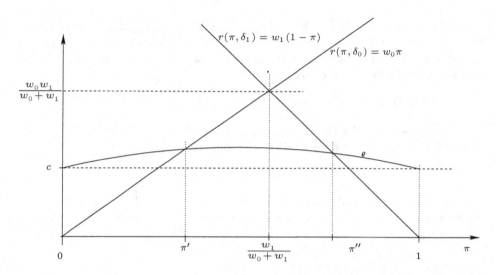

Abbildung 10.2 Risikofunktionen und Fortsetzungsbereich

Beweis: Sei o.E. $\pi' < \pi''$. Nach obiger Überlegung gilt:

$$\delta_0 \text{ ist } \pi\text{-Bayes} \;\Leftrightarrow\; \pi \leq \pi'$$
$$\delta_1 \text{ ist } \pi\text{-Bayes} \;\Leftrightarrow\; \pi \geq \pi''.$$

Für $\pi \in (\pi', \pi'')$ ist eine Bayes-Lösung in $\mathcal{E}_1$, d.h. der Bayes-Test benötigt mindestens eine Beobachtung. (π', π'') heißt daher **Fortsetzungsbereich** des sequentiellen Tests.

Wir führen nun einen Induktionsbeweis für die Optimalität des SPRT. Die Beweisidee des Induktionsschrittes ist die folgende:
Ist $x_1, \ldots, x_n$ beobachtet, dann ist $\pi(x_1, \ldots, x_n) = \frac{\pi f_n}{\pi f_n + (1-\pi)g_n}$ die a-posteriori-Wahrscheinlichkeit für Θ_0. In Proposition 10.16 bzw. Bemerkung 10.17 wird gezeigt, dass man im sequentiellen Entscheidungsproblem zu den a-posteriori-Wahrscheinlichkeiten übergehen kann.

Wie im Fall ohne Beobachtungen ist die Entscheidung für Θ_0 ohne zusätzliche Beobachtungen optimal, wenn

$$\pi(x_1, \ldots, x_n) \leq \pi'.$$

Die Entscheidung für Θ_1 ist optimal ohne weitere Beobachtungen, wenn

$$\pi(x_1, \ldots, x_n) \geq \pi'',$$

im anderen Fall ist eine weitere Beobachtung nötig, d.h. die optimale Stoppzeit ist

$$\sigma^* := \inf\{n;\; \pi(x_1, \ldots, x_n) \notin (\pi', \pi'')\}$$
$$= \inf\left\{n;\; \frac{g_n}{f_n} \notin (A_0, A_1)\right\} = N$$

mit $A_0 := \frac{\pi}{1-\pi} \frac{1-\pi''}{\pi''}$ und $A_1 := \frac{\pi}{1-\pi} \frac{1-\pi'}{\pi'}$. Die optimale Testfunktion ist damit

$$\varphi_n^*(x) = \begin{cases} 1, & \frac{g_n}{f_n} \geq A_1, \\ 0, & \frac{g_n}{f_n} \leq A_0. \end{cases}$$

Der SPRT (φ^*, N), $N = N_{A_0, A_1}$ ist also Bayes-optimaler sequentieller Test. $\square$

Wir zeigen nun, dass durch geeignete Wahl der Gewichte c, w_0, w_1 als Bayes-Lösung ein SPRT in einem gegebenen Fortsetzungsbereich (π_0', π_0'') erhalten werden kann.

Proposition 10.12
Sei $0 < \pi_0' < \pi_0'' < 1$, dann existieren $w \in (0,1)$, $c > 0$ so dass der sequentielle Bayes-Test mit Gewichten $w_0 = 1 - w$, $w_1 = w$ für $\pi \in (\pi_0', \pi_0'')$ ein SPRT ist mit Grenzen

$$A_0 = \frac{\pi}{1-\pi} \frac{1 - \pi_0''}{\pi_0''}, \quad A_1 = \frac{\pi}{1-\pi} \frac{1 - \pi_0'}{\pi_0'}.$$

Beweis: Nach dem Beweis zu Satz 10.11 ist zu zeigen:
$\exists w \in (0,1)$, $c > 0$ so dass $\pi'(w, c) = \pi_0'$ und $\pi''(w, c) = \pi_0''$ (siehe (10.4)).
Für w fest sei $\pi'(c) = \pi'(w, c)$, $\pi''(c) = \pi''(w, c)$.

Sei $c_0 := \inf\{c; \ \pi'(c) = \pi''(c)\}$; die obige Menge ist nicht leer, denn für hohe Kosten c ist es optimal, keine Beobachtungen durchzuführen.

Für $0 < c < c_0$ gilt: $\pi'(c)$, $\pi''(c)$ sind Lösungen von

$$(1 - w)\pi' = \varrho(\pi', c) =: \varrho_{\pi'}(c), \quad (1 - \pi'')w = \varrho(\pi'', c) = \varrho_c(\pi'') =: \varrho_{\pi''}(c). \quad (10.5)$$

$\varrho_{\pi'}$ hat die folgenden Eigenschaften:

a) $\varrho_{\pi'}$ ist stetig, da konkav.

b) $\varrho_{\pi'}$ ist streng isoton,
   denn für $c > 0$ und $\delta \in \mathcal{E}_1$ ist $r_c(\pi', \delta)$ strikt isoton in c.

c) Für $c \to 0$ gilt: $\varrho_{\pi'}(c) \to 0$, $\varrho_{\pi''}(c) \to 0$,
   denn es existiert ein konsistenter Test (φ_n), d.h. $E_0\varphi_n \to 0$, $E_1(1 - \varphi_n) \to 0$.

Auf $(0, c_0)$ ist daher π' stetig, streng isoton und analog π'' stetig und streng antiton und es gilt:

$$\pi'(c) \to 0, \quad \pi''(c) \to 1 \quad \text{für} \quad c \to 0.$$

Für $c \to c_0$ gilt: $\pi''(c) - \pi'(c) \to 0$,
d.h. $\pi''(c) \to \pi''$, $\pi'(c) \to \pi'$ und $\pi'' = \pi' = \pi$ und wir erhalten aus (10.5) für $c = c_0$:
w ist die Lösung der Gleichung

$$\pi(1 - w) = (1 - \pi)w. \quad (10.6)$$

Sei nun für w fest

$$\lambda(c) := \frac{\pi'(c)}{1 - \pi'(c)} \frac{1 - \pi''(c)}{\pi''(c)}. \tag{10.7}$$

Dann ist λ stetig, streng isoton in c auf $(0, c_0(w))$, $\lambda(0+) = 0$, $\lambda(c_0-) = 1$.

Mit $\quad \lambda(w, c) := \frac{\pi'(w,c)}{1-\pi'(w,c)} \frac{1-\pi''(w,c)}{\pi''(w,c)}$ und $\gamma(w, c) := \frac{\pi''(w,c)}{1-\pi''(w,c)}$

ist es hinreichend zu zeigen: $\exists w \in (0, 1)$, $c > 0$ so dass

$$\lambda(w, c) = \frac{\pi_0'}{1 - \pi_0'} \frac{1 - \pi_0''}{\pi_0''} =: \lambda_0 \text{ und } \gamma(w, c) = \frac{\pi_0''}{1 - \pi_0''} =: \gamma_0. \tag{10.8}$$

Da λ stetig und streng isoton ist, folgt nach (10.7): $\forall w \in (0, 1)$ existiert genau ein $c = c(w) > 0$ so dass $\lambda(w, c(w)) = \lambda_0$. Zu zeigen bleibt nun schließlich:

$$\gamma(w) := \gamma(w, c(w)) \text{ ist eine bijektive Abbildung von } (0, 1) \to (0, \infty). \tag{10.9}$$

Dieses ergibt sich aus den oben gezeigten Eigenschaften von π_0'' und λ auf einfache Weise. Aus (10.9) folgt: $\exists! w \in (0, 1)$ so dass $\gamma(w) = \gamma_0$ und damit die Behauptung von Proposition 10.12 nach Satz 10.11. $\qquad\square$

Nach diesen Vorbereitungen und der Aussage über Bayes-Tests in Satz 10.11 kommen wir nun zum Beweis der Optimalität des SPRT, d.h. des Satzes von Wald-Wolfowitz.

Beweis zu Satz 10.10: Sei (φ, N) ein SPRT mit Grenzen (A_0, A_1), $A_0 < 1 < A_1$. Zu $\pi \in (0, 1)$ beliebig definiere

$$\pi' := \frac{\pi}{A_1(1 - \pi) + \pi}, \quad \pi'' := \frac{\pi}{A_0(1 - \pi) + \pi}.$$

Dann folgt:

$$A_0 = \frac{\pi}{1 - \pi} \frac{1 - \pi''}{\pi''}, \quad A_1 = \frac{\pi}{1 - \pi} \frac{1 - \pi'}{\pi'}.$$

und es gilt $0 < \pi' < \pi < \pi'' < 1$.

Nach Proposition 10.12 existieren $w \in (0, 1)$ und $c > 0$ so dass (φ, N), $N = N_{A_0, A_1}$ sequentieller Bayes-Test zur a-priori-Verteilung π mit Gewichten $w_0 = 1 - w$, $w_1 = w$ und Beobachtungskosten c ist.

Seien $\alpha_0 = E_0 \varphi_N$, $\alpha_1 = E_1(1 - \varphi_N)$ die Fehlerwahrscheinlichkeiten des SPRT (φ, N) und sei (Ψ, σ) ein sequentieller Test mit

$$\alpha_0^* = E_0 \Psi_\sigma \leq \alpha_0, \quad \alpha_1^* = E_1(1 - \Psi_\sigma) \leq \alpha_1.$$

Dann folgt für $\pi \in (0, 1)$: $\qquad r(\pi, (\varphi, N)) \leq r(\pi, (\Psi, \sigma))$, d.h.

$$\pi((1 - w)\alpha_0 + cE_0 N) + (1 - \pi)(w\alpha_1 + cE_1 N)$$
$$\leq \pi((1 - w)\alpha_0^* + cE_0 \sigma) + (1 - \pi)(w\alpha_1^* + cE_1 \sigma).$$

Daraus folgt

$$\pi E_0 N + (1-\pi) E_1 N \leq \pi E_0 \sigma + (1-\pi) E_1 \sigma, \quad \forall \pi \in (0,1).$$

In Konsequenz erhalten wir die Behauptung

$$E_0 N \leq E_0 \sigma \quad \text{und} \quad E_1 N \leq E_1 \sigma. \qquad\qquad \square$$

Das Problem der Bestimmung optimaler sequentieller Bayes-Tests lässt sich zerlegen in zwei separate Probleme:

1) Die Bestimmung optimaler Bayes-Tests für alle festen Stichprobenumfänge j,

2) Ein Problem des optimalen Stoppens.

Wir zeigen diese strukturelle Eigenschaft am Beispiel des sequentiellen Testens einfacher Hypothesen auf. Sie gilt jedoch auch für allgemeinere Klassen von sequentiellen Test- und Entscheidungsproblemen.

Sei $P = P_0^{(\infty)}$, $Q = P_1^{(\infty)}$, $P_i \in M^1(\mathfrak{X}, \mathcal{A})$. Für einen sequentiellen Test $\delta = (\varphi, \tau)$ sei

$$r(\pi, \delta) := \pi(w_0 E_0 \varphi_\tau + E_0 c(\tau)) + (1-\pi)(w_1 E_1 (1 - \varphi_\tau) + E_1 c(\tau)) \qquad (10.10)$$

das sequentielle Bayes-Risiko mit $\pi \in [0,1]$ und mit messbarer Kostenfunktion $c : \mathbb{N}_0 \to \mathbb{R}_+$, $c \uparrow$ sowie Gewichten w_i.

Satz 10.13 (Struktur optimaler sequentieller Bayes-Tests bzgl. π)
Für das Testproblem $(\{P\}, \{Q\})$ sei $\varphi^* = (\varphi_j^*)$ eine Testfolge von deterministischen Bayes-Tests, d.h.

$$r(\pi, (\varphi^*, j)) = \inf_\varphi r(\pi, (\varphi, j)), \quad \forall j \in \mathbb{N}_0.$$

Dann gilt
$$r(\pi, (\varphi^*, \tau)) = \inf_\varphi r(\pi, (\varphi, \tau)), \quad \forall \text{ Stoppzeiten } \tau.$$

φ^* *heißt **sequentielle Bayes-Entscheidungsfunktion** bzgl. der a-priori-Verteilung π.*

Beweis: Sei τ eine Stoppzeit und sei $\varphi = (\varphi_n)$ eine Entscheidungsfunktion mit $r(\pi, (\varphi, \tau)) < r(\pi, (\varphi^*, \tau))$. Mit

$$A_j(\varphi_j) := \pi \int_{\{\tau = j\}} (w_0 \varphi_j + c(j)) \, dP + (1-\pi) \int_{\{\tau = j\}} (w_1 (1 - \varphi_j) + c(j)) dQ$$

gilt

$$r(\pi, (\varphi, \tau)) = \sum_{j=0}^\infty A_j(\varphi_j) < r(\pi, (\varphi^*, \tau)) = \sum_{j=0}^\infty A_j(\varphi_j).$$

Daher existiert ein $j \in \mathbb{N}_0$ mit $A_j(\varphi_j) < A_j(\varphi_j^*)$.

$$\text{Definiere } \widehat{\varphi}_n := \begin{cases} \varphi_j 1_{\{\tau=j\}} + \varphi_j^* 1_{\{\tau \neq j\}}, & n = j, \\ \varphi_n^*, & n \neq j. \end{cases}$$

Dann ist $\widehat{\varphi} = (\widehat{\varphi}_n)$ eine sequentielle Entscheidungsfunktion (ein sequentieller Test) und es gilt

$$
\begin{aligned}
r(\pi, &(\widehat{\varphi}, j)) \\
&= \pi(w_0 E_0 \widehat{\varphi}_j + c(j)) + (1 - \pi)(w_1 E_1(1 - \widehat{\varphi}_j) + c(j)) \\
&= \pi w_0 E_0(\varphi_j 1_{\{\tau=j\}} + \varphi_j^* 1_{\{\tau \neq j\}}) \\
&\quad + (1 - \pi)w_1 E_1((1 - \varphi_j)1_{\{\tau=j\}} + (1 - \varphi_j^*)1_{\{\tau \neq j\}}) + c(j) \\
&< r(\pi, (\varphi^*, j)),
\end{aligned}
$$

ein Widerspruch.   □

Korollar 10.14 (Optimale sequentielle Bayes-Tests)
*Ist $\varphi^* = (\varphi_j^*)$ eine Folge von deterministischen Bayes-Tests bzgl. π und ist $\tau^* \in \mathcal{E}$ Lösung des **optimalen Stoppproblems***

$$r(\pi, (\varphi^*, \tau^*)) = \inf_{\tau \in \mathcal{E}} r(\pi, (\varphi^*, \tau)),$$

dann ist (φ^*, τ^*) ein sequentieller Bayes-Test bzgl. π.

Bemerkung 10.15
a) *Ersetzt man die Testfunktionen φ_j im obigen Beweis durch randomisierte Entscheidungsfunktionen δ_j, dann ergibt sich eine ähnliche strukturelle Aussage für sequentielle Bayessche Entscheidungsprobleme.*

b) *Bei der Einschränkung auf Tests zum Niveau α erhalten wir ebenfalls eine Reduktion auf Folgen von LQ-Tests.*

Die Aussagen von Korollar 10.14 bringen wir noch in eine explizitere Form. Sei

$$\pi_n(x) := \frac{\pi f_n(x)}{\pi f_n(x) + (1 - \pi)g_n(x)}, \quad n \in \mathbb{N}, \tag{10.11}$$

die Folge der a-posteriori-Wahrscheinlichkeiten für $\Theta_0 = \{P\}$ und sei $R = \pi P + (1 + \pi)Q$. Dann gilt

Proposition 10.16

Sei $\varphi_n^*(x) := \begin{cases} 1, \\ \\ 0, \end{cases} \quad w_0 \pi_n(x) \begin{array}{c} \geq \\ \\ < \end{array} w_1(1 - \pi_n(x))$. *Dann gilt:*

a) $\varphi^* = (\varphi_n^*)$ ist sequentielle Bayes-Entscheidungsfunktion bzgl. π.

b) Sei $Y_n := w_0 \varphi_n^* \pi_n + w_1 (1 - \varphi_n^*)(1 - \pi_n) + c(n)$, $n \in \mathbb{N}$ und sei $\tau^* \in \mathcal{E}$ Lösung des optimalen Stoppproblems

$$\int Y_{\tau^*} dR = \inf_{\tau \in \mathcal{E}} \int Y_\tau dR, \tag{10.12}$$

dann ist (φ^*, τ^*) sequentieller Bayes-Test bzgl. der a-priori-Verteilung π.

Beweis:

a) Es gilt

$$\begin{aligned}
r(\pi, (\varphi, n)) &= \pi w_0 E_0 \varphi_n + (1 - \pi) w_1 E(1 - \varphi_n) + c(n) \\
&= \int (w_0 \varphi_n \pi_n + w_1 (1 - \varphi_n)(1 - \pi_n)) dR + c(n) \\
&\geq r(\pi, (\varphi^*, n)),
\end{aligned}$$

da φ_n^* den Integranden minimiert.

b) folgt nach Korollar 10.14, da

$$r(\pi, (\varphi^*, \tau)) = \sum_{n=0}^{\infty} \int_{\{\tau = n\}} (Y_n + c(n)) dR = \int Y_\tau dR. \qquad \square$$

Bemerkung 10.17

Die optimal zu stoppende Folge (Y_n) in Proposition 10.16 ist von der Form

$$Y_n = g(\pi_n) + c(n) \tag{10.13}$$

mit $g(y) := \min\{w_0 y, w_1 (1 - y)\}$, $y \in [0, 1]$. Das optimale Stoppproblem in (10.12) ist ein Spezialfall des optimalen Stoppens einer (einfachen) Funktion einer stationären Markovkette mit additiven Kosten. Hierzu gibt es eine umfangreiche Lösungstheorie (siehe Shiryaev (1978) und Chow, Robbins und Siegmund (1971)). Im Spezialfall $c(n) = cn$ ist die Lösung von der Form

$$\tau^* = \inf\{n \in \mathbb{N}_0; \; \pi_n \in \{g \leq v\}\}. \tag{10.14}$$

Dieses führt auf den SPRT als Lösung und liefert daher einen alternativen Beweis zur Optimalität des SPRT.

Basierend auf dem strukturellen Resultat in Satz 10.13 gibt es einen einfachen Beweis für eine exakte untere Schranke für die ASN von sequentiellen Tests wie im Satz von Wald-Wolfowitz. Die folgende untere Schranke für die ASN entspricht der approximativen Schranke für den SPRT.

Satz 10.18 (Schranken für die ASN)
Sei (φ, τ) ein sequentieller Test mit $E_0 \varphi_\tau = \alpha$ und $E_1(1 - \varphi_\tau) = \beta$. Dann gilt

$$E_0 \tau \geq \frac{(1-\alpha) \ln \frac{\beta}{1-\alpha} + \alpha \ln \frac{1-\beta}{\alpha}}{E_0 V_1}, \quad V_1 = \ln \frac{g(x_1)}{f(x_1)}$$

$$E_1 \tau \geq \frac{(1-\beta) \ln \frac{1-\beta}{\alpha} + \beta \ln \frac{\beta}{1-\alpha}}{E_1 V}.$$

Beweis: Nach Satz 10.13 können wir o.E. annehmen, dass die Entscheidungs-funktionen des sequentiellen Tests (φ, τ) LQ-Tests sind. Sei $S_n = \sum_{j=1}^n V_j$, $V_j = \ln \frac{g(x_j)}{f(x_j)}$. Nach dem Optional Sampling Theorem ist

$$\begin{aligned}
E_0 \tau E_0 V_1 &= E_0 S_\tau \\
&= E_0(S_\tau \mid \varphi_\tau = 0) P_0(\varphi_\tau = 0) + E_0(S_\tau \mid \varphi_\tau = 1) P(\varphi_\tau = 1) \\
&= (1-\alpha) E_0(S_\tau \mid \varphi_\tau = 0) + \alpha E_0(S_\tau \mid \varphi_\tau = 1).
\end{aligned}$$

Nach der Jensen-Ungleichung ist

$$\begin{aligned}
E_0(S_\tau \mid \varphi_\tau = 0) &\leq \ln E_0(e^{S_\tau} \mid \varphi_\tau = 0) \\
&= \ln \sum_{n=1}^\infty \int_{\{\tau=n, \varphi_\tau=0\}} e^{S_n} \frac{dP_0}{1-\alpha} \\
&= \ln \frac{1}{1-\alpha} \sum_{n=1}^\infty \int_{\{\tau=n, \varphi_\tau=0\}} \frac{g_n(x)}{f_n(x)} f_n(x) \, d\mu^{(n)}(x) \\
&= \ln \frac{1}{1-\alpha} \sum_{n=1}^\infty \int_{\{\tau=n, \varphi_\tau=0\}} g_n(x) \, d\mu^{(n)}(x) \\
&= \ln \frac{P_1(\varphi_\tau = 0)}{1-\alpha} = \ln \frac{\beta}{1-\alpha}.
\end{aligned}$$

Analog erhält man
$$E_0(\varphi_\tau \mid \varphi_\tau = 1) \leq \ln \frac{1-\beta}{\alpha}.$$

Damit folgt
$$E_0 S_\tau \leq (1-\alpha) \ln \frac{\beta}{1-\alpha} + \alpha \ln \frac{1-\beta}{\alpha}.$$

Nach Jensen ist
$$E_0 V_1 = E_0 \ln \frac{g_1(x_1)}{f_1(x_1)} < \ln E_0 \frac{g_1}{f_1} = 0.$$

Damit folgt:
$$E_0 \tau = \frac{E_0 S_\tau}{E_0 V_1} \geq \frac{(1-\alpha) \ln \frac{\beta}{1-\alpha} + \alpha \ln \frac{1-\beta}{\alpha}}{E_0 V_1}.$$

Die zweite Schranke für $E_1 \tau$ folgt analog.   □

Abschließend behandeln wir eine interessante Klasse von sequentiellen Tests, die **Tests der Schärfe 1** (tests of power 1). Für $\vartheta \in \Theta_1$ haben diese Test die

Schärfe 1, d.h. der Fehler zweiter Art $1 - \beta$ ist 0. Auf der Hypothese halten sie das Fehlerniveau α ein.

Die Konstruktion basiert auf dem

Gesetz vom iterierten Logarithmus (LIL): Für (X_i) iid, $EX_1 = \mu$, $\mathrm{Var}X_1 = \sigma^2 < \infty$ sei $S_n := \frac{1}{\sigma\sqrt{n}} \sum_{i=1}^{n} (X_i - \mu)$ die normierte Summe. Dann gilt für alle $\varepsilon > 0$

$$P\big(S_n > (1+\varepsilon)(2\ln\ln n)^{\frac{1}{2}} \text{ für } \infty \text{ viele } n\big) = 0,$$

$$P\big(S_n > (1-\varepsilon)(2\ln\ln n)^{\frac{1}{2}} \text{ für } \infty \text{ viele } n\big) = 1. \qquad (10.15)$$

Wir betrachten als Beispiel das Testen des Erwartungswertes $\mu = \vartheta$ einer Verteilung Q_ϑ mit den Hypothesen $\Theta_0 = (-\infty, \vartheta_0)$, $\Theta_1 = [\vartheta_0, \infty)$. Für die Konstruktion eines sequentiellen Tests ist also $P_\vartheta = Q_\vartheta^{(\infty)}$. Sei $\sigma^2 = \sigma^2(\vartheta)$ die Varianz von Q_ϑ und sei N die Stoppzeit

$$N = \inf\left\{ n \in \mathbb{N}; \ \sum_{i=1}^{n} x_i > \vartheta_0 n + a\sqrt{n} \right\}$$

$$= \inf\left\{ n; \ S_n > \frac{(\vartheta_0 - \vartheta)\sqrt{n}}{\sigma(\vartheta)} + \frac{a}{\sigma(\vartheta)} =: b_n \right\}$$

$$= N(a), \quad \text{für } a \geq 0 \text{ und } N = \infty, \text{ falls die Menge leer ist.}$$

Dabei ist $S_n = \frac{1}{\sigma(\vartheta)\sqrt{n}} \sum_{i=1}^{n} (X_i - \vartheta)$ die normierte Summe.

Satz 10.19 (Test der Schärfe 1)

Für das einseitige Testproblem $\Theta_0 = (-\infty, \vartheta_0)$, $\Theta_1 = [\vartheta_0, \infty)$ *für den Erwartungswert hat der sequentielle Test*

$$\varphi_N = \begin{cases} 1, & N < \infty, \\ 0, & N = \infty, \end{cases} \quad \text{mit } N = N(a) \qquad (10.16)$$

die Eigenschaften

a) $E_\vartheta \varphi_N = 1, \quad \forall \vartheta \geq \vartheta_0$

b) $\forall \vartheta < \vartheta_0 : \exists a \geq 0,$ *so dass* $E_\vartheta \varphi_N < \alpha$

Beweis:

a) Für $\vartheta \geq \vartheta_0$ gilt $b_n < (1-\varepsilon)(2\ln\ln n)^{\frac{1}{2}}$ für $n \geq n_0$.

Nach dem LIL folgt: $P_\vartheta(N < \infty) = 1$. Also gilt:

$$E_\vartheta \varphi_N = 1, \quad \forall \vartheta \geq \vartheta_0.$$

b) Für $\vartheta < \vartheta_0$ gilt $\dfrac{(\vartheta_0 - \vartheta)\sqrt{n}}{\sigma(\vartheta)} > (1+\varepsilon)(2\ln\ln n)^{\frac{1}{2}}$ für $n \geq n_0$.

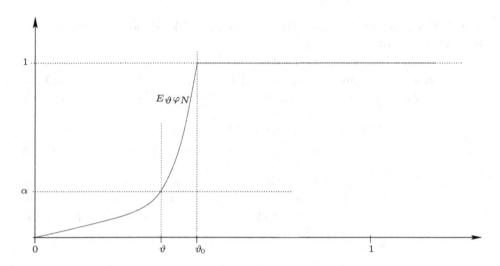

Abbildung 10.3 Gütefunktion von φ_N

Nach dem LIL folgt

$$\lim_{m \to \infty} P_\vartheta \left(S_n < \frac{(\vartheta_0 - \vartheta)\sqrt{n}}{\sigma(\vartheta)}, \forall n \geq m \right) = 1.$$

Daraus folgt: $\forall \vartheta < \vartheta_0 : \exists a \geq 0$ so dass mit $N = N(a)$

$$E_\vartheta \varphi_N = P_\vartheta(N < \infty) < \alpha. \qquad \square$$

Bemerkung 10.20

a) *Gilt $\forall \vartheta' < \theta, \forall n \in \mathbb{N}$, die folgende stochastische Ordnungsbedingung*

$$(O(\vartheta', \vartheta)) \qquad\qquad P_{\vartheta'}^{\sum_{i=1}^n x_i} \leq_{st} P_\vartheta^{\sum_{i=1}^n x_i}, \quad \forall \vartheta' < \theta, \forall n \in \mathbb{N},$$

$\leq_{st}$ *die stochastische Ordnung, dann folgt*

$$E_{\vartheta'} \varphi_N = P_{\vartheta'}(N < \infty) \leq P_\vartheta(N < \infty) < \alpha, \quad \forall \vartheta' < \vartheta \qquad (10.17)$$

mit a wie in Satz 10.19 b). Der sequentielle Test φ_N hält also das Niveau α auf $(-\infty, \vartheta]$ ein.

b) *Durch eine modifizierte Wahl der Stoppgrenzen kann man auch ein ähnliches Verhalten auf der vollen Hypothese $(-\infty, \vartheta_0]$ (ergänzt um ϑ_0) gegen die Alternative (ϑ_0, ∞) erzielen.*

Sei

$$\tilde{N} := \inf \left\{ n \in \mathbb{N}; \ \sum_{i=1}^n x_i \geq \vartheta_0 n + \sqrt{n(\ln n + b)} \right\} \qquad (10.18)$$

mit $b > 1$. Dann ist

$$P_\vartheta(\widetilde{N} < \infty) = 1 \text{ für alle } \vartheta > \vartheta_0.$$

Das Argument von Satz 10.19 a) überträgt sich direkt. Gilt nun die Ordnungsbedingung $O(\vartheta, \vartheta_0)$, $\forall \vartheta < \vartheta_0$ und für alle $n \in \mathbb{N}$, dann folgt

$$P_\vartheta(\widetilde{N} < \infty) \leq P_{\vartheta_0}(\widetilde{N} < \infty) \text{ für alle } \vartheta < \vartheta_0$$

$$\text{und } \quad P_{\vartheta_0}(\widetilde{N} < \infty) \leq \alpha \text{ für } b \geq b_0. \tag{10.19}$$

Die Gütefunktion von $\varphi_{\widetilde{N}}$ springt an der Stelle ϑ_0 von Werten $\leq \alpha$ auf 1 (vgl. Abbildung 10.3).

Kapitel 11

Einführung in die asymptotische Statistik

Mit den Grenzwertsätzen der Wahrscheinlichkeitstheorie ist es möglich, für Schätz- und Testverfahren unter sehr allgemeinen Voraussetzungen asymptotische und approximative Verteilungseigenschaften herzuleiten, die exakt nur in speziellen Modellen zu erhalten sind. Zum Beispiel ist der Gaußtest oder der Student-t-Test nur in Normalverteilungen exakt durchführbar. In approximativer Form lässt sich mit Hilfe des zentralen Grenzwertsatzes dieser Test aber leicht auf allgemeine Verteilungsannahmen übertragen. Ähnliches gilt für nichtparametrische Testprobleme (Kolmogorovscher Anpassungstest, Permutationstests, ...) oder auch für Maximum-Likelihood-Tests und -Schätzer, für M-Schätzer und viele andere Test- und Schätzverfahren. Diese erweiterten Anwendungsmöglichkeiten der asymptotischen Statistik sind in den Kapiteln zur Schätz- und Testtheorie (siehe Kapitel 5 und 6) und zu den Konfidenzbereichen (siehe Kapitel 7) bereits beschrieben worden.

In diesem Kapitel geben wir eine einführende Beschreibung von einigen Grundbegriffen und Zusammenhängen der asymptotischen Statistik wie der asymptotischen relativen Effizienz der des Begriffs der Konsistenz und stellen wir die Relevanz asymptotischer Methoden zur Auswahl statistischer Verfahren dar. Am Beispiel der Dichteschätzung erläutern wir dann die typische Vorgehensweise der asymptotischen Statistik. Basierend auf Grenzwertsätzen werden Dichteschätzer konstruiert und deren Eigenschaften untersucht. In ähnlicher Weise lassen sich auch Regressionsschätzer, d.h. Schätzer für die Regressionsfunktion $\mu(x) = E(Y \mid X = x)$ in einem Datenmodell für Paardaten $(X_1, Y_1), \ldots, (X_n, Y_n)$ (vgl. Kapitel 1.1.4) behandeln.

11.1   Auswahl statistischer Verfahren

Wir behandeln als Beispiel das Schätzen des Lokationsparameters ϑ in einem Lokationsexperiment mit unabhängigen Versuchswiederholungen.

Sei $Q = f\lambda^1 \in M^1(\mathbb{R}^1, \mathcal{B}^1)$ und $\mathcal{P}_n = \{P_\vartheta = (\varepsilon_\vartheta * Q)^{(n)}; \ \vartheta \in \mathbb{R}^1\}$ das von n unabhängigen Beobachtungen erzeugte Lokationsexperiment. Für das Schätzen des Lokationsparameters ϑ existieren nur in einigen Beispielen gleichmäßig beste Schätzer (vgl. Kapitel 8.1 über äquivariante Schätzer). Wir beschreiben im Folgenden, wie sich mit Hilfe von Grenzwertsätzen Schätzverfahren vergleichen lassen und wie Schätzprobleme verglichen werden können.

Als Modellbeispiele kommen wir auf das Beispiel 2.1.9 a) zurück und behandeln im Detail drei Lokationsfamilien, erzeugt von den Verteilungen $Q_i = f_i\lambda^1$, $1 \leq i \leq 3$, mit

$$f_1(t) = \frac{1}{\sqrt{2\pi}}e^{-t^2/2}, \quad t \in \mathbb{R}^1 \quad \sim \ \text{Normalverteilung } N(0,1)$$

$$f_2(t) = \frac{e^t}{(1+e^{-t})^2}, \quad t \in \mathbb{R}^1, \quad \sim \ \text{logistische Verteilung } L(0,1)$$

$$f_3(t) = \frac{1}{\pi}\frac{1}{1+t^2}, \quad t \in \mathbb{R}^1, \quad \sim \ \text{Cauchy-Verteilung } \mathcal{C}(1)$$

Alle drei Verteilungen sind symmetrisch und haben (nach Skalierung) eine ähnliche Form. Sie unterscheiden sich insbesondere in den Tailwahrscheinlichkeiten. Sind F_i die Verteilungsfunktionen der Q_i, dann ist

$$Q_1([-x,x]^c) = 1 - (F_1(x) - F_1(-x)) = O(e^{-x^2/2}), \qquad x \to \infty$$

$$Q_2([-x,x]^c) = 1 - (F_2(x) - F_2(-x)) = O(e^{-x}), \qquad x \to \infty$$

und $\quad Q_3([-x,x]^c) = 1 - (F_3(x) - F_3(-x)) = O\left(\frac{1}{x}\right), \qquad x \to \infty.$

Insbesondere gilt $E_3|X_1| = E_3 X_1^2 = \infty$ für $X_1 \sim \mathcal{C}(1)$. Der zentrale Grenzwertsatz (mit asymptotischer Normalverteilung) gilt daher nicht im Cauchy-Modell und es ist

$$P_{3,\vartheta}^{\overline{X}_n} = P_{3,\vartheta}^{X_1} = \varepsilon_\vartheta * \mathcal{C}(1).$$

Im Cauchy-Experiment mit n Beobachtungen ist $\overline{X}_n$ nicht besser als X_1. Wir vergleichen als Schätzer (wir identifizieren hierbei die arithmetischen Mittel $\overline{x}_n$ mit $\overline{X}_n$, die Mediane m_n mit M_n etc.)

das arithmetische Mittel $\overline{x}_n$,

den Median $m_n = \text{med}(x_1, \ldots, x_n)$, d.h.

$$m_n = \begin{cases} x_{(m)}, & \text{falls } n = 2m - 1, \\ \frac{1}{2}(x_{(m)} + x_{(m+1)}), & \text{falls } n = 2m, \end{cases} \qquad x_{(1)} \leq \cdots \leq x_{(n)},$$

und den Schätzer

$$s_n = \frac{1}{2}(x_{(1)} + x_{(n)}).$$

Die Verteilung von m_n ergibt sich aus folgender Proposition

Proposition 11.1.1 (Verteilung der Ordnungsstatistik)
*Sei F Verteilungsfunktion von $Q = f\lambda^1$, dann gilt mit $P = Q^{(n)}$, $P^{X_{(k)}} = f_k\lambda^1$,
$1 \leq k \leq n$, mit*

$$f_k(x) = n\binom{n-1}{k-1}F^{k-1}(x)(1 - F(x))^{n-k}f(x). \qquad (11.1)$$

Beweis: Es ist

$$F_k(x) = P(X_{(k)} \leq x)$$

$$= P\big(\exists k \leq j \leq n, \exists T \subset \{1, \ldots, n\},$$

$$|T| = j \text{ so dass } X_r \leq x, r \in T, X_s > x, s \in T^c\big)$$

$$= P\Big(\bigcup_{j=k}^{n} \bigcup_{\substack{T \subset \{1,\ldots,n\} \\ |T|=j}} \bigcap_{r \in T}\{X_r \leq x\} \bigcap_{s \in T^c}\{X_s > x\}\Big)$$

$$= \sum_{j=k}^{n} \sum_{|T|=j} \prod_{r \in T}F(x) \prod_{s \in T^c}(1 - F(x))$$

$$= \sum_{j=k}^{n}\binom{n}{j}F(x)^j(1 - F(x))^{n-j}.$$

Da $F(x) = \int_{(-\infty,x]} f\, d\lambda$, folgt $F'(x) = f(x)$ $[\lambda]$ und aus

$$\frac{d}{dt}\sum_{j=k}^{n}\binom{n}{j}t^j(1 - t)^{n-j} = n\binom{n-1}{k-1}t^{k-1}(1 - t)^{n-k},$$

folgt $\frac{d}{dx}F_k(x) = f_k(x)[\lambda]$, also $P^{X_{(k)}} = f_k$ $[\lambda]$. □

Bemerkung 11.1.2
*Mit der Darstellung $EY = \int_0^\infty P(Y \geq t)\, dt$, $Y \geq 0$ folgt aus Proposition 11.1.1:
Im Cauchy-Modell P_3 gilt*

$$E_3 m_n^2 < \infty \iff n \geq 5.$$

Die Verteilung von $\bar{x}_n$ erhält man approximativ aus dem zentralen Grenzwertsatz

$$\sqrt{n}(\bar{x}_n - \vartheta) \xrightarrow{\mathcal{D}} N(0, \sigma^2), \qquad (11.2)$$

wenn $0 < \sigma^2 = \text{Var}(X_1) < \infty$, $X_1 \sim Q$.

Für den Median gilt folgende Version des zentralen Grenzwertsatzes. Wir formulieren den Grenzwertsatz unter der Normierung, dass ein Median der Verteilung gleich 0 ist, d.h. $F(0) = \frac{1}{2}$.

Satz 11.1.3 (Zentraler Grenzwertsatz für den Median)
Sei f stetig in 0, $f(0) > 0$ und $F(0) = \frac{1}{2}$, dann gilt bzgl. $P_\vartheta = (\varepsilon_\vartheta * Q)^{(\infty)}$

$$\sqrt{n}(m_n - \vartheta) \xrightarrow{\mathcal{D}} N\Big(0, \frac{1}{4f^2(0)}\Big). \tag{11.3}$$

Beweis: Sei o.E. $\vartheta = 0$, da der Median äquivariant ist, also $m_n(x - \vartheta \cdot 1) = m_n(x) - \vartheta$.
Sei zunächst: $n = 2m - 1$. Zu zeigen ist:

$$P(\sqrt{n}m_n \leq x) = P\Big(x_{(m)} \leq \frac{x}{\sqrt{n}}\Big) \xrightarrow[n \to \infty]{} \Phi(2xf(0)).$$

Sei dazu $I_n := |\{i;\ x_i > \frac{x}{\sqrt{n}}\}| = \sum_{i=1}^n 1_{(\frac{x}{\sqrt{n}}, \infty)}(x_i)$. Dann gilt:

$$P\Big(x_{(m)} \leq \frac{x}{\sqrt{n}}\Big) = P(I_n \leq m - 1)$$

$$= P\Big(I_n \leq \frac{n-1}{2}\Big).$$

Mit $\vartheta_n := P(x_i > \frac{x}{\sqrt{n}}) = 1 - F(\frac{x}{\sqrt{n}})$ ist $I_n \sim \mathcal{B}(n, \vartheta_n)$. Daher folgt

$$P\Big(x_{(m)} \leq \frac{x}{\sqrt{n}}\Big) = P(Z_n \leq x_n)$$

mit $Z_n = \frac{I_n - n\vartheta_n}{\sqrt{n\vartheta_n(1-\vartheta_n)}}$, $x_n = \frac{\frac{1}{2}(n-1) - n\vartheta_n}{\sqrt{n\vartheta_n(1-\vartheta_n)}}$.

Wir verwenden nun den

Satz von Berry-Esseen: Seien (Y_i) iid mit $EY_i = \mu$, $\mathrm{Var}Y_i = \sigma^2$ und $E|Y_i - \mu|^3 = m_3$, dann gilt

$$\sup_{t \in \mathbb{R}^1} \Big|P\Big(\frac{1}{\sqrt{n}} \sum_{i=1}^n \frac{(Y_i - \mu)}{\sigma} \leq t\Big) - \Phi(t)\Big| \leq \frac{c}{\sqrt{n}} \frac{m_3}{\sigma^3}$$

mit einer Konstanten $c \leq 1$ unabhängig von der Verteilung.

Für $Y_i \sim \mathcal{B}(1, \vartheta_n)$ gilt $0 < E|Y_1 - EY_1|^3 = m_3 \leq 1$, $\mathrm{Var}Y_1 = \vartheta_n(1-\vartheta_n) \to \frac{1}{4}$, und mit $\vartheta_n = 1 - F(\frac{x}{\sqrt{n}}) \to 1 - F(0) = \frac{1}{2}$ folgt aus dem Satz von Berry-Esseen die Abschätzung

$$\sup_{x \in \mathbb{R}^1} \Big|P\Big(x_{(m)} \leq \frac{x}{\sqrt{n}}\Big) - \Phi(x_n)\Big| = \sup_x |P(Z_n \leq x_n) - \Phi(x_n)|$$

$$\leq \frac{c}{\sqrt{n}} \frac{m_3}{(\vartheta_n(1-\vartheta_n))^{3/2}} \longrightarrow 0.$$

Wegen $x_n = \frac{\sqrt{n}(\frac{1}{2} - \vartheta_n) - \frac{1}{2\sqrt{n}}}{\sqrt{\vartheta_n(1-\vartheta_n)}}$ gilt

$$
\begin{aligned}
\lim x_n &= 2 \lim \sqrt{n}\left(\frac{1}{2} - \vartheta_n\right) \\
&= 2x \lim \frac{F(\frac{x}{\sqrt{n}}) - F(0)}{x/\sqrt{n}} \\
&= 2x f(0),
\end{aligned}
$$

da f stetig in 0. Es folgt also

$$
P\left(x_{(m)} \le \frac{x}{\sqrt{n}}\right) \underset{m \to \infty}{\longrightarrow} \Phi(2xf(0)).
$$

Allgemeiner gilt obiger Beweis für Folgen $m = m_n$, so dass $\frac{m_n}{n} = \frac{1}{2} + r_n$ mit $\sqrt{n} r_n \to 0$, insbesondere also auch für $n = 2m$. Wegen

$$
P(\sqrt{n} x_{(m+1)} \le x) \le P(\sqrt{n} m_n \le x) \le P(\sqrt{n} x_{(m)} \le x)
$$

folgt die Behauptung.   □

Bemerkung 11.1.4

Die Grenzverteilung des Medians m_n hängt nicht von der globalen Varianz der Zufallsvariablen sondern nur von der lokalen Dichte $f(0)$ in Null ab. Der Grenzwertsatz für den Median benötigt keine Momentenbedingung im Unterschied zu dem klassischen Grenzwertsatz für das arithmetische Mittel $\overline{x}_n$.

Asymptotisch normalverteilte Schätzverfahren kann man durch den Quotienten der Limesvarianzen vergleichen.

Definition 11.1.5 (Asymptotisch relative Effizienz (ARE))

Seien d_n, t_n Schätzverfahren für ϑ und es gelte

$$
\sqrt{n}(d_n - \vartheta) \xrightarrow{\mathcal{D}} N(0, \sigma_1^2), \qquad \sqrt{n}(t_n - \vartheta) \xrightarrow{\mathcal{D}} N(0, \sigma_2^2).
$$

Dann heißt

$$
e = e((d_n), (t_n)) = \frac{\sigma_2^2}{\sigma_1^2} \tag{11.4}
$$

***asymptotisch relative Effizienz (ARE)** von (d_n) zu (t_n).*

$\overline{x}_n$ und m_n sind translations- und skalenäquivariant. Daher ist deren ARE unabhängig vom Lokationsparameter ϑ und auch von einem Skalenparameter σ.

Beispiel 11.1.6

Nach dem zentralen Grenzwertsatz für den Median in Satz 11.1.3 gilt für $0 < \sigma^2 = \operatorname{Var}(x_1) < \infty$

$$
\sqrt{n}(\overline{x}_n - \vartheta) \xrightarrow{\mathcal{D}} N(0, \sigma^2) \quad \text{und} \quad \sqrt{n}(m_n - \vartheta) \xrightarrow{\mathcal{D}} N\left(0, \frac{1}{4f^2(0)}\right). \tag{11.5}
$$

Daher ist die ARE

$$e = e(m_n, \bar{x}_n) = 4f^2(0)\sigma^2.$$

m_n und $\bar{x}_n$ haben dieselbe Konvergenzrate $\frac{1}{\sqrt{n}}$. Mit Erweiterung des zentralen Grenzwertsatzes auf zweite Momente gilt

$$E(\bar{x}_n - \vartheta)^2 \sim \frac{\sigma^2}{n}, \quad E(m_n - \vartheta)^2 \sim \frac{1}{n4f^2(0)} = \frac{e}{n}$$

mit $e = 4f^2(0)\sigma^2$. Für den Median-Schätzer (m_n) benötigt man also $\frac{1}{e}n$ Beobachtungen um dieselbe Genauigkeit (quadratischer Fehler) zu erzielen wie für $\bar{x}_n$.

a) Im **normalverteilten** Fall $X_i \sim N(0, \sigma^2)$ ist

$$e = 4f^2(0)\sigma^2 = \frac{4}{2\pi} = \frac{2}{\pi} \approx 0{,}637.$$

b) Im **logistischen** Fall $X_i \sim L(0,1)$ ist $f(0) = \frac{1}{4}$, $\sigma^2 = \frac{\pi^2}{3}$ und es gilt

$$e = \frac{\pi^2}{12} \approx 0{,}82.$$

Im Fall von größeren Tails wird der Median besser im Vergleich zu dem arithmetischen Mittel.

c) Im **Cauchy-Fall** $X_i \sim \mathcal{C}(1)$ versagt das arithmetische Mittel. Für den Median m_n gilt

$$4f^2(0) = \frac{4}{\pi^2} \quad \text{und} \quad \mathrm{Var}(m_n) \sim \frac{\pi^2}{4n}.$$

Man kann im Cauchy-Fall mit Hilfe von m_n den Parameter ϑ so gut schätzen wie im Normalverteilungsfall $N(\vartheta, \sigma^2)$ mit $\sigma^2 = \frac{\pi^2}{4}$ durch $\bar{x}_n$.

d) Ist $X_i \sim U(-\frac{1}{2}, \frac{1}{2})$ die Gleichverteilung auf $(-\frac{1}{2}, \frac{1}{2})$, also $f(x) = 1_{(-\frac{1}{2}, \frac{1}{2})}(x)$, dann ist $\sigma^2 = \frac{1}{12}$ und damit

$$e = e(m_n, \bar{x}_n) = 4f^2(0)\sigma^2 = \frac{1}{3}.$$

Die uniforme Verteilung in Beispiel 11.1.6 d) ist in folgendem Sinne für den Median die ungünstigste Situation im Vergleich zum arithmetischen Mittel.

Satz 11.1.7
Ist $\int x f(x)\, dx = 0$, $F(0) = \frac{1}{2}$, f stetig in 0 und $f(0) \geq f(x)$, $\forall x$ und $\int x^2 f(x)\, dx < \infty$. Dann gilt:

$$e(m_n, \bar{x}_n) = 4f^2(0)\sigma^2 \geq \frac{1}{3}. \tag{11.6}$$

Beweis: Ist $X \sim f\lambda$ und $c > 0$ ein Skalenfaktor. Dann gilt:

$$cX \sim f_c\lambda \quad \text{mit} \quad f_c(x) = \frac{1}{c}f(\frac{x}{c}) \quad \text{und} \quad \text{Var}(cX) = c^2\text{Var}(X) = c^2\sigma^2.$$

Weiter ist $4f_c^2(0)\sigma_c^2 = 4f^2(0)\sigma^2$ unabhängig von c. Die ARE e ist skaleninvariant. Mit $c = f(0)$ kann man also o.E. annehmen, dass $f(0) = 1$ ist.

Die Behauptung folgt aus dem Nachweis, dass $\sigma^2 = \frac{1}{12}$ eine Lösung des folgenden Problems (P) ist:

(P)
$$\begin{cases} \sigma^2 = \int x^2 f(x)\,dx = \min!, \\ 0 \le f(x) \le f(0) = 1, \quad \forall x, \int f(x)\,dx = 1. \end{cases}$$

Äquivalent zu (P) ist für beliebige λ das Problem

(P')
$$\begin{cases} \int (x^2 - \lambda^2)f(x)\,dx = \min!, \\ 0 \le f(x) \le f(0) = 1, \quad \forall x, \int f(x)\,dx = 1. \end{cases}$$

Die Zielfunktion in (P') wird minimal für

$$f(x) = \begin{cases} 1, & |x| < \lambda, \\ 0, & |x| > \lambda. \end{cases}$$

Die Nebenbedingung $\int f(x)\,dx = 1$ impliziert dann $\lambda = \frac{1}{2}$ und es gilt $\int x^2 f(x)dx = \frac{1}{12}$. $\qquad\square$

Bemerkung 11.1.8

a) *Die uniforme Verteilung $Q = U(-\frac{1}{2}, \frac{1}{2})$ ist also bis auf einen Skalenparameter die ungünstigste Verteilung für den Median im Vergleich zum arithmetischen Mittel. Im Fall der uniformen Verteilung gibt es wesentlich bessere Schätzer. Der gleichmäßig beste erwartungstreue Schätzer für ϑ ist für $Q = U(-\frac{1}{2}, \frac{1}{2})$ der Schätzer $s_n = \frac{1}{2}(x_{(1)} + x_{(n)})$.*

Es gilt:

$$E_\vartheta s_n = \vartheta \quad \text{und} \quad \text{Var}_\vartheta(s_n) = \frac{1}{2(n+1)(n+2)}. \tag{11.7}$$

Der Fehler von s_n ist also von der Ordnung $O(\frac{1}{n^2})$, während der Fehler von m_n und $\bar{x}_n$ von der Ordnung $O(\frac{1}{n})$ ist.

b) *m_n ist ein besserer Schätzer als $\bar{x}_n$ bei "heavy tails", $\bar{x}_n$ ist besser als m_n bei "light tails".*

c) **getrimmte Mittel:** *Eine Klasse von Schätzern, die einen Übergang von m_n zu $\bar{x}_n$ bilden, sind die **getrimmten Mittel***

$$\bar{x}_\alpha := \frac{1}{n - 2k}(x_{(k+1)} + \cdots + x_{(n-k)}), \quad k = [n\alpha] \tag{11.8}$$

für $\alpha \in [0,1]$. Grenzfälle sind für $\alpha = 0$ das arithmetische Mittel $\overline{x}_n$ und für $\alpha = \frac{1}{2}$ der Median m_n.

Es gilt folgende Erweiterung des zentralen Grenzwertesatzes 11.1.3, die wir ohne Beweis angeben.

Satz 11.1.9 (Zentraler Grenzwertsatz für getrimmte Mittel)
Es gelten die Voraussetzungen von Satz 11.1.7, sei $0 < \alpha < \frac{1}{2}$ und $\{f > 0\} = [(-c,c)], 0 < c \leq \infty$, offen oder abgeschlossen. Dann gilt;

a)
$$\sqrt{n}(\overline{x}_\alpha - \vartheta) \xrightarrow{D} N(0, \sigma_\alpha^2) \tag{11.9}$$

mit $\sigma_\alpha^2 = \frac{2}{(1-2\alpha)}\{\int_0^{u_\alpha} t^2 f(t)\,dt + \alpha u_\alpha\}$, $u_\alpha = F^{-1}(1-\alpha)$ das α-Fraktil von F.

b) $e(\overline{x}_\alpha, \overline{x}_n) \begin{cases} \geq (1-2\alpha)^2, \\ \geq \frac{1}{1+4\alpha} \text{ wenn } f(0) > f(x), \quad \forall x. \end{cases}$

Ist F bekannt, dann kann man das optimale α^* ermitteln aus:

$$\sigma_{\alpha^*}^2 = \min\left\{\sigma_\alpha^2;\ 0 < \alpha < \frac{1}{2}\right\}. \tag{11.10}$$

Ist F nicht bekannt, dann verwenden wir ein **semiparametrisches Lokations-modell**

$$P^{X_1} \in \mathcal{P} = \left\{\varepsilon_\vartheta * Q;\ \vartheta \in \mathbb{R}^1, Q = f\lambda^1, f \text{ symmetrisch, stetig in } 0,\right.$$
$$\left.\int x^2 f(x)\,dx < \infty\right\}$$

Die folgende Vorgehensweise ist naheliegend.

1) Ersetze σ_α^2 durch einen Schätzer für σ_α^2, z.B. mit $k := [n\alpha]$ durch

$$s_{\frac{k}{n}}^2 := \frac{1}{(1-2\frac{k}{n})^2}\left\{\frac{1}{2}\sum_{i=k+1}^{n-k}(x_{(i)} - \overline{x}_{\frac{k}{n}})^2 + \frac{k}{n}(x_{(k+1)} - \overline{x}_{\frac{k}{n}})^2 + (x_{(n-k)} - \overline{x}_{\frac{k}{n}})^2\right\}$$

2) Bestimme eine Minimumstelle $\widehat{k}$ von $s_{\frac{k}{n}}^2$. Der resultierende **Jaeckel-Schätzer**

$$\widehat{d} = \overline{x}_{\frac{\widehat{k}}{n}} \tag{11.11}$$

ist also ein getrimmtes Mittel, für den der optimale Grad α des Trimmens geschätzt wird.

Man kann unter recht allgemeinen Bedingungen zeigen, dass der Jaeckel-Schätzer $\widehat{d} = \overline{x}_{\frac{\widehat{k}}{n}}$ asymptotisch genau so gut ist wie der optimal getrimmte Schätzer $\overline{x}_{\alpha^*}$ in dieser Klasse, wenn F bekannt ist. Diese Eigenschaft heißt **Adaptivität**.

In Abbildung 11.1 werden $k = 200$ Simulationen vom Stichprobenumfang $n = 20$ durchgeführt. Für die Schätzer $d_1 = \overline{x}_n$, $d_2 = \overline{x}_\alpha$, $\alpha = 0{,}05$, $d_3 = m_n$ und $d_4 = \frac{1}{2}(x_{(1)} + x_{(n)})$ bezeichne $\overline{d}_i := \frac{1}{k}\sum_{j=1}^{k} d_i(x_j)$ den mittleren Schätzwert und $\sigma_i^2 := \frac{1}{k}\sum_{j=1}^{k}(d_i(x_j) - \overline{d}_i)^2$ die Streuung von d_i in der Simulationsstichprobe.

Als Ergebnis der Simulation ergibt sich

	d_1	d_2	d_3	d_4
$\overline{d}_i$	0,007	0,001	$-0{,}02$	0,04
σ_i^2	0,043	0,052	0,067	0,138

Die Quotienten der σ_i^2 entsprechen angenähert den AREs der Schätzer.

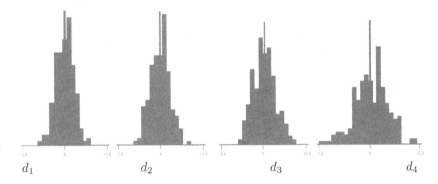

$d_1 \qquad\qquad d_2 \qquad\qquad d_3 \qquad\qquad d_4$

Abbildung 11.1 Simulation von Schätzern für den Mittelwert der $N(0,1)$-Verteilung

11.2 Dichteschätzung

Ein wichtiges Beispiel der nichtparametrischen asymptotischen Statistik ist die Dichteschätzung. Anhand dieses Beispiels lässt sich sehr gut die typische Vorgehensweise der asymptotischen Statistik darstellen. Auf ähnliche Weise lässt sich auch die Behandlung von nichtparametrischen Regressionsschätzern durchführen. Sei $\mathcal{P} = \{P \in M^1(\mathbb{R}^1, \mathcal{B}^1);\ P = f\lambda\}$ die Klasse der λ-stetigen Wahrscheinlichkeitsmaße und $\mathcal{P}_c = \{P \in \mathcal{P};\ f \text{ stetig}\}$. Unser Ziel ist es, basierend auf iid Beobachtungen die Dichte f zu schätzen. Das zugrunde liegende Modell ist dann $\mathcal{P}^{(n)}$ bzw. $\mathcal{P}_c^{(n)}$ oder auch große Teilklassen hiervon.

Ein **Dichteschätzer** ist eine produktmessbare Funktion $f_n : \mathbb{R}^n \times \mathbb{R}^1 \to \mathbb{R}$ (oder $\mathbb{R}_+$). Wir schreiben $f_n(t) = f_n(x,t)$ und $E_f f_n(t) = E_{P_f^{(n)}} f_n(\cdot, t)$. Im Rahmen erwartungstreuer Schätzer ist dieses Problem nicht lösbar.

Satz 11.2.1
Es gibt keine Dichtschätzer $f_n \geq 0$ so dass $E_f f_n(t) = f(t)$ [λ] für alle t und für alle stetigen Dichten f.

Beweis: Angenommen es existiert ein Dichteschätzer f_n, so dass

$$E_f f_n(t) = f(t), \quad \forall t \in \mathbb{R}^1, \ \forall f \in \mathcal{F}_c.$$

Dann folgt $H_n(a, b) = \int_a^b f_n(t)\, dt$, $a < b$ ist erwartungstreuer Schätzer für

$$E_f H_n(a, b) = \int \int_a^b f_n(x, t)\, dt P_f^{(n)}(dx) = \int_a^b E_f f_n(t)\, dt$$

$$= \int_a^b f(t)\, dt = F(b) - F(a) =: H(a, b),$$

F die Verteilungsfunktion von P_f.

$\widetilde{H}_n(a, b) := \widehat{F}_n(b) - \widehat{F}_n(a)$, $\widehat{F}_n$ die empirische Verteilungsfunktion, ist auch erwartungstreuer Schätzer für H. O.E. sei $f_n(x, t)$ symmetrisch in x, d.h. invariant unter Permutation von x.

Daraus folgt, dass H_n, $\widetilde{H}_n$ symmetrische erwartungstreue Schätzer von $H(a, b)$ sind. Das Modell $P_c^{(n)}$ ist symmetrisch vollständig, d.h. die Ordnungsstatistik $x_{(\ )}$ ist vollständig für $\mathcal{P}_c^{(n)}$. Daher ist $H_n = \widetilde{H}_n$ [λ^n]; ein Widerspruch, da die Treppenfunktion $\widetilde{H}_n$ nicht mit der stetigen Funktion H_n übereinstimmt. $\qquad \square$

Bemerkung 11.2.2
a) *Das obige Argument gilt allgemein für Teilklassen von $\mathcal{P}^{(n)}$ für die die Ordnungsstatistik $x_{(\ )}$ vollständig ist.*

b) *Die Nichtnegativität von f_n wird nur für die Anwendung des Satzes von Fubini benötigt und kann durch eine Integrierbarkeitsbedingung ersetzt werden.*

Definition 11.2.3 (Kerndichteschätzer)
Sei $K : \mathbb{R}^1 \to \mathbb{R}^1$, $\int_{-\infty}^{\infty} K(t)\, dt = 1$, $\int |K(t)|\, dt < \infty$ ein Kern auf $\mathbb{R}$ und $h_n \downarrow 0$, dann heißt:

$$f_n(x, t) := \frac{1}{n h_n} \sum_{j=1}^n K\left(\frac{t - x_j}{h_n}\right) \tag{11.12}$$

Kerndichteschätzer *mit Bandweite h_n und Kern K.*

Beispiel 11.2.4
a) *Der uniforme Kern $K(t) = \frac{1}{2} 1_{(-1,1)}(t)$ liefert als Dichteschätzer $f_n^1(t) := \frac{1}{2h_n}(F_n(t + h_n) - F_n(t - h_n))$ die **empirische Dichte**.*

b) *Der Gaußkern $K(t) := \frac{1}{\sqrt{2\pi}} e^{-t^2/2}$ führt auf einen Dichteschätzer f_n^2 mit $f_n^2 \in C^\infty$.*

c) *Der Dichteschätzer* $f_n^3(x,t) = \frac{1}{nh_n} \sum_{i=1}^{n} 1_{(kh_n,(k+1)h_n)}(x_i)$, $t \in [kh_n,(k+1)h_n]$,
   $h_n \downarrow 0$ *heißt* **Histogramm-Schätzer.** f_n^3 *ist kein Kernschätzer.*

Beispiel 11.2.5
Für die Dichte $f(x) = 3x^2$, $x \in [0,1]$ *sind obige Dichteschätzer in den Abbildungen 11.2 und 11.3 dargestellt.*

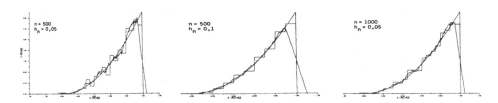

Abbildung 11.2 Histogramme: empirische Dichte und Histogramm

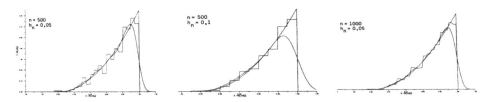

Abbildung 11.3 Histogramme: Gaußkern und Histogramm

Das folgende Lemma liefert Formeln für Erwartungswert und Varianz von Kerndichteschätzern und gibt eine Zerlegung des quadratischen Schätzfehlers eines Dichteschätzers f_n in den systematischen Fehler, den Bias, und den stochastischen Fehler, die Varianz. Der Beweis folgt direkt nach Definition.

Lemma 11.2.6 (Bias-Varianz-Zerlegung)
a) Sei f_n *ein Kerndichteschätzer, dann gilt*

1)
$$E_f f_n(t) = \frac{1}{h_n} \int K\left(\frac{t-u}{h_n}\right) f(u)\, du$$
$$= \int K(v) f(t - h_n v)\, dv \tag{11.13}$$

2) $\mathrm{Var}_f(f_n(t)) = \dfrac{1}{nh_n^2} \left\{ \displaystyle\int K^2\left(\dfrac{t-u}{h_n}\right) f(u)\, du - \left[E_f K\left(\dfrac{t-x_1}{h_n}\right) \right]^2 \right\}$ $\quad$ (11.14)

*b) Für den quadratischen Schätzfehler eines Dichteschätzers f_n gilt die folgende Zerlegung in **Bias** und Varianz:*

$$E_f(f_n(t) - f(t)^2) = \text{Var}_f(f_n(t)) + (E_f f_n(t) - f(t))^2. \tag{11.15}$$

Ein wichtiger Parameter ist die Bandweite h_n. Ist h_n klein, dann ist der Bias gering aber der stochastische Anteil des Schätzfehlers groß. Ist h_n groß, dann ist der stochastische Anteil des Schätzfehlers klein, aber der Bias ist groß (vgl. Abbildung 11.2). Wir bestimmen im Folgenden Bedingungen für h_n und K, die die punktweise und L^2-Konsistenz von Kerndichteschätzern implizieren.

Proposition 11.2.7 (Konsistenz von Kerndichteschätzern)
Sei $|f(t)| \leq M$, $\forall t$, dann gilt:

a) $\forall \varepsilon > 0$, $\forall t \subset \mathbb{R}^1$ ist

$$|E_f f_n(t) - f(t)| \leq 2M \int_{\{h_n|u| \geq \varepsilon\}} |K(u)|\, du + w_f(\varepsilon, t) \int |K(u)|\, du$$

mit dem Stetigkeitsmodul $w_f(\varepsilon, t) := \sup \{|f(t+u) - f(t)|;\ u \leq \varepsilon\}$.

b) Ist f stetig in t dann folgt

$$|E_f f_n(t) - f(t)| \to 0$$

c) $\text{Var}_f(f_n(t)) \leq \frac{M}{nh_n} \int K^2(u)\, du$

d) Ist f stetig in t, $nh_n \to \infty$, dann folgt

$$E_f(f_n(t) - f(t))^2 \to 0$$

e) Gilt $nh_n \to \infty$, und ist f gleichmäßig stetig, dann folgt

$$\sup_t E_f(f_n(t) - f(t))^2 \to 0.$$

Beweis:
a) Es gilt die folgende Abschätzungskette:

$$|E_f f_n(t) - f(t)| = \left| \int K(v) \{f(t - h_n v) - f(t)\}\, dv \right|$$

$$\leq \left| \int_{\{h_n|v| \leq \varepsilon\}} \cdots \right| + \left| \int_{\{h_n|v| > \varepsilon\}} \cdots \right|$$

$$\leq w_f(\varepsilon, t) \int |K(u)|\, du + 2M \int_{\{|h_n u| \geq \varepsilon\}} |K(u)|\, du$$

b) folgt aus a), da $w_f(\varepsilon, t) \to 0$ für $\varepsilon \to 0$ und $\{|u| \geq \frac{\varepsilon}{h_n}\} \downarrow \emptyset$ für $h_n \downarrow 0$.

c) Nach Lemma 11.2.6 ist

$$
\begin{aligned}
\mathrm{Var}_f(f_n(t)) &\leq \frac{1}{n} E_f \left(\frac{1}{h_n} K \left(\frac{t - x_1}{h_n} \right) \right)^2 \\
&= \frac{1}{n h_n} \int \frac{1}{h_n} K^2 \left(\frac{t - u}{h_n} \right) f(u)\, du \\
&\leq \frac{M}{n h_n} \int K^2(v)\, dv \quad \text{mit } v := \frac{t - u}{h_n}.
\end{aligned}
$$

d) Nach a) gilt:

$$
\lim_{n \to \infty} |E_f f_n(t) - f(t)| \leq w_f(\varepsilon, t) \int |K(u)|\, du, \quad \forall \varepsilon < 0.
$$

Ist f stetig in t, dann folgt $\lim_{\varepsilon \to 0} w_f(\varepsilon, f) = 0$.

Nach b) + c) folgt die Behauptung.

e) folgt aus a), b) und c). $\square$

Es gibt also eine Fülle von L^2-konsistenten Schätzfolgen. Die Kerndichteschätzer haben eine Darstellung als Funktional des empirischen Prozesses. Mit Hilfe des Satzes von Dvoretzky, Kiefer und Wolfowitz (DKW) kann man eine gleichmäßige Konsistenzaussage erhalten.

Sei dazu (X_n) eine iid Folge von reellen Zufallsvariablen mit Verteilungsfunktion $F(t) = P(X_1 \leq t)$, $t \in \mathbb{R}^1$. Sei $\widehat{F}_n(t) = \frac{1}{n} \sum_{i=1}^{n} 1_{(-\infty, t]}(X_i)$, $t \in \mathbb{R}^1$, die **empirische Verteilungsfunktion** und sei V_n der Kolmogorov-Abstand

$$
V_n := \sup_{t \in \mathbb{R}^1} |\widehat{F}_n(t) - F(t)|.
$$

Folgende Konvergenzaussagen über V_n sind von Bedeutung.

Satz 11.2.8 (Konvergenz empirischer Verteilungen)
Für die empirische Verteilungsfunktion gelten folgende Konvergenzaussagen:

a) *Satz von Glivenko-Cantelli:*

$$
V_n \to 0 \ [P]
$$

b) *Satz von Dvoretzky, Kiefer und Wolfowitz (1956)*
Es gibt eine Konstante C unabhängig von F, so dass $\forall n \in \mathbb{N}$ und $\forall r > 0$ gilt:

$$
P(V_n > r) \leq C \exp(-2n r^2).
$$

Mit Hilfe von Satz 11.2.8 erhält man für Kerne K von beschränkter Totalvariation eine gleichmäßige Konvergenzaussage.

Satz 11.2.9 (Gleichmäßige Konvergenz)
Der Kern K habe beschränkte Totalvariation v. Dann folgt:

$$P_f(\sup_t |f_n(t) - E_f f_n| > \varepsilon) \leq C e^{-\frac{2\varepsilon^2}{v} n \cdot h_n^2}. \qquad (11.16)$$

Beweis: f_n lässt sich mit Hilfe der empirischen Verteilungsfunktion $F_n = \widehat{F}_n$ darstellen

$$f_n(t) = \frac{1}{h_n} \int K\left(\frac{t-u}{h_n}\right) dF_n(u).$$

Daraus folgt

$$d_n := \sup_t |f_n(t) - E_f f_n(t)|$$

$$= \sup_t \left| \frac{1}{h_n} \int K\left(\frac{t-u}{h_n}\right) dF_n(u) - \frac{1}{h_n} \int K\left(\frac{t-u}{h_n}\right) dF(u) \right|$$

$$= \sup_t \left| \frac{1}{h_n} \int K\left(\frac{t-u}{h_n}\right) d\left(F_n(u) - F(u)\right) \right|$$

$$\leq \underbrace{\sup_t |F_n(t) - F(t)| \frac{1}{h_n} v}_{=:V_n} \qquad \text{mit partieller Integration.}$$

Nach dem Satz von Dvoretzky, Kiefer und Wolfowitz (vgl. Satz 11.2.8 b))
folgt

$$P_f(d_n > \varepsilon) \leq P_f\left(V_n > \frac{\varepsilon h_n}{v}\right) \leq C \exp\left(-\frac{2\varepsilon^2 n h_n^2}{v}\right). \qquad \square$$

Bemerkung 11.2.10
a) Wenn $\forall \gamma > 0$ gilt $\sum_n e^{-2\gamma n h_n^2} < \infty$, dann folgt aus Satz 11.2.8

$$d_n = \sup_t |f_n(t) - f(t)| \to 0 \ [P_f]. \qquad (11.17)$$

b) Es lässt sich zeigen, dass die Bedingung $\sup_t |E f_n(t) - f(t)| \to 0$ äquivalent zur gleichmäßigen Stetigkeit von f ist. Konvergenzraten im Biasterm $E f_n(t) - f(t)$ entsprechen dem Grad von Glattheit von f.

Die Beschränktheit von f in Proposition 11.2.7 lässt sich durch die Annahme $uK(u) \to 0$ für $|u| \to \infty$ an den Kern ersetzen.

Proposition 11.2.11
Für den Kern K gelte, dass $uK(u) \to 0$, $|u| \to \infty$, und es sei f stetig in t, dann folgt

$$E_f f_n(t) \to f(t).$$

Beweis: Es gilt $|E_f f_n(t) - f(t)| \leq A_n + B_n$ mit

$$A_n := \left| \int_{\{|h_n u| \leq \varepsilon\}} K(u)(f(t - h_n u) - f(t)) \, du \right|$$

$$\leq w_f(\varepsilon, t) \int |K(u)| \, du$$

und mit

$$B_n := \left| \int_{\{|h_n u| > \varepsilon\}} K(u)(f(t - h_n u) - f(t)) \, du \right|$$

$$\leq \left| \int_{\{|t-v| > \varepsilon\}} \frac{1}{h_n} K\left(\frac{t-v}{h_n}\right) f(v) \, dv \right| + f(t) \left| \int_{\{|h_n u| > \varepsilon\}} K(u) \, du \right|$$

$$\leq \int_{\{\frac{|t-v|}{h_n} > \varepsilon/h_n\}} \frac{1}{\varepsilon} \frac{|t-v|}{h_n} \left| K\left(\frac{t-v}{h_n}\right) \right| f(v) \, dv + f(t) \left| \int_{\{|h_n v| > \varepsilon\}} K(u) \, du \right|$$

$$\leq \frac{1}{\varepsilon} \sup_{|z| > \varepsilon/h_n} |z| |K(z)| \int f(v) \, dv + f(t) \int_{\{|h_n u| > \varepsilon\}} |K(u)| \, du \xrightarrow[h_n \downarrow 0]{} 0.$$

Aus diesen Abschätzungen folgt die Behauptung. □

Ohne Stetigkeitsannahme an f erhält man folgende asymptotische Unverfälschtheitsaussage.

Proposition 11.2.12 (Asymptotische Unverfälschtheit von $f_n(t)$)
Für $f \in L^1(\lambda^1)$ gilt:

$$\lim_{n \to \infty} \int \left| \frac{1}{h_n} \int f(u) K\left(\frac{t-u}{h_n}\right) \, du - f(t) \right| dt = 0. \tag{11.18}$$

Insbesondere gilt für eine λ-Dichte f:

$$\int |E_f f_n(t) - f(t)| \, dt \to 0. \tag{11.19}$$

Beweis:

1) Für $f, g \in L^1(\lambda^1)$ ist die Faltung $f * g(t) := \int f(t - u) g(u) \, du$ in $L^1(\lambda)$ und es gilt

$$\|f * g\|_1 \leq \|f\|_1 \|g\|_1.$$

2) Die Behauptung gilt für $f \in C_k$.

Dazu sei $K_1(t) := K(t)1_{[-M,M]}(t)$, $K_2(t) := K(t)1_{[-M,M]^c}(t)$. Dann folgt:

$$\int \left| \int f(u)\frac{1}{h_n}K\left(\frac{t-u}{h_n}\right) du - f(t) \right| dt$$

$$\leq \int \left| \int f(u)\frac{1}{h_n}K_1\left(\frac{t-u}{h_n}\right) du - f(t) \right| + \int \left| f(u)\frac{1}{h_n}K_2\left(\frac{t-u}{h_n}\right) du \right| dt$$

$$+ \int |f(t)| \, dt \int |K_2(v)| \, dv$$

$$= A_n + B_n + C_n$$

Nach 1) ist $B_n \leq \|f\|_1 \|K_2\|_1$, also $B_n + C_n \leq 2\|f\|_1 \|K_2\|_1$ und für $A \geq A_0$

$$A_n \leq \int \int |f(t-u) - f(t)| \frac{1}{h_n} \left| K_1\left(\frac{u}{h_n}\right) \right| du \, dt$$

$$= \int_{[-A,A]} \int_{|u/h_n|\leq M} |f(t-u) - f(t)| \left| \frac{1}{h_n}K_1\left(\frac{u}{h_n}\right) \right| du \, dt$$

$$\leq w_f(Mh_n)2A \int \left| \frac{1}{h_n}K_1\left(\frac{u}{h_n}\right) \right| du \quad \text{für } A \geq A_0, f \in C_k$$

$$= w_f(Mh_n)2A \int |K_1(u)| \, du \quad \text{mit } w_f(\varepsilon) := \sup_t w_f(\varepsilon, t)$$

Zu $\delta > 0$ existiert eine Konstante M so dass $B_n + C_n \leq \delta$, $\forall n$. Für $n \geq n_0$ ist $A_n \leq \delta$.

3) Sei nun $f \in L^1(\lambda^1)$, dann existiert ein $g \in C_k$ so dass $\|f - g\|_1 \leq \delta$. Mit dieser Approximation folgt

$$\int \left| \int f(u)\frac{1}{h_n}K\left(\frac{t-u}{h_n}\right) du - f(t) \right| dt$$

$$\leq \int \left| \int (f-g)(u)\frac{1}{h_n}K\left(\frac{t-u}{h_n}\right) du \right| dt + \int |(f-g)(u)| \, du$$

$$+ \int \left| \int g(u)\frac{1}{h_n}K\left(\frac{t-u}{h_n}\right) du - g(t) \right| dt$$

$$\leq \|f - g\|_1 \left(\int |K(v)| \, dv + 1 \right) + o(1). \qquad \square$$

Unter weiteren Regularitätsannahmen erhält man Konvergenzraten für die Dichteschätzer f_n.

Proposition 11.2.13 (Konvergenzraten von f_n)
Sei $f \in C_b^{(2)}$, $nh_n \to \infty$, $\int u^2 |K(u)| \, du < \infty$

a) Wenn $\int uK(u) \, du = 0$, dann gilt

$$E_f f_n(t) - f(t) = \frac{1}{2}h_n^2 f''(t) \int u^2 K(u) \, du \qquad (11.20)$$

b) $$\mathrm{Var}_f(f_n(t)) = \frac{f(t)}{nh_n} \int K^2(u)\, du + o\left(\frac{1}{nh_n}\right) \tag{11.21}$$

Der Beweis ist analog zu dem Beweis von Satz 11.2.9 und Proposition 11.2.11 und benutzt eine Taylorentwicklung. Unter stärkeren Regularitätsannahmen erhält man verbesserte Raten.

Proposition 11.2.14 (verbesserte Konvergenzraten)
Sei $f \in C_b^{(4)}$, $\int u^i K(u)\, du = 0$, $1 \le i \le 3$, *und* $\int u^4 |K(u)|\, du < \infty$. *Dann gilt:*

a) $$E_f f_n(t) - f(t) = \frac{1}{4} h_n^4 f^{(4)}(t) \int K(u) u^4\, du + o(h_n^4) \tag{11.22}$$

b) $$E_f \left(f_n(t) - f(t)\right)^2 = \frac{f(t)}{nh_n} \int K^2(v)\, dv + \frac{1}{4} h_n^4 \left(f''(t)\right)^2 \left(\int K(u) u^2\, du\right)$$
$$+ o\left(\frac{1}{nh_n} + h_n^4\right) \tag{11.23}$$

Bemerkung 11.2.15
1) Ein Beispiel für einen Kern K *mit obigen Regularitätsvoraussetzungen ist*

$$K(u) = \frac{3}{2}\left(1 - \frac{u^2}{3}\right) e^{-\frac{1}{2} u^2}.$$

Wegen $\int u^2 K(u)\, du = 0$ *kann kein positiver Kern die Bedingungen erfüllen.*

2) Die Entwicklung in Proposition 11.2.14 b) gilt auch, falls $\int u^2 K(u)\, du \ne 0$.

Eine optimale Konvergenzrate von $E_f(f_n(t) - f(t))^2$ *ergibt sich durch die Wahl von* h_n, *so dass die ersten beiden Fehlerterme gleich sind. Dann ist* $h_n = \frac{M^*}{n^{1/5}} = h_n^*$ *und es folgt*

$$E_f(f_n(t) - f(t))^2 = 2^{3/5} \left(f(t) \int K^2(v)\, dv\right)^{4/5} \left(f''(t) \int K(v) v^2\, dv\right)^{2/5} n^{-4/5}. \tag{11.24}$$

Die Skalierung M^* *hängt von den unbekannten Größen* $f(t)$, $f''(t)$ *ab und muss aus den Beobachtungen geschätzt werden. Durch Normierung von* K *so, dass* $\int K(v) v^2\, dv = 1$ *ergibt sich dann das Problem (P) der optimalen Wahl vom Kern* K:

$$(P) \qquad \begin{cases} \int K^2(v)\, dv & = \min! \\ \int K(v)\, dv & = 1 \\ K(v) & = K(-v) \\ \int v^2 K(v)\, dv & = 1 \end{cases}$$

Mit Lagrange'schen Multiplikatoren erhält man als Lösung von (P):

$$K(v) = \frac{3}{4\sqrt{5}}\left(1 - \frac{v^2}{5}\right) 1_{[-\sqrt{5},\sqrt{5}]}(v). \tag{11.25}$$

Der Gaußkern $K_0(v) = \frac{1}{\sqrt{2\pi}}e^{-\frac{v^2}{2}}$ ist jedoch fast genauso gut. Es gilt:

$$\frac{\int K_0^2(v)\,dv}{\int K^2(v)\,dv} = 1{,}051.$$

Für Kerndichteschätzer gilt auch der zentrale Grenzwertsatz. Sei

$$H_n(a,t) := \left| P_f\left(\frac{f_n(t) - E_f f_n(t)}{\sqrt{V_f(f_n(t))}} \le a\right) - \Phi(a)\right|.$$

Für f stetig gilt nach Satz 11.2.8:

$$E_f f_n(t) \sim f(t) \quad \text{und} \quad \text{Var}_f(f_n(t)) \sim \frac{1}{nh_n}f(t)\int K^2(v)\,dv. \tag{11.26}$$

Satz 11.2.16 (Zentraler Grenzwertsatz für Kerndichteschätzer)
Sei K beschränkt, $uK(u) \to 0$, $|u| \to \infty$, sei $\int |K(u)|^{2+\delta}du < \infty$ für ein $\delta > 0$. Sei weiter f stetig und $nh_n \to \infty$. Dann gilt:

a) $\lim H_n(a,t) = 0, \quad \forall a \in \mathbb{R}^1, \forall t \in \mathbb{R}^1$

b) *Ist $f(t) > 0, \int |K(u)|^3\,du < \infty$ dann gilt:*

$$\sup_a H_n(a,t) \le \frac{c}{(nh_n f(t))^{\frac{1}{2}}} \frac{\int |K(u)|^3\,du}{(\int K^2(u)\,du)^{-\frac{3}{2}}} \tag{11.27}$$

Beweis:

a) $f_n(t) = \frac{1}{n}\sum_{k=1}^n V_n(X_k)$, mit $V_n(X_k) = \frac{1}{h_n}K\left(\frac{t-X_k}{h_n}\right)$, ist eine Summe von iid Zufallsvariablen $X_{n,k} = V_n(X_k)$.

Mit $V_n = \sum_{k=1}^n X_{n,k}$ ist die Lyapunov-Bedingung hinreichend für den zentralen Grenzwertsatz, d.h. $\exists \delta > 0$ so dass

$$A_n(\delta) = \frac{E_f|V_n - E_f V_n|^{2+\delta}}{n^{\delta/2}(\text{Var}_f(V_n))^{\frac{2+\delta}{2}}} \to 0.$$

Mit dem Kern $|K(u)|^{2+\delta}$ gilt aber

$$E_f|V_n|^{2+\delta} = \int \left|\frac{1}{h_n}K\left(\frac{t-u}{h_n}\right)\right|^{2+\delta} f(u)\,du$$

$$\sim \frac{1}{h_n^{1+\delta}}f(t)\int |K(u)|^{2+\delta}\,du.$$

Also ist

$$A_n(\delta) \approx \frac{h_n^{1+\delta} E_f |V_n - E_f V_n|^{2+\delta}}{(nh_n)^{\frac{\delta}{2}} h_n^{1+\frac{\delta}{2}} (\mathrm{Var}_f(V_n))^{\frac{2+\delta}{2}}}.$$

Für $r > 0$ gilt $E|X + Y|^r \le 2^r (E|X|^r + E|Y|^r)$ und daher

$$E_f |V_n - E_f V_n|^{2+\delta} \le 2^{2+\delta}(E_f|V_n|^{2+\delta} + |E_f V_n|^{2+\delta})$$
$$\le \frac{c}{h_n^{1+\delta}} \quad \text{für } n \ge n_0.$$

Daraus folgt

$$A_n(\delta) \le \frac{K}{(nh_n)^{\frac{\delta}{2}}} \to 0 \text{ mit einer Konstanten } K = K_f < \infty.$$

Der zentrale Grenzwertsatz folgt also nach dem Satz von Lyapunov.

b) Folgt durch Anwendung der Berry-Esseen-Schranke in obigem Beweis.

Kapitel 12

Statistik für Zählprozesse und Martingalmethode

Die Anzahl eintretender Ereignisse eines bestimmten Typs bis zur Zeit t definiert einen Zählprozess auf der positiven reellen Achse. Solche Zählprozesse beschreiben eine Vielzahl relevanter statistischer Modelle, z.B. für Ausfallereignisse (defaults) in Medizin, Biometrie und Finanzmathematik, für konkurrierende Risiken, für zensierte Daten und viele andere. Ziel dieses Abschnittes ist eine Einführung in die statistische Analyse solcher zeitstetigen Prozesse.

Dieses Vorhaben erfordert zunächst eine Einführung in einige Grundbegriffe der zeitstetigen Prozesse (Semimartingal, Kompensator, Intensität u.Ä.). Für Zählprozesse ist hierfür typischerweise ein leicht nachvollziehbares intuitives Verständnis möglich. Eine grundlegende Methode zur Konstruktion und Analyse von Schätzverfahren und Testverfahren ist die **Martingalmethode**. Das Grundprinzip besteht darin, einen Schätzprozess so zu wählen, dass der zugehörige Fehlerprozess ein Martingal bildet. Mit Hilfe von Martingaltheorie ergeben sich asymptotische Eigenschaften solcher Martingalschätzer. Analoges gilt für die Konstruktion und Eigenschaften von Teststatistiken.

Die Entwicklung der Statistik für Zählprozesse mit der Martingalmethode begann wesentlich mit Aalen (1976). Sein Modell der multiplikativen Intensitäten umfasst eine große Fülle von relevanten Anwendungen zur statistischen Analyse von zeitstetigen oder diskreten Ereignisdaten. Wichtige Beispiele hierzu stammen aus der Survivalanalyse mit zensierten Daten, aus Regressionsmodellen mit Kovariablen, aus Markovschen Übergangsmodellen zur Analyse von zeitlichen Einflusseffekten auf Krankheitsverläufe und viele andere. Nach einer Einführung einiger dieser Modelle und der nichtparametrischen Schätzmethode der Martingalschätzer behandeln wir als wichtige Beispiele den Nelson-Aalen-Schätzer für die kumulierte Hazard-Rate bzw. für die integrierte Intensität, den Kaplan-Meier-Schätzer für die Verteilungsfunktion und den Aalen-Johansen-Schätzer für die Übergangsrate von Markovprozessen. Insbesondere geben wir eine Anwendung auf zensierte Daten. Im

Anschluss behandeln wir die grundlegenden Konsistenz- und asymptotischen Verteilungsaussagen in Kapitel 12.3. In dem grundlegenden Cox-Regressionsmodell mit Kovariablen bestimmen wir den Cox partial Likelihood-Schätzer für die Kovariablengewichte und den Martingalschätzer für die Basisintensität. Eine ausführliche Darstellung mit einer großen Fülle von Anwendungen zu dieser Theorie findet sich in Andersen et al. (1993).

Kapitel 12.4 ist der Anwendung von Martingalmethoden auf die Konstruktion verteilungsfreier Tests gewidmet. Wir behandeln eine auf Khmaladze (1982) zurückgehende Methode, den Martingalanteil aus der Doob-Meyer-Zerlegung vom empirischen Prozess mit geschätzten Parametern zur Grundlage der Konstruktion von verteilungsfreien Tests zu nehmen.

12.1 Zählprozesse auf $\mathbb{R}_+$

Sei $(\tau_n)_{n \in \mathbb{N}}$ ein **Punktprozess** auf $\mathbb{R}_+$, d.h. $0 < \tau_1 < \tau_2 < \dots$ ist eine wachsende Folge von Zufallsvariablen auf $\mathbb{R}_+$. Dann bestimmen die bedingten Verteilungsfunktionen

$$F_n(t) = P(\tau_n \leq t \mid \tau_0, \dots, \tau_{n-1}), \quad n \in \mathbb{N}$$

die Verteilung von (τ_n) eindeutig. Typischerweise sei $\tau_0 = 0$ und $\tau_n \uparrow \infty$ oder $\tau_n \uparrow T$. Der zugehörige **Zählprozess**

$$N_t := \sum_{n \geq 1} 1_{\{\tau_n \leq t\}}$$

zählt die Anzahl der Ereignisse bis zur Zeit t.

$(N_t, \mathcal{B}_t)$ mit $\mathcal{B}_t = \sigma(\{\tau_i \wedge t; \ i \in \mathbb{N}\})$ ist ein Sub-Martingal und hat eine eindeutige Zerlegung

$$N = A + M$$

in einem wachsenden, vorhersehbaren Prozess A mit $A_0 := 0$ und ein Martingal M (**Doob-Meyer-Zerlegung**). A heißt auch **Kompensator** oder **kumulativer bedingter Hazard** von N. dA_t ist die bedingte Wahrscheinlichkeit für ein Ereignis in $(t, t+dt)$ bedingt unter der Vergangenheit $(0, t)$ (ohne t) und ist induktiv gegeben durch

$$A_t = A_t^{n-1} + \int_{\tau_{n-1}}^{t} \frac{dF_n(s)}{1 - F_n(s-)}, \quad \tau_{n-1} \leq t < \tau_n. \tag{12.1}$$

Ist z.B. N ein **Poissonprozess** mit Parameter λ, dann ist $N_t \sim \mathcal{P}(\lambda t)$ und die Doob-Meyer-Zerlegung ist

$$N_t = \lambda t + (N_t - \lambda t) = A_t + M_t$$

mit dem Kompensator $A_t = \lambda t$ und dem Martingal $M_t = N_t - \lambda t$. In diesem Fall ist

$$\begin{aligned}
F_n(t) &= P(\tau_n \le t \mid \tau_0, \ldots, \tau_{n-1}) \\
&= P(\tau_n \le t \mid \tau_{n-1}) \\
&= \int_{\tau_{n-1}}^{t} e^{-\lambda(s - \tau_{n-1})} \, ds = \int_0^{t - \tau_{n-1}} e^{-\lambda s} \, ds = 1 - \frac{1}{\lambda} e^{-\lambda(t - \tau_{n-1})}
\end{aligned}$$

und daher ist

$$A_t = A_t^{n-1} + \int_{\tau_{n-1}}^{t} \frac{dF_n(s)}{1 - F_n(s-)} = A_t^{n-1} + \lambda(t - \tau_{n-1}), \quad \tau_{n-1} \le t < \tau_n.$$

Dies impliziert $A_t^{n-1} = \lambda\tau_{n-1}$ und daher $A_t = \lambda t$.

Ist $M \in \mathcal{M}^2$ (bzw. $\mathcal{M}_{\mathrm{loc}}^2$) ein (lokal) quadratintegrierbares Martingal, dann hat M^2 eine vorhersehbare Zerlegung in ein lokales Martingal und einen vorhersehbaren Prozess $A \in \mathcal{V}$

$$M^2 - A \in \mathcal{M}_{\mathrm{loc}}$$

($\sim$ Doob-Meyer-Zerlegung von M^2) und $A =: \langle M \rangle$ heißt **vorhersehbare quadratische Variation** von M. Ähnlich gilt für $M_i, M_j \in \mathcal{M}^2(\mathcal{M}_{\mathrm{loc}}^2)$, $1 \le i, j \le k$:
Es gibt einen eindeutigen vorhersehbaren Prozess $\langle M_i, M_j \rangle$ mit

$$M_i M_j - \langle M_i, M_j \rangle \in \mathcal{M}_{\mathrm{loc}} \tag{12.2}$$

die **vorhersehbare Kovariation** von M_i, M_j. Ist $\langle M_i, M_j \rangle = 0$, dann heißen M_i, M_j **orthogonal**.

Gibt es mehrere unterschiedliche Ereignisse vom Typ $1, \ldots, k$, so sei $N_i(t) = N_t^i = \#$ Ereignisse vom Typ i bis zur Zeit t. $N = (N_1, \ldots, N_k)$ heißt dann **k-dimensionaler Zählprozess** (oder auch **markierter Zählprozess** mit den Marken $1, \ldots, k$).

Sind $M_i \in \mathcal{M}_{\mathrm{loc}}^2$ die Martingale aus der Doob-Zerlegung der N_i, dann gilt

$$\langle M_i \rangle = \int (1 - \Delta A_i) \, dA_i, \quad \text{mit } (\Delta A)_s = A_s - A_{s-}, \quad und$$

$$\langle M_i, M_j \rangle = - \int \Delta A_i \, dA_j \quad \text{für } i \ne j. \tag{12.3}$$

Beweis:
Mit $M = M_i$ gilt mittels partieller Integration $M_t^2 = 2 \int_0^t M_{s-} \, dM_s + \sum_{s \le t} (\Delta M_s)^2$. Wegen $(\Delta N)^2 = \Delta N$ folgt

$$M_t^2 = \int_0^t (2M_{s-} + 1 - 2\Delta A_s) \, dM_s + \int_0^t (1 - \Delta A_s) \, dA_s. \tag{12.4}$$

Der erste Term dieser Zerlegung ist ein Martingal, der zweite ein wachsender vorhersehbarer Prozess. Die Zerlegung ist also die Doob-Meyer-Zerlegung und es folgt die Behauptung für die vorhersehbare Variation Das Argument für $\langle M_i, M_j \rangle$ ist analog.   □

Wir treffen im Folgenden die

Annahme: $N_i(0) = 0$, $1 \leq i \leq k$, $EN_i(t) < \infty$, $\forall t > 0$ und A_i sind absolut stetig monoton wachsend mit

$$A_i(t) = \int_0^t \Lambda_i(s)\, ds. \tag{12.5}$$

Λ_i sind càdlàg und $(\mathcal{B}_t)$ adaptierte Prozesse. $\Lambda = (\Lambda_1, \ldots, \Lambda_k)$ heißt **Intensität** des Zählprozesses N.

Unter obiger Annahme ist

$$\lim_{h \downarrow 0} \frac{1}{h} P(N_i(t+h) - N_i(t) = 1 \mid \mathcal{B}_t) = \lim_{h \downarrow 0} \frac{1}{h} E(N_i(t+h) - N_i(t) \mid \mathcal{B}_t)$$

$$= \lim_{h \downarrow 0} \frac{1}{h} E\left(\int_t^{t+h} \Lambda_i(s)\, ds \mid \mathcal{B}_t \right)$$

$$= E\left(\lim_{h \downarrow 0} \frac{1}{h} \int_t^{t+h} \Lambda_i(s)\, ds \mid \mathcal{B}_t \right)$$

$$= E(\Lambda_i(t) \mid \mathcal{B}_t) = \Lambda_i(t).$$

Die Existenz von Intensitäten bedeutet nach der Definition der Kompensatoren A_i, dass die bedingten Verteilungsfunktionen F_n Dichten besitzen.

Existieren Intensitäten wie nach obiger Annahme, dann gilt:

$$\langle M_i \rangle_t = \int_0^t dA_i = A_i(t) = \int_0^t \Lambda_i(s)\, ds \quad \text{und}$$
$$\langle M_i, M_j \rangle_t = \delta_{ij} A_i(t).$$

Die Martingale M_i, M_j sind also orthogonal für $i \neq j$. Eine geeignete lokalisierende Folge (τ_n) für die Punktprozesse ist so zu wählen, dass $\tau_n \uparrow \infty$ und $E \sum_{i=1}^k N_i(\tau_n) < \infty$, $n \in \mathbb{N}$. Im Intervall $[0, \tau_n]$ liegen also im Mittel nur endlich viele Punkte.

Beispiel 12.1.1

a) **Erneuerungsprozess:**

Sei (τ_n) ein Erneuerungsprozess, d.h. $(\tau_n - \tau_{n-1})$ ist eine iid Folge mit $\tau_n - \tau_{n-1} \sim F$. Die Wartezeiten $\tau_n - \tau_{n-1}$ sind unabhängig und nach F verteilt. Hat F eine Dichte f, dann gilt nach obiger Konstruktion des Kompensators

$$A_t = - \sum \ln(1 - F(t - \tau_n)) 1_{(\tau_n, \tau_{n+1})}(t). \tag{12.6}$$

b) **Competing risk model:**

Es gebe k (konkurrierende) Arten von Risiken (z.B. Krankheitsrisiken). $N_i(t)$ sei die Anzahl der Ereignisse (z.B. Sterbefälle in einer Studie) verursacht durch Risiko (Krankheit) i. Sei $Y(t) = \#$ Individuen, die zur Zeit t unter Risiko stehen und $\alpha_i(t)$ die durch Krankheit i verursachte Sterberate.

Dann ist

$$\Lambda_i(t) = \alpha_i(t)Y(t) \tag{12.7}$$

die Intensität von N_i. Y ist eine beobachtete Basisintensität und $\alpha_i(t)$ ein unbekannter Parameter. Ziel einer statistischen Analyse ist es $\alpha_i(t)$ zu ermitteln, $1 \leq i \leq k$. Ein Modell der Form (12.7) heißt Modell mit **multiplikativer Intensität**.

c) **Geburts- und Todesprozess:**
   Seien N_1, N_2 Zählprozesse; N_1 zählt die Anzahl der Geburten, N_2 die Anzahl der Sterbefälle. Ist $Y(t)$ die (beobachtbare) Anzahl der zur Zeit t lebenden Individuen, dann ist ein Modell für den Geburts- und Todesprozess gegeben durch das Modell mit multiplikativen Intensitäten

$$\Lambda_i(t) = \alpha_i(t)Y(t), \quad i = 1, 2.$$

$\alpha_1(t)$ ist die Geburtsrate, $\alpha_2(t)$ die Todesrate.

d) **Epidemiologischer Prozess:**
   Sei $N(t)$ die Anzahl der Infektionen in einer Population bis zur Zeit t. Seien $I(t)$, $S(t)$ die Anzahl der Infizierten bzw. Suszeptiblen zur Zeit t. Dann ist folgendes multiplikative Intensitäts-Modell ein Standardmodell für N:

$$\Lambda(t) = \alpha(t)I(t)S(t).$$

Mit der Basisintensität $Y(t) = I(t)S(t)$ und der Infektionsrate $\alpha(t)$ haben wir ein Modell mit multiplikativen Intensitäten. Auch andere Funktionen $Y(t) = h(I(t), S(t))$ kommen in Anwendungen vor.

Definition 12.1.2 (Modell mit multiplikativen Intensitäten)
Ein Zählprozessmodell $N = (N_1, \ldots, N_k)$ mit Intensitäten Λ_i der Form

$$\Lambda_i(t) = \alpha_i(t)Y_i(t), \quad 1 \leq i \leq k$$

*heißt **Modell mit multiplikativen Intensitäten**. Die $Y_i(t)$ sind (beobachtete) Basisintensitäten, $\alpha_i(t)$ sind (unbekannte) Modellparameter.*

12.2 Martingalschätzer

In einem Zählprozessmodell mit multiplikativen Intensitäten $\Lambda_i(t) = \Lambda_i(t, \alpha_i) = \alpha_i(t)Y_i(t) \geq 0$, $1 \leq i \leq k$, $\alpha = (\alpha_i) \in A$ betrachten wir Schätzprobleme für Funktionale $\beta(t, \alpha)$ von α. Das Grundprinzip der **Martingalschätzmethode** ist es, einen Schätzprozess $\widehat{\beta}_t$ (in t) so zu bestimmen, dass der Fehlerprozess $\widehat{\beta}_t - \beta(t, \alpha)$ ein Martingal bildet. Diese Methode impliziert die Wahl der schätzbaren Funktionale. Nach der Doob-Meyer-Zerlegung sind die Basismartingale (Innovationsprozesse) von der Form

$$M_i(t) = N_i(t) - \int_0^t \Lambda_i(s)\,ds, \quad 1 \leq i \leq k. \tag{12.8}$$

Jedes $\mathcal{A}^N$-Martingal M^* lässt sich nach einem Vollständigkeitssatz (siehe Aalen (1976)) schreiben in der Form

$$M_t^* = M_0^* + \sum_{i=1}^{k} \int_0^t \lambda_i(s)\, dM_i(s) \tag{12.9}$$

mit vorhersehbaren Integranden λ_i.

Definition 12.2.1 (Martingalschätzer)
Für $\alpha \in A$ und vorhersehbaren Prozess $\lambda = (\lambda_i)$ mit $\sum_{i=1}^{k} \int_0^t |\lambda_i(s)|\Lambda_i(s,\alpha_i)\, ds < \infty$ heißt

$$\widehat{\beta}_i(t) = \int_0^t \lambda_i(s) J_i(s) Y_i^{-1}(s)\, dN_i(s), \quad 1 \le i \le k, \tag{12.10}$$

*mit $J_i(s) = 1_{\{Y_i(s)>0\}}$ **Martingalschätzer** für den Prozess*

$$\overline{\beta}_i(t) = \int_0^t \lambda_i(s)\alpha_i(s)J_i(s)\, ds = \overline{\beta}_i(t,\alpha_i).$$

$\widehat{\beta}_i(t)$ kann man als Schätzer für den Erwartungswert von $\overline{\beta}_i(t)$ auffassen, d.h. für $E_\alpha \overline{\beta}_i(t)$, der Index α_i bezeichnet dabei den unbekannten Faktor der Intensität.

Proposition 12.2.2
Für $\alpha \in A$ gilt:

$$E_\alpha \widehat{\beta}_i(t) = E_\alpha \overline{\beta}_i(t)$$

$$E_\alpha(\widehat{\beta}_i(t) - \overline{\beta}_i(t))^2 = \int_0^t E_\alpha(\lambda_i(s))^2 J_i(s)\alpha_i(s)\, ds, \tag{12.11}$$

und weiter gilt für $i \ne j$

$$E_\alpha(\widehat{\beta}_i(t) - \overline{\beta}_i(t))(\widehat{\beta}_j(t) - \overline{\beta}_j(t)) = 0.$$

Beweis: Die obigen Formeln folgen aus der Martingaleigenschaft der Prozesse $\widehat{\beta}_i(t) - \overline{\beta}_i(t)$, $(\widehat{\beta}_i(t) - \overline{\beta}_i(t))^2 - \langle \widehat{\beta}_i - \overline{\beta}_i \rangle_t$ und $(\widehat{\beta}_i(t) - \overline{\beta}_i(t))(\widehat{\beta}_j(t) - \overline{\beta}_j(t))$.   □

Der Faktor $J_i(s) = 1_{\{Y_i(s)>0\}}$ im obigen Schätzfunktional lässt sich beim Schätzen nicht vermeiden.

Beispiel 12.2.3 (Nelson-Aalen-Schätzer)
Als Beispiel betrachten wir die **integrierte Intensität**

$$\overline{\beta}_i(t) := \int_0^t \alpha_i(s)J_i(s)\, ds.$$

Das Problem, die integrierte Intensität $\overline{\beta}_i$ zu schätzen, ist von obiger Form. Der zugehörige Martingalschätzer ist

$$\widehat{\beta}_i(t) := \int_0^t \frac{J_i(s)}{Y_i(s)}\, dN_i(s).$$

Der Fehlerprozess ist gegeben durch

$$\widehat{\beta}_i(t) - \overline{\beta}_i(t) = \int_0^t \frac{J_i(s)}{Y_i(s)} \, dM_i(s), \tag{12.12}$$

$(\widehat{\beta}_i - \overline{\beta}_i)_{1 \le i \le k}$ sind orthogonale L^2-Martingale, wenn $E \int_0^t \frac{J_i(s)}{Y_i^2(s)} \alpha_i(s) \, ds < \infty$, $\forall t$.

$\widehat{\beta}_i(t)$ ist ein erwartungstreuer Schätzer für

$$E_\alpha \overline{\beta}_i(t) = \int_0^t \alpha_i(s) E J_i(s) \, ds.$$

Es gilt weiter für den quadratischen Fehler

$$E_\alpha(\widehat{\beta}_i(t) - \overline{\beta}_i(t))^2 = \int_0^t \alpha_i(s) E \frac{J_i(s)}{Y_i(s)} \, ds.$$

$\widehat{\beta}$ heißt **Nelson-Aalen-Schätzer** für die kumulative Ausfallrate nach einer Arbeit von Nelson (1969) für den Spezialfall von k iid Beobachtungen und der Arbeit von Aalen (1976) für den allgemeinen Punktprozessfall.

Wir werden später sehen, dass sich die Konsistenz und asymptotische Normalität dieser Schätzer aus der Martingaltheorie einfach erhalten lassen.

Wir behandeln nun einige konkrete Beispielklassen.

Beispiel 12.2.4 (Nelson-Aalen-Schätzer für die kumulierte Hazard-Rate)
Sei $X_1, \ldots, X_k$ eine iid Folge $X_i \ge 0$ mit absolut stetiger Verteilungsfunktion F mit Dichte f. X_i repräsentieren etwa Überlebenszeiten oder Behandlungszeiten.

$$\lambda(t) = \frac{f(t)}{1 - F(t)} \text{ heißt } \textbf{Hazard-Rate} \text{ von } F.$$

Die Zählprozesse
$$N_i(t) = 1_{[0,t]}(X_i), \quad 0 \le t$$

beschreiben die Entwicklung der zeitlichen Information über die X_i bzgl. $\mathcal{B}_t = \sigma(N_i(s), 1 \le i \le k, s \le t)$. $N = (N_1, \ldots, N_k)$ ist dann ein multivariater Zählprozess mit multiplikativer Intensität

$$\lambda_i(t) = \alpha_i(t) Y_i(t)$$

mit $\alpha_i(t) = \alpha(t) = \lambda(t) = \frac{f(t)}{1-F(t)}$ die Hazard-Rate von F (unabhängig von i) und der Basisintensität $Y_i(t) = 1_{[t,\infty)}(X_i)$ die beschreibt, ob Individuum i zur Zeit t noch unter Risiko steht.

$M_i(t) = N_i(t) - \int_0^t \lambda(u) Y_i(u) \, du$, $1 \le i \le k$ sind orthogonale L^2-Martingale. Für das Schätzen der kumulativen Hazard-Rate betrachten wir den einfachen kumulativen Zählprozess

$$\overline{N}(t) = \sum_{i=1}^k N_i(t) = \sum_{i=1}^k 1_{[0,t]}(X_i).$$

Die Doob-Meyer-Zerlegung von $\overline{N}(t)$ ist dann gegeben durch

$$\overline{N}(t) = \int_0^t \lambda(u) \sum_{i=1}^k 1_{[u,\infty]}(X_i)\, du + \sum_{i=1}^k M_i(t)$$

$$= \int_0^t \lambda(u)(k - \overline{N}(u-))\, du + \sum_{i=1}^k M_i(t). \qquad (12.13)$$

Die Intensität von $\overline{N}$ hat die Form

$$\overline{\lambda}(t) = \alpha(t)\overline{Y}(t) = \lambda(t)(k - \overline{N}(t-)).$$

Dabei ist $\overline{N}(t)$ die Anzahl der Ausfälle (Ereignisse) in $[0, t]$ und $\overline{Y}(t) = k - \overline{N}(t-)$ die Anzahl der Individuen unter Risiko zur Zeit t.

Es ist

$$J(t) = 1_{\{\overline{Y}(t)>0\}} = 1_{\{\overline{N}(t-)<k\}} = 1_{[t,\infty)}(X_{(k)}),$$

$X_{(k)}$ die k-te Ordnungsstatistik. Der Martingalschätzer für die kumulative Ausfallrate $\overline{\beta}(t) = \int_0^t \lambda(u)J(u)\, du$ ist der **Nelson-Aalen-Schätzer**

$$\widehat{\beta}(t) = \int_0^t \frac{J(s)}{\overline{Y}(s)} d\overline{N}(s)$$

$$= \int_0^t \frac{1_{[t,\infty)}(X_{(k)})}{k - \overline{N}(s-)} d\overline{N}(s)$$

$$= \sum_{j=1}^{\overline{N}(t)} \frac{1}{k - j + 1}. \qquad (12.14)$$

Aus den Aussagen in Kapitel 12.3 folgt:

$$\widehat{\beta}(t) \text{ ist ein konsistenter Schätzer für } \overline{\beta}(t) \text{ für } k \to \infty$$

und $\widehat{\beta}(t)$ ist asymptotisch normalverteilt.

Die Verteilungsfunktion F hat eine Darstellung über die Hazard-Rate λ gegeben durch

$$F(t) = 1 - \exp\left(-\int_0^t \lambda(u)\, du\right).$$

Einen natürlichen Schätzer für F erhält man durch Einsetzen des Nelson-Aalen-Schätzers für die integrierte Hazard-Rate in obige Formel, d.h.

$$\widehat{F}(t) = 1 - \exp(-\widehat{\beta}(t)) = 1 - \exp\left(-\int_0^t \frac{J(s)}{\overline{Y}(s)} d\overline{N}(s)\right).$$

Unter Vernachlässigung von $J(s)$ löst $\overline{F}(t)$ formal die Differentialgleichung

$$d\widehat{F}(t) = (1 - \widehat{F}(t))\overline{Y}(t)^{-1} d\overline{N}(t).$$

Diese hat die Lösung

$$\widehat{F}(t) = 1 - \prod_{s \leq t} \left(1 - \frac{\Delta \overline{N}(s)}{k - \overline{N}(s-)} \right). \tag{12.15}$$

$\widehat{F}(t)$ heißt **Kaplan-Meier-Schätzer** für F.

Die Faktoren $1 - \frac{\Delta \overline{N}(s)}{n - \overline{N}(s-)}$ sind interpretierbar als Schätzer für die Wahrscheinlichkeit eines von $k - \overline{N}(s-)$ sich zur Zeit s unter Risiko befindlichen Individuen zu überleben.

Beispiel 12.2.5 (Übergangsrate von Markovprozessen, Aalen-Johansen-Schätzer) Seien $X^k = (X_s^k(t))$, $1 \leq k \leq n$, n unabhängige identisch verteilte homogene Markovprozesse in stetiger Zeit mit Werten in einem endlichen Zustandsraum S, und infinitesimalem Erzeuger $A = (a(i,j))$. Das heißt

$$E_i \frac{f(X_t) - f(i)}{t} \xrightarrow[t \downarrow 0]{} Af(i) = \sum_j a(i,j) f(j)$$

und speziell für $f = 1_{\{j\}}$ folgt

$$\frac{P_i(X_t = j) - \delta_{ij}}{t} \xrightarrow[t \downarrow 0]{} a(i,j), \quad i, j \in S.$$

Die $a(i,j)$ beschreiben also lokale Übergangsraten von i nach j. Ziel ist die Schätzung dieser Übergangsraten $a(i,j)$.

Der Zählprozess

$$N_t(i,j) := \sum_{k=1}^n \sum_{s \leq t} 1_{\{X_{s-}^k = i, X_s^k = j\}}$$

zählt die Gesamtzahl der Übergänge von $i \to j$ in $[0,t]$. Sei $\overline{Y}_t(i) := \sum_{k=1}^n 1_{\{X_{t-}^k = i\}}$ die Anzahl der Prozesse im Zustand i zur Zeit $t-$ und $\mathcal{H}_t = \bigvee_{k=1}^n \sigma_t(X^k)$ die Filtration bis zur Zeit t. Dann hat N bzgl. P_A (d.h. mit Erzeuger A) und Filtration $\mathcal{H}$ die **multiplikative Intensität**

$$\lambda_t(i,j) = a(i,j) \overline{Y}_t(i).$$

Die Martingale

$$M_t(i,j) := N_t(i,j) - a(i,j) \int_0^t \overline{Y}_s(i) ds$$

sind L^2-Martingale und sind orthogonal für $(i,j) \neq (i',j')$.

Ein Martingalschätzer für die kumulierte Übergangsfunktion

$$\Lambda_t(i,j) = a(i,j) \int_0^t \overline{J}_s(i) \, ds$$

mit $\overline{J}_s(i) = 1_{\{\overline{Y}_s(i) > 0\}}$ ist

$$\widehat{\Lambda}_t(i,j) = \int_0^t \overline{Y}_s(i)^{-1} \overline{J}_s(i)\, dN_s(i,j).$$

Als Schätzer für die Übergangsrate $a(i,j)$ zur Zeit t ergibt sich daraus der **Aalen-Johansen-Schätzer**

$$\widehat{a}_t(i,j) = \int_0^t \overline{Y}_s^{-1}(i) \overline{J}_s(i)\, dN_s(i,j) \Big/ \int_0^t \overline{J}_s(i)\, ds. \qquad (12.15\text{-}1)$$

Für $n \to \infty$, d.h. für gegen ∞ wachsende Intensität, erhalten wir aus den Aussagen in Kapitel 12.3 dessen Konsistenz und asymptotische Normalität.

Eine intuitiv naheliegende Alternative zu dem Schätzer $\widehat{\Lambda}_t(i,j)$ ist der Martingalschätzer $N_t(i,j)$, der Anzahl der Übergänge von i nach j. Dieser führt zu dem Schätzer

$$\widehat{a}^*(i,j) = \frac{N_t(i,j)}{\int_0^t \overline{Y}_s(i)\, ds} \qquad (12.15\text{-}2)$$

für die Übergangsrate $a(i,j)$. $\widehat{a}^*(i,j)$ ist die Anzahl der Übergänge von $i \to j$ geteilt durch die Besetzungszeit von Zustand i. Im Unterschied zu dem natürlichen Schätzer $\widehat{a}^*$ ist aber der Martingalschätzer $\widehat{a}_t$ auch anwendbar für zeitabhängige (inhomogene) Erzeuger $a_t(i,j)$.

Beispiel 12.2.6 (Cox-Regressionsmodell (proportional Hazard-Modell))
Das Cox-Regressionsmodell ist ein Modell für Überlebensdaten mit Kovariablen. Seien $T_1, \ldots, T_K \geq 0$ unabhängige Überlebenszeiten von K Individuen. T_k habe eine Hazard-Rate der Form

$$h_k(t) = h(t)e^{\langle \beta, Z_k(t)\rangle}, \quad 1 \leq k \leq K.$$

Dabei sind $Z_k(t) = Z_t(k)$ beobachtbare, vorhersehbare Kovariablenvektoren die auch zeitunabhängig sein können, $Z_t(k) = Z(k)$. β ist ein unbekannter parametrischer Regressionsparameter. h ist eine unbekannte baseline hazard, ein typischerweise ∞-dimensionaler Parameter.

β ist ein Parameter von Interesse. Ziel ist es, den Cox-Regressionsparameter β zu schätzen. β bestimmt, auf welche Weise die Kovariablen die Lebensdauern beeinflussen. Dieses Modell geht zurück auf Cox (1972). Es gehört zu den erfolgreichsten und meist zitierten Modellen der Statistik.

Die Likelihoodfunktion des Coxschen Modells ist gegeben durch

$$L(\beta, h) = \prod_{k=1}^K \left[h(T_k)e^{\langle \beta, Z_{T_k}(k)\rangle} \exp\left(-\int_0^{T_k} h(t)e^{\langle \beta, Z_t(k)\rangle}\, dt \right) \right] \qquad (12.16)$$

Die Vorgehensweise zur Bestimmung eines Schätzers $\widehat{\beta}$ für β ist es, die Likelihoodfunktion in zwei Terme zu faktorisieren. Der erste Term $C(\beta)$ – der Cox partial

Likelihood – hängt nur von β ab, der zweite Faktor hängt von h und (schwach) von β ab. Im ersten Schritt wird basierend auf der partial Likelihoodfunktion $C(\beta)$ ein Schätzer für β ermittelt. Danach wird eine Schätzung für h aus dem zweiten Faktor, mit geschätztem β, mittels eines Martingalschätzers bestimmt.

Sei

$$\lambda_t(\beta, k) := e^{\langle \beta, Z_t(k) \rangle} 1_{[t, \infty)}(T_k)$$

und

$$\overline{\lambda}_t(\beta) := \sum_{k=1}^{K} \lambda_t(\beta, k),$$

dann ist

$$L(\beta, h) = C(\beta) \left[\prod_{k=1}^{K} \overline{\lambda}_{T_k}(\beta) h(T_k) \right] e^{- \int_0^\infty \overline{\lambda}_s(\beta) h(s)\, ds}$$

mit der **Cox partial Likelihood**

$$C(\beta) = \prod_{k=1}^{K} \frac{\lambda_{T_k}(\beta, k)}{\overline{\lambda}_{T_k}(\beta)}$$
$$= \prod_{k=1}^{K} \frac{e^{\langle \beta, Z_{T_k}(k) \rangle}}{\sum_{j \in R_k} e^{\langle \beta, Z_{T_k}(j) \rangle}}. \tag{12.17}$$

Dabei ist $R_k = \{j : T_j \geq T_k\}$ die Menge der zum Zeitpunkt T_k lebenden Individuen. Die Idee ist, dass die Cox partial Likelihood $C(\beta)$ die wesentliche Information über β enthält. Der Maximum partial Likelihood-Schätzer

$$\widehat{\beta} := \arg\max C(\beta) \tag{12.18}$$

über den Parameterbereich von β heißt **Cox-Schätzer** von β.

Im zweiten Schritt wird die integrierte Hazard $H_t := \int_0^t h(s)\, ds$ geschätzt durch

$$\widehat{H}_t := \sum_{T_i \leq t} \left(\sum_{j \in R_i} e^{\langle \widehat{\beta}, Z_{T_i}(j) \rangle} \right)^{-1}. \tag{12.19}$$

$\widehat{H}$ hat eine Interpretation als Martingalschätzer. Sei $\mathcal{H}_t = \bigvee_{k=1}^{K} \sigma_t(N^k)$, dann hat der Zählprozess $N_t(k) = 1_{[t, \infty)}(T_k)$ bzgl. $\mathcal{H}_t$ die Intensität $h(t)\lambda_t(\beta, k)$. Also hat $\overline{N} = \sum_{k=1}^{K} N(k)$ die Intensität $h(t)\overline{\lambda}_t(\beta)$. Ist β bekannt, dann ist ein Martingalschätzer von H gegeben durch

$$\widehat{H}_t^* = \int_0^t \overline{\lambda}_s^{-1} d\overline{N}_s = \widehat{H}_t^*(\beta).$$

Ersetzt man in $\widehat{H}_t^*$ den Parameter β durch $\widehat{\beta}$, dann geht $\widehat{H}_t^*$ über in den Schätzer $\widehat{H}$

$$\widehat{H}_t^*(\widehat{\beta}) = \widehat{H}_t.$$

Der zweite Faktor der Likelihood $L(\beta, h)$,

$$\exp\left[\sum_k \ln \overline{\lambda}_{T_k}(\beta)h(T_k) - \int_0^\infty \overline{\lambda}_s(\beta)h(s)\,ds\right]$$

$$= \exp\left[\int_0^\infty \ln(\overline{\lambda}_s h(s))\,d\overline{N}_s - \int_0^\infty \overline{\lambda}_s(\beta)\,dH(s)\right],$$

ist bis auf den Faktor e^t die Likelihoodfunktion von $\overline{N}$. Die partial Likelihood $C(\beta)$ ist also der Quotient der Likelihood von $N = (N(1), \dots, N(K))$ und der des kumulativen Prozesses $\overline{N}$.

In Verallgemeinerung des Cox-Regressionsmodells sei $N = (N(k))$ ein multivariater Zählprozess mit Intensität

$$\lambda(\alpha, \beta, k) = \alpha_t e^{\langle \beta, Z_t(k) \rangle} Y_t(k), \tag{12.20}$$

Dabei seien $Z_t(k) \in \mathbb{R}^p$, $Y_t(k) \in \{0,1\}$ vorhersehbar bzgl. $\mathcal{H}$, $\mathcal{H}_t = \bigvee \sigma_t(N(k))$. Das zugrunde liegende Wahrscheinlichkeitsmaß sei $P = P_{\alpha,\beta}$. Die Beobachtungen seien gegeben durch $(N_t(k), Z_t(k), Y_t(k))$. Dabei ist $Y_t(k)$ eine baseline Intensität, α ein Intensitätsparameter und $Z_t(k)$ ein Kovariablenprozess. Der Cox-Regressionsparameter β bestimmt die Änderung der Intensität durch die Kovariablen. Ziel ist das Schätzen von α, β. Ist α bekannt, dann ist $\lambda_t(k) = e^{\langle \beta, Z_t(k) \rangle} Y_t(k)$ ein multiplikatives Intensitätsmodell.

Die Cox partial log-Likelihood für β ist

$$C(\beta) = \sum_{k=1}^K \int_0^t \langle \beta, Z_s(k) \rangle\, dN_s(k) - \int_0^1 \ln\left(\sum_{j=1}^K Y_s(j)e^{\langle \beta, Z_s(j) \rangle}\right) d\overline{N}_s.$$

Sei $\widehat{\beta}$ pseudo ML-Schätzer von β und $B_t(\alpha)$ die integrierte α-Intensität (mit $\beta \to \widehat{\beta}$)

$$B_t(\alpha) = \int_0^t \alpha_s 1_{\{\sum Y_s(j)e^{\langle \widehat{\beta}, Z_s(j) \rangle} > 0\}}\, ds.$$

Dann ist wie im ersten Teil mit $\beta \to \widehat{\beta}$

$$\widehat{B}_t = \int_0^t \left(\sum_{j=1}^K Y_s(j)e^{\langle \widehat{\beta}, Z_s(j) \rangle}\right)^{-1} d\overline{N}_s \tag{12.21}$$

Martingalschätzer für $B_t(\alpha)$.

Beispiel 12.2.7 (zensierte Daten)
In medizinischen Verlaufsstudien ist das Problem zensierter Daten typisch. Seien $X_i \geq 0$, $1 \leq i \leq n$ unabhängige identisch verteilte Zufallsvariablen (Lebenszeiten) mit Verteilungsfunktion F. Zu zufälligen Zensierungszeiten Y_i scheidet Individuum i aus der Studie aus, so dass nur die zensierten Variablen.

$$Z_i = \min\{X_i, Y_i\} \quad \text{und} \quad \delta_i = 1_{\{X_i \leq Y_i\}}$$

beobachtet werden. Ist $\delta_i = 0$, dann ist die i-te Beobachtung zensiert, ist $\delta_i = 1$, dann ist die i-te Beobachtung unzensiert. Ziel ist es, basierend auf den zensierten Beobachtungen Z_i die Verteilungsfunktion F oder ein Funktional von F zu schätzen. Die Zensierungszeiten Y_i haben eine (möglicherweise unbekannte) Verteilungsfunktion G. Sie sind aber nicht als unabhängig von X_i vorausgesetzt.

Sei

$$N_t = \sum_{j=1}^{n} 1_{\{Z_j \leq t, \delta_j = 1\}}$$

der Zählprozess der unzensierten Daten. Dann hat N die Intensität

$$\Lambda(t) = \lambda(t) Y(t)$$

mit $\lambda(t) = \frac{f(t)}{1 - F(t)}$ die Hazard-Rate von F und $Y(t) = \sum_{j=1}^{n} 1_{\{Z_j \geq t\}}$ die Anzahl der Individuen, die zur Zeit t noch unter Risiko sind. Wie in Beispiel 12.2.4 ergibt sich, dass der Nelson-Aalen-Schätzer

$$\widehat{\beta}(t) = \int_0^t \frac{J(s)}{Y(s)} \, dN_s, \quad J(s) = 1_{\{Y(s) > 0\}} \tag{12.22}$$

Martingalschätzer für die kumulative Ausfallrate $\overline{\beta}(t) = \int_0^t \lambda(u) J(u) \, du$ ist und der Kaplan-Meier-Schätzer

$$\widehat{F}(t) = 1 - \prod_{s \leq t} \left(1 - \frac{\Delta N_s}{Y(s)} \right) \tag{12.23}$$

Martingalschätzer der Verteilungsfunktion F ist. Im Fall unzensierter Daten, $\delta_j = 1$, $1 \leq j \leq n$ ist $\widehat{F}(t)$ identisch mit der empirischen Verteilungsfunktion. Der Kaplan-Meier-Schätzer $\widehat{F}(t)$ ist eine Subverteilungsfunktion. Sie gibt positive Masse an die unzensierten Beobachtungen

$$\frac{\Delta \widehat{F}(t)}{1 - \widehat{F}(t-)} = \frac{\#\{j : Z_j = t, \delta_j = 1\}}{\#\{j : Z_j \geq t\}}.$$

Im Vergleich zur empirischen Verteilungsfunktion ist die Normierungsgröße nicht konstant sondern gleich der Anzahl der zur Zeit t noch unter Risiko stehenden Individuen.

12.3 Konsistenz und asymptotische Normalität von Martingalschätzern

Martingalschätzer sind nach Proposition 12.2.2 erwartungstreu und ihre Varianz lässt sich explizit bestimmen. In diesem Abschnitt behandeln wir einige Konsistenzeigenschaften dieser Schätzer und ihre asymptotische Normalität. Diese Eigenschaften erlauben es, approximative Konfidenzintervalle für die Schätzfunktionale anzugeben.

Ein wichtiges Hilfsmittel für Konsistenzaussagen ist die Lenglart-Ungleichung. Für die im Folgenden behandelten Prozesse $X = (X_t)$ stellen wir stets die üblichen Voraussetzungen: $(X_t, \mathcal{H}_t)$ ist adaptiert an die rechtsseitig stetige, vollständige Filtration $(\mathcal{H}_t)$ und X ist ein càdlàg-Prozess.

Satz 12.3.1 (Lenglart-Ungleichung)

Seien $(X_t, \mathcal{H}_t)$, $(Y_t, \mathcal{H}_t)$ nichtnegative càdlàg-Prozesse, sei $Y \uparrow$ und $Y_0 = 0$. Für alle endlichen Stoppzeiten τ bzgl. $\mathcal{H}$ gelte

$$EX_\tau \leq EY_\tau \qquad \text{'}Y \text{ dominiert } X\text{'},$$

dann gilt $\forall \varepsilon, \eta > 0$ und alle endlichen Stoppzeiten τ

$$P(\sup_{s \leq \tau} X_s \geq \varepsilon) \leq \frac{\eta}{\varepsilon} + P(Y_\tau \geq \eta) \tag{12.24}$$

Beweis: Für $X_t^* := \sup_{s \leq t} X_s$ gilt

$$P(X_\tau^* \geq \varepsilon) \leq P(X_\tau^* \geq \varepsilon, Y_\tau < \eta) + P(Y_\tau \geq \eta).$$

Sei $S := \inf\{t;\ Y_t \geq \eta\}$; da Y ein wachsender Prozess ist, gilt

$$1_{\{Y_\tau < \eta\}} X_\tau^* \leq X_{\tau \wedge S}^*.$$

Zu zeigen bleibt für jede endliche Stoppzeit τ

$$\varepsilon P(X_\tau^* \geq \varepsilon) \leq EY_\tau.$$

Mit τ ersetzt durch $\tau \wedge S$ folgt dann die Behauptung. Sei für $n \in \mathbb{N}$,

$$R_n := \tau \wedge \inf\{s \leq n;\ X_s \geq \varepsilon\} \wedge n,$$

dann folgt aus der Dominiertheit von X durch Y und der Monotonie von Y

$$\begin{aligned} EY_\tau &\geq EY_{R_n} \geq EX_{R_n} \\ &\geq \varepsilon P(X_{R_n} \geq \varepsilon) \\ &= \varepsilon P(X_{\tau \wedge n}^* \geq \varepsilon). \end{aligned}$$

Für $n \to \infty$ folgt hieraus die Behauptung.   □

Bemerkung 12.3.2

Die zentrale Dominiertheitsbedingung ist insbesondere erfüllt für L^2-Martingale M in der Form, dass (M_t^2) dominiert ist durch den Prozess $\langle M \rangle_t$ der vorhersehbaren quadratischen Variation.

Wir geben eine Anwendung auf eine Konsistenzaussage für Martingalschätzer in Zählprozess-Modellen mit multiplikativer Intensität. Wir betrachten eine Folge von Zählprozessmodellen mit wachsender Folge von Intensitäten auf $[0, T]$.

In den Beispielen in Kapitel 12.2 erhält man wachsende Intensitäten z.B. durch Erhöhung der Anzahl der Beobachtungen.

Seien N^n multivariate Zählprozesse auf $[0, T]$ mit Intensitäten der Form

$$\lambda_i^n(t) = h_i^n(t, \alpha) Y_i^n(t) \tag{12.25}$$

bezüglich $(P_\alpha, \mathcal{H}^n)$, $\alpha \in A$.

Die Basisintensitäten $Y_i^n(t)$ werden beobachtet, $\alpha \in A$ ist ein Modellparameter, der zur multiplikativen Intensität mit dem Faktor $h_i^n(t, \alpha)$, einem vorhersehbaren Prozess, beiträgt (vgl. Definition 12.1.2). Wir betrachten zu schätzende Funktionale $\overline{\beta}_i^n$ der Form

$$\overline{\beta}_i^n(t) := \int_0^t \lambda_i^n(s) h_i^n(s, \alpha) J_i^n(s) \, ds = \overline{\beta}_i^n(t, \alpha) \tag{12.26}$$

mit vorhersehbaren quadrat-integrierbaren Integranden λ_i^n und $J_i^n(s) = 1_{\{Y_i^n(s) > 0\}}$. Der Martingalschätzer für $\beta_i^n(t, \alpha)$ hat die Form

$$\widehat{\beta}_i^n(t) := \int_0^t \lambda_i^n(s) (Y_i^n(s))^{-1} J_i^n(s) \, dN_i^n(s). \tag{12.27}$$

Satz 12.3.3 (L^2-Konsistenz von Martingalschätzern)
Im multiplikativen Intensitätsmodell (12.25) gelte:

$$E_\alpha \int_0^T \left(\frac{\lambda_i^n(s)}{Y_i^n(s)} \right)^2 J_i^n(s) \, dN_i^n(s) \to 0, \quad \forall \alpha \in A, 1 \leq i \leq k.$$

Dann sind die Martingalschätzer $\widehat{\beta}_i^n$ gleichmäßig konsistent für $\overline{\beta}_i^n$ im quadratischen Mittel, d.h.

$$E_\alpha \sup_{t \leq T} \left(\widehat{\beta}_i^n(t) - \overline{\beta}_i^n(t) \right)^2 \to 0, \quad \forall \alpha \in A. \tag{12.28}$$

Beweis: Nach Proposition 12.2.2 sind $(\overline{\beta}_i^n(t) - \beta_i^n(t, \alpha))$ L^2-Martingale bzgl. P_α. Nach der Doobschen Maximalungleichung für L^2-Martingale gilt

$$E_\alpha \sup_{t \leq T} \left(\widehat{\beta}_i^n(t) - \beta_i^n(t, \alpha) \right)^2 \leq 4 E_\alpha \left(\widehat{\beta}_i^n(t) - \overline{\beta}_i^n(t) \right)^2$$

$$= 4 E_\alpha \langle \widehat{\beta}_i^n - \overline{\beta}_i^n \rangle_T$$

$$= 4 E_\alpha \int_0^T (\lambda_i^n(s))^2 J_i^n(s) (Y_i^n(s))^{-1} h_i^n(s, \alpha) \, ds$$

$$= 4 E_\alpha \int_0^T \left(\frac{\lambda_i^n(s)}{Y_i^n(s)} \right)^2 J_i^n(s) \, dN_i^n(s) \to 0. \qquad \square$$

Bemerkung 12.3.4 (stochastische und L^p-Konsistenz)

a) *Es gibt eine Reihe von Varianten zu obiger L^2-Konsistenzaussage. Die Lenglart-Ungleichung impliziert ohne L^2-Integrierbarkeitsannahme eine gleichmäßige stochastische Konsistenzaussage*

$$\sup_{s \leq T} |\widehat{\beta}_i^n(s) - \overline{\beta}_i^n(s)| \xrightarrow[P_\alpha]{} 0 \qquad (12.29)$$

unter der Bedingung, dass

$$\langle \widehat{\beta}_i^n - \overline{\beta}_i^n \rangle_T \xrightarrow[P_\alpha]{} 0;$$

$\xrightarrow[P_\alpha]{}$ *bedeutet stochastische Konvergenz.*

Hinreichend ist also, dass

$$\int_0^T (\lambda_i^n(s))^2 J_i^n(s)(Y_i^n(s))^{-1} h_i^n(s, \alpha) \, ds \xrightarrow[P_\alpha]{} 0.$$

b) *Mit Hilfe der Burkholder-Davis-Gundy-Ungleichung kann die gleichmäßige L^2-Konvergenzaussage in Satz 12.3.3 auf gleichmäßige L^p-Konvergenz, $p > 1$ verallgemeinert werden.*

Burkholder-Davis-Gundy-Ungleichung: *Für $p > 1$ existieren Konstanten $c_p, C_p > 0$ so dass für jedes Martingal M gilt:*

$$c_p E[M]_t^{p/2} \leq E \sup_{s \leq t} |M_s|^p \leq C_p E[M]_t^{p/2}, \qquad (12.30)$$

$[M]$ *die quadratische Variation von M.*

Zentraler Grenzwertsatz

Ein grundlegendes Resultat aus der Martingaltheorie behandelt die Frage, unter welchen Bedingungen eine Folge (M^n) von Martingalen auf $[0, T]$ in Verteilung gegen ein Gaußsches Martingal M mit Erwartungswert 0 konvergiert, $M_n \xrightarrow{\mathcal{D}} M$. Gaußsche Martingale haben unabhängige normalverteilte Zuwächse und sind daher durch die Varianzfunktion $V(t) = EM_t^2 = E\langle M \rangle_t$ eindeutig bestimmt. Für die Konvergenz gegen ein Gaußsches Martingal werden zwei Bedingungen benötigt, eine Bedingung über die Konvergenz der Varianzen (oder Variation) und eine Lindeberg-Bedingung über die asymptotische Vernachlässigbarkeit der Sprünge.

Satz 12.3.5 (Verteilungskonvergenz von Martingalen)

Sei (M^n) eine Folge von L^2-Martingalen auf $[0, T]$ und $V : [0, T] \to \mathbb{R}_+$, $\uparrow$, stetig mit $V(0) = 0$. Es gelten:

A1) $\langle M^n \rangle_t \xrightarrow{\mathcal{D}} V_t, \quad \forall t \in [0, T]$

A2) $\exists c_n \downarrow 0$, so dass $P(\sup_{t \leq T} |\Delta M_t^n| \leq c_n) \to 1$, $\forall t \in [0, T]$.

   Dann existiert ein stetiges Gaußsches Martingal M mit $\langle M \rangle_t = V_t$, $\forall t$, so dass

$$M_n \xrightarrow{\mathcal{D}} M \ \text{in} \ D[0, T].$$

Beweis:

a) Im ersten Schritt zeigen wir die Straffheit von (M^n) in $D[0, T]$. Für jede Stoppzeit τ ist der Prozess $X_t^n = (M_{\tau+t}^n - M_\tau^n)^2$ dominiert durch $Y_t^n = \langle M^n \rangle_{\tau+t} - \langle M^n \rangle_\tau$.

   Daher folgt nach der Lenglart-Ungleichung: $\forall \varepsilon, \delta, \eta > 0$ gilt

$$P(\sup_{\tau \leq s \leq \tau+\delta} |M_s^n - M_\tau^n| \geq \varepsilon) \leq \frac{\eta}{\varepsilon^2} + P(\langle M^n \rangle_{\tau+\delta} - \langle M^n \rangle_\tau > \eta).$$

   Nach dem Aldous-Kriterium für Straffheit (vgl. Jacod und Shiryaev (2003)) folgt daraus, dass Straffheit von $(\langle M^n \rangle)$ die Straffheit von (M^n) impliziert. Aber Straffheit von $(\langle M^n \rangle)$ ist eine Konsequenz von Bedingung A1).

b) Für den Beweis müssen wir zeigen, dass jeder Häufungspunkt $\overline{M}$ von (M^n) ein Gaußsches Martingal mit Varianzfunktion V ist, d.h. $\overline{M}$ und $\overline{M}^2 - V$ sind Martingale. Laut Annahme sind $\overline{M}$ und $\overline{M}^2 - V$ Grenzwerte der Verteilungen von Teilfolgen $M_{n'}$ bzw. $M_{n'}^2 - \langle M_{n'} \rangle$ von L^2- bzw. L^1-beschränkten Martingalen. Dieses impliziert die obige Martingaleigenschaft. $\square$

Bemerkung 12.3.6

a) Es gibt allgemeinere Versionen des funktionalen Grenzwertsatzes (siehe Jacod und Shiryaev (2003)) für Semimartingale und lokale Martingale. Die Sprungbedingung A2) kann z.B. durch die Lindeberg-Bedingung

$$E \sum_{t \leq T} (\Delta M_t^n)^2 1_{\{|\Delta M_t^n| \geq \varepsilon\}} \to 0$$

ersetzt werden. In dieser Form stammt der zentrale Grenzwertsatz 12.3.5 von Rebolledo (1980).

b) Der zentrale Grenzwertsatz in Satz 12.3.5 lässt sich analog auf orthogonale mehrdimensionale Folgen $(M_1^n, \ldots, M_k^n)$ von Martingalen übertragen. Der Limes-Gaußprozess hat dann unabhängige Komponenten. Der Beweis folgt mit Hilfe von Cramér-Wold.

   Im multiplikativen Intensitätsmodell wie in Satz 12.3.3 mit den Martingalschätzern $\widehat{\beta}_i^n$ für $\overline{\beta}_i^n(t, \alpha)$ impliziert Satz 12.3.5 als Folgerung einen funktionalen zentralen Grenzwertsatz für die Martingalschätzer $\widehat{\beta}_i^n$.

Satz 12.3.7 (Zentraler GWS für Martingalschätzer)
Seien für $\alpha \in A$ und $i \leq k$, λ_i^n quadratintegrierbare Integranden und sei $b_n \uparrow \infty$ so dass:

a) $M^n := \sqrt{b}_n(\widehat{\beta}_i^n - \overline{\beta}_i^n(\cdot, \alpha))$ *erfüllt Bedingung A2)*

b) *$\forall \alpha \in A$ existiere eine wachsende Funktion $V_t^i = V_t^i(\alpha)$ so dass für alle t, i*

$$b_n \int_0^t \left(\frac{\lambda_i^n(s)}{Y_i^n(s)}\right)^2 J_i^n(s) h_i^n(s, \alpha) Y_i^n(s)\, ds \xrightarrow{\mathcal{D}} V_t^i(\alpha).$$

Dann existiert ein Gaußsches Martingal $M = M(\alpha)$ auf $D[0, T]^k$ so dass

$$\langle M_i(\alpha), M_j(\alpha)\rangle = \delta_{i,j} V^i(\alpha)$$

und

$$b_n^{1/2}(\widehat{\beta}^n - \overline{\beta}^n(\cdot, \alpha)) \xrightarrow{\mathcal{D}} M(\alpha) \text{ in } D[0, T]^k.$$

In den meisten der Anwendungen in Beispiel 12.2.4 waren (N_i^j, Λ_i^j), $1 \le j \le n$, iid Kopien eines Zählprozesses (N_i, Λ_i) mit stochastischer Intensität

$$\Lambda_i(t) = \alpha_i(t) Y_i(t) = \Lambda_i(t, \alpha_i)$$

bzgl. Filtrationen $\mathcal{H}^i$ und P_α. Der kumulative Zählprozess $N_i^n = \sum_{j=1}^n N_i^j$ hat dann die multiplikative Intensität $\alpha_i(t) Y_i^n(t)$ bzgl. $\mathcal{H}_i^n = \bigvee_{j=1}^n \mathcal{H}_j^i$ mit $Y_i^n = \sum_{j=1}^n \Lambda_i^j$. Die Intensitäten von N_i^n konvergieren gegen ∞ und erlauben die Anwendung der Konsistenz- und Verteilungskonvergenzaussagen in den Sätzen 12.3.3 und 12.3.5 für Martingalschätzer für die aufintegrierten deterministischen Intensitäten α_i.

Satz 12.3.8 (Konsistenz und asymptotische Normalität der Martingal-schätzer in iid Modellen)

a) **Konsistenz:** *Seien $\widehat{\beta}_i^n(t) = \int_0^t J_i^n(s)(Y_i^n(s))^{-1}\, dN_i^n(s)$ die Martingalschätzer für $\overline{\beta}_i^n(t, \alpha) = \int_0^t \alpha_i(s)(E_\alpha J_i^n(s))\, ds$. Dann gilt:*

$$E_\alpha \sup_{t \le T} \left(\widehat{\beta}_i^n(t) - \overline{\beta}_i^n(t)\right)^2 \to 0.$$

b) **Asymptotische Normalität:** *Ist $\int_0^T E_\alpha(Y_i(s))^{-1} J_i^n(s)\, ds < \infty$, dann konvergiert $\sqrt{n}(\widehat{\beta}^n - \overline{\beta}(\alpha))$ bzgl. P_α in Verteilung auf $D[0, T]^k$ gegen ein k-dimensionales Gaußsches Martingal $M(\alpha)$ mit*

$$\langle M_i(\alpha), M_j(\alpha)\rangle_t = \delta_{ij} \int_0^t E_\alpha(Y_i(s))^{-1} J_i(s)\alpha_i(s)\, ds, \quad J_i(s) = 1_{\{E_\alpha Y_i(s) > 0\}}.$$

Beweis:

a) Nach Satz 12.3.3 ist zu zeigen, dass

$$E_\alpha \int_0^T \alpha_i(s)(Y_i^n(s))^{-1} J_i^n(s)\, ds \to 0.$$

Nach dem Gesetz großer Zahlen folgt aber $Y_i^n(s)^{-1} J_i^n(s) \to 0$ auf der Menge $\{J_i(s) = 1\}$, d.h. $E_\alpha Y_i(s) > 0$. Daraus folgt die Behauptung.

b) Wir verifizieren die Bedingungen von Satz 12.3.7. Die Sprünge von $M^n = \sqrt{n}(\widehat{\beta}_i^n - \overline{\beta}_i^n(\cdot, \alpha))$ sind von der Ordnung $(Y_i^n)^{-1} \sim n^{-1}$. Daher gilt Bedingung A2) mit $c_n = n^{-1/4}$.

Für Bedingung b) gilt nach dem Gesetz großer Zahlen und nach Voraussetzung

$$n \int_0^t (Y_i^n(s))^{-2} \Lambda_i(s)\, ds \longrightarrow \int_0^t E_\alpha(Y_i(s))^{-1} 1_{\{E_\alpha Y_i(s) > 0\}} \alpha(s)\, ds.$$

Es verbleibt zu zeigen, dass

$$\sqrt{n} \sup_{t \leq T} |\overline{\beta}_i^n(t, \alpha) - \overline{\beta}_i(t, \alpha)| \xrightarrow[P_\alpha]{} 0.$$

Die linke Seite der Konvergenzaussage ist identisch mit

$$\sqrt{n} \sup_{s \leq T} \left| \int_0^t \alpha_i(s)(J_i^n(s) - J_i(s))\, ds \right| = \sqrt{n} \int_0^T \alpha_i(s) J_i(s) 1_{\{Y_i^n(s) = 0\}}\, ds.$$

Daraus folgt aber

$$E_\alpha\left(\sqrt{n} \sup_{t \leq T} |\overline{\beta}_i^n(t, \alpha) - \overline{\beta}_i(t, \alpha)| \right) = \int_0^T \alpha_i(s) J_i(s) \sqrt{n}(P_\alpha(Y_i(s) = 0))^n\, ds \to 0$$

nach dem Satz über majorisierte Konvergenz. □

Bemerkung 12.3.9
Zur Anwendung von Satz 12.3.8 auf die Konstruktion von Konfidenzbereichen benötigt man Schätzer für die Limesvarianz $C_i(t, \alpha) = \int_0^t E_\alpha(Y_i(s))^{-1} J_i(s) \alpha_i(s)\, ds$. Hierzu ist der Martingalschätzer

$$\widehat{C}_i(t, \alpha) = n \int_0^t (Y_i^n(s))^{-2} 1_{\{Y_i^n(s) > 0\}}\, dN_i^n(s)$$

geeignet.

12.4 Verteilungsfreie Teststatistiken für Anpassungstests

Sei $X_1, \ldots, X_n$ eine iid Folge reeller Zufallsvariablen mit stetiger Verteilungsfunktion F. Sei $\mathcal{F} = \{F(\cdot, \vartheta);\ \vartheta \sim \Theta\}$ eine Hypothesenklasse von Verteilungsfunktionen. Das Anpassungstestproblem (goodness of fit problem) besteht darin zu testen, ob die Verteilungsfunktion F in $\mathcal{F}$ liegt. Kernproblem ist es, eine unter der Hypothese $\mathcal{F}$ asymptotisch verteilungsfreie Teststatistik zu konstruieren, die es erlaubt, die Hypothese zu identifizieren. Im Fall einer einfachen Hypothese gelingt eine solche Konstruktion mit dem Kolmogorov-Smirnov-Test oder dem Cramér-von-Mises-Test (vgl. Kapitel 4.3).

Sei

$$\widehat{F}_n(x) = \frac{1}{n} \sum_{i=1}^{n} 1_{(-\infty, x]}(X_i)$$

die empirische Verteilungsfunktion und

$$V_n^{\vartheta}(x) = \sqrt{n}(\widehat{F}_n(x) - F(x, \vartheta))$$

der empirische Prozess (unter P_ϑ). Ist $\widehat{\vartheta}_n = \widehat{\vartheta}_n(X_1, \ldots, X_n)$ eine konsistente Schätz-folge für ϑ, dann ist es naheliegend,

$$V_n^{\widehat{\vartheta}}(x) = \sqrt{n}(\widehat{F}_n(x) - F(x, \widehat{\vartheta}_n))$$

als 'Statistik' für das Anpassungstestproblem zu betrachten. Die asymptotische Verteilung von $V_n^{\widehat{\vartheta}}$ ist jedoch von ϑ abhängig und kann daher nicht direkt zur Konstruktion einer asymptotisch verteilungsfreien Teststatistik verwendet werden.

Ist die Hypothese einelementig $\mathcal{F} = \{F\}$, dann ist mit der Transformation $U_i = F(X_i)$, $U_i \sim U(0,1)$ der Übergang zur **uniformen empirischen Vertei-lungsfunktion**

$$F_n(t) = \frac{1}{n} \sum_{i=1}^{n} 1_{[0,t]}(U_i), \quad 0 \leq t \leq 1$$

und dem **uniformen empirischen Prozess**

$$V_n(t) = \sqrt{n}(F_n(t) - t), \quad 0 \leq t \leq 1 \tag{12.31}$$

nahegelegt und es lassen sich asymptotisch verteilungsfreie Teststatistiken, wie z.B. der Kolmogorov-Smirnov-Test oder der Cramér-von-Mises-Test, konstruieren. Deren Verteilungseigenschaften basieren auf der Konvergenz von V_n gegen eine **Brownsche Brücke** V, d.h. einem Gaußschen Prozess mit Erwartungswert 0 und $\mathrm{Cov}(V(s), V(t)) = \min(s, t) - st$,

$$V_n \xrightarrow{\mathcal{D}} V \quad \text{in } D[0, 1]. \tag{12.32}$$

Von Khmaladze (1982) wurde eine Vorgehensweise für die Konstruktion ei-nes asymptotisch verteilungsfreien Tests im Fall zusammengesetzter Hypothesen entwickelt. Die Teststatistik basiert hierbei auf dem Martingalanteil der empiri-schen Verteilungsfunktion. Diese wird (nach Normierung) als Zählprozess auf der reellen Achse bzw. nach Transformation auf $[0, 1]$ aufgefasst.

Grundlegend ist der folgende Zerlegungssatz (Doob-Meyer-Zerlegung) der uniformen empirischen Verteilungsfunktion $F_n(t)$ bzw. des uniformen empirischen Prozesses V_n. Die zugrunde liegenden Filtrationen sind die natürlichen Filtrationen $\mathcal{A}_t^{F_n} = \mathcal{A}_t^{V_n}$.

Satz 12.4.1 (Doob-Meyer-Zerlegung von F_n, V_n)

a) *Die uniforme empirische Verteilungsfunktion F_n ist ein Submartingal und Mar-kovprozess auf $[0, 1]$.*

b) F_n hat eine Doob-Meyer-Zerlegung der Form

$$F_n(t) = \int_0^t \frac{1 - F_n(s)}{1 - s} \, ds + M_n(t) \qquad (12.33)$$

mit einem Martingalanteil M_n.

c) Der uniforme empirische Prozess V_n hat eine Doob-Meyer-Zerlegung der Form

$$V_n(t) = -\int_0^t \frac{V_n(s)}{1 - s} \, ds + W_n \qquad (12.34)$$

mit Martingalanteil $W_n = \sqrt{n} M_n$.

Beweis:

a) Es gilt

$$F_n(t) = \frac{1}{n} \sum_{i=1}^n 1_{[0,t]}(U_i) = \frac{1}{n} \sum_{i=1}^n 1_{[0,t]}(U_{(i)}),$$

wobei $U_{(1)} \leq \cdots \leq U_{(n)}$ die zugehörigen Ordnungsstatistiken beschreiben. $U_{(i)}$ sind Stoppzeiten bzgl. $(\mathcal{A}_k^{F_n})$, denn

$$\{U_{(i)} \leq t\} = \left\{ F_n(t) \geq \frac{i}{n} \right\} \in \mathcal{A}_t^{F_n}.$$

Da $U_{(1)} \leq \cdots \leq U_{(n)}$ eine Markovkette ist, folgt, dass $(F_n(t))_{0 \leq t \leq 1}$ ein Markovprozess und ein Submartingal ist.

b) Sei $\Delta F_n(t) := F_n(t + \Delta t) - F_n(t)$, $\Delta t > 0$. Dann ist bedingt unter $F_n(t)$ (oder unter $\mathcal{A}_t^{F_n}$)

$$n \Delta F_n(t) \sim \mathcal{B}\left(n(1 - F_n(t)), \frac{\Delta t}{1 - t} \right).$$

Daraus folgt

$$E(\Delta F_n(t) \mid \mathcal{A}_t^{F_n}) = E(\Delta F_n(t) \mid F_n(t)) = \frac{1 - F_n(t)}{1 - t} \Delta t, \quad 0 \leq t < 1. \quad (12.35)$$

Hieraus folgt die Doob-Meyer-Zerlegung von F_n:

$$F_n(t) = \int_0^t \frac{1 - F_n(s)}{1 - s} \, ds + M_n(t)$$

mit einem Martingal M_n.

Zum formalen Beweis definieren wir

$$M_n(t) := F_n(t) - \int_0^t \frac{1 - F_n(s)}{1 - s} \, ds.$$

Dann gilt für $s < t$:

$$E(M_n(t) \mid \mathcal{A}_s^{F_n})$$

$$= E\big(F_n(t) - F_n(s) \mid F_n(s)\big) + F_n(s)$$

$$- \int_0^s \frac{1 - F_n(u)}{1 - u}\, du - \int_s^t E\left(\frac{1 - F_n(u)}{1 - u} \,\Big|\, F_n(s)\right) du.$$

Nach (12.35) erhalten wir

$$E(M_n(t) \mid \mathcal{A}_s^{F_n}) = \frac{1 - F_n(s)}{1 - s}(t - s) + M_n(s) - \frac{1 - F_n(s)}{1 - s}(t - s) = M_n(s),$$

da $E\left(\frac{1 - F_n(u)}{1 - u} \mid F_n(s)\right) = \frac{1 - F_n(s)}{1 - s}$.

c) folgt aus b), da

$$\sqrt{n} \int_0^t \frac{1 - F_n(s)}{1 - s}\, ds - \sqrt{n}t = -\int_0^t \frac{V_n(s)}{1 - s}\, ds. \qquad \square$$

Bemerkung 12.4.2 (Doob-Meyer-Zerlegung der Brownschen Brücke)
Die zu Satz 12.4.1 analoge Doob-Meyer-Zerlegung der Brownschen Brücke $V(t)$ ist gegeben durch

$$V(t) = -\int_0^t \frac{V(s)}{1 - s}\, ds + B(t); \qquad (12.36)$$

der Martingalanteil ist die Brownsche Bewegung $B(t)$. Die Brownsche Brücke hat also eine Darstellung als Diffusionsprozess mit lokalem Drift $-\frac{V(s)}{1-s}$.

Da $V_n \xrightarrow{D} V$ ist es naheliegend zu vermuten, dass der Martingalanteil M_n von V_n gegen den Martingalanteil der Brownschen Brücke, also gegen die Brownsche Bewegung, konvergiert. Dieses Resultat wurde von Khmaladze (1982) für Verteilungskonvergenz in $L^2([0,1])$ gezeigt. Der folgende Beweis für Verteilungskonvergenz in $D[0,1]$ stammt von Aki (1986).

Satz 12.4.3 (Konvergenz von W_n in $D[0,1]$)
Der Martingalanteil W_n des uniformen empirischen Prozesses konvergiert in Verteilung in $D[0,1]$ gegen eine Brownsche Bewegung,

$$W_n \xrightarrow{D} B. \qquad (12.37)$$

Beweis:
Der Beweis von Satz 12.4.3 basiert auf dem zentralen Grenzwertsatz von Rebolledo (siehe Satz 12.3.5 und die anschließende Bemerkung). Nach Satz 12.4.1 ist $nF_n(t)$ ein Zählprozess mit integrierter Intensität $n\Lambda_n(t) = n\int_0^t \frac{1 - F_n(s)}{1 - s}\, ds$, $0 \le t \le 1$. Der Martingalanteil W_n des empirischen Prozesses V_n ist gegeben durch

$$W_n(t) := \sqrt{n}(F_n(t) - \Lambda_n(t)).$$

1) Wir zeigen im ersten Schritt des Beweises, dass W_n ein L^2-Martingal ist mit vorhersehbarer quadratischer Variation

$$\langle W_n \rangle_t = \Lambda_n(t).$$

Zum Nachweis der Quadratintegrierbarkeit beachte, dass

$$|W_n(t)| \leq \sqrt{n}\left(1 + \int_0^1 \frac{1 - F_n(s)}{1 - s}\, ds\right) \leq \sqrt{n}\left(1 - \ln(1 - U_{(n)})\right).$$

Daraus folgt:

$$E(W_n(t))^2 \leq n \int_0^1 (1 - \ln(1 - u))^2 n u^{n-1} du < n^2 \int_0^2 (1 - \ln(1 - u))^2 du < \infty.$$

Die anderen Eigenschaften folgen aus Satz 12.4.1.

2) Im nächsten Schritt zeigen wir die Lindeberg-Bedingung: $\forall \varepsilon > 0$, $t \leq 1$ gilt

$$E\sum_{s \leq t}(\Delta W_n(s))^2 1_{\{|\Delta W_n(s)| > \varepsilon\}} \xrightarrow[n \to \infty]{} 0. \tag{12.38}$$

$W_n(t)$ hat nur Sprünge in $U_{(i)}$ der Höhe $\frac{1}{\sqrt{n}}$. Für $n \geq \frac{1}{\varepsilon^2} + 1$ folgt daher

$$\sum_{s \leq t}(\Delta W_n(s))^2 1_{\{|\Delta W_n(s)| > \varepsilon\}} = 0,$$

so dass Bedingung (12.38) erfüllt ist.

3) Zu zeigen ist: $\langle W_n \rangle_t \xrightarrow{\mathcal{D}} t$, $\forall t \in [0, a]$. Wegen $\langle W_n \rangle_t = \Lambda_n(t)$ ist

$$\langle W_n \rangle_t - t = \int_0^t \frac{s - F_n(s)}{1 - s}\, ds, \quad 0 \leq t \leq 1.$$

Daher gilt:

$$|\langle W_n \rangle_t - t| \leq \sup_{0 \leq s \leq 1} |F_n(s) - s|\left(-\ln(1 - U_{(n)}) + (1 - U_{(n)})\right).$$

Es gilt $1 - U_{(n)} \xrightarrow{P} 0$. Da $n(1 - U_{(n)})$ gegen eine Exponentialverteilung konvergiert, gilt $-\ln(1 - U_{(n)}) = O_p(\ln n)$. Weiter gilt

$$\sqrt{n} \sup_{0 \leq t \leq 1} |F_n(t) - t| \xrightarrow{\mathcal{D}} \sup_{0 \leq t \leq 1} |V(t)|,$$

V eine Brownsche Brücke. Daher folgt $\sup_{0 \leq t \leq 1} |F_n(t) - t| = O_p(n^{-1/2})$ und es folgt

$$|\langle W_n \rangle_t - t| \xrightarrow{P} 0.$$

Damit sind die Bedingungen des Satzes von Rebolledo erfüllt und es folgt die Behauptung. $\qquad\square$

In der folgenden Bemerkung beschreiben wir eine Reihe von Konstruktionsverfahren für asymptotisch verteilungsfreie Tests als Funktionale vom Martingalanteil W_n im Fall einfacher Hypothesen. Analoge Konstruktionen lassen sich dann
auch im Fall zusammengesetzter Hypothesen im folgenden Abschnitt vornehmen.

Bemerkung 12.4.4
a) Sind (X_i) iid mit Verteilungsfunktion F auf $[0,1]$, dann folgt analog für

$$W_n(t) := \sqrt{n}\left(\widehat{F}_n(t) - \int_0^1 \frac{1 - \widehat{F}_n(s)}{1 - F(s)}\, dF(s)\right) \tag{12.39}$$

$$W_n \xrightarrow{\mathcal{D}} B \circ F \text{ in } D[0,1], \; B \text{ eine Brownsche Bewegung.}$$

Dieses ergibt sich mit der Darstellung $X_i = F^{-1}(U_i)$ und damit $W_n(t) = W_n^u \circ F(t)$, W_n^u der Martingalanteil des uniformen empirischen Prozesses.

b) **Lineare Funktionale:**
Sei h stetig differenzierbar auf $[0,1]$ und $T_n(h) = \int_0^1 h(t)\, dW_n(t)$ ein stetiges
lineares Funktional des Martingalanteils W_n des uniformen empirischen Prozesses. $T_n(h)$ ist ein möglicher Kandidat für eine verteilungsfreie Statistik im
Anpassungstest mit einfacher Hypothese. Es gilt:

$$T_n(h) \xrightarrow{\mathcal{D}} N\left(0, \int_0^1 h^2(t)dt\right).$$

Mit leichter Umrechnung ergibt sich

$$T_n(h) = \frac{1}{\sqrt{n}} \sum_{i=1}^n (h(U_i) - H(U_i)) \quad \text{mit } H(t) := \int_0^t \frac{h(s)}{1 - s}\, ds. \tag{12.40}$$

c) **Neyman's smooth test:** Die Teststatistik von Neyman's smooth test ist von
der Form $T_n^N = \frac{1}{n} \sum_{j=1}^k \left(\sum_{i=1}^n \pi_j(U_i)\right)^2$. Dabei sind $\pi_1, \ldots, \pi_k$ orthonormale
Polynome auf $[0,1]$. Mit $p_j^0(t) := \frac{1}{1-t} \int_0^t \pi_j'(s)(1-s)\, ds$ gilt

$$p_j^0(t) - \int_0^t \frac{p_j^0(s)}{1 - s}\, ds = \pi_j(t) - \pi_j(0).$$

Damit gilt nach (12.40) in b)

$$\frac{1}{\sqrt{n}} \sum_{i=1}^n \pi_j(U_i) = \int_0^1 p_j^0(t)\, dW_n(t) + \sqrt{n}\pi_j(0).$$

Als Konsequenz ergibt sich, dass Neyman's smooth test T_n^N eine Darstellung
als Summe von Quadraten von linearen Funktionalen von W_n hat,

$$T_n^N = \sum_{j=1}^k \left[\int_0^1 \frac{1}{1-t}\left(\int_0^t \pi_j'(s)(1-s)ds\right)dW_n(t) + \sqrt{n}\pi_j(0)\right]^2. \tag{12.41}$$

In Konsequenz ergibt sich, dass T_n^N asymptotisch χ^2-verteilt ist.

d) **Supremum Test-Statistik:** In Analogie zum Kolmogorov-Smirnov-Test für das Anpassungstestproblem $F \sim U(0,1)$ betrachten wir die Supremum Test-Statistik:

$$T_n^s = \sqrt{n} \sup_{0 \leq t \leq 1} \left| F_n(t) - \int_0^t \frac{1 - F_n(s)}{1 - s} \, ds \right|.$$

Es gilt:

$$T_n^s \xrightarrow{\mathcal{D}} \sup_{0 \leq t \leq 1} |B(t)|, \tag{12.42}$$

B eine Brownsche Bewegung. Die Verteilungsfunktion G von $\sup_{0 \leq t \leq 1} |B(t)|$ ist

$$G(u) = \frac{4}{\pi} \sum_{k=0}^{\infty} \frac{(-1)^k}{2k + 1} \exp\left(-\frac{\pi^2 (2k + 1)^2}{8n^2} \right).$$

Anpassungstests für zusammengesetzte Hypothesen Für eine zusammengesetzte Hypothese $\Theta \subset \mathbb{R}^k$ mit einer zusammenhängenden Parametermenge in $\mathbb{R}^k$ wurde das Konstruktionsverfahren für asymptotisch verteilungsfreie Statistiken von Khmaladze (1982) verallgemeinert. Die Grundidee ist, dass der Martingalanteil des empirischen Prozesses $V_n^{\widehat{\vartheta}}$ mit geschätzten Parametern wieder gegen eine Brownsche Bewegung konvergiert und daher Funktionale dieses Martingalanteils wie in Bemerkung 12.4.4 zur Konstruktion verteilungsfreier Teststatistiken genutzt werden können.

Wir geben im Folgenden nur eine kurze Beschreibung der Vorgehensweise und verzichten auf die Ausführung der teilweise aufwendigen Beweise und Bedingungen. Für Details verweisen wir auf Khmaladze (1982) und Prakasa Rao (1987).

Sei

$$V_n^{\widehat{\vartheta}}(x) = \sqrt{n}(\widehat{F}_n(x) - F(x, \widehat{\vartheta}_n)) \tag{12.43}$$

der empirische Prozess mit geschätzten Parametern. Mit der Umparametrisierung $t = F(x, \vartheta)$ mit einem fest gewählten Parameter $\vartheta \in \Theta$ erhalten wir die standardisierte Form

$$\begin{aligned}
U_n(t) = V_n^{\widehat{\vartheta}}(x) &= \sqrt{n}(\widehat{F}_n(x) - F(x, \vartheta)) + \sqrt{n}(F(x, \vartheta) - F(x, \widehat{\vartheta}_n)) \\
&= V_n(t) - g(t, \vartheta)^T \sqrt{n}(\widehat{\vartheta}_n - \vartheta) + r_n(t)
\end{aligned}$$

mit $g(t, \vartheta) = \nabla G(t, \vartheta)$, $g(t, \vartheta) = F(F^{-1}(t, \vartheta), \vartheta)$ und einem Restterm r_n, der in $L^2([0,1])$ stochastisch gegen 0 konvergiert. Unter geeigneten Regularitätsannahmen lässt sich zeigen, dass der Martingalanteil $W_n^{\vartheta}(t)$ von $U_n(t)$ von der Form ist

$$W_n^{\vartheta}(t) = \sqrt{n}(F_n(t) - \int_0^1 M(t, \tau, \vartheta) dF_n(\tau)) \tag{12.44}$$

mit der uniformen empirischen Verteilungsfunktion $F_n(t) = \widehat{F}_n(F^{-1}(t, \vartheta))$ und dem Kern

$$M(t, \tau, \vartheta) = \int_0^{t \wedge \tau} \nabla g(s)^T C^{-1}(s) \, ds \nabla g(\tau), \quad C(t) = \int_t^1 \nabla g(u) \nabla g(u)^T \, du.$$

Dabei ist g eine Funktion von $g(t, \vartheta)$ und der Fisher-Informationsmatrix $I(\vartheta)$,

$$g(t) = \Gamma^{-1/2} \begin{pmatrix} t \\ g(t, \vartheta) \end{pmatrix} \quad \text{mit } \Gamma = \begin{pmatrix} 1 & 0 \\ 0 & I(\vartheta) \end{pmatrix}.$$

Unter der Annahme, dass $\widehat{\vartheta}_n$ $\sqrt{n}$-**konsistent** ist, d.h.

$$\sqrt{n}(\widehat{\vartheta}_n - \vartheta) = O_p(1)$$

ist dann das zentrale Resultat, dass

$$W_n(t) = \sqrt{n} \left(F_n(t) - \int_0^1 M(t, \tau, \widehat{\vartheta}_n) \, dF_n(\tau) \right) \tag{12.45}$$

– der Martingalanteil von W_n^ϑ mit geschätztem Parameter – asymptotisch verteilungsfrei ist und

$$W_n \xrightarrow{D} B, \quad B \text{ eine Brownsche Bewegung.}$$

Daher können Funktionale von W_n (wie in Bemerkung 12.4.4) benutzt werden um asymptotisch verteilungsfreie Teststatistiken für das Anpassungstestproblem für die zusammengesetzte Hypothese Θ zu konstruieren. Die Doob-Meyer-Zerlegung aus der Martingaltheorie erlaubt es also auch für Anpassungstests an zusammengesetzte Hypothesen asymptotisch verteilungsfreie Teststatistiken zu konstruieren.

Kapitel 13

Quantile hedging[1]

Im abschließenden Kapitel dieses Buches behandeln wird eine Anwendung der Test-theorie auf die Lösung eines Problems aus der Finanzmathematik. Wir behan-deln eine Variante des hedging-Problems mit dem Ziel, einen Claim mit maximaler Wahrscheinlichkeit erfolgreich zu hedgen. Das hedging-Prinzip ist fundamental für die moderne Finanzmathematik. Um einen Claim (eine Option) zu hedgen (abzu-sichern), ist die Auswahl einer geeigneten hedging-Strategie erforderlich, die zur Anwendung ein bestimmtes Anfangskapital x erfordert. Hat ein Investor aber nur ein kleineres Kapital $x_0 < x$ zum Absichern dieser Position zur Verfügung, so ist es ein naheliegendes Ziel, den Claim unter dieser Restriktion mit möglichst hoher Wahrscheinlichkeit abzusichern. Diese Aufgabe führt auf Optimierungsprobleme, die mit der Testtheorie gelöst werden können. Der Ansatz geht zurück auf Ar-beiten von Föllmer und Leukert (1999, 2000) und ist in vielen weiterführenden Arbeiten modifiziert und erweitert worden. Ziel dieses Kapitels ist es, diese elegan-te Anwendung der Testtheorie auf eine wichtige Thematik der Finanzmathematik in ihren Grundzügen darzustellen.

Wir behandeln zunächst den Fall **vollständiger Märkte**. Sei $X = (X_t)_{0 \le t \le T}$ ein Semimartingal (SMG) auf $(\Omega, \mathcal{A}, P)$ mit Filtration $(\mathcal{A}_t) \subset \mathcal{A}$ und sei $\mathcal{P}$ die Men-ge der zu P äquivalenten Martingalmaße von X, d.h. X ist bzgl. jedem $Q \in \mathcal{P}$ ein Martingal und $Q \sim P$, $\forall Q \in \mathcal{P}$. Die Grundannahme ist, dass $\mathcal{P} \ne \emptyset$.. Nach dem ersten Fundamentalsatz der Preistheorie ist diese Annahme äquivalent dazu, dass das Marktmodell (X, P) arbitragefrei ist. Nach dem zweiten Fundamentaltheorem ist ein Marktmodell genau dann vollständig, d.h. jeder Claim ist perfekt hedgebar, wenn $|\mathcal{P}| = 1$, d.h. es gibt genau ein äquivalentes Martingalmaß $\mathcal{P} = \{P^*\}$. Sei (V_0, ξ) eine selbstfinanzierende Strategie mit Anfangskapital V_0 und mit vorherseh-barem Integranden ξ. (V_0, ξ) ist **zulässig**, wenn der Werteprozess (V_t) nichtnegativ ist,

$$V_t = V_0 + \int_0^t \xi_s \, dX_s \ge 0, \quad 0 \le t \le T.$$

---

[1]Die Anwendung auf hedging-Probleme in diesem Abschnitt erfordert einige Kenntnisse aus der zeitstetigen Finanzmathematik.

Ein **contingent claim** H ist ein Element $H \in \mathcal{L}_+^1(\mathcal{A}_T, P^*)$, $H \geq 0$, z.B. eine europäische Call-Option $H = (X_T - K)_+$. Im vollständigen Modell existiert ein perfekter hedge von H, d.h. es existiert eine vorhersehbare Handelsstragegie ξ^H, so dass

$$E_*(H \mid \mathcal{A}_t) = H_0 + \int_0^t \xi_s^H \, dX_s, \quad 0 \leq t \leq T.$$

H wird durch (H_0, ξ^H) dupliziert,

$$H = H_0 + \int_0^T \xi_s^H \, dX_s,$$

und es gilt für das benötigte Anfangskapital H_0, die fundamentale Preisformel

$$H_0 = E_* H. \tag{13.1}$$

H_0 ist der No-Arbitrage-Preis des Claims H. Diese Preisfestsetzung ist die Grundlage der Black-Scholes-Preistheorie.

Wenn der Investor weniger als das benötigte Anfangskapital H_0 für eine hedge-Strategie zur Verfügung hat – etwa einen Betrag $\overline{V}_0 < H_0$ – dann ist das folgende **Quantile hedging-Problem** eine sinnvolle Variante: Gesucht ist eine zulässige Strategie (V_0, ξ), so dass

$$(P) \qquad P\Big(\underbrace{V_0 + \int_0^T \xi_s \, dX_s}_{=:V_T^\xi} \geq H \Big) = \max_{\substack{(V_0,\xi) \text{ zulässig} \\ V_0 \leq \overline{V}_0}}! \tag{13.2}$$

Zur Lösung des Quantile hedging-Problems (P) betrachten wir folgendes relaxiertes Hilfsproblem $(\widetilde{P})$, das zugehörige statische hedging-Problem:

$$(\widetilde{P}) \qquad \begin{cases} P(A) &= \max_{A \in \mathcal{A}_T}! \\ E_* H 1_A &\leq \overline{V}_0 \end{cases} \tag{13.3}$$

Die statische Erfolgsmenge A in $(\widetilde{P})$ ersetzt die Erfolgsmenge

$$A(\xi) := \{V_T^\xi \geq H\} \quad \text{in Problem } (P).$$

$\widetilde{H} = H 1_A$ heißt knockout-Option zu A.

Proposition 13.1 (Reduktion auf das statische hedging-Problem)

*Sei $\widetilde{A} \in \mathcal{A}_T$ Lösung von $(\widetilde{P})$ und sei $\widetilde{\xi}$ ein perfekter hedge für die **knockout-Option** $\widetilde{H} := H 1_{\widetilde{A}}$, d.h.*

$$E_*(H 1_{\widetilde{A}} \mid \mathcal{A}_t) = E_* H 1_{\widetilde{A}} + \int_0^t \widetilde{\xi}_s \, dX_s, \quad t \leq T.$$

Dann löst $(\overline{V}_0, \widetilde{\xi})$ das Quantile hedging-Problem (P) und die Erfolgsmenge von $(\overline{V}_0, \widetilde{\xi})$ ist $\widetilde{A}$.

Beweis:

1) Sei (V_0, ξ) zulässig und $V_0 \leq \overline{V}_0$, dann ist der zugehörige Werteprozess (V_t^ξ) ein nichtnegatives lokales Martingal bzgl. P^*, also auch ein Supermartingal bzgl. P^*.

Sei $A := \{V_T^\xi \geq H\} = A(\xi)$ die Erfolgsmenge von (V_0, ξ), dann ist

$$V_T^\xi \geq H1_A \quad \text{da } V_T^\xi \geq 0$$

Daraus folgt $\qquad \overline{V}_0 \geq V_0 \geq E_* V_T^\xi, \quad \text{da } (V_t^\xi) \text{ ein Supermartingal ist}$
$$\geq E_* H 1_A$$

d.h. A erfüllt die Bedingung des statischen hedging-Problems $(\widetilde{P})$. Daraus folgt

$$P(A) \leq P(\widetilde{A}),$$

da nach Annahme $\widetilde{A}$ optimal für das statische hedging-Problem $(\widetilde{P})$ ist.

Sei nun $\widetilde{\xi}$ eine perfekte hedging-Strategie für die knockout-Option $\widetilde{H} = H 1_{\widetilde{A}}$. Dann gilt:

2) Jede Strategie $(V_0, \widetilde{\xi})$ mit $E_* H 1_{\widetilde{A}} \leq V_0 \leq \overline{V}_0$ ist optimal für das Quantile hedging-Problem (P).

Zum Nachweis von 2) zeigen wir zunächst die Zulässigkeit von $(V_0, \widetilde{\xi})$. Diese folgt aus der Ungleichungskette

$$V_0 + \int_0^t \widetilde{\xi}_s \, dX_s \geq E_* H 1_{\widetilde{A}} + \int_0^t \widetilde{\xi}_s \, dX_s$$
$$= E_*(H 1_{\widetilde{A}} \mid \mathcal{A}_t) \geq 0.$$

Sei $A := \{V_0 + \int_0^T \widetilde{\xi}_s \, dX_s \geq H\}$ die Erfolgsmenge von $(V_0, \widetilde{\xi})$, dann gilt

$$\widetilde{A} \underset{a)}{\subseteq} \{H 1_{\widetilde{A}} \geq H\} \underset{b)}{\subseteq} A,$$

denn

a) Für $w \in \widetilde{A}$ ist $H(w) 1_{\widetilde{A}}(w) = H(w)$, also $w \in \{H 1_{\widetilde{A}} \geq H\}$.

b) Wegen $V_0 \geq E_* H 1_{\widetilde{A}}$ gilt

$$A \supset \left\{ E_* H 1_{\widetilde{A}} + \int_0^T \widetilde{\xi}_s \, dX_s \geq H \right\}$$

und

$$E_* H 1_{\widetilde{A}} + \int_0^T \widetilde{\xi}_s \, dX_s = E_*(H 1_{\widetilde{A}} \mid \mathcal{A}_T) = H 1_{\widetilde{A}},$$

also $A \supset \{H 1_{\widetilde{A}} \geq H\}$.

Wegen $P(A) \leq P(\widetilde{A})$ folgt aus obigen Inklusionen: $A = \widetilde{A}$ $[P]$. Also ist $\widetilde{A}$ Erfolgsmenge der Strategie $(V_0, \widetilde{\xi})$. Insbesondere ist dann $(\overline{V}_0, \widetilde{\xi})$ optimal für (P).

$\square$

Zur Lösung des statischen hedging-Problems $(\widetilde{P})$ definieren wir das Wahrscheinlichkeitsmaß Q^* durch

$$\frac{dQ^*}{dP^*} := \frac{H}{E_* H} = \frac{H}{H_0}.$$

Damit lässt sich die Nebenbedingung von $(\widetilde{P})$ schreiben in der Form

$$Q^*(A) = \frac{E_* H 1_A}{E_* H} \leq \alpha := \frac{\overline{V}_0}{H_0} \leq 1.$$

Also ist das statische hedging-Problem $(\widetilde{P})$ äquivalent zu dem einfachen Testproblem

$$(\widetilde{\widetilde{P}}) \qquad\qquad \begin{cases} P(A) & = \text{max!}, \\ Q^*(A) \leq & \alpha, \end{cases} \qquad\qquad (13.4)$$

d.h. zur Bestimmung eines besten nichtrandomisierten Tests zum Niveau α für (Q^*, P). Diese Identifikation ist der Schlüssel zur Lösung des statischen hedging-Problems.

Die Lösung erhält man nach dem Neyman-Pearson-Lemma durch

$$A := \left\{ \frac{dP}{dQ^*} > a \right\} = \left\{ \frac{dP}{dP^*} > \overline{a} H \right\} \quad \text{mit } \overline{a} := \frac{a}{H_0},$$

wenn $\overline{a}$ so gefunden werden kann, dass $Q^*(\{\frac{dP}{dP^*} > \overline{a} H\}) = \alpha$.

Als Resultat erhalten wir damit

Satz 13.2 (Lösung des Quantile hedging-Problems)
Sei $\widetilde{A} := \{\frac{dP}{dP^*} > \overline{a} H\}$ mit $\overline{a} > 0$ so, dass $Q^*(\widetilde{A}) = \alpha$. Dann ist $(\overline{V}_0, \widetilde{\xi})$ Lösung des Quantile hedging-Problems (P). Dabei ist $\widetilde{\xi}$ der perfekte hedge für die knockout-Option $H 1_{\widetilde{A}}$.

Bemerkung 13.3
Im Allgemeinen existiert keine Menge $\widetilde{A}$ mit $Q^*(\widetilde{A}) = \alpha$. Deshalb betrachten wir allgemeiner Testfunktionen $\widetilde{\varphi}$ so dass

$$(\overline{P}) \qquad\qquad \begin{cases} E_P \widetilde{\varphi} & = \sup E_P \varphi, \\ E_{Q^*} \varphi \leq \alpha = \frac{\overline{V}_0}{H_0} \leq 1. \end{cases}$$

$(\overline{P})$ *hat nach dem Neyman-Pearson-Lemma eine Lösung der Form*

$$\widetilde{\varphi} = 1_{\{\frac{dP}{dP^*} > \bar{a}H\}} + \gamma 1_{\{\frac{dP}{dP^*} = \bar{a}H\}}. \tag{13.5}$$

$\widetilde{\varphi}$ *liefert eine Lösung des erweiterten hedging-Problems, den erwarteten 'Erfolgs-quotienten'* φ_{ξ, V_0} *zu maximieren mit*

$$\varphi_{\xi, V_0} := 1_{(H \le V_T^\xi)} + \frac{V_T^\xi}{H} 1_{(V_T^\xi < H)}, \tag{13.6}$$

d.h. gesucht sind zulässige $(\widetilde{V}_0, \widetilde{\xi})$ *so dass*

$$E_P \varphi_{\widetilde{\xi}, \widetilde{V}_0} = \max_{\substack{V_0 \le \overline{V}_0, \\ \xi \text{ zulässig}}} !$$

Es gilt nun die folgende Erweiterung von Satz 13.2.

Satz 13.4
Sei $\widetilde{\xi}$ *eine hedging-Strategie für den reduzierten Claim* $\widetilde{H} := H\widetilde{\varphi}$*, dann gilt*

1) $(\overline{V}_0, \widetilde{\xi})$ *maximiert den erwarteten Erfolgsquotienten* $E_P \varphi_{\xi, V_0}$ *unter allen zulässi-gen Strategien* (V_0, ξ).

2) $\varphi_{\widetilde{\xi}, \overline{V}_0} = 1_{\{\frac{dP}{dP^*} > \bar{a}H\}} + \dfrac{\overline{V}_T}{H} 1_{\{\frac{dP}{dP^*} = \bar{a}H\}}$
   ist äquivalent zu $\widetilde{\varphi}$*, d.h.*

$$E_P \widetilde{\varphi} = E_P \varphi_{\widetilde{\xi}, \overline{V}_0}.$$

Im **unvollständigen Fall** ist nicht jeder Claim exakt hedgebar. Die mini-malen Kosten für ein Superhedging des Claims H haben die folgende duale Cha-rakterisierung durch No-Arbitrage-Preise:

$$\inf \left\{ V_0; \ \exists \xi \text{ zulässig}, V_T^\xi = V_0 + \int_0^T \xi_s \, dX_s \ge H \right\} = \sup_{P^* \in \mathcal{P}} E_{P^*} H =: U_0. \tag{13.7}$$

Nach Annahme ist $U_0 < \infty$ und $\mathcal{P} = \mathcal{M}^e(P) \ne \emptyset$ ist die Menge der zu P äquiva-lenten Martingalmaße.
   Sei

$$U_t := \operatorname*{ess\,sup}_{P^* \in \mathcal{P}} E_{P^*}(H \mid \mathcal{A}_t)$$

eine rechtsseitig stetige Version des wesentlichen Supremums, dann ist (U_t) ein $\mathcal{P}$-Super-Martingal (simultan für alle $P^* \in \mathcal{P}$!). (U_t) ist kleinstes $\mathcal{P}$-Super-Martingal Z mit $Z_t \ge 0$ so dass $Z_T \ge H$.

   Nach dem **optionalen Zerlegungssatz** von Kramkov (1996), Föllmer und Kramkov (1997) hat (U_t) die Zerlegung

$$U_t = U_0 + \int_0^t \xi_s \, dX_s - C_t \ [\mathcal{P}], \tag{13.8}$$

wobei C_t ein wachsender optionaler Prozess ist mit $C_0 = 0$ und ξ ein zulässiger Integrand ist.

Es gilt:

$$U_t = \operatorname{ess\,inf}\left\{ V_t;\ \ V_t \geq 0, V_t \in \mathcal{L}(\mathcal{A}_t), \exists \xi \text{ zulässig}, V_t + \int_t^T \xi_s\, dX_s \geq H \right\}. \quad (13.9)$$

Also ist U_t obere Schranke für jeden zulässigen Preis zur Zeit t.

Sei nun $\overline{V}_0 < U_0$ das zur Verfügung stehende Anfangskapital – weniger als für eine Superhedging-Strategie notwendig ist. Gesucht sind Lösungen für das Superhedging-Problem:

$$(P) \qquad\qquad E_P\varphi = \sup\{E_P\varphi_{\xi,V_0};\ (V_0,\xi) \text{ zulässig}, V_0 \leq \overline{V}_0\}.$$

Wir betrachten wieder ein relaxiertes statisches hedging-Problem

$$(\widetilde{P}) \qquad\qquad \begin{cases} E_P\varphi \ \ = \sup!, \\[2mm] E_{P^*}H\varphi \leq \overline{V}_0, \quad \forall P^* \in \mathcal{P}. \end{cases} \qquad (13.10)$$

Das statische Superhedging-Problem $(\widetilde{P})$ im unvollständigen Fall hat die Form eines Testproblems für eine zusammengesetzte Hypothese gegen eine einfache Alternative. Wir beschreiben dieses Testproblem im Detail nach folgendem Satz.

Satz 13.5 (Lösung des Superhedging-Problems, unvollständiger Fall)

a) Es existiert eine Lösung $\widetilde{\varphi} \in \Phi$ des statischen hedging-Problems $(\widetilde{P})$.

b) Sei $\widetilde{H} := H\widetilde{\varphi} \in \mathcal{L}^1(\mathcal{P})$ der reduzierte Claim und

- *falls $\widetilde{H}$ hedgebar ist, dann sei $\widetilde{\xi}$ eine hedging-Strategie*

- *falls $\widetilde{H}$ nicht hedgebar ist, dann sei $\widetilde{\xi}$ die Strategie aus der optionalen Zerlegung vom $\mathcal{P}$-Supermartingal*

$$\widetilde{U}_t = \operatorname*{ess\,sup}_{P^* \in \mathcal{P}} E_{P^*}(\widetilde{H} \mid \mathcal{A}_t). \qquad (13.11)$$

Dann ist $(\overline{V}_0, \widetilde{\xi})$ eine optimale Lösung des Superhedging-Problems (P).

Beweis:

a) Die Existenz einer Lösung von $(\widetilde{P})$ folgt aus dem Existenzsatz für optimale Tests (vgl. Satz 6.1.5), da die Alternative dominiert ist.

b) 1) Sei (V_0, ξ) zulässig, $V_0 \le \overline{V}_0$ und $(V_t) = (V_t^\xi)$ zugehöriges Supermartingal sowie $\varphi = \varphi_{\xi, V_0}$ der zugehörige Erfolgsquotient. Dann folgt für alle $P^* \in \mathcal{P}$

$$E_{P^*} H\varphi \le E_{P^*} V_T^\xi \le V_0,$$

da (V_t^ξ) ein Supermartingal ist. Also ist die Nebenbedingung von $(\widetilde{P})$ erfüllt. Die erste Ungleichung gilt, da

$$\varphi = 1_{(H \le V_T^\xi)} + \frac{V_T^\xi}{H} 1_{(H > V_T)},$$

also $V_T^\xi \ge H\varphi$. Damit gilt
$$E_P \varphi \le E_P \widetilde{\varphi}.$$

2) Sei nun $(\widetilde{U}_0, \widetilde{\xi})$ die Strategie aus der optionalen Zerlegung von $(\widetilde{U}_t)$, zugehörig zu $\widetilde{H} = H\widetilde{\varphi}$. Dann gilt:
$$\widetilde{U}_0 = \overline{V}_0,$$

da der optimale Test $\widetilde{\varphi}$ o.E. das Niveau ausschöpft. Für den Werteprozess $(\widetilde{V}_t) = (V_t^{\widetilde{\xi}})$ gilt:
$$\widetilde{V}_T \ge \widetilde{H} = H\widetilde{\varphi}. \tag{13.12}$$

3) Sei $\widetilde{\Psi}$ der Erfolgsquotient zu $(\overline{V}_0, \widetilde{\xi})$, dann gilt nach 1):
$$E_P \widetilde{\Psi} \le E_P \widetilde{\varphi}.$$

Nach (13.12) folgt aber $\widetilde{\Psi} \ge \widetilde{\varphi}$ $[P]$.

Daher ist $\widetilde{\varphi}$ Erfolgsquotient von $(\overline{V}_0, \widetilde{\xi})$ und $(\overline{V}_0, \widetilde{\xi})$ löst das Superhedging-Problem (P). $\qquad\square$

Bemerkung 13.6

Das statische hedging-Problem $(\widetilde{P})$ lässt sich als Testproblem formulieren. Mit

$$\frac{dQ^*}{dP^*} := \frac{H}{E_{P^*} H}, \quad P^* \in \mathcal{P},$$

lässt sich die Nebenbedingung $E_{P^*} H\varphi \le \overline{V}_0, \forall P^* \in \mathcal{P}$ umformulieren zu

$$\int \varphi \, dQ^* \le \alpha(Q^*) := \frac{\overline{V}_0}{E_{P^*} H};$$

das einzuhaltende Niveau ist also nicht konstant auf $\mathcal{P}$. Problem $(\widetilde{P})$ ist also äquivalent zum Testproblem $(\{Q^*; P^* \in \mathcal{P}\}, \{P\})$ zum Niveau $\alpha = \alpha(Q^*)$.

Eine hinreichende Bedingung für eine Lösung ergibt sich aus der Mischungs-methode für zusammengesetzte Hypothesen. Die Hypothese $\mathcal{Q} := \left\{ Q^* = \frac{H}{E_*H} P^*;\right.$ $\left. P^* \in \mathcal{P} \right\}$ ist maßkonvex und abgeschlossen, also liegen Mischungen wieder in $\mathcal{Q}$ und es gilt nach der Mischungsmethode (Satz 6.3.4):

Angenommen, es existiert $\widetilde{Q} \in \mathcal{Q}$ so dass

$$
\widetilde{\varphi} = \begin{cases} 1, \\ \gamma, \\ 0, \end{cases} \quad \frac{dP}{d\widetilde{Q}} \begin{array}{c} > \\ = \\ < \end{array} \lambda
$$

bester Test zum Niveau $\alpha(\widetilde{Q})$ für $(\{\widetilde{Q}\}, \{P\})$ ist und dass $\widetilde{\varphi} \in \Phi_\alpha(\mathcal{Q})$ ist, dann ist $\widetilde{\varphi}$ optimaler Test zum Niveau $\alpha = \alpha(Q^*)$ für $(\mathcal{Q}, P)$.

Das Superhedging-Problem (P) lässt sich verallgemeinern in der Form

(P_ℓ) $$E_P \ell((H - V_T^\xi)^+) = \min_{V_0 \leq \overline{V}_0}!$$

mit einer Verlustfunktion ℓ.

Das entsprechende statische Superhedging-Problem erhält dann die Gestalt

$(\widetilde{P}_\ell)$ $$\begin{cases} E_P \ell((1 - \varphi)H) = \inf_{\varphi \in \Phi}, \\ \sup_{Q^* \in \mathcal{Q}} E_{P^*} \varphi H \leq \overline{V}_0. \end{cases}$$

In Verallgemeinerung von Satz 13.5 gilt dann

Satz 13.7
Sei $\widetilde{\varphi}$ eine Lösung des statischen Superhedging-Problems $(\widetilde{P}_\ell)$ und sei $(\overline{V}_0, \widetilde{\xi})$ die zulässige Superhedging-Strategie des reduzierten Claims $\widetilde{H} = H\widetilde{\varphi}$. Dann löst $(\overline{V}_0, \widetilde{\xi})$ das Superhedging-Problem (P_ℓ).

Für einige Beispielklassen wird dieses statische Superhedging-Problem über ein duales Problem in Föllmer und Leukert (2000) gelöst. Eine Erweiterung des Superhedging-Problems (P_ℓ) für konvexe Risikomaße ϱ anstelle des erwarteten Verlustes $E_P \ell(\cdot)$ findet sich in Rudloff (2007). Die Lösung des zugehörigen statischen Problems $(\widetilde{P}_\varrho)$ wird durch ein duales Optimierungsproblem als Test mit 0-1-Struktur beschrieben.

Anhang A

A.1 Bedingte Erwartungswerte und bedingte Verteilungen

Bedingte Erwartungswerte bilden die Grundlage für den Begriff der Suffizienz. Sie finden sich auch in der Konstruktion von verbesserten Schätzverfahren (Satz von Rao-Blackwell) und allgemeiner Entscheidungsverfahren. In der Testtheorie sind sie die Grundlage für die Methode der bedingten Tests.

Allgemein definiert man den bedingten Erwartungswert unter einer Unter-σ-Algebra $\mathcal{B}$, indem man zwei Eigenschaften fordert: Die Messbarkeit bezüglich $\mathcal{B}$ und die Gültigkeit der Radon-Nikodým-Gleichung.

Wie in der Integrationstheorie wird der bedingte Erwartungswert zunächst für positive Zufallsvariablen und anschließend für integrierbare, bzw. quasiintegrierbare Funktionen definiert.

Definition A.1.1
Gegeben sei ein Wahrscheinlichkeitsraum $(\Omega, \mathcal{A}, P)$.

*a) Sei $X \in \overline{\mathcal{L}}_+(\Omega, \mathcal{A})$ eine nichtnegative, numerische, messbare Funktion und sei $\mathcal{B} \subset \mathcal{A}$ eine Unter-σ-Algebra von $\mathcal{A}$. Dann heißt eine positive, **$\mathcal{B}$-messbare Funktion** $Y \in \mathcal{L}_+(\mathcal{B})$ **bedingter Erwartungswert** von X unter $\mathcal{B}$ genau dann, wenn Y Lösung der **Radon-Nikodým-Gleichung***

$$\int_B Y \, dP = \int_B X dP \quad \forall B \in \mathcal{B}$$

ist. Wir verwenden im Folgenden für dieses Gleichungssystem das Symbol RN. Eine alternative Schreibweise ist:

$$\int 1_B Y dP = \int 1_B X dP \quad \forall B \in \mathcal{B}.$$

Den bedingten Erwartungswert bezeichnet man mit dem Symbol

$$Y =: E(X \mid \mathcal{B}).$$

Falls $\mathcal{B}$ von einer Zufallsvariablen Z erzeugt wird, d.h. $\mathcal{B} = \sigma(Z)$, schreibt man auch

$$Y =: E(X \mid Z).$$

b) *Ist $X \in \mathcal{L}(\mathcal{A})$ und $\min\big(E(X_+ \mid \mathcal{B}),\ E(X_- \mid \mathcal{B})\big)$ existiert, d.h. wenn X messbar ist bzgl. $\mathcal{B}$ und quasiintegrierbar ist, dann heißt*

$$E(X \mid \mathcal{B}) := E(X_+ \mid \mathcal{B}) - E(X_- \mid \mathcal{B})$$

bedingter Erwartungswert von X unter $\mathcal{B}$.

Quasiintegrierbar bedeutet hier: Der Positiv- oder der Negativteil von X hat einen endlichen Erwartungswert.

Satz A.1.2 (Existenz und Eindeutigkeit des bedingten Erwartungswertes) *Sei $X \in \overline{\mathcal{L}}(\mathcal{A})$ eine numerische, $\mathcal{A}$-messbare Zufallsvariable und sei $\mathcal{B} \subset \mathcal{A}$ eine Unter-σ-Algebra von $\mathcal{A}$. Falls $X \geq 0$ oder $X \in \mathcal{L}^1(P)$, d.h. wenn X nichtnegativ oder integrierbar ist, dann gilt:*

a) *Es existiert eine Lösung der Radon-Nikodým-Gleichung, d.h. der bedingte Erwartungswert $E(X \mid \mathcal{B})$ existiert.*

b) *Der bedingte Erwartungswert $E(X \mid \mathcal{B})$ ist P-f.s. eindeutig bestimmt.*

Der Beweis zu Satz A.1.2 folgt aus dem Satz von Radon-Nikodým.

Satz A.1.3 (Satz von Radon-Nikodým)
Seien μ und ν Maße in $(\Omega, \mathcal{A})$, μ σ-endlich und ν ein beliebiges Maß. Dann gilt:

1) *ν ist absolut stetig bezüglich μ, Schreibweise $\nu \ll \mu$, genau dann, wenn eine nichtnegative, numerische, $\mathcal{A}$-messbare Funktion $f \in \overline{\mathcal{L}}_+(\mathcal{A})$ existiert mit*

$$\nu(A) = \int_A f d\mu \quad \forall A \in \mathcal{A}.$$

*Die Funktion f ist μ-f.s. eindeutig bestimmt und heißt **Radon-Nikodým-Ableitung**,*

$$f =: \frac{d\nu}{d\mu}.$$

2) *$\forall h \in \mathcal{L}^1(\nu) \cup \overline{\mathcal{L}}_+$ gilt:*

$$\int h d\nu = \int h f d\mu.$$

Einige Eigenschaften bedingter Erwartungswerte fasst die folgende Proposition zusammen.

Proposition A.1.4
Seien $X, Y \in \overline{\mathcal{L}}_+ \cup \mathcal{L}^1(P)$ nichtnegative, numerische oder integrierbare Zufallsvariablen und seien C und $\mathcal{B}$ Unter-σ-Algebren von $\mathcal{A}$. Dann gilt:

a) $EE(X \mid \mathcal{B}) = EX$

b) **Glättungsregel:** *Sei $\mathcal{C} \subset \mathcal{B} \subset \mathcal{A}$, dann ist*

$$E(X \mid \mathcal{C}) = E\big(E(X \mid \mathcal{B}) \mid \mathcal{C}\big) \ [P].$$

c) $E(X \mid \mathcal{B}) = X \ [P]$ *für $\mathcal{B}$-messbare Zufallsvariablen $X \in \overline{\mathcal{L}}(\mathcal{B})$*

d) $E(\alpha X + \beta Y \mid \mathcal{B}) = \alpha E(X \mid \mathcal{B}) + \beta E(Y \mid \mathcal{B}) \ [P]$ *(Linearität)*

e) $X \leq Y \ [P] \Rightarrow E(X \mid \mathcal{B}) \leq E(Y \mid \mathcal{B}) \ [P]$ *(Monotonie)*

f) $X = Y \ [P] \Rightarrow E(X \mid \mathcal{B}) = E(Y \mid \mathcal{B}) \ [P]$

g) **Monotone Konvergenz:** *Sei (X_n) eine isotone Folge mit $X_n \geq 0$, dann ist*

$$E\big(\lim_{n \to \infty} X_n \mid \mathcal{B}\big) = \lim_{n \to \infty} E\big(X_n \mid \mathcal{B}\big) \ [P]$$

h) **Majorisierte Konvergenz:** *Sei (X_n) eine Folge mit $|X_n| \leq Y \ [P]$ für alle n, so dass $X_n \to X \ [P]$ und sei $Y \in \mathcal{L}^1(P)$ integrierbar. Dann ist*

$$\lim_{n \to \infty} E(X_n \mid \mathcal{B}) = E(X \mid \mathcal{B}) \ [P].$$

Die Radon-Nikodým-Gleichung lässt sich erweitern zu

$$\int Y X dP = \int Y E(X \mid \mathcal{C}) dP \tag{A.1}$$

für $Y \in \overline{\mathcal{L}}(\mathcal{B})$, so dass $XY \in \mathcal{L}^1(P)$. Weiter gilt

Proposition A.1.5
Sei $X \in \overline{\mathcal{L}}$ eine numerische, integrierbare Zufallsvariable, sei $\mathcal{B} \subset \mathcal{A}$ eine Unter-σ-Algebra von $\mathcal{A}$ und sei $Y \in \overline{\mathcal{L}}(\mathcal{B})$ eine numerische, $\mathcal{B}$-messbare Funktion.

a) *Für nichtnegative Zufallsvariablen X, Y bzw. für den Fall, dass $X, XY \in \mathcal{L}^1(P)$ integrierbar sind folgt:*

$$E(XY \mid \mathcal{B}) = Y E(X \mid \mathcal{B}) \ [P].$$

b) *Seien X, Y stochastisch unabhängig und sei $X \in \overline{\mathcal{L}}_+ \cup \mathcal{L}^1(P)$ positiv messbar und numerisch oder integrierbar, dann folgt*

$$E(X \mid Y) = EX \ [P].$$

Im Fall $\mathcal{B} = \sigma(Y)$ ist der bedingte Erwartungswert eine messbare Funktion von Y. Dieses ergibt sich aus dem Faktorisierungssatz

Lemma A.1.6 (Faktorisierungssatz)
Seien $(\Omega, \mathcal{A})$ und $(\Omega', \mathcal{A}')$ Messräume und seien $Z : \Omega \to \overline{\mathbb{R}}$ und $Y : \Omega \to \Omega'$ messbare Abbildungen auf $(\Omega, \mathcal{A})$. Dann ist $Z \in \overline{\mathcal{L}}(\sigma(Y))$ genau dann (numerisch) messbar bezüglich der von Y erzeugten σ-Algebra, wenn eine messbare Abbildung $g : (\Omega', \mathcal{A}') \to (\overline{\mathbb{R}}, \overline{\mathcal{B}})$ existiert, so dass

$$Z = g \circ Y.$$

Man nennt die Abbildung g auch Faktorisierung von Z.

Der bedingte Erwartungswert $E(X \mid Y)$ lässt sich also als messbare Funktion von Y darstellen.

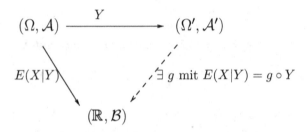

Abbildung A.1 Bedingte Erwartung

Die Funktion g ist indirekt erklärt durch die Radon-Nikodým-Gleichung. Man kann sie aber auch direkt charakterisieren durch eine verwandte Gleichung.

Proposition A.1.7
a) Sei $g \in \overline{\mathcal{L}}(\mathcal{A}')$ eine Faktorisierung des bedingten Erwartungswertes $E(X|Y) = g \circ Y$, dann löst g das Gleichungssystem

$$\int_{A'} g \, dP^Y = \int_{Y^{-1}(A')} X \, dP \quad \forall A' \in \mathcal{A}'.$$

b) Durch das Gleichungssystem in a) ist g P^Y-fast sicher eindeutig bestimmt.

$$g(y) := E(X|Y = y)$$

*heißt **(faktorisierte) bedingte Erwartung** von X unter $Y = y$.*

Definition A.1.8 (bedingte Wahrscheinlichkeit)
Für eine Unter-σ-Algebra $\mathcal{B} \subset \mathcal{A}$ und eine messbare Menge $A \in \mathcal{A}$ heißt

$$P(A \mid \mathcal{B}) := E(1_A \mid \mathcal{B}).$$

bedingte Wahrscheinlichkeit *von A unter $\mathcal{B}$. Falls $\mathcal{B}$ von einer Zufallsvariablen Y erzeugt wird, d.h. $\mathcal{B} = \sigma(Y)$, dann verwendet man analog zum bedingten Erwartungswert die Schreibweise*

$$P(A \mid Y) := P(A \mid \mathcal{B}).$$

$P(A \mid Y = y) := E(1_A \mid Y = y)$ *heißt dann faktorisierte Version der bedingten Wahrscheinlichkeit.*

Die bedingte Wahrscheinlichkeit ist P-fast sicher eindeutig festgelegt durch die Radon-Nikodým-Gleichung

$$P(A \cap B) = \int_B P(A \mid \mathcal{B}) dP, \quad \forall B \in \mathcal{B}.$$

$P(\cdot \mid \mathcal{B})$ ist im Allgemeinen kein Wahrscheinlichkeitsmaß. Es können zu viele Ausnahme-Nullmengen auftreten.

Definition A.1.9 (Markovkern)
Auf den Maßräumen $(\Omega, \mathcal{A})$ und $(\Omega', \mathcal{A}')$ sei eine Abbildung $K : \Omega \times \mathcal{A}' \longrightarrow \overline{\mathbb{R}}$ definiert.

*a) K heißt **Kern** von $(\Omega, \mathcal{A})$ nach $(\Omega', \mathcal{A}')$ genau dann, wenn*

    1) K bei festgehaltener zweiter Komponente in der ersten Komponente $\mathcal{A}$-messbar ist, d.h. wenn

$$\forall A' \in \mathcal{A}' \text{ die Abbildung } K(\cdot, A') : \Omega \to \overline{\mathbb{R}} \quad \omega \to K(\omega, A') \text{ } \mathcal{A}\text{-messbar ist}$$
$$und$$

    2) K bei festgehaltener erster Komponente in der zweiten Komponente ein Maß ist, d.h. wenn

$$K(x, \cdot) \text{ für alle } x \in \Omega \text{ ein Maß auf } (\Omega', \mathcal{A}') \text{ ist.}$$

    Schreibweise: $(\Omega, \mathcal{A}) \xrightarrow{K} (\Omega', \mathcal{A}')$.

*b) Ein Kern K heißt **Markovkern** (bzw. Sub-Markovkern), falls*

$$K(x, \Omega') = 1 \quad bzw. \quad K(x, \Omega') \leq 1$$

c) Falls $(\Omega, \mathcal{A}) = (\Omega', \mathcal{A}')$, dann heißt K Kern (bzw. Markovkern) auf $(\Omega, \mathcal{A})$.

Damit kommen wir zu dem Begriff der bedingten Verteilung. Es gibt verschiedene Varianten dieses Begriffs.

Definition A.1.10
a) Sei $\mathcal{B}$ eine Unter-σ-Algebra von $\mathcal{A}$ und es existiere ein Markovkern K von $(\Omega, \mathcal{B})$ nach $(\Omega, \mathcal{A})$ mit
$$K(\cdot, A) = P(A \mid \mathcal{B}) \text{ } [P] \quad \forall A \in \mathcal{A}.$$
*Dann heißt $K(\cdot, A) = P^{\mathcal{B}}(A)$ (reguläre) **bedingte Verteilung von P unter $\mathcal{B}$**.*

b) Seien $\mathcal{B}$ und $\mathcal{C}$ Unter-σ-Algebren von $\mathcal{A}$ und sei K ein Markovkern von $(\Omega, \mathcal{B})$ nach $(\Omega, \mathcal{C})$ mit
$$K(\cdot, A) = P(A \mid \mathcal{B}) \text{ } [P] \quad \forall A \in \mathcal{C},$$
*dann heißt $K = P^{\mathcal{C} \mid \mathcal{B}}$ die **bedingte Verteilung von $\mathcal{C}$ unter $\mathcal{B}$**.*

c) *Seien* $X : (\Omega, \mathcal{A}) \to (\mathcal{X}_1, \mathcal{A}_1)$, *und* $Y : (\Omega, \mathcal{A}) \to (\mathcal{X}_2, \mathcal{A}_2)$ *Zufallsvariablen, und sei* $\mathcal{B}$ *eine Unter-σ-Algebra von* $\mathcal{A}$. *Ein Markovkern*

$$(\Omega, \mathcal{B}) \xrightarrow{K} (\mathcal{X}_1, \mathcal{A}_1)$$

heißt **bedingte Verteilung von** X **unter** $\mathcal{B}$, $K = P^{X|\mathcal{B}}$

$$\Leftrightarrow K(\cdot, A) = P(X \in A \mid \mathcal{B}) \quad \forall A \in \mathcal{A}_1.$$

Ist $\mathcal{B} = \sigma(Y)$, *dann heißt* $K =: P^{X|Y}$ *bedingte Verteilung von* X *unter* Y.

d) *Ist* K *ein Markovkern von* $(\mathcal{X}_2, \mathcal{A}_2)$ *nach* $(\mathcal{X}_1, \mathcal{A}_1)$ *mit*

$$K(y, A) = P(X \in A \mid Y = y) \ [P^Y] \quad \text{für alle } A \in \mathcal{A}_1,$$

dann heißt $K(y, \cdot)$ *faktorisierte* **bedingte Verteilung von** X **unter** $Y = y$,

$$K(y, \cdot) = P^{X|Y=y}.$$

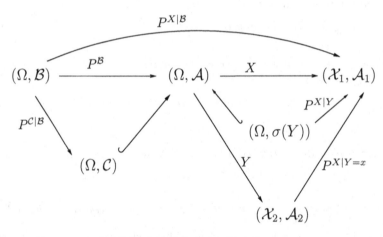

Abbildung A.2 Bedingte Verteilung

Die Existenz bedingter Verteilungen liefert der folgende Satz.

Satz A.1.11 (Existenz und Eindeutigkeit bedingter Verteilungen)
Sei $\mathcal{B}$ *eine Unter-σ-Algebra von* $\mathcal{A}$ *und sei* $X : (\Omega, \mathcal{A}) \to (\mathbb{R}^1, \mathcal{B}^1)$,

a) *Dann existiert eine bedingte Verteilung* $P^{X|\mathcal{B}}$ *von* X *unter* $\mathcal{B}$.

b) *Sind* K_1 *und* K_2 *bedingte Verteilungen von* X *unter* $\mathcal{B}$, *dann sind die beiden Kerne bis auf eine* $\mathcal{B}$-*messbare Nullmenge identisch, d.h.*

$$\exists N \in \mathcal{B} : P(N) = 0 \ \text{mit} \ K_1(\omega, \cdot) = K_2(\omega, \cdot), \forall \omega \in N^c.$$

Mittels Maßisomorphie überträgt sich die Existenz auch auf den Fall, dass X in einem Borelraum $(E, \mathcal{E})$ abbildet.

Bedingte Erwartungswerte erhält man nun einfach über Integrale.

Proposition A.1.12
Sei $\mathcal{B} \subset \mathcal{A}$ und sei $f \in \overline{\mathcal{L}}_+ \cup \mathcal{L}^1(P)$ eine nichtnegative, numerische, messbare oder integrierbare Funktion. Existiert die bedingte Verteilung $P^{\mathcal{B}}$, dann ist

$$E(f \mid \mathcal{B}) = \int f dP^{\mathcal{B}} \ [P].$$

Eine wichtige Folgerung aus der Existenz bedingter Verteilungen ist die Einsetzungsregel.

Satz A.1.13 (Einsetzungsregel)
Seien X, Y Zufallsvariablen auf einem Wahrscheinlichkeitsraum $(\Omega, \mathcal{A}, P)$ mit $X : (\Omega, \mathcal{A}) \to (\mathcal{X}_1, \mathcal{B}_1)$ und $Y : (\Omega, \mathcal{A}) \to (\mathcal{X}_2, \mathcal{B}_2)$. Für die produktmessbare Abbildung $h \in \mathcal{L}(\mathcal{X}_1 \otimes \mathcal{X}_2, \mathcal{A}_1 \otimes \mathcal{A}_2)$ sei $h \circ (X, Y)$ quasi-integrierbar. Sei $K : (\mathcal{X}_2, \mathcal{B}_2) \to (\mathcal{X}_1, \mathcal{B}_1)$, $K(y, \cdot) = P^{X|Y=y}$ eine bedingte Verteilung von X unter $Y = y$, dann gilt

$$E\big(h(X, Y) \mid Y = y\big) = E\big(h(X, y) \mid Y = y\big) \ [P].$$

A.2   Ergodensätze

Ergodensätze beinhalten Aussagen über das Langzeitverhalten dynamischer Systeme. Der klassische Rekurrenzsatz von Poincaré besagt, dass alle Teilmengen positiven Maßes schließlich besucht werden. Genauere Informationen liefern die Ergodensätze, die Aussagen über die Existenz von zeitlichen Mitteln von Trajektorien und deren Übereinstimmung mit räumlichen Mitteln machen. Die klassischen Ergodensätze gehen zurück auf Birkhoff und von Neumann. Anwendungen finden diese Sätze in Kapitel 4 über die Suffizienz.

Sei $(\Omega, \mathcal{A}, P)$ ein Wahrscheinlichkeitsraum. $T : (\Omega, \mathcal{A}) \to (\Omega, \mathcal{A})$ heißt **maßerhaltende Transformation** von $(\Omega, \mathcal{A}, P)$, wenn $P^T = P$.

Satz A.2.1 (L^2-Ergodensatz, von Neumann)
Ist $T : L^2(P) \to L^2(P)$ eine Kontraktion in $L^2(P)$, dann gilt für $f \in L^2(P)$

$$\pi f = \lim \frac{1}{n} \sum_{k=1}^{n} T^k f \ \text{existiert in } L^2(P).$$

Der individuelle Ergodensatz von Birkhoff und Khintchine liefert die zugehörige f.s. Konvergenzaussage.

Satz A.2.2 (Individueller Ergodensatz von Birkhoff und Khintchine)
Ist T eine maßerhaltende Transformation und $f \in L^1(P)$, dann gilt

a) $\displaystyle\lim_n \frac{1}{n} \sum_{k=0}^{n-1} f \circ T^k = E(f \mid \mathcal{I}) \; [P]$

   Dabei ist $\mathcal{I} = \{A \in \mathcal{A} : T^{-1}(A) = A\}$ die σ-Algebra der T-invarianten Mengen.

b) L^1-**Ergodensatz:** *Die Konvergenz in a) gilt auch in $L^1(P)$.*

Von Dunford-Schwartz stammt folgende Version eines individuellen Ergodensatzes für positive Kontraktionen in L^1.

Satz A.2.3 (Individueller Ergodensatz für positive Kontraktionen auf L^1)
Sei $T : L^1(P) \to L^1(P)$ eine positive, normierte Kontraktion auf $L^1(P)$, d.h. $T \geq 0$, $T1 = 1$ und $\|T\|_1 \leq 1$. Dann gilt für $f \in L^1(P)$

$$\lim_n \frac{1}{n} \sum_{k=0}^{n-1} T^k f = \pi f \text{ existiert } P \text{ fast sicher.}$$

A.3   Spieltheoretische Grundlagen

Die Spieltheorie hat eine grundlegende Bedeutung für die Aussagen zur Entscheidungstheorie in Kapitel 2. In diesem Abschnitt behandeln wir die Grundbegriffe der Zweipersonenspiele wie Sattelpunkt, gemischte Erweiterung, Minimax-Strategie und geben mit Hilfe des Fixpunktsatzes von Ky-Fan eine Existenzaussage für den Spielwert. Als Spezialfall ergibt sich der von Neumannsche Minimaxsatz.

Definition A.3.1 (Zweipersonen-Nullsummenspiele)
*Seien $A, B \neq \emptyset$ und $M : A \times B \to \overline{\mathbb{R}}$ eine Auszahlungsfunktion, dann heißt $\Gamma = (A, B, M)$ **Zweipersonen-Nullsummenspiel (ZNS)**. Γ heißt **endliches Spiel**, wenn A, B endlich. Für $A = \{a_1, \ldots, a_m\}$, $B = \{b_1, \ldots, b_n\}$ heißt $M = (m_{ij})$, $m_{i,j} = M(a_i, b_j)$ **Auszahlungsmatrix**.*

Bemerkung A.3.2
a) **Interpretation:** *A repräsentiert einfache Strategien von Spieler I, B einfache Strategien von Spieler II. $M(a, b)$ ist der Gewinn von Spieler I = Verlust von Spieler II. Die Summe von Gewinn und Verlust ist 0.*

b) *Bei einem statistischen Entscheidungsproblem in der Form eines **reinen Spiels** gilt:*

   $\quad$ *Spieler $I \sim$ Natur mit Aktionsmenge $A = \Theta$*

   $\quad$ *Spieler $II \sim$ Statistiker mit Aktionsmenge $B = \Delta$ und*

   $\quad$ *$M(\vartheta, a) = L(\vartheta, a)$ ist der Verlust des Statistikers äquivalent der Gewinn der Natur.*

In dieser reinen Form ist das Spiel ohne Beobachtungen.

Ein **erweitertes Spiel** *ist:*

$$A = \Theta, \quad B = \mathcal{D}, \quad M(\vartheta, \delta) = R(\vartheta, \delta).$$

Ein nochmals erweitertes Spiel mit zwei konvexen Aktionenmengen ist

$$A = M^1(\Theta, \mathcal{A}_\Theta), \quad B = \mathcal{D}, \quad M(\mu, \delta) = r(\mu, \delta) = \int R(\vartheta, \delta) d\mu(\vartheta)$$

Definition A.3.3 (Wert eines Spiels, Minimax-Strategie)
Sei $\Gamma = (A, B, M)$ *ein ZNS, dann bezeichnet*

a) $M_I(a) := \inf\limits_{b \in B} M(a, b)$ *den* **minimalen Gewinn** *von Spieler I*

$M_{II}(b) := \sup\limits_{a \in A} M(a, b)$ *den* **maximalen Verlust** *von Spieler II*

b) $\underline{M} := \sup\limits_{a \in A} M_I(a) = \sup\limits_{a} \inf\limits_{b} M(a, b)$ *den* **unteren Wert des Spiels**

$\overline{M} := \inf\limits_{b \in B} M_{II}(b) = \inf\limits_{b} \sup\limits_{a} M(a, b)$ *den* **oberen Wert des Spiels**

Gilt $m := \underline{M} = \overline{M}$, *dann heißt* m **Wert des Spiels**.

c) $a_0 \in A$ *heißt* **Maximin-Strategie** $\Leftrightarrow M_I(a_0) = \underline{M}$

$b_0 \in B$ *heißt* **Minimax-Strategie** $\Leftrightarrow M_{II}(b_0) = \overline{M}$

Bemerkung A.3.4
Wählt Spieler I eine Maximin-Strategie a_0, *dann ist sein Gewinn* $\geq M_I(a_0) = \underline{M}$.
Wählt Spieler II eine Minimax-Strategie b_0, *dann ist sein Verlust* $\leq M_{II}(b_0) = \overline{M}$,
insbesondere gilt:

$$\underline{M} \leq \overline{M}.$$

Proposition A.3.5
$\forall a \in A, \, b \in B$ *gilt*

$$M_I(a) \leq \underline{M} \leq \overline{M} \leq M_{II}(b).$$

Beweis:

$$M_I(a) = \inf\limits_{b' \in B} M(a, b') \leq M(a, b)$$

$$\leq \sup\limits_{a' \in A} M(a', b) = M_{II}(b)$$

Also ist

$$M_I(a) \leq \inf\limits_{b \in B} M_{II}(b) = \overline{M},$$

und daher

$$\underline{M} = \sup\limits_{a \in A} M_I(a) \leq \sup\limits_{a \in A} \inf\limits_{b \in B} M_{II}(b) = \overline{M}. \qquad \square$$

Beispiel A.3.6 (Schere – Stein – Papier)

a) Seien $A = B = \{Sch, St, Pa\}$ und M gegeben durch

		Spieler II:		
		Sch	St	Pa
Spieler I:	Sch	0	-1	1
	St	1	0	-1
	Pa	-1	1	0

Dann gilt: $M_I(a) = -1, \forall a \in A,$ *also* $\underline{M} = -1,$

$\qquad M_{II}(b) = 1$ *also* $\overline{M} = 1.$

Also ist $\underline{M} < \overline{M}$. Das reine Schere-Stein-Papier-Spiel hat also keinen Wert.

*b) In der **gemischten Erweiterung** $(\widetilde{A}, \widetilde{B}, M)$ mit $\widetilde{A} = M^1(A) = \{p = (p_1, p_2, p_3);$*
$p_i \geq 0, \sum p_i = 1\}$, $\widetilde{B} = M^1(B) = \{q = (q_1, q_2, q_3); \; q_i \geq 0, \sum q_i = 1\}$ mit
$M(p, q) = \sum_{i,j} M(i, j) p_i q_j$ ist $p^0 = (\frac{1}{3}, \frac{1}{3}, \frac{1}{3})$ eine Maximin- und $q^0 = (\frac{1}{3}, \frac{1}{3}, \frac{1}{3})$
eine Minimax-Strategie. Es gilt $\forall p \in \widetilde{A}, q \in \widetilde{B}$

$$M(p, q^0) = \frac{1}{3} \sum_{i=1}^{3} p_i \sum_{j=1}^{3} M(i, j) = 0 = M(p^0, q).$$

Also ist der Wert des Spiels $m = 0$.

Proposition A.3.7 (Sattelpunkte)
Sei Γ ein ZNS und $a_0 \in A$, $b_0 \in B$, dann sind äquivalent:

1) Γ hat einen Wert, a_0 ist Maximin und b_0 ist Minimax,

*2) (a_0, b_0) ist ein **Sattelpunkt** von M, d.h. $\forall a \in A, b \in B$ gilt:*

$$M(a_0, b) \geq M(a_0, b_0) \geq M(a, b_0).$$

Unter 1), 2) ist $\qquad\qquad m = M(a_0, b_0).$

Beweis:

2) $\Rightarrow$ 1) Sei (a_0, b_0) Sattelpunkt, dann folgt

$$M_I(a_0) = \inf_b M(a_0, b) \geq M(a_0, b_0) \geq \sup_a M(a, b_0) = M_{II}(b_0).$$

Nach Proposition A.3.5 folgt: $M_I(a_0) = M_{II}(b_0)$ und es gilt

$$M_I(a_0) = \sup_a M_I(a) = m = M_{II}(b_0) = \inf_b M_{II}(b).$$

1) $\Rightarrow$ 2) Ist $\underline{M} = \overline{M} = m$ und sind a_0 Maximin, b_0 Minimax, dann gilt:

$$M(a_0, b) \geq M_I(a_0) = \underline{M} = m = \overline{M} = M_{II}(b_0) \geq M(a, b_0).$$

Mit $a = a_0$, $b = b_0$ folgt: $m = M(a_0, b_0)$. $\qquad\qquad\square$

Bemerkung A.3.8
Sind (a_0, b_0), (a_1, b_1) Sattelpunkte, dann gilt $M(a_0, b_0) = M(a_1, b_1) = m$.

Wann gibt es eine Minimax-Strategie? Mit $\widetilde{M}(b, a) = -M(a, b)$ ist äquivalent die Frage nach der Existenz einer Maximin-Strategie von $\widetilde{M}$.

Definition A.3.9
Sei Γ ein ZNS.

a) A *heißt* **konkav bzgl. Γ**
$\Leftrightarrow \forall a_1, a_2 \in A, \forall \alpha \in [0,1]$: $\exists a \in A$ so dass

$$M(a, b) \geq (1 - \alpha)M(a_1, b) + \alpha M_2(a_2, b), \quad \forall b \in B.$$

Gilt „=", dann heißt A **affin bzgl. Γ**.

b) B *heißt* **konvex bzgl. Γ**
$\Leftrightarrow \forall b_1, b_2 \in B, \forall \alpha \in [0,1]$: $\exists b \in B$ so dass

$$M(a, b) \leq (1 - \alpha)M(a, b_1) + \alpha M(a, b_2), \quad \forall a \in A.$$

Gilt „=", dann heißt B affin bzgl Γ.

c) Γ *heißt* **konkav-konvex**
$\Leftrightarrow A$ ist konkav bzgl. Γ und B ist konvex bzgl. Γ.

Bemerkung A.3.10
Ist A konkav bzgl. Γ, dann hat Spieler I für jede gemischte Strategie der Form $\alpha \varepsilon_{a_2} + (1 - \alpha)\varepsilon_{a_1}$ eine bessere reine Strategie a.

Durch Induktion folgt aus der Definition A.3.9

Proposition A.3.11
Ist A konkav bzgl. Γ, sind $a_1, \ldots, a_r \in A$ und $\alpha_1, \ldots, \alpha_r \in \mathbb{R}_+$, $\sum_{i=1}^{r} \alpha_i = 1$, dann existiert ein $a \in A$ so dass

$$M(a, b) \geq \sum_{i=1}^{r} \alpha_i M(a_i, b), \ \forall b \in B.$$

Bemerkung A.3.12
Ist $A \subset \mathbb{R}^p$ konvex und ist $\forall b \in B$, $M(\cdot, b)$ konkav, dann ist A konkav bzgl. Γ

Beweis: Für $a_1, a_2 \in A$, $\alpha \in [0, 1]$ ist $a = (1 - \alpha)a_1 + \alpha a_2 \in A$ und es gilt

$$M(a, b) \geq (1 - \alpha)M(a_1, b) + \alpha M(a_2, b). \qquad \square$$

Definition A.3.13 (gemischte Erweiterung)
Sei $\Gamma = (A, B, M)$ ein ZNS. Definiere $A^* := M_f^1(A)$ die Menge der Wahrscheinlichkeitsmaße auf A mit endlichem Träger, $B^* := M_f^1(B)$ und $M^* : A^* \times B^* \to \overline{\mathbb{R}}$,

$$M^*(a^*, b^*) := \sum M(a, b)a^*(\{a\})b^*(\{b\}), a^* \in A^*, b^* \in B^*.$$

*$\Gamma^* = (A^*, B^*, M^*)$ heißt **(endliche) gemischte Erweiterung** von Γ. Elemente $a^* \in A^*$, $b^* \in B^*$ heißen gemischte Strategien auf A, B.*

Bemerkung A.3.14
Spielt Spieler I die Strategie a^*, dann wählt er $a \in A$ mit der Wahrscheinlichkeit $a^*(a) := a^*(\{a\})$. $M^*(a^*, b^*)$ ist der erwartete Gewinn von Spieler I = dem erwarteten Verlust von Spieler II.

Mit $a \to \varepsilon_{\{a\}}$, $b \to \varepsilon_{\{b\}}$ ist $A \hookrightarrow A^*$ und $B \hookrightarrow B^*$ und es gilt
$$M^*(\varepsilon_{\{a\}}, \varepsilon_{\{b\}}) =: M^*(a, b) = M(a, b).$$

Proposition A.3.15
*Sei Γ ein ZNS, dann ist $\Gamma^* = (A^*, B^*, M^*)$ **konkav-konvex**. A^*, B^* sind affin bzgl. Γ^*.*

Beweis: Seien $a_1^*, a_2^* \in A^*$, $\vartheta \in [0, 1]$ und definiere

$$a^*(a) := (1 - \vartheta)a_1^*(a) + \vartheta a_2^*(a), \ \ a \in A.$$

Dann ist $a^* \in A^*$ und für $b^* \in B^*$ gilt:

$$M^*(a^*, b^*) = \sum_{a,b} M(a, b)a^*(a)b^*(b)$$

$$= \sum_{a,b} M(a, b)[(1 - \vartheta)a_1^*(a) + \vartheta a_2^*(a)]b^*(b)$$

$$= (1 - \vartheta)M^*(a_1^*, b^*) + \vartheta M^*(a_2^*, b^*).$$

Also ist A^* affin bzgl. Γ^*. Ebenso ist B^* affin bzgl. Γ^*. $\qquad \square$

Proposition A.3.16
Sei $\Gamma^* = (A^*, B^*, M^*)$ die gemischte Erweiterung von Γ. Dann gilt:

a) $M_I^*(a^*) = \inf\limits_{b \in B} M^*(a^*, b)$

   $M_{II}^*(b^*) = \sup\limits_{a} M^*(a, b^*)$

b) $M_I^*(a^*) = M_I(a), \ \forall a \in A$

   $M_{II}^*(b^*) = M_{II}(b), \ \forall b \in B$

c) $\underline{m}(\Gamma) \leq \underline{m}(\Gamma^*) \leq \overline{m}(\Gamma^*) \leq \overline{m}(\Gamma)$

d) *Hat Γ einen Wert m, dann hat auch Γ^* einen Wert m^* und es gilt $m = m^*$.*

Beweis:
a) $\forall a^* \in A^*, b^* \in B^*$ ist

$$M^*(a^*, b^*) = \sum_b \left(\sum_a M(a,b) a^*(a) \right) b^*(b)$$

$$= \sum_b M^*(a^*, b) b^*(b)$$

$$\geq \inf_b M^*(a^*, b).$$

$$\Rightarrow \quad M_I^*(a^*) \geq \inf_b M^*(a^*, b).$$

Wegen $B \subset B^*$ gilt

$$M_I^*(a^*) = \inf_{b^*} M^*(a^*, b^*)$$

$$\leq \inf_b M^*(a^*, b).$$

Also gilt „=". Die Beziehung für M_{II}^* ist analog.

b) Es gilt nach a): $M^*(a, b) = M(a, b), \ \forall a \in A, \ \forall b \in B$. Daraus folgt die Behauptung.

c) Da $A \subset A^*$ folgt

$$\underline{m}(\Gamma^*) = \sup_{a^*} M_I^*(a^*)$$

$$\geq \sup_a M_I^*(a) = \sup_a M_I(a) = \underline{m}(\Gamma).$$

Analog gilt: $\overline{m}(\Gamma^*) \leq \overline{m}(\Gamma)$.

d) folgt aus c).   □

Für $\tau \in \mathbb{R}$ und $b \in B$ definieren wir $(M \geq \tau)_b := \{a \in A; \ M(a, b) \geq \tau\}$.

Proposition A.3.17

> Sei $\Gamma = (A, B, M)$ ein ZNS, dann sind äquivalent:

1) $\underline{m}(\Gamma) = \overline{m}(\Gamma)$, d.h. Γ hat einen Wert

und

2) $\forall \tau < \overline{m}(\Gamma)$ gilt $\qquad\qquad \bigcap_{b \in B} (M \geq \tau)_b \neq \emptyset.$

Beweis:

2) $\Rightarrow$ 1) Zu $\tau < \overline{m}(\Gamma)$ existiert ein $a \in A$ so dass

$$M(a, b) \geq \tau, \ \forall b \in B.$$

$$\Rightarrow \quad M_I(a) = \inf_b M(a, b) \geq \tau.$$

Also ist $\underline{m}(\Gamma) = \sup_a M_I(a) \geq \tau$ und damit

$$\underline{m}(\Gamma) \geq \overline{m}(\Gamma).$$

Es gilt also

$$\underline{m}(\Gamma) = \overline{m}(\Gamma).$$

1) $\Rightarrow$ 2) Sei $\tau < \overline{m}(\Gamma) = \underline{}(\Gamma) = \sup_a M_I(a)$. Dann existiert ein $a \in A$ so dass

$$\tau < M_I(a) = \inf_{b'} M(a, b') \leq M(a, b), \ b \in B.$$

$$\Rightarrow \quad a \in (M \geq \tau)_b, \ \forall b \in B.$$

Also ist $\qquad\qquad \bigcap_{b \in B} (M \geq \tau)_b \neq \emptyset.$ $\qquad\qquad\qquad \square$

Der folgende Satz ist zentral zum Nachweis von Bedingung 2) aus Proposition A.3.17.

Satz A.3.18 (Schnittbedingung)

> Sei $\Gamma = (A, B, M)$ konkav-konvexes ZNS, $M < \infty$. Seien $b_1, \ldots, b_m \in B$,

so dass

$$M_{II}(b_i) = \sup_a M(a, b_i) = \infty \Rightarrow M(a, b_i) > -\infty, \ \forall a \in A.$$

Dann gilt für $\tau < \overline{m}(\Gamma)$: $\qquad \bigcap_{i=1}^{m} (M \geq \tau)_{b_i} \neq \emptyset.$

Beweis: O.E. sei $\overline{m}(\Gamma) \neq -\infty$. Seien

$$S := \{(M(a, b_1), \ldots, M(a, b_m)); \ a \in A\} \subset [-\infty, \infty)^m, \qquad H := [\tau, \infty)^m$$

Angenommen: $\bigcap_{i=1}^{m}(M \geq \tau)_{b_i} = \emptyset$, dann folgt $S \cap H = \emptyset$.

Offensichtlich ist

$$S \subset T := \{y \in [-\infty, \infty)^m; \ \exists x \in S, y \leq x\} = S_-.$$

Wir benötigen nun zwei Lemmata. $\square$

Lemma A.3.19

   Die Menge T ist konvex.

Beweis: Seien $y^i \in T$, $a_i \geq 0$, $1 \leq i \leq n$, $\sum_{i=1}^{n} \alpha_i = 1$. Dann existieren $x^i \in S$ so dass $y^i \leq x^i$, $1 \leq i \leq n$; also gilt

$$\sum_{i=1}^{n} \alpha_i y^i \leq \sum_{i=1}^{n} \alpha_i x^i.$$

Seien $x^i = (x_1^i, \ldots, x_n^i)$, dann existieren $a_i \in A$, so dass $x_j^i = M(a_i, b_j)$ und daher

$$\sum_{i=1}^{n} \alpha_i x_j^i = \sum_{i=1}^{n} \alpha_i M(a_i, b_j).$$

Da A konkav bzgl. Γ ist, existiert ein $a \in A$ so dass

$$\sum_{i=1}^{n} \alpha_i M(a_i, b_j) \leq M(a, b_j) =: z_j, \quad 1 \leq j \leq m.$$

$$\Rightarrow \quad \sum_{i=1}^{n} \alpha_i x^i \leq z = (z_1, \ldots, z_m) \in S;$$

also ist $\sum_{i=1}^{n} \alpha_i x^i \in T$. $\square$

Lemma A.3.20

   Sei $T' := T \cap \mathbb{R}^m$, dann gilt:

$$T' \text{ ist konvex}, T' \neq \emptyset \text{ und } T' \cap H = \emptyset.$$

Beweis:

a) Nach Lemma A.3.19 ist T konvex, also auch T'.

b) Angenommen: $T' = \emptyset$, dann folgt:

$$\forall \vartheta \in S \text{ existiert ein Index i, so dass } \vartheta_i = -\infty.$$

$$\Rightarrow \quad \sum_{i=1}^{m} M(a, b_i) = -\infty, \quad \forall a \in A.$$

Da B konvex bzgl. Γ ist, existiert ein $b \in B$, so dass

$$M(a,b) \leq \frac{1}{m}\sum_{i=1}^{m} M(a,b_i) = -\infty, \quad \forall a \in A.$$

$$\Rightarrow M_{II}(b) = \sup_a M(a,b) = -\infty$$

$$\Rightarrow \quad \overline{m}(\Gamma) = -\infty \text{ im Widerspruch zu } \tau < \overline{m}(\Gamma).$$

Also folgt, dass $T' \neq \emptyset$ ist.

c) Da nach Annahme $S \cap H = \emptyset$ folgt: $T' \cap H = \emptyset$. $\square$

Beweis von Satz A.3.18:

1) Angenommen, es wäre $\bigcap_{i=1}^{m}(M \geq \tau)_{b_i} = \emptyset.$

Nach Lemma A.3.20 sind $H = [\tau,\infty)^m$ und T' disjunkte konvexe Teilmengen von $\mathbb{R}^m$. Daher folgt nach dem **Trennungssatz** für konvexe Mengen: $\exists \ell = (\ell_1,\ldots,\ell_m) \in \mathbb{R}^m$, $\ell \neq 0$, so dass

$$\ell^T x = \sum_{i=1}^{m} \ell_i x_i \geq \ell^T y, \quad \forall x \in H, \forall y \in T'.$$

Da H nicht nach oben beschränkt ist, folgt: $\ell_i \geq 0$, $1 \leq i \leq m$ o.E. $\sum_{i=1}^{m} \ell_i = 1$. Mit $(\tau,\ldots,\tau) \in H$ folgt
$$\ell^T y \leq \tau, \quad \forall y \in T'.$$

2) $\exists y \in S \setminus T'$, so dass $\ell^T y > \tau$.

Denn angenommen: $\ell^T y \leq \tau$, $\forall y \in S$.

Da B konvex bzgl. Γ ist, existiert dann ein $b \in B$ so dass:

$$M(a,b) \leq \sum_{i=1}^{m} \ell_i M(a,b_i) \leq \tau, \quad \forall a \in A.$$

$$\Rightarrow \quad M_{II}(b) \leq \tau,$$

also gilt erst recht:
$$\overline{m} \leq M_{II}(b) \leq \tau < \overline{m},$$

ein Widerspruch.

Also existiert $y \in S \setminus T'$, so dass $\ell^T y > \tau$.

Aber für $y \in S \setminus T'$ existiert ein i so dass $y_i = -\infty$.

3) Sei $I := \{i;\ y_i > -\infty, \forall y \in S \setminus T'$ so dass $\ell^T y > \tau\}$, dann folgt:

$$I \neq \{1, \dots, m\} \text{ und } \ell_i = 0,\ \forall i \notin I.$$

Für $p \in (0,1)$ definiere $p_i := \ell_i p, \forall i \in I$. Dann gilt:

$$\sum_{i \in I} p_i = p.$$

Definiere: $p_i := \frac{1-p}{m-|I|},\ i \notin I$, dann folgt: $\sum_{i \notin I} p_i = 1 - p$ und damit

$$\sum_{i=1}^{n} p_i = 1 \text{ und } p_i \geq 0.$$

4) Da B konvex bzgl. Γ ist, existiert ein $b_p \in B$ so dass $\forall a \in A$ gilt:

$$M(a, b_p) \leq \sum_{i=1}^{n} p_i M(a, b_i)$$

$$= p \sum_{i \in I} \ell_i M(a, b_i) + \frac{1-p}{m-|I|} \sum_{i \notin I} M(a, b_i)$$

$$= p \sum_{i=1}^{m} \ell_i M(a, b_i) + \frac{1-p}{m-|I|} \sum_{i \notin I} M(a, b_i)$$

5) Wir leiten nun die folgende Ungleichung her:

$$\tau < \overline{m} \leq M_{II}(b_p) \leq p\tau + \frac{1-p}{m-|I|} \sum_{i \notin I} M_{II}(b_i).$$

Zum Beweis von 5) betrachten wir zwei Fälle.

Ist $\sum_{i=1}^{m} \ell_i M(a, b_i) \leq \tau$, dann ist

$$M(a, b_p) \leq p\tau + \frac{1-p}{m-|I|} \sum_{i \notin I} M(a, b_i)$$

$$\leq p\tau + \frac{1-p}{m-|I|} \sum_{i \notin I} M_{II}(b_i).$$

Wenn $\sum_{i=1}^{m} \ell_i M(a, b_i) > \tau$, dann existiert nach 1) ein Index i so, dass $M(a, b_i) = -\infty$, d.h. $i \notin I$. Nach 4) ist dann $M(a, b_p) = -\infty$.
Daraus folgt $\forall a \in A$ ist

$$M(a, b_p) \leq p\tau + \frac{1-p}{m-|I|} \sum_{i \notin I} M_{II}(b_i).$$

Daraus folgt Behauptung 5).

6) Wir zeigen nun schließlich

$$\sum_{i \notin I} M_{II}(b_i) < \infty.$$

$\forall i \notin I$ existiert ein $\widetilde{y} = (M(\widetilde{a}, b_1), \ldots, M(\widetilde{a}, b_m)) \in S$, so dass $M(\widetilde{a}, b_i) = -\infty$,

$$\Rightarrow \quad M_{II}(b_i) < \infty.$$

Damit folgt: $$\sum_{i \notin I} M_{II}(b_i) < \infty.$$

Aus 5) folgt daher für $p \to 1$ $\tau < \overline{m} \leq \tau$, ein Widerspruch und damit die Behauptung des Satzes. $\qquad\square$

Als Korollar erhalten wir nun den folgenden Satz über die Existenz des Spielwertes.

Satz A.3.21 (Existenz des Spielwertes)
Sei $\Gamma = (A, B, M)$ ein konkav-konvexes ZNS mit $|M| < \infty$ und es gelten

1) $\exists (b_n) \subset B : \inf_b M(a, b) = \inf_n M(a, b_n)$, $\forall a \in A$

2) $\forall (a_n) \subset A : \exists a \in A$ so dass

$$\underline{\lim} M(a_n, b) \leq M(a, b), \quad \forall b \in B,$$

Dann hat Γ einen Wert.

Beweis: Sei $m \geq 1$ und $\tau < \overline{m}(T)$, dann folgt nach Satz A.3.18:

$$\bigcap_{i=1}^{m} (M \geq \tau)_{b_i} \neq \emptyset.$$

Sei $a_m \in \bigcap_{i=1}^{m} (M \geq \tau)_{b_i}$, $\forall m \in \mathbb{N}$, dann existiert nach 2) ein $a \in A$ so dass

$$\underline{\lim} M(a_n, b) \leq M(a, b), \quad \forall b \in B.$$

Beh.: $M(a, b) \geq \tau$, $\forall b \in B$.

Nach 1) reicht es zu zeigen: $M(a, b_i) \geq \tau$, $\forall i \in \mathbb{N}$.

Für $n \geq i$ gilt $M(a_n, b_i) \geq \tau$. Damit folgt nach obiger Konstruktion

$$M(a, b_i) \geq \underline{\lim} M(a_n, b_i) \geq \tau, \quad \forall i \in \mathbb{N},$$

also die Behauptung, und es gilt

$$\bigcap_{b \in B} (M \geq \tau)_b \neq \emptyset.$$

Satz A.3.18 impliziert die Existenz des Spielwertes. $\qquad\square$

Die Bedingungen von Satz A.3.18 lassen sich unter topologischen Annahmen verifizieren und liefern den folgenden zentralen Existenzsatz für den Spielwert.

Satz A.3.22 (Topologischer Existenzsatz für den Spielwert)
Sei $\Gamma = (A, B, M)$ ein konkav-konvexes ZNS mit $M < \infty$. Sei τ eine Topologie auf A so dass

1) A ist τ-kompakt.

2) $\forall b \in B$ ist $M(\cdot, b) : A \to \overline{R}$ halbstetig nach oben (hno).

Dann hat Γ einen Wert und es existiert eine Maximin-Strategie für Spieler I.

Beweis: Sei $\tau < \overline{m}$;   da A kompakt und $M(\cdot, b)$ hno ist, ist $(M \geq \tau)_b$ kompakt, $\forall b \in B$. Nach Satz A.3.18 ist $\bigcap_{i=1}^{m}(M \geq \tau)_{b_i} \neq \emptyset$ für alle endlichen Mengen $\{b_1, \ldots, b_m\} \subset B$.

Wegen der Kompaktheit von A folgt:

$$\bigcap_{b \in B}(M \geq \tau)_b \neq \emptyset.$$

Weiter ist $M_I(a) = \inf_{b \in B} M(a, b)$ hno

$\Rightarrow \exists a_0 \in A$ so dass $\qquad\qquad M_I(a_0) = \sup_a M_I(a) = \underline{m}(\Gamma).$

a_0 ist eine Maximin-Strategie von Spieler I. $\square$

Als Korollar erhalten wir den von Neumannschen Minimaxsatz für gemischte Erweiterungen.

Korollar A.3.23 (von Neumannscher Minimaxsatz)
Sei $\Gamma = (A, B, M)$ ein ZNS mit $A = \{a_1, \ldots, a_m\}$, $|M| < \infty$, dann hat die gemischte Erweiterung $\Gamma^* = (A^*, B^*, M^*)$ einen Spielwert und es existiert eine Maximin-Strategie für Spieler I.

Beweis: Wir identifizieren $a^* \in A^*$ mit dem Vektor $\vartheta = (\vartheta_1, \ldots, \vartheta_m)$, $\vartheta_i = a^*(a_i)$ im Einheitssimplex S_{m-1}. Mit der üblichen Topologie τ auf $\mathbb{R}^m$ ist damit A^* kompakt und

$$M^*(a^*, b^*) = \sum_{i=1}^{m} a^*(a_i)\Big(\sum_b M(a_i, b)b^*(b)\Big)$$

ist stetig in a^*.

Γ^* ist ein konkav-konvexes ZNS. Die Behauptung folgt daher aus Satz A.3.22.
          $\square$

Die folgende Erweiterung von Satz A.3.21 und Korollar A.3.23 geben wir ohne Beweis an.

Satz A.3.24
Sei $\Gamma = (A, B, M)$ ein konkav-konvexes ZNS mit $M < \infty$. Für jedes Netz $(a_\alpha) \subset A$ existiere ein $a \in A$ so dass

$$\varliminf_{\alpha} M(a_\alpha, b) \leq M(a, b), \quad \forall b \in B.$$

Dann hat Γ einen Spielwert und es existiert eine Maximin-Strategie von Spieler I.

Literaturverzeichnis

[1] Aalen, O. O. (1976) *Statistical Theory for a Family of Counting Processes.* Inst. Math. Stat., University fo Copenhagen

[2] Aki, S. (1986) Some test statistics based on the martingale term of the empirical distribution function. *Ann. Inst. Stat. Math.* 38, 1–21

[3] Andersen, P. K.; Borgan, O., Gill, P. D., Keiding, N. (1993) *Statistical Models Based on Counting Processes.* Springer

[4] Bahadur, R. R. (1954) Sufficiency and statistical decision functions. *Ann. Math. Stat.* 25, 423–462

[5] Bahadur, R. R. (1955) Statistics and subfields. *Ann. Math. Stat.* 26, 490–497

[6] Barankin, E. W. (1949) Locally best unbiased estimates. *Ann. Math. Stat.* 20, 477–501

[7] Basu, D. (1955) On statistics independent of a complete statistic. *Sankhya* 15, 277–380

[8] Basu, D. (1958) On statistics independent of sufficient statistics. *Sankhya* 20, 223–226

[9] Baumann, V. (1968) Eine parameterfreie Theorie der ungünstigsten Verteilungen für das Testen von Hypothesen. *Z. Wahrscheinlichkeitstheor. verw. Geb.* 11, 41–60

[10] Bondesson, L. (1975) Uniformly minimum variance estimation in location parameter families. *Ann. Stat.* 3, 637–660

[11] Burkholder, D. L. (1961) Sufficiency in the undominated case. *Ann. Math. Stat.* 32, 1191–1200

[12] Chow, Y. S., Robbins, H. Siegmund, D. (1971) *Great Expectations. The Theory of Optimal Stopping.* Houghton Mifflin Company

[13] Cox, D. R. (1972) Regression models in life-tables. *J. R. Stat. Soc., Ser.* B 34, 187–220

[14] Denny, J. L. (1964) A continuous real-valued function on E^n almost everywhere $1 - 1$. *Fund. Math.* 60, 95–99

[15] Denny, J. L. (1964) On continuous sufficient statistics. *Ann. Math. Statist.* 35, 1229–1233

[16] Devroye, L., Györfi, L., Lugosi, G. (1996) *A Probabilistic Theory of Pattern Recognition.* Springer

[17] Dobrushin, R. L. (1969) Gibbsian random fields. The general case. *Funct. Anal. Appl.* 3, 22–28

[18] Dunford, N., Schwarz, J. T. (1958) *Linear Operators. Vol. I: General Theory.* Interscience Publishers

[19] Dvoretzky, A., Kiefer, J., Wolfowitz, J. (1956) Asymptotic minimax character of the sample distribution function and of the classical multinomial estimator. *Ann. Math. Stat.* 27, 642–669

[20] Dynkin E. B. (1951) Necessary and sufficient statistics for a family of probability distributions. *Uspchi Mat. Nauk (N.S.)* 6, 68–90 (in Russian); English translation in *Selected Translations in Mathematical Statistics and Probability* (1961) 1, 17–40

[21] Ferguson, T. S. (1967) *Mathematical Statistics. A Decision Theoretic Approach.* Academic Press

[22] Föllmer, H.; Kabanov, Yu. M. (1998) Optional decomposition and Lagrange multipliers. *Finance Stoch.* 2, 69–81

[23] Föllmer, H., Kramkov, D. (1997) Optional decompositions under constraints. *Probab. Theory Relat. Fields* 109, 1–25

[24] Föllmer, H., Leukert, P. (1999) Quantile hedging. *Finance and Stochastics* 3, 251–273

[25] Föllmer, H., Leukert, P. (2000) Efficient hedging: Cost versus shortfall risk. *Finance and Stochastics* 4, 117–146

[26] Gantert, N. (1990) Laws of large numbers for the annealing algorithm. *Stochastic Processes Appl.* 35, 309–313

[27] Geman, D., Geman, S. (1984) Stochastic relaxation, Gibbs distributions, and the Bayesian restoration of images. *IEEE Trans. Pattern Anal. Mach. Intell* 6, 721–741

[28] Gidas, B. (1985) Nonstationary Markov chains and convergence of the annealing algorithm. *J. Stat. Phys.* 39, 73–131

[29] Hall, W. J., Wijsman, R. A., Ghosh, J. K. (1965) The relationship between sufficiency and invariance with applications in sequential analysis. *Ann. Math. Stat.* 36, 575–614

[30] Halmos, P. R. (1946) The theory of unbiased estimation. *Ann. Math. Statist.* 17, 34–43

[31] Hewitt, E., Stromberg, K. (1975) *Real and Abstract Analysis*, Springer

[32] Heyer, H. (1973) *Mathematische Theorie statistischer Experimente.* Springer

[33] Hipp, C. (1974) Sufficient statistics and exponential families. *Ann. Stat.* 2, 1283–1292

[34] Huber, P. J., Strassen, V. (1973) Minimax tests and the Neyman-Pearson lemma for capacities. *Ann. Stat.* 1, 251–263; Correction in *Ann. Stat.* 2, 223–224 (1974)

[35] Isenbeck, M, Rüschendorf, L. (1992) Completeness in location families. *Probab. Math. Stat.* 13, 321–343

[36] Jacod, J., Shiryaev, A. N. (2003) *Limit Theorems for Stochastic Processes.* 2nd ed. (1st ed. 1987), Springer

[37] James, W., Stein, C. (1961) Estimation with quadratic loss. *Proc. Fourth Berkeley Symp., Math. Stat. Prob.* 1, 361–378

[38] Jeffreys, H. (1946) An invariant form for the prior probability in estimation problems. *Proc. Royal Society, Series A, Mathematical, Physical & Engineering Sciences* 186, no 1007, 453–461

[39] Kagan, A. M., Linnik, Yu. V., Rao, S. R. (1973) *Characterization Problems in Mathematical Statistics*, John Wiley & Sons

[40] Khmaladze, E. V. (1982) Martingale approach in the theory of goodness-of-fit tests. *Teor. Veroyatn. Primen* 26 (1981) 246–265 (in Russian); *Theory Probab. Appl.* 26, 240–257

[41] Kramkov, D. (1996) Optional decomposition of supermartingales and hedging contingent claims in incomplete security markets. *Probab. Theory Related Fields* 105, 459–479

[42] Landers, D. (1972) Sufficient and minimal sufficient σ-fields. *Z. Wahrscheinlichkeitstheorie verw. Geb.* 23, 197–207

[43] Landers, D., Rogge, L. (1972) Minimal sufficient σ-fields and minimal sufficient statistics. Two counterexamples. *Ann. Math. Stat.* 43, 2045–2049

[44] Lehmann, E. L. (1959) *Testing Statistical Hypotheses.* Wiley. 2nd edition 1986

[45] Lehmann, E. L. (1983) *Theory of Point Estimation.* Wiley

[46] Lehmann, E. L., Romano, J. P. (2005) *Testing Statistical Hypotheses*. 3rd ed., Springer

[47] Lehmann, E. L., Scheffé, H. (1950) Completeness similar regions and unbiased estimation. Part I, *Sankhya* 10, 305–340

[48] Liese, F., Miescke, K.-J. (2008) *Statistical Decision Theory. Estimation, Testing, and Selection*, Springer

[49] Mandelbaum, A., Rüschendorf, L. (1987) Complete and symmetrically complete families of distributions. *Ann. Stat.* 15, 1229–1244

[50] Mardia, K. V., Jupp, P. E. (2000) *Directional Statistics*. 2nd ed., Wiley

[51] Mattner, L. (1992) Completeness of location families, translated moments, and uniqueness of charges. *Probab. Theory Relat. Fields* 92, 137–149

[52] Mattner, L. (1993) Some incomplete but boundedly complete location families. *Ann. Stat.* 21, 2158–2162

[53] Nelson, W. (1969) Hazard plotting for incomplete failure data. *J. Quality Tech.* 1, 27–52

[54] Neveu, J. (1965) *Mathematical Foundations of the Calculus of Probability*, San Francisco: Holden-Day Inc.

[55] Pfanzagl, J. (1962) Überall trennscharfe Tests und monotone Dichtequotienten. *Z. Wahrscheinlichkeitstheor. verw. Geb.* 1, 109–115

[56] Pfanzagl, J. (1968) A chracterization of the one parameter exponential family by existence of uniformly most powerful tests. *Sankhya*, Series A, 30, 147–156

[57] Pfanzagl, J. (1974) A characterization of sufficiency by power functions. *Metrika* 21, 197–199

[58] Pfanzagl, J. (1994) *Parametric Statistical Theory*, de Gruyter

[59] Pfanzagl, J., Wefelmeyer, W. (1982) *Contributions to a General Asymptotic Statistical Theory*. Lecture Notes in Statistics 13, Springer

[60] Pier, J.-P. (1984) *Amenable Locally Compact Groups*. Pure and Applied Mathematics. Wiley.

[61] Plachky, D., Baringhaus, L., Schmitz, N. (1978) *Stochastik I*. Akademische Verlagsgesellschaft

[62] Plachky, D., Rüschendorf, L. (1984) Conservation of UMP-resp. maximin property of statistical tests under extensions of probability measures. *Proceedings of the Colloquium on Goodness of Fit, Debrecen*, pp. 439–457

[63] Prakasa Rao, B. L. S. (1987) *Asymptotic Theory of Statistical Inference*. Wiley

[64] Pratt, J. W. (1961) Length of confidence intervals. *JASA* 56, 549–567

[65] Rebolledo, R. (1980) Central limit theorems for local martingales. *Z. Wahrscheinlichkeitstheorie verw. Geb.* 51, 269–285

[66] Rieder, H. (1994) *Robust Asymptotic Statistics.* Springer Series in Statistics. Springer

[67] Rogge, L. (1972) The relations between minimal sufficient statistics and minimal sufficient σ-fields. *Z. Wahrscheinlichkeitstheorie verw. Geb.* 23, 208–215

[68] Rudloff, B. (2007) Convex hedging in incomplete markets. *Appl. Math. Finance* 14, 427–452

[69] Rüschendorf, L. (1985) Unbiased estimation and local structure. *Proceedings of the 5th Pannonian Symposium in Visegrád 1985*, 295–306

[70] Rüschendorf, L. (1987) Unbiased estimation in nonparametric classes of distributions. *Statistics & Decisions* 5, 89–104

[71] Rüschendorf, L. (1988) *Asymptotische Statistik.* Teubner

[72] Rüschendorf, L. (2013) *Mathematical Risk Analysis. Dependence, Risk Bounds, Optimal Allocations and Portfolios.* Springer

[73] Simons, B. (1981) *Methods of Modern Mathematical Physics, Vol. 1: Functional Analysis.* Academic Press Inc, 2nd ed.

[74] Siegmund, D. (1985) *Sequential Analysis. Tests and Confidence-Intervals.* Springer

[75] Shiryaev, A. N. (1974) *Statistical Sequential Analysis*, Amer. Math. Soc.

[76] Shiryaev, A. N. (1978) *Optimal Stopping Rules*, Springer

[77] Stein, C. (1950) Unbiased estimates with minimum variance. *Ann. Math. Stat.* 21, 406–415

[78] Stein, C. (1956) Inadmissibility of the usual estimator for the mean of a multivariate distribution. *Proc. Third Berkeley Symp. Math. Statist. Prob.* 1, 197–206

[79] Stein, C. (1964) Inadmissibility of the usual estimate for the variance of the normal distribution with unknown mean. *Ann. Inst. Stat. Math.* 16, 155–160

[80] Strasser, H. (1985) *Mathematical Theory of Statistics: Statistical Experiments and Asymptotic Decision Theory*, Volume 7 of De Gruyter Studies in Mathematics. De Gruyter

[81] Takeuchi, K. (1973) On location parameter family of distributions with uniformly minimum variance unbiased estimators of location. Proc. Second Japan USSR Symp. on Prob. Theory. *Lecture Notes in Mathematics* 330, 465–477

[82] Torgersen, E. (1991) *Comparison of Statistical Experiments*. Cambridge University Press

[83] Tukey, J. W. (1977) *Exploratory Data Analysis*. Addison Wesley

[84] Wald, A. (1947) Sequential analysis. *Proc. Internat. Statist. Conferences, Washington, 1947, Sept. 6.–18.*, 3, 67–80

[85] Wald, A. (1949) *Statistical Decision Functions*. Wiley

[86] Watson, G. S. (1983) *Statistics on Spheres*. Wiley

[87] Winkler, G. (1990) An ergodic L^2-theorem for simulated annealing in Bayesian image reconstruction. *J. Appl. Prob.* 28, 779–791

[88] Witting, H. (1966) *Mathematische Statistik: Eine Einführung in Theorie und Methoden*, Teubner

[89] Witting, H. (1985) *Mathematische Statistik I: Parametrische Verfahren bei festem Stichprobenumfang*, Teubner

[90] Witting, H., Müller-Funk, U. (1995) *Mathematische Statistik II: Asymptotische Statistik: Parametrische Modelle und nichtparametrische Funktionale*, Teubner

[91] Zacks, S. (1971) *The Theory of Statistical Inference*. Wiley

Sachverzeichnis